Der Experimentator

In der Reihe **DER EXPERIMENTATOR** sind bereits erschienen:

Hermey et al./Neurowissenschaften (ISBN 978-3-8274-2368-9)

Mülhardt/Molekularbiologie/Genomics, 7. Auflage (ISBN 978-3-642-34635-4)

Müller, Röder/Microarrays (ISBN 978-3-8274-1438-0)

Luttmann et al./Immunologie, 4. Auflage (ISBN 978-3-642-41898-3)

Schmitz/Zellkultur, 3. Auflage (ISBN 978-3-8274-2572-0)

Hubert Rehm
Thomas Letzel

# Der Experimentator: Proteinbiochemie/ Proteomics

**7., überarbeitete und aktualisierte Auflage**

 Springer Spektrum

Hubert Rehm
Rottweil, Deutschland

Thomas Letzel
Garching, Deutschland

ISBN  978-3-662-48850-8      ISBN  978-3-662-48851-5 (eBook)
DOI  10.1007/978-3-662-48851-5

Die Deutsche Nationalbibliothek verzeichnet diese Publikation in der Deutschen Nationalbibliografie; detaillierte bibliografische Daten sind im Internet über http://dnb.d-nb.de abrufbar.

Springer Spektrum

Planung: Kaja Rosenbaum

Gedruckt auf säurefreiem und chlorfrei gebleichtem Papier

Springer-Verlag GmbH Berlin Heidelberg ist Teil der Fachverlagsgruppe Springer Science+Business Media
(www.springer.com)

# Vorwort zur 7. Auflage

In den sechs Jahren, die seit dem Erscheinen der 6. Auflage vergangen sind, hat es keinen methodischen Durchbruch gegeben, der mit der Erfindung der Matrix Associated Laser Desorption Ionization zu vergleichen wäre. Neuentwicklungen wie Ribosomen Display, DARTS, SPROX, iTRAQ und die Nanoscheibchen haben jedoch die Möglichkeiten des Forschers erweitert und insbesondere in Ribosomen Display, SPROX und iTRAQ steckt Hirnschmalz. Auch bei den Aptameren, der differenziellen Scanning Fluometrie, der Mikrodissektion und der Massenspektrometrie von Membranproteinen hat sich einiges getan. Wir haben die Augen aufgerissen ob der Möglichkeit, Aptamere und vielleicht sogar Lebewesen mit sechs DNA-Basen statt der üblichen vier herzustellen. Generell scheint die Richtung dahin zu gehen, die Wechselwirkungen zwischen Proteinen und Proteinen, Proteinen und Metaboliten, Proteinen und DNA und Proteinen und RNA quantitativ zu erfassen. Das Ziel: Die Zelle als Summe ihrer Molekularkontakte mathematisch zu erfassen. Daher gewinnen Bindungstests und neue Liganden an Bedeutung. Dies und mehr wurde in der 7. Auflage berücksichtigt.

Manche Leser, vor allem jene, die das Buch aus dem Internet kopiert haben, werden sich fragen, warum die Autoren und der Verlag überhaupt eine neue Auflage herausbringen. Kann sich das lohnen? Haben doch die meisten der Kollegen das Buch ebenfalls nicht gekauft, sondern gestohlen.

In der Tat: Finanziell lohnt sich das Lehrbücherschreiben kaum noch, jedenfalls nicht für die Autoren.

Warum haben wir trotzdem Monate unserer Zeit in die Umarbeitung gesteckt?

Weil arbeiten ohne Bezahlung ein Luxus ist und wir uns Luxus leisten – wie auch so mancher Doktorand. Zudem bietet das Bücherschreiben Vorteile: Durch die begleitenden Recherchen werden wir über die methodischen Entwicklungen umfassend informiert. Des Weiteren vertrödeln wir keine Zeit damit, alte Schwarzwaldhäuser zu renovieren, Tango zu tanzen oder unsere Leber mit neuen Rotweinsorten zu quälen.

Ein Dankeschön also an alle Raubkopierer und: Möge Ihr Rechner an der 7. Auflage ersticken!

Ein weiterer Vorteil, den der Schreiber einer neuen Ausgabe genießt, ist es, die Irrtümer der alten beseitigen zu können. So hatte Autor Rehm in der 6. Auflage auf Seite 101 recht geschwätzig den Widerspruch zwischen seinen $^{125}$I-β-Bungarotoxin-Vernetzungsexperimenten, den entsprechenden Vernetzungsexperimenten von Schmidt und Betz und der tatsächlichen Größe der Untereinheiten des β-Bungarotoxin-Bindungsproteins zu erklären versucht. Er hatte sich dabei in Spekulationen über Tri- und andere Mere zwischen $^{125}$I-β-Bungarotoxin, seinem Bindungsprotein und dessen Untereinheiten verstiegen. Erst als das Buch erschienen war, war Rehm ein- und aufgefallen, dass es statt seiner höchst komplizierten Annahmen eine einfache und elegante Erklärung für die Widersprüche gibt: die Abhängigkeit des scheinbaren MG des Bindungsproteins vom Prozentsatz des Acrylamids im Lämmli-SDS-Gel. Diesen Artefakt glykosilierter Proteine hatte Rehm im Jahre 1989 sogar publiziert, hatte ihn dann aber vergessen. Im Jahre 2011 fiel er ihm wieder ein. Dass er in der 6. Auflage seine eigene Arbeit unberechtigt abgewertet hatte, bereitete Rehm schlaflose Nächte.

Schlaflose Nächte dürften Ihnen, lieber Leser, ihre beruflichen Aussichten bereiten. Schließlich leben 90 % der Nachwuchswissenschaftler, also mit großer Wahrscheinlichkeit auch Sie, mit einem befristeten Vertrag, und die Hälfte dieser Verträge hat nur eine Laufzeit von einem Jahr. Das Alter, in dem ein Nachwuchswissenschaftler einen Ruf erhält, steigt so unerbittlich an wie die Steuersätze. Es liegt schon jenseits der Vierzig. Das halten nur Leute durch, die nicht auf ein Einkommen aus der Forschung angewiesen sind oder die glauben, es dank ihrer Verbindungen schon irgendwie zu schaffen. Mit anderen Worten: Eine Forscherkarriere können sich nur die Kinder von Reichen oder Professoren leisten. Aus diesen Kreisen rekrutierten sich die Professoren denn auch seit den Anfängen der Universität im 12. Jahrhundert bis zum Jahre 1960. Die Armen studierten Theologie, um auf dem Land Hungerpastor zu werden, oder sie heirateten eine Professorentochter, um sich der Unterstützung des Schwiegervaters zu versichern (Siegfried Bär *Die Zunft*, Lj-Verlag 2003, nur antiquarisch erhältlich). Seit 1990 fällt die Rekrutierung von Professoren wieder in dieses Muster zurück: In den 1980er-Jahren kamen sieben Prozent der Neuberufenen aus dem zweiten Bildungsweg, ab dem Jahre 2000 waren es nur noch vier Prozent. Da helfen keine Juniorprofessuren und auch keine Professorentöchter: Die Professoren haben kaum noch Töchter, und falls doch ziehen die es oft vor, selber Professor zu werden.

Die Autoren wissen, wovon sie reden: Rehm ist der Sohn eines Landbriefträgers und begann sein Erwerbsleben mit einer Lehre zum Großhandelskaufmann, Letzel tat desgleichen mit einer Lehre zum Chemielaboranten in einer Druckfarbenfabrik.

Falls Sie also entdecken, dass Sie ein totes Pferd reiten, dann steigen Sie ab.

Bis dahin soll Ihnen der Experimentator beim Forschen helfen. Haben Sie Spaß damit.

**Hubert Rehm**
Im Herbst 2015

# Danke, Danke, Danke

Mehrmals Danke, weil in den letzten Auflagen des Experimentators eine Danksagung fehlt. Dabei hatten wir jede Menge Gründe zum Danke sagen. Ohne Cord Michael Becker (Erlangen) hätte es diese Buchreihe nie gegeben, denn es war Becker, der Hubert Rehm dem (damals noch) Gustav Fischer Verlag als Autor eines Methodenbuches empfahl. Der Verlagslektor Ulrich Moltmann folgte der Empfehlung Beckers. Darüber muss es Augenbrauenhochziehen gegeben haben, denn Rehm war ein unbeschriebenes Blatt und konnte weder pädagogische Lorbeeren noch einen höheren akademischen Rang vorweisen. Auch gibt es kaum zwei verschiedenere Menschen als Moltmann und Rehm. Moltmann hat dennoch den *Experimentator* über zwei Jahrzehnte und etliche Verlagswechsel hinweg treu begleitet und es ist Moltmanns Verdienst, dass der *Experimentator Proteinbiochemie* fünf Geschwister bekam. Inzwischen ist Ulrich Moltmann pensioniert. Er zeigt jetzt im Heidelberger Emmertsgrund, wie man die Erdgeschichte mit dem Zollstock misst. Seine Arbeit bei Springer haben Bettina Saglio und Kaja Rosenbaum übernommen. Sie sind uns durch die Geduld aufgefallen, mit der sie auf unsere Wünsche eingingen. Wir bewundern ihre Zähigkeit, mit der sie Systemtücken, besonders das „$\mu$-Problem", bekämpften. Wir wollen dem Schicksal danken, wenn ihr Sieg ein endgültiger ist.

Umgeworfen hat uns die Korrektorin Anette Heß. Mein Gott! Die Frau hat nicht nur Kommas gesetzt, die hat den Text verstanden, die hat mitgedacht, die hat sogar nachgerechnet – und uns manchmal beschämt.

Dann wäre noch Dieter Langosch (Freising, Weihenstephan) zu nennen. Ohne ihn hätte es keinen Coautor Thomas Letzel gegeben. Autor Rehm dankt auch Renate Dilbat (Frommern), die sich der neuen Texte angenommen hat, und die Produkte von Rehms Rechtschreibschwächen ausmerzte.

Sind das alle?

Nein! Es fehlen die vielen Tippgeber, die Ermunterer, die Tröster – aber die können wir nicht alle nennen, manche haben wir auch vergessen, und daher haben wir nach wie vor ein schlechtes Gewissen.

# Das Konzept des *Experimentators*

> » Ich muss dir gestehen, dass, ob mich des Buches Ausarbeitung wohl einige Mühe kostete, ich doch die für die größte halte, diese Vorrede zu machen, die du jetzt liesest (Cervantes, 1605)*[1]

Sie kommen mit Ihrem methodischen Repertoire nicht weiter? Sie wollen eine neue Arbeitsrichtung einschlagen? Sie wollen sich über die methodische Vielfalt eines Gebietes informieren? Vielleicht kann Ihnen der *Experimentator* helfen.

Wir wollten mit dem *Experimentator* kein Lehrbuch schreiben und auch keine reine Methodensammlung. Lehrbücher erzählen, was schon alles erforscht wurde: Sie zeigen das Haus der Wissenschaft. Methodenbücher (Kochbücher) beschreiben die Bausteine und Werkzeuge. Der Experimentator aber soll zum Bauen anleiten, sagen, welche Häuser gerade in Mode sind, wie viel Arbeit der Bau kostet und wie viel dafür bezahlt wird. Er soll zeigen, welche Methoden es gibt, wofür sie sich eignen und wofür nicht, welche Forschungsstrategien man einschlagen kann, wie man Aufgaben anpackt und welcher Arbeitsaufwand voraussichtlich nötig ist. Den *Experimentator* legt man nicht auf die Laborbank, mit ihm legt man sich ins Bett zum „Philosophieren", wenn das Experiment zum zwölften Mal missglückt ist oder man neue Ideen braucht. Ein Strategiebuch soll er sein, der Experimentator. Ganz ist uns das nicht gelungen, er ähnelt streckenweise noch einer Methodensammlung. Doch schildert der *Experimentator* die Methoden nicht bis ins Einzelne, sondern gibt für's praktische Arbeiten Literaturhinweise, die die Methoden verständlich beschreiben. Sie wissen dann, wo es steht. Das reicht. Warum eine gute Beschreibung nochmal beschreiben?

Die Taktik, für methodische Einzelheiten auf Veröffentlichungen zu verweisen und eher die Möglichkeiten der Methoden zu besprechen, hat nicht nur den Vorteil der Kürze. Sie regt auch zum Lesen und Verstehen der Literatur an und entwickelt ein Gefühl für das richtige Experiment zur richtigen Zeit. Zudem kitzeln die Einfälle anderer eigene Ideen aus dem Unterbewusstsein. Also: Nichts gegen Kochbücher – die haben ihre Berechtigung. Allein, es reicht nicht, gelfiltrieren zu können, man muss auch noch wissen, wann es sinnvoll ist, eine Gelfiltration einzusetzen. Und beim Erfinden von neuen Gerichten, sprich Methoden, lassen einen Kochbücher sowieso im Stich.

Zugegeben, viele Autoren dokumentieren in ihren Veröffentlichungen (fortan „Papers" genannt) die Methoden unvollständig oder nicht nachvollziehbar. Manche, um das Eindringen von Konkurrenz in das Arbeitsgebiet zu erschweren, andere wegen Schreibfäule oder weil es wegen Seitenzahlbegrenzung an Platz fehlt. Wir durchforschten den Paper-Urwald auf die besten, aktuellsten, lesbarsten und reproduzierbarsten Methoden, und wir glauben, brauchbare Anleitungen gefunden zu haben. Viele dieser Vorschriften kennen wir oder haben wir nachgekocht, alle nicht – was uns gelegentlich Alpträume verschafft. Falls Sie neue Methoden oder bessere Papers zu einer Methode kennen, wären wir Ihnen für eine Mitteilung dankbar.

Auf jeden Fall sollten Sie Papers nicht für heilig halten. Nicht einmal der Lowry-Protein-Test wurde in jeder Richtung untersucht und optimiert, und ein Protokoll, das optimal für Protein 1 ist, muss es nicht für Protein 2 sein. Behandeln Sie Methoden also respektlos, hinterfragen Sie sie (warum Phosphatpuffer, wieso zuvor mit X-ase inkubieren?). Bei der ersten

---

1 Diese und alle anderen kursiv geschriebenen Weisheiten stammen aus Miguel de Cervantes Saavedra: *Leben und Taten des scharfsinnigen Edlen Don Quixote von la Mancha*. Aus dem Spanischen von Ludwig Tieck, neu bearbeitet von Nora Urban. Eduard Kaiser Verlag, Klagenfurt.

Anwendung empfiehlt es sich zwar, ein Protokoll genau nachzuarbeiten, doch später ist ein spielerischer Umgang mit der Vorschrift nützlicher. Auch sollten Sie Behauptungen über Vorteile, Schnelligkeit, Sensitivität der Tests oder Methoden misstrauen. Warnungen vor Nachteilen dagegen gilt es ernst zu nehmen. Forscher schreiben Papers nämlich nicht, um ihren Kollegen zu helfen, sondern um deren Anerkennung zu erhalten und ihre Publikationsliste zu verlängern.

Der Ton des Experimentators mag unakademisch sein, aber mit verbissener Ernsthaftigkeit kommen Sie auch nicht schneller in *Nature* oder in *Proceedings of the National Academy of Sciences USA*. Auch scheint es uns, und wir können das durch statistisch unsignifikante, aber langjährige Beobachtungen an uns und anderen belegen, dass aus acht Stunden Laborarbeit täglich eher mehr herauskommt als aus 14 Stunden. Jedenfalls dann, wenn Sie die acht Stunden ruhig und konzentriert arbeiten. Hetzen Sie also nicht durch die Gänge, hängen Sie nicht bis Mitternacht im Kühlraum herum, sondern legen Sie sich mit dem Experimentator oder sonst jemandem ins Bett! Nicht nur Pipettieren macht Freude.

Schlussendlich: In Büchern über naturwissenschaftliche Forschung ist viel die Rede von Faszination, Erkenntnisdurst und Begeisterung. Wenig liest man dagegen vom endlosen Pipettieren, verunglückten Experimenten, kleinlichen Verträgen oder schäbigen Stipendien. Jahrelange Arbeit führt häufig nur zu der Entdeckung, dass es in der eingeschlagenen Richtung nicht viel zu entdecken gibt. Zum Erfolg an der Laborbank gehören eben Glück, Fleiß, Einfallsreichtum, gute Betreuung und Intelligenz – in dieser Reihenfolge. So werden Ihre Abenteuer denen des irrenden Ritters gleichen: Täglich und sonntäglich geht es auf klappriger Rosinante in ein Schloss, in dem der König Professor heißt, die Mühen groß, die Resultate verwirrend, das Essen schlecht und Rückschläge die Regel sind. Doch festigt diese Zeit der Prüfung Ihre Seelenstärke. Aus den Abgründen der Verzweiflung steigen Sie auf zur Ebene abgeklärter Wurstigkeit, wo graue raue Straßen zu endlosen Horizonten führen.

Lassen Sie sich also nicht entmutigen! Auch die anderen rackern sich erfolglos ab; es ist normal, dass sich erst mal kein Ergebnis blicken lässt. Halten Sie durch! – Oder lernen Sie gleich einen anständigen Beruf.

**Hubert Rehm und Thomas Letzel**

# Abkürzungsverzeichnis

BAT – Bundesangestelltentarif
BSA – Rinderserumalbumin

CF – Chromatofokussierung

2DE – Zweidimensionale Elektrophorese
DMSO – Dimethylsulfoxid
DSK – Differenzielles Scanning Kalorimeter
DTT – Dithiothreitol

EDTA – Ethylendiamintetraessigsäure
ESI – Elektrospray Ionisierung

FA – Freunds Adjuvans
FPLC – fast performance liquid chromatography

GPC – Gelpermeationschromatographie

HA – Hydroxyapatit
HPLC – high performance liquid chromatography

IC – Ionenaustauschchromatographie
IEF – Isoelektrische Fokussierung
IP – Immunpräzipitation
ITK – isothermer Titrations Kalorimeter

3 K-Vernetzung – Dreikomponentenvernetzung
Kd – Kilodalton
KFA – komplettes Freunds Adjuvans

LUV – große unilamellare Vesikel

MALDI – matrix assisted laser desorption ionization
MALDI-TOF – matrix assisted laser desorption ionization time of flight
MG – Molekulargewicht
MLV – multilamellare Vesikel
MS – Massenspektrometer

PAL – Photoaffinitätsligand
PBS – phosphat-gepufferte Salzlösung
PEG – Polyethylenglykol
PEI – Polyethylenimin
PIC – Phenylisocyanat

PICT – Phenylisocyanat
PMSF – Phenylmethylsulfonylfluorid
PVDF – Polyvinylidendifluorid

RT – Raumtemperatur

SDS – Natrium-Dodecylsulfat
SUV – kleine unilalmellare Vesikel

TCA – Trichloressigsäure
TFA – Trifluoressigsäure
TFEITC – Trifluorethylisothiocyanat

WGA – Weizenkeimagglutinin

# Inhaltsverzeichnis

# Das tägliche Brot

H. Rehm, T. Letzel, *Der Experimentator: Proteinbiochemie/Proteomics*,
DOI 10.1007/978-3-662-48851-5_1, © Springer-Verlag Berlin Heidelberg 2016

**1**

» Fasse dich in Geduld, denn die Zeit, in welcher du es mit den Augen siehst, wird kommen, wie ehrenvoll es sei, dieses Gewerbe zu treiben

## 1.1 Puffer herstellen

Die ersten Wochen im Labor verbringt der Doktorand damit, Formulare auszufüllen, Wohnungsanzeigen zu lesen und Puffer anzusetzen. Die letzte Tätigkeit liegt besonders dem Proteinbiochemiker am Herzen, denn groß ist die Vielfalt seiner Puffer und Lösungen.

Trotzdem verdanken die meisten proteinbiochemischen Vorschriften die Zusammensetzung ihrer Puffer nicht dem Nachdenken, sondern dem Zufall (diese oder jene Flasche stand gerade in der Nähe), und meistens genügt es, beim Pufferansetzen die folgenden Regeln zu beachten:

- Der pKa des Puffers sollte in der Nähe des gewählten pH-Wertes liegen (◘ Abb. 1.1),
- die Pufferkapazität sollte groß genug sein,
- der Puffer sollte mit anderen Molekülen der Lösung keine Reaktionen eingehen und nicht ausfallen.

Häufig werden Acetat-, Phosphat-, Tris-, Triethanolamin-, HEPES-, PIPES-, MOPS-Puffer verwendet. Die pKa von Acetat- und Phosphatpuffern sind temperaturunabhängig. Diesem Vorteil steht als Nachteil der enge Bereich von Acetatpuffer (pH 4,5–5,5) gegenüber und die Neigung von Phosphat, mit divalenten Kationen auszufallen. Die pKa von Tris- und Triethanolaminpuffern sind stark temperaturabhängig.

HEPES, PIPES und MOPS gehören zu den Good-Puffern. Good et al. (1966) synthetisierten diese Puffer auf folgende Eigenschaften: ungiftig, gut wasserlöslich, keine Penetration von Phospholipidmembranen, vernachlässigbare Komplexbildung mit Kationen, chemisch stabil, keine Wirkung auf biochemische Reaktionen, geringe Temperaturabhängigkeit, keine UV-Absorption. Diese Ziele wurden nicht immer erreicht, so fördert HEPES das Wachstum mancher Zelllinien (Ferguson et al. 1980) und beeinflusst biochemische Reaktionen. Die Temperaturabhängigkeit der pKa-Werte von Ches oder Mops (◘ Abb. 1.1) ist beachtlich, auch

sind die Good-Puffer teuer, und sie vertragen sich nicht mit der Massenspektrometrie.

Einen Überblick über die wichtigsten Puffersysteme nach Eigenschaften, Herstellung, Einsatzmöglichkeiten, Temperaturabhängigkeit und Arbeits-pH-Bereichen geben Stoll und Blanchard (1990) und ◘ Abb. 1.1. Massenspektrometrisch kompatible Salzsysteme finden Sie in Letzel et al. (2006).

## 1.2 Protein bestimmen

Eine leidvolle Erfahrung des angehenden Biochemikers ist die Unschärfe von Proteinbestimmungsmethoden. Die gleiche Proteinlösung gibt mit Test A ein anderes Ergebnis als mit Test B. Auch liefert der gleiche Test mit den gleichen Konzentrationen verschiedener Proteine (z. B. 1 mg/ml Rinderserumalbumin [BSA], Ovalbumin, Cytochrom *c*) verschiedene Werte. Des Weiteren sind Proteinbestimmungen störanfällig für Detergenzien oder bestimmte Ionen. Es ist daher gute Sitte, zum ermittelten Konzentrationswert auch den verwendeten Test und das Vergleichsprotein anzugeben.

Die Methoden der Wahl sind Bradford-Test und BCA-Test. Wer mit Membranproteinen und Seifen arbeitet, sollte den BCA-Test benutzen, ansonsten scheint die Wahl zwischen BCA- und Bradford-Test eine Geschmacksfrage zu sein.

### 1.2.1 BCA-Test

In alkalischer Lösung bildet Protein mit $Cu^{2+}$-Ionen einen Komplex (Biuretreaktion). Die $Cu^{2+}$-Ionen des Komplexes werden vermutlich zu $Cu^+$-Ionen reduziert, und diese bilden mit Bicinchoninsäure (BCA) einen violetten Farbkomplex (Smith et al. 1985; Wiechelmann et al. 1988).

**Vorteile** Der Test dauert bei 65 °C nur 10 min, ist empfindlich (Nachweisgrenze 0,5 µg Protein) und resistent gegen Seifen wie Triton X-100. Auch läuft die Reaktion im alkalischen Milieu ab, bei dem fast alle Proteine in Lösung bleiben. Die Reagenzien sind im Handel (Pierce) erhältlich und geben wunderschöne Farben.

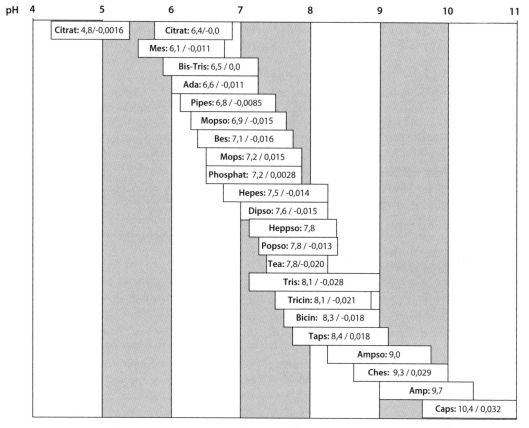

**❏ Abb. 1.1** Arbeitsbereich, pKa und Temperaturabhängigkeit von Puffern. Die Zahlen hinter den Puffernamen sind der pKa und dessen Temperaturabhängigkeit (Änderung des pKa pro °C). **MES:** 2-(N-Morpholino)ethansulfonsäure; **Bis-Tris:** [Bis(2-hydroxyethyl)imino]tris(hydroxymethyl)methan; **ADA:** N-2-Acetamidoiminodiessigsäure; **PIPES:** Piperazin-N,N-bis(2-ethansulfonsäure); **MOPSO:** 3-(N-Morpholino)-2-hydroxypropansulfonsäure; **Bes:** N,N-Bis(2-hydroxyethyl)-2-aminoethansulfonsäure; **MOPS:** 3-(N-Morpholino)propansulfonsäure; **HEPES** N-2-Hydroxyethylpiperazin-N-2-ethansulfonsäure; **DIPSO:** 3-[N-Bis(hydroxyethyl)amino]-2-hydroxypropansulfonsäure; **HEPPSO:** N-(2-Hydroxyethyl)piperazin-N-(2-hydroxypropansulfonsäure); **POPSO:** Piperazin-N,N-bis(2-hydroxypropansulfonsäure); **TEA:** Triethanolamin; **Tris:** Tris(hydroxymethyl)aminomethan; **Tricin:** N-[Tris(hydroxymethyl)methyl]glycin; **Bicin:** N,N-Bis(2-hydroxyethyl)glycin; **TAPS:** 3-{[Tris(hydroxymethyl)methyl]amino} propansulfonsäure; **Ampso:** 3-[(1,1-Dimethyl-2-hydroxy-ethyl)amino]-2-hydroxypropansulfonsäure; **CHES:** Cyclohexylaminoethansulfonsäure; **AMP:** 3-Aminopropansulfonsäure; **CAPS:** 3-(Cyclohexylamino)propansulfonsäure

**Probleme** Es stören hohe Konzentrationen von komplexbildenden Reagenzien (z. B. EDTA); des Weiteren Ammoniumsulfat, N-Acetylglucosamin, Glycin, reduzierende Stoffe wie Glucose, DTT oder Sorbitol und eine Reihe von Pharmaka wie Chlorpromazin, Penicillin und Vitamin C (Marshall und Williams 1991).

### 1.2.2 Bradford-Test

Bei der Bindung von Coomassie Brilliant Blue G-250 an Proteine verschiebt sich das Absorptionsmaximum der Farbe (465 nm ohne Protein, 595 nm mit Protein). Die Zunahme der Absorption bei 595 nm ist ein Maß für die Proteinkonzentration der Lösung (Bradford 1976).

**Vorteile** Die Farbentwicklung ist nach 2 min beendet, die Variabilität der Färbung zwischen verschiedenen Proteinen gering und die Pipettierarbeit minimal. Die Reagenzien sind im Handel (Bio-Rad, Pierce) erhältlich.

**Probleme** Die Reaktion läuft in saurem Milieu ab, in dem viele Proteine ausfallen. Starke Laugen und häufig verwendete Seifen wie Triton X-100, SDS (Sodiumdodecylsulfat) oder Chaps stören (Read und Northcote 1981).

## Verbesserter Bradford-Test

Coomassie Brilliant Blue G-250 besitzt drei N-Atome, die alle eine positive Ladung tragen können. Des Weiteren besitzt der Farbstoff zwei Sulfonsäuregruppen, die negativ geladen sind. Bei einem pH unter 0 sind alle drei N-Atome positiv geladen, und Coomassie Brilliant Blue G-250 ist ein Kation mit der Nettoladung +1; seine Lösungen sind rot. Bei pH-Werten von 0,4 bis 1,3 ist die Nettoladung von Coomassie Brilliant Blue G-250 vorwiegend 0 (zwei positive N-Atome und zwei negative Sulfonsäuregruppen), und die Lösungen sind grün. Bei pH-Werten oberhalb von 1,3 dominiert die Nettoladung −1. Die Lösungen der Coomassie-Brilliant-Blue-G-250-Anionen sind blau.

Nach Grintzalis et al. (2015) und *Laborjournal* (6/2015) bindet die neutrale Form des Coomassie Brilliant Blue G-250 an die Proteine. Die Autoren empfehlen daher, den Test bei pH 0,4 durchzuführen. Dazu löst Grintzalis das Coomassie-Brilliant-Blue-G-250-Reagenz in 2 N HCl (pH = −0,3). Es wird 1 : 4 mit der Proteinprobe gemischt und die Absorption bei 610 nm gemessen. Enthält die Proteinprobe keinen Puffer, liegt der pH der Mischung bei 0,4. Eine stark gepufferte Probenlösung kann die Ergebnisse verfälschen.

Die Standardkurve sei bis 20 μg BSA linear, versichern Grintzalis et al. (2015). Die Linearität ließe sich aber bis auf 40 μg ausdehnen, wenn man das Verhältnis der Absorptionen bei 610 und 470 nm gegen die Proteinkonzentration auftrage. Die untere Messgrenze liege bei 0,2 μg.

calteu-Reagenz (Molybdän(VI)- und Wolfram(VI)-Heteropolysäuren) einen instabilen blauen Komplex (Molybdänblau), der als Maß der Proteinkonzentration dient (Legler et al. 1985; Markwell et al. 1978; Larson et al. 1986).

Das Verfahren ist seit den 1950er-Jahren in Gebrauch und ist nicht totzukriegen (sein Erfinder, Oliver Howe Lowry, dagegen starb 1996 im Alter von 86 Jahren): Noch 2005 war Lowry et al., *Journal of Biological Chemistry* 193:265–275 aus dem Jahre 1951 das meistzitierte Paper in der Geschichte der wissenschaftlichen Veröffentlichungen.

**Vorteile** Unempfindlich gegen SDS, er gibt den Proteingehalt von Gewebeextrakten besser wieder als der Bradford-Test.

**Nachteile** Der „Lowry" macht viel Pipettierarbeit und wird durch viele Pufferbestandteile gestört, so durch Mercaptoethanol, Hepes, Triton X-100 und andere Seifen (fallen aus). Es empfiehlt sich daher, das Protein der Proben auszufällen (▶ Abschn. 1.5) und den Lowry mit dem Proteinpellet durchzuführen. Die Reagenzien müssen mit Ausnahme des Folin-Ciocalteu-Reagenzes (Merck) selbst hergestellt werden. Die Vergleichbarkeit zwischen den Lowry-Proteinwerten verschiedener Labors ist schlecht, denn jedes Labor führt den Test anders durch.

Ein weiterer Nachteil des Lowry sind die nichtlinearen Eichkurven. Nach Pomory (2008) erhält man bessere Eichkurven und exaktere Ergebnisse, wenn man 2 oder 3 h auf die Entwicklung seines Lowry wartet (siehe auch *Laborjournal* 7/8 (2008), S. 38). Die Tatsache, dass dies erst 2008 festgestellt wurde – da war der Lowry schon 57 Jahre in Betrieb – zeigt, dass er schnell zu einem nicht hinterfragten Ritual wurde. Dies gilt anscheinend auch für andere Parameter des Tests: Pomory empfiehlt, die Lowry-Reagenzien mit Wasser statt NaOH anzusetzen, die Proteinlösungen aber in 1 M NaOH. Die Extinktion misst er bei 660 nm (statt 750 nm, wie von Lowry empfohlen).

## 1.2.3  Lowry-Test

Cu$^+$-Ionen aus der Biuretreaktion (siehe BCA-Test, ▶ Abschn. 1.2.1) bilden mit dem gelben Folin-Cio-

## 1.2.4 Starcher-Test

Es gibt Männer, die den Mut haben, Könige zu stürzen. Solch ein Mann ist der Texaner Barry Starcher. Sein Ehrgeiz war es – zumindest unterstellen wir ihm das –, mit einem neuen Proteinbestimmungstest den Zitatekönig Lowry zu entthronen. 2001 stellte Starcher eine Proteinbestimmungsmethode vor, die die Konzentration sowohl löslicher wie unlöslicher Proteine bestimmt, also auch das Protein von Gewebeproben (Starcher 2001). Die Methode ist empfindlicher als der Lowry- oder Bradford-Test und hat den zusätzlichen Vorteil, dass gleiche Mengen verschiedener Proteine den gleichen Messwert geben; selbst Gelatine soll fast die gleiche Extinktion geben wie BSA. Dies erreicht Starcher, indem er auf das alte Problem der Variation der spezifischen Färbung zwei alte Reaktionen anwendet: die saure Hydrolyse der Proteine zu den Aminosäuren und die Reaktion der Aminosäuren mit Ninhydrin.

**Im Einzelnen** Die Probe (Gewebe oder Proteinlösung) wird in Mikrofuge-Röhrchen mit 0,5 ml 6 N HCl bei 100 °C 24 h lang zu den Aminosäuren hydrolisiert. Das Hydrolysat trocknet Starcher auf der SpeedVac ein und löst es in Wasser wieder auf. Ein Aliquot wird dann in eine Mikrotiterplatte pipettiert und Ninhydrin-Reagenz zugegeben. Die Platte lässt Starcher 10 min im kochenden Wasserbad schwimmen, dann kann im Mikroplattenleser abgelesen werden.

Die Ninhydrin-Lösung hält sich normalerweise nur ein paar Stunden und muss unter Stickstoff gelöst und aufbewahrt werden. Sie müssten das Reagenz also jeden Tag neu ansetzen. Keine Angst: Starcher hat ein Lösungsmittel gefunden, in dem sich das Reagenz einige Wochen hält. Diese nicht zu verachtende Erleichterung für den Forscher war anscheinend der einzige originale Beitrag Starchers zu seinem Test: Die anderen zwei Reaktionen waren ja schon lange bekannt, und es war auch bekannt, dass sich das Protein am genauesten über die Aminosäuren bestimmen lässt. Starcher hat nur eins und eins zusammengezählt. Sie lernen daraus: Durch Nachdenken können Sie schon mit bescheidenen experimentellen Mitteln zu einem guten Paper kommen und vielleicht sogar zu einem Test, der Ihren Namen trägt.

**Nachteile** Es dauert 25–26 h, bis Sie ihr Ergebnis ablesen können. Zudem müssen Sie die Probe mehrmals handhaben: hydrolysieren, SpeedVac, pipettieren, zentrifugieren, pipettieren, erhitzen. Dies ist nicht nur eine Geduldsprobe, darunter leidet auch die Genauigkeit.

Der Starcher-Test wird sich daher nicht zu Lowry'schen Zitatemengen aufschwingen. Doch macht er einen zuverlässigen Eindruck, und wem es auf eine Proteinbestimmung mit geringer Protein-zu-Protein-Variation ankommt, dem sei sie empfohlen.

**Strategischer Tipp** Harald Jockusch hat uns mitgeteilt, dass er Starchers Test schon vor 40 Jahren eingesetzt habe, allerdings nach alkalischer und nicht nach saurer Hydrolyse (Jockusch 1966). Angeregt wurde Jockusch dazu anscheinend von einem noch älteren Paper: Stein und Moore (1954). Zu dieser Zeit dürfte Barry Starcher noch im Sandkasten gespielt haben.

Was lernen wir daraus?

**Nach Jockusch:** „Würde jemand die Literatur vor 1970 systematisch auf Methoden durchkämmen, so könnte er vieles Nützliche und ‚Neue' entdecken, ohne Laborschweiß und teure Chemikalien!" Das leuchtet ein. Wenn Sie also unbedingt ein Paper brauchen und keine Ergebnisse haben, dann setzen Sie sich doch ein paar Tage in den Bibliothekskeller. Blättern Sie die schimmligen Folianten durch, bis Sie Material für ein Paper gefunden haben. Dann hoch ins Labor, die Experimente nachgekocht und modernisiert (z. B. Mikroplatten statt Reagenzgläser). Schon haben Sie eigene Daten, die Sie als neu verkaufen können. Die Referees? Die steigen nicht in den Bibliothekskeller. Die lesen ihr Manuskript bei einem Espresso und je nachdem, wie der schmeckt, lehnen sie ab oder winken durch. Die Wahrscheinlichkeit, dass ihren Trick jemand entdeckt, ist gering und wird mit dem Aussterben der alten Garde immer geringer. Und selbst wenn Ihnen jemand drauf kommt! Wie will der beweisen, dass Sie die Idee aus dem Bibliothekskeller geklaut haben? Er kann Sie höchstens darauf aufmerksam machen, das Rad noch einmal erfunden zu haben. Das quittieren Sie dann mit einem erstaunten „Oh!", und im Übrigen stehen Sie drüber und ignorieren den Pedanten.

### 1.2.5 Pilztest

Dieser quantitative Proteintest beruht auf dem Pilzfarbstoff Epicocconon. Er bildet mit den primären Aminogruppen der Lysinreste von Proteinen eine kovalente Verbindung, ein Enamin. Dieses Enamin fluoresziert mit einem Emissionsmaximum bei 605 nm. Eine hydrophobe Umgebung steigert die Quantenausbeute (Verhältnis von emittierten zu adsorbierten Photonen). Epicocconon eignet sich daher zur Bestimmung Detergens-beschichteter Proteine. Ihre Proteine liegen nicht in einer Detergenslösung vor? Kein Problem: Die kommerziell erhältliche „Arbeitslösung" enthält ein Detergens, vermutlich SDS. Die Arbeitslösung wird unter dem Namen Fluoroprofile™ von Sigma vertrieben.

Die **Vorteile** dieser Fluoreszenz-Proteinbestimmung sind:

- hoher Messbereich (von 40 ng/ml bis 200 μg/ml),
- niedriges Hintergrundsignal,
- mäßige Protein-zu-Protein-Variation (relative Fluoreszenz bezogen auf BSA: Aldolase: 1,11, Ovalbumin: 0,92; Cytochrom *c*: 1,12; Insulin: 1,38),
- unempfindlich gegen DNA und viele Reagenzien wie Glycerin, SDS, Sucrose, Thioharnstoff, Harnstoff und Polyethylenglykol,
- die kovalente Modifizierung der Proteine ist reversibel, sie können nach der Proteinbestimmung mit dem Massenspektrometer analysiert oder nach Edman sequenziert werden,
- einfache Handhabung: Sie mischen Proteinlösung 1 : 1 mit Arbeitslösung, lassen die Mischung 30 min stehen und messen dann die Fluoreszenz,
- das Fluoreszenzsignal ist hitze- und lichtstabil: Sie müssen also nicht im Dunkeln und im Kühlraum arbeiten.

**Beherrschen Sie ihre Begeisterung** Eine Reihe von Reagenzien stört den Test doch. So Ampholyte 3–10 (nicht aber Ampholyte 3–7), EDTA, Ammoniumsulfat und Magnesiumchlorid oberhalb von 50 μM sowie Tris oberhalb von 500 μM. Auch die Konzentrationen von Triton X-100, SB3-10, NP40 und Tween 20 sollten niedrig gehalten werden (< 0,005 %). Der Erfinder James Mackintosh listet über anderthalb Seiten die Grenzwerte verschiedenster Verbindungen auf. Das macht den Assay zwar nicht besser, zeigt aber, dass James gründlich arbeitete (Mackintosh et al. 2005).

Dass basische Ampholyte, Ammoniumsulfat und Tris den Assay stören, ist verständlich. Sie konkurrieren mit den primären Aminogruppen der Lysinreste um Epicocconon. Warum allerdings Triton die Proteinbestimmung stört, ist ein Rätsel. Vielleicht baut Triton den Farbstoff in seine Mizellen ein und entzieht ihn so der Reaktion mit den Proteinen.

**Apropos Proteine** Auch die sorgen manchmal für Probleme. Bei eisenhaltigen Proteinen wie Myoglobin oder Cytochrom *c* ist der Test nur bis 10 μg/ml linear, und saure Proteine zeigen reduzierte Fluoreszenz-Intensitäten. Letzteres liegt vermutlich daran, dass saure Proteine nur wenig Lysinreste enthalten, und Ersteres daran, dass Fe(III) die Fluoreszenz quencht.

Epicocconon wird auch zur Färbung von Gelen und Blots eingesetzt und ist dort unter dem Namen „Deep Purple" bekannt (▶ Abschn. 1.4.2 und 1.6.1).

**Epicocconon** wurde im Labor von Duncan Veal in Sydney gefunden, und zwar durch Zufall. Duncans Doktorand Philipp Bell hatte – aus Langeweile? – zusammen mit seinem Kollegen Jian Shen ein paar alte, mit Pilzen infizierte Hefekulturen untersucht, die eigentlich reif für den Autoklaven waren. Bell fiel auf, dass die Pilze fluoreszierende Substanzen produzierten. „Vielleicht könnte man die für cytometrische Untersuchungen benutzen?", hoffte Veal. Allein, die Substanzen erwiesen sich für diesen Zweck als wertlos. Ein bestimmter Pilz, *Epicoccum nigrum*, schied jedoch einen Fluorophor aus, der die Hefen knallrot färbte. Bell und Jian extrahierten ihn. Nach der Forscherregel „Bescheidenheit ist eine Zier, doch weiter kommt man ohne ihr" tauften sie den Fluorophor „Beljian Red".

Mit Extraktion und Namensgebung hätte es für die meisten Forscher sein Bewenden gehabt, nicht aber für Philipp Bell. Weil die Universität oder sein Chef nicht genügend Interesse an Beljian Red hatten, um dafür Laborplatz zur Verfügung zu stellen, mühte sich Bell zwei Jahre lang in seiner Garage damit ab, eine größere Menge Beljian Red herzustellen. Als er genug davon hatte (zweideutig!), entwickelten zwei andere Mitarbeiter Veals eine Reinigungsmethode für die Substanz. Auch gelang es, mittels NMR die Struktur aufzuklären. Der Fluorophor ist ein Polyketid mit dem Molekulargewicht 410. Beljian Red zeigte eine rote Fluoreszenz bei 605 nm, wenn es mit blauem oder grünem Licht angeregt wurde, und eine lange Stokes-Verschiebung (*Stokes shift*).

Dafür musste es doch eine Verwendung geben! Irgendwer in Veals Labor kam auf die Idee, mit Beljian Red die Proteine eines SDS-Gels anzufärben. Man nahm an, dass sich Beljian Red, analog zu anderen Fluoreszenzfarbstoffen wie SYPRO Orange, in die SDS-Hülle der Proteine einlagere. Auch fiel auf, dass die Fluoreszenz intensiver wurde, wenn man die Gele mit Ammoniak entwickelte. Also wurde Ammoniak zur Färbung von SDS-Gelen eingesetzt. Da Veals Firma Fluorotechnics damit Geld verdienen sollte, erhielt der Test den zackigen Namen „lightning fast".

Ein neues Produkt herzustellen, ist eine Sache. Eine andere und die schwierigere ist es, das Produkt zu verkaufen. Hier scheint Fluorotechnics nicht erfolgreich gewesen zu sein, es gelang den Australiern aber, Amersham für Vertrieb und Entwicklung von „lightning fast" zu interessieren. In der Zusammenarbeit der beiden Firmen stellte sich heraus, dass der Farbstoff anders wirkt als gedacht. Er lagert sich keineswegs nur in die SDS-Hülle ein, sondern geht mit den primären Aminogruppen der Lysinreste der Proteine die erwähnte kovalente Enaminbindung ein. Die SDS-Hülle der Proteine sorgt als hydrophobe Umgebung jedoch für eine höhere Quantenausbeute der Fluoreszenz.

Die Wirkung des Ammoniaks beruhte auf einer pH-Verschiebung ins Alkalische: $NH_3$ deprotoniert die primären Aminogruppen der Lysinreste, sodass diese mit dem Farbstoff reagieren können. Weil aber Ammoniak mit den Lysinresten auch um Epicoconon kompetiert, wurde er im Färbeprotokoll durch das unproblematische Bicarbonat ersetzt. Mithilfe dieser Erkenntnisse wurde dann der Proteintest entwickelt.

Die Lehre aus der Geschichte?

Oft entpuppt sich das Böse als das Gute. Es lohnt sich, auf scheinbar ärgerliche Kleinigkeiten zu achten und ihnen auf den Grund zu gehen. Dies auch dann, wenn es bedeutet, zwei Jahre lang von Gott und seinem Professor verlassen in einer Garage zu werkeln.

## 1.2.6 Weniger beliebte, aber gute Methoden

Die Konzentration eines reinen Proteins in Lösung lässt sich über seine Extinktion bei 280 nm bestimmen, vorausgesetzt, Sie kennen den Extinktionskoeffizienten (Faustregel: 1 mg/ml BSA gibt etwa 1 OD) und die Lösung enthält keine anderen UV-absorbierenden Substanzen (Stoschek 1990). Gill und Hippel (1989) berechnen den Extinktionskoeffizienten eines Proteins aus dessen Sequenz.

Günter Fritz hat uns auf die **Mikro-Biuret-Methode** hingewiesen. Sie wurde 1953 von Goa publiziert und durch Bensadoun 1976 verbessert (Goa 1953; Bensadoun et al. 1976). Ein alter Hut also, der aber noch getragen wird.

Proteine bilden mit $Cu^{2+}$ im Alkalischen blau-violette Komplexe. Das $Cu^{2+}$ wird dabei von den Stickstoffen der Peptidbindungen komplexiert. Dies nützen auch die Proteinbestimmungen nach Lowry und BCA (▶ Abschn. 1.2.1 und 1.2.3). Im Gegensatz zu Lowry und BCA belässt es die Biuret-Methode bei der Komplexbildung: Man komplexiert, misst die Absorption bei 540–560 nm und fertig.

Meist wird bei Biuret noch Natriumkaliumtartrat und Kaliumiodid zugegeben. Tartrat verhindert die Präzipitation von Kupferhydroxid, Kaliumiodid die Autoreduktion von Kupfer. Wenn in der Lösung keine Ammoniumionen schwimmen, ist die Biuret-reaktion spezifisch für Peptide (nicht aber für Dipeptide) und Proteine.

**Vorteile** Die Biuret-Methode erfasst das Protein in seinem Kern, in der Peptidbindung. Die Seitenketten der Aminosäuren haben nur geringen Einfluss auf die Färbung, die Färbeintensität gleicher Mengen verschiedener Proteine variiert daher kaum.

**Nachteile** Biuret ist weniger sensitiv als Lowry oder BCA. Nach Fritz verdoppeln bis verfünffachen sich aber Empfindlichkeit und Reproduzierbarkeit, wenn Sie nicht bei einer einzelnen Wellenlänge messen, sondern die Gipfelflächen erfassen und gegen die Konzentration auftragen.

## 1.3     Gele

Die Gelelektrophorese dient der Analyse von Proteinmischungen und ermöglicht schnelle Bestimmungen des Molekulargewichts (MG). SDS-Gele gehören daher zum Proteinbiochemiker wie Formulare zum Beamten. Es empfiehlt sich ein Gelsystem zu etablieren, das pro Lauf nur 30–45 min benötigt. Bandenschönheit ist erstrebenswert, aber verzichtbar, und langwieriges Herumspielen mit Gellängen oder Gradienten bringt wenig.

### 1.3.1     SDS-Gele

Die meisten Proteine binden die Seife SDS zu negativ geladenen SDS-Protein-Komplexen mit konstantem Ladungs-zu-Masse-Verhältnis (1,4 g SDS/g Protein in 1 % SDS-Lösung). SDS denaturiert die Proteine – besonders nach Reduktion mit Mercaptoethanol oder DTT – und unterbindet Protein-Protein-Wechselwirkungen (Quartärstrukturen). Die SDS-Protein-Komplexe verschiedener Proteine unterscheiden sich damit für viele Messmethoden nur in ihrer Größe und haben vergleichbare hydrodynamische Eigenschaften.

Bei der SDS-Elektrophorese wandert der SDS-Protein-Komplex im elektrischen Feld zum Plus-Pol. Dabei trennt der Molekularsiebeffekt einer porösen Polyacrylamidmatrix die SDS-Protein-Komplexe nach ihrem Stokes-Radius und damit nach ihrem MG auf.

Die verschiedenen SDS-Gelelektrophorese-Systeme unterscheiden sich unter anderem in den verwendeten Puffern. Am häufigsten wird das diskontinuierliche **Lämmli-System** mit Tris-Glycin-Puffern verwendet (Lämmli 1970). Ein Sammelgel (Tris-Glycin-Puffer pH 6,8; 3–4 % Acrylamid) überschichtet ein Trenngel (Tris-Glycin-Puffer pH 8,8; 5–20 % Acrylamid). Je länger das Trenngel, desto besser die Trennung. Je dünner das Gel, desto schöner die Banden und desto weniger kann/darf aufgeladen werden. Bei 1,5 mm dicken Gelen und 0,5 cm breiten Taschen liegt die obere Grenze der Auftragsmenge bei 1 mg Protein pro Tasche.

Für Proteine mit MG 10–60 kDa eignen sich 15 %ige Trenngele; für Proteine mit MG 30–120 kDa 10 %ige Gele; für Proteine mit MG 50–200 kDa 8 %ige Gele (■ Abb. 1.2). 18 %ige Gele, die 7–8 M Harnstoff enthalten, können Mischungen kleiner Proteine und Peptide (MG 1,5–10 kDa) auftrennen (Hashimoto et al. 1983). Harnstoff kristallisiert jedoch aus konzentrierten Lösungen und bei Temperaturen unter Raumtemperatur (RT) aus, zudem soll er Proteine carbamylieren (siehe aber ► Abschn. 7.3.1) und die Bindung von SDS stören. Die Alternative ist ein Tricin-Gelsystem nach Schägger und Jagow (1987). Es trennt Peptide von 1–100 kDa und kommt ohne Harnstoff aus (■ Abb. 1.2).

Gradientengele (z. B. 8–15 %) geben einen breiteren Trennbereich und etwas schärfere Banden. Zum Gießen linearer Gradienten eignen sich Gradientenmischer. Einfacher ist es jedoch, zuerst die leichte Lösung, dann die schwere Lösung mit einem Peleusball in eine Glaspipette aufzuziehen. Das Durchperlen von ein paar Luftblasen verwandelt die zwei Schichten in einen Gradienten, der zwischen die Glasplatten der Elektrophoreseapparatur abgelassen wird. Perfektionisten geben der schweren Phase (dem höherprozentigen Acrylamid) noch 5 % Rohrzucker und einen Farbstoff zu und verfolgen visuell Verlauf und Ausmaß der Gradientenbildung. Gute exponentielle Gradienten gießt die Maschine von Smith und Bell (1986).

Eine Vorratshaltung ist möglich; Gele, umwickelt mit nassen Kleenextüchern, sind in einer zugeschweißten Plastiktasche bis zu zwei Wochen haltbar.

**Optimierter Lämmli** Diana Cimiotti teilte uns per Email mit: „Wir benutzen ein optimiertes Rezept nach Laemmli, wo wir ins Trenngel 10 % Glycerin zugeben. Zum einen verbessert dies die Auflösung sichtbar, zum anderen ist das Trenngel schwerer als das Sammelgel, sodass man einfach mit dem Letzteren ‚überschichten' kann und nicht warten muss, bis das Trenngel auspolymerisiert ist. Unsere Gele sind dann bei 22 °C in ca. 30 min gemacht und können direkt verwendet werden. Im Kühlschrank lassen sie sich mindestens zwei Monate lagern, ohne dass die Auflösung deutlich schlechter wird."

**Wunderdinge** versprechen Dewald et al. (1986) von ihrem SDS-Gradientengel: Es komme ohne Harnstoff und Sammelgel aus und trenne dennoch Po-

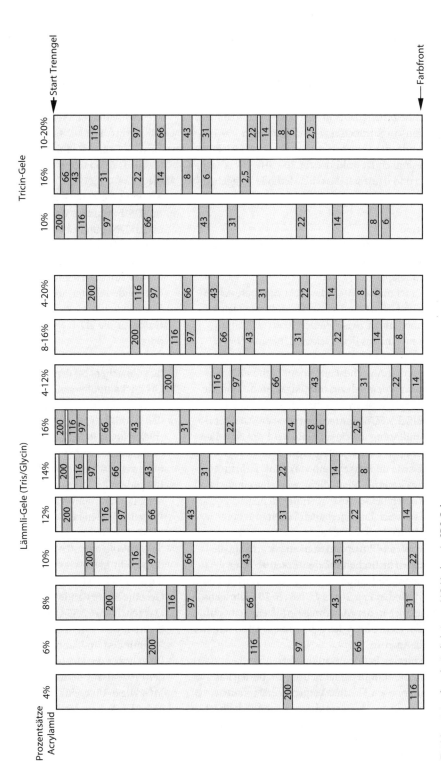

**◘ Abb. 1.2** Laufgeschwindigkeit von MG-Markern in SDS-Gelen

lypeptide vom MG 2000 bis 200.000. Dewald et al. verwenden Gradienten von Acrylamid (9–26 %), Bisacrylamid (0,18–1,05 %) und Glycerin (0–8 %) in einem Tris-Phosphat-Puffer pH 6,8. Das Glycerin soll die Sprödigkeit des hochprozentigen Gelendes herabsetzen – und tut es wohl auch. Trocknen lässt sich das Gel dennoch nicht, bzw. das hochprozentige Ende zerfällt dabei in ein Mosaik von Krümeln. Statt auf ein Sammelgel wird die Probe in 1 % Tris-Cl-gepufferter Agarose aufgetragen. Die Elektrophorese nach Dewald dauert 20–30 h – was wohl der Grund dafür ist, dass die Methode weitgehend ignoriert wird.

**Probleme**
- Acrylamid ist giftig! Ungewaschene Gele ebenfalls, da sie noch unpolymerisiertes Acrylamid enthalten.
- Manchmal scheitert die Elektrophorese schon beim Gelgießen: Die Acrylamidlösung läuft Ihnen unten zwischen den Abstandshaltern (Spacern) aus dem Gelgerüst heraus. Dies auch dann, wenn Sie die zwei Glasplatten mit den drei Abstandshaltern mit breiten Klammern ordentlich zusammengeklemmt und die äußeren Rinnen zwischen den Glasplatten mit heißer Agarose ausgegossen haben. Die Acrylamidlösung drückt an den zwei Kontaktstellen der Spacer die erkaltete Agarosedichtung beiseite und das System wird „inkontinent". Ihr Gelgerüst bleibt dicht, wenn Sie einen Tropfen heißer Agarose innen den Spacer bis ins Eck herunterlaufen lassen und dort erkalten lassen. Dies auf jeder Seite. Die beiden Tropfen (= Pfropfen) dichten zuverlässig die beiden kritischen unteren Ecken ab. Eine äußere Abdichtung erübrigt sich (beschrieben mit Bild in *Lab Times* 4/2007, S. 70). Übrigens: Agarose in der Mikrowelle erhitzen, nicht auf dem Heizrührer, das geht schneller und schont die Agarose.
- Schlechte Polymerisation? Setzen Sie das Ammoniumpersulfat neu an, am besten aus einer neuen Flasche. Vergebens? Dann neuer Puffer, neue Acrylamid-Stocklösung. Auch ist der Polymerisationsprozess temperaturempfindlich: Polymerisieren Sie im Wärmeschrank bei 40 °C.

- Um die Proteine der Probe vollständig aufzulösen, eventuelle Proteasen zu inaktivieren und Tertiärstrukturen zu unterbinden, ist es üblich, die Probe in Probenpuffer 5 min lang auf 95 °C zu erhitzen. Längeres Aufkochen spaltet empfindliche Proteine, und Membranproteine aggregieren oft beim Kochen mit SDS und Mercaptoethanol. Wer Letzteres vermeiden will, erhitzt nur auf 40 °C.
- Unvollständige Reduktion der Proteine? Setzen Sie Ihr DTT in 0,5 ml-Aliquots an. Lagern Sie die Aliquots bei −20 °C. Tauen Sie das DTT erst kurz vor dem Gebrauch auf.
- In SDS-Extrakten von Zellen oder Zellkernen bilden DNA und/oder RNA einen schleimigen Glibber, der sich schlecht aufs Gel aufladen lässt und den Lauf stört. Ein Vorverdau dieser Proben mit DNase I und RNase A wirkt Wunder (beide Enzyme arbeiten noch in 0,3 % SDS; Vorschriften für verschiedene Proben im *User Guide* für die 2D-Elektrophorese von Millipore).
- Der Anfänger stellt in dem Streben, alles richtig zu machen, oft den pH des Lämmli-Tris-Glycin-Laufpuffers mit HCl ein. Das ist falsch. Das exakte Einwiegen von Tris und Glycin gibt den richtigen pH, und kleinere Abweichungen spielen keine Rolle. $Cl^-$ im Laufpuffer aber bringt das Ionensystem durcheinander und führt zu unscharfen Banden.
- Besondere Proteine verhalten sich besonders. Die hydrophilen Zucker glykosylierter Proteine binden kein SDS. Das Ladungs-zu-Masse-Verhältnis der SDS-Komplexe glykosylierter Proteine unterscheidet sich daher von dem nicht-glykosylierter Proteine. Glykosylierte Proteine laufen atypisch und geben im Gel eine breite Bande (Mikroheterogenität). Das scheinbare MG glykosylierter Proteine, insbesondere von Membranproteinen, hängt – zumindest im Lämmli-Gelsystem – vom Prozentsatz des Gels ab (Rehm 1989). Je höher der Prozentsatz, desto höher das scheinbare MG. Die α-Untereinheit des spannungsabhängigen $K^+$-Kanals der Ratte zeigt beispielsweise in 8%igen Gelen ein scheinbares MG von 76–80 kDa, in 10%igen Gelen dagegen von 90 kDa (siehe auch ▶ Abschn. 2.4.3).

- $Ca^{2+}$-bindende Proteine wie Calmodulin laufen in SDS-Gelen in Anwesenheit von 1 mM $Ca^{2+}$ schneller als in Gegenwart von 1 mM EDTA, und die Phosphorylierung von Proteinen ändert ihr Laufverhalten ebenfalls (Nachweis der Phosphorylierung).
- Bandenverzerrungen? Das liegt oft an zu hohen Ionenkonzentrationen in der auf das Gel aufgetragenen Probe. Fällen Sie die Probe nach Wessel und Flügge (1984; ▶ Abschn. 1.5.1), trocknen Sie das Pellet und lösen Sie es in Probenpuffer auf.
- Kaliumdodecylsulfat ist schwerlöslich, und SDS fällt unterhalb 10 °C aus.

### 1.3.2 Für Eilige: SDS-Elektrophorese ohne Sammelgel

Wie Sie dem vorigen ▶ Abschn. 1.3 entnehmen können, ist das Lämmli-System eine ausgereifte Methode, die aber dennoch Schwächen hat. Es gibt daher immer wieder Forscher, die sich, vermutlich mit Blick auf Herrn Lämmlis Zitatezahlen, an Verbesserungen versuchen. Ahn et al. (2001) behaupten, ein simpler Austausch des Puffersystems mache das Sammelgel unnötig. Die Auflösung bliebe gleich, sei sogar etwas besser als bei Lämmli, weil das Trenngel länger gemacht werden könne. Auch spare man sich Lösungen und deren Ansetzen.

Nach Mehmel und Bauer (2012) trennen 10 %ige Lämmli-Gele Proteine mit MG 15–70 kDa am besten, 10 %ige Ahn-Gele dagegen Proteine mit MG 25–130 kDa. Auch beim Western Blot lassen sich Proteine mit höherem MG aus Ahn-Gelen besser übertragen als aus Lämmli-Gelen.

Sie brauchen für das Ahn-Gel Acrylamid-Stocklösung, Laufpuffer, Probenpuffer und Trenngelpuffer. Acrylamid-Stocklösung, Laufpuffer und Probenpuffer sind identisch zum Lämmli-System. Das Geheimnis liegt im Trenngelpuffer. Der besteht bei Ahn et al. aus 76 mM Tris-HCl und 0,1 M Serin, 0,1 M Glycin und 0,1 M Asparagin, pH 7,4. Der Trenngelpuffer enthält also kein SDS.

SDS-freies Trenngel für die SDS-Elektrophorese? Kein Problem! Das SDS aus Proben- und Laufpuffer läuft ja schneller als die Proteine, die bleiben also in SDS-haltiger Umgebung. Der Vorteil des SDS-freien Trenngels: Mit SDS-freiem Proben- und Laufpuffer verwandelt sich das Ahn-System in eine native Gelelektrophorese.

Damit und mit der Arbeitsersparnis – wegen des fehlenden Sammelgels – sind die Vorteile des Ahn-Gels nicht erschöpft. Weil der pH des Gels nur bei 7,4 liegt, kann es über ein halbes Jahr bei 4 °C gelagert werden, ohne Schaden zu nehmen. Beim pH 8,8 des Lämmli-Systems dagegen hydrolysiert das Acrylamid langsam.

Trotz fehlendem Sammelgel sei die Elektrophorese im Ahn-Gel unempfindlich gegen Probenvolumen, NaCl-Konzentrationen bis zu 0,5 M und 2 % Chaps bzw. Triton, versichern Ahn et al. (2001). Blotten lassen sich die Proteine auch.

Das klingt praktisch, das klingt gut, doch einiges macht misstrauisch. So zeigen Ahn et al. (2001) in ihrem Paper keinen direkten Vergleich mit Lämmli-Gelen, und es fehlt auch eine genaue Beschreibung des Gelsystems.

Nun, es ist kein großer Aufwand, die Behauptungen Ahns nachzuprüfen. Sie müssten nur den neuen Trenngelpuffer ansetzen, und man setzt ja so viele Puffer an, da kommt es auf den auch nicht mehr an. Sie fahren also ihr Lämmli-Gel und parallel dazu, mit den gleichen Proben, in den gleichen Dimensionen, ein Ahn-Gel. Dann färben, dann entfärben – und Sie wissen Bescheid.

Günter Fritz hat das getan und schrieb uns per Email: „Wir verwenden dieses neue Rezept seit Erscheinen des Artikels in *Anal. Biochem*. Alles in allem: Ich werde keine Lämmli-PAGEs mehr fahren. Die neuen Gele sind schneller gegossen als die alten, laufen recht schön (sonst produziere ich oft Smilies wegen Salz etc.), es gibt mehr Trennstrecke, und es sind höherprozentige Gele (bis 18 % Acrylamid) für die Trennung von sehr kleinen Proteinen möglich. Beim Rausnehmen, um das Gel zu färben oder zu blotten, schmiert das schlabberige Trenngel nicht mehr herum. Das hat mich immer genervt. Nachteile? Einen kleinen vielleicht: Mir scheint, die Lämmli-Gele nehmen das Überladen nicht so krumm."

Ein weiterer kleiner (?) Nachteil sind die Aminosäuren im Trenngelpuffer, sie machen ihn zur guten Nährflüssigkeit für Bakterien und Pilze. Den Besuch dieser „kleinen Freunde" (Günter Fritz) können Sie durch eine Prise $NaN_3$ unterbinden.

Auch ist es nicht nötig, reine D- oder L-Aminosäuren zu verwenden. Nach Fritz arbeiten die billigeren racemischen Gemische ebenso gut.

Mit dem Trenngelpuffer des Ahn-Gels scheint es dagegen manchmal Probleme zu geben. Klaus Samer und Diana Cimiotti von der Ruhr-Uni-Bochum teilten uns mit, dass es ihnen nicht gelungen sei, den Trenngelpuffer in vierfacher Konzentration herzustellen: Ein Großteil der Aminosäuren sei ungelöst geblieben; selbst bei der Verdünnung auf zweifache Konzentration sei noch ein Bodensatz zu sehen gewesen. Auch habe das Ahn-Gel, im Vergleich zu Lämmli, schlecht getrennt.

Der Autor Rehm schrieb daraufhin Günter Fritz an. Er und sein Freund Markus Knipp (auch Knipp verwendet das Ahn-Gel schon seit Jahren und ist damit zufrieden) können sich die Schwierigkeiten von Samer und Cimiotti nicht erklären. Allerdings sei das Ahn-Gel bei seinen Mitarbeitern unbeliebt, weil es langsamer sei als ein Lämmli-Gel.

Samer und Cimiotti verglichen daraufhin Ahn- und Lämmli-Gele. Ihr Ergebnis: Ahn-Gele laufen im Vergleich zu Lämmli-Gelen langsamer. Zudem liefere das Ahn-Gel „deutlich breitere, verschmierte" Banden als ein Lämmli-Gel. Die längere Trennstrecke bringe keine Besserung. Frau Cimiotti gießt inzwischen oft Gradientengele nach Lämmli ohne Sammelgel – mit vergleichbarer Auflösung wie bei Ahn-Gelen.

Auch in der Wiederholung musste Frau Cimiotti feststellen, dass sich Ahns Trenngelpuffer nicht einmal zweifach konzentrieren lässt. Sie vermutet, dass Ahn eine größere Menge Gellösung auf einmal ansetze und so den Trenngelpuffer nicht konzentrieren müsse.

Daraufhin hat der Autor Rehm Taeho Ahn angeschrieben und ihn gebeten, sich zu diesen Befunden zu äußern. Herr Ahn schwieg sich aus.

### 1.3.3 Native Gele

Native Gelsysteme enthalten kein SDS, die Ladung der Proteine im Gel richtet sich daher nach ihrem isoelektrischen Punkt und dem pH des verwendeten Puffers. Bei nativen Gelen wird die Proteinlösung mit Rohrzucker und einem Indikator ohne Vorbehandlung auf das Gel geladen. Im elektrischen Feld wandert dann ein Teil der Proteine zum Plus-, der andere zum Minus-Pol. Die Wanderungsgeschwindigkeit eines Proteins hängt ab von seiner Größe, seiner Ladung, der Porosität der Gelmatrix und dem pH von Trenngel und Laufpuffer. Ein halbes Dutzend nativer Systeme beschreibt Maurer (1971).

Da mit nativen Gelen weder MG noch isoelektrischer Punkt bestimmt werden können und sie sich nicht für Membranproteine eignen (siehe aber unten), sind native Gele aus der Mode gekommen. Sie dienen gelegentlich zur Reinheitskontrolle von löslichen Proteinen.

**Vorteile** Viele Proteine überleben die Elektrophorese und können in aktiver Form wieder aus dem Gel eluiert werden. Manche Enzyme kann man direkt im Gel durch die Enzymreaktion nachweisen.

**Probleme** Der Lauf eines nativen Gels dauert Stunden. Hydrophobe (integrale) Membranproteine schmieren in konventionellen nativen Gelen wie Hundedreck unterm Schuh, und das auch bei Zusatz nicht-ionischer Seifen wie Triton X-100 zu Puffer und Gel.

**Schägger-Gele** Native Gelelektrophoresen für Membranproteine beschreiben Schägger und Jagow (1991). Die Proteine werden mit nicht-ionischen Seifen, z. B. Triton X-100, unter Zusatz von Aminocaproinsäure in Lösung gebracht und mit dem negativ geladenen, hydrophoben Farbstoff Serva Blue G umgesetzt. Der Farbstoff verwandelt die gelösten Membranproteine in negativ geladene Farbstoff/Seife/Protein-Komplexe. Diese aggregieren wegen der elektrostatischen Abstoßung nicht, und ihre Tertiärstruktur und Funktion (z. B. enzymatische Aktivität) bleiben erhalten. Sie werden auf einem Gel, das Aminocaproinsäure enthält, aufgetrennt, wobei der Kathodenpuffer Serva Blue G nachliefert (Blaugel). Als Orientierungsmarker dienen die Proteine von Rinderherzmitochondrien.

Das Blaugel eignet sich für Membranproteine im MG-Bereich von $10^5$–$10^6$. So können nach den Erfahrungen des Autors Rehm mitochondriale Membranproteine und integrale Zellmembranproteine wie der nikotinische Acetylcholin-Rezeptor aufgetrennt werden. Für kleinere Membranproteine empfiehlt Schägger den Ersatz des Farbstoffs durch Taurodeoxycholat.

Das Blaugel ist nicht nur eine neue Reinigungsmethode, es mag auch von Nutzen sein für die Aufklärung der Quartärstruktur von Proteinen (▶ Kap. 8). Ein SDS-Gel könnte als zweite Dimension die nativ separierten Oligomere in die Untereinheiten auftrennen.

**Probleme** Vermutlich lagert sich Serva Blue G bevorzugt an die Transmembranbereiche an. Membranproteine mit relativ zu den Transmembranbereichen großen extra- oder intrazellulären Anteilen weisen damit eine geringere Ladungsdichte auf als Membranproteine mit kleinen extra- und intrazellulären Bereichen. Lösliche Proteine binden noch weniger Farbstoff. Das Ladungs-zu-Masse-Verhältnis verschiedener Protein-Farbstoff-Komplexe ist also nicht konstant, und das Blaugel trennt die Proteinkomplexe nicht nach dem MG (persönl. Mitteilung von A. Schrattenholz †).

Lösliche Markerproteine wie Thyroglobulin, Ferritin u. a. schmieren im Gel oder zerfallen teilweise in Untereinheiten.

Serva Blue G bindet fest an Nitrocellulose- und PVDF-Membranen. Der Blot eines Blaugels ist also blau, was bei der Immun- oder Ligandenfärbung des Blots stört (▶ Abschn. 1.6.3).

Schließlich dauert der Lauf eines Blaugels 3–6 h, und die Banden sind unscharf.

**Kationische Proteine** sollen sich nach Thomas und Hodes (1981) in einem Gelsystem auf MOPS-Puffer-Basis gut auflösen lassen.

**Lämmli-Taurodeoxycholatgele** Wenn Sie im Lämmli-System (▶ Abschn. 1.3.1) das 0,1 % SDS in Puffern und Gel durch 5 mM Taurodeoxycholat ersetzen, fokussieren viele Membranproteine in 5–7,5%igen Trenngelen zu scharfen Banden. 5 %ige Trenngele trennen Proteinkomplexe bis zu einem MG von 106 auf. Die Untereinheitenstruktur und native Konformation vieler Membranproteine bleibt erhalten (persönl. Mitteilung von A. Schrattenholz).

Ein Zwitter zwischen nativer und denaturierender Gelelelektrophorese ist die Elektrophorese in dem Detergens Cetyltrimethylammoniumbromid. Akin et al. (1985) behaupten, damit sei unter Erhalt der biologischen Aktivität eine MG-Bestimmung der Proteine möglich.

## 1.4 Gele färben

### 1.4.1 Fixieren

Vor oder mit dem Färben werden die Proteine im Gel fixiert, also denaturiert und ausgefällt. Fixiert wird meistens mit Ethanol/Essigsäure/Wasser-Mischungen, die ein Färbemittel, z. B. Coomassie Blue, enthalten. Die Essigsäure wird hin und wieder durch Trichloressigsäure (TCA) ersetzt, denn manche glauben, dass TCA Proteine besser fixiert.

Basische Proteine mit niedrigem MG lassen sich oft weder mit Essigsäure/Ethanol/Wasser- noch mit TCA/Ethanol/Wasser-Gemischen fixieren, und ihre Banden diffundieren im Laufe der Zeit auseinander. Abhilfe schafft das Fixieren der Proteine mit Formaldehyd nach Steck et al. (1980). Wer das Gel anschließend mit Silber färben will, muss das Formaldehyd vorher vollständig auswaschen.

### 1.4.2 Färben

Bei großen Proteinmengen, die es, z. B. wegen einer Sequenzierung, schonend zu behandeln gilt, ist die Acetatfärbung das Mittel der Wahl. Bei kleineren Proteinmengen, die aber noch oberhalb 0,2 µg pro Bande liegen, empfiehlt sich die Coomassie-Färbung. Darunter haben Sie die Wahl zwischen Silberfärbung, kolloidalem Coomassie und den Fluoreszenzfarben SYPRO Orange, SYPRO Ruby und Deep Purple. Hier kommt es darauf an, welche Ausrüstung Sie haben und was Sie mit dem Protein hinterher anstellen wollen.

Wollen Sie das Gel blotten, ist es besser, die Proteine erst auf dem Blot anzufärben.

Die **quantitative Auswertung** gefärbter Gele ist eine Kunst. Dies insbesondere dann, wenn Proben auf verschiedenen Gelen verglichen werden sollen. Die Messwertstreuung kann aber auch auf dem gleichen Gel bei 20 % und darüber liegen, was bedeutet, dass sich die Proteinexpression von Kontrolle und Probe um mindestens den Faktor 1,5 unterscheiden muss, um signifikant zu sein. Hauptfehlerquelle liegt nach Hermann Wetzig in der unberechenbaren Basislinie. Diese könne man durch geeignete Detektoren in den Griff bekommen. So könne man die native Fluoreszenz der Proteine ausnutzen (was die

1

**◘ Tab. 1.1** Proteinfärbung in Gelen

| Methode | Empfindlichkeit[a] | Zeit | Variabilität[b] | Blot?[c] | MS? |
|---|---|---|---|---|---|
| Silber | 5–30 | 1–24 h | Groß | Nein | Nein |
| Silber ohne Aldehyde | 5–30 | 4–24 h | Groß | Ja | Ja |
| Eosin Y | 10 | 30 min | Mäßig | Ja | Ja |
| SYPRO Orange | 30–50 | 1 h | Gering | Ja | Ja |
| SYPRO Ruby | 10–30 | 5–6 h | Gering | Ja | Ja |
| Deep Purple | 2–10 | 3–4 h | Gering | Ja | Ja |
| Stains-all | 100–200 | 3–4 Tage | Gering | Ja | Ja |
| Coomassie | 200–400 | 3–4 h | Gering | Ja | Ja |
| Kolloidales Coomassie | 20–50 | 10 h | Gering | Ja | Ja |
| Nitroblau-Tetrazolium | 200–400 | 20 min | – | – | – |
| Zink-Imidazol | 50–200 | 20 min | – | Ja | Ja |
| Kupfer | 100–300 | 20 min | – | Ja | Ja |
| Na-Acetat | 1000–3000 | 20 min | – | Ja | Ja |
| KCl | 2000–4000 | 10–40 min | – | Ja | Ja |

[a] Grenzwerte in ng/0,5 cm Bande
[b] Variabilität der Färbeintensität gleicher Mengen verschiedener Proteine
[c] Vor dem Blotten müssen die gefärbten Gele oft behandelt werden, z. B. Auswaschen von Salzen oder Inkubieren in 0,1 % SDS-Lösung (Perides et al. 1986)
MS: Massenspektrometrie

Färbung erspart) oder Coomassie-gefärbte Gele im fernen Rot detektieren. Herr Wetzig hat seine Erkenntnisse in der Reihe „Neulich an der Bench" im *Laborjournal* (7/8, 2009) dargestellt.

## Coomassie-Färbung

Die Coomassie-Färbung macht wenig Arbeit, doch auch bei dünnen (0,75 mm) Gelen dauert das Entfärben 2–3 h. Die Empfindlichkeit des konventionellen Verfahrens ist mäßig (untere Grenze 200–400 ng pro Bande, ◘ Tab. 1.1).

Wenn Ihnen Essiggestank nichts ausmacht oder noch Platz im Abzug ist, können Sie die Coomassie-Färbung und -Entfärbung auf 20–30 min verkürzen. Ralph Diensthuber kocht die Gele kurz mit der Coomassie-Lösung auf und entfärbt sie wieder durch Aufkochen in 6%iger Essigsäure. Zum Entfärben wird die Essigsäure mehrmals gewechselt.

Noch besser ist es, Sie lassen die Essigsäure ganz weg und den Alkohol auch. Im *Laborjournal* (3/2008, S. 62) beschreibt Hüseyin Besir eine Coomassie-Färbemethode, in der die Essigsäure durch 35 mM HCl ersetzt wird. Entfärbt wird mit bidestilliertem Wasser. Auch Besir erhitzt die Gele, nimmt dazu aber eine Mikrowelle. Das kann er, weil seine Färbelösung frei von Alkohol und Essigsäure ist. Das Erhitzen von verdünntem HCl macht der Mikrowelle anscheinend nichts aus – man sollte die Brühe aber nicht aufkochen. Auch empfiehlt Besir auf das Erhitzen zu verzichten, wenn die Proben nach dem Färben für die Massenspektrometrie verwendet werden sollen.

Neuhoff et al. (1988) haben eine Färbung mit kolloidalem Coomassie entwickelt. Die soll hoch sensitiv sein, einen klaren Hintergrund geben, das Entfärben entfalle, und zudem dauere die Färbung nicht so lange wie mit löslichem Coomassie. Die

Färbung wird als Kit von der Firma Novex vertrieben (ein Arbeitsprotokoll liegt dem Kit bei). Sie benötigt mehr Zeit als die Färbung mit löslichem Coomassie, und es muss mit Wasser entfärbt werden. Die Färbung ist wirklich empfindlicher als die alte Coomassie-Methode und dennoch verträglich mit der Massenspektrometrie. Beachten Sie:

- Weil sich das kolloidale Coomassie in den Polyacrylamid-Poren verfängt, ist der Hintergrund bei niederprozentigen Gelen höher.
- Nicht-reduzierte Proben färben etwas besser als reduzierte Proben.
- Sie können das Gel mit 30 % Methanol wieder vollständig entfärben.

Die Gelfärbung mit kolloidalem Coomassie wurde von Kang et al. (2002) durch Zugabe von Aluminiumsulfat um eine Größenordnung empfindlicher gemacht. Die Coomassie-Färbung erreicht damit die Empfindlichkeit der Silberfärbung und Fluoreszenzfärbungen (1 ng pro Bande), vermeidet aber die Nachteile der Silberfärbung wie ungleiche Färbeintensität und irreversible Fixierung. Zudem kann man im Gegensatz zu Fluoreszenzfärbungen die Banden bzw. Flecken im Gel mit bloßem Auge betrachten. Im *Laborjournal* (4/2008, S. 44) berichtet Nadine Dyballa von einer weiteren Optimierung der kolloidalen Coomassie-Färbung. Durch Verwendung von Ethanol wurde die Giftigkeit reduziert.

## Silberfärbung

Bei der Silberfärbung bildet das $Ag^+$-Ion Komplexe mit den Glu-, Asp- und Cys-Resten der Proteine. Alkalisches Formaldehyd reduziert das $Ag^+$ der Komplexe zu Ag. Die Feinheiten dieser Reaktion sind unbekannt. Vorfärbung des Gels mit Coomassie soll die Silberfärbung verstärken (Moreno et al. 1985); dieser Effekt ist allerdings nach Rehms Erfahrung ein mäßiger.

Der Vorteil der Silberfärbung liegt in ihrer Empfindlichkeit. Sie ist auch preiswert. Die Reagenzien sind im Handel erhältlich.

Die Zahl der Silberfärbungsprotokolle liegt bei mehreren Dutzend. Mit dem Standardprotokoll, das Merril et al. (1981) entwickelten, können noch ca. 5 ng Protein pro Bande nachgewiesen werden. Heukeshoven und Dernick (1988) verbesserten die

Färbung durch einen Reduktionsschritt mit Thiosulfat und drückten damit die Nachweisgrenze auf 50–100 pg Protein pro Bande. Die Methode wurde für das Phast-System von Pharmacia (jetzt GE-Healthcare) optimiert und läuft bei wechselnden Temperaturen ab, doch können Sie, bei geringerer Empfindlichkeit, auch alle Schritte bei RT durchführen (Färbezeit: ca. 75 min).

In manchen Silberfärbungsprotokollen entwickeln die Proteine Farben, z. B. färben sich Sialoglykoproteine gelb und BSA blau. Die Grundlage dieser Farbreaktionen liegt im Dunkeln, und ihr experimenteller Nutzen war bisher gering (Dzandu et al. 1984; Nielsen und Brown 1984).

Wenn Ihnen Ihr Silbergel zu dunkel geraten ist, können Sie das Gel wieder entfärben:

- Gel 5 min mit Wasser waschen. Gel in Entfärberlösung inkubieren bis gewünschter Entfärbungsgrad erreicht ist (Achtung: Entfärbungsprozess läuft schnell ab) und dann mit 5 % Essigsäure stoppen.
- Entfärberlösung: 10 ml Lösung A und 10 ml Lösung B mischen, mit $H_2O$ auf 200 ml auffüllen. Falls die Farbe leicht ins Grüne umschlägt, einige Tropfen konzentriertes $NH_4OH$ zugeben bis die Farbe wieder tiefblau ist.
- Lösung A: 37 g NaCl, 37 g $CuSO_4 \times 5 H_2O$ in ca. 800 ml $H_2O$ lösen, konzentrierte $NH_4OH$-Lösung zugeben bis der Niederschlag sich löst und die Lösung tiefblau wird; mit $H_2O$ auf 1 l auffüllen.
- Lösung B: 684 g $NaS_2O_3 \times 5 H_2O$ in ca. 900 ml $H_2O$ lösen und dann auf 1 l auffüllen.

Eine andere Möglichkeit, das Silber aus den Gelen wieder zu entfernen, ist eine Behandlung mit Wasserstoffperoxid ($H_2O_2$) (Sumner et al. 2002).

**Probleme** Die Silberfärbung ist umständlich, langwierig (1–2 h), schwer zu reproduzieren und nicht quantifizierbar, da gleiche Mengen verschiedener Proteine mit unterschiedlicher Intensität färben (Poehling und Neuhoff 1981). Die Färbung zeigt also große Variabilität. Außerdem können Sie mit den gefärbten Proteinen kaum mehr etwas anfangen: kein Blot, keine Elution, [3]H wird gequencht, der Verdau mit Proteasen behindert, und in das Massenspektrometer bekommen Sie die Proteine auch nicht mehr. Zudem ist die Silberfärbung keineswegs spezifisch für Proteine, sondern färbt auch lustig Nukleinsäuren, Lipopolysaccharide, Lipide und Glykolipide. Schlecht sieht es bei der Silberfärbung mit der Proportionalität zwischen Proteinkonzentration und Färbeintensität aus: Eine Größenordnung ist das Höchste der Gefühle.

Enthielt der Lämmli-Probenpuffer Mercaptoethanol oder DTT, entstehen bei der Silberfärbung des Gels oft zwei Artefakt-(Geister-)Banden in BSA-Höhe. Diese Banden verschwinden, wenn die Probe nach der Reduktion (und vor dem Lauf) mit Iodacetamid behandelt wird (Hashimoto et al. 1983).

Oft erscheinen Geisterbanden aber auch im MG-Bereich von 50–60 kDa, und diese verschwinden nicht nach Reduktion der Probe mit Iodacetamid. Nach Yokota et al. (2000) sind die Ursache der Geisterbanden Verunreinigungen mit Haut- und Haarkeratinen. Geisterbanden haben also nur insofern etwas mit spiritistischen Erscheinungen zu tun, als sie beide vom Kopf verursacht werden: Die einen entstehen darauf, die anderen darin. Nach Yokota schwimmen die Keratine nicht nur in der Probe, sie sitzen auch und vor allem in den Probetaschen des SDS-Gels. Geisterbanden erhalten Sie nämlich schon, wenn Sie das Gel ohne Probe laufen lassen. Waschen der Taschen mit Wasser nützt wenig, waschen mit Probenpuffer vergrößert das Problem – vermutlich, weil der Probenpuffer die Keratine ins Gel diffundieren lässt. Yokota et al. (2000) beseitigen die Banden, indem sie die Geltaschen mit proteinfreiem Probenpuffer beladen, für 5 min in die falsche Richtung elektrophoretisieren und den Probenpuffer dann entfernen. Die Taschen sind jetzt keratinfrei, und Sie können ihre Probe aufladen.

### Silberfärbung und Massenspektrometrie

Bei der Massenspektrometrie erweist sich die zumindest teilweise irreversible Fixierung der Proteine während der Silberfärbung als Nachteil. Fixierend und proteinvernetzend wirken die Aldehyde, die zum Entwickeln verwendet werden. Besonders schlimm ist Glutaraldehyd. Aber auch Formaldehyd quervernetzt Proteine über Methylenbrücken, so wie in histologischen Präparaten. Bis zur vollständigen Vernetzung dauert es Stunden bis Tage. Falls Sie Ihr Silbergel also mit Formaldehyd entwickelt haben und nun einzelne Flecken im Massenspektrometer

untersuchen wollen, empfiehlt es sich, das Gel so schnell wie möglich weiterzuverarbeiten.

Die Silberfärbungen nach Blum et al. (1987) und Shevchenko et al. (1996) sollen mit der Massenspektrometrie kompatibel sein. Beide verwenden nur Formaldehyd zum Entwickeln des Gels. Die Peptidausbeute aus Blum-Gelen ist jedoch wesentlich geringer als die aus Coomassie-gefärbten Gelen.

Neben der Quervernetzung mit Aldehyden hemmt auch die Ag-Ablagerung die Weiterverarbeitung der Proteine eines Silbergels. Es ist also zweckmäßig, das Gel zuvor zu entfärben.

Sumner et al. (2002) entfernen das Silber mit einer $H_2O_2$-Behandlung. Dabei oxidiert das $H_2O_2$ auch die Reste von Formaldehyd, und Ammoniak komplexiert die entstehenden $Ag^+$-Ionen. Dies soll die Proteine dem Verdau mit Proteasen bzw. einer Analyse mit dem Massenspektrometer zugänglich machen und tut es auch teilweise. Aber eben nur teilweise: Proteine, die zuvor durch die Aldehyde irreversibel quervernetzt wurden, sind und bleiben für Proteasen schwer verdaulich. Zudem oxidiert das $H_2O_2$ die Methioninreste der Proteine.

Zum Entfärben von Formaldehyd-entwickelten Silbergelen eignet sich auch die Methode von Gharahdaghi et al. (1999). Oxidationsmittel ist Ferricyanid, und das $Ag^+$-Ion wird mit Thiosulfat komplexiert. Es gibt dazu folgende (modifizierte) Vorschrift:

- Proteinflecken mit Skalpell oder einer gelben Pipettenspitze aus dem Gel schneiden und in Eppendorfcup geben.
- 100 µl Entfärberlösung zugeben (50 mM Na-Thiosulfat, 15 mM K-Ferricyanid) und inkubieren bis die gelbe Farbe verschwindet.
- Entfärberlösung absaugen und das Gelstück in 200 µl 25 mM Ammoniumcarbonat für 10 min waschen.
- Das Gelstück in 100 µl $CH_3CN$ für 10 min dehydratisieren.
- Waschen mit Ammoniumcarbonat und Dehydrieren zweimal wiederholen.
- $CH_3CN$-Lösung absaugen und Gel in der Vakuum-Zentrifuge trocknen. Danach können Sie z. B. Puffer und Protease zugeben.

Die eingangs beschriebene Entfärbung mit $Cu^{2+}$ empfehlen wir für die Massenspektrometrie nicht.

Die $Cu^{2+}$-Ionen stören. Sie können aber versuchen, das Kupfer mit 0,25 M EDTA wegzuwaschen.

Der Weisheit bisher letzter Schluss ist also: Wer die Flecken bzw. Banden in einem Silbergel analysieren will, der sollte nur mit Formaldehyd entwickeln und das Gel schnell wieder entfärben. Glücklich scheint damit aber niemand geworden zu sein.

Sophie Richert (Richert et al. 2004) ist auf die Idee gekommen, das Gel nicht mit Formaldehyd, sondern mit einer Substanz zu entwickeln, die Proteine nicht vernetzt. Das mag nach dem oben Gesagten naheliegend erscheinen, allein, was naheliegt, wird leicht übersehen: Jedenfalls hat vor Sophie niemand diesen Gedanken verfolgt. Sie entwickelt ihre Silbergele mit Carbohydrazid. Aus den damit angefärbten Gelen erhielte man eine ähnliche Peptidausbeute für die Massenspektrometrie wie aus Gelen, die mit Coomassie gefärbt wurden. Dies besonders dann, wenn noch mit Ferricyanid entfärbt werde. Die Sensitivität sei vergleichbar mit Formaldehydentwickelten Gelen. Doch hätten die mit Carbohydrazid entwickelten Gele einen höheren Hintergrund und eine geringere Farbhomogenität.

Wie viele Reduktionsmittel Frau Richert wohl ausprobiert hat? Vielleicht ist Carbohydrazid auch noch nicht das Ende vom Lied. Falls Sie an einem Sonntag nichts Besseres vorhaben, dann spielen Sie doch mit Frau Richerts Bedingungen herum und suchen Sie ein besseres Reduktionsmittel. Als Lohn winkt ein Paper in *Proteomics*.

## Allerlei Buntes

**Stains-all-Färbung** Stains-all ist eine kationische Carbocyaninfarbe. Sie färbt Sialoglykoproteine blau, $Ca^{2+}$-bindende Proteine dunkelblau bis violett, Proteine rot und Lipide gelb-orange (King und Morrison 1976; Campbell et al. 1983). Brauchbar ist Stains-all für stark saure und/oder hochphosphorylierte Proteine (z. B. aus Dentin oder Knochen). Diese färben schlecht oder gar nicht mit Coomassie oder Silber, leuchten Ihnen aber mit Stains-all dunkelblau entgegen. Doch nicht lange. Tageslicht bleicht Stains-all in Minuten aus – also noch während Sie das Gel betrachten. Diesen Nachteil behaupten Myers et al. (1996) mit einer Doppelfärbung überwunden zu haben: Sie färben das Gel erst mit Stains-all, dann mit Silber. Dies soll die

hochphosphorylierten – und auch die restlichen – Proteine dauerhaft sichtbar machen.

**Vorteile** Schön bunt, mag bei der Reinigung von $Ca^{2+}$-bindenden oder hochphosphorylierten Proteinen nützlich sein.

**Probleme** SDS stört schon in geringsten Mengen. Das Reagenz ist lichtempfindlich, die Färbung hält sich deswegen nur für Minuten (siehe aber Myers et al. 1996).

**Eosinfärbung** Nach Lin et al. (1991) färbt das Fluoresceinderivat Eosin Y in SDS-Gelen Proteine bis hinab zu 10 ng pro Bande. Zudem entdeckt Eosin Y auch Sialoglykoproteine, die Coomassie nicht anfärbt. Die Antigenizität der mit Eosin Y gefärbten Proteine bleibt erhalten, auch können die Proteine nach der Färbung geblottet werden. Eosin Y wurde von den Histologen übernommen (eosinophile Granulocyten!) und zeigt, dass es sich gelegentlich lohnt, über den Zaun zu blicken.

## Negative Färbungen

Damit sind Farbstoffe gemeint, die das Gel färben, nicht aber die Proteinbanden. Sie sind bei Experimentatoren nicht beliebt, da es schwierig ist, die Grenzen der Banden bzw. Flecken festzulegen. Die Zink-Imidazol-Färbung scheint noch den meisten Zuspruch zu finden.

**Nitroblau-Tetrazolium** Diese negative Färbung sei empfindlicher als Coomassie und dauere nur 20 min, behaupten Leblanc und Cochrane (1987). Kaum jemand scheint ihnen das geglaubt zu haben: Die Methode wird kaum zitiert.

**Acetatfärbung** 4 M Na-Acetat für 20–60 min fällt in Lämmli-Gelen das freie (nicht-proteingebundene) SDS aus. Das Gel wird trübe, die Proteinbanden bleiben klar. Seitenlicht gegen einen schwarzen Hintergrund macht die Banden sichtbar (Higgins und Dahmus 1979).

Die Acetatfärbung schont das Protein, ist zuverlässig und einfach. Das Protein bleibt unverändert und kann weiterverarbeitet werden, z. B. für partielle Aminosäuresequenzen. Allerdings werden nur größere Mengen an Protein (von 5 µg pro Bande aufwärts) sichtbar. Die Färbung verschwindet, wenn das Acetat ausgewaschen wird.

**Zink-Imidazol-Färbung**  Die Sensitivität dieser Färbung soll höher sein als die von Coomassie, jedoch niedriger als die der Silberfärbung (Ortiz et al. 1992). Sie sehen die Proteinbanden schon nach Minuten. Die Proteine werden nicht fixiert und können daher nach dem Färben mit Proteasen verdaut oder für die Massenspektrometrie verwendet werden (dazu müssen Sie natürlich erst das $Zn^{2+}$ entfernen). Die Proteine sind auch sequenzierbar.

**Nachteile:** Proteine mit niedrigem Molekulargewicht und Glykoproteine erfasst die Färbung nicht oder schlecht. Wie bei allen negativen Färbungen lässt der Kontrast zu wünschen übrig: Es ist schwer, Banden oder Flecken präzise auszuschneiden.

**Kupferfärbung**  Bei dieser Methode legen Sie das SDS-Gel gleich nach der Elektrophorese für 15 min in 0,3 M $CuCl_2$ ein (Lee et al. 1987). Die Proteine werden als Cu-SDS-Komplexe im Gel fixiert. Danach waschen Sie das Gel kurz in Millipore-Wasser und betrachten es gegen einen schwarzen Hintergrund. Sie sehen die Proteine als klare Zonen in einem blauen See von Cu-SDS-Tris-Komplexen. Die Färbung ist also denkbar einfach. In der Empfindlichkeit liegt sie zwischen der Coomassie- und der Silberfärbung. Die gefärbten Gele können Sie für Monate bei RT in Wasser aufbewahren: Die Färbung hält, und das Gel wird auch nicht von Mikroorganismen befallen, denn $Cu^{2+}$-Ionen sind giftig.

Auch native Gele lassen sich mit $CuCl_2$ färben. Da hier aber das SDS fehlt, ist die Färbung weniger empfindlich und die Proteine erscheinen als schwach blaue, trübe Zonen gegen einen klaren blauen Hintergrund.

Wenn Sie das Gel mit 0,1 M Tris/0,25 M EDTA pH 8,0 waschen, komplexiert das EDTA das $Cu^{2+}$ und die Farbe verschwindet. Danach können Sie die Proteine blotten oder sonst wie aus dem Gel eluieren, mit Proteasen verdauen oder massenspektrometrisch untersuchen.

## Fluoreszenzfarbstoffe

Als Durchbruch in der Proteinfärbung von Gelen gelten die fluoreszierenden **SYPRO-Farben**. Sie binden an SDS-Protein-Komplexe und eignen sich daher zur Färbung von SDS-Gelen. Es gibt zwei Klassen von SYPRO-Farben: die rein organischen Verbindungen wie SYPRO Orange und SYPRO Red und die Ruthenium-Komplexverbindungen wie SYPRO Ruby.

Der entscheidende Vorteil der SYPRO-Farben liegt in der Proportionalität zwischen Proteinmenge und Intensität der Färbung: Sie erstreckt sich über drei bis vier Größenordnungen und ist damit Coomassie und Silber überlegen.

Die rein organischen SYPRO-Farben färben etwas besser als Coomassie; die Ruthenium-Komplexe dagegen färben fast so empfindlich wie Silber. Die Komplexe bleichen auch langsamer aus als die organischen Verbindungen. Das ermöglicht es, durch lange Messzeiten seltene Proteine besonders hervorzuheben.

Nach der Färbung können die Proteine noch geblottet oder aus dem Gel eluiert werden. Äquilibrieren Sie das Gel vor dem Blotten mit 0,1 % SDS, sonst wird die Blot-Effizienz zu niedrig. Auch der Massenspektrometrie und der Edman-Sequenzierung legen die SYPRO-Farben nichts in den Weg.

Die SYPRO-Farben färben auch Glyko- und Lipoproteine und $Ca^{2+}$-bindende Proteine, nicht aber Nukleinsäuren und kaum Lipopolysaccharide, Lipide und Glykolipide.

Beim Färben geht es zu wie beim Damenfriseur: fixieren, färben, waschen, und wie beim Damenfriseur dauert dies bei SYPRO-Ruby mindestens 5 h. Sie sollten Plastikgefäße verwenden, denn SYPRO-Ruby bindet an Glas (Berggren et al. 2000). Obwohl SYPRO Ruby lichtbeständiger ist als SYPRO Orange sollten Sie das Inkubationsgefäß in Alufolie einwickeln.

SYPRO Orange müssen Sie sorgfältig vor Licht schützen. Sie färben folgendermaßen: Farbstoff 5000-fach in 7,5 % Essigsäure verdünnen, das Gel etwa 1 h in der Suppe schaukeln, kurz abwaschen, fertig (Steinberg et al. 1996).

Soweit die guten Nachrichten. Jetzt die schlechten:

Native Gele lassen sich schlecht mit SYPRO-Farben anfärben, es sei denn, Sie inkubieren das Gel vor der Färbung eine Weile in Laufpuffer mit 0,05 % SDS. Allerdings hätten Sie dann oft auch gleich ein SDS-Gel fahren können.

Ruthenium, ein Bestandteil von SYPRO-Ruby, ist giftig und krebserregend. Sie können die Brühe nach Gebrauch also nicht in den Abguss kippen.

Zudem werden die Gele mit SYPRO Ruby ungleichmäßig gefärbt und geben oft ein tüpfeliges, gesprenkeltes Bild.

SYPRO-Farben sind Fluoreszenzfarben, d. h. Sie müssen die Fluoreszenz anregen und das emittierte Licht aufnehmen. Dazu brauchen Sie teure Gerätschaften, auch müssen Sie das Gel zum Transilluminator tragen, Schutzmaske aufsetzen, Filter (wo ist er bloß?) auf das Aufnahmegerät drehen, Akku der Digitalkamera (natürlich leer) aufladen, Speicher (natürlich voll) leeren, bei 300 nm anregen, Foto machen, Foto entwickeln – nur um hinterher festzustellen, dass Sie vergessen haben, die Blende richtig einzustellen. Beim Wiederholen lässt dann die Empfindlichkeit nach, denn die organischen SYPRO-Farben bleichen aus.

**Ein Tipp** SYPRO Orange färbt hauptsächlich SDS-Protein-Komplexe. Die Betonung liegt auf SDS. Alles was das SDS vom Protein entfernt, schwächt die Färbung. Also: Das Gel nicht zu lange färben, kein extra Fixierungsschritt in 7,5 % Essigsäure (womöglich über Nacht), Gel nicht mit nicht-ionischen Seifen wie Triton oder Tween waschen.

**Noch ein Tipp** Lassen Sie die SDS-Front aus dem Gel herauslaufen. Anderenfalls diffundiert beim Färben zu viel SDS aus dem Gel in die Färbelösung. Die SDS-Mizellen binden SYPRO Orange, was dessen effektive Konzentration erniedrigt. Zudem scheinen SDS-SYPRO-Orange-Mizellen den Hintergrund zu erhöhen.

**Und noch ein Tipp** Messen Sie die Fluoreszenz auf Pyrex-Glasplatten. Andere Glasplatten zeigen Eigenfluoreszenz. Das mindert Klarheit und Empfindlichkeit der Färbung.

Des Guten Feind ist das Bessere. Auch die SYPRO Farben haben inzwischen Konkurrenz bekommen: einen Fluoreszenzfarbstoff, der durch den Pilz *Epicoccum nigrum* synthetisiert wird. *Epicoccum* gehört zu den Schwärzepilzen, kommt auf Getreidekörnern und Papier vor, und seine Kolonien ähneln kleinen schwarzen Pusteln. Er bildet einen Farbstoff, der erst Beljian Red hieß und inzwischen als „**Deep Purple**" bekannt ist (▶ Abschn. 1.2.5). Wie man auf diesen Namen kam, ist den Verfassern nicht bekannt. Vielleicht bildet Deep Purple beim Lösen *smoke in the water*, der Namensgeber war also ein Fan der gleichnamigen Opa-Rockgruppe, vielleicht bezog er sich auf den Schlager *When the deep purple falls* aus den 1930er-Jahren. In dessen Zeilen ist jedenfalls von Nachtarbeit, Licht und fester Bindung die Rede:

» In the still of the night,
  once again I hold you tight;
  Though you're gone, your love lives on when
  moonlight beams.

Deep Purple hat einen langen lipophilen Schwanz, ist aber wasserlöslich. Seine Fluoreszenz kann mit Wellenlängen von 300–550 nm angeregt werden, emittiert wird rotes Licht der Wellenlänge 605 nm. Der Mechanismus der Färbung beruht auf der schnellen und reversiblen Umsetzung von Deep Purple mit primären Aminogruppen der Proteine zu einem fluoreszierenden Enamin. Es reagieren hauptsächlich die Lysinreste. Die Verbindung ist am stabilsten bei pH 2,4 und wird im Alkalischen, mit starken Säuren oder einfach durch Waschen mit Wasser wieder hydrolysiert.

Für die Färbung von Gelen mit Deep Purple existieren zwei Protokolle. Beiden gemeinsam ist, dass die Färbung im Alkalischen entwickelt wird. Verschieden sind der Zeitpunkt der Alkalisierung des Gels, einmal vor und einmal nach der Färbung mit Deep Purple, und die Verwendung bzw. Nichtverwendung von Ammoniak.

Nach Duncan Veal, in dessen Labor der Farbstoff entwickelt wurde, ist die Methode ohne Ammoniak die bessere. Ursprünglich glaubten Veal und seine Mitarbeiter, dass sich Deep Purple nur in die SDS-Hülle der Proteine einlagere. Daher gaben sie $NH_3$ zu, um das fluoreszierende Enamin zu bilden (Vorschrift von Mackintosh et al. 2003). Es stellte sich jedoch heraus, dass Ammoniak nur die primären Aminogruppen der Protein-Lysinreste deprotonierte und im Übrigen mit den Lysinresten um den Farbstoff konkurrierte. Es war besser, das Ammoniak wegzulassen und die Proteine in alkalischem pH zu färben, z. B. mit Na-Bicarbonat wie in folgender Vorschrift:

1. Gel für 1 h oder über Nacht in 10 % Methanol/7,5 % Essigsäure fixieren.
2. Gel in 150 ml 200 mM $Na_2CO_3$ für 30 min waschen.

3. Gel in 100 ml Millipore-Wasser suspendieren, 0,5 ml Deep Purple zugeben und für 1 h im Dunkeln inkubieren.
4. Färbeflüssigkeit entfernen und das Gel zweimal je 15 min in 10 % Methanol/7,5 % Essigsäure waschen. Das Gel ist jetzt fertig gefärbt und kann gemessen werden.
5. Sie können das Gel durch Waschen mit Wasser wieder entfärben. Sie erhalten dann die unmodifizierten Proteine.

Lebhaft schildern Herstellerfirma und Entdecker die Vorzüge von Deep Purple. Es färbe empfindlicher als SYPRO Ruby oder Silber; es weise noch Proteine nach, die nur in zwölf Kopien pro Zelle vorhanden sind. Das liege daran, dass der Farbstoff nur dann fluoresziere, wenn er an Protein gebunden ist. Man messe also gegen einen Fluoreszenz-Hintergrund von fast null. Mit Deep Purple gefärbte Gele zeigten auch nicht das tüpfelige Erscheinungsbild der SYPRO-Ruby-Gele. Probleme mit der Entsorgung gebe es auch nicht; Deep Purple sei vergleichsweise ungiftig. Wie die anderen Fluoreszenzfarben färbe Deep Purple linear über vier Größenordnungen. Schließlich kann das entfärbte Protein oder Peptid im Massenspektrometer analysiert oder nach Edman sequenziert werden (Coghlan et al. 2005).

## Fluoreszenznachweis von Proteinen mithilfe von Trihalogen-Verbindungen

Aromatische Aminosäuren wie Tryptophan, Phenylalanin und Tyrosin fluoreszieren, wenn sie mit UV-Licht angeregt werden, und dies tun auch ihre Aminosäurereste in Proteinen. Wird beispielsweise Tryptophan, der stärkste Fluorophor unter den drei aromatischen Aminosäuren, mit Licht von 280 nm Wellenlänge angeregt, so emittiert es – abhängig von seiner Umgebung – Licht mit einer Wellenlänge von 308–350 nm. Werden die Tryptophanreste in Proteinen mit Trihalogen-Verbindungen wie Trichloressigsäure, Chloroform oder 2,2,2-Trichlorethanol derivatisiert, verschiebt sich die Emissionswellenlänge der Tryptophanfluoreszenz in den sichtbaren Bereich. Dieser Sachverhalt wurde 2002 von Kazmin publiziert und 2004 von Ladner bestätigt und erweitert (Kazmin et al. 2002; Ladner et al. 2004).

Seit 2010 bietet die Firma Bio-Rad Gele an (*stain-free gels*), die nach dem obigen Fluoreszenz-Prinzip arbeiten, also eine Trihalogen-Verbindung enthalten. Welche Verbindung das ist, verschweigt Bio-Rad. Die Probe wird wie immer in die Tasche eines nativen oder SDS-*stain-free*-Gels geladen und läuft wie immer, da die Trihalogen-Verbindung, solange sie mit dem Protein nicht reagiert hat, keinen Einfluss auf dessen Laufgeschwindigkeit hat. Nach dem Lauf wird das Gel mit UV-Licht bestrahlt. Dadurch reagieren die Tryptophanreste in den Proteinbanden mit der Trihalogen-Verbindung. Letztere reagiert mit dem Indolring des Tryptophans und addiert eine Gruppe mit MG 58 Da. Je länger bestrahlt wird, desto mehr Tryptophanreste werden umgesetzt: Ist viel Protein vorhanden, reicht es, 1 min zu bestrahlen, bei wenig Protein müssen Sie dem Gel bis zu 5 min heimleuchten. Bestrahlungszeiten über 5 min bringen keinen Mehrwert mehr. Die Fluoreszenz der Proteinbanden kann nun in einer geeigneten Apparatur (chemiDoc MP Imager von Bio-Rad) gemessen und abgebildet werden.

Alles geht ruck, zuck. Sie brauchen nicht mehr stundenlang färben und entfärben. Die Empfindlichkeit ist oft besser als die von Coomassie, aber schlechter als die von SYPRO Orange. Das Fluoreszenzsignal nimmt über eine Größenordnung linear mit der Proteinmenge zu. Die Proteine lassen sich anstandslos blotten, und wenn Sie eine nichtfluoreszierende PVDF-Membran nehmen, können sie die Fluoreszenz auch auf dem Blot erfassen. Die Methode funktioniert auch mit 2D-Gelen.

Theoretisch könnten die fluoreszierenden Proteine auch in der Massenspektrometrie eingesetzt werden, doch komplizieren die 58-Da-Addukte die Analyse: Bei zehn Tryptophanresten im Protein und vollständiger Umsetzung mit der Bio-Rad-Trihalogen-Verbindung ergibt sich immerhin ein Massenzuwachs von 580 Da. Bei nicht vollständiger Umsetzung müssen Sie mit mehreren Gipfeln rechnen. Auf der anderen Seite dürfte der Hintergrund der massenspektrometrischen Spektren bei mit Trihalogen-Verbindungen umgesetzten Proteinen niedriger sein als bei Proteinen, die mit Coomassie oder Silber gefärbt wurden.

Offensichtlich werden mit der durch Trihalogen-Verbindungen induzierten Fluoreszenz nur

Proteine erfasst, die Tryptophan enthalten. Das sind, grob gerechnet, 90 % aller Proteine und 92 % aller Proteine mit MG über 10 kDa; anders gesagt: 10 % aller Proteine enthalten kein Tryptophan. Zudem hängt die Intensität der Fluoreszenz eines Proteins von der Anzahl seiner Tryptophanreste bezogen auf sein MG ab. Die Unterschiede zwischen den Proteinen bezüglich der Tryptophandichte können beachtlich sein: Aprotinin enthält kein Tryptophan, BSA 0,8 %, Ovalbumin 1,3 % und Lysozym 7,85 % (Masse Tryptophanreste bezogen auf das Protein-MG). Der durchschnittliche Prozentsatz von Tryptophan in eukaryotischen Proteinen liegt bei 2,2 %. Mit der Gleichmäßigkeit der Fluoreszenzintensität zwischen verschiedenen Proteinen wird es also nicht weit her sein, in der Tat ist sie schlechter als bei der Coomassie-Färbung.

Bestimmte Proteine geben jedoch mit der Trihalogen-induzierten Fluoreszenz ein besseres Signal als mit Coomassie. Dazu gehören integrale Membranproteine. Das hängt damit zusammen, dass die Transmembranbereiche integraler Membranproteine oft Tryptophanreste enthalten.

Eine Konstanzer Gruppe (Susnea et al. 2011) scheint sich Mühe zu geben, Bio-Rad das Geschäft zu vermiesen. Die Konstanzer nutzen die Tatsache, dass Tryptophan auch ohne Umsetzung mit Trihalogen-Verbindungen fluoresziert. Das emittierte Licht liegt zwar noch im UV-Bereich, aber das macht nichts, wenn Sie einen Apparat besitzen, der diese Wellenlängen erfasst. Der Gel-Bioanalyzer von La Vision Biotec (Bielefeld) tut das.

Falls Sie die natürliche Tryptophanfluoreszenz messen, können Sie auf die Trihalogen-Verbindungen im Gel verzichten. Das spart nicht nur Zeit und Arbeit, auch das MG der tryptophanhaltigen Proteine bleibt unverändert. Die Konstanzer Methode eignet sich also besser für Massenspektrometrie als die *stain-free*-Gele von Bio-Rad.

Die erwähnten Vorteile der Fluoreszenzmessung bleiben den Konstanzern erhalten: Sie brauchen die Gele weder zu färben noch zu entfärben, und Sie können die Gele, auch 2D-Gele, blotten. Nach Susnea et al. 2011 ist dieser Proteinnachweis empfindlicher als die Färbung mit Coomassie und gibt in der Massenspektrometrie hintergrundarme Spektren. Wie bei der Trihalogen-induzierten Fluoreszenz erfassen Sie jedoch nur die tryptophanhaltigen Proteine, und die Intensität der Fluoreszenz hängt von der Zahl der Tryptophanreste im Protein ab.

## Falls Ihnen das immer noch nicht reicht ...

... hier zwei weitere Färbemethoden:

**KCl-Färbung** Prussak et al. (1989) fällen in Lämmli-Gelen das SDS mit 250 mM KCl aus. Dabei werden die Proteine als weiße K-SDS-Komplexe sichtbar. Die Färbung mit KCl sei schonend, schnell und unempfindlich, behaupten die Autoren. Sie mögen recht haben. Der Autor Rehm hält aber die Na-Acetat-Färbung für reproduzierbarer als die KCl-Färbung. Auch lassen sich mit Ersterer die Proteine leichter aus dem Gel eluieren.

**Enzymfärbung** Manchmal, z. B. bei nativen Gelelektrophoresen, übersteht die Aktivität eines Enzyms die Elektrophorese-Tortur. Sie können dann versuchen, die Enzymbande im Gel selektiv über die Enzymaktivität anzufärben. Gut eignen sich dazu Proteasen oder Enzyme, die Phosphat oder $CO_2$ freisetzen (Lynn und Clevette-Radford 1981; Nimmo und Nimmo 1982).

### 1.4.3 Trocknen

Sauber getrocknete und abgeheftete Gele zieren das Protokollbuch und sind ein handfester Beweis Ihres Fleißes. Sie können zudem jederzeit prüfen, ob dies oder jenes Ergebnis wirklich so eindeutig war, wie sie glaubten, können ein zweites Foto schießen oder Banden ausschneiden und weiterverarbeiten.

Gele werden auf Whatman-Papier aufgetrocknet oder, besser, auf Zellophanpapier. Letzteres ist durchsichtig und erlaubt es, das getrocknete Gel zu scannen.

Hochprozentige Gele (15–20 %) und Tricin-Gele nach Schägger reißen gerne beim Trocknen. Gegenmaßnahmen:

- Keine Wasserstrahlpumpe benutzen, sondern eine mechanische Vakuumpumpe,
- keine Luftblasen zwischen Gel und dem Gummideckel des Trockners einschließen,

- das Vakuum erst abstellen, wenn das Gel ganz trocken ist (Faustregel: 0,75 mm dicke Gele brauchen 1 h, 1,5 mm dicke Gele 1,5 h zum Trocknen),
- hochprozentige Gele 1 h mit 5–10 % Glycerin vorinkubieren.

Von den Trocknern, die der Autor Rehm ausprobiert hat, arbeitet der von Bio-Rad am besten. Das Geltrocknen kann sich sparen, wer die Bandenmuster in den PC einscannt und speichert. Dies ermöglicht auch eine ausgiebige Bildbearbeitung, die allerdings, und das ist ein Nachteil, zum „Schönen" verführt.

## 1.5    Fällen und Konzentrieren

» Sei wissend, Bruder Sancho, dass dieses Abenteuer, wie dem ähnliche, keine Inseln, sondern nur Kreuzwegsabenteuer sind, in denen man nichts gewinnt, als zerschlagene Köpfe und abgehauene Ohren.

Protein wird gefällt, um Ionen oder Agenzien loszuwerden, die die Proteinbestimmung oder Gelelektrophorese stören, und/oder um das Protein zu konzentrieren. Die Methode der Wahl für Proben < 500 µl ist die Chloroform/Methanolfällung. Dabei geht allerdings die native Konformation der Proteine verloren.

### 1.5.1    Denaturierende Fällung

**Chloroform/Methanolfällung** Wessel und Flügge (1984) verdünnen wässrige Proteinlösungen (10–150 µl Volumen) in Eppendorfgefäßen mit Methanol und fällen die Proteine durch Chloroform aus. Zugabe von Wasser trennt die Wasser/Methanol/Chloroform-Lösung in zwei Phasen. An der Interphase sammeln sich die ausgefällten Proteine.

Mit Corex-Glasröhrchen lassen sich auch Probenvolumina von 0,2–2 ml verarbeiten.

**Vorteile** Die Methode arbeitet trotz ihrer Kompliziertheit zuverlässig auch für geringe Proteinmengen (20 ng) und in Gegenwart von Seifen oder

hohen Salzkonzentrationen. Die Reste des Chloroform/Methanol/Wasser-Gemisches lassen sich auf der SpeedVac (▶ Abschn. 1.5.3) entfernen. Das (meistens unsichtbare) Pellet besteht aus dem trockenen Protein, frei von Rückständen des Fällungsmittels oder der Pufferkomponenten.

**Probleme** Beim Abnehmen der oberen (wässrigen) Phase verschwindet das Protein leicht im Abguss. Chloroform ist ein Lebergift (Abzug!).

Alternativen zu Wessel und Flügge (1984) sind die Fällung mit 10 % TCA in Gegenwart von Hefe-RNA als Carrier nach Polachek und Cabib (1981) oder eine **Acetonfällung**:

Die wässrige Probe wird mit vier Teilen Aceton vermischt, für 1 h auf −20 °C abgekühlt und die ausgefällten Proteine abzentrifugiert.

Schließlich können Proteine in Lösungen höherer Konzentration (> 0,1 mg/ml) auch mit Perchlorsäure, TCA oder durch Erhitzen ausgefällt werden. TCA-Reste im Pellet entfernt man durch mehrmaliges Waschen mit eiskaltem 80%igem Aceton.

### 1.5.2    Native Fällung

Soll die biologische Aktivität des Proteins erhalten bleiben, so fällt man mit Ammoniumsulfat oder Polyethylenglykol (PEG) oder mit organischen Lösungsmitteln (Aceton, Ethanol oder Methanol) bei tiefen Temperaturen (Englard und Seifter 1990).

**Probleme** Aus verdünnten Lösungen fällen Ammoniumsulfat und PEG das Protein nicht oder unvollständig, und die Fällung mit Ammoniumsulfat hinterlässt große Mengen an oft unerwünschten Ionen. Die organischen Lösungsmittel denaturieren manche Proteine auch bei tiefen Temperaturen.

**Apropos tiefe Temperaturen** Falls Sie Ihre Proben auf −80 °C kühlen müssen und gerade kein Trockeneis vorhanden ist, können Sie im Tiefkühlschrank auf −80 °C gekühlten Aquariumkies verwenden (*Laborjournal* 5/2015; Ismalaj und Sackett 2015). Die Körnung des Kieses sollte zwischen 5 und 8 mm liegen. Mit Kies frieren die Proben sogar etwas schneller ein als mit Trockeneis, allerdings hält der Kies die −80 °C nicht, sondern erwärmt sich langsam.

Trockeneis dagegen bleibt wegen der Sublimationswärme konstant bei −80 °C.

### 1.5.3 Konzentrieren

**Gefriertrocknen** Bei der Gefriertrocknung wird das Wasser gefrorener Proteinlösungen durch Sublimation entfernt. Sie erinnern sich: Im Vakuum findet kein Phasenübergang Eis/Wasser statt, sondern das Eis geht direkt in Wasserdampf über (Sublimation). Gefriergetrocknet wird in der Regel bei RT (die Lösung bleibt gefroren, weil ihr dauernd Sublimationswärme entzogen wird). Gefriertrocknen eignet sich für große Volumina von Lösungen, deren Proteine unempfindlich gegen Frieren/Tauen und bei niedrigen Ionenkonzentrationen stabil sind (Pohl 1990).

In einer Wanne mit flüssigem $N_2$ wird die Lösung in einem Glasrundkolben unter kreisförmigem Schwenken so eingefroren, dass eine große und gleichmäßig dicke Eisoberfläche entsteht. Den Kolben legt man sofort am Gefriertrockner an ein hohes Vakuum (Ölpumpe). In einem Rundkolben von 10 cm Durchmesser verliert die Probe 20–30 ml Wasser pro Stunde.

Ärger gibt es, wenn die Osmolarität der Lösung zu hoch ist. Da nur das Wasser sublimiert, reichern sich Salze, Rohrzucker, Glycerin etc. mit der Zeit an und senken den Schmelzpunkt der Lösung. Ist die Konzentration nicht-sublimierender Stoffe hoch genug, taut das Eis und die Brühe kocht. Die Konzentration nicht-sublimierender Stoffe sollte, vor allem bei größeren Flüssigkeitsmengen, unter 10 mM liegen.

**SpeedVac** Unter hohem Vakuum kochen wässrige Lösungen schon bei Raumtemperatur. Gleichzeitige Zentrifugation der Lösung treibt die Gasblasen aus und verhindert das Schäumen. Nach diesem Prinzip lassen sich mit der SpeedVac kleinere (< 500 µl) Volumina Lösungsmittel (Wasser, Ethanol etc.) schnell und schonend entfernen (Pohl 1990). Da nur das Lösungsmittel verdampft, reichern sich nicht-flüchtige Salze und Detergenzien etc. in der Lösung an. Wichtig: Anfangs erst die Zentrifuge einschalten, dann das Vakuum; zum Schluss erst das Vakuum, dann die Zentrifuge abstellen.

Größere Volumina lassen sich mit der **Vakuum-Dialyse** einengen: Die Lösung wird in einen Dialyseschlauch eingefüllt und dieser in eine Vakuumflasche gehängt.

**Zentrifugation** Bei den Konzentrierungsapparätchen von Amicon wird die zu konzentrierende Lösung in einem Festwinkelrotor über einen Filter abzentrifugiert (max. 5000 g). Das Konzentrat sammelt sich oberhalb des Filters an und kann in einem zweiten Zentrifugationsschritt in ein Spitzkölbchen transferiert werden. Die verschiedenen Systeme (Microcon, Centricon, Centriprep) konzentrieren 0,5 bis 15 ml Ausgangslösung auf 5–500 µl. Der Vorgang dauert, je nach Filter, von 10 min bis 3 h. Die Firma bietet Filter mit MG-Grenzen von 3–100 kDa an.

**Vorteile** Schnell, einfach und schonend.

**Probleme** Selbst verdünnte Proteinlösungen verstopfen die Filter oft schnell und gründlich. Ist die Probe zudem noch viskös, z. B. Puffer mit 10 % Glycerin, dann hilft auch stundenlanges Zentrifugieren nicht: Die Flüssigkeit denkt nicht daran, den Filter zu passieren. Höhere Zentrifugationsgeschwindigkeiten lassen den Filter reißen. Manchmal hilft es, die zu konzentrierende Probe vor dem Auftrag für 1 h bei 100.000 g zu zentrifugieren, um verstopfende Aggregate zu entfernen, und beim Microcon-System kann man einen Grobfilter vorschalten.

Die Filter adsorbieren Protein, was sich bei verdünnten Proteinlösungen bemerkbar macht.

**Dialyse** Die Dialyse gegen 5–15 % hochmolekulares Polyvinylpyrrolidon (z. B. T 360) konzentriert wässrige Proteinlösungen schonend in ein paar Stunden. Allerdings diffundieren die Verunreinigungen der konzentrierten Polyvinylpyrrolidon-Lösung in die Proteinlösung.

Teuer, aber wirksam ist es, den Dialyseschlauch in trockenes Sephadex G-100 bis G-300 zu legen.

Sind die zu konzentrierenden Volumina sehr groß, lohnt es sich, die obigen Methoden umzudrehen: Sie hängen in Ihre Proteinlösung einen Dialyseschlauch mit trockenem PEG oder Sephadex. Das Wasser strömt in den Schlauch, und wenn er sich vollgesaugt hat, ziehen Sie ihn aus der nun konzentrierten Brühe heraus. Wollen Sie weiter konzentrieren, hängen Sie einen neuen PEG-Schlauch in die Lösung und so *ad infinitum*. Geben Sie nicht zu viel PEG in den Schlauch, sonst platzt er.

Diese geniale (oder banale?) Idee wurde von Degerli und Akpinar (2001) publiziert, ist aber älter. Der Autor Rehm lernte sie in den 1970er-Jahren als Student am Tübinger Physiologisch-Chemischen Institut kennen. Dort diente er dem Doktoranden Placht als Hiwi. Placht, er schrieb sich Pl8 und hatte alle Zeit der Welt, beschäftigte sich seit sechs Jahren (oder waren es sieben?) mit seiner Doktorarbeit, der Reinigung einer Chitinase. Dabei fiel eimerweise Extrakt an, der zu konzentrieren war. Dies tat Pl8 schon damals mit dem **Tauchwurstverfahren**. Und dies, ohne Aufhebens davon zu machen oder die Methode gar zu publizieren. Pl8 hat es denn in der Wissenschaft zu nichts gebracht. Merke: Man muss grundsätzlich alles zu publizieren versuchen.

**Zugegeben** Degerli und Akpinar (2001) haben das Verfahren verfeinert. Sie haben – ausgehend von obigem Prinzip – eine kontinuierliche Konzentrationsmethode entwickelt: Sie knoten oder klemmen den Dialyseschlauch unten zu, geben PEG hinein und hängen den Schlauch, oben offen, in die zu konzentrierende Lösung. Das offene Ende liegt oberhalb des Flüssigkeitsspiegels. Hat der Schlauch genügend Wasser gezogen, saugen sie den Schlauchinhalt ab und geben neues PEG dazu. Das treiben sie so lange, bis die Brühe genügend konzentriert ist.

Ein Trick zur Dialyse vieler Proben mit Volumina von 100–500 µl: In den Deckel eines Eppendorfgefäßes ein großes Loch schneiden (z. B. mit einer heißen Nadel); die Probe zugeben, zwischen Deckel und Gefäß ein Stück gequollene Dialysemembran legen und das Gefäß verschließen; das Gefäß in den Ständer einsetzen und diesen umgedreht auf die Dialysierflüssigkeit legen; Luftblasen unter dem Deckel des Gefäßes mit Pasteurpipette entfernen; schwimmen lassen.

## 1.6    Blotten

Beim Blotten werden die Proteine eines SDS-Gels oder eines nativen Gels elektrophoretisch auf eine adsorbierende Membran übertragen.

Der Blot ist das vielseitigste Werkzeug des Proteinbiochemikers, denn auf dem Blot ist das Protein nackt und hilflos seinem Zugriff ausgesetzt. Er kann es anfärben, ansequenzieren, mit Antikörpern reagieren lassen, mit Enzymen umsetzen, seine Derivatisierung bestimmen (Phosphatgruppen? Zuckerreste?) und auf die Bindung von Liganden und Ionen prüfen. Im Vergleich zum Gel ist die Membran leicht zu handhaben, und Reaktionen und Waschvorgänge laufen, unbehindert durch Diffusionsprobleme, schneller ab.

**Blotpuffer** Die Zeit, die für das Blotten benötigt wird, scheint unter anderem auch vom Blotpuffer abzuhängen. Garic et al. (2013) haben verschiedene Blotpuffer untersucht und finden, dass das Blotten mit 48 mM Tris/20 mM HEPES oder mit 48 mM Tris/15 mM HEPPS/EPPS (pH Wert zwischen 8 und 9) am schnellsten geht. Auch die Zusätze von 1 mM EDTA, 1,3 mM Natriumbisulfit sowie 1,3 mM N,N-Dimethylformamid sollen segensreich wirken: Mit diesen Puffern sollen 150–250 kDa große Proteine innerhalb von 16 min aus einem 10%igem Gel auf die Blotmembran wandern (*Laborjournal* 10/2013).

**Blotmembranen** Sie bestehen aus Nitrocellulose (BA 85 von Schleicher und Schüll), Polyvinylidendifluorid (PVDF) (Immobilon von Millipore), positiv geladenem Nylon ($^+$Nylon) (Zeta-Probe von Bio-Rad) oder aus mit Polybren beschichteten Glasfasern (GF/C von Whatman). Die Membranen binden die Proteine durch hydrophobe (Nitrocellulose) oder hydrophobe und ionische Wechselwirkungen ($^+$Nylon, Polybren-beschichtete Glasfasern). Selbst Peptide mit nur 20 Aminosäuren haften noch auf Nitrocellulose.

Die beliebten Nitrocellulosemembranen besitzen eine hohe Proteinbindungskapazität und eignen sich für Proteinfärbung, Immunfärbung, Lektinfärbung oder $^{45}Ca^{2+}$-Färbung (Towbin et al. 1979). Ihre chemische Unbeständigkeit verbietet den Einsatz für Aminosäureanalysen und Sequenzierungen, und trocken sind die Membranen brüchig und leichtentzündlich. Um die Proteinbindungsstellen der Nitrocellulosemembran zu aktivieren, setzt man dem Blotpuffer 20 % Methanol zu.

Verglichen mit der negativ geladenen Nitrocellulose binden $^+$Nylonmembranen drei- bis viermal mehr Protein/cm (bis zu 500 µg/cm$^2$) und weisen bessere mechanische Eigenschaften auf (Gershoni und Palade 1982). Der Zusatz von 20 % Methanol zum Blotpuffer entfällt bei $^+$Nylonmembranen, wodurch der Proteintransfer (vom Gel auf die Membran) schneller und effizienter wird. Ärger gibt es beim Absättigen der freien Proteinbindungsstellen der $^+$Nylonmembran (▶ Abschn. 1.6.2).

Die hydrophoben PVDF-Membranen sind mechanisch und chemisch stabil. Sie eignen sich für Proteinfärbung, Immunfärbung, Lektinfärbung, $^{45}$Ca$^{2+}$-Färbung und für Aminosäuresequenzierungen und -analysen (Gültekin und Heermann 1988). Für Blot und Entwicklung gelten ähnliche Bedingungen wie bei Nitrocellulose, doch bindet die PVDF-Membran im Gegensatz zu Nitrocellulose auch kleine Mengen von Protein nicht vollständig: Je nach Protein passieren 10–50 %. Wässrige Lösungen benetzen trockene PVDF-Membranen nicht; sie müssen zuvor in Methanol quellen. Feuchte PVDF-Membranen sind lichtdurchlässig und in Dioxan-Isobutanol durchsichtig, gefärbte Banden können also im Scanner gemessen werden.

Membranen aus mit Polybren beschichteten Glasfasern (GF/C von Whatman) eignen sich für Aminosäuresequenzierungen, denn die Membranen sind inert gegen die bei der Sequenzierung verwendeten Chemikalien (Vandekerckhove et al. 1985). Obwohl die Proteinbindungskapazität der beschichteten Glasfasermembranen (10–30 µg/cm$^2$) vergleichbar ist mit der von Nitrocellulose, bevorzugen die meisten Sequenzierer PVDF-Membranen.

**Blotkammer**  Eine gute **Blotkammer** ist die Halbtrockenzelle von Bio-Rad mit Platin/Edelstahl-Elektroden (anstatt der früher bei Halbtrockenzellen üblichen Kohle-Elektroden). Die Kammer blottet 0,75 mm dicke Gele in 15–20 min. Auf drei Lagen in Blotpuffer (für Nitrocellulose und PVDF z. B. 15–25 mM Tris-Glycin pH 8,3 mit 20 % Methanol) getränktes Filterpapier (Whatman) liegt die mit Blotpuffer angefeuchtete Membran. Auf die Membran wird das Gel gebettet und zwar so, dass zwischen Membran und Gel keine Luftblasen nisten. In der Regel wird das Gel vor dem Blot weder fixiert noch gefärbt, doch es ist möglich, auch fixierte und Coomassie-gefärbte Gele zu blotten (Perides et al. 1986). Auf das Gel kommen wiederum drei Lagen

in Blotpuffer getränktes Filterpapier. Der Blotter streichelt das Papier noch zärtlich von links nach rechts, um eingeschlichene Luftblasen zu entfernen, dann setzt er die Anordnung unter Strom.

Getrocknete Protein-Blots können monatelang aufbewahrt werden und sind nach Rehydratisierung (Nitrocellulose z. B. mit Blotpuffer) für Protein- oder Immunfärbungen verwendbar.

**Blotprobleme**  Je größer das MG des Proteins, desto schlechter ist die Übertragungseffizienz und desto länger muss geblottet werden. Fühlbar wird dieser Effekt bei Proteinen mit einem MG über 150 kDa. In hartnäckigen Fällen hilft vielleicht die Methode von Gibson (1981).

Wenn Nitrocellulose- oder PVDF-Blots ausgiebig mit seifenhaltigen Puffern gewaschen werden, lösen sich die gebundenen Proteine wieder ab. Kleine Proteine (MG < 6000) können beim Blocken, Waschen etc. sogar von $^+$Nylon-Blots verschwinden (Karey und Sirbasku 1989). Die Fixierung der Proteine auf dem Blot verhindert das Ablösen. Fixiert wird durch Hitze, Glutaraldehyd, TCA oder mit Essigsäure-Ethanol-Mischungen etc. Manche Proteinfärbelösungen (z. B. Ponceaurot-Lösung; ▶ Abschn. 1.6.1) enthalten ein Fixiermittel.

### 1.6.1  Proteinfärbung auf Blots

Bei Blots mit Proteinmengen größer als 50 ng pro Bande ist die Ponceaurot-Färbung die Methode der Wahl, bei Proteinmengen kleiner als 50 ng pro Bande kommen Aurodye und Kupferiodid infrage. Einen Vergleich verschiedener Proteinfärbemethoden geben Li et al. (1989).

**Ponceaurot**  färbt Protein auf Nitrocellulose-Blots (◘ Tab. 1.2). Die Färbung ist reversibel und verträgt sich mit einer anschließenden Immunfärbung.

Der Blot wird für 1–2 min bei RT in Ponceaurot (2 % in 3 % TCA) inkubiert und die überschüssige Farbe danach mit Wasser weggewaschen.

Die Ponceaurot-Färbung ist empfindlicher als es die Coomassie-Färbung des Gels wäre (untere Grenze ca. 50 ng pro Bande), und TCA in der Färbelösung fixiert gleichzeitig die Proteine auf dem Blot. Beim späteren Absättigen der Proteinbindungsstel-

**◻ Tab. 1.2** Proteinfärbung auf Blots

| Membran | Färbung | Empfind-lichkeit[a] | Zeit-aufwand | Reversibel? | Immun-färbung? | MS? |
|---|---|---|---|---|---|---|
| Nitro-cellulose | Aurodye | 1–5 | 2–8 h | Nein | Nein | Nein |
|  | SYPRO Ruby | 2–8 | 45 min | Ja | Ja | Ja |
|  | Deep Purple 1 | 1 | 30–40 min | Ja | Ja | Ja |
|  | Kupferiodid | 5–20 | 5 min | Ja | – | – |
|  | Bathophenan-throlindisulfonat/Europium | 15–30 | – | Ja | Ja | Ja |
|  | Amidoschwarz | 15–60 | – | Nein | Nein | Ja |
|  | Kongorot | 30–60 | Nein | – | – | – |
|  | Ponceaurot | 50–150 | 5 min | Ja | Ja | Ja |
|  | Ferridye | 50–150 | 2 h | Nein | – | – |
|  | Indische Tinte | 80–200 | 18 h | Nein | Nein | Nein |
| PVDF | Aurodye | 1–5 | 2–18 h | Nein | Nein | Nein |
|  | SYPRO Ruby | 2–8 | 45 min | Ja | Ja | Ja |
|  | Deep Purple | 1 | 30–40 min | Ja | Ja | Ja |
|  | Coomassie | 10–30 | 20 min | Nein | Nein | Ja |
|  | Bathophenan-throlindisulfonat/Europium | 15–30 | – | Ja | Ja | Ja |
|  | Amidoschwarz | 50–60 | – | Nein | Nein | Ja |
|  | Kongorot | 30–60 | – | Nein | – | – |
|  | Indische Tinte | 80–200 | 18 h | Nein | Nein | Nein |
| +Nylon | Kupferiodid | 5–20 | 5 min | Ja | – | – |
|  | Ferridye | 50–150 | 2 h | Nein | – | – |
| Glas-fasern, Polybrenbeschichtet | Fluorescamin | 100 | 5 min | – | – | – |

[a] Grenzwerte in ng/0,5 cm Bande
MS: Massenspektrometrie

len der Membran (Blocken) verschwindet die Farbe. Wer die Position bestimmter Proteine (z. B. der Marker) über das Blocken und weitere Nachweisreaktionen hinaus festhalten will, markiert die Banden auf der Nitrocellulose vor dem Blocken mit Bleistift.

**Indische Tinte** färbt mit etwa der gleichen Empfindlichkeit wie Ponceaurot, doch dauert die Proze-dur mehrere Stunden, und die Unterschiede in der Färbeintensität verschiedener Proteine sind groß (Nitrocellulose: Hancock und Tsang 1983; PVDF: Gültekin und Heermann 1988).

Kolloidale **Gold**partikel färben die Proteinbanden auf Nitrocellulose mit einer Empfindlichkeit, die vergleichbar zur Silberfärbung von Gelen ist

(Moeremans et al. 1985). Die Goldfärbung ist nicht reversibel und mit einer späteren Immunfärbung unverträglich, dazu umständlich und dauert 2–18 h. Der lineare Bereich der Goldfärbung liegt zwischen 2 und 200 ng/mm$^2$ und baut auf einem hohen Hintergrund auf: Die Färbeintensität von 200 ng liegt nur um 10–20 % höher als die von 2 ng.

Moeremans et al. (1986) beschreiben eine Methode, Proteine auf Nitrocellulose- und $^+$Nylonmembranen zu färben. Die Reagenzien sind unter der Bezeichnung **Ferridye** im Handel erhältlich (Janssen Life Sciences). Die Reaktion mit teilweise giftigen Reagenzien dauert ca. 2 h, muss unter dem Abzug durchgeführt werden und ist nicht reversibel.

**Kupferiodid** färbt Proteine auf Nitrocellulose und $^+$Nylon mit einer Empfindlichkeit vergleichbar zur Silberfärbung im Gel. Die Färbung sei billig, schnell (5 min), ließe sich leicht wieder entfernen, und die Immunreaktivität der geblotteten Proteine bliebe erhalten, behaupten Root und Reisler (1989).

Wie schon bei der Gelfärbung haben die Fluoreszenzfarben auch bei der Blotfärbung eine Revolution ausgelöst. **SYPRO Ruby** färbt Proteine auf PVDF oder Nitrocellulose fast so empfindlich wie Gold – sicher aber empfindlicher als Coomassie und indische Tinte. Die Färbung dauert kaum eine Dreiviertelstunde: Nitrocellulosemembranen zweimal 10 min in 7 % Essigsäure, 10 % Methanol baden, dann 15 min lang mit SYPRO Ruby färben und schließlich sechsmal je 1 min mit Wasser waschen.

Sichtbar gemacht wird SYPRO Ruby mit Licht von 302 nm oder 470 nm Wellenlänge. Das Emissionsmaximum liegt bei 618 nm (Anregungswellenlänge: 470 nm). Die untere Grenze der Empfindlichkeit ist mit 2–8 ng Protein pro Bande bzw. 0,25–1 ng BSA/mm$^2$ erreicht.

Die Vorteile von SYPRO Ruby sind hohe Empfindlichkeit, großer Messbereich (linear von 2–8 bis 1000–2000 ng pro Bande), gute Gleichmäßigkeit und Verträglichkeit mit Immunfärbung, Mikrosequenzierung und MALDI. Zudem ist SYPRO Ruby einigermaßen spezifisch für Proteine und färbt DNA oder RNA nur schlecht.

Hat das Wundermittel auch Nachteile? Es hat. Es ist teuer, und es könnte sich als fatal herausstellen, dass man das Zeug nur schlecht wieder los wird. Erst im Verlauf einer Immunfärbung geht das Fluoreszenzsignal verloren: Vermutlich verteilt es sich auf die Proteine der Blocklösungen. Zudem braucht man zum Sichtbarmachen eine UV-Box oder – besser – einen Laser-Gel-Scanner.

Sypro Ruby hat im neuen Jahrtausend Konkurrenz durch den in ▶ Abschn. 1.4.2 erwähnten Fluoreszenzfarbstoff **Deep Purple** erhalten. Nach Malmport et al. (2005) färbt Deep Purple Proteine auf Nitrocellulose- oder PVDF-Membranen mindesten 16-mal empfindlicher als SYPRO Ruby.

Die Färbevorschrift für Blots (und Gele) finden Sie auf ▶ www.fluorotechnics.com.au/pdf/functional.pdf (*Deep Protein™ Total Protein Stain for Gels and Blots*). Das Färbeprotokoll kann in 30–40 min durchgezogen werden. Die Vorteile liegen in der hohen Sensitivität und der niederen Hintergrundfärbung.

Falls Sie den Blot schon mit Protein geblockt haben (▶ Abschn. 1.6.2) können Sie die Banden dennoch identifizieren. Das behauptet jedenfalls Mario Braun im *Laborjournal* (1-2/2008, S. 50). Die „geordneten" Proteine in den Spuren sollen langsamer trocknen als die ungeordnete Masse der zum Blocken benutzten Proteine. Wenn Sie also auf den Blot pusten, d. h. ihn langsam trocknen, werden die Banden sichtbar. Über die Sensitivität dieser Methode schrieb Braun nichts.

## 1.6.2　Blocken

Vor der Reaktion eines Blots mit Antikörpern, Lektinen oder Proteinliganden werden die restlichen Proteinbindungsstellen der Blotmembran mit einem Blocker (BSA, entfettetes Milchpulver, fetales Kälberserum, Tween 20, Gelatine etc.) abgesättigt. Welches das beste Blockmittel sei, darüber lässt sich streiten; es hängt wohl auch von den jeweiligen Antikörpern ab. Mit BSA machte der Autor Rehm gute Erfahrungen, doch kommt BSA in den Mengen, die für das Blotten gebraucht werden, teuer. Zudem sorgen seine staubige Konsistenz und die riesigen Mengen dafür, dass benachbarte Proteinreiniger in ihren Silbergelen immer eine BSA-Bande finden. Milchpulver ist billig und blockt gut, doch seine Lösungen werden schnell von Bakterien befallen. Hauri und Bucher (1986) empfehlen die Kombination Gelatine/NP40. Manche blocken auch mit Tween 20 (Batteiger et al. 1982). Blots jedoch, die nur mit Tween 20 geblockt wurden, zeigen eine hohe Hintergrundfärbung und unspezifische Banden bei der Immunfärbung. Tween 20 ergänzt jedoch andere Blocker wie BSA. Vorsicht: Tween löst Proteine teilweise vom Blot ab. Man merke sich: Zu viel Tween und sie schwimmen dahin.

Blocker, die für Nitrocellulose gut sind, eignen sich auch für PVDF (Gültekin und Heermann 1988). Zum Blocken von +Nylonmembranen dagegen muss der Experimentator rabiate Bedingungen anwenden, wie 1 % Hämoglobin bzw. 10 % BSA in PBS bei 45 °C über Nacht (Gershoni und Palade 1982).

### 1.6.3  Immunfärbung

Geblottete Antigene lassen sich mit Antikörpern anfärben (Dunn 1986). Dazu wird der geblockte Blot zuerst mit Anti-Antigen-Antikörper (1. Antikörper) inkubiert. Danach wäscht man ungebundenen Anti-Antigen-Antikörper weg und inkubiert den Blot mit einem markierten Antikörper (2. Antikörper, z. B. $^{125}$Iod-anti-Kaninchen-IgG-Antikörper). Dieser bindet an den Anti-Antigen-Antikörper. Nach weiterem Waschen wird der Blot mithilfe der Markierung des 2. Antikörpers entwickelt und damit die Position des Antigens sichtbar.

Die Spezifität der Immunfärbung hängt von der Spezifität des 1. und 2. Antikörpers ab (▶ Kap. 6) und von der Verdünnung, in der die Antikörper eingesetzt werden.

Die Inkubationszeiten des 1. und 2. Antikörpers mit dem Blot richten sich nach der Menge von Antigen und der Affinität der Antikörper. Meistens reicht eine Inkubationszeit von 1–2 h (RT) für den ersten bzw. 1 h (RT) für den zweiten aus.

Der 2. Antikörper ist mit $^{125}$Iod, alkalischer Phosphatase (Blake et al. 1984) oder Peroxidase markiert und im Handel in guter Qualität erhältlich. Peroxidase hat in den letzten Jahren die anderen Marker verdrängt. Peroxidase-markierte Antikörper katalysieren die Oxidation von Luminol und lösen damit eine Chemilumineszenz aus; das entstehende Licht wird mit einem Film gemessen. Diese **ECL-Reaktion** ist etwa zehnmal sensitiver als die Blotentwicklung mit alkalischer Phosphatase (angeblich misst sie Antigene im pg-Bereich). Zudem läuft die ECL-Reaktion in Sekunden bis Minuten ab, ihre Lösungen sind ungiftig und käuflich bzw. leicht

herzustellen, und die Reaktion ist quantifizierbar (über das Scannen des Films, oder man zählt die Lichtblitze im β-Counter).

Schließlich können Sie den Blot mehrmals mit verschiedenen Antikörpern färben. Nach der Filmentwicklung wäscht man 1. und 2. Antikörper mit Glycin-HCl pH 1,8 oder mit 3 M Natriumthiocyanat, 0,5 % Mercaptoethanol, 0,05 % Tween 20 pH 9,5 wieder ab, blockiert von Neuem und färbt den Blot mit einer anderen Antikörperkombination wieder an (Heimer 1989). Diana Neumann jedoch fand die Behandlung mit sauren, basischen oder mercaptoethanolhaltigen Lösungen nicht überzeugend und empfiehlt folgende Methode: PVDF-Blot 1 h im Hybridisierungsofen bei 55 °C mit 100 mM NaOH, 2 % SDS und 0,5 % DTT behandeln. Frau Neumann scheint das „Strippen“ von PVDF-Blots von gebundenen Antikörpern genau untersucht zu haben *(Laborjournal* 12/2007, S. 61).

„Strippen“ ist zwar auch mit $^{125}$Iod-markierten 2. Antikörpern möglich, doch sind diese bei Weitem nicht so sensitiv wie ECL und zudem radioaktiv, also ungesund. Bei der Blotentwicklung mit alkalischer Phosphatase bzw. Peroxidase/Diaminobenzidin verhindern die ausgefallenen Reaktionsprodukte eine zweite Färbung des Blots. Das Peroxidase-Substrat Diaminobenzidin gilt zudem als krebserregend und muss in Natriumhypochlorit-Lösungen entsorgt werden; eine weniger sensitive, aber ungiftige Alternative wäre das Peroxidase-Substrat Chloronaphthol (Ogata et al. 1983).

**Spezielle Probleme** Die ECL-Reaktion nippelt auf Nitrocellulose nach 15 min ab. Auf PVDF-Membranen hält sie sich länger, allerdings bei höherem Hintergrund.

Die hohe Sensitivität der ECL-Reaktion kann zum Problem werden. Um den Hintergrund niedrig zu halten, heißt es gut blocken, waschen und die Antikörperlösungen hoch verdünnen (mindestens 1 : 3000).

Auf mit Milchpulver (5 %) geblockten Blots soll die ECL-Reaktion nur schwach ablaufen. Mit Gelatine geblockte Blots zeigen dagegen eine gute ECL-Reaktion, aber auch einen höheren Hintergrund. Die besten Blockmittel für ECL-Blots sollen Seren sein (Hauri und Bucher 1986).

**Wichtig:** Azid hemmt Peroxidasen.

**Kurze ECL-Vorschrift**
Blot blocken (1–2 h), Inkubation 1. Antikörper (1 h), gut waschen, Inkubation 2. (Peroxidase-markierter) Antikörper, gut waschen, Detektionsreagenz für 1 min, Blot in Haushaltsfolie einschlagen und mit Film 30 s bis 30 min inkubieren.

**Detektionsreagenz:**
A: 250 mM Luminol (Fluka 09253) in DMSO; B: 90 mM $p$-Coumarsäure (Fluka 28200) in DMSO; C: 1 M Tris-Cl pH 8,5; D: 30 %ige $H_2O_2$-Lösung. Mische: 200 µl A, 89 µl B, 2 ml C und fülle mit Wasser auf 20 ml auf. Diese Lösung ist in einer braunen Flasche stabil bei RT. Detektionsreagenz entsteht durch Zugabe von 6,1 µl D.

**Allgemeine Probleme** Inkubiert der Experimentator den Blot genügend lange mit dem Film bzw. der Substratlösung, tauchen auf dem Film bzw. dem Blot mehr oder weniger alle Proteinbanden auf. Denn fast alle Banden, wenn auch in unterschiedlichem Ausmaß, adsorbieren unspezifisch geringe Mengen von 1. und 2. Antikörper. Der Effekt lässt sich durch noch so eifriges Blocken und Waschen nicht vollständig unterdrücken. Manchmal tauchen beim Entwickeln eines Blots schon anfangs Flecken und Banden auf, die nichts mit dem Antigen zu tun haben. Nach Girault et al. (1989) liegt das daran, dass menschliche Hautkeratine ins Gel oder auf den Blot gelangen und Seren Antikörper gegen Keratine enthalten. Experimentatoren mit Schuppenproblemen können sich überlegen, ob eine Reinigung der Seren an Keratinaffinitätssäulen die Qualität ihrer Immunoblots verbessern würde.

Erscheinen bei der Immunfärbung mehrere Banden, gibt es drei Möglichkeiten:
- Das Antigen sitzt auf mehreren Proteinen.
- Alle Banden sind unspezifisch gefärbt.
- Nur eine Bande ist spezifisch gefärbt, die anderen sind Artefakte.

Die letzten beiden Möglichkeiten sind die wahrscheinlichsten, vor allem dann, wenn lange entwickelt wurde. Man kann nun tiefsinnige Ratespiele darüber anstellen, welche Bande die richtige sei, und dies hat einen gewissen Unterhaltungswert, doch der gewiefte Experimentator führt Kontrollen durch:
- Er entwickelt einen Parallelstreifen gleichzeitig und unter gleichen Bedingungen mit Präimmunserum.
- Er färbt einen Blotstreifen, auf den eine Probe aufgetragen wurde, die das Antigen nicht enthält, sonst aber der fraglichen Probe ähnelt.

Beide Streifen werden gleich behandelt (geblockt, gewaschen, entwickelt etc.). Tauchen auf dem Kontrollstreifen ebenfalls Banden auf, hat der Experimentator eine Niete gezogen, und zwar auch dann, wenn die Banden verschieden sind.
- Die Bande darf nicht erscheinen, wenn der 1. Antikörper in Gegenwart des Antigens mit dem Blotstreifen inkubiert wurde (z. B. Anti-Peptid-Antikörper mit Peptid).
- Erscheint die Bande auch mit affinitätsgereinigtem Antikörper?

**Tipp** Erhitzen der trockenen oder feuchten Nitrocellulosemembran-Blots auf 100 °C vor der Reaktion mit dem Antikörper steigert bei manchen Antikörper/Antigen-Paaren die Sensitivität (Swerdlow et al. 1986).

Falls sich Membranproteine auf einem Blot schlecht mit Antikörpern anfärben lassen, könnte es helfen, den Blot – vor der Inkubation mit Antikörpern – bei 55 °C für 15 min mit einer SDS/Mercaptoethanol-Lösung zu inkubieren (Kaur und Bachhawat 2009).

## 1.6.4  $Ca^{2+}$-Bindung

Manche Proteine binden $Ca^{2+}$ mit hoher Affinität. Die $Ca^{2+}$-Bindung der EF-Hand-Proteine (Calmodulin, Troponin C, Parvalbumin etc.) übersteht sogar SDS-Gelelektrophorese und Blot. Sie können daher mit $^{45}Ca^{2+}$ die $Ca^{2+}$-Bindung von Proteinen auf Nitrocellulose- bzw. PVDF-Blots nachweisen (Maruyama et al. 1984; Garrigos et al. 1991). Die $^{45}Ca^{2+}$-Bindung von nativen gereinigten Proteinen misst der Dot-Blot von Hincke (1988).

Blots und Dot-Blots lassen sich auch mit anderen radioaktiven Ionen „anfärben". Ein Beispiel für $^{65}Zn^{2+}$ beschreiben Schiavo et al. (1992).

**Probleme** $Sc^{3+}$, das Zerfallsprodukt von $^{45}Ca^{2+}$, stört (Rehm et al. 1986; Hincke 1988). Zudem gibt der $^{45}Ca^{2+}$-Blot zuverlässige Ergebnisse nur mit Proteinen, die $Ca^{2+}$ mit hoher Affinität binden.

Mit sauren Proteinen geben $^{45}Ca^{2+}$-Blot und -Dot-Blot oft falsch-positive Signale (Rehm et al. 1986). Kontrollen mit sauren, nicht $Ca^{2+}$-bindenden

Proteinen wie Albumin und Ovalbumin sind daher unumgänglich. Zudem sollte das vermeintlich $Ca^{2+}$-bindende Protein in SDS-Gelen, die $Ca^{2+}$ enthalten, schneller laufen als in Gelen mit EDTA (Garrigos et al. 1991).

### 1.6.5  Ligandenfärbung

SDS kann man von Blots wegwaschen. Das ermöglicht im Prinzip die Renaturierung SDS-denaturierter geblotteter Proteine und ihren Nachweis über Ligandenbindung oder enzymatische Aktivität (Daniel et al. 1983). Auch sollten sich Protein/Protein-Wechselwirkungen nachweisen lassen, indem z. B. ein radioaktiv markiertes Protein seinen Bindungspartner auf dem Blot eines Zelllysats oder einer Membranpräparation erkennt (Carr und Scott 1992).

Der Nachweis eines geblotteten Proteins durch einen z. B. radioaktiv markierten Liganden (Ligandenfärbung) gelingt bei kleinen stabilen Proteinen oder bei Liganden, deren Bindung unabhängig von der Konformation des Proteins ist, die z. B. eine Aminosäuresequenz erkennen (Estrada et al. 1991). Ist die Bindung konformationsabhängig, hilft ein **Denaturierungs-/Renaturierungszyklus.** Die geblotteten Proteine werden in 8 M Harnstoff oder 6 M Guanidin und DTT vollständig denaturiert und dann wieder renaturiert (Celenza und Carlson 1986; Ferrel und Martin 1989). Es wird aber auch Proteine geben, deren Disulfidbrücken Sie besser intakt lassen. Die genauen Bedingungen sind von Protein zu Protein verschieden, und die Blotmembran spielt auch eine Rolle.

Li et al. (1992) konnten mit der Denaturierungs-/Renaturierungstechnik die Sequenzen eingrenzen, die an der Oligomerbildung von $K^+$-Kanälen beteiligt sind. Doch gibt es nur wenige Beispiele erfolgreicher Renaturierungen geblotteter Rezeptoren, und ihre Affinität zu den Liganden ist im Vergleich zum nativen Protein um Größenordnungen niedriger. Jedoch: Der Arbeitsaufwand ist gering; einen Versuch ist's wert.

Aussichtsreicher ist die Ligandenfärbung bei Proteinen, die nicht mit SDS denaturiert, also von nativen Gelen geblottet wurden. Für Membranproteine empfehlen sich Schägger-Gele (▶ Abschn. 1.3.2).

### 1.6.6  Ablösen von Proteinen von Blots

Es kann manchmal wünschenswert sein, das geblottete Protein vom Blot wieder abzulösen, um es proteolytisch zu verdauen oder im Massenspektrometer zu analysieren. Nach Fernandez et al. (1994) eignet sich dazu eine Lösung von 1 % hydrogeniertem Triton X-100 in 10 % Acetonitril, 100 mM Tris pH 8,0. Für Nitrocellulose haben Lui et al. (1996) die Wechselwirkung von Protein und Blotmembran systematisch untersucht. Danach löst Zwittergent 3-16 (1 % in 100 mM $NH_4HCO_3$) zwischen 60 und 90 % des geblotteten Proteins von der Nitrocellulose ab. Die Seife wirkt auch bei PVDF-Membranen, allerdings nicht so gut. Vorsicht: Zwittergent 3-16 verträgt sich nicht mit MALDI.

Auch andere Seifen (z. B. Tween 20, Tween 80) entfernen Proteine von der Membran. Wenn Ihnen daran gelegen ist, dass möglichst viel Protein auf der Membran gebunden bleibt, z. B. für Immunfärbungen oder Ligandenfärbungen, sollten Sie den Blot nicht zu oft mit derartigen Seifenlösungen waschen.

### 1.7    Autoradiographie von Gelen und Blots

### 1.7.1  Autoradiographie mit Röntgenfilmen

Bei der Autoradiographie von Gelen gibt es zwei Probleme (Laskey 1980):
1. Isotope wie $^3H$ oder $^{14}C$ geben β-Strahlung mit niedriger Energie ab. Diese Strahlung wird schon im Gel absorbiert und erreicht den Film nicht.
2. Isotope wie $^{32}P$ oder $^{125}I$ geben hochenergetische β-Strahlung bzw. γ-Strahlung ab. Diese durchdringt den Film, ohne ihn zu schwärzen.

Beide Probleme löst die Fluorographie (◘ Tab. 1.3).

Im ersten Fall tränken Sie das Gel mit einer Scintillatorflüssigkeit (Enhance, Enlightning, Entensify). Diese wandelt die β-Strahlung in Licht um. Das Licht wird vom Gel nicht absorbiert und erreicht daher den Film. Die Gele sollten jedoch nicht mit Coomassie Blue gefärbt sein, da der Farbstoff das Licht teilweise absorbiert.

| Tab. 1.3 Autoradiographie/Fluorographie von Gelen. (Nach Laskey 1980) | | | |
|---|---|---|---|
| **Isotop** | **Methode** | **dpm/cm² für sichtbares Fluorographiesignal innert 24 h** | **Verstärkung über direkte Autoradiographie** |
| $^{125}I$ | Screen | 100 | 16 |
| $^{32}P$ | Screen | 50 | 10,5 |
| $^{14}C$ | Scintillator | 400 | 15 |
| $^{35}S$ | Scintillator | 400 | 15 |
| $^{3}H$ | Scintillator | 8000 | > 1000 |

Die Fluorographie ist auch auf Nitrocellulose-Blots anwendbar: Man sprüht den Blot mit Enhance-Spray von NEN ein.

Für ein $^{3}H/^{14}C$-Fluorogramm wird das Gel nach Fixieren (ohne Coomassie!) und dreimaligem Waschen mit 40 % Methanol, 10 % Essigsäure (je 15 min) für 15–30 min in einem Scintillator (Enhance oder Enlightning von NEN) inkubiert und danach getrocknet. Enlightning und Enhance sind aggressive Flüssigkeiten.
Die Entwicklung eines Fluorogramms kann Wochen und Monate dauern. Wer nicht so lange warten will, zerschneidet die Laufspur des getrockneten Gels in kleine Abschnitte. Bei $^{3}H/^{14}C$-Gelen, die schon Scintillator (Enhance oder Enlightning) enthalten, können die Abschnitte direkt gezählt werden. Gele mit $^{32}P$ oder $^{125}I$ werden (ohne vorheriges Tränken in Scintillator) getrocknet, in Abschnitte zerschnitten und diese direkt ($^{125}I$) oder nach Zusatz von normalem Scintillator ($^{32}P$) gezählt. Das Gleiche gilt sinngemäß für Blots oder Dünnschichtplatten. Sie messen die absolute Menge der vorhandenen Radioaktivität und erhalten ein grobes Bild der Radioaktivitätsverteilung.

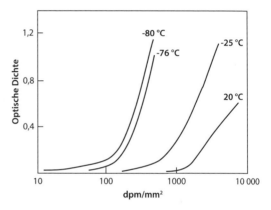

Abb. 1.3 Temperatur und Filmempfindlichkeit. Verdünnungen von $^{3}H$-Leucin wurden auf Silikagel-Dünnschichtplatten aufgebracht und diese mit Enhance-Spray beschichtet. Danach wurden die Platten 24 h lang mit einem Kodak-X-Omat-Film bei verschiedenen Temperaturen inkubiert. (Nach *A Guide to Fluorography*, Du Pont)

Im zweiten Fall wird die hochenergetische Strahlung von einem fluoreszierenden Schirm (*intensifying screen*) in Licht umgewandelt. Zwei Schirme in der Anordnung Schirm 1, Gel, Film, Schirm 2 verstärken das Signal zusätzlich, allerdings auf Kosten der Auflösung. Schirme arbeiten bei Blots und Dünnschichtplatten so gut wie bei Gelen.

Für beide Fälle gilt, dass Vorbelichten des Films die Empfindlichkeit heraufsetzt. Gleichzeitig stellt Vorbelichten eine lineare Beziehung zwischen Radioaktivitätsmenge und Filmschwärzung her (Laskey und Mills 1975). Vorbelichten lohnt bei kleinen Mengen von Radioaktivität, d. h. bei Gelen, die über längere Zeit exponiert werden müssen. Der Film wird einmal 1/2000 bis 1/1000 s lang beblitzt.

Die Bedingungen beschreibt Laskey (1980). Aufbewahrung bei −70 °C verstärkt das Signal des Fluorogramms ebenfalls (Abb. 1.3; Tab. 1.4).

Vorbelichten des Films bzw. tiefe Temperaturen verstärken nur Fluorographie(Licht)-Signale. Die Signale der direkten Autoradiographie werden nicht beeinflusst. Die Fluorographie gibt eine geringere Auflösung als die direkte Autoradiographie.

## 1.7.2 Phosphorimager

Die Alternative zum Röntgenfilm ist der Phosphorimager. Dieses Instrument besitzt eine Platte, die die von Ihrer Probe (Gel, Blot, histologischer Schnitt) abgegebene Radioaktivität chemisch und

**◘ Tab. 1.4** Sorgentöter bei Filmproblemen

| Problem | Gründe | Bemerkungen |
|---|---|---|
| Gel klebt am Film | Gel ist nicht trocken | Filmkassette vor dem Öffnen auf Raumtemperatur bringen |
| Kein Bild | – Zu wenig Radioaktivität, | |
| | – Expositionszeit zu kurz, | |
| | – Expositionstemperatur zu hoch, | ◘ Abb. 1.3 |
| | – schlechter Kontakt zwischen Gel, Blot, Dünnschichtplatte und Film, | |
| | – Gel ist noch feucht. | Feuchtigkeit im Gel/Blot setzt die Empfindlichkeit herab, |
| | – Enthält das Gel Enhance, und lag die Trocknungstemperatur über 70 °C? | Trocknungstemperatur sollte zwischen 65 und 70 °C liegen |
| Flecken auf dem Film | – Kontaminierte Filmkassette.<br>– Das Gel wurde nicht richtig mit dem Scintillator äquilibriert (konnte nicht frei schwimmen, zu wenig Scintillator). | Gel darf nicht am Boden der Wanne kleben, in 5-fachem Gelvolumen an Scintillator frei schwimmen lassen |
| Hoher Hintergrund | – Film zu alt,<br>– Lichtleck,<br>– Falsche Vorbelichtung des Films,<br>– externe Bestrahlung (z. B. $^{125}$I- oder $^{32}$P-Proben der Kollegen im gleichen Kühlschrank). | |
| Film zu hell | – Entwickler am Ende,<br>– Entwickler zu verdünnt,<br>– Falscher Film. | |
| Film zu dunkel | – kontaminierter Entwickler,<br>– Entwickler zu konzentriert. | |
| Streifen | Fixierlösung erschöpft | |
| Halbmondförmige Streifen | Film wurde nach der Exposition und vor der Entwicklung gebogen | |

örtlich speichert. Wird die Platte durch Licht einer bestimmten Wellenlänge bestrahlt, gibt sie die gespeicherte Energie wieder ab. In den Platten befindet sich heutzutage kein Phosphor, sondern BaFBr-Kristalle, die in einer organischen Matrix verteilt und mit $Eu^{2+}$-Ionen versetzt wurden. Die radioaktive Strahlung Ihrer Probe löst Elektronenbewegungen aus, die letztlich zu einer Oxidation von $Eu^{2+}$-Ionen zu $Eu^{3+}$-Ionen und zu einer Reduktion von BaFBr zu $BaFBr^-$ führen. Diese Redoxzustände speichern die Energie der radioaktiven Strahlung Ihrer Probe. Bei Bestrahlung der Platte durch Laserlicht einer bestimmten Wellenlänge wird das Laserlicht absorbiert und reduziert dadurch die

$Eu^{3+}$-Ionen wieder zu $Eu^{2+}$. Dabei wird proportional zur Radioaktivität der Probe Licht einer anderen Wellenlänge freigesetzt. Dieses Licht wird vom Phosphorimager gemessen.

Statt mit einem Film exponieren Sie also Ihre Probe mit einer „Phosphor"-Platte in einer Aufnahmekassette. Ist die Platte lange genug der Strahlung Ihrer Probe ausgesetzt worden, stecken Sie sie in den Phosphorimager, und der wertet sie aus. Das Ergebnis erscheint auf dem angeschlossenen Rechner.

Die Vorteile des Phosphorimagers sind:
- Die Aufnahmezeit ist etwa zehnmal kürzer als die für einen Röntgenfilm.

- Die Empfindlichkeit einer „Phosphor"-Platte liegt, abhängig von der Probe und dem verwendeten Isotop, zwischen zehn- und 100-mal höher als die eines Röntgenfilms.
- Der lineare Messbereich ist 40-mal größer als der eines Röntgenfilms.
- Sie können Probe und „Phosphor"-Platte bei Raumtemperatur aufbewahren.
- Die „Phosphor"-Platten sind wiederverwertbar.
- Sie müssen nicht in einer Dunkelkammer herumtappen und müssen die Platten auch nicht mit Chemikalien entwickeln.
- Sie erhalten sofort quantitative digitalisierte Daten.

Nachteile sind die Kosten eines Phosphorimagers und die im Vergleich zum Röntgenfilm geringere Auflösung. Wenn es also nicht, wie z. B. bei histologischen Schnitten, auf eine hohe Auflösung ankommt, ist der Phosphorimager dem Röntgenfilm vorzuziehen. Gebrauchte Phosphorimager können Sie bei eBay ersteigern.

## Literatur

Ahn T et al (2001) Polyacrylamide gel electrophoresis without a stacking gel: use of amino acids as electrolytes. Anal Biochem 291:300–303

Akin D et al (1985) The determination of molecular weights of biologically active proteins by cetyltrimethylammonium bromide-polyacrylamide gel electrophoreses. Anal Biochem 145:170–176

Batteiger B et al (1982) The use of Tween 20 as a blocking agent in the immunological detection of proteins transferred to nitrocellulose membranes. J Immunol Methods 55:297–307

Bensadoun A et al (1976) Assay of proteins in the presence of interfering material. Anal Biochem 70:241–250

Berggren K et al (2000) Background-free, high sensitivity staining of proteins in one- and two-dimensional sodium dodecyl sulfate-polyacrylamide gels using a luminescent ruthenium complex. Electrophoresis 21:2509–2521

Blake M et al (1984) A rapid, sensitive method for detection of alkaline phosphatase-conjugated anti-antibody on western blots. Anal Biochem 136:175–179

Blum H et al (1987) Improved silver staining of plant proteins, RNA and DNA in polyacrylamide gels. Electrophoresis 8:93–99

Bradford M (1976) A rapid and sensitive method for the quantitation of microgram quantities of protein utilizing the principles of protein-dye binding. Anal Biochem 72:248–254

Campbell K et al (1983) Staining of the $Ca^{2+}$ binding proteins, calsequestrin, calmodulin, troponin C and S-100 with the cationic carbocyanine dye „stains-all". J Biol Chem 258:11267–11273

Carr D, Scott J (1992) Blotting and band-shifting: techniques for studying protein-protein interaction. TIBS 17:246–249

Celenza J, Carlson M (1986) A yeast gene that is essential for release from glucose repression encodes a protein kinase. Science 233:1175–1178

Coghlan D et al (2005) Mechanism of reversible fluorescent staining of protein with epicocconone. Org Lett 7:2401–2404

Daniel T et al (1983) Visualization of lipoprotein receptors by ligand blotting. J Biol Chem 258:4606–4611

Degerli N, Akpinar M (2001) A novel concentration method for concentrating solutions of protein extracts based on dialysis techniques. Anal Biochem 297:192–194

Dewald D et al (1986) A nonurea electrophoretic gel system for resolution of polypeptides of MW 2000 to MW 200 000. Anal Biochem 154:502–508

Dunn S (1986) Effects of the modification of transfer buffer composition and the renaturation of proteins in gels on the recognition of proteins on western blots by monoclonal antibodies. Anal Biochem 157:144–153

Dzandu J et al (1984) Detection of erythrocyte membrane proteins, sialoglycoproteins and lipids in the same polyacrylamide gel using a doublestaining technique. Proc Natl Acad Sci USA 81:1733–1737

Englard S, Seifter S (1990) Precipitation techniques. Methods Enzymol 182:285–300

Estrada E et al (1991) Identification of the vasopressin receptor by chemical crosslinking and ligand affinity blotting. Biochemistry 30:8611–8616

Ferguson J et al (1980) Hydrogen ion buffers for biological research. Anal Biochem 104:300–310

Fernandez J et al (1994) An improved procedure for enzymatic digestion of polyvinylidene difluoride-bound proteins for internal sequence analysis. Anal Biochem 218:112–117

Ferrel J, Martin S (1989) Thrombin stimulates the activities of multiple previously unidentified protein kinases in platelets. J Biol Chem 264:20723–20729

Garic D et al (2013) Development of buffers for fast semidry transfer of proteins. Anal Biochem 441:182–184

Garrigos M et al (1991) Detection of $Ca^{2+}$-binding proteins by electrophoretic migration in the presence of $Ca^{2+}$ combined with 45Ca2+ overlay of protein blots. Anal Biochem 194:82–88

Gershoni J, Palade G (1982) Electrophoretic transfer of proteins from sodium dodecylsulfate-polyacrylamide gels to a positively charged membrane filter. Anal Biochem 124:396–405

Gharahdaghi F et al (1999) Mass spectrometric identification of proteins from silver-stained polyacrylamide gel: a method for the removal of silver ions to enhance sensitivity. Electrophoresis 20:601–605

Gibson W (1981) Protease-facilitated transfer of high molecular weight proteins during electrotransfer to nitrocellulose. Anal Biochem 118:1–3

Gill S, Hippel P (1989) Calculation of protein extinction coefficients from amino acid sequences. Anal Biochem 182:319–326

Girault JA et al (1989) Improving the quality of immunoblots by chromatography of polyclonal antisera on keratin affinity columns. Anal Biochem 182:193–196

Grintzalis K et al (2015) An accurate and sensitive Coomassie Brilliant Blue G-250-based assay for protein determination. Anal Biochem 480:28–30

Goa J (1953) A micro biuret method for protein determination; determination of total protein in cerebrospinal fluid. Scand J Clin Lab Invest 5:218–22

Good N et al (1966) Hydrogen Ion Buffers for Biological Research. Biochemistry 5:467–477

Gültekin H, Heermann KH (1988) The use of polyvinylidendifluorid membranes as a general blotting matrix. Anal Biochem 172:320–329

Hancock K, Tsang V (1983) India ink staining of proteins on nitrocellulose paper. Anal Biochem 133:157–162

Hashimoto F et al (1983) An improved method for separation of low-molecular weight polypeptides by electrophoresis in sodium dodecyl sulfate-polyacrylamide gels. Anal Biochem 129:192–199

Hauri H, Bucher K (1986) Immunoblotting with monoclonal antibodies: importance of the blocking solution. Anal Biochem 159:386–389

Heimer R (1989) Proteoglycan profiles obtained by electrophoresis and triple immunoblotting. Anal Biochem 180:211–215

Heukeshoven J, Dernick R (1988) Improved silverstain procedure for fast staining in PhastSystem development unit; staining of sodium dodecylsulfate gels. Electrophoresis 9:28–32

Higgins R, Dahmus M (1979) Rapid visualization of protein bands in preparative SDS-polyacrylamide gels. Anal Biochem 93:257–260

Hincke M (1988) Routine detection of calcium-binding proteins following their adsorption to nitrocellulose membrane filters. Anal Biochem 170:256–263

Ismalaj T, Sackett D (2015) An inexpensive replacement for dry ice in the laboratory. Anal Biochem 474:38–39

Jockusch H (1966) Temperatur-sensitive Mutanten des Tabakmosaikvirus. II. Zeitschrift für Vererbungslehre 98:344–362

Kang D et al (2002) Highly sensitive and fast protein detection with Coomassie Brilliant Blue in sodium dodecyl sulfate-polyacrylamide gel electrophoresis. Bull Korean Chem Soc 23:1511–1512

Karey K, Sirbasku D (1989) Glutaraldehyde fixation increases retention of low molecular weight proteins (growth factors) transferred to nylon membranes for western blot analysis. Anal Biochem 178:255–259

Kaur J, Bachhawat D (2009) A modified western blot protocol for enhanced sensitivity in the detection of a membrane protein. Anal Biochem 384:348–349

Kazmin D et al (2002) Visualization of proteins in acrylamide gels using ultraviolet illumination. Anal Biochem 301:91–96

King L, Morrison M (1976) The visualization of human erythrocyte membrane proteins and glycoproteins in SDS-polyacrylamide gels employing a single staining procedure. Anal Biochem 71:223–230

Ladner C et al (2004) Visible fluorescent detection of proteins in polyacrylamide gels without staining. Anal Biochem 326:13–20

Lämmli UK (1970) Cleavage of structural proteins during assembly of the head of bacteriophage T4. Nature 227:680–685

Larson E et al (1986) Artificial reductant enhancement of the Lowry method for protein determination. Anal Biochem 155:243–248

Laskey R (1980) The use of intensifying screens or organic scintillators for visualizing radioactive molecules resolved by gel electrophoresis. Methods Enzymol 65:363–371

Laskey R, Mills A (1975) Quantitative film detection of 3H and 14C in polyacrylamide gels by fluorography. Eur J Biochem 56:335

Leblanc G, Cochrane B (1987) A rapid method for staining proteins in acrylamide gels. Anal Biochem 161:172–175

Lee C et al (1987) Copper staining: a five-minute protein stain for sodium dodecyl sulfate-polyacrylamide gels. Anal Biochem 166:303–312

Legler G et al (1985) On the chemical basis of the Lowry protein determination. Anal Biochem 150:278–287

Letzel T et al (2006) Sensitive determination of G-protein-coupled receptor binding ligands by solid phase extraction-electrospray ionization-mass spectrometry. J Pharm Biomed Anal 40:744–751

Li K et al (1989) Quantification of proteins in the subnanogram and nanogram range: comparison of the aurodye, ferridye and india ink staining methods. Anal Biochem 182:44–47

Li M et al (1992) Specification of subunit assembly by the hydrophilic amino-terminal domain of the Shaker potassium channel. Science 257:1225–1230

Lin F et al (1991) Eosin Y staining of proteins in polyacrylamide gels. Anal Biochem 196:279–283

Lui M et al (1996) Methodical analysis of protein-nitrocellulose interactions to design a refined digestion protocol. Anal Biochem 241:156–166

Lynn K, Clevette-Radford N (1981) Staining for protease activity on polyacrylamide gels. Anal Biochem 117:280–281

Mackintosh J et al (2003) A fluorescent natural product for ultra sensitive detection of proteins in one dimensional and two dimensional gel electrophoresis. Proteomics 3:2273–2288

Mackintosh J et al (2005) Fluoroprofile, a fluorescence based assay for rapid and sensitive quantification of proteins in solution. Proteomics 5:4673–4677

Malmport E et al (2005) Visualization of proteins electro-transferred on Hybond ECL and Hybond-P using Deep Purple total protein stain. Life Science News 19:12–13

Markwell M et al (1978) A modification of the Lowry procedure to simplify protein determination in membrane and lipoprotein samples. Anal Biochem 87:206–210

Marshall T, Williams K (1991) Drug interference in the Bradford and 2,2bicinchoninic acid protein assays. Anal Biochem 198:352–354

Maruyama K et al (1984) Detection of calcium binding proteins by 45Ca autoradiography on nitrocellulose membrane after sodium dodecyl sulfate gel electrophoresis. J Biochem 95:511–519

Maurer H (1971) Disc electrophoresis and related techniques of polyacrylamide gel electrophoresis. Walter de Gruyter, Berlin

Mehmel M, Bauer J (2012) Protein-Elektrophorese – eine Erfolgsstory im Wandel der Zeit. Labor & More 7:44-47

Merril C et al (1981) Ultrasensitive stain for proteins in polyacrylamide gels shows regional variation in cerebrospinal fluid proteins. Science 211:1437–1438

Moeremans M et al (1985) Sensitive colloidal metal (gold or silver) staining of proteins blots on nitrocellulose membranes. Anal Biochem 145:315–321

Moeremans M et al (1986) Ferri-dye: collodial iron binding followed by perls reaction for the staining of proteins transferred from sodium dodecyl sulfate gels to nitrocellulose and positively charged nylon membranes. Anal Biochem 153:18–22

Moreno M et al (1985) Silverstaining of proteins in polyacrylamide gels: increased sensitivity through a combined Coomassie Blue-silver stain procedure. Anal Biochem 151:466–470

Myers J et al (1996) A method for enhancing the sensitivity and stability of stains-all for phosphoproteins separated in sodium dodecylsulfate-polyacrylamide gels. Anal Biochem 240:300–3002

Neuhoff V et al (1988) Improved staining of proteins in polyacrylamide gels including isoelectric focusing gels with clear background at nanogram sensitivity using Coomassie Brillant Blue G-250 and R–250. Electrophoresis 9:255–262

Nielsen B, Brown L (1984) The basis for colored silver-protein complex formation in stained polyacrylamide gels. Anal Biochem 141:311–315

Nimmo H, Nimmo G (1982) A general method for the localization of enzymes that produce phosphate, pyrophosphate or $CO_2$ after polyacrylamide gel electrophoresis. Anal Biochem 121:17–22

Ogata K et al (1983) Detection of toxoplasma membrane antigens transferred from SDS-polyacrylamide gel to nitrocellulose with monoclonal antibody and avidin-biotin, peroxidase anti-peroxidase and immunoperoxidase methods. J Immunol Methods 65:75–82

Ortiz M et al (1992) Imidazole-SDS-Zn reverse staining of proteins in gels containing or not SDS and microsequence of individual unmodified electroblotted proteins. FEBS Lett 296:300–304

Perides G et al (1986) Protein transfer from fixed, stained and dried polyacrylamide gels and immunoblot with protein A-gold. Anal Biochem 152:94–99

Poehling H, Neuhoff V (1981) Visualization of proteins with a silver stain: a critical analysis. Electrophoresis 2:141–147

Pohl T (1990) Concentration of proteins and removal of solutes. Methods Enzymol 182:68–83

Polachek I, Cabib E (1981) A simple procedure for protein determination by the Lowry method in dilute solutions and in the presence of interfering substances. Anal Biochem 117:311–314

Pomory C (2008) Color development time of the Lowry protein assay. Anal Biochem 378:216–217

Prussak CE et al (1989) Peptide production from proteins separated by sodium dodecyl sulfate polyacrylamide gel electrophoresis. Anal Biochem 178:233–238

Read S, Northcote D (1981) Minimization of variation in the response to different proteins of the coomassie blue G dye-binding assay for protein. Anal Biochem 116:53–64

Rehm H (1989) Enzymatic deglycosilation of the dendrotoxin-binding protein. FEBS Lett 247:28–30

Rehm H et al (1986) Molecular characterization of synaptophysin, a major calcium binding protein of the synaptic vesicle membrane. EMBO J 5:535–541

Richert S et al (2004) About the mechanism of interference of silver staining with peptide mass spectrometry. Proteomics 4:909–916

Root D, Reisler E (1989) Copper iodide staining of protein blots on nitrocellulose membranes. Anal Biochem 181:250–253

Schägger H, Jagow G (1987) Tricine-sodium-dodecylsulfate polyacrylamide gel electrophoresis for the separation of proteins in the range from 1–100 kDa. Anal Biochem 166:368–379

Schägger H, Jagow G (1991) Blue native electrophoresis for isolation of membrane protein complexes in enzymatically active form. Anal Biochem 199:223–231

Schiavo G et al (1992) Botulinum neurotoxins are zinc proteins. J Biol Chem 267:23479–23483

Shevchenko A et al (1996) Mass spectrometric sequencing of proteins from silver-stained polyacrylamide gels. Anal Chem 68:850–858

Smith PK et al (1985) Measurement of protein using bicinchoninic acid. Anal Biochem 150:75–85

Smith T, Bell J (1986) An exponential gradient maker for use with minigel polyacrylamide electrophoreses systems. Anal Biochem 125:74–77

Starcher B (2001) A ninhydrin-based assay to quantitate the total protein content of tissue samples. Anal Biochem 292:125–129

Steck G et al (1980) Detection of basic proteins and low molecular weight peptides in polyacrylamide gels by formaldehyde fixation. Anal Biochem 107:21–24

Stein W, Moore S (1954) The free amino acids of human blood plasma. J Biol Chem 211:915–926

Steinberg T et al (1996) Application of SYPRO orange and SYPRO red protein gel stains. Anal Biochem 239:238–245

Stoll V, Blanchard J (1990) Buffers: principles and practice. Methods Enzymol 182:24–38

Stoschek C (1990) Quantitation of protein. Methods Enzymol 182:50–68

Sumner L et al (2002) Silver stain removal using $H_2O_2$ for enhanced peptide mass mapping by matrix-assisted laser desorption/ionization time-of-flight mass spectrometry. Rapid Comm Mass Spectrom 16:160–168

Susnea I et al (2011) Mass spectrometric protein identification from two-dimensional gel separation with stain-free detection and visualization using native fluorescence. Int J Mass Spectrom 301:22–28

Swerdlow P et al (1986) Enhancement of immunoblot sensitivity by heating of hydrated filters. Anal Biochem 156:147–153

Thomas J, Hodes M (1981) A new discontinuous buffer system for the electrophoresis of cationic proteins at near neutral pH. Anal Biochem 118:194–196

Towbin H et al (1979) Electrophoretic transfer of proteins from polyacrylamide gels to nitrocellulose sheets: procedure and some applications. Proc Natl Acad Sci USA 76:4350–4354

User's guide Phosphorimager SI, Molecular Dynamics (1994)

Vandekerckhove J et al (1985) Proteinblotting on polybrene-coated glass-fiber sheets. Eur J Biochem 152:9–19

Wessel D, Flügge U (1984) A method for the quantitative recovery of protein in dilute solution in the presence of detergents and lipids. Anal Biochem 138:141–143

Wiechelmann K et al (1988) Investigation of the bicinchoninic acid protein assay: identification of the groups responsible for color formation. Anal Biochem 175:231–233

Yokota H et al (2000) Elimination of artifactual bands from polyacrylamide gels. Anal Biochem 280:188–189

# Ligandenbindung

H. Rehm, T. Letzel, *Der Experimentator: Proteinbiochemie/Proteomics*,
DOI 10.1007/978-3-662-48851-5_2, © Springer-Verlag Berlin Heidelberg 2016

Die Bindung zwischen zwei Molekülen ist der erste Schritt jeder biochemischen Reaktion und damit Grundlage jeder Funktion. Grundlegendes sollte man gründlich behandeln, und das vorliegende Kapitel wird dies tun. Das Vorurteil meint zwar, Bindungstests seien langweilig, und es hat recht, doch können auch langweilige Tests interessante Ergebnisse liefern.

**Zum Binden braucht es zwei  Ligand** und **Bindungsstelle.** Ein Ligand ist ein Molekül, das reversibel (umkehrbar) an eine Bindungsstelle bindet. Eine Bindungsstelle ist ein „Locus" eines Proteins, des Bindungsproteins.

Wie läuft ein typisches Bindungsprojekt ab? Etwa so: Ein Ligand (z. B. ein Toxin) zeigt in niedrigen Konzentrationen in einem physiologischen Test eine Wirkung. Der Experimentator überlegt: Diese Wirkung muss über Zellmoleküle vermittelt werden, also muss der Ligand mit einem Zellmolekül wechselwirken, und das kann er nur, wenn er an das Zellmolekül bindet. Die Bindungsstelle auf diesem Zellmolekül ist das erste Glied im Wirkungsmechanismus des Liganden und damit Ihr Ansatzpunkt. Sie markieren den Liganden radioaktiv, entwickeln einen Bindungstest, charakterisieren Bindungsstelle und Bindungsprotein. Danach reinigen Sie das Bindungsprotein, charakterisieren es eingehender, klonieren es, und auf diesem langen Weg erhalten Sie (mit Glück) auch Hinweise auf seine Funktion und damit den Wirkungsmechanismus des Liganden. Der Bindungstest eröffnet Ihnen also eine neue Forschungsrichtung, in der sie sich jahrelang betätigen können. Wenn das Bindungsprotein eine Funktion in der Zelle ausübt, deren molekularer Träger bisher unbekannt war, können Sie sich mit Bindungsexperimenten sogar profilieren.

Zur Suche nach dem Bindungsprotein gehören der radioaktiv markierte Ligand, ein Bindungstest und ein Gewebe, in dem das Bindungsprotein in genügend hoher Konzentration vorkommt. Arbeits- und Zeitaufwand hängen von den Eigenschaften des Liganden ab. Zuerst müssen Sie den Liganden isolieren, denn für Bindungstests sollte dieser sauber sein. Die zweite Hürde ist die radioaktive Markierung des Liganden. Dabei gehen leicht die biologischen Eigenschaften des Liganden verloren, dies selbst bei großen Peptiden oder Proteinen mit ihren vielfältigen Markierungsmöglichkeiten. Schließlich müssen Sie noch einen Bindungstest entwickeln, der keine „Fahrkarten" misst und auch keine „Hausnummern". Ohne Glück und mit 10 h Einsatz täglich braucht der unerfahrene Doktorand je etwa ein halbes Jahr für die Markierung des Liganden (inklusive Reinigung und Nachweis der Funktionalität), die Entwicklung des Bindungstests und die Erstellung der Ergebnisse.

Im Zeitalter der massenspektrometrischen Detektion lässt sich die Markierung der Liganden umgehen, wenn diese in oder aus der untersuchten Lösung ionisiert werden können. Lesen Sie hierzu ► Abschn. 7.5. Natürlich hat auch diese Detektion Nachteile. So können Sie Ihre Liganden nur sehen, wenn diese von der restlichen Suppe abgetrennt werden können. Hierbei können Ihnen die Umkehrphasenchromatographie oder andere Techniken aus ► Kap. 5 helfen. Sie sehen: Die Arbeit wird nicht weniger, aber manchmal wenigstens gesünder.

Viele Proteine haben keine Liganden. Also macht man sich einen. In Epitop-Bibliotheken lässt sich zu jedem Protein eine Reihe von Peptiden finden, die mit fast beliebiger Affinität und an verschiedene Stellen des Proteins binden (Scott und Smith 1990). Voraussetzung ist, dass das Protein rein und in genügenden Mengen vorliegt.

**Eine Warnung**  So einfach das Binden zweier Partner zu sein scheint, die Beziehungen scheitern oft an Kleinigkeiten und können erstaunlich kompliziert werden. Vielleicht verliert der Ligand seine biologische Aktivität bei der radioaktiven Markierung, oder er bindet nicht spezifisch (d. h. an mehrere verschiedene Bindungsstellen), oder es werden aufwendige chemische Synthesen notwendig, oder es stellt sich heraus, dass die mit viel Mühe gefundene Bindungsstelle auf einem schon bekannten Protein liegt. Ist Letzteres der Fall, so wurde lediglich ein neuer Ligand für ein altes Protein gefunden. Das wirft eine Publikation ab und danach steht der Experimentator im Regen.

Genug der Schwarzmalerei. Bindungsprojekte sind eher berechenbar als andere, und wenn ihre Methoden auch wenig Prestige bringen, so sind sie doch unentbehrlich.

» Wahrhaftig, gnädiger Herr, ich bin der Meinung,
dass der Arme mit dem zufrieden sein muss,
was er findet, und auf keine gebratenen Tauben
aus der Luft warten soll.

## 2.1 Radioaktive Ligandenmarkierung

Bevor Sie sich auf das Betreten des Isotopenlabors einlassen, sollten Sie den Liganden pharmakologisch charakterisieren, also eine biologische Reaktion messen. Das kann die Wirkung eines Neurotoxins an der Nerv-Muskel-Endplatte sein oder auch nur eine stumpfsinnige $LD_{50}$. Sie erfahren, in welchen Konzentrationen, wo und wie der Ligand seine Wirkung entfaltet. Das ist nicht nur für die Wahl des Isotops wichtig, sondern auch für den später zu entwickelnden Bindungstest. Vor allem ermöglicht ein quantitativer pharmakologischer Test, den mit z. B. $^{127}$Iod (nicht-radioaktiv) markierten Liganden auf biologische Aktivität zu testen. Ohne pharmakologischen Test tappen Sie im Dunkeln.

Die gängigsten Isotope für die Ligandenmarkierung sind $^{125}$Iod und $^{3}$H. $^{125}$Iod ist das Isotop der Wahl. Mit $^{125}$Iod werden Proteine, Peptide und Verbindungen mit Phenylgruppen oder primären Aminogruppen markiert.

### 2.1.1 Iodierung von Peptiden und Proteinen

Für eine Iodierung müssen Proteine und Peptide ein Tyrosin, Histidin oder primäre Aminogruppen besitzen (◘ Abb. 2.1). Außerdem muss die biologische Aktivität die Iodierungsprozedur überstehen.

Tyrosinreste werden gerne mit **Chloramin-T** iodiert. Chloramin-T zersetzt sich in wässriger Lösung langsam zu Hypochlorsäure, die $^{125}$I$^-$ zu $^{125}$I$^+$ oxidiert. $^{125}$I$^+$ reagiert mit der anionischen Form des Tyrosins zu $^{125}$I-Tyrosin. Die Reaktion hat ein pH-Optimum von 7,5 und wird von Thiocyanat in mikromolaren Konzentrationen gehemmt. Da das Na$^{125}$I in NaOH geliefert wird, neutralisiert man die Reaktionsmischung durch einen starken Puffer, meistens Natriumphosphat. Am Ende der Reaktion

wird das Oxidationsmittel Chloramin-T durch ein Reduktans, meistens Bisulfit, zerstört.

Die verschiedenen Tyrosinreste eines Proteins reagieren verschieden gut mit $^{125}$I$^+$, vielleicht wegen unterschiedlicher Zugänglichkeit, anderen Nachbarn etc.

Das in Rehm und Lazdunski (1992) und Sutter et al. (1979) beschriebene Iodierungsprotokoll wurde für Proteine und Peptide entwickelt, liefert aber auch mit Molekülen mit kleinem MG und einer Phenylgruppe gute Ergebnisse. Das $^{125}$I$^-$ wird mit niedrigen Chloramin-T-Konzentrationen oxidiert (molares Verhältnis von zu iodierendem Molekül/Chloramin-T/$^{125}$I etwa 1/1–2/0,5–1). Die Iodierungsreaktion wird entweder durch Verdünnen der Reaktionsmischung (Rehm und Lazdunski 1992) oder, wenn es das Protein verträgt, durch Zugabe von $Na_2S_2O_5$ (30 mg/ml) beendet. Ein Ionenaustauscher oder eine Gelfiltrationssäule, z. B. Sephadex G-25 oder Bio-Gel P-60, trennt Peptide oder Proteine vom restlichen $^{125}$I$^-$ ab. Triton X-100 und BSA verhindern die Adsorption des iodierten Peptids an Reaktionsgefäße und Pipetten. Nach der Reaktion liegt im Allgemeinen eine Mischung von einfach iodierten, mehrfach iodierten und nicht-iodierten Molekülen vor, wobei die monoiodierte Verbindung überwiegt.

Bei der Iodierung mit Chloramin-T liegen alle Reaktanten in Lösung vor (Ein-Phasen-System). Pierce bietet Oxidationsmittel an, die auf eine feste Phase aufgezogen wurden (Zwei-Phasen-System: Iodobeads, Iodogen). Bei den **Iodobeads** handelt es sich um an Polystyrolkügelchen gekoppeltes N-Chlorobenzylsulfonamid, bei **Iodogen** um ein auf die Wand des Reaktionsgefäßes aufgezogenes, hydrophobes Chloramin-T-Derivat (Iodobeads benutzen Markwell (1982), Iodogen Salacinski et al. (1981) und Tuszynski et al. (1983)). Nach der Reaktion kann bei Iodobeads und Iodogen die feste Phase mit dem Oxidationsmittel leicht vom Reaktionsansatz getrennt werden. Die Zugabe von Reduktionsmittel (Bisulfit) ist daher unnötig, was empfindliche Disulfidbrücken schont. Zudem ist N-Chlorobenzylsulfonamid ein milderes Oxidationsmittel als Chloramin-T.

Als noch schonender gilt die Iodierung der Tyrosinreste mit **Lactoperoxidase** und $H_2O_2$. Der Experimentator setzt dem Reaktionsansatz mit $^{125}$I$^-$, Lactoperoxidase und dem Protein bzw. Peptid wiederholt geringe Mengen an $H_2O_2$ zu. Die Lactoperoxidase spaltet das $H_2O_2$ zu Wasser und $O_2$ und oxidiert gleichzeitig das $^{125}$I$^-$. Azid hemmt die Lactoperoxidase. Statt wiederholt $H_2O_2$ zuzugeben,

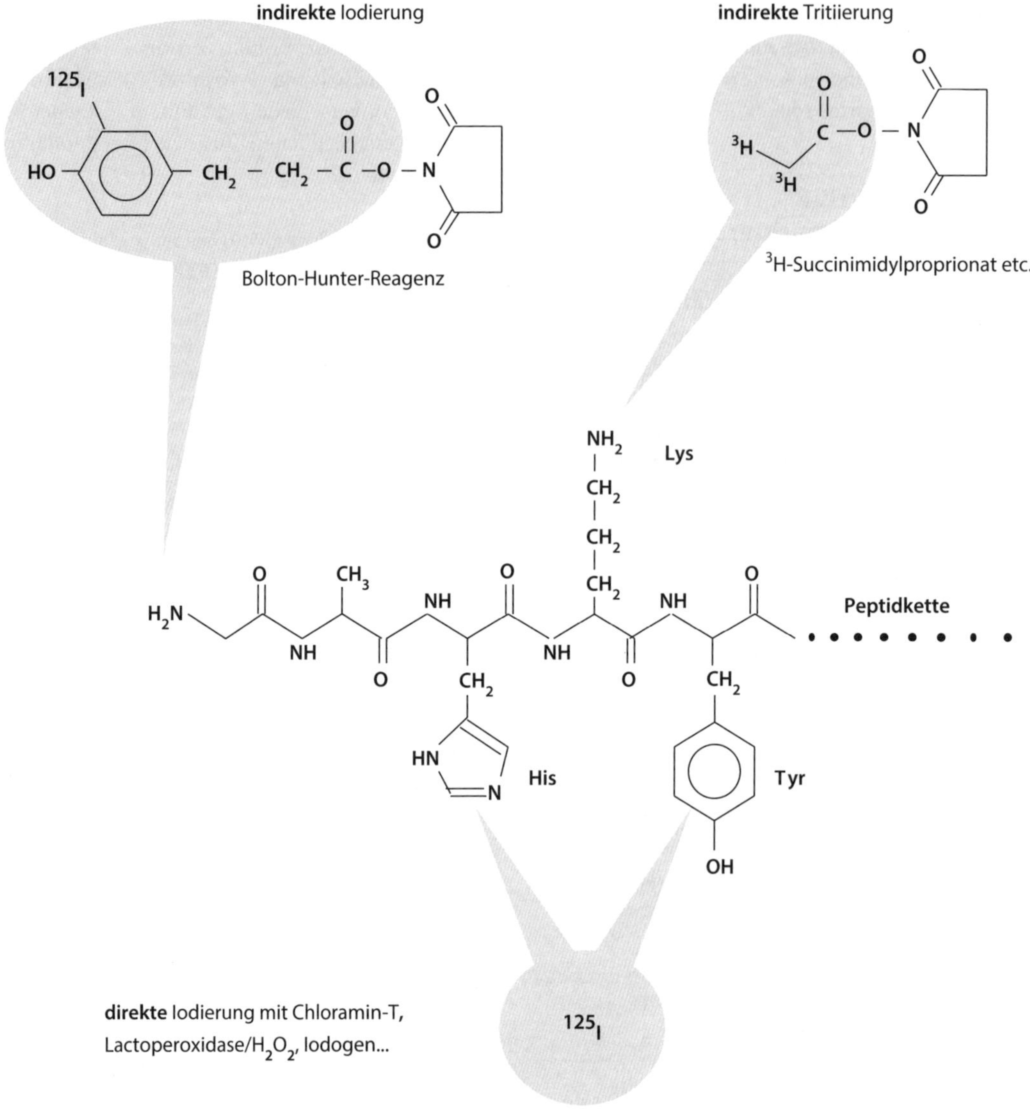

**2**

**indirekte** Iodierung

Bolton-Hunter-Reagenz

**indirekte** Tritiierung

$^3$H-Succinimidylproprionat etc.

Lys

His

Tyr

Peptidkette

**direkte** Iodierung mit Chloramin-T,
Lactoperoxidase/$H_2O_2$, Iodogen...

$^{125}$I

◻ **Abb. 2.1** Radioaktive Markierung von Proteinen und Peptiden

können Sie mit einer Kombination von Glucoseoxidase und Glucose für eine konstante Produktion von $H_2O_2$ in der Reaktionsmischung sorgen. Die Glucoseoxidase-Lactoperoxidase-Reaktionskette bietet Bio-Rad als Zwei-Phasen-Iodierungssystem an. Vorteile: Der Reaktionsansatz bleibt enzymfrei; die iodierten Glucoseoxidase/Lactoperoxidase-Moleküle (Selbstiodierung) bleiben im Reaktionsgefäß.

Das zu markierende Peptid bzw. Protein besitzt keinen Tyrosinrest? Versuchen Sie einen **Histidin**-rest zu iodieren! Oberhalb pH 8–8,5 substituiert Iod bevorzugt den Imidazolring des Histidins (Chisholm et al. 1969; Taylor et al. 1984).

**Primäre Aminogruppen** des Proteins bzw. Peptids lassen sich mit dem Bolton-Hunter-Reagenz oder anderen $^{125}$I-markierten N-Succinimidyl-Verbindungen umsetzen (indirekte Iodierung, ◻ Abb. 2.1). Es entsteht ein Säureamid, d. h. die positive Ladung der primären Aminogruppe geht verloren (Bolton und Hunter 1973). $^{125}$I-Bolton-

Hunter-Reagenz ist bei PerkinElmer oder GE Healthcare erhältlich. Statt N-Hydroxysuccinimidyl-Verbindungen können auch Imidoester verwendet werden (Bright und Spooner 1983). Diese reagieren spezifisch mit Lysinresten und erhalten die positive Ladung des derivatisierten Lysins. Schließlich gibt es noch die Möglichkeit, die primäre Aminogruppe mit 4-Hydroxybenzaldehyd zu einem Imin umzusetzen und dieses zu einem sekundären Amin zu reduzieren (Vorsicht bei Disulfidbrücken) (Su und Jeng 1983). Die Ladung und Nukleophilie der primären Aminogruppe bleibt erhalten. Hinterher wird die Phenylgruppe z. B. mit Chloramin-T iodiert.

Nach der Iodierung gilt es, das freie $^{125}$Iod vom iodierten (und uniodierten) Protein bzw. Peptid abzutrennen. Für Proteine nimmt man dazu kleine Ionenaustauscher- oder Gelfiltrationssäulen, für kleinere stabile Proteine und Peptide die HPLC (High Performance Liquid Chromatography). Eine HPLC einzusetzen, lohnt, wenn häufig iodiert wird, denn nach einem Lauf mit 1 mCi $^{125}$Iod ist die Maschine mindestens ein Jahr lang für kaltes Arbeiten nicht mehr zu gebrauchen. Die HPLC vermag oft zwischen mono- und diiodierten Peptiden bzw. Proteinen zu unterscheiden. Bei Iodierungsreaktionen mit gutem Einbau kann man auf die Abtrennung des freien $^{125}$Iods verzichten, zumal bei der Lagerung des Reaktionsproduktes sowieso wieder freies $^{125}$Iod entsteht (Rückreaktion).

Falls Sie ein Peptid iodieren müssen, das pH 3 und 100 °C verträgt, können Sie es erst mal mit $^{127}$Iod iodieren. Nach dem Abtrennen des freien $^{127}$Iods tauschen Sie das ins Peptid eingebaute $^{127}$Iod gegen $^{125}$Iod aus (Breslav et al. 1996). Der Vorteil: Die Produkte der $^{127}$I-Iodierung können in aller Ruhe auf der (kalten) *reversed-phase*-HPLC aufgetrennt und anschließend auf ihre biologische Aktivität untersucht werden (▶ Abschn. 2.1.3). Beim aktiven $^{127}$Iod-Derivat tauschen Sie dann das $^{127}$Iod gegen $^{125}$Iod aus. Sie können auch auf die Iodierungsreaktion verzichten und stattdessen das Peptid mit der entsprechenden $^{127}$Iod-Aminosäure an der gewünschten Stelle synthetisieren lassen (Peptidsynthesizer).

Die **Iodtausch-Methode** ist auf säurestabile Peptide beschränkt. Zudem tauscht nur 3,5-Diiodtyrosin bereitwillig sein $^{127}$Iod gegen $^{125}$Iod

aus. Doch selbst mit diiodtyrosinhaltigen Peptiden brachten Breslav et al. (1996) nur eine spezifische Aktivität von 10 Ci/mmol zustande. Die Methode mag freilich nicht völlig ausgereift sein, sowohl was mildere Austauschbedingungen als auch höhere spezifische Aktivitäten betrifft. Freies $^{125}$Iod trennen Breslav et al. (1996) mit einer C18-Sep-Pak-Patrone ab: $^{125}$Iod läuft durch, Peptid bindet und wird nach dem Waschen mit Methanol eluiert.

### The day after

**Kein Einbau von $^{125}$Iod?** Wurde im Iodierungsmix nichts vergessen oder falsch zugegeben, enthält das Protein entweder keinen Tyrosinrest oder die Oxidationsbedingungen waren zu schwach. Helfen andere oder stärkere Oxidationsmittel (z. B. mehr Chloramin-T) nicht, liegt die Lösung des Problems vielleicht in der Umsetzung mit Bolton-Hunter-Reagenz, $^{3}$H-markierten N-Succinimidyl-Verbindungen oder im Versuch, ein Histidin des Proteins zu iodieren.

**Das iodierte Protein zeigt keine spezifische Bindung?** Oft ist das eingebaute $^{125}$Iod schuld, aber auch die bei der Iodierung verwendeten Reagenzien können das Protein inaktivieren. So oxidiert Chloramin-T nicht nur I$^{-}$, sondern auch die α-Aminogruppe von Peptiden und Aminosäuren zum Nitril. Empfindliche Phenolderivate werden ebenfalls zerstört. Auf diesen Reaktionen beruhte, dies nebenbei, der Einsatz von Chloramin-T als Desinfektionsmittel im Ersten Weltkrieg (Dakin et al. 1916). Mildere Oxidationsbedingungen, wie $H_2O_2$ oder Iodobeads statt Chloramin-T, oder andere Reaktionsbedingungen (pH, Ionenstärke, Liganden) bringen oft die Wende.

Die Zahl der eingebauten Iod-Atome pro Protein beeinflusst dessen Bindungsfähigkeit. Faustregel: Je größer das Verhältnis Mol Iod-Atome/Mol Protein im Reaktionsansatz ist, desto mehr Iod wird ins Protein eingebaut, und umso kleiner sind Immunreaktivität und biologische Aktivität des iodierten Proteins. Für das stöchiometrische Verhältnis der Reaktanten im Iodierungsansatz gilt also: zu viel Iod, und das Protein ist tot. Es empfiehlt sich die Reaktion zuerst mit $^{127}$Iod (nicht-radioaktiv) durchzuführen und die iodierten Spezies, vor allem die einfach iodierte Verbindung, auf ihre biologische Wirkung zu prüfen.

Sind also monoiodierte Proteine des Experimentators Wunsch und Streben, so kann doch schon ein einziges Iod dem Protein die Lust am Binden vergällen. In diesem Fall: Variieren Sie die Reaktionsbedingungen und versuchen Sie, einen anderen Tyrosin- oder Histidinrest zu iodieren. Dies in der Hoffnung, dass das Iod in der neuen Position die Bindung nicht stört. Ist diese Hoffnung vergebens, oder wollen Sie sich nicht auf endloses Screenen von Reaktionsbedingungen einlassen, bleiben das Bolton-Hunter-Reagenz oder eine $^3$H-Markierung.

**Das Protein ist verschwunden?** Bei dieser, der übelsten aller Möglichkeiten ist das Protein durch die Iodierungsprozedur denaturiert worden und in der Folge aggregiert, präzipitiert oder adsorbiert, z. B. an die Säule, die das iodierte Protein vom freien $^{125}$Iod trennen sollte. Rettung bringt eine mildere Iodierungsprozedur.

## 2.1.2  Iodierung von Molekülen mit niedrigem Molekulargewicht

Iodierte Moleküle mit niedrigem MG dienen als Liganden in Bindungstests, zur indirekten Iodierung von Proteinen oder als Photoaffinitätsliganden. In der Regel handelt es sich um Phenol-Verbindungen.

Auch bei der Iodierung von Molekülen mit niedrigem MG dient meistens Na$^{125}$I als $^{125}$I-Quelle und Chloramin-T als Oxidationsmittel (molares Verhältnis der drei Reaktanten etwa 1 : 1 : 1). Ein leicht basischer pH im Reaktionsansatz begünstigt die Monoiodierung. Bei wasserempfindlichen Verbindungen wie N-Succinimidyl-Derivaten führt man die Iodierungsreaktion in organischen Lösungsmitteln (z. B. Aceton, Acetonitril) durch. Die Iodierungseffizienz hängt vom verwendeten Lösungsmittel ab. Mit der HPLC oder Dünnschichtchromatographie trennen Sie freies $^{125}$Iod, iodiertes Molekül und nicht-iodiertes Molekül voneinander ab.

Für die Derivatisierung von primären Aminogruppen gilt, was für Proteine bzw. Peptide gesagt wurde, jedoch können Moleküle mit niedrigem MG oft auch in organischen Lösungsmitteln derivatisiert

werden. Die Eigenschaften (z. B. die Löslichkeit) von Molekülen mit kleinem MG ändern sich bei der Derivatisierung mit z. B. Bolton-Hunter-Reagenz natürlich stärker als bei einem großen Protein.

Als Vorsichtsmaßnahme gegen Radiolyse (▶ Abschn. 2.1.4) sollte das iodierte Molekül in verdünnter Lösung und in Gegenwart von Radikalfängern wie Ethanol, Ascorbat, Mercaptoethanol aufbewahrt werden. Experimentelle Einzelheiten finden Sie in Ji et al. (1985), Kometani et al. (1985a) und Masson und Labia (1983).

## 2.1.3  Isolierung einzelner iodierter Spezies

Bei einer Iodierungsreaktion entsteht oft eine Reihe von Schwestermolekülen. So liefert die Iodierung von Proteinen, die mehrere Tyrosinreste enthalten, einfach iodierte, doppelt iodierte und uniodierte Proteine, wobei die einfach iodierten Proteine noch an verschiedenen Tyrosinen iodiert sein können usw. Schließlich können Phenylgruppen und Imidazolringe mit Iod mono- und bisubstituiert sein.

Einfach iodierte kann man von uniodierten und mehrfach iodierten Molekülen mittels HPLC (Bidard et al. 1989) oder isoelektrischer Fokussierung (Rehm und Betz 1982) abtrennen. Die Isolierung des einfach iodierten Moleküls aus einem Gemisch einfach iodierter und uniodierter Moleküle gibt nicht nur eine höhere spezifische Aktivität und ein besseres Signal/Rausch-Verhältnis, sie vereinfacht auch die Interpretation der Bindungsergebnisse.

Gelingt es nicht, die monoiodierte Molekülspezies zu isolieren, liegt also ein Gemisch von iodiertem und uniodiertem Molekül vor, dann müssen Sie die spezifische Radioaktivität bestimmen: die Menge an eingebauter Radioaktivität, dividiert durch die Summe der Mole von iodiertem und uniodiertem Molekül. Die spezifische Aktivität wird in Ci/mmol angegeben. Mithilfe der spezifischen Aktivität lässt sich berechnen, wie viel Atome des radioaktiven Isotops ein Molekül enthält (◘ Abb. 2.2). So enthält bei einem mit $^{125}$Iod derivatisierten Protein mit einer spezifischen Radioaktivität von 2200 Ci/mmol, statistisch gesehen, jedes Proteinmolekül ein $^{125}$Iod-Atom.

Die Menge A einer radioaktiven Verbindung zur Zeit t berechnet sich nach:

$$A = Ao \cdot \exp\left[-\frac{\ln 2 \cdot t}{T_{1/2}}\right]$$

Ao ist die Menge an radioaktiver Verbindung zur Zeit t = 0; $T_{1/2}$ die Halbwertszeit des Isotops.

Die Aktivität (Zahl der Zerfälle pro Zeiteinheit) einer radioaktiven Verbindung zur Zeit t ist also:

$$\frac{dA}{dt} = -\frac{Ao \cdot \ln 2}{T_{1/2}} \cdot \exp\left[-\frac{\ln 2 \cdot t}{T_{1/2}}\right]$$

Sei Ao 1 mmol z. B. $^{125}$I, so ist dA/dt zur Zeit t = 0:

$$\left[\frac{dA}{dt}\right]_{t=0} = -\frac{Ao \cdot \ln 2}{T_{1/2}} = \frac{6{,}02 \cdot 10^{20} \cdot \ln 2}{59{,}6 \cdot 24 \cdot 60 \text{ min}} = 4{,}83 \cdot 10^{15} \text{ Zerfälle/min.}$$

Mit 1 Ci = $2{,}22 \bullet 10^{12}$ Zerfälle/min folgt $\left[\dfrac{dA}{dt}\right]_{t=0} = 2176 \text{ Ci}$

d. h. 1 mmol $^{125}$Iod hat die Aktivität 2176 Ci. Seine spezifische Radioaktivität ist also 2176 Ci/mmol.

◻ **Abb. 2.2** Zeitabhängigkeit der Aktivität einer radioaktiven Verbindung

## 2.1.4 **Vor- und Nachteile des Iodierens**

$^{125}$Iod hat eine hohe spezifische Aktivität (◻ Tab. 2.1) und ist, z. B. in Autoradiogrammen, leicht und schnell nachzuweisen. Zum Zählen reicht ein γ-Counter, der keinen teuren und giftigen Scintillator benötigt. Der Zeitaufwand für eine Iodierung, einschließlich der Trennung des iodierten Moleküls vom freien Iod, liegt bei 2–3 h. Die Vorbereitungen wie Puffer herstellen, Platz im Jodlabor aufbauen benötigen ca. 1 Tag. Auch ist Iodieren vergleichsweise billig (2 mCi Na$^{125}$Iod kosten ca. 120 Euro).

Die üblichen Handmessgeräte reagieren schon auf Spuren von $^{125}$Iod mit einem beängstigenden Knattern. Daher kommt es bei $^{125}$Iod selten zu der ausgiebigen Kontamination von Arbeitsgerät und Arbeitsplatz, wie sie bei $^{3}$H oft zu beobachten ist. $^{3}$H nämlich muss durch aufwendige Wischtests nachgewiesen werden, und die führt der Forscher nach unseren Erfahrungen nur alle Jahre mal durch.

Bei der täglichen Arbeit mit kleinen Mengen (< 100 µCi) von $^{125}$Iod schützen 1 mm starke Edelstahlbleche. Diese halten die schwache γ-Strahlung fast genauso gut ab wie Bleibleche und sind handlicher und ungiftig.

Der Umgang mit $^{125}$Iod hat seine Schattenseiten. Beim Iodieren müssen Sie unter Sicherheitsvorkehrungen, wie mit Iodfiltern versehene Abzüge etc., mit großen Mengen an Radioaktivität (1–5 mCi) umgehen. Die biologische Aktivität vieler Proteine übersteht die oxidierenden Bedingungen der Iodierungsprotokolle nicht, und das große $^{125}$Iod-Atom verändert die Eigenschaften der Moleküle.

$^{125}$Iod hat eine Halbwertszeit von 60 Tagen, doch nimmt die spezifische Aktivität einer iodierten Verbindung schneller ab, denn während des Lagerns läuft die Rückreaktion zu freiem $^{125}$Iod. Zudem zerstört die beim Zerfall des $^{125}$Iod frei

**◘ Tab. 2.1** Die wichtigsten radioaktiven Isotope

| Kritisches Isotop | Halbwertszeit | Strahlungsart | Messung | spez. Aktivität Ci/mmol | Energie max. (MeV) | Reichweite max. (cm) | Kritisches Organ | Tochternuklid |
|---|---|---|---|---|---|---|---|---|
| $^3$H | 12,35 Jahre | β | LSC | 29 | 0,0186 | 0,42 (Luft) | | $^3$He |
| $^{14}$C | 5730 Jahre | β | LSC | 0,062 | 0,156 | 21,8 (Luft) | | $^{14}$N |
| $^{32}$P | 14,3 Tage | β | LSC | 9130 | 1,71 | 610 (Luft); 0,76 (Plexiglas) | Auge | $^{32}$S |
| $^{35}$S | 87,4 Tage | β | LSC | 1494 | 0,167 | 24,4 (Luft) | | $^{35}$Cl |
| $^{45}$Ca | 163 Tage | β | LSC | 801 | 0,257 | 48 (Luft) | Knochen | $^{45}$Sc |
| $^{125}$I | 59,6 Tage | γ | γ-Counter | 2191 | 0,27–0,035 | 0,02 (Blei) | Schilddrüse | $^{125}$Te |

LSC: *liquid scintillation counter*

werdende Strahlung andere Moleküle der iodierten Verbindung und erzeugt mit Wasser freie Radikale. Diese Radiolyse kann iodierte Moleküle mit niedrigem MG innerhalb von Tagen zerstören. Verdünnen der Probe und Radikalfänger verlangsamen die Radiolyse. Temperaturerniedrigung beeinflusst diesen Prozess kaum, hält aber Pilze und Bakterien in Schach. Schließlich aggregieren viele Proteine während der Iodierung und dem anschließenden Lagern. Die nervenaufreibende Prozedur des Iodierens muss also öfter wiederholt werden, als es dem Forscher lieb ist.

Die Plage indirekter Iodierungsmethoden ist die niedrige spezifische Aktivität des Produkts. Denn für eine gute Ausbeute der Konjugationsreaktion muss das zu derivatisierende Molekül im Überschuss zugegeben werden. Ist aber die spezifische Aktivität zu niedrig, muss man die iodierte von der uniodierten Spezies abtrennen, und das kann kitzlig werden (Empfehlung: mit $^{127}$I-Bolton-Hunter und einer Spur $^{125}$I-Bolton-Hunter das $^{127}$Iod-Produkt herstellen und damit die Trennmethode zuvor einschießen). Zudem ist z. B. Bolton-Hunter-Reagenz teuer, instabil in wässriger Lösung, und der Einbau der großen lipophilen Gruppe kann sich noch verheerender auf die Aktivität einer Verbindung auswirken als die Verwandlung eines Phenylrests in einen $^{125}$I-Phenylrest.

## 2.1.5 Tritiieren

Tritiieren kommt infrage, wenn das zu markierende Molekül freie Aminogruppen besitzt. Tritiierungen durch Halogen-Tritium-Austausch, Reduktion von Doppelbindungen mit $^3$H-Gas etc. sollten für den Notfall und auf Speziallabors beschränkt bleiben.

Die Vorteile der $^3$H-Markierung liegen in der geringen Strahlenbelastung, die die Arbeit angstfrei macht, der im Vergleich zu $^{125}$Iod längeren Haltbarkeit (Halbwertszeit von $^3$H 12,35 Jahre, ◘ Tab. 2.1) und darin, dass mit kleinen Seitenketten ohne aromatischem Ring tritiiert werden kann. NEN und Amersham bieten etwa ein Dutzend verschiedener $^3$H-markierter N-Succinimidyl-Verbindungen an, die mit freien Aminogruppen reagieren. Mit N-Succinimidyl-Verbindungen tritiierte Moleküle haben jedoch eine niedrige spezifische Radioaktivität (◘ Tab. 2.1) und unterscheiden sich in isoelektrischem Punkt und Löslichkeitsverhalten von der Ausgangsverbindung.

Bei der Inkubation des zu markierenden Moleküls mit der $^3$H-markierten N-Succinimidyl-Verbindung gilt es, die Löslichkeit der zwei Moleküle und die Wasserempfindlichkeit der N-Succinimidyl-Verbindung zu beachten. Schließlich darf der verwendete Puffer oder das Lösungsmittel keine Moleküle mit freien Aminogruppen enthalten (Dolly et al. 1981; Othman et al. 1982).

Um die Umsetzung mit der N-Succinimidyl-Verbindung so vollständig wie möglich zu machen und das teure Reagenz nicht zu verschwenden, wird das zu markierende Molekül im Überschuss zugegeben. Nach der Reaktion müssen Sie das nichtmarkierte vom markierten Molekül abtrennen oder mit einer niedrigen spezifischen Aktivität zufrieden sein. Hier liegt der Hund begraben. Mit großen Mengen an $^3$H komplizierte Trennungen durchzuführen, ohne dabei die Umgebung zu kontaminieren, ist wie einen Ameisenhaufen versetzen, ohne eine Ameise zu verlieren. **Ein** einfacher und übersichtlicher Trennschritt muss reichen. Bei Proteinen empfiehlt sich ein Ionenaustauscher oder isoelektrische Fokussierung, bei Peptiden und Molekülen mit niedrigem MG die Umkehrphasen-HPLC oder die Dünnschichtchromatographie.

» Sei nur ruhig Freund, noch größere Geheimnisse will ich dich lehren, noch größeren Lohn sollst du empfangen.

## 2.2 Bindung

### 2.2.1 Isolierung von Membranen

Viele Ionenkanäle, Neurotransmitterrezeptoren, Transporter oder Ionenpumpen sind integrale Membranproteine. Um ihre Bindungsstellen zu untersuchen, brauchen Sie Membranen. Das Ausgangsmaterial, z. B. Muskel, Leber oder Hirn, liefert, wenn es die Fragestellung erlaubt, der Schlachthof. Schweinehirn ist 100-mal billiger als Rattenhirn und erspart das Rattenschlachten (dazu *Lab Times* 1/2009, S. 66).

Ist es besser, die Membranen gleich aus dem frischen Gewebe zu isolieren, oder das Gewebe bei −80 °C einzufrieren und aus dem gefrorenen Material, je nach Bedarf, Membranen zu machen?

Das Einfrieren des Gewebes beschädigt die Zellorganellen. Für Experimente, in denen es auf physiologische Funktion und Inhalt der Organellen ankommt, ist also frisches Gewebe notwendig. Für Bindungstests jedoch ist es nach Rehms Erfahrungen (mit neuronalen Ionenkanälen und Rezeptorproteinen) gleichgültig, ob die Membranen aus frischem oder tiefgefrorenem Gewebe stammen.

Die Membran scheint integrale Membranproteine gegen Frieren und Tauen zu stabilisieren. Zwar setzen beschädigte Lysosomen Proteasen frei, und mit einmal gefrorenem Gewebe ist eine saubere Trennung der Organellen nicht möglich; doch ist es damit auch bei frischem Gewebe nicht weit her, und die Lysosomen werden ebenfalls beschädigt, z. B. beim Homogenisieren und wenn die Vesikel einen osmotischen Schock erleiden.

### Homogenisieren

Der erste Schritt zu Membranen ist die Homogenisierung des Gewebes. Es wird bei 4 °C in einem Homogenisierungspuffer suspendiert und zerkleinert. Der Homogenisierungspuffer ist isoosmotisch zur Gewebsflüssigkeit, hat eine niedrige Ionenstärke und enthält Rohrzucker (250–320 mM), Puffer (oft 5–10 mM Tris-Cl oder Na-Hepes pH 7,4) und eine Mischung verschiedener Protease-Inhibitoren (Bacitracin, PMSF, EDTA etc. oder einen kommerziellen Cocktail).

Wie aber zerkleinert man?

- Große Materialmengen, zähe Gewebe (Muskel) oder tiefgefrorene Gewebe zerkleinert der Polytron mit einem rotierenden ringförmigen Schermesser. Um das Homogenat nicht zu erwärmen, zerkleinern Sie das Gewebe stoßweise: (4- bis 5-mal jeweils 15 s bei mittlerer Rotationsgeschwindigkeit mit 3 min Pause dazwischen). Vorsicht: Proteine in Schaumblasen denaturieren leicht, also Schaumbildung vermeiden.
- Manche Experimentatoren zerstoßen das Gewebe in flüssigem Stickstoff zu einem Pulver und homogenisieren den Gewebestaub mit Potter oder Polytron.
  - Pulverisieren mit einem Porzellanmörser ist mühselig und gefährlich und dauert mehrere Stunden (Schutzbrille!). Besser eignet sich ein Eisenrohr mit Boden, in dem Sie das tiefgefrorene Gewebe mit Eisenstab und Hammer zerstoßen. Das macht Spaß und übt auf verzweifelte Doktoranden eine psychotherapeutische Wirkung aus.
  - Die zusätzliche Mühe des Pulverisierens mag nützlich sein, wenn es um die Membranen spezieller Organellen wie synaptische Vesikel geht, bei Membranen für die üblichen Bindungstests lohnt der Aufwand nicht.

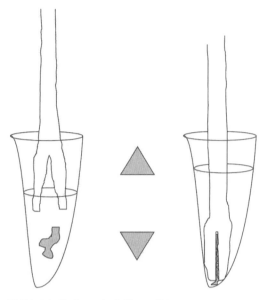

**◘ Abb. 2.3** Die Kunst des Schlitzpistill-Homogenisierens

—  Leicht zu zerkleinernde Gewebe wie Gehirn oder Leber homogenisiert der Potter. Ein Potter ist ein röhrenförmiges Glasgefäß, in dem ein eingepasster Teflonstab mit verstellbarer Geschwindigkeit rotiert. Der Potter homogenisiert schonender als der Polytron, macht aber mehr Arbeit. Gepottert wird, wenn man aus dem Homogenat stoffwechselaktive Organellen (Mitochondrien, Synaptosomen etc.) oder deren hochgereinigte Membranen gewinnen will.

—  Gewebe können Sie auch per Hand zwischen den angerauten Oberflächen eines konischen Glaspistills und eines dazu passenden Glaspotters zerreiben. Diese Technik benutzt man vor allem bei kleinen Gewebeproben. Der Autor Rehm hat sie als mühsam und sehnenscheidenentzündungsträchtig in Erinnerung, und mehr als einmal ist ihm der gläserne Griff des Pistills abgebrochen.

—  Kleine Gewebeproben, die in großer Zahl anfallen, werden mit (Einmal-)Plastikpistillen in Mikrozentrifugenröhrchen homogenisiert – d. h., man würde es gerne, aber es klappt oft nicht: Teils sind die Oberflächen von Mikrozentrifugenröhrchen und Pistill zu glatt, teils passen die beiden schlecht

zueinander. Zudem tritt bei kleinen Proben und (vergleichsweise) großen Puffervolumina „Probenflucht" auf: Die Probe denkt nicht daran, sich vom Pistill zermanschen zu lassen, sondern pariert die Bedrohung elegant mit einer Fluchtbewegung: Geht das Pistill nach unten, schwimmt die Probe nach oben und umgekehrt. Kusumoto et al. (2001) lösen dieses Problem, indem sie das aus elastischem Polypropylen bestehende Pistill mit einem Schlitz versehen. Der Schlitz soll folgende Vorteile bieten: Beim Auf- und Niederstoßen in die konische Vertiefung des Mikrozentrifugenröhrchens öffnet bzw. schließt sich der Schlitz. Dadurch werde die Probe, so versichern die Autoren, gründlich zerbissen. Auch könne die Probe nicht mehr so leicht entwischen, weil sie vom Schlitzpistill wie von einer Zange festgehalten werde. Kusumoto et al. (2001) behaupten, dass sie mittels Schlitzpistill aus Mausleber doppelt so viel RNA isolieren können wie mit einem normalen Pistill, welches das Gewebe nur zwischen Pistill und Gefäßwänden zerreibt. Bei kleinen Gewebeproben (< 50 mg) versage das herkömmliche Pistill sogar vollständig, während das Schlitzpistill auch hier RNA liefere. Ob das mit anderen Geweben auch so gut funktioniert, sei dahingestellt, doch Sexappeal kann man der Methode nicht absprechen (◘ Abb. 2.3).

### Differenzialzentrifugation und andere Reinigungsmethoden

Auf das Homogenisieren folgt die Differenzialzentrifugation. Damit teilen Sie das Homogenat in mehrere Pellets (P1, P2, P3) und Überstände (S1, S2, S3) auf. Das P1-Pellet enthält Zelltrümmer und Zellkerne, das P2-Pellet besteht hauptsächlich aus Mitochondrien, enthält aber auch Zellmembranen, Lysosomen und bei Hirngewebe Synaptosomen. Das P3-Pellet (auch mikrosomale Fraktion genannt) besteht aus Vesikeln des endoplasmatischen Reticulums (Mikrosomen), Zellmembranen, Lysosomen, Golgimembranen etc. Die Membranvesikel sind je nach Homogenisierungsmethode löchrig oder teilweise dicht. Für Bindungstests genügen diese Pellets in der Regel.

**Isolierung von P2-Membranen:**
- Alle Homogenisierungs- und Zentrifugationsschritte werden bei 4 °C durchgeführt.
- Grobes Zerkleinern des Gewebes, z. B. mit einer Schere, im Homogenisierungspuffer (Hp; z. B. 5 mM Tris-Cl pH 7,4, 300 mM Sucrose, 0,1 mM EDTA, 10 mM PMSF). Das Volumenverhältnis Gewebe zu Hp beträgt 1 : 10.
- Homogenisieren mit Polytron oder Potter.
- Erste Zentrifugation des Homogenats bei 800–1000 g für 8–16 min zu Pellet P1 und Überstand S1. Zur Erhöhung der Ausbeute empfiehlt es sich, P1 einmal mit Hp zu waschen. Dazu wird P1 im 3- bis 5-fachen Volumen Hp resuspendiert und die Suspension noch einmal bei 800–1000 g für 8–16 min abzentrifugiert. Der Überstand wird mit S1 vereinigt, das gewaschene P1 verworfen.
- Die vereinigten S1 zentrifugieren Sie bei 10.000–20.000 g für 30 min ab. Sie erhalten das Pellet P2 und den Überstand S2. Viele der Vesikel im P2-Pellet sind geschlossen und enthalten lösliche Proteine wie Lactatdehydrogenase (LDH). Falls Sie diese entfernen möchten oder müssen, unterwerfen Sie das Pellet einem osmotischen Schock. Dazu resuspendieren Sie das P2-Pellet im 10-fachen Volumen Hp ohne Sucrose, inkubieren 30 min auf Eis und zentrifugieren die Membranen danach bei 20.000 g für 30 min ab. Das Pellet wird in Puffer (z. B. 5 mM Tris-Cl pH 7,4) resuspendiert, aliquotiert und bei −80 °C eingefroren.

Diese Vorschrift ist eine von vielen. So variieren die Zentrifugationsbedingungen von Labor zu Labor, teilweise um einen Faktor 4. Kollau et al. (2005) isolieren z. B. ihr P2-Pellet bei 6500 g für 15 min und nennen es kühn „Mitochondrien". Wir versichern Ihnen jedoch: Sie erhalten mit der Differenzialzentrifugation nie reine Präparationen, sondern immer ein Gemisch von Organellen, wobei in den einzelnen Pellets das eine oder andere Organell dominiert. In einem niedrig zentrifugierten P2-Pellet dominieren die Mitochondrien, im korrespondierenden P3-Pellet dagegen Vesikel aus Zellmembran und endoplasmatischem Reticulum. Der Autor Rehm vermutet, dass die Verteilung der Organellen über die Fraktionen noch von der Homogenisierungstechnik und dem Gewebe abhängt: Mitochondrien aus Leber verhalten sich anders als Mitochondrien aus Gehirn.

Falls Ihnen die P2- oder P3-Pellets zu schlecht sind, können Sie ihre Membranen weiter reinigen. Früher und auch heute noch benutzt man dazu Sucrose-, Ficoll- oder Percollgradienten. Die Gradienten fraktionieren die Membranvesikel nach Größe und Dichte. Nach Rehms Erfahrungen liefern Gradienten bescheidene Reinigungsfaktoren (2- bis 4-fach) und sind aufwendig und verlustreich.

Zudem haben Sie hinterher in ihrer Membranfraktion Sucrose, Ficoll oder Percoll. Diese Substanzen stören bei manchen Tests und sind schwer zu entfernen. Biochemie ist eben kompliziert; aber das haben Sie wohl schon gemerkt.

In den folgenden Artikeln finden sie eine Reihe von Methoden, die spezielle Vesikel und ihre Membranen anreichern. Die Betonung liegt auf Anreichern. Vielleicht mit der Ausnahme synaptischer Vesikel erhalten Sie nie reine Präparationen, wobei synaptische Vesikel keine einheitliche Vesikelpopulation darstellen, sondern sich in Transmitterinhalt und Membranproteinen unterscheiden. Zischka et al. (2003) wollen allerdings mit der Dauerflusselektrophorese zu 98 % saubere Mitochondrien darstellen können (▶ Abschn. 7.3.2). Auch das Paper von Celine Adessi et al. (1995) liest sich, als ob sie reine endocytotische Vesikel erhalten hätten (bei einer Ausbeute von 50–60 %). Adessi fütterte ihre Amöben mit Dextranbeschichteten Eisenoxid-Partikeln, bricht die Zellen dann auf und isoliert die eisenoxidhaltigen Vesikel mithilfe eines Magneten. Einen z. B. elektronenmikroskopischen Reinheitsnachweis bleibt Frau Adessi jedoch schuldig. Mit einer ähnlichen Methode und aus der gleichen Quelle wollen Rodriguez et al. (1993) 60-fach angereicherte Lysosomen erhalten haben.

Die Reinigung von **Plasmamembranen** wird in diesem Abschnitt weiter unten beschrieben. **Mitochondrien** haben Bustamante et al. (1977), Kollau et al. (2005) und außerdem Zischka et al. (2003) gereinigt. Für **Synaptosomen** lesen Sie Dodd et al. (1981) und Nagy und Delgado-Escueta (1984). Die Reinigung **synaptosomaler Membranen** beschreiben Rehm und Betz (1982) sowie Taylor et al. (1984); Vorschriften zur Darstellung von **synaptischen Vesikeln** finden Sie in Hell et al. (1988), Huttner et al. (1983) und Ahmed et al. (2013). Die **Membranen chromaffiner Granula und anderer Sekretionsvesikel** wurden von Cameron et al. (1986) sowie Reiffen und Gratzl (1986) gereinigt. **Lysosomen** reinigten Rodriguez et al. (1993) und Schmidt et al. (2009). Die Firmen Sigma-Aldrich und Thermo Fisher Scientific bieten Lysosome Isolation bzw. Enrichment Kits an. **Endocytotische Vesikel** haben, wie oben beschrieben, Adessi et al. (1995) dargestellt.

Zur **Herstellung von Sucrosegradienten** nimmt der Experimentator für gewöhnlich die in einer Ecke des Labors herumstehenden Gradienten-gießer: zwei unten miteinander verbundene Röhren auf einer Platte. Eine der Röhren hat unten einen Auslauf. Bei geschlossenem Verbindungsröhrchen gießt man die schwere Lösung (hohe Sucrosekonzentration) in die Röhre mit Auslauf, die leichte in die andere. Beachten Sie: Die Volumina sollten gleich schwer sein. Die Röhre mit Auslauf enthält einen Rührfisch und steht auf einem Magnetrührer. Zum Gießen des Gradienten wird der Rührer angeworfen und erst das Verbindungsröhrchen, dann der Auslauf geöffnet. Die aus dem Auslauf fließende Sucroselösung läuft vom oberen Rand des Zentrifugenröhrchens nach unten und bildet einen linearen Sucrosegradienten. Die Methode funktioniert zuverlässig, ist aber so umständlich wie ihre Beschreibung.

Rainer Barbieri (Bellavia et al. 2008) von der Universität Palermo hat sich zu dem Problem Gedanken gemacht (der bei Italienern seltene Vorname Rainer erklärt sich aus dem Beruf von Herrn Barbieris Mutter: Sie war Deutschlehrerin). Er benutzt eine Spritze, einen abklemmbaren Schlauch, einen Erlenmeyer, einen Teflonfisch mit Rührer und Knet. Die leichte Sucroselösung wird bei abgeklemmtem Schlauch in die Spritze gegeben. Ein gleiches Volumen schwerer Sucroselösung und der Teflonfisch kommen in den Erlenmeyer, der auf dem Rührer steht. Die Spritze wird über den Schlauch luftdicht mit Knet und Stöpsel mit dem Erlenmeyer verbunden. In die schwere Lösung taucht auch das Auslassröhrchen. Öffnet man den Schlauch, tropft die leichte Lösung in die schwere, und der Überdruck treibt die Mischung durch den Auslass ins Zentrifugenröhrchen. Wenn Sie nicht vergessen haben, den Rührer anzustellen, bildet sich ein Sucrosegradient.

Barbieris System ist nicht einfacher als das obige. Die Notwendigkeit der Abdichtung macht es zudem störanfällig. Sein Vorteil liegt in der Möglichkeit, auch nicht-lineare Gradienten anzufertigen: Unterschiedliche Volumina in Spritze und Erlenmeyer müssten gebogene Gradienten ergeben. Den Verlauf des Sucrosegradienten können Sie nach seiner Fraktionierung über den Refraktionsindex der Fraktionen bestimmen.

Falls es Ihnen nicht auf die Exaktheit und absolute Reproduzierbarkeit des Gradienten ankommt, empfehlen wir folgende Methode. Nehmen Sie eine Spritze, ziehen Sie erst die leichte Lösung auf, dann die schwere, dann ein kleines Luftbläschen, dann die Spritze ein- oder zweimal um 180° nach oben und wieder nach unten drehen, 20 s warten, ins Zentrifugenröhrchen abdrücken (stetig am Rand herunterlaufen lassen!), fertig. Die Methode kommt Ihnen genial vor? Den Autoren auch. Sie wurde dem Autor Rehm einst vom großen Vergessenen im ZMBH in Heidelberg zugeflüstert.

### Anreicherung von Membranen und Membranmarker

Zur Optimierung Ihrer Differenzialzentrifugation und für die weitere Aufreinigung, z. B. mit Gradienten, müssen Sie bestimmen, welche Fraktion den höchsten Anteil der gewünschten Organellen aufweist. Dazu können Sie Markerenzyme verwenden. Das sind Enzyme, die nur in oder auf dem betreffenden Organell vorkommen und deswegen auch nur in oder auf den aus diesem Organell entstandenen Vesikeln. Einige Markerenzyme zeigt ◘ Tab. 2.2. Achten Sie darauf, ob die Markerenzyme löslich sind oder in der Membran sitzen. Sind sie löslich, eignen sie sich nur zur Charakterisierung geschlossener Vesikel, und osmotische Schocks machen die Anreicherungsbestimmung zur Farce.

Für jedes Enzym extra einen Assay zu etablieren, wäre uns zu umständlich. Für die meisten Markerenzyme wird es spezifische Antikörper geben; entwickeln Sie damit einen ELISA. Mithilfe des ELISA sind Sie auch nicht auf Markerenzyme angewiesen, Sie können nicht-enzymatische Marker verwenden, z. B. Zuckerketten.

**Wie misst man die Reinheit von Membranen?** Ähnlich wie die von Enzymen. Sie bestimmen ein Protein oder eine Zuckerkette, die nur auf dieser Membran vorkommt, einen Marker also, und dazu das Gesamtprotein oder das gesamte Lipid. Je höher der Quotient Markermenge zu Gesamtprotein bzw. Lipid ist, desto reiner ist die Membran.

Nicht immer gibt es geeignete Marker. So sind grüne Biochemiker oft gezwungen, als Marker für die Plasmamembran ihrer Pflanzen das lichtreduzierbare Cytochrom zu benutzen. Dieses Protein scheint hauptsächlich in Pflanzen und Pilzen vorzukommen. Leider ist es nicht spezifisch für die

◪ **Tab. 2.2** Markerenzyme für Zellorganellen

| Zellorganellen | Markerenzyme |
| --- | --- |
| Mitochondrien | Cytochrom-c-Oxidase, Glutamatdehydrogenase, Succinatdehydrogenase, Monoaminoxidase |
| Plasmamembranen | $Na^+/K^+$-ATPase, 5′-Nukleotidase, lichtreduzierbares Cytochrom (Pflanzen) |
| Endoplasmatisches Reticulum | ATP-spaltendes Bindungsprotein (BiP), Protein-Disulfid-Isomerase, Glucose-6-Phosphatase, Antimycin-A-resistente NADH-Cytochrom-c-Reduktase (Pflanzen) |
| Golgi-Apparat | Mannosidase II, IDPase (Pflanzen), UDP-Galactose:N-Acetylglucosamin-Galactosyltransferase |
| Peroxisomen | Katalase |
| Lysosomen | N-Acetylglucosaminidase, saure Hydrolasen |
| Endosomen | GTPasen der Rab-Familie |

Plasmamembran, es tritt in ähnlicher Menge im endoplasmatischen Reticulum auf. Hier lohnt es, nach einer plasmamembranspezifischen Zuckerkette zu suchen. Existiert eine solche, hätten Sie nicht nur einen Marker, sondern auch einen Affinitätstag. Mit ihm könnten Sie die Membranen auch über eine Lektinchromatographie isolieren.

**Rote Biochemiker haben es besser:** Für tierische Zellmembranen existiert eine Reihe von Markern, allen voran die berühmte $Na^+/K^+$-ATPase. Spezielle Gewebe besitzen sogar spezielle Marker für ihre Plasmamembranen, Muskel z. B. die α-Bungarotoxinbindung (misst den Acetylcholin-Rezeptor), Zellen mit Adrenalin-Rezeptoren die adrenalinsensitive Adenylatzyklase. Aber auch der rote Biochemiker hat ein Problem mit den Markern der Plasmamembran: die Spezifität. Da die Proteine der Plasmamembran im Zellinneren hergestellt und in die Membran transportiert werden, tauchen sie – wenn auch oft in geringem Ausmaß – auch auf intrazellulären Membranen auf. Dort allerdings auf der falschen Seite, d. h. was auf der Plasmamembran nach außen schaut, z. B. die Zuckerketten glykosylierter Plasmamembranproteine, schaut intrazellulär ins Vesikelinnere. Messen Sie diese Marker bei geschlossenen Vesikeln, bleiben die intrazellulären Marker stumm.

Bei Plasmamembranen von Zellen in Kultur haben Sie die Möglichkeit, die Membranen spezifisch zu markieren. Mersel et al. (1987) iodieren dazu die Zellen mit Lactoperoxidase oder tritiieren sie mit Galactoseoxidase und $NaB_3H_4$. Die Idee: Lactoperoxidase bzw. Galactoseoxidase sind nicht membrangängig. Sie markieren also ausschließlich die extrazellulären Teile von Zellmembranmolekülen und damit ausschließlich die Zellmembranen.

### Isolierung von Plasmamembranen

Für die Reinigung von **Plasmamembranen aus Zelllinien** und Zellkulturen reicht es in der Regel aus, die Zellen von der Petrischale abzukratzen, in PBS im Potter zu homogenisieren und aus dem Homogenat ein P2-Pellet zu machen. Feinere Methoden finden Sie in Mersel et al. (1987), Miskimins und Shimuzu (1982) sowie Record et al. (1985).

**Falls Sie die Wahl quält** Rehms Liebling war Miskimins und Shimuzu (1982). Das schonende Verfahren bricht die Zellen durch Triturieren in einem EDTA-Puffer auf. Zelltrümmer und Zellkerne werden pelletiert. Triturieren Sie die Zellen bzw. das Pellet oft genug, bei gelegentlichem Wechsel des EDTA-Puffers, bleiben im Pellet schöne Zellkerne zurück. Kennzeichen: Das Pellet wird durchsichtig. Allerdings erhalten Sie mit der Methode keine reinen Plasmamembranen, Sie müssen einen Sucrose- oder Percollgradienten hinterherschieben oder – besser – das unten beschriebene Zwei-Phasen-System benutzen.

Mersels Methode dagegen soll reine Plasmamembranen liefern: Die an ihrem Substrat klebenden Zellen werden gefroren und getaut, was die Zellmembran so löchrig macht, dass der Zellinhalt ausfließt. Die Zellmembranhüllen werden dann abgewaschen und über Sucrose gereinigt. Vermutlich fällt die Ausbeute niedrig aus.

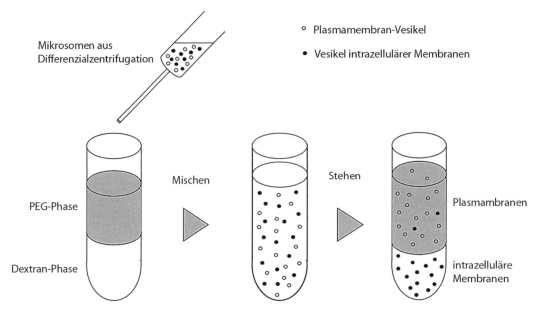

◻ **Abb. 2.4** Präparation von Plasmamembranen

Für **Plasmamembranen aus Gewebe** wurden früher die P2- oder P3-Pellets mit Sucrose- oder Percollgradienten fraktioniert. Viele Biochemiker kannten nur diese Möglichkeit und zu denen gehörte auch der Autor Rehm. Vor einiger Zeit teilte ihm jedoch Sabine Lüthje eine bessere Methode mit: ein wässriges Zwei-Phasen-System aus Polyethylenglykol (PEG) und Dextran.

Wenn Sie Dextran und PEG mischen, entstehen bei bestimmten Konzentrationsverhältnissen zwei Phasen: Eine PEG-reiche obere und eine dextranreiche untere. Der Hauptbestandteil beider Phasen ist Wasser bzw. Puffer. Um Plasmamembranen zu isolieren, stellen Sie z. B. in einem Falcontube solch ein Zwei-Phasen-System her, geben ihre Membranpräparation (P2- oder P3-Pellet) dazu, schütteln und lassen das Tube dann eine Weile stehen oder zentrifugieren 3 min bei 1500 g ab. Die beiden Phasen bilden sich aufs Neue. In der oberen, der PEG-reichen Phase, schwimmen die Plasmamembranen, in der unteren, der dextranreichen Phase, die intrazellulären Membranen aus Mitochondrien, Golgi-Apparat und endoplasmatischem Reticulum (◻ Abb. 2.4). Einige Labors verwenden diese Methode seit Mitte der 1980er-Jahre.

Wie konnte dem Autor Rehm das entgehen?

Nun, er war und ist nicht der einzige Zwei-Phasen-Ignorant. Viele Biochemiker greifen selbst in diesem Jahrtausend noch zur Zuckertüte, wenn sie Plasmamembranen isolieren wollen. Es sind dies vor allem rote Biochemiker. Das liegt daran, dass die Zwei-Phasen-Methode von Botanikern entwickelt wurde. Schuld daran ist ein 1985 erschienenes Buch von Christer Larsson, in dem er beschreibt, wie man mit der Methode Plasmamembranen aus Spinat isoliert (Larsson 1995).

Erfunden wurde das Zwei-Phasen-System jedoch schon Ende der 1950er-Jahre von dem Doktoranden Per-Ake Albertsson (1960) (der Tipp stammt von Michael Bruns). Wie so oft, spielte auch hier der Zufall die Hauptrolle. Um Chloroplasten aus Grünalgen zu isolieren, adsorbierte Albertsson sie an eine Hydroxylapatitsäule. Danach versuchte er die Partikel wieder abzulösen. Vergebens: Die Chloroplasten klebten an der Säule, als wären sie festgenagelt. Albertsson verfiel darauf, die Partikel mit Seifen zu eluieren. Da er irgendwo den Irrtum aufgeschnappt hatte, PEG sei eine Seife, und PEG zufällig im Regal stand, versuchte er es damit. Und siehe da: Die Chloroplasten lösten sich vom Hydroxylapatit ab. Und noch ein Wunder geschah: Das PEG bildete mit dem verwendeten Phosphatpuffer ein Zwei-Phasen-System, und die Chloroplasten sammelten sich in der PEG-reichen Phase. Später ersetzte Albertsson den Phosphatpuffer durch Dextranlösung und das Polymer-Polymer-Zwei-Phasen-System war geboren. Albertssons 1960 erschienenes Paper wurde zum Zitationsklassiker, auf den der schon erwähnte Larsson zurückgriff.

Forschungserfolg durch schöpferischen Irrtum!

**Sie lernen daraus** Falsche Überlegungen können zu richtigen Ergebnissen führen.

Die Methode verbreitete sich schnell unter den Grünen. Auch Virologen hörten davon. So trennten Bishop und Roy (1972) mit dem Zwei-Phasen-System virales Nukleokapsid von der Virenhülle, und Bruns et al. (1983a) reicherten damit virale Glykoproteine an. Viele Rote aber, darunter Rehm, ignorierten die Werke ihrer grünen Kollegen oder wurden ihrer nicht gewahr. Dabei lassen sich mit der Zwei-Phasen-Methode auch tierische Plasmamembranen isolieren, so aus Rattenleber (Navarro et al. 1998; Legare et al. 2001).

Um die roten Kollegen für die grünen Phasen empfänglich zu machen, werden wir – psychologischer Trick – erst mal die Gradientenmethode heruntermachen.

Sucrosegradienten haben ja, sieht man von der ihnen innewohnenden Süßigkeit ab, einige Nachteile: Das Zeug ist klebrig und wird bei längerem Stehen gerne von Pilzen befallen. Des Weiteren erfordert das Gießen und Fraktionieren Konzentration und handwerkliches Geschick. Das Schlimmste aber ist: Sucrosegradienten trennen nach Dichte und Größe, Parameter, die breit über Membranvesikel verteilt sind: So unterscheiden sich Plasmamembranen in Größe und Dichte nur graduell von mitochondrialen Membranen. Bei Membranen aus Pflanzen schwimmen in der „Plasmamembran"-Fraktion immer Fragmente von Chloroplasten. Merke: Plasmamembranen, die Ihnen der Sucrosegradient liefert, sind immer schmutzig. Es ist auch nie klar, was Sie mit einem Sucrosegradienten erhalten: versiegelte Vesikel? Undichte Vesikel? Außenteil nach außen oder Außenteil nach innen gewendet? In der Regel wohl eine Mischung aus allem, ein Membransalat.

Percollgradienten dagegen haben zwar den Vorteil, dass man sie nicht so hoch zentrifugieren muss wie Sucrosegradienten, doch dafür klebt das Percoll an allen Oberflächen. Mit der Reinigung ist es auch nicht weit her. Der Autor Rehm hat in seiner Diplomarbeit versucht, mit Percollgradienten Malariaparasiten von Erythrocytengeistern zu reinigen. Weil die Membranen bzw. Zellen riesige Unterschiede in Größe und Dichte zeigen, kam er zu einigermaßen befriedigenden Ergebnissen. Ein Versuch jedoch, diese Methode auf dispergierte Zellen der Retina anzuwenden, scheiterte kläglich. Auch Percollgradienten trennen nach Größe und Dichte, und daher erhalten Sie auch damit einen Zell- oder Membransalat, in dem die eine oder andere Zutat bestenfalls vorherrscht.

Die Grünen, Experten für Salat, haben dieses Problem gelöst.

Ihre Zwei-Phasen-Methode nutzt die Oberflächeneigenschaften der Membranen, und Sie erhalten Vesikel mit einheitlichen Oberflächeneigenschaften und daher Vesikel mit einheitlicher Ausrichtung: entweder nur *outside-out*-Vesikel oder nur *inside-out*-Vesikel. Vesikel aus Pflanzen sind *outside out* und meistens dicht.

Wie alle Methoden-Entwickler, so lobt auch Larsson seine Methode in den Himmel: Die Präparationen seien rein, schnell gemacht und ließen sich in großen Mengen herstellen.

Es scheint etwas dran zu sein. So schrieb uns Hans Gerd Nothwang im November 2005:

» Im Heft 3/2005 *(Laborjournal)* berichten Sie über die Möglichkeit der Isolierung von Plasmamembranproteinen über wässrige 2-Phasensysteme und titeln: Grüne wissen's manchmal besser. Ich wollte hierzu nun anmerken, dass wir als tierphysiologische, also rote Abteilung, damals schon eifrig mit dem wässrigen 2-Phasensystem experimentierten, um Plasmamembranprotein aus Gehirn aufzureinigen. Nach zweijährigem Kampf mit dem System, u. a. im Labor der Väter dieses Systems in Lund, Schweden, konnten wir tatsächlich ein sehr effizientes Protokoll etablieren, das in *Mol Cell Proteomics* unter Schindler, J zur Publikation akzeptiert ist (MCP papers in press) und in der Tat alle bisherigen Protokolle deutlich schlägt. Für weitere Rückfragen steht unsere Gruppe gerne zur Verfügung (E-Mail: nothwang@rhrk.uni-kl.de).

Das MCP Paper ist inzwischen erschienen (Schindler et al. 2006). Zudem haben Hans Gerd Nothwang und Jens Schindler ihre Erkenntnisse in einem Übersichtsartikel zusammengefasst (Schindler und Nothwang 2006).

Zwei Jahre Kampf! Gutmütig scheint die Methode nicht zu sein. Die Gründe:

Die Trennung hängt ab von der Polymer- und Salzkonzentration sowie der Salzzusammensetzung. Des Weiteren reicht in der Regel ein einziger Trennungsschritt nicht aus. Sie müssen die Phasentrennung wiederholen, bei einer präparativen Reinigung mindestens zweimal.

Die Konzentrationen der Polymere müssen peinlich genau abgemessen werden. Zudem müssen Sie auf den Batch des verwendeten Dextrans bzw. PEG achten: Anderer Batch bedeutet andere Konzentrationen für das gleiche Ergebnis. Natürlich können Sie nicht jedes x-beliebige Dextran oder PEG verwenden, es muss Dextran T-500 sein und PEG 3350 (hieß früher PEG 4000). Für jede Membranpräparation gilt es, *in puncto* Polymer- und Salzkonzentration die optimale Zusammensetzung zu ermitteln.

**Es ist so**　Geben Sie Salz zu dem Zwei-Phasen-System, verteilen sich die Ionen unterschiedlich. Bei Kaliumphosphat beispielsweise hat $HPO_4^{2-}$ eine höhere Affinität zur unteren Phase als $K^+$. Die Folge ist eine elektrostatische Potenzialdifferenz zwischen den Phasen (obere Phase positiv). Ähnliches gilt für KCl und NaCl.

Diese Potenzialdifferenz beeinflusst das Verhalten der Membranen. So nimmt mit zunehmender Konzentration von KCl der Anteil mitochondrialer Membranvesikel in der oberen Phase ab: Bei Polymerkonzentrationen von 5,7 % Dextran und 5,7 % PEG fällt der Anteil mitochondrialer Membranvesikel in der oberen Phase von etwa 50 % bei 0 mM KCl auf unter 10 % bei 5 mM KCl. Warum ist rätselhaft, wie so vieles im Leben.

Die größte Affinität für die dextranreiche untere Phase haben mitochondriale Membranen, gefolgt von Membranen des endoplasmatischen Reticulums und des Golgi-Apparates.

Plasmamembranen dagegen kümmern sich wenig um die Konzentration von Polymer und Chlorid, sie bleiben in der oberen Phase. Beispiel: Bei Polymerkonzentrationen von 5 % Dextran und 5 % PEG bleiben die Plasmamembranen zu 100 % oben, bei 7 % Dextran und PEG noch zu 90 %. Zunehmende Konzentrationen von Polymer und Chlorid drücken aber die intrazellulären Membranen in die untere Phase, und die Reinheit der Plasmamembranen nimmt zu: Die intrazellulären Membranen reagieren empfindlich auf die Konzentration der Polymere. Unterschiede von einem halben Prozent haben riesige Auswirkungen.

Temperaturempfindlich ist die Phasentrennung auch. Sie führen sie am besten im Kühlraum durch.

Da die Plasmamembranen zum großen Teil als versiegelte Vesikel vorliegen, enthalten sie Cytoplasma und cytoplasmatische Proteine wie LDH. Die werden Sie los, indem Sie die gereinigten Membranvesikel aufbrechen. Das wiederum erreichen Sie, indem Sie die Membranen in hypotonischem Medium resuspendieren (siehe diesen Abschnitt S 47), mit Seifen behandeln oder ultrabeschallen. Hinterher müssen Sie waschen. Waschen empfiehlt sich nach einer Reinigung mit dem Zwei-Phasen-System sowieso, um das PEG loszuwerden, in dem die Vesikel schwimmen.

Ihrer Mühen Lohn sind Plasmamembranen, deren Reinheit bei 99 % und darüber liegen soll. Die Vesikel sind von einheitlicher Dichte und geben nur eine Bande in Percoll- oder Sucrosegradienten. Die Ausbeute einer Drei-Schritt-Reinigung liegt bei 60–70 %.

So viel zum Zwei-Phasen-System.

Spannender, als publizierte Methoden nachzukochen, ist es, eigene zu erfinden. Uemura und Yoshida (1983) behaupten, dass intrazelluläre Membranen mit 10 mM $ZnCl_2$ aggregieren, Plasmamembranen dagegen nicht. Könnte dies die Grundlage einer schnellen Plasmamembranreinigung geben?

**Probieren Sie es aus**　Ein gutes Methodenpaper bringt viele Zitate.

## 2.2.2　Bindungstest

Im Bindungstest wird das Bindungsprotein mit dem radioaktiven Liganden bei einer bestimmten Temperatur im Bindungspuffer inkubiert, bis das Gleichgewicht zwischen Ligand, Bindungsprotein und Bindungsprotein-Liganden-Komplex vorliegt.

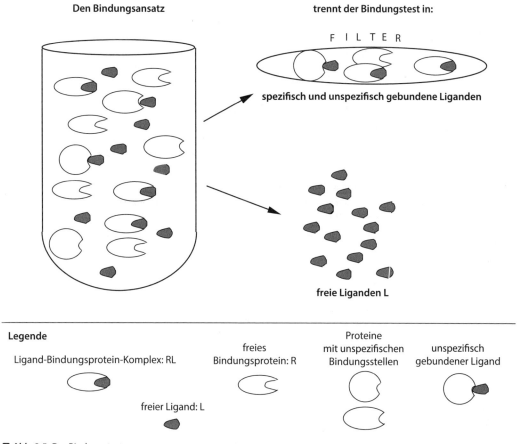

**Den Bindungsansatz**

**trennt der Bindungstest in:**

F I L T E R

**spezifisch und unspezifisch gebundene Liganden**

**freie Liganden L**

**Legende**

Ligand-Bindungsprotein-Komplex: RL

freies
Bindungsprotein: R

Proteine
mit unspezifischen
Bindungsstellen

unspezifisch
gebundener Ligand

freier Ligand: L

◘ **Abb. 2.5** Der Bindungstest

Danach trennt der Experimentator den ungebundenen (freien) Liganden vom Bindungsprotein-Liganden-Komplex ab und bestimmt dessen Menge (◘ Abb. 2.5).

Die **Dissoziationskonstante** $K_D$ erfasst quantitativ die Affinität (Klebrigkeit) zwischen Ligand und Bindungsstelle (◘ Abb. 2.6). Je kleiner $K_D$, desto höher affin die Bindung. Hochaffin heißt eine Bindung, deren $K_D$ kleiner als 10 nM ist.

Ein zentraler Begriff ist die **Spezifität** der Bindung. Bindungsfreaks führen die Spezifität im Munde wie einen Kaugummi und pressen sie, je nach Laune, in verschiedene Formen. Der eine versteht unter spezifischer Bindung eine Bindung mit hoher Affinität, für den anderen ist sie diejenige Bindung, die die physiologische Wirkung vermittelt, für den Nächsten heißt eine Bindung spezifisch, wenn sie sich durch kalte Liganden verdrängen lässt,

und für den Vierten ist es diejenige Bindung, die die richtige Pharmakologie hat. Spezifisch aber bindet ein Ligand, wenn er nur an eine Spezies von Bindungsstellen bindet. Das kann mit hoher oder niedriger Affinität geschehen: Die Affinität hat mit Spezifität nichts zu tun, obwohl hohe Spezifität oft mit hoher Affinität einhergeht (Gegenbeispiel: Glutamat bindet mit höherer Affinität an den NMDA-Rezeptor als das spezifischere N-Methyl-D-aspartat). Spezifität hat auch nichts mit der physiologischen Wirkung zu tun, denn ein Ligand kann spezifisch binden, ohne eine Wirkung zu zeigen. Lässt sich die Bindung des radioaktiven Liganden durch einen kalten Liganden verdrängen, so heißt das lediglich, dass der Ligand an eine begrenzte Zahl von einigermaßen affinen Bindungsstellen bindet. Das aber können mehrere verschiedene Bindungsstellen sein. Ein Ligand bindet umso spezifischer an eine

## Definitionen:

R    Konzentration des freien Bindungsproteins R.

L    Konzentration des freien (ungebundenen) Liganden L. Diese Größe ergibt sich aus der (bekannten) Gesamtkonzentration des Liganden im Bindungsansatz abzüglich der (gemessenen) Konzentration des insgesamt (sättigbar und unspezifisch) gebundenen Liganden.

(RL)    Konzentration des Bindungsprotein-1-Ligand-Komplexes RL.

$K_D$    Dissoziationskonstante; bei Bindungsmechanismus I gibt sie diejenige Konzentration von Ligand an, bei der die Konzentration des freien Bindungsproteins gleich der des Bindungsprotein- Liganden-Komplexes ist. Die Dissoziationskonstante ist nur von der Temperatur abhängig und hat die Dimension einer Konzentration.

B    Konzentration an sättigbar gebundenem Liganden. B wird aus der sättigbaren Bindung (Gesamtbindung minus unspezifische Bindung) und der spezifischen Aktivität des Liganden berechnet. B ist bei einfachen Mechanismen (wie I) gleich (RL).

$B_{max}$    Die maximal erreichbare Konzentration an sättigbar gebundenem Liganden (Gesamtkonzentration der Bindungsstellen).

$R_o$    Gesamtkonzentration des Bindungsproteins. $R_o$ ist gleich $B_{max}$, wenn nur ein Bindungsprotein mit nur einer Bindungsstelle vorliegt.

$L_o$    Summe der Konzentrationen von freiem und sättigbar gebundenem Liganden (ist gleich der Gesamtkonzentration an Liganden im Bindungsansatz, wenn man den unspezifisch gebundenen Liganden vernachlässigt).

### Bindungsmechanismus I

$$R + L \rightleftharpoons RL$$

$$K_D = \frac{R \cdot L}{(RL)} \qquad \text{Massenwirkungsgesetz}$$

$$R_o = R + (RL)$$
$$L_o = L + (RL)$$
$$(RL) = B \qquad \text{Erhaltungsgleichungen}$$
$$R_o = B_{max}$$

Herleitung der Scatchard-Gleichung (B/L als Funktion von B):

$$R = R_o - B \longrightarrow K_D = \frac{[R_o - B] \cdot L}{B} \longrightarrow K_D \cdot B = [R_o - B] \cdot L \longrightarrow K_D \cdot \frac{B}{L} = R_o - B$$

$$\longrightarrow \frac{B}{L} = \frac{R_o}{K_D} - \frac{B}{K_D}$$

Achsenabschnitte des Scatchard-Plots:    $\left(\frac{B}{L}\right)_{B=0} = \frac{R_o}{K_D}$    $\left(B\right)_{B/L=0} = R_o$

**☐ Abb. 2.6** Begriffsdefinitionen und Bindungsmechanismus I

Bindungsstelle, je niedriger seine Affinität zu anderen Bindungsstellen und je kleiner die Zahl dieser Spezies ist.

Im wirklichen Leben bindet jeder Ligand an eine – praktisch – unendliche Zahl von Bindungsstellen mit sehr niedriger Affinität. Diese Bindung heißt **unspezifische Bindung**. Die unspezifische Bindung wird erfasst, indem man den Bindungstest in Gegenwart eines hohen Überschusses an kaltem Liganden durchführt. Die Differenz zwischen Gesamtbindung (Bindung ohne kalten Liganden) und unspezifischer Bindung (Bindung in Anwesenheit eines 100- bis 1000-fachen Überschusses von kaltem Liganden) ist die **sättigbare Bindung** (oder verdrängbare Bindung). Sättigbar deswegen, weil diese Differenz mit zunehmender Konzentration an radioaktivem Liganden ein Plateau erreicht, und d. h., dass diese Differenz einer endlichen Zahl von Bindungsstellen entspricht. Die unspezifische Bindung dagegen ist nicht sättigbar und nimmt linear mit der Ligandenkonzentration zu. Bei einem guten Test beträgt die unspezifische Bindung weniger als 20 % der Gesamtbindung.

Eine sättigbare Bindung ist nicht unbedingt spezifisch oder die gesuchte Bindung oder eine mit biologischer Wirkung. Um Spezifität nachzuweisen, gilt es zu zeigen, dass die sättigbare Bindung nur einer Spezies Bindungsstellen entspricht. Dabei hilft oft die Pharmakologie der Bindung, und die zeigt auch, ob die Bindung die „richtige" ist.

### 2.2.3  Bindungstests mit Membranen

Zweck des Bindungstests ist es, die Menge an gebundenem Liganden zu bestimmen. Dazu trennt der Test den gebundenen vom freien Liganden ab. Bei Membranen ist das einfach, da der physikalische Unterschied zwischen Membranvesikeln und dem radioaktiven Liganden (einfaches Molekül bis Protein) groß ist.

Beim **Zentrifugationstest** sedimentieren die Membranen mit dem daran gebundenen Liganden. Der freie Ligand bleibt im Überstand.

Oft setzt man den Test in Eppendorfgefäßen an und zentrifugiert in der Eppendorfzentrifuge ab; die Radioaktivität im Pellet misst die Menge an gebundenem Liganden. Das Waschen des Pellets verringert die unspezifische Bindung. Waschen ist möglich, wenn der gebundene Ligand von den Membranen nur langsam wieder abgeht. Zum Waschen wird das Pellet in kaltem Bindungspuffer resuspendiert und die Suspension wieder abzentrifugiert.

Weiche Pellets resuspendiert der Experimentator durch „Vortexen". Kleben die Pellets jedoch fest an der Wand des Eppendorfgefäßes, resuspendiert er durch mehrmaliges Aufziehen von Pellet und Bindungspuffer in der Gilson-Pipette oder indem er mit der Spitze des Gefäßes ein paar Mal – schrapp, schrapp – auf einem Stahlnetz (z. B. Autoklavenkorb) rauf und runter fährt.

Mit einem Bindungsansatz ohne Membranen prüft der vorsichtige Forscher, ob sein Ligand nicht an die Eppendorfgefäße selbst bindet.

Ist Waschen nicht möglich, überschichtet man den Bindungsansatz auf ein 5%iges Sucrosekissen in Bindungspuffer (eine mühselige Prozedur) und zentrifugiert die Membranen durch das Kissen. Der Überstand wird abgesaugt, das Pellet gezählt. Beim Absaugen wandert ein Teil des freien Liganden im Meniskus nach unten zum Pellet und erhöht die unspezifische Bindung. Diese Fehlerquelle vermeidet, wer das Eppendorfgefäß mit dem abzentrifugierten Ansatz in flüssigem $N_2$ einfriert, die Spitze abschneidet und zählt. Statt einem 5%igen Sucrosekissen verwenden Mackin et al. (1983) ein Silikonöl.

Der Zentrifugationstest ist umständlich, arbeitsaufwendig, langwierig und oft nicht quantitativ, da bei den geringen Schwerefeldern einer Eppendorfzentrifuge die Membranen nicht vollständig sedimentieren und/oder während des langwierigen Waschvorgangs der Ligand teilweise wieder dissoziiert. Wer nicht wäscht, erhält ein schlechtes Signal/Rausch-Verhältnis.

Die **Vorteile** des Zentrifugationstests sind Zuverlässigkeit und Vollständigkeit: Er erfasst die Bindung auch von niederaffinen Liganden vollständig, wenn auf das Waschen verzichtet und eine hochtourige Zentrifuge (Airfuge oder Sorvall-Zentrifuge) benutzt wird. Trotzdem: Verwenden Sie den Zentrifugationstest nur in der Not, z. B. bei Liganden mit niedriger Affinität oder um die Werte eines anderen Tests zu prüfen.

**Filtertests** zeichnen sich durch Schnelligkeit und Einfachheit aus. Sie ermöglichen leichtes und gründliches Waschen und geben daher ein gutes Signal/Rausch-Verhältnis.

Der Autor Rehm benutzt folgende Technik: Der Bindungstest wird in einem Volumen von 200–400 µl in 5-ml-Hämolyseröhrchen angesetzt. Nach dem Erreichen des Bindungsgleichgewichts oder – bei Kinetiken – zur festgesetzten Zeit, verdünnt man den Bindungsansatz mit 4 ml kaltem Waschpuffer und filtriert unter Wasserstrahl- oder Membranpumpenvakuum auf einer Filtrationsvorrichtung (Sartorius, Millipore, Hoefer) ab. Sofort nachdem die überständige Flüssigkeit vollständig abgesaugt ist, werden die Filter ein- oder zweimal mit kaltem Waschpuffer gewaschen. Der Waschpuffer kann mit dem Bindungspuffer identisch sein, doch wenn möglich, lässt man teure Bestandteile des Bindungspuffers weg. Bei $^3$H-markierten Liganden müssen die Filter vor dem Zählen im Counter mit dem Scintillator äquilibriert werden. Äquilibrieren dauert Stunden; Schütteln der Proben beschleunigt es.

Die Filtrationsvorrichtungen von Millipore und Hoefer sind übertrieben teuer (1200–1600 Euro); die Werkstatt baut ähnliche Geräte billiger.

Einfach, billig und beliebt ist die Adsorption an **Glasfaserfilter**. Die große innere Oberfläche der Filter adsorbiert Membranvesikel durch schwache elektrostatische und hydrophobe Wechselwirkungen. Größere Vesikel (Mitochondrien, Synaptosomen) werden auch mechanisch zurückgehalten (Porengröße von Glasfaserfiltern: 1–3 µm; Durchmesser Mitochondrien: 1 µm). Gelöste Moleküle passieren meistens. Glasfaserfilter verstopfen selten und besitzen eine große Bindungskapazität für Membranen. Wer es für nötig hält, kann die Filter beschichten, z. B. mit BSA oder Polyethylenimin (PEI), und damit das Retentionsverhalten der Membranen und die unspezifische Bindung des Liganden an die Filter beeinflussen. Glasfaserfilter gibt es in verschiedener Dicke und Feinheit. Gut geeignet für Bindungstests sind Filter mit der Bezeichnung GF/C und GF/B (Whatman jetzt bei GE Healthcare).

Die Eintönigkeit des Abfiltrierens einer größeren Zahl von Bindungstests (Probe geben, Waschen, Filter abnehmen, Filter auflegen, Probe geben …) regt zum Philosophieren an und verführt zu den abstrusesten Gedankengängen. Leute, die mehr als 200 Tests pro Tag abfiltrieren, sollten deshalb die Filtrationsvorrichtung von Brandel benutzen. Sie sieht nicht nur eindrucksvoll aus, sie erspart auch das Filterauflegen, macht das Waschen einfacher sowie reproduzierbarer und verarbeitet 48 Proben auf einmal.

Ionenaustauscherfilter, die zwischen der Ladung von Membranvesikeln und Liganden unterscheiden, oder Größenfilter (z. B. Filter aus Celluloseacetat) sind aus der Mode gekommen.

**Probleme:** Unbeschichtete Glasfaserfilter adsorbieren die Membranen eines Bindungsansatzes nicht vollständig, auch ist ihre Kapazität begrenzt.

Beim Waschen geht spezifisch gebundener Ligand verloren, vor allem bei schneller *off-rate* des Liganden (▶ Abschn. 2.3.2).

Die große innere Oberfläche des Glasfaserfilters kann zu einer hohen unspezifischen Bindung des Liganden an den Filter führen. Diese Gefahr ist groß bei Peptid- und Proteinliganden. Beschichten der Filter hilft oft, aber nicht immer (deshalb: einmal ohne Membranen testen).

## 2.2.4  Entwicklung von Membranbindungstests

Die Bindungsstellen, für die sich der Proteinbiochemiker interessiert, zeichnen sich meist durch niedrige Konzentration und hohe Gebrechlichkeit aus. Die Entwicklung eines Membranbindungstests benötigt daher:

- einen radioaktiven Liganden mit hoher spezifischer Aktivität und Affinität für die Bindungsstelle,
- Membranen aus einem Gewebe oder einer Zelllinie, die die Bindungsstelle in hoher Konzentration enthalten,
- einen geeigneten Bindungspuffer. In der Wahl von Ionen, Ionenstärke und pH des Bindungspuffers lehnt man sich anfangs an physiologische Verhältnisse an.

Im Bindungsansatz inkubiert der Experimentator die Membranen und den radioaktiven Liganden in Bindungspuffer, bis das Bindungsgleichgewicht erreicht ist. Als Volumen des Bindungsansatzes empfiehlt der Autor Rehm 200–400 µl, die Konzentration der Membranen kann zwischen 10 und 200 µg pro Ansatz variieren, die Konzentration des Liganden zwischen 0,1 und 100 nM (je niedriger die erwartete Affinität, desto höher), als Inkubationstemperatur wählen die meisten 4 °C, und die Inkubationsdauer hängt von der Schnelligkeit der Assoziation der Bindungspartner ab. Letztere kennt man zunächst nicht, doch 1 h ist selten falsch.

Zuerst wird, der Einfachheit halber, ein Bindungstest mit Glasfaserfiltern eingesetzt und die Bindung des Liganden mit und ohne Membranen gemessen. Ist die Bindung des Liganden an den Filter genügend klein (< 1 % der Gesamtcounts), behält man den Filtertest bei und variiert die Bindungsbedingungen: die Ionen im Bindungspuffer, den pH etc. Ist keine sättigbare Bindung an die Membranen messbar (kein Unterschied in der Bindung mit und ohne einen Überschuss von nicht-markiertem Liganden), versucht man sein Glück mit einem Zentrifugationstest. Erhält man auch damit keine Bindung, ist die Affinität des Liganden zu niedrig, kein Bindungsprotein in den Membranen oder die Membranpräparation mit endogenen Liganden gesättigt. ▶ Abschn. 2.2.8 hilft hier weiter. Es empfiehlt sich, von Anfang an alles dreifach zu messen, also jeweils drei Werte für jede unspezifische Bindung und Gesamtbindung; nur das ermöglicht einigermaßen sichere Aussagen und zeigt gleichzeitig die Qualität der Messmethode.

Liegt sättigbare Bindung vor (die unspezifische Bindung ist wesentlich kleiner als die Gesamtbindung), beweisen Sie, dass die sättigbare Bindung (also die Differenz zwischen Gesamtbindung und unspezifischer Bindung) spezifisch ist, denn sättigbar und spezifisch ist nicht das Gleiche! Zudem müssen Sie zeigen, dass es sich um diejenige Bindung handelt, die die biologische Wirkung vermittelt. Dazu bestimmen Sie die Pharmakologie der Bindung, d. h. Sie untersuchen, ob eine Reihe von Molekülen mit bekannter Spezifität und Wirkung die Bindung des Liganden beeinflusst. Es überzeugt, wenn diese Moleküle und der Ligand chemisch verschieden gebaut sind und trotzdem hemmen und umgekehrt, wenn dem Liganden chemisch ähnliche Moleküle, die ohne pharmakologische Wirkung und Bindungsspezifität sind, auch dessen Bindung nicht beeinflussen. Auch die Organverteilung der Bindungsstellen ist ein Indiz für Sinn oder Unsinn der Bindung: Ein Ligand, der ausschließlich im Gehirn wirkt, sollte auch nur an Hirnmembranen binden und nicht an Membranen aus der Leber. Bindungsproteine tauchen oft erst in bestimmten Entwicklungsstadien oder – bei Zelllinien – unter bestimmten Bedingungen auf, und es ist ein starkes Argument, wenn die Bindung damit parallel geht. Handelt es sich bei dem Molekül, auf dem die Bindungsstelle liegt, um ein Protein, muss die Bindung verschwinden, wenn die Membranen mit Proteasen (z. B. Pronase aus *Streptomyces griseus*) behandelt werden. Auch muss die Bindung linear mit der Menge der in dem Test eingesetzten Membranen zunehmen. Schließlich sollte die Kinetik der Bindung im glei-

chen Größenbereich liegen wie die Kinetik der biologischen Wirkung.

Liegen genügend Indizien vor, dass es sich um die gewünschte Bindung handelt, wird die Bindung charakterisiert. Zuerst bestimmen Sie die Geschwindigkeit, mit der der Ligand an die Bindungsstelle bindet ($T_{1/2}$ der *on-rate*, ▶ Abschn. 2.3.2). Viele Parameter (Affinitätskonstante $K_D$, Konzentration des Bindungsproteins $B_{max}$, $K_i$ und Hill-Koeffizienten der Hemmer) sind nämlich Gleichgewichtsgrößen. Für ihre Bestimmung müssen die Bindungsansätze so lange inkubiert werden, bis das Gleichgewicht der Reaktion erreicht ist (ca. 4 $T_{1/2}$). Die Kenntnis von $T_{1/2}$ benötigen Sie auch, um die kinetische Konstante $k_{off}$ zu ermitteln. Zudem sollten Sie die Abhängigkeit der Bindung von Ionenstärke, einwertigen und zweiwertigen Kationen etc. kennen.

## 2.2.5 Bindungstests mit Proteinen in Lösung

Bei löslichen Proteinen ist die Trennung des freien Liganden vom Bindungsprotein-Liganden-Komplex schwieriger als bei Membranen, da die physikalischen (z. B. Größen-)Unterschiede zwischen dem löslichen Bindungsprotein und dem Liganden kleiner sind als zwischen Membranvesikeln und Liganden. So kann der Ligand ein Protein mit ähnlichem MG und ähnlicher Ladung wie das Bindungsprotein sein. Bindungstests mit löslichen Proteinen benutzen:

- Größenunterschiede zwischen Ligand und Bindungsprotein: Gelfiltrationssäulchen oder PEG-Fällung.
- Adsorptionsunterschiede zwischen Ligand und Bindungsprotein: beschichtete Glasfaserfilter, Nitrocellulose/PVDF-Membranen, Polylysin-beschichtete Mikrotiterplatten.
- Ladungsunterschiede zwischen Ligand und Bindungsprotein: Ionenaustauscherfilter.

**Gelfiltrationssäulchen** Grundlage des Säulchentests ist der Größenunterschied zwischen freiem Liganden und dem Bindungsprotein-Liganden-Komplex (z. B. Ligand: MG < 1000 Da; Komplex: MG > 60.000 Da). Das Gelmaterial wird so gewählt, dass der Ligand in die Gelporen eindringt, der

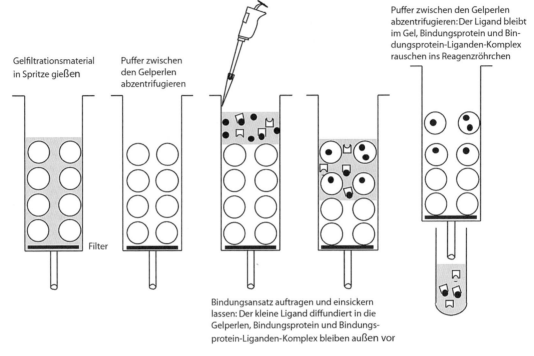

Gelfiltrationsmaterial in Spritze gießen

Puffer zwischen den Gelperlen abzentrifugieren

Puffer zwischen den Gelperlen abzentrifugieren: Der Ligand bleibt im Gel, Bindungsprotein und Bindungsprotein-Liganden-Komplex rauschen ins Reagenzröhrchen

Filter

Bindungsansatz auftragen und einsickern lassen: Der kleine Ligand diffundiert in die Gelperlen, Bindungsprotein und Bindungsprotein-Liganden-Komplex bleiben außen vor

**Abb. 2.7** Der Säulchentest

Bindungsprotein-Liganden-Komplex aber nicht (**Abb. 2.7).

Das Gehäuse einer 2-ml-Spritze mit ebenem Boden wird am Auslauf mit einem passenden Papierfilter (Whatman) abgedichtet und mit 2 ml in Bindungspuffer gequollenem Gelfiltrationsmaterial (Sephadex, Bio-Gel) geeigneter Größe gefüllt. In einem 10-ml-Reagenzglas frei hängend wird das Säulchen mit dem Gel für 2 min bei 1000 g abzentrifugiert. Der Bindungsansatz (Gesamtvolumen 200–250 μl) wird vorsichtig auf das noch feuchte Gel geladen und die Anordnung (Säulchen im Reagenzglas hängend) noch einmal für 2 min bei 1000 g abzentrifugiert. Der gebundene Ligand befindet sich danach im Reagenzglas, der freie Ligand in der Säule (Rehm und Betz 1984).

Bei der Einführung eines Bindungstests ist der Säulchentest unentbehrlich, trotz der umständlichen Herstellung und Behandlung der Säulchen und des teuren Gelfiltrationsmaterials. Zeigt nämlich ein Gewebeextrakt keine Bindung, so sind die möglichen Ursachen so zahllos und heimlich wie die Schaben im Tierstall: Der Bindungstest funktioniert nicht, das Bindungsprotein ist denaturiert, die Affinität des Liganden ist zu niedrig, kein Bin-

dungsprotein im Gewebeextrakt etc. Der Säulchentest schließt den Bindungstest mit einiger Sicherheit als Fehlerquelle aus. Der Säulchentest versagt nur, wenn:

- das Bindungsprotein an das Gelmaterial adsorbiert (bei rohen Proteinmischungen hoher Konzentration unwahrscheinlich),
- der Ligand nicht in die Gelporen dringt. Dies ist der Fall, wenn der Ligand sich in hochmolekulare Pufferbestandteile einlagert (z. B. kleine hydrophobe Liganden in Tritonmizellen).
    - Diese Fehlerquelle lässt sich durch ein einfaches Experiment ausschalten: Führt man den Säulchentest ohne Bindungsprotein durch, muss die aufgetragene Radioaktivität im Säulchen bleiben.

**Beschichtete Glasfaserfilter** Glasfaserfilter (z. B. GF/C von Whatman) werden mit 0,25–1,00 % Polyethylenimin (PEI) beschichtet (d. h. für mindestens 5 min in Bindungspuffer, der 0,25–1,00 % PEI enthält, eingelegt). Dadurch binden die Filter vor allem negativ geladene lösliche Proteine.

Die Filtration über beschichtete Glasfaserfilter vermag schnell und effizient den freien Liganden vom Bindungsprotein-Liganden-Komplex zu trennen – vorausgesetzt, der Bindungsprotein-Liganden-Komplex adsorbiert an den Filter und der freie Ligand nicht. Bei überraschend vielen Ligand/Bindungsprotein-Pärchen ist das auch der Fall, denn größere Bindungsproteine adsorbieren fast immer, während Pharmaka, Peptide, Aminosäuren, kleinere und positiv geladene Proteine die Filter passieren. Die Methode gibt ein gutes Signal und ist zuverlässig und billig.

Probleme tauchen auf, wenn der radioaktive Ligand unspezifisch in größeren Mengen an die beschichteten Glasfaserfilter adsorbiert. Dieses Verhalten zeigen z. B. Peptide mit negativer Gesamtladung. Zuerst und am besten beschrieben wurde der Test mit PEI-beschichteten Glasfaserfiltern von Bruns et al. (1983b).

Ist der Ligand ein Protein und ist er ähnlich groß und hat er ähnliche Eigenschaften wie das Bindungsprotein, versagen Säulchentest wie Glasfaserfilter. Verzweifeln Sie nicht. **Dotten** Sie das Bindungsprotein bzw. den Gewebeextrakt auf eine Blotmembran, z. B. Nitrocellulose (Petrenko et al. 1990). Mit etwas Glück übersteht das Bindungsprotein die Adsorption an die Nitrocellulose. Der Dotpuffer darf natürlich keine denaturierenden Zusätze enthalten, und die geblotteten Proteine dürfen nicht fixiert werden. Die Zugabe von 10–20 % Methanol zum Dotpuffer kann dagegen segensreich sein, erhöht sie doch die Bindungskapazität der Nitrocellulose. Auch Mikrotiterplatten, Stanzmaschinchen und Filtrationsapparate erleichtern das Los des Dotters (zur Dot-Blot-Technik siehe ▶ Abschn. 6.5.1). Ist das Bindungsprotein aufgetragen, wird der Dot-Blot geblockt und hinterher mit dem radioaktiven Liganden inkubiert.

Eine verwandte Technik dottet das Bindungsprotein nicht auf Nitrocellulose, sondern adsorbiert es an Polylysin-beschichtete Mikrotiterplatten. Nach dem Blocken des ungesättigten Polylysins werden die Wells mit radioaktivem Liganden inkubiert (Scheer und Meldolesi 1985).

**PEG-Fällung** PEG (Polyethylenglykol) fällt hochmolekulare Substanzen (z. B. Proteine) aus, niedermolekulare Substanzen bleiben in Lösung. Die Grenze zwischen hoch- und niedermolekular hängt von den Bedingungen der Fällung (PEG-Sorte, PEG-Konzentration, Temperatur) ab (Atha und Ingham 1981).

Beim PEG-Test werden die Proteine des Bindungsansatzes mit 6–8 % PEG ausgefällt. Bei verdünnten Proteinlösungen sorgt ein Trägerprotein, z. B. $\gamma$-Globulin, für vollständige Fällung. Filtration über Glasfaserfilter trennt das Präzipitat mit dem Bindungsprotein-Liganden-Komplex vom freien Liganden ab, und die Radioaktivität der Filter ist ein Maß für den gebundenen Liganden (Demoliou-Mason und Barnard 1984; Pfeiffer und Betz 1981).

Ärger gibt es, wenn das PEG den Liganden ausfällt (z. B. bei radioaktiven Proteinen als Liganden), der Ligand an das Präzipitat adsorbiert oder der Bindungsprotein-Ligand-Komplex während der PEG-Fällung dissoziiert. Außerdem braucht der Test, im Vergleich zum Filtertest, zwei zusätzliche Pipettierschritte ($\gamma$-Globulin und PEG-Zugabe).

**Ionenaustauscher** Diese Methode benutzt den Ladungsunterschied zwischen freiem Liganden und Bindungsprotein-Ligand-Komplex. Einer der beiden bindet an den Ionenaustauscher, der andere nicht. Ionenaustauscherfilter wurden bei Toxin-Liganden verwendet. Die Filter hielten den Bindungsprotein-Toxin-Komplex zurück, während das freie Toxin den Filter passierte (Schneider et al. 1985). Die Adsorption an PEI-beschichtete Glasfaserfilter verdrängte den Ionenaustauscherfilter, denn dessen Handhabung ist umständlich, und Bindungs- und Waschpuffer müssen niedrige Ionenstärken aufweisen. Letzteres begrenzt die Einsatzmöglichkeiten des Ionenaustauscherfilters, weil manche Proteine eine hohe Ionenstärke zum Erhalt ihrer Bindungskonformation benötigen.

Dagegen hat der Test von Hingorani und Agnew (1991), bei dem der Bindungsansatz durch eine kurze Ionenaustauschersäule gepresst wird, den Vorteil großer Schnelligkeit. Die Trennung von freiem und gebundenem Liganden ist in ca. 1 s beendet. Schnelligkeit mag bei Bindungsprotein-Ligand-Komplexen, die schnell dissoziieren, die Nachteile des Tests (großer Aufwand und manuelle Geschicklichkeit) aufwiegen.

**Dracala** Dabei handelt es sich weder um Draculas Frau noch um seine Tochter. Denn Vlad III. (1431–1476), genannt der Pfähler, hatte keine Tochter, und seine Frau hieß Ilona. Dracala steht vielmehr für *differential radial capillary action of ligand assay*. Mit dieser Methode können Sie die Bindung eines Liganden an sein Bindungsprotein bestimmen, wenn:

— der Ligand radioaktiv oder sonstwie, z. B. mit einer fluoreszierenden Gruppe, markiert werden kann,
— der Ligand nicht an Nitrocellulose bindet.

Die Idee hinter Dracala ist so einfach, dass man sich fragt, warum die Leute erst im Jahr 2010 darauf gekommen sind. Es geht so: Protein und radioaktiver Ligand werden inkubiert, bis das Bindungsgleichgewicht hergestellt ist. Danach wird ein Tropfen der Probe auf ein Blatt trockener Nitrocellulose aufgetragen. Innerhalb von ein paar Sekunden breitet sich die Lösung durch die Kapillarkräfte kreisförmig um die Auftragsstelle aus (❏ Abb. 2.8). Das aufgetragene Protein und damit auch vom Protein gebundener Ligand bleiben an der Auftragsstelle kleben. Ungebundener Ligand wird jedoch im durch die Kapillarkräfte getriebenen Pufferstrom so lange weitertransportiert, bis das aufgetragene Volumen vollständig von der Nitrocellulose aufgesaugt wurde. Das Ergebnis ist ein kreisförmiger Fleck mit ungebundenem Liganden und, konzentrisch darin sitzend, ein kleinerer Kreis mit dem auf der Nitrocellulose klebenden Protein, dem am Protein gebundenen Liganden und freiem Liganden.

Aus den Flächen der Kreise und den relativen Intensitäten ihrer Radioaktivität können Sie den Anteil des gebundenen Liganden bestimmen (Roelofs et al. 2011). Aus mehreren Versuchen mit unterschiedlichen Protein- und gleichen Ligandenmengen wiederum lässt sich die $K_D$ der Bindung bestimmen; mit einer anderen Versuchsanordnung auch die $k_{off}$ (Roelofs et al. 2011).

Der **Vorteil** von Dracala liegt in seiner Einfachheit und Schnelligkeit. Zudem eignet sich Dracala für Hochdurchsatz-Systeme. Die Methode ist nicht nur imstande, die Wechselwirkungen von kleinmolekularen Liganden zu erfassen, sondern auch die Bindung von DNA und RNA an Protein (Donaldson et al. 2012; Patel et al. 2014).

**Nachteilig** ist, dass der Ligand markiert werden muss. Zudem versagt Dracala bei Liganden, die an Nitrocellulose kleben, wie iodierte Peptide oder Proteine. Nach Roelofs et al. (2011) erfasst Dracala zwar die Bindung von Liganden an Bakterienlysate und sogar die Bindung an exprimierte Fremdproteine, die in der Wirtszelle ausfielen, doch bei eukaryotischen Zelllysaten scheint die Methode wegen der hohen nicht-spezifischen Bindung auf Schwierigkeiten zu stoßen. Bei rohen Lysaten sollten Sie sicherstellen, dass der markierte Ligand nicht von endogenen Liganden verdrängt oder von endogenen Enzymen abgebaut wird.

Nichts funktioniert? Für den verzweifelten Pechvogel haben wir noch drei Bindungstests aufgelistet, die sich ohne großen apparativen Aufwand durchführen lassen: Glatz und Veerkamp (1983), Li et al. (1991) und Poellinger et al. (1985).

## 2.2.6 Bindungstests ohne Modifikation der Liganden

### BIACORE-Technik

Wer es vornehm und dynamisch liebt und genügend Geld hat, der bindet mit dem **BIACORE**-Gerät. In einem photometergroßen Kasten mit schlichtem schwedischem Charme sitzt ein mit carboxymethyliertem Dextran beschichtetes Goldplättchen (Sensorchip), an das zuvor einer der Bindungspartner (Ligand oder Bindungsprotein) kovalent gekoppelt wurde (❏ Abb. 2.9). Über das Plättchen fließt in einer „Flusszelle" Laufpuffer oder die Lösung des anderen Partners in Laufpuffer (❏ Abb. 2.10). Eine Optik misst über die Oberflächen-Plasmon-Resonanz wie viel Masse zu jedem Zeitpunkt an das Plättchen gebunden hat. Also: wie viel Ligand oder Bindungsprotein an das Dextran gekoppelt wurde und danach, wie viel löslicher Partner an den gekoppelten gebunden hat. Das Gerät misst die Massenzunahme, also nicht nur Protein/Protein/Peptid-Wechselwirkungen, sondern auch die Bindung von Protein an DNA, DNA an DNA und Protein an Zucker.

Was, um Gottes Willen, ist Plasmon-Resonanz? Unwichtig! Nur so viel: Mittels Plasmon-Resonanz lässt sich der Brechungsindex einer dünnen Schicht

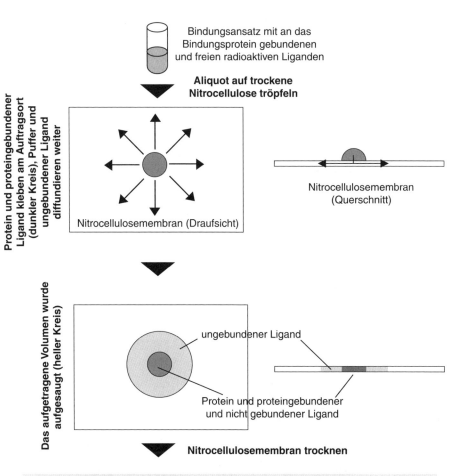

**So berechnen Sie den Anteil des gebundenen Liganden F_B:**

Messen Sie mit dem Phosphorimager die Intensität $I_{innen}$ des inneren (Protein-)Kreises und die Gesamtaktivität $I_{gesamt}$. Des Weiteren bestimmen Sie die Flächen des inneren und des äußeren Kreises.

$$F_B = \frac{I_{innen} - I_{innen\text{-}unspezifisch}}{I_{gesamt}}$$

Den Wert von $I_{innen\text{-}unspezifisch}$ erhalten Sie, indem Sie von $I_{gesamt}$ die Intensität des inneren Kreises $I_{innen}$ abziehen und durch die Differenz zwischen der Fläche des äußeren Kreises und des inneren Kreises teilen. Diesen Quotienten multiplizieren Sie mit der Fläche des inneren Kreises. Das Ergebnis ist $I_{innen\text{-}unspezifisch}$.
Sie können $I_{innen\text{-}unspezifisch}$ auch über die Intensität des inneren Kreises einer Kontrolle ($I_{innen}$ einer Probe ohne Bindungsprotein) bestimmen. Dadurch vermeiden sie Fehler durch Randeffekte: Durch Verdunstung bildet sich am Rand des äußeren Kreises gelegentlich ein Ring mit einer erhöhten freien Ligandenkonzentration.

◘ **Abb. 2.8** Dracala

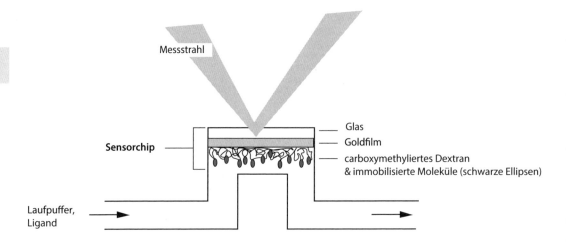

Der Sensorchip misst die Massenzunahme auf der
Dextranschicht. Der Chip liegt oben, um
Sedimentationsartefakte zu vermeiden: Sediment
fällt nach unten und verfälscht so nicht das Signal.

▣ **Abb. 2.9** Binden mit BIACORE. Der Kern der Apparatur

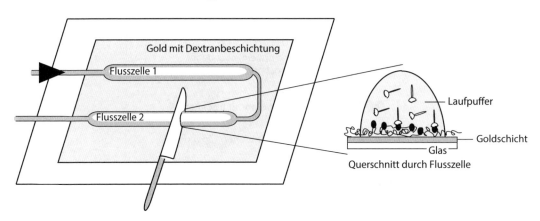

▣ **Abb. 2.10** Sensorchip mit zwei Flusszellen

über dem Goldplättchen bestimmen. Der Brechungsindex wiederum hängt von der Protein-/
DNA-/Zuckermasse in der Schicht ab. Die Zunahme der z. B. Proteinmasse in der Messschicht
kann also optisch verfolgt werden, und daher zeigen BIACORE-Geräte die simultane Bindungskinetik: Sie können „zuschauen", wie die Bindung abläuft
(▣ Abb. 2.11).

In den Flusszellen kommt der an den Chip gebundene Bindungspartner mit dem gelösten Partner in Berührung (▣ Abb. 2.11). Je nach Gerätetyp
stehen zwei 0,06 µl- oder vier 0,02 µl-Flusszellen

zur Verfügung. Die Chipoberfläche jeder Flusszelle kann verschieden beschichtet werden, und die
Bindung in jeder Flusszelle wird von einer eigenen
Optik verfolgt. Bei vier Flusszellen lässt sich z. B. die
Bindung eines Hormons an drei Rezeptorvarianten
simultan messen. Eine Zelle dient als Kontrolle und
wird z. B. mit BSA oder einer nicht-bindenden Variante des Rezeptors beschichtet.

BIACORE-Geräte liefern die vermutlich bes-
ten Werte der kinetischen Konstanten $k_{on}$ und $k_{off}$
und damit der $K_D$, der Affinitätskonstante (▶ Abschn. 2.3.2):

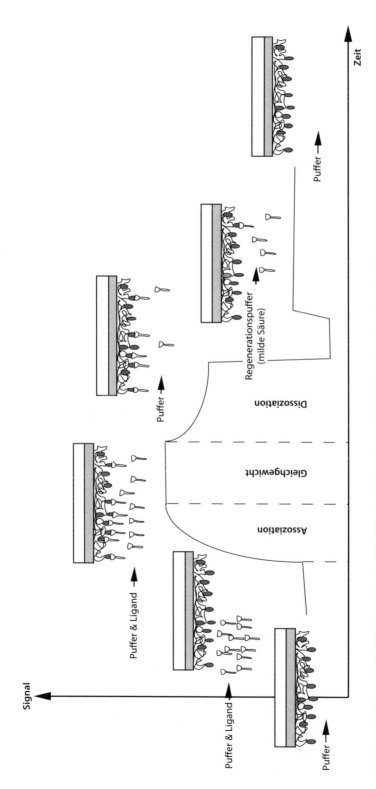

**Abb. 2.11** Binden mit BIACORE. Versuchskreislauf. Die Höhe der Bindungskurve misst die Menge des gebundenen Proteins

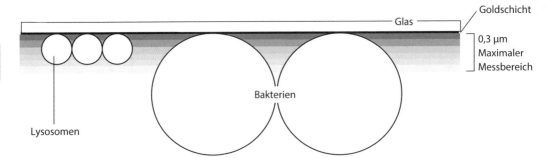

**Abb. 2.12** Messprobleme. Vesikel, Organellen und Zellen können aus dem Messbereich des Sensorchips herausragen. Runde Vesikel bedecken zudem die Chipoberfläche nur unvollständig

- Das Gerät liefert die Kinetik nicht in einzelnen Punkten, sondern als kontinuierliche exakte Kurve. Zudem hält die kontinuierliche Injektion die Ligandenkonzentration über dem Chip während der Messzeit konstant. Der Probenauftrag ist je nach Modell automatisch oder wenigstens halbautomatisch.
- Angenehm ist das radioaktivitätsfreie Arbeiten. Nicht nur, weil die Strahlenbelastung wegfällt, auch weil viele Liganden die radioaktive Markierung nicht vertragen. Natürlich haben Sie die Wahl, welchen Partner Sie ans Plättchen koppeln wollen (vorausgesetzt, beide Bindungspartner liegen gereinigt und in Lösung vor). Der andere Bindungspartner bleibt chemisch unbehandelt.
- BIACORE-Geräte erfassen auch Bindungen niedriger Affinität ($K_D$ bis ca. $10\,\mu M$).
- Sie können die Messtemperatur zwischen 4 und 40 °C beliebig einstellen. Sie können also schwache Bindungen verstärken, indem Sie die Temperatur senken. Auch die Temperaturabhängigkeit der $K_D$ können Sie bestimmen und damit die van't-Hoff-Enthalpie (siehe unten Isotherme Titrationskalorimetrie).
- Das Gerät kommt mit wenig Probe aus: $5\,\mu l$ genügen. Zudem sind die gebundenen Proteine nicht verloren: Sie können sie in $4\text{–}6\,\mu l$ wieder eluieren. Hier liegen beträchtliche Möglichkeiten. Nehmen wir an, Sie haben ein Protein X und Fragen treiben Sie um, wie: Was tut es? Mit welchen Proteinen wechselwirkt X? Was liegt näher, als Protein X an den Chip zu binden und zu hoffen, dass dies Protein X nicht stört. Um den geheimnisvollen Bindungspartner Y zu identifizieren, jagen Sie dann einen rohen Zellextrakt (oder adäquates) über den Chip. Mit Glück bindet Y. Jetzt haben Sie zwei Möglichkeiten: Entweder Sie stecken den ganzen Chip in ein MALDI-TOF (▶ Abschn. 7.5.2) oder sie eluieren Y und analysieren das Eluat im HPLC-gekoppelten Nanoelektrospray-Massenspektrometer.

Glücklich ist, wer mit BIACORE misst? Vielleicht. Bei löslichen Proteinen oder DNA bereiten die Geräte in der Regel keine Schwierigkeiten. Anders wird die Sache, wenn Sie mit Vesikeln oder Zellen arbeiten. Zwar können Viren, Bakterien, Vesikel und selbst eukaryotische Zellen über entsprechende Proteine an die Chipoberfläche binden, und diese Bindung lässt sich auch messen. Doch nur teilweise. Das Gerät misst ja die Massenzunahme am Chip über die Änderung des Brechungsindexes eines dünnen Films über der Chipoberfläche. Die Betonung liegt auf dünn und das heißt: Mit der Entfernung von der Chipoberfläche nimmt der Einfluss angelagerter Moleküle auf das Signal ab. Jenseits von $0,3\,\mu m$ hat die Anlagerung von Molekülen keinen Einfluss mehr auf das Signal (■ Abb. 2.12).

Eukaryotische Zellen besitzen einen Durchmesser von $10\text{–}100\,\mu m$, Bakterien $1\text{–}10\,\mu m$, Mitochondrien $1\text{–}2\,\mu m$, Lysosomen $0,2\text{–}2\,\mu m$, synaptische Vesikel $0,04\text{–}0,05\,\mu m$. Die Bindung von Lysosomen und synaptischen Vesikeln lässt sich also erfassen. Bei Vesikeln oder Zellen größer als $1\,\mu m$ ragt dagegen der größte Teil aus dem Messbereich heraus. Bei runden Vesikeln bzw. Zellen kommt dazu, dass sie nur einen kleinen Teil der Chipoberfläche bedecken, was das Signal noch einmal verringert (◘ Abb. 2.12).

Noch schwieriger ist es, die Bindung von gelösten Proteinen an gekoppelte Vesikel zu messen. Dies ist so, weil die Masse des Proteins im Vergleich zum Vesikel klein ist, weil viel Protein außerhalb des Messbereichs an die Vesikel bindet und weil oft die Bindungsdichte niedrig ist. Dazu kommt ein weiteres Problem, ein ungemein banales, das einen aber zum Wahnsinn treiben kann: Die Röhren des Geräts sind zwar groß genug, um Zell- oder Vesikelsuspensionen passieren zu lassen, doch haben sowohl Zell- als auch Vesikelsuspensionen die fatale Neigung zu aggregieren. Dies trifft besonders auf Zellen aus Gewebeverbänden oder Kulturen zu, die mit Proteasen und EDTA auseinandergerissen wurden. Was so ein fettes Aggregat dann in den feinen Röhren des Geräts anstellt, können Sie sich denken.

Dies soll aber niemanden davon abhalten, in sein BIACORE-Gerät Vesikel einzuschießen. Aggregationsprobleme lassen sich oft mit Geduld und einem vorgeschalteten Filter lösen. Dann könnte man bei kleinen Vesikeln die Vesikel-Vesikel-Bindung untersuchen, und – wer weiß! – Fusionen beobachten. Auch haben Sie die Möglichkeit, über die simple Bindung zur Funktion aufzusteigen. Beispiel: Da die Massenzunahme auf dem Chip über die Änderung des Brechungsindexes gemessen wird, müsste sich der Stofftransport gekoppelter Vesikel (z. B. Neurotransmitteraufnahme in synaptische Vesikel) untersuchen lassen. Transmitter wird ja aktiv aufgenommen, und die Konzentration des Transmitters im Vesikel müsste mit der Zeit im Vergleich zum Laufpuffer so stark ansteigen, dass sich der Brechungsindex ändert. Dies gilt vermutlich für alle Vesikel, die eine Substanz aktiv aufnehmen. Vielleicht finden Sie sogar einen Dreh, die Arbeit von Ionenkanälen zu beobachten.

Die Einarbeitungszeit ins BIACORE-Gerät liegt bei ein bis zwei Wochen, danach können selbst Diplomanden mit Erfolgserlebnissen rechnen. Zwei von mir befragte Anwender (mit funkelnden Augen): sehr reproduzierbar, toll.

Soweit die guten Nachrichten und nun Schluss mit dem Lobgesang.

**Probleme** Die Bindungskonformation des gekoppelten Partners muss die Kopplungschemie überstehen. Das ist nicht selbstverständlich, und zudem kann das Protein an verschiedenen Stellen, z. B. über verschiedene Lysine, koppeln. Wenn man Pech hat, beeinflusst das die Bindungskonformation, sodass aus einer einheitlichen Bindungsstelle ein heterogenes Gemisch entsteht.

Wer mit einem Plättchen mehrere Messungen machen will, muss nach jeder Messung den gebundenen Partner vom Plättchen abwaschen. Dabei darf der gekoppelte Partner nicht schlapp machen. Anderenfalls müssen Sie für jeden Test ein neues Plättchen beschichten (ein teurer Spaß).

Prinzipiell ist es möglich, ungereinigte Proteinextrakte ans Plättchen zu koppeln und die Bindung eines (gereinigten) Liganden zu untersuchen. Doch wegen der unspezifischen Bindung erhält man selten zuverlässige Messwerte. Der umgekehrte Fall, gereinigter Bindungspartner wurde gekoppelt, der andere Bindungspartner schwimmt in rohem Proteinextrakt, soll besser funktionieren. Allerdings verstopfen hochkonzentrierte Proteinlösungen (z. B. Serum) gerne die magersüchtigen Leitungen des Geräts. Es empfiehlt sich, die Lösungen vorher 1 h bei 100.000 g zu zentrifugieren oder durch Sterilfilter zu filtrieren.

Schwimmt der freie Bindungspartner in Laufpuffer mit hohem Refraktionsindex (z. B. Puffer mit viel Glycerin oder DMSO), verkleinert sich das Signal (verglichen mit Puffer ohne Glycerin oder DMSO). Dies ist so, weil manchmal Glycerin oder DMSO die Bindungsaffinität herabsetzt, aber auch weil Glycerin und DMSO die Unterschiede im Brechungsindex zwischen Chipoberfläche und Laufpuffer verringern. Das wollen wir den Konstrukteuren nicht übel nehmen. Vielmehr wollen wir staunen, dass eine so zähe Pampe wie 40 % Glycerin überhaupt die feinen Kanäle passiert und die winzigen Ventile die entsprechenden Drücke aushalten.

Liegt das MG des gelösten Bindungspartners unter 5000, leidet die Messgenauigkeit, denn das BIACORE-Gerät misst ja die Massenzunahme am Plättchen. Zwar sollen Spitzengeräte schon die Bindung von Molekülen um 200 Da erfassen, dennoch ist es unmöglich, mit BIACORE-Geräten direkt die Bindung von Glycin oder Acetylcholin an ihre Rezeptoren oder von $Ca^{2+}$ an Calmodulin zu messen. Dazu benötigen Sie einen weiteren hochmolekularen Bindungspartner, der eine eventuelle Konformationsänderung des Proteins entdeckt. Ein anderer

Weg wäre, den kleinen Bindungspartner zu koppeln, doch stört die Kopplung die Bindungsfähigkeit kleiner Moleküle. Sie müssen dann mit Kopplungschemie und Spacern herumspielen, was teuer werden kann, da Sie für jeden Versuch ein neues Plättchen brauchen. Eine Erfolgsgarantie haben Sie nicht.

In den meisten bisherigen Publikationen mit BIACORE-Geräten waren beide Bindungspartner gereinigte Proteine oder Peptide (meistens Antikörper/Antigen). Für solche Fälle ist BIACORE die Methode der Wahl (auch die begeisterten Anwender von oben arbeiteten mit gereinigten Bindungspartnern). Sonst scheinen uns BIACORE-Geräte einen gewissen „Gimmick"-Charakter zu haben, und auf jeden Fall sind sie so teuer (75.000–250.000 Euro), dass die guten (?) alten Methoden wohl noch eine Weile überleben werden.

Einen Überblick über die BIACORE-Systeme und -Methoden geben Jason-Moller et al. (2006). Angewendet haben die Technik Gruen et al. (1993), End et al. (1993) und Khilko et al. (1993).

## Isotherme Titrationskalorimetrie

Bindung lässt sich auch über die Bindungswärme bestimmen: über die Wärme, die bei der Bindung umgesetzt wird. Die Bindungswärme bei gleichbleibender Temperatur messen ultrasensitive **isotherme Titrationskalorimeter (ITK)**. Es sind dies wunderbar teure Wundergeräte: Ein guter ITK bestimmt Bruchteile von Mikrokalorien, Wärmemengen, die entstehen, wenn man einmal kurz zwei Fingernägel aneinanderreibt!

Ein Bindungsexperiment mit dem ITK ist leicht (◘ Abb. 2.13). Das Bindungsprotein wird in die Probenzelle des Kalorimeters gegeben, der Ligand in die Spritze. In die Referenzzelle kommt der Puffer. Bei konstanter Temperatur (isotherm) drückt ein Motor ein Aliquot aus der Spritze in die Probenzelle. Dabei wird gerührt und die Wärmeaufnahme oder -abgabe gemessen.

Die Probenzell- bzw. Referenzzellvolumina liegen je nach Gerät zwischen 0,2 und 1,4 ml. Im Verlauf eines Experiments werden 12- bis 20-mal 2- bis 60 μl-Aliquots gespritzt und jedes Mal die umgesetzte Wärme gemessen. Die Konzentration des Liganden in der Probenzelle erhöht sich dabei stufenartig, die des Bindungsproteins erniedrigt sich jeweils geringfügig. Das Ganze dauert etwa 1 h und

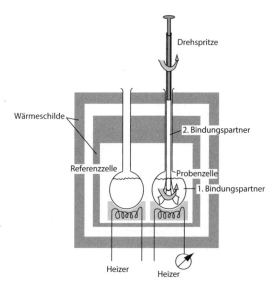

◘ **Abb. 2.13** Ein ganz grobes Schema einer isothermen kalorimetrischen Messzelle. Referenz- und Probenzelle sind identisch. Die Bindung läuft in der Probenzelle ab. Über die Drehspritze werden Aliquots des 2. Bindungspartners eingegeben. Gleichzeitig wird die Spritze gedreht und mit Rührflügeln an der Spritzenspitze die Probenzelle durchmischt. Während der Messung wird die Referenzzelle elektrisch auf eine bestimmte gleichbleibende Temperatur geheizt. Gleichzeitig wird die Temperaturdifferenz zwischen Referenz- und Probenzelle bestimmt. Der Heizstrom für die Probenzelle wird nun so angepasst, dass die Temperatur zwischen beiden Zellen stets gleich ist. Kommt es z. B. zu einer exothermen Bindung, wird also in der Probenzelle Wärme freigesetzt, drosselt das Gerät den Heizstrom der Probenzelle. Die Größe der Stromabnahme ist dann äquivalent der bei der Bindung freigesetzten Wärmemenge

geht klickend leicht: Haben Sie die Maschine mit Bindungspartnern versorgt, geben Sie in den angeschlossenen PC Aliquotgröße, Konzentrationen der Bindungspartner, Messtemperatur, Rührgeschwindigkeit, Injektionszeiten ein und – „Start". Das Gerät führt das Experiment selbstständig durch, und seine Software liefert die Ergebnisse.

Im wirklichen Leben tauchen schon bei der Probenvorbereitung Probleme auf. Der Puffer in Proben- und Referenzzelle und der Spritze muss absolut identisch sein, d. h. aus der gleichen Flasche stammen. Noch einmal: Die Inhalte von Proben- und Referenzzelle dürfen sich nur durch das Bindungsprotein unterscheiden. Am besten, Sie dialysieren Bindungsprotein- und Ligandenlösung gegen den gleichen Puffer. Banal, aber wichtig: Da nur kleine Aliquots der Ligandenlösung eingespritzt werden, müssen Sie die Ligandenkonzentration in der Spritze wesentlich höher ansetzen als die Lösung des Bindungsproteins in der Probenzelle.

Des Weiteren sollten Sie die Proben ultrafiltrieren, um Staubpartikel zu entfernen. Die schlagen gegen die Zellenwände und sorgen für eine unruhige Basislinie – es ist eben ein ultrasensitives Kalorimeter. Zusätzlich müssen Sie die Lösungen entgasen. Bläschen machen Wärmelärm. Auch sollten Sie die Rührgeschwindigkeit optimieren. Rühren Sie zu schnell, wird dem Bindungsprotein übel, rühren Sie zu langsam, kommt die Wärme nicht rechtzeitig an die Oberfläche und das verfälscht Ihr Signal. Denn die Wärme wird an der Oberfläche der Zellen gemessen. Die optimale Rührgeschwindigkeit liegt zwischen 200 und 400 rpm. Des Weiteren muss die Zeit zwischen den Injektionen groß genug sein, damit sich das Gleichgewicht einstellen kann, d. h. nach jeder Injektion muss die Kurve zur Grundlinie zurückkehren.

**Noch ein Punkt** Wärme entsteht auch beim Mischen zweier Lösungen, wovon Wasser und konzentrierte Schwefelsäure ein kochendes Zeugnis ablegen. Auch beim Mischen von Bindungsprotein- und Ligandenlösung wird Wärme umgesetzt. Diese Wärme hat mit der Bindung nichts zu tun und muss abgezogen werden. Wie groß diese Mischungswärme ist, sehen Sie am Ende des Laufs, wenn der Ligand im Überschuss vorliegt und nicht mehr bindet: Es kommt trotzdem bei jeder Ligandeneinspritzung zu Wärmegipfeln. Das ist die unspezifische Wärme: die Mischungswärme, die Temperaturunterschiede zwischen Probenzelle und Spritze etc. Diese unspezifischen Wärmegipfel können, wenn Sie Pech haben oder Ihre Anordnung nicht stimmt, größer sein als die Gipfel, die auf der Bindung beruhen. Vor dem Bindungsexperiment empfehlen sich daher Kontrollläufe: einen Lauf nur mit Puffer, einen Lauf nur mit Puffer und Ligand, einen Lauf nur mit Puffer und Bindungsprotein.

Kontrollen gefahren? Proben gepflegt? Optimale Injektionszeit und Rührgeschwindigkeit eingestellt? Dann kann das Bindungsexperiment laufen. „Man sollte viel Glück haben", gibt Ilian Jelesarov, der Leiter eines Labors für Biokalorimetrie an der Uni Zürich, den Wärmeadepten auf den Weg. Von Jelesarov stammen viele der obigen Tricks.

Nehmen wir an, Sie haben Glück gehabt. Dann können Sie die (berichtigten) Daten auf zwei Arten auftragen: einmal differenziell, d. h. die Summe der Wärmeabgabe/-aufnahme bei Injektion i geteilt durch die Ligandenkonzentration bei Injektion i auftragen gegen die Ligandenkonzentration (◘ Abb. 2.14). Beim integralen Plot dagegen läuft die Summe der Wärmeabgabe/-aufnahme bei Injektion i gegen die Ligandenkonzentration. Aus jeder Kurve lassen sich drei Größen berechnen: Die Anzahl der Bindungsstellen n, $K_D$ und $\Delta H$. $\Delta H$ ist die pro Mol Bindungspartner freigesetzte Wärme, die Enthalpie. Da die Zahlen für n, $K_D$ und $\Delta H$ durch Anpassung an eine Kurve berechnet wurden, sind sie nicht sonderlich exakt: Kleine Fehler der experimentellen Daten bewirken große Änderungen von n, $K_D$ und $\Delta H$. Besser, Sie bestimmen $K_D$ und $\Delta H$ in getrennten Experimenten. Genaue Werte von $\Delta H$ geben hohe Konzentrationen von Bindungsprotein am Anfang des Experiments, d. h. wenn die Aliquots des Liganden noch vollständig gebunden werden. Die $K_D$ berechnet sich am genauesten aus den Steigungspunkten der differenziellen Kurve.

Die Parameter aus der differenziellen bzw. integralen Kurve sollten einigermaßen übereinstimmen. Tun sie's nicht, haben Sie ein Problem. Es empfiehlt sich dann, die Zahl der Bindungsstellen mit einer unabhängigen Methode zu bestimmen und n als feste Größe in die Rechnung einzugeben. Sie erhalten n aus Scatchard-Plots nach $n = B_{max}/R_0$ (◘ Abb. 2.6), wobei $B_{max}$ gemessen wird und $R_0$ bekannt sein muss. Nicht schaden kann es, die Messung mit verschiedenen Konzentrationen an jedem Bindungspartner zu wiederholen. Liegt eine 1:1-Stöchiometrie vor, können Sie das Experiment auch umdrehen, d. h. Sie geben Bindungsprotein in die Spritze und Ligand in die Probenzelle – und vergleichen! Überhaupt: Man kann sich das Leben beliebig schwer machen.

**Vorteile des ITK**
- Man benötigt keine Immobilisierung oder Markierung der Bindungspartner (ein Segen bei empfindlichen Proteinen).
- Sie können (theoretisch) die Bindung von jedem Liganden an jedes Makromolekül messen.
- Sie erhalten nicht nur die Zahl der Bindungsstellen und die $K_D$, sondern auch $\Delta H$.

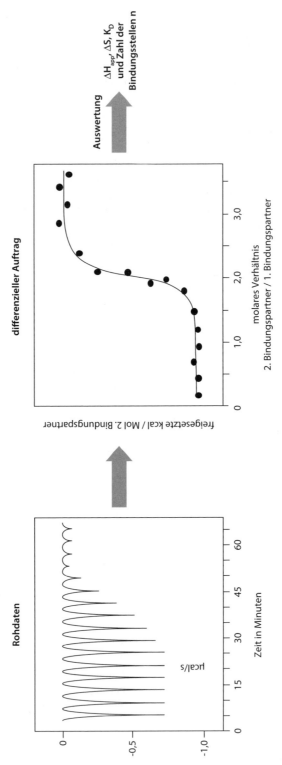

**Rohdaten**

**differenzieller Auftrag**

**Auswertung**

$\Delta H_{app}$, $\Delta S$, $K_D$ und Zahl der Bindungsstellen $n$

**□ Abb. 2.14** Ablauf eines ITK-Experiments. Dauer: inklusive Vorbereiten der Zellen und der Lösungen ca. 2 h

- Sie können bei verschiedenen Temperaturen (von 5–80 °C) und verschiedenen pH-Werten messen.
- Messungen bei verschiedenen Temperaturen ($T_1$ und $T_2$) liefern $\Delta H(T_1)$ und $\Delta H(T_2)$ und damit die Wärmekapazität $\Delta C_p = (\Delta H(T_1) - \Delta H(T_2))/(T_1 - T_2)$. Aus der Wärmekapazität liest oder deutet der Kenner manches über die molekulare Struktur der Bindung heraus. Davon später.
- Das Gerät misst die in einer Lösung umgesetzte Wärme. Wärme entsteht nicht nur bei Bindungsreaktionen. Warum sollte man nicht versuchen, über die Wärmeentwicklung die Aufnahme von Neurotransmitter in synaptische Vesikel zu verfolgen oder die ATP-Produktion von Mitochondrien? Dies umso mehr als – theoretisch – selbst die trübste Brühe das Kalorimeter kalt lässt. Praktisch allerdings bewirken trübe Lösungen unruhige Basislinien, und ob die Mitochondrien das schnelle Rühren überstehen? Aber das kann man sicher technisch lösen.

**Nachteile**
- Moderne ITK-Geräte messen Wärme staunenswert empfindlich, dennoch brauchen sie riesige Mengen an Bindungspartner. Ein Experiment verschlingt 10–100 nM Protein. Bei einem MG von 50.000 Da verbrät der Experimentator also ein halbes Milligramm! Solche Mengen zu opfern, lohnt nur, wenn Sie das Protein in *E. coli* ernten können. Das Gerät von MicroCal, jetzt Malvern Instruments, dem Marktführer, soll mit 50 µg Protein auskommen (Plotnikov et al. 1997) und das neue iTC$_{200}$ von MicroCal sogar mit 10 µg Protein. Herr Plotnikov ist allerdings mit dieser Firma verbunden. Unsere Stichproben in der Literatur ergaben, dass auch mit MicroCal-Geräten Milligramm-Mengen an Protein eingesetzt werden.
- Sie können nur Bindungen mittlerer Affinität messen. Denn vernünftige Messwerte für die $K_D$ erhalten Sie nur, wenn die Konzentration des Bindungsproteins im Bereich des 10- bis 100-fachen der $K_D$ liegt. Daher sind Bindungen hoher Affinität ($K_D < 1$ nM) schwer zu messen. Warum? Bei einer $K_D$ von beispielsweise 0,1 nM können Sie höchstens 10 nM an Protein

einsetzen. Bei einem Probenvolumen von 1 ml entspricht das 0,01 nM, was unter der Messgrenze der Geräte liegt (1 nM). Ist andererseits die $K_D$ sehr niedrig, brauchen Sie riesige Konzentrationen an Bindungsprotein. Die Fraktion an Bindungsprotein, die einen Komplex bildet (und somit Wärme umsetzt), ist sonst zu klein für die Messgenauigkeit des Geräts. Bei hohen Konzentrationen aber aggregieren die Proteine gern. Sie messen dann auf einem Hintergrund von Verklumpungs- und Dispergierungswärmen herum, und allein der HERR ist imstande, daraus die Bindungswärme herauszuklaübüstern.
- Viele der interessanteren Membranproteine (z. B. Neurotransmitterrezeptoren) lassen sich nicht in genügend hoher Konzentration exprimieren. Mit Membranproteinen scheint die Kalorimetrie überhaupt ihre Probleme zu haben: Zu eukaryotischen Membranproteinen konnten wir keine einzige kalorimetrische Arbeit entdecken, zu bakteriellen Membranproteinen werden in der *Application Note* von MicroCal 2006 einige Arbeiten aufgelistet, so Krell et al. (2003).
- Ein gutes ITK kostet 100.000 Euro (das iTC$_{200}$ 107.000 Euro zzgl. Steuer und mit Autosampler 219.000 Euro). Ist das Gerät noch mit einem differenziellen Scanning-Kalorimeter (siehe unten) ausgestattet, liegt der Preis bei 150.000 Euro.

Forscher mit einem Hang zum Teppichhandel können beachtliche Preisnachlässe erzielen, dennoch: Warum so viel Geld in ein Gerät anlegen, wenn man n und $K_D$ auch mit einem billigen Filtertest bestimmen kann?

Wegen $\Delta H$! Mit $\Delta H$ haben Sie einen Zugang zur Anatomie der Bindung, zu Fragen wie:
- Wie groß ist der Anteil an hydrophoben Wechselwirkungen?
- Schnappen bei der Bindung zwei starre Gebilde ein (Beispiel: Legosteine), oder löst die Bindung Konformationsänderungen aus (◼ Abb. 2.15)?
- Was trägt mehr zur Triebkraft der Bindung (zu $\Delta G$) bei: $\Delta H$ oder $\Delta S$, die Entropie?
- Aus welchen einzelnen Bindungen besteht die Gesamtbindung, bzw. welche Aminosäuren sind an der Bindung beteiligt?

**Legobindung:**
Weder Ligand noch Bindungsprotein ändern die Konformation

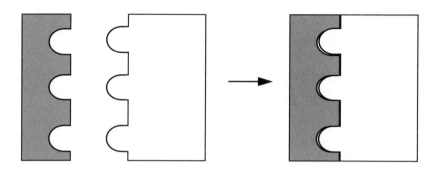

**Flexible Bindung:**
Ligand und Bindungsprotein ändern die Konformation

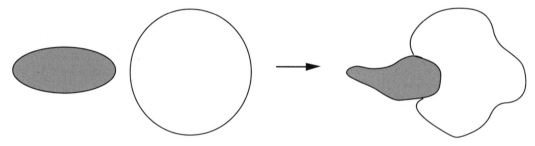

**◘ Abb. 2.15** Lego- und flexible Bindung

— Werden bei der Bindung Protonen des Bindungsproteins auf den Puffer übertragen und wenn ja, von welcher Aminosäure stammen die Protonen? Ein Beispiel inklusive Theorie findet sich in Baker und Murphy (1997).

— Durch Vergleich der $\Delta H$ in $H_2O$ und $D_2O$ lassen sich Hydratationseffekte bei der Bindung erahnen (Chervenak und Toone 1994).

**Allerdings** Furchtbar klar und weittragend sind die Erkenntnisse der Kalorimetrie bisher nicht ausgefallen. Dies gilt auch für die beliebten *site-directed mutagenesis*-Experimente, mit denen man glaubt, auf die bei der Bindung beteiligten Aminosäuren schließen zu können. Der Forscher tauscht Ala gegen Asp aus und – aha! – $\Delta H$ steigt (oder sinkt). Nur, was sagt ihm das? Unser Eindruck: oft nicht viel. Der Austausch einer Aminosäure kann sich auch indirekt über entfernte Konformationsände-

rungen auf die Bindung auswirken, mit anderen Worten: Eine Änderung von $\Delta H$ beweist nicht, dass die Aminosäure an der Bindung beteiligt ist. Ohne zusätzliche NMR oder Röntgenstrukturdaten steht der Forscher da wie der Däumling im Schilf. Vollends ins Schwimmen gerät er, wenn er nicht versteht, mit welchen Größen er umgeht. So ist das im ITK gemessene $\Delta H$ eine zusammengesetzte Größe. Sie speist sich nicht nur aus der Bildung von nicht-kovalenten Bindungen zwischen Ligand und Bindungsprotein, sondern auch aus der Reorganisation des Lösungsmittels, aus eventuellen Konformationsänderungen von Ligand und Bindungsprotein und aus Änderungen des Protonisierungszustands von Lösungsmittel (Puffer) und Bindungspartnern.

**Zur Strategie** Es ist nicht die schlechteste Vorgehensweise, einige Wochen lang ins Blaue hinein zu experimentieren. Sie machen sich mit dem Gerät, seinen Mucken, seiner Leistungsfähigkeit vertraut und stoßen, gerade weil Sie unsystematisch vorgehen, durch Zufall auf Phänomene, die einem Systematiker entgehen. Zudem macht es Spaß. Wie mit allen Techniken empfiehlt es sich, zu lesen, was andere treiben. Was kann man da alles treiben! Beliebt sind thermodynamische Vergleiche der Bindung verschiedener Liganden an die gleiche Bindungsstelle, wie es Bradshaw et al. (1998) vorführen. Leider setzt dies die Existenz verschiedener Liganden voraus. Nun – im schlimmsten Falle macht man sich welche (▶ Abschn. 6.6.1). Andere messen die Bindung des gleichen Liganden unter verschiedenen Bedingungen. Da stehen zur Wahl: pH, Puffer, Ionenstärke, Ionen, Lösungsmittel. In diese zwei Kategorien, verschiedene Liganden bzw. verschiedene Bedingungen, fallen die meisten Untersuchungen. Einige wenige Autoren werfen sich auf die Entwicklung bunter (aber auch schon äußerst bunter) Formelsysteme. Diese Strategie sichert Ihnen die Ehrfurcht der mathematisch Unbegabten (die große Mehrheit der Biologen) und kann Ihnen, wenn Ihr System Erklärungswert hat und Sie es einfach darzulegen verstehen, Ruhm verschaffen.

Mathematisch Unbegabte, aber Ehrgeizige, sollten neue Gebiete erobern. Darauf kommt es in der Wissenschaft an. Achten Sie darauf, dass Ihnen kein in der Etappe sitzender Ordinarius den Orden wegschnappt (auch darauf kommt es in der Wissenschaft an!). Versuchen Sie, die Wärmemessung auf bisher unbeleckte Vorgänge anzuwenden: auf die Fusion von Vesikeln, die Protonenaufnahme von Lysosomen etc. Überraschende Ergebnisse erhalten Sie gelegentlich auch, wenn Sie die Bindung des Liganden an das Bindungsprotein unter den gleichen Bedingungen mit verschiedenen Methoden messen. So mit ITK und Plasmon-Resonanz. Die Ergebnisse, z. B. in der $K_D$, unterscheiden sich oft um Größenordnungen. Warum?

**Vergessen Sie nicht** Die isotherme Kalorimetrie erfasst nur Prozesse, bei denen Wärme umgesetzt wird. Reine entropiegetriebene Prozesse entgehen der Kalorimetrie. Keine Wärme heißt also nicht keine Bindung: Ferredoxin z. B. bindet an Ferredoxinreduktase, ohne dass dabei Wärme umgesetzt würde.

Die Schwierigkeit der Kalorimetrie-Forschung liegt nicht in der Produktion der Daten, sondern in ihrer Verarbeitung. Mit modernen Mikrokalorimetern kann jeder Diplomand schon nach einem Tag Einarbeitung Daten herunterschütteln wie der Hans die reifen Birnen (kontinuierliche Proteinlieferung vorausgesetzt). Der Versuch aber, aus diesen Birnen die geistige Essenz herauszudestillieren, kann zu thermodramatischen Verzweiflungsanfällen führen.

Hier muss – aber nur knapp – auf die Thermodynamik eingegangen werden. Die hantiert bekanntlich mit den Größen Enthalpie (ΔH), Entropie (ΔS), freie Energie (ΔG), Wärmekapazität (ΔC), Druck (p) und Temperatur (T). Thermodynamik zeichnet sich aus durch ein unbändiges Formelwesen und – sie stammt aus dem 19. Jahrhundert – einen verstaubten Flair. Der Begriff der freien Energie z. B. wurde 1878 von Josiah Willard Gibbs eingeführt.

Thermodynamik! Diese Insel der Unverständlichkeit ist bedeckt mit einem Dschungel seltsamer Begriffe, in dem die Schlinggewächse üppiger Formeln wuchern. Ein Dschungel, durch den sich der Biologe für die Vordiplomprüfung hindurchschwitzen muss. Danach rudert er hastig über das Meer des Vergessens davon, um nie mehr zurückzukehren. Erst die Entwicklung der ultrasensitiven Kalorimeter lockte manchen zur Thermodynamik zurück, und in letzter Zeit ist die Insel bei Abenteuer-Biologen richtig hip geworden. Dies zeigt, dass selbst die ältesten Kamellen wieder modern werden können und wird jene unter den Lesern trösten, die hart an ihren alten Kamellen kauen und unter der Missachtung der Kollegen leiden. Zur Thermodynamik also!

Für jede Reaktion, damit auch für eine Bindungsreaktion, gilt ΔG = ΔH − TΔS. Dabei ist ΔG die freie Energie: die Energie, die zur Bindung treibt. ΔG ergibt sich aus der Dissoziationskonstanten nach ΔG = −RT ln $K_D$. ΔH wiederum ist die Wärmeabgabe bzw. -aufnahme einer Bindungsreaktion bei einer bestimmten Temperatur, also die Größe, die vom Kalorimeter bestimmt wird. Kennt man ΔH und ΔG, kann man ΔS berechnen.

Die Anwendung der thermodynamischen Theorie auf die isotherme Kalorimetrie ist für Vorgebildete einigermaßen verständlich in Jelesarov und Bosshard (1999) dargestellt. Breit ausgewälzt wird die Theorie von Kensal et al. (2005) – leider aber nicht so breit, dass sie für einen Unbedarften durchsichtig würde. „*This is not a book for the unprepared mind*", schrieb eine Leserin. Das Buch kostet 111 Euro. Wir wiederum werden uns hüten, diese Seiten mit Formeln zu verzieren: ▶ Abschn. 2.3 wird uns noch genügend unbeliebt machen. Ziehen Sie sich halt eine Vorlesung über physikalische Chemie rein: In drei Monaten kennen Sie sich einigermaßen aus. Ein Tipp: Versuchen Sie nicht, sich unter den thermodynamischen Begriffen etwas vorzustellen. Das trägt nichts zum Verständnis bei, kann aber zu Verknotungen der Hirnwindungen führen.

Wer wenig Lust auf thermodynamische Spitzfindigkeiten verspürt, sollte sich dennoch nicht von einer $\Delta H$-Messung abhalten lassen, wenn sich die Möglichkeit gerade bietet. $\Delta G$ und $\Delta H$ sind nämlich unabhängige Größen. Änderungen im Bindungsverhalten, die man über $\Delta G$ nicht mitbekommt, zeigt vielleicht $\Delta H$ an. Es kommt öfter vor, dass $\Delta H$ sinkt und gleichzeitig $-\Delta S \cdot T$ steigt oder umgekehrt, sodass im Endergebnis $\Delta G$ mit Unschuldsmiene dasteht und Untätigkeit vortäuscht, wo sich in Wirklichkeit Konformationen ändern. Messen Sie also ruhig $\Delta H$, und rufen Sie dann einen Fachmann zu Hilfe. Der geht der Erscheinung theoretisch zu Leibe und – schwupp – schon wieder ein Paper gemacht.

Bei der Auslegung der Daten nützen folgende Faustregeln:

- $\Delta H$ korreliert nur schwach, wenn überhaupt, mit $\Delta G$.
- Im Temperaturbereich 5–70 °C ist $\Delta C_p$, die Wärmekapazität, in der Regel temperaturunabhängig. Es gilt dann $\Delta H = \Delta H_0 + \Delta C_p\, T$. $\Delta C$ liefert also die Temperaturabhängigkeit von $\Delta H$.
- Nur wenn sich die Bindungspartner wie zwei starre Gebilde verhalten (Legobindung), keine Protonisierungsreaktionen anfallen und keine Änderungen in der Hydratation der Bindungsfläche, nur dann ist die gemessene $\Delta H$ gleich der Bindungsenthalpie der nicht-kovalenten Bindungen zwischen Ligand und Bindungsprotein. Legobindung liegt wahrscheinlich vor, wenn $\Delta C_p$ von bescheidener Größe ist. Genauer führen das Spolar und Record (1994) aus. Ein

weiterer Hinweis auf Legobindung ist die Identität des kalorimetrisch gemessenen $\Delta H$ mit der Änderung der van't-Hoff-Enthalpie $\Delta H_{vH}$. Letztere ergibt sich aus der Temperaturabhängigkeit der $K_D$ (siehe Jelesarov und Bosshard 1999) und damit aus einer Bindungsgröße. $\Delta H_{vH}$ entspricht also der Bindungsenthalpie, und es gilt in der Regel $\Delta H > \Delta H_{vH}$, weil $\Delta H$ zusätzliche Prozesse erfasst. Leider ist $\Delta H_{vH}$ schwer zu bestimmen, da die $K_D$ oft kaum von der Temperatur abhängt. Kleine Messfehler bei der $K_D$ geben dann große Fehler bei $\Delta H_{vH}$.

- Ein positiver $\Delta S$-Wert weist darauf hin, dass Wasser von der Bindungsfläche verdrängt wird.
- Eine Änderung von $\Delta H$ mit dem Puffer (z. B. ein Wechsel von Tris pH 7,0 zu Imidazol pH 7,0 oder Pipes pH 7,0) deutet auf eine Protonisierungsreaktion hin.
- Ein großer negativer $\Delta C_p$-Wert indiziert einen hohen Anteil hydrophober Wechselwirkung zwischen den Bindungspartnern. Näheres in Spolar et al. (1989), Spolar und Record (1994) und Lin et al. (1995).

Im Großen und Ganzen ist Wärmemessen schön und gut und manchmal sogar interessant. Auch sind Wärmemessungen leicht und schnell durchzuführen und geben immer ein Ergebnis. Irgendeine $\Delta H$ muss ja jede Bindung haben. Wer gerne rechnet und mit Formeln spielt, der findet hier ein ebenso ideales wie endloses Betätigungsfeld. Bedenken Sie: Es gibt Hunderttausende von Proteinen, die Millionen von Bindungen eingehen. Diese alle thermodynamisch zu charakterisieren und durchzudenken, beschäftigt Sie und Dutzende von Doktoranden bis an Ihr seliges Ende. Bisher haben kalorimetrische Paper auch in respektablen Journalen Unterschlupf gefunden: *J. Biol. Chem.*, *Biochemistry* und *J. Mol. Biol.* sind typische Kalorimetrie-Journale. Nur, die wichtigen Fragen des Biochemikers und noch mehr des Mediziners sind halt die nach der Funktion eines Proteins im Stoffwechsel. Das Funktionsnetzwerk der Zelle, das wird der Schlager des nächsten Jahrzehnts werden. Da wird die Musik spielen, und die Fördergelder werden tanzen. Zur Bestimmung der Funktion genügt es aber in der Regel zu wissen, wer wen bindet, wie fest und mit welcher Stöchiometrie. Wie sich die Bin-

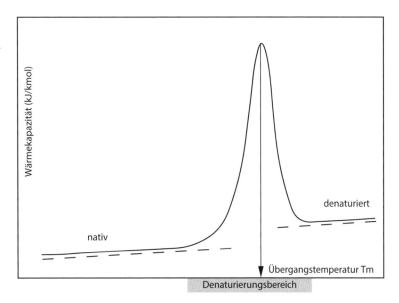

**Abb. 2.16** Abhängigkeit der partiellen molaren Wärmekapazität eines Proteins von der Temperatur (Thermogramm). Das denaturierte Protein hat immer eine höhere Wärmekapazität als das native. Die hohe Wärmekapazität im Gipfel stammt von der zunehmenden Fluktuation im System: Im Gegensatz zum nativen Zustand, können viel mehr Konformationen besetzt werden, und das Protein wechselt zwischen verschiedenen Konformationen hin und her

dung im Einzelnen abspielt, ist für das Verständnis der Zellfunktion selten hilfreich. Und da kommen Sie und verkünden, die Bindung des Protease-Inhibitors Nr. 9999 an Protease Nr. 10001 energetisch aufgeklärt zu haben. Ob das die Kollegen beeindruckt? Wir vermuten: eher nicht. Wenn sich der Neuigkeitswert der Kalorimetrie abgenutzt hat, nimmt man Ihre Messungen mit gelangweiltem Kopfnicken zur Kenntnis und das Höchste, was Sie erreichen können, ist, Ihre Daten in Tabellenwerken unterzubringen.

Die $K_D$ sehr fester Bindungen können Sie mit einem ultrasensitiven **differenziellen Scanning-Kalorimeter** (DSK) messen. Dieses Gerät gibt Ihnen zudem Hinweise auf Konformation und Konformationsänderungen des Bindungsproteins.

Wie ITK-, so bestehen auch DSK-Geräte aus zwei identischen Zellen, aus Probe- und Referenzzelle. In die Probezelle kommt die Lösung des Bindungsproteins oder des Ligand-Bindungsprotein-Komplexes, in die Referenzzelle der Puffer. Auch bei der DSK gilt: Der Puffer in Referenz- und Probenzelle muss identisch sein. Der Proben- und Referenzzelle werden adiabatisch Wärme zugeführt (d. h. Proben- und Referenzzelle sind thermisch voneinander isoliert). Entsprechend der unterschiedlichen Wärmekapazitäten von Referenz- und Probenzelle heizen sie sich unterschiedlich schnell auf. Damit die Temperatur der beiden Zellen gleich bleibt, muss eine stärker ge-

heizt werden. Der Strom, der dazu nötig ist, dient als Maß der Wärmekapazität $\Delta C_p$. Eine typische DSK-Kurve, ein Thermogramm, zeigt **Abb. 2.16**.

Meistens liegen die $\Delta C_p$-Werte bei $1$–$2\,JK^{-1}g^{-1}$ und steigen mit der Temperatur langsam an bis zum Denaturierungsbereich. Dort nimmt die $\Delta C_p$ exponentiell auf einen Gipfelwert $T_m$ zu und sinkt dann auf den $\Delta C_p$-Wert des denaturierten Proteins ab. Der $\Delta C_p$-Wert des denaturierten Proteins ist größer als der des nativen und lässt sich aus den $\Delta C_p$-Werten der Aminosäuren und der Peptidbindungen berechnen.

Wie kommt der Gipfel beim Denaturieren zustande? Zum einen können mit zunehmender Temperatur mehr Konformationszustände besetzt werden, zum anderen springen die Proteine öfter von einer Konformation zur anderen (Fluktuation). Form und Höhe des Gipfels wird also durch Anzahl und Energiezustände der Proteinkonformationen bestimmt. Ausgeprägte Konformationsänderungen machen sich oft im Auftreten von mehreren Gipfeln bemerkbar (Blandamer et al. 1994).

Da das Thermogramm von der Zahl und den Energiezuständen der Konformationen bestimmt wird, die das Protein einnehmen kann, kann man umgekehrt aus dem Thermogramm auf die Konformationen des Proteins schließen. Diese sogenannte Dekonvolutionsanalyse ist eine komplizierte Rechnerei, von der Sie sich bei Jelesarov und Bosshard

2

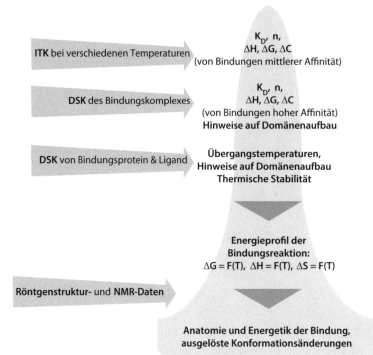

ITK bei verschiedenen Temperaturen

$K_D$, n,
$\Delta H, \Delta G, \Delta C$
(von Bindungen mittlerer Affinität)

DSK des Bindungskomplexes

$K_D$, n,
$\Delta H, \Delta G, \Delta C$
(von Bindungen hoher Affinität)
**Hinweise auf Domänenaufbau**

DSK von Bindungsprotein & Ligand

**Übergangstemperaturen,
Hinweise auf Domänenaufbau
Thermische Stabilität**

**Energieprofil der
Bindungsreaktion:**
$\Delta G = F(T), \ \Delta H = F(T), \ \Delta S = F(T)$

Röntgenstruktur- und NMR-Daten

**Anatomie und Energetik der Bindung,
ausgelöste Konformationsänderungen**

☐ **Abb. 2.17** Wie kalorimetrische Methoden zum Verständnis einer Bindung beitragen

(1999) einen Vorgeschmack holen können. Auf eine DSK-Arbeit sollten Sie sich nur einlassen, wenn Sie Spaß am Formelschieben haben und ein partielles Differenzial Ihren Blutdruck beschleunigt. Lassen Sie sich von der theoretischen Exaktheit nicht zu der Annahme verleiten, diese spiegele auch exakt die Wirklichkeit wider. Das tut sie nicht – zumindest dann nicht, wenn die Herren Theoretiker reversible Thermodynamik auf irreversible Prozesse anwenden – und die Denaturierung eines Proteins ist in der Regel irreversibel.

Bei der DSK von Ligand-Bindungsprotein-Komplexen treten im Thermogramm oft mehrere Gipfel auf. Sie zeigen die Denaturierung von Ligand, Bindungsprotein bzw. Komplex an. Die $T_m$ des Komplexes liegt in der Regel höher als die $T_m$ des Bindungsproteins, d. h. der Ligand stabilisiert das Bindungsprotein. Die Thermogramme von Bindungsprotein und Bindungsprotein-Liganden-Komplex sagen Ihnen damit, ob und wie das Protein thermisch stabil ist und wie stark Liganden, Puffer oder Pufferzusätze das Protein stabilisieren. Diese Information lässt sich bei Reinigungsprotokollen verwenden. Zudem können Sie aus den Thermogrammen die energetischen Größen der Bindungsreaktion berechnen. Dies auch von festen

Bindungen, denn jede Bindung wird zerstört, heizt man hoch genug auf. Aufheizen können Sie bei konstantem Druck und guten Geräten bis 130 °C. Eine Übersicht über die Möglichkeiten kalorimertrischer Methoden gibt ☐ Abb. 2.17.

Garbett et al. (2008) glauben, Thermogramme von Blutplasma zur klinischen Diagnose nutzen zu können. Sie könnten anhand der Thermogramme Patienten mit rheumatoider Arthritis, systemischem Lupus und Borreliose voneinander unterscheiden.

Ein DSK-Gerät kostet ca. 80.000 Euro. Man kauft aber in der Regel eine ganze Anlage, also ITK und DSK zusammen. Das macht Sinn, denn die beiden Geräte ergänzen sich, und wenn Sie schon einen Antrag schreiben, dann können Sie auch gleich 150.000 Euro beantragen: Die Mühe ist die gleiche.

Ein Nachteil der Methode sind die hohen Proteinmengen, die ein Versuch verschlingt. Dies umso mehr, als das Bindungsprotein hinterher denaturiert vorliegt, also für nichts mehr zu gebrauchen ist. Schließlich scheint den Anlagen die technische Reife zu fehlen. So sollte das DSK-Gerät immer in Betrieb sein, anderenfalls müssen Sie mit Stillstandsschäden rechnen.

**□ Abb. 2.18** DARTS

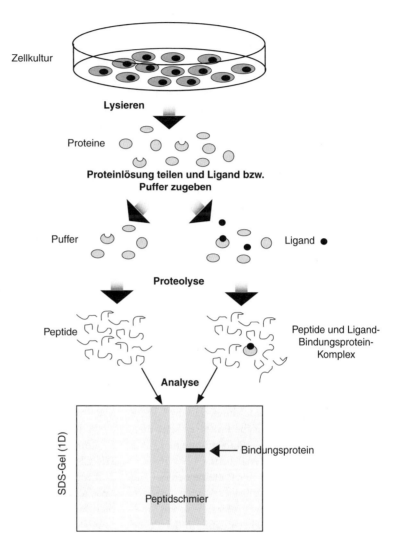

## DARTS

Nicht nur die Forschung, das ganze Leben besteht aus einem Netzwerk von Wechselwirkungen: zwischen Postdoks und Professoren, Professoren und Professoren, Proteinen und Proteinen, Proteinen und DNA, Proteinen und RNA sowie Proteinen und kleinen Molekülen wie Metaboliten, Arzneimittel oder Alkaloide. Die Wechselwirkungen zwischen Proteinen und kleinen Molekülen lassen sich mit Bindungstests oder der Affinitätschromatographie bestimmen. Dazu müssen Sie jedoch die kleinen Moleküle derivatisieren. Oft geht dabei deren Affinität verloren. Eine andere, besser geeignete Verbindung zu suchen oder zu synthetisieren, ist in der Regel mit Aufwand verbunden, und willige Chemiker sind rar. Was tun?

DARTS (*drug affinity responsive target stability*) bietet einen Ausweg. Die Methode macht sich zunutze, dass Proteine den Proteasen besser widerstehen, wenn sie Liganden gebunden haben. Das mag daran liegen, dass der Ligand das Protein in eine Protease-resistente Konformation zwingt, oder daran, dass der Ligand das Gleichgewicht zwischen den Konformationen eines Proteins verändert.

Wenn Sie also feststellen wollen, an welche Proteine ein bestimmter kleinmolekularer Ligand bindet, dann teilen Sie ihr Zelllysat auf (□ Abb. 2.18). Einem Teil geben sie Ligand zu, der andere dient als Kontrolle. Beide werden mit einer Protease verdaut. Danach inaktivieren Sie die Protease und untersuchen die Restproteine der beiden Verdaus. Proteine, die im Vergleich zur Kontrolle unverdaut geblieben sind, binden vermutlich Ihren Liganden. Im Idealfall sind nur ligandenbindende Proteine erhalten geblieben, der Rest hat sich in Aminosäuren aufgelöst.

Es ist nicht nötig, den Liganden zu derivatisieren oder zu markieren. Zudem können mit dieser Methode auch Liganden mit niedriger Affinität untersucht werden, und keine Matrix kann mit der Bindung interferieren. Im Prinzip kann also das Bindungsprotein jedes Liganden bestimmt werden. Auch die Bindungsaffinität lässt sich abschätzen. Des Weiteren sagt Ihnen die Methode, ob eine bestimmte Verbindung überhaupt eine biologische Wirkung hat, also an ein Protein bindet.

**Ein Beispiel** Resveratrol ist in Rotwein enthalten; es verlängert das Leben von Würmern. Resveratrol besitzt zwar drei funktionelle Gruppen, aber keine lässt sich derivatisieren, ohne dass die Wirkung der Substanz *perdu* geht. Mit DARTS konnte Brett Lomenick dennoch in Hefezelllysaten Bindungsproteine von Resveratrol identifizieren (Lomenick et al. 2009). Zudem gewann er Hinweise darauf, wie die Substanz wirkt.

So genial diese Methode klingt, so diffizil dürfte sie in der Praxis sein: Welche Proteasen setzt man ein und wie lange? Welchen Puffer nimmt man? Wie soll man die Verdaus untersuchen?

Zudem werden nicht nur Proteine sichtbar, die durch den Liganden stabilisiert werden, sondern auch Proteine, die *per se* Protease-resistent sind. Letztere sollten freilich gleichmäßig in der Probe und Kontrolle auftauchen. Auch wird es Proteine geben, die durch einen Liganden nicht stabilisiert, sondern destabilisiert werden.

Welche Proteasen sollten Sie einsetzen?

Lomenick verwendet Subtilisin, Thermolysin und Pronase (Lomenick et al. 2011).

Thermolysin ist eine Endoprotease, die auf der Aminoseite von Leucin, Isoleucin oder Phenylalanin spaltet und Zink- und $Ca^{2+}$-Ionen für ihre Aktivität benötigt. Thermolysin kann daher durch EDTA gestoppt werden. Auch die Serinprotease Subtilisin braucht $Ca^{2+}$ für ihre Aktivität. Pronase ist eine Mischung von Endo- und Exoproteasen, die von dem Pilz *Streptomyces griseus* ausgeschieden wird. Sie verwandelt native und denaturierte Proteine fast vollständig in Aminosäuren. Nach

dem Verdau können Sie die Pronase durch AEBSF (4-(2-Aminoethyl)-benzensulfonylfluorid) hemmen; dieses Derivat des Protease-Hemmers PMSF ist wasserlöslich und nicht toxisch. Es dürfte aber sicherer sein, dem Verdau SDS zuzusetzen und ihn auf 95 °C zu erhitzen. Ein Pronase-Hemmer findet sich auch im menschlichen Nasensekret.

Thermolysin schont in DARTS-Experimenten die ligandengebundenen Proteine, hinterlässt aber einen hohen Hintergrund. Das erschwert die anschließende Bestimmung der Bindungsproteine. Zudem kann es vorkommen, dass auch das freie Bindungsprotein von Thermolysin nicht verdaut wird. Dann ist es in der Kontrolle (Lysat ohne Ligand) und in der Probe (Lysat mit Ligand) in gleicher Menge vorhanden und wird von DARTS nicht identifiziert.

Subtilisin gibt nach Lomenick einen geringeren Hintergrund, baut aber auch teilweise die ligandengebundenen Proteine ab.

Die besten Erfahrungen scheint Lomenick mit Pronase gemacht zu haben, allerdings schwanke die Wirkung von Batch zu Batch.

Es wird am besten sein, in Pilotversuchen mehrere Proteasen auszuprobieren.

Welche Puffer sind die besten?

Lomenick et al. (2009) verwendeten 50 mM Tris-Cl pH 8,0, 50 mM NaCl, 10 mM $CaCl_2$. Verdaut wurde bei Raumtemperatur für 10 und 20 min. Anscheinend haben die Autoren immer den gleichen Puffer verwendet, hier wäre also noch Raum zum Nachbessern. Zudem dürften die Experimente reproduzierbarer werden, wenn Sie nicht wie Lomenick et al. bei Raumtemperatur, sondern bei einer definierten Temperatur verdauen.

Wie analysiert man die Verdaus?

Wenn das Bindungsprotein des Liganden ein häufig vorkommendes Zellprotein ist, scheint schon die einfache SDS-Gelelektrophose mit Coomassie-Färbung auszureichen (Lomenick et al. 2009). Die im Vergleich zur Kontrolle angereicherte Bande wird ausgeschnitten, die Proteine werden eluiert und mit Trypsin verdaut. Die entstandenen Peptide identifizieren Sie mit dem Massenspektrometer.

Bei selteneren Bindungsproteinen reicht eine einfache SDS-Gelelektrophose nicht aus. Lomenick et al. (2011) empfehlen in diesem Fall die 2D-Gelelektrophorese oder – besser – die Differenzial-2D-Fluoreszenz-Gelelektrophorese (DFG, ► Abschn. 7.3.3). Auch mit Mudpit (► Abschn. 7.3.3) können Sie das vom Liganden vor der Protease geschützte Protein identifizieren.

Proteine, die *per se* Protease-resistent sind, ändern im Vergleich zur Kontrolle ihre Intensität nicht. Hier versagt DARTS. Proteine, die durch die Ligandenbindung destabilisiert werden, zeigen eine Intensitätsabnahme im Vergleich zur Kontrolle. Sie können dann die Bande aus der Kontrollspur verwenden.

Falls Sie also einen Liganden haben, der sich nicht für eine Affinitätschromatographie eignet, sei es, weil eine funktionelle Gruppe zum Koppeln fehlt oder weil die Affinität zu niedrig ist, dann könnte sich DARTS lohnen. Dies vor allem dann, wenn Sie schon Erfahrung mit DFG oder Mudpit haben. Erwarten Sie aber keine Wunder. Es wird Wochen dauern, bis ein Ergebnis vorliegt, und das Ergebnis muss kein gutes sein. Falls Letzteres eintrifft, lassen Sie sich von dem renommierten Dichter P. H. Metrius trösten:

》 Morgens ist's dunkel, ich geh ins Labor.
  Es kommt mir unbehaglich vor.
  Im Abend-Dunkel geh ich nach Haus,
  doch bleibt der allergrößte Graus:
  Himmel, Po und Doppelzwirn,
  die Dunkelheit in meinem Hirn!

## SPROX

Wie DARTS bietet auch SPROX die Möglichkeit, die Bindungsproteine eines Liganden zu bestimmen. Auch hier müssen Sie den Liganden weder markieren noch derivatisieren (DeArmond et al. 2011).

Die Bindung eines Liganden ändert nicht nur die Proteaseresistenz eines Proteins, sie ändert auch die Resistenz der Proteine gegenüber Oxidationsmitteln. SPROX kommt von *stability of proteins from rates of oxidation*. Die Methode misst die Widerstandsfähigkeit der Methioninreste von Proteinen gegenüber Oxidationsmitteln in Gegenwart bzw. Abwesenheit von Liganden und zunehmenden Mengen eines Denaturans wie Harnstoff oder Guanidiniumchlorid. SPROX klingt sperrig, und so ist die Methode auch: kompliziert, aufwendig und schwer auszuwerten. SPROX ist eine Technik für Fleißarbeiter(-innen).

Für SPROX benötigen Sie die 8-plex iTRAQ-Reagenzien (► Abschn. 7.5.7), ein LC-MS/MS, eine Matrix, die selektiv Methionin-enthaltende Peptide bindet, ein Auswerteprogramm und die Geduld eines jahrelang geprügelten Esels (oder einer Eselin).

Die Arbeitsschritte eines SPROX-Versuches sehen folgendermaßen aus (◘ Abb. 2.19):

1. Lysieren Sie die Zellen oder die Gewebe, in denen Sie die Bindungsproteine des Liganden vermuten.

2. Halbieren Sie das Lysat und geben Sie zur einen Hälfte, zur Probe, den Liganden. Die andere Hälfte dient als Kontrolle.

3. Entnehmen Sie Probe und Kontrolle je acht Aliquots und geben Sie von Aliquot 1 bis 8 steigende Mengen an Denaturans zu. Falls der Ligand geladen ist, empfiehlt sich Harnstoff als Denaturans, bei ungeladenen Liganden nehmen Sie Guanidiniumchlorid.

4. Nach 30 min oxidieren Sie die Methioninreste mit $H_2O_2$ zu Methioninsulfoxidresten. Diese Reaktion, dies nebenbei, kann mittels einer Methioninsulfoxidreduktase wieder rückgängig gemacht werden. Vorher sollten Sie prüfen, ob der Ligand resistent gegen $H_2O_2$ ist.

5. Stoppen Sie die Oxidation nach einer bestimmten Zeit durch Zugabe von L-Methionin.

6. Fällen Sie die Proteine in den $2 \times 8$ Reaktionsmischungen mit TCA. Waschen Sie die Proteinpellets.

7. Lösen Sie die $2 \times 8$ Proteinpellets in Triethylammonium-Bicarbonat und etwas SDS auf. Bestimmen Sie den Proteingehalt.

8. Reduzieren Sie die Proteine in den $2 \times 8$ Proben mit Tris(2-carboxylethyl)phosphin (TCEP) und alkylieren Sie freie Sulfhydrylgruppen mit Methylmethanthiosulfonat (MMTS).

9. Verdauen Sie die Proteine in allen $2 \times 8$ Proben mit Trypsin.

10. Setzen Sie die Peptide mit iTRAQ 8-plex isobarischen Massentags um: jeweils ein Tag für eine Denaturanskonzentration der Probe und jeweils den gleichen Tag für die gleiche Denaturanskonzentration der Kontrolle.

11. Engen Sie die $2 \times 8$ Lösungen auf der SpeedVac ein und bringen Sie sie mit Eisessig auf pH 2–3.

12. Isolieren Sie die iTRAQ-markierten, nicht-oxidierten, Methionin-enthaltenden Peptide aller

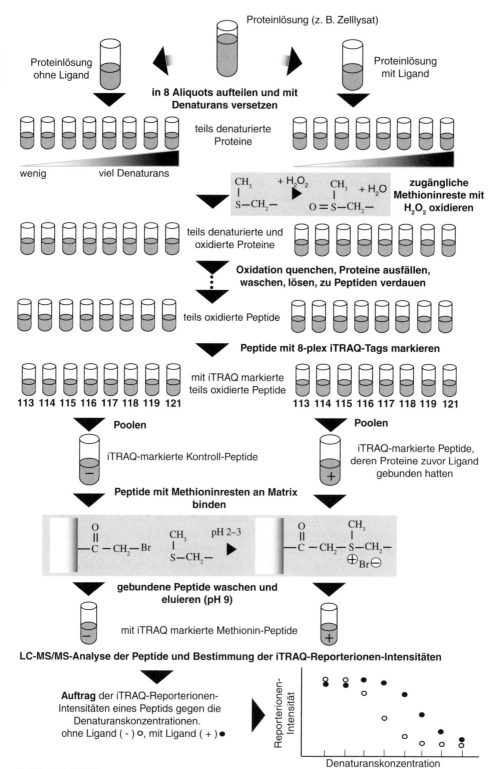

2×8 Lösungen mit einer Methionin-selektiven Matrix.

13. Entsalzen Sie die Lösungen mit den iTRAQ-markierten, nicht-oxidierten, Methionin-enthaltenden Peptiden.

14. Analysieren Sie jede der 2×8 Lösungen mit LC-MS/MS (Mudpit-Technologie).

15. Tragen Sie für jedes Methionin-Peptid die Ionenintensität gegen die Denaturanskonzentration auf, und zwar sowohl für die Probe (mit Ligand) als auch für die Kontrolle (ohne Ligand).

Sie erhalten zwei S-förmige Kurven (mit und ohne Ligand), wobei die Ionen-Intensität des Methionin-Peptids mit zunehmender Denaturanskonzentration abnimmt. Der Grund: Mit zunehmender Denaturanskonzentration wird das Protein zunehmend denaturiert, und daher werden immer mehr Methioninreste oxidiert. Die Peptide mit oxidierten Methioninresten werden mit der Methionin-selektiven Matrix entfernt. Die Menge an Methionin-Peptiden nimmt daher mit zunehmender Denaturanskonzentration ab.

Bindet der Ligand nicht an das zum Methionin-Peptid gehörende Protein, sollten die beiden Kurven zusammenfallen. Bindet der Ligand an das zum Methionin-Peptid gehörende Protein und stabilisiert er dessen Konformation, sollte die Ligandenkurve nach rechts verschoben werden.

Ist Letzteres der Fall, haben Sie das Protein als Ligandenbindungsprotein identifiziert. Zudem können Sie aus den beiden S-Kurven die Affinität der Ligandenbindung bestimmen. Die Differenz der Denaturanskonzentrationen der beiden Übergangspunkte gibt die freie Energie der Ligandenbindung an. Diese wiederum ergibt zusammen mit der Konzentration des Liganden (aus Schritt 2) die $K_D$ der Ligandenbindung. Die Genauigkeit dieser $K_D$-Bestimmung lässt allerdings zu wünschen übrig; selbst DeArmond et al. (2011) geben zu, dass sie lediglich die Größenordnung der $K_D$ angibt.

Die Methode fordert gefühlte 100 Pipettierschritte, und da jedem Pipettiervorgang ein Fehler anhaftet, müssen Sie schon genau pipettieren, um reproduzierbare Ergebnisse zu erhalten. Mit der Reproduzierbarkeit der Methode scheint es denn auch nicht weit her zu sein. Zudem wird die Methode für jeden Liganden optimiert werden müssen: das

Denaturans und seine Konzentrationsreihe, die Zeit der $H_2O_2$-Einwirkung, die Konzentration von $H_2O_2$, die Art der Protease (ist Trypsin immer am geeignetsten?) und die Zeit des Verdaus.

Genaues Pipettieren scheint nicht immer zu helfen. Bei vielen Peptiden lässt sich keine vernünftige Kurve der Ionen-Intensität gegen die Denaturanskonzentration erstellen und damit auch nichts über Bindung oder Nichtbindung sagen. Des Weiteren scheinen die Kurvenpunkte oft zu streuen, sodass sich die Frage, ob das nun eine Verschiebung des Übergangspunktes ist oder nicht, zum Rätselraten auswächst. Ein Problem scheinen die falsch-positiven Treffer zu sein, und zu allem Überfluss gibt es auch falsch-negative Treffer. Letztere sind Proteine, die sehr wohl Liganden binden, aber in dem Test nicht auftauchen, weil sie keine Methioninreste enthalten oder ihre Methionin-Peptide – warum auch immer – keine vernünftigen Ionen-Intensität-gegen-Denaturanskonzentration-Kurven bilden.

Es empfiehlt sich, die Reproduzierbarkeit der Ergebnisse zu überprüfen und ein SPROX-Experiment wenigstens dreimal zu wiederholen (wie gesagt: SPROX-Experimente brauchen fleißige Lieschen). Dagegen spricht allerdings der Preis der iTRAQ-Reagenzien: Ein Satz 8-plex Reagenzien kostet etwa 600 Euro.

**Was ist besser? DARTS oder SPROX?**

DARTS macht weniger Arbeit und erfasst im Prinzip alle Proteine, auch solche ohne Methioninreste. Es ist auch billiger, weil keine iTRAQ-Reagenzien gebraucht werden.

Für SPROX spricht, dass die LC-MS/MS-Analyse leichter ist, da nur Methionin-Peptide untersucht werden. Zudem liefert SPROX eine genauere (aber immer noch ungenaue) Schätzung der $K_D$ der Bindung.

Lomenick et al. (2009) und DeArmond et al. (2011) untersuchten beispielsweise die Bindung von Resveratrol an Hefeproteine mit DARTS bzw. SPROX. Mit DARTS identifizierten Lomenick et al. eIF4A und mehrere ribosomale Proteine als Bindungsproteine von Resveratrol. Mit SPROX stießen DeArmond et al. auf sieben Proteine, die Resveratrol binden könnten. Eines dieser Proteine war die Aldehyddehydrogenase, die auch tatsächlich Resveratrol bindet. Vier weitere Trefferproteine erwiesen sich als Bestandteile der Translationsmaschinerie (Elongationsfaktor 3A und ribosomale Proteine). In der Tat zeigen unabhängige Untersuchungen, dass Resveratrol mit der Translationsmaschinerie wechselwirkt. Die Ergebnisse von DARTS und SPROX sind jedoch nicht identisch. So konnten DeArmond et al. eIF4A nicht als Bindungsprotein von Resveratrol nachweisen.

Es sei noch erwähnt, dass man die Denaturierung von Proteinen nicht nur über die Oxidation von Methioninresten, sondern auch über die Amidierung ihrer Lysinreste verfolgen kann (Xu et al. 2011). Statt $H_2O_2$ setzt diese Methode S-Methylthioacetimidat (SMTA) ein. Nach dem Quenchen der Amidierung laufen die gleichen Schritte ab wie bei SPROX.

## Differenzielle Scanning-Fluorimetrie (DSF)

Auch diese Methode dient der molekularen Partnervermittlung. Falls Sie über größere Mengen eines reinen oder fast reinen Bindungsproteins, z. B. einen verwaisten Rezeptor, verfügen und den oder die Liganden dazu suchen, könnte Ihnen die differenzielle Scanning-Fluorimetrie (DSF) weiterhelfen (Vedadi et al. 2006; DeSantis et al. 2012).

Die DSF misst die unterschiedliche Stabilität von Bindungsprotein und Bindungsprotein-Ligand-Komplex gegenüber denaturierenden Temperaturen: Im Allgemeinen besitzt der Bindungsprotein-Ligand-Komplex eine höhere Schmelztemperatur (= Denaturierungstemperatur) ($T_m$) als das Bindungsprotein. Als Indikator wird die Fluoreszenzfarbe SYPRO Orange verwendet (▶ Abschn. 1.4.2). SYPRO Orange bindet an Proteine – jedoch nicht an DNA oder Lipopolysaccharide –, und seine Bindung und seine Fluoreszenz hängen von der Konformation des betreffenden Proteins ab.

Um die Wechselwirkung von Ligand und Bindungsprotein mit der DSF zu erfassen, müssen Sie weder Bindungsprotein noch Ligand derivatisieren. Sie benötigen nur eine RT-PCR-Maschine, besser RTD-PCR-Maschine genannt, die in Echtzeit die Fluoreszenz messen kann. Derartige Geräte stehen heutzutage in fast jedem Labor, und falls das für Ihr Labor nicht zutrifft, dann gehen Sie zum Nachbarn. Das Experiment besteht darin, Protein, SYPRO Orange und den Liganden-Kandidaten bzw. Protein und SYPRO Orange zusammenzumischen

und bei verschiedenen Temperaturen die Fluoreszenz zu messen. Sie erhalten zwei Temperatur-gegen-Fluoreszenz-Kurven. Daraus ermitteln Sie die beiden Schmelztemperaturen. Sind sie verschieden, liegen sie beispielsweise für die Kontrolle (Protein und SYPRO Orange) bei 41 °C und für die Probe (Protein, Liganden-Kandidat und SYPRO Orange) bei 55 °C, können Sie davon ausgehen, dass der Kandidat die Prüfung bestanden hat und tatsächlich das Bindungsprotein gegen thermische Denaturierung stabilisiert. Das aber kann er nur, wenn er an das Bindungsprotein bindet.

DSF-Experimente brauchen wenig Zeit, sind exakt, reproduzierbar und massenverträglich, d. h. Sie können 96 Experimente gleichzeitig fahren.

Das Problem ist, dass Sie das Bindungsprotein zumindest teilweise reinigen und pro Ansatz etwa 10 μg opfern müssen. Zudem müssen Sie Ihren Liganden-Kandidaten in großem Überschuss zugeben. Schließlich lässt sich nicht von jedem Protein eine $T_m$ bestimmen, z. B. weil es selbst bei hohen Temperaturen nicht denaturiert oder falsch gefaltet ist.

Wenn Proteinlösungen erhitzt werden, bilden sie in der Regel Aggregate, die das Licht streuen. Vedadi et al. (2006) geben daher als Alternative zur Bestimmung von Fluoreszenzkurven die Messung der Lichtstreuung an: Nicht $T_m$, sondern $T_{agg}$, der Aggregationspunkt, wird bestimmt. Dazu eignet sich keine RTD-PCR-Maschine; Sie brauchen ein Gerät, das die Lichtstreuung bestimmt. Vedadi et al. (2006) benutzten den Stargazer von Harbinger Biotech, Toronto.

Die Werte von $T_m$ und $T_{agg}$ können sich um einige Grad unterscheiden, unter anderem weil $T_{agg}$ stärker von der Proteinkonzentration abhängt als $T_m$. Mit beiden Methoden erhalten Sie nur eine qualitative Aussage auf die Frage: Bindet das Molekül, oder bindet es nicht?

Masoud Vedadi hat eine erstaunliche Fleißarbeit abgeliefert. Der Mann hat die $T_m$- und $T_{agg}$-Werte von 61 Proteinen gemessen oder es wenigstens versucht (nicht von allen Proteinen ließen sich beide Werte bestimmen). Was hat ihm sein Fleiß eingebracht?

Vedadi ist heute (im Jahr 2015) ein älterer Herr mit Spitzbart und ausgedünntem Vorderhaar. Er verdient 147.000 kanadische Dollar im Jahr (entspricht 107.600 Euro; die Einkommen kanadischer Wissenschaftler werden veröffentlicht und finden sich in

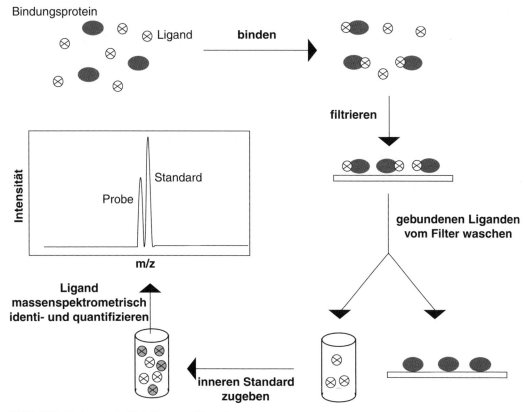

**Abb. 2.20** Bindungstest mittels Massenspektrometer

der sogenannten *sunshine*-Liste). Vedadi hatte 1997 promoviert und ging nach einem Zwischenspiel in der Industrie an die Universität von Toronto, wo er es zum *Assistant Professor* und *Senior Research Associate* des *Structural Genomics Consortium* gebracht hat.

## Bindungstest mit dem Massenspektrometer

Die Genauigkeit des Massenspektrometers ermöglicht es, die Bindung eines Liganden an sein Bindungsprotein zu bestimmen, ohne den Liganden radioaktiv markieren oder mit einer fluoreszierenden Gruppe versehen zu müssen. Lee et al. (2013) beispielsweise benutzten ein MALDI-TOF-Massenspektrometer, um nach der Bindung des Oktapeptids Angiotensin II an den Angiotensin-II-Typ1-Rezeptor, ein Siebentransmembran-Protein, den gebundenen Liganden zu messen. Sie gingen dabei folgendermaßen vor (**Abb. 2.20**):

1. Der gereinigte Rezeptor wird mit dem Peptidliganden bis zum Bindungsgleichgewicht inkubiert.

2. Gebundener und freier Ligand werden über Glasfaserfilter getrennt.

3. Der gebundene Ligand wird mit Methanol/ Wasser (1 : 1) vom Filter abgelöst. Der Rezeptor bleibt entweder am Filter kleben oder das Protein geht in den nachfolgenden Schritten verloren.

4. Die methanolische Lösung des vormals gebundenen Liganden wird mit innerem Standard versetzt, in diesem Fall ein Angiotensin II dessen Prolin aus $^{13}$C- und $^{15}$N-Atomen besteht (Massenunterschied: 6 Da).

5. Die obige Ligand/Standard-Lösung wird eingetrocknet und in 20 µl 0,1 % Trifluoressigsäure (TFA) aufgelöst.

6. Die Lösung wird über Zip-Tip-C18-Patronen entsalzt: aufladen, waschen und mit 75 % Acetonitril/0,1 % TFA eluieren.

7. Aliquots des Zip-Tip-Eluats werden im MALDI-TOF-Massenspektrometer vermessen. Als gute Matrix erwies sich bei Lee et al. (2013) DHB (2,5-Dihydroxybenzoesäure).

**2**

Über den inneren Standard lässt sich der gebundene Ligand vermessen und darüber die $K_D$ der Bindung bestimmen. Die Daten von Lee et al. (2013) sehen erstaunlich sauber aus, was vermutlich daran liegt, dass reiner Rezeptor und reiner Ligand verwendet wurden. Bei Extrakten dürfte das anders aussehen.

Im Prinzip kann mit einem reinen Rezeptor auch ein roher Peptid- oder Alkaloidextrakt auf die Anwesenheit von rezeptorbindenden Liganden geprüft werden. Hier ist die genaue Quantifizierung der Bindung nicht möglich, da Sie ja den Liganden nicht kennen, also auch keinen inneren Standard besitzen. Der Extrakt darf keine an den Filter adsorbierenden Proteine enthalten, da diese ebenfalls Liganden binden könnten.

Mit diesem Experiment können Sie neue Liganden entdecken und über das Molekulargewicht identifizieren. Auch die Sequenz eines Peptidliganden lässt sich eventuell bestimmen.

Die **Vorteile** dieser Methode liegen darin, dass der Ligand nicht derivatisiert werden muss und Sie, zumindest theoretisch, in Peptidextrakten unbekannte Liganden identifizieren können.

Sie müssen jedoch beachtliche Mengen reinen Rezeptors einsetzen. Des Weiteren ist der Test für unseren Geschmack reichlich umständlich (7 Schritte!) und daher anfällig für Fehler. Zudem ist der innere Standard teuer und ein Zip-Tip kostet 2 Euro pro Stück.

Mit anderen massenspektrometrischen Methoden lassen sich die Bindungsstärken von Liganden in der Gasphase ermitteln. Die Ergebnisse sind nur eingeschränkt mit in Flüssigkeiten bestimmten Werten vergleichbar. Die Möglichkeiten und Unmöglichkeiten dieser Anwendung beschreibt ein Übersichtsartikel von Daniel et al. (2002). Zumindest in Spezialfällen scheint sie verwertbare Ergebnisse zu liefern (Nagaveni et al. 2012).

Auch beim Nachweis der Bindung eines Liganden mit dem **FRET-Effekt** (Förster-Resonanzenergietransfer) muss der Ligand nicht radioaktiv markiert werden. Der FRET-Effekt beruht auf der Löschung von Fluoreszenz durch Energietransfer vom Fluorophor auf einen Akzeptor. Bildlich gesprochen sehen Sie keine Fluoreszenz, wenn der Ligand richtig an das Protein gebunden ist, und Sie sehen Fluoreszenz, wenn dem nicht so ist.

## 2.2.7    Wie entwickelt man einen Bindungstest für Proteine in Lösung?

Wichtig ist die Wahl des Bindungspuffers. Anhaltspunkte für die Ionen, die Ionenstärke, den pH und andere Pufferbestandteile des Bindungspuffers gibt ein physiologischer Test, der eine Wirkung des Liganden auf einen Organismus, Organe oder Zellen misst. Sie haben keinen Test? Dann orientieren Sie sich an den Verhältnissen des biologischen Kompartiments, in dem das Bindungsprotein wirken soll. Vergessen Sie die Protease-Inhibitoren nicht.

Der Bindungsansatz gleicht dem bei Membranen, und 4 °C als Inkubationstemperatur ist eine gute Wahl. Die Zeit bis zum Bindungsgleichgewicht schätzt man aus dem physiologischen Test; ist das nicht möglich, dann dürften 1–2 h bei 4 °C erst mal reichen. Wer den Bindungsansatz über Nacht inkubiert, riskiert, dass das Bindungsprotein von Proteasen abgebaut wird.

**Zum Bindungstest**    Steht ein radioaktiver Ligand zur Verfügung, versuchen Sie zuerst den Filtertest. Das geht am schnellsten, und die Anwendbarkeit hängt meistens nur davon ab, ob der Ligand am Filter klebt oder nicht. Diese Frage sollte sich mit wenigen Experimenten beantworten lassen. Misslingt der Filtertest, greifen Sie zum Säulchentest. Ist das nicht möglich, z. B. weil Ligand und Bindungsprotein etwa gleich groß sind, bleiben die PEG-Fällung oder die Methoden von Petrenko et al. (1990) oder Scheer und Meldolesi (1985).

Können Sie immer noch keine Bindung messen oder gelang es Ihnen nicht, den Liganden zu markieren, dann sollten Sie sich den Zugang zu einem BIACORE-Gerät oder einem isotermen Kalorimeter erbetteln.

Gute Karten haben Sie, wenn das Bindungsprotein rein oder fast rein vorliegt. In diesem Fall können Sie mit der DSF einen Extrakt auf die Anwesenheit eines Liganden prüfen (▶ Abschn. 2.2.6). Ist einer vorhanden, können Sie ihn anschließend mit dem Massenspektrometer identifizieren – wenn Sie Glück haben (▶ Abschn. 2.2.6). Kennen Sie die Natur des Liganden, steht Ihnen die Welt offen, Sie können markieren, Bindungstest entwickeln, vernetzen …

Ist kein reines Bindungsprotein vorhanden und versagen auch BIACORE und Kalorimetrie, sitzen Sie also ratlos und mit bedrücktem Gemüt an der Laborbank, wird es Zeit, sich in ▶ Abschn. 2.2.8 zu vertiefen.

## 2.2.8    Keine Bindung, was tun?

» Alle diese Stürme, die uns verfolgen, sind Beweise, dass sich das Wetter bald aufheitern muss, denn es ist unmöglich, so Glück als Unglück immer daure.

Zeigt der radioaktive Ligand keine spezifische Bindung, kann das an Folgendem liegen:

A – Die Affinität des Liganden ist zu niedrig.

B – Die Affinität der Bindungsstelle nahm im Verlauf der Membranpräparation/Extraktherstellung ab.

C – Der Bindungstest funktioniert bei dem Pärchen nicht.

D – Die unspezifische Bindung ist zu hoch.

— A Ist die Affinität des Liganden für die Bindungsstelle niedrig ($K_D > 100$ nM), versagen viele Bindungstests; höchstens ein Zentrifugationstest ohne Waschen kitzelt aus niederaffinen Liganden eine noch messbare Bindung heraus. Bei löslichen Bindungsproteinen lässt sich vielleicht mit BIACORE, DARTS oder SPROX etwas ausrichten (▶ Abschn. 2.2.6). Bevor Sie die Flinte ins Korn werfen, bedenken Sie Folgendes:
  — Oft hängt die Affinität eines Liganden von der Ionenstärke des Bindungspuffers (meistens im Sinne von: je höher die Ionenstärke, desto schlechter die Affinität) oder seiner Zusammensetzung ab (z. B. von zweiwertigen Kationen etc.). Einen Anhaltspunkt, in welchem Bereich die Affinität des Liganden liegen müsste, geben physiologische Tests (bei Toxinen die $LD_{50}$).
  — Manchmal hat der Ligand nur scheinbar eine niedrige Affinität, z. B. wenn in der Membranpräparation oder im Gewebeextrakt Bindungshemmer schwimmen. Das ist die Regel bei Liganden, die auch endogen vorkommen, wie Glutamat,

GABA, Hormone etc. Aus Membranpräparationen entfernt man die endogenen Hemmer durch Waschen mit Puffer, der 0,03 % Triton X-100 enthält, oder durch mehrmaliges Frieren/Tauen/Waschen der Membranen. Waschen mit Puffer allein genügt nicht, da Hemmer, die in den Membranvesikeln sitzen, dadurch nicht entfernt werden. Gewebsextrakte werden entweder durch Gelfiltration, Lektinchromatographie oder, wenn die Ladungsverhältnisse von Hemmer und Bindungsprotein das erlauben, durch Ionenaustauschchromatographie (IC) von endogenen Hemmern gereinigt.
  — Während der Inkubation mit Membranen oder Gewebeextrakt können Enzyme oder chemische Prozesse den Liganden verändern. So bauen Proteasen Peptid- oder Proteinliganden ab.
— B Sie stellen fest oder vermuten, dass ihr markierter Ligand im physiologischen Test wunderbar und in geringsten Mengen arbeitet. Trotzdem bindet er nicht an Membranen oder Membranextrakte. Liegt dies nicht am Liganden, liegt es vielleicht am Bindungsprotein:
  — Oft verliert das Bindungsprotein seine Affinität durch Proteaseneinwirkung oder beim Extrahieren, so beim Extrahieren von Membranen mit Seifen. Es helfen Protease-Inhibitoren, 10 % Glycerin (stabilisiert die native Konformation von Proteinen).
  — Gelegentlich benötigt ein Protein zum Erhalt seiner Bindungsfähigkeit bestimmte Faktoren wie Kofaktoren, Substrate (bei Enzymen), Ionen (bei Ionenkanälen) etc., und diese gehen bei der Membranherstellung verloren. Membranproteine benötigen oft auch die Membran selbst zum Erhalt ihrer nativen Konformation. Beim Herauslösen des Proteins aus der Membran kommt es dann zur Aggregation (dazu ▶ Kap. 3).
  — Eine Rolle spielen schließlich der pH des Bindungspuffers, seine Ionenzusammensetzung, Ionenstärke und Temperatur.
— Hier sind Dutzende von Parametern im Spiel, und es hilft nur probieren, probieren, pro-

bieren. Derartige Arbeiten verdeutlichen die Bedeutung und den Ursprung des Wortes „herumdoktern".

— **C** Versuchen Sie einen anderen Test.

» Schließet sich die eine Tür zu, so tut sich eine andre auf.

— **D** Der Messfehler bei Bindungstests liegt bei 10 %. Beträgt die unspezifische Bindung 80 % oder mehr der Gesamtbindung, dann verdeckt die Schwankung der Messwerte die sättigbare Bindung. Der Ausweg: Unterdrücken Sie die unspezifische Bindung.

  — Bei Filtertests liegt es nahe, die Filter besser zu waschen. Beim Waschen kommt es nicht so sehr auf das Volumen an, sondern auf die Anzahl der Waschschritte. Dreimal mit 4 ml Waschen hilft mehr, als einmal mit 12 ml waschen.

  — Ist der Ligand geladen, wird vermutlich ein Teil der unspezifischen Bindung durch elektrostatische Wechselwirkungen vermittelt. Erhöhen Sie die **Ionenstärke** des Bindungspuffers, solange die Bindung zwischen Ligand und Bindungsstelle dadurch nicht leidet.

  — Oft hilft der Zusatz von **Detergenzien**, z. B. Triton X-100 (0,01 %), zum Bindungspuffer. Manche Proteine vertragen Triton X-100 jedoch nicht, und Triton X-100 absorbiert bei 280 nm.

  — Protein, z. B. BSA (0,1 mg/ml), im Bindungs- und/oder Waschpuffer trägt ebenfalls dazu bei, die unspezifische Bindung in Grenzen zu halten. Natürlich darf der Ligand keine Wechselwirkung mit dem BSA eingehen, und das BSA darf die Proteinbindungskapazität des gewählten Tests (z. B. der PEI-beschichteten Glasfaserfilter) nicht erschöpfen.

  — Häufig tragen die **Filter** zur hohen unspezifischen Bindung bei. Ein Blindwert, d. h. ein Bindungstest ohne Membranen oder Protein, bestimmt den Anteil der Filter an der unspezifischen Bindung. Ist er zu hoch, wechseln Sie den Filtertyp oder beschichten Sie die Filter z. B. mit PEI oder mit BSA

oder mit allem, was Ihnen einfällt. Hilft nicht? Weichen Sie auf andere Testmethoden aus.

— Hin und wieder ist der Wechsel der **Spezies**, die als Quelle des Bindungsproteins dient, die Rettung. Die Menge an Bindungsprotein pro Milligramm Gesamtprotein und damit das Signal/Rausch-Verhältnis zeigen selbst zwischen nahe verwandten Spezies manchmal markante Unterschiede.

## 2.3 Auswertung von Bindungsdaten

Zugegeben, dieses Kapitel hat zu viele Formeln. Sie sollen:

— auf die Vielfalt der Mechanismen und Kurvenformen hinweisen,

— zu Vorsicht bei der Auslegung von Bindungsdaten anhalten (die Verhältnisse können wesentlich komplizierter sein, als die eine oder andere Messreihe glauben lässt),

— bei der Interpretation ungewöhnlicher Bindungsdaten helfen.

Zudem wurde Bindungsmathematik bisher, unseres Wissens, nur stückweise in verstreuten Artikeln dargestellt. Zur Beruhigung: Die Ausgangsgleichungen sind einfach, nur ihre Ableitungen, die können zum Alptraum werden (z. B. ◘ Abb. 2.23: Schlichtheit gebiert Chaos).

» Wahrlich, Sancho, versetzte Theresa, seit du dich zu einem Gliede der irrenden Ritterschaft gemacht hast, sprichst du auf solch krumme Art, dass dich kein Mensch mehr versteht.

Die mathematische Behandlung von Bindungsdaten zerfällt in zwei Themen:

— Die Bindungsreaktion ist im Gleichgewicht.

— Die Bindungsreaktion ist nicht im Gleichgewicht (Kinetik).

## 2.3.1 Die Bindung ist im Gleichgewicht

Die Bindungsreaktion ist im Gleichgewicht, wenn die Konzentrationen der Bindungsvariablen wie Bindungsprotein-Ligand-Komplex, freier Ligand etc. nicht mehr von der Zeit abhängen (nach ca. 3–4 $T_{1/2}$, ▶ Abschn. 2.3.2). Grundlagen der Auswertung von Gleichgewichtsbindungsdaten sind das Massenwirkungsgesetz und Erhaltungsgleichungen.

Bei Gleichgewichtsbindungsstudien sind in der Regel die Größen Gesamtkonzentration des Liganden ($L_0$), Gesamtkonzentration an Hemmer ($I_0$) etc. vorgegeben. Ermittelt wird die Konzentration des sättigbar gebundenen Liganden B. Daraus werden die gewünschten Parameter berechnet: die Konzentration des freien Liganden L, die Dissoziationskonstante $K_D$, die $IC_{50}$ bzw. $K_i$ eines Hemmers, die Konzentration des Bindungsproteins $R_0$ bzw. der maximalen Zahl der Bindungsstellen $B_{max}$ (◘ Abb. 2.6) und die Zahl der Bindungsstellen n.

Die Zahl der Bindungsstellen n ist schnell berechnet: $n = B_{max} / R_0 \cdot B_{max}$ wird gemessen, $R_0$ muss bekannt sein, z. B. indem Sie reines Bindungsprotein einsetzen.

Wie aber die anderen Parameter berechnen? Dazu müssen Sie einiges über Bindungsmechanismen wissen. Ein Ligand kann auf verschiedene Weise, d. h. nach verschiedenen Mechanismen, binden. Zu jedem Mechanismus existiert ein Satz Gleichungen: die Erhaltungsgleichungen und die Massenwirkungsgesetze. Daraus lässt sich der Zusammenhang der Parameter ableiten. Für Bindungsmechanismen I und II (◘ Abb. 2.6 und 2.21) haben wir das vorgerechnet. Die unspezifische Bindung spielt in diesen Gleichungen keine Rolle, da sie zuvor abgezogen wurde.

### Bestimmung von $K_D$ und $B_{max}$

Im einfachsten Fall bindet ein Ligand L an ein Bindungsprotein R nach Bindungsmechanismus I (◘ Abb. 2.6). Die zugehörigen Bindungsparameter $K_D$ und $B_{max}$ liefert der **Scatchard-Plot**: Gibt man zu einer definierten Menge an Bindungsprotein zunehmende Konzentrationen von Liganden ($L_0$) und bestimmt jeweils den sättigbar gebundenen Liganden B, so errechnet sich zu jedem $L_0$ die Variable L und daraus die Variable B/L. Trägt man die Variable B/L gegen die Variable B auf, liegen die Punkte auf der Geraden $B/L = a - bB$ mit den Konstanten a und b. Der Achsenabschnitt a ist $R_0/K_D$, die Steigung b ist $1/K_D$. Die Gerade schneidet die B-Achse bei $B = B_{max}$, und $B_{max}$ ist bei Mechanismus I gleich $R_0$. Der Auftrag B/L gegen B heißt Scatchard-Plot (◘ Abb. 2.6).

Formt man die Scatchard-Gleichung in ◘ Abb. 2.6 um, erhält man andere Plots. So gibt der Auftrag 1/L gegen 1/B ebenfalls eine Gerade, dieses Mal mit dem Achsenabschnitt $-1/K_D$ und der Steigung $R_0/K_D$. Der Auftrag von B gegen B/L liefert eine Gerade mit dem Achsenabschnitt $R_0$ und der Steigung $-K_D$. Der Unterschied zwischen diesen Plots liegt (bei der Verwendung von Regressionsgeraden) in der unterschiedlichen Fehlergewichtung und in ihrer Schönheit für das Auge des Betrachters bzw. Gutachters. So gewichtet der Scatchard-Plot die Punkte relativ gleichmäßig, während bei der 1/L- gegen 1/B-Auftragung die Werte kleiner Ligandenkonzentrationen überproportional ins Gewicht fallen. Der Scatchard-Plot wird daher am häufigsten verwendet, obwohl die Punktestreuung bei 1/L- gegen 1/B-Plots einen optisch besseren Eindruck macht. Die unsichersten Punkte beim Scatchard-Plot, die mit dem größten Fehler, liegen am Anfang und am Ende der Kurve, also bei den hohen und niedrigen Ligandenkonzentrationen. Am Rande bemerkt: Der Fehler der Größe B/L berechnet sich nach dem Fehlerfortpflanzungsgesetz von Gauß aus den Fehlern von B und L, wobei der prozentuale Fehler von B/L größer ist als der von B und von L.

Andere Experimente führen mit anderen Plots zu den gleichen Größen. Anstatt zu einer konstanten Konzentration Bindungsprotein zunehmende Konzentrationen eines radioaktiven Liganden zu geben, kann der Experimentator $K_D$ und $B_{max}$ auch dadurch bestimmen, dass er zu einer konstanten Konzentration Bindungsprotein $R_0$ (= $B_{max}/n$) und einer konstanten Konzentration des radioaktiven Liganden $L_0$ verschiedene Konzentrationen des nicht-radioaktiven Liganden $\Lambda_0$ gibt. Zu jedem $\Lambda_0$ bestimmt er die Konzentration des gebundenen radioaktiven Liganden B. Der Plot 1/B gegen $\Lambda_0$ gibt für den Fall $L_0 \approx L$ und $\Lambda_0 \approx \Lambda$ eine Gerade $1/B = \alpha + \beta \cdot \Lambda_0$ mit $\alpha = (K_D + L_0)/R_0 L_0$ und $\beta = 1/R_0 L_0$. Der Vorteil dieser Methode ist, dass die Konzentration des teuren Liganden $L_0$ niedrig sein darf.

Leider ist das Leben nicht so einfach wie die Formeln in ◯ Abb. 2.6 und ihre Umformungen. Scatchard-Plots sind oft nicht linear, sondern gebogen. So, wenn nicht nur eine, sondern zwei oder mehrere Bindungsstellen mit unterschiedlicher Affinität für den Liganden vorliegen. Auf gut Deutsch spricht man von *high affinity site* und *low affinity site*. Plötzlich sind also drei im Spiel (ein Ligand, zwei Bindungsstellen), und dementsprechend kompliziert wird die Geschichte (siehe Gleichungen von Bindungsmechanismen **II** und **III**). In diesen Fällen werden die Konstanten $R_{10}$, $R_{20}$, $K_{D1}$ und $K_{D2}$ numerisch bestimmt.

Die verschiedenen Bindungsstellen des Liganden können auf verschiedenen Proteinen (Bindungsmechanismus **II** in ◯ Abb. 2.21) oder auf dem gleichen Protein liegen (z. B. Bindungsmechanismus **III** in ◯ Abb. 2.22). Bindungsstellen, die auf dem gleichen Protein liegen, können voneinander abhängig oder unabhängig sein. Sind die Bindungsstellen voneinander unabhängig, hat die Bindung des Liganden an die eine Bindungsstelle keinen Einfluss auf die Bindung des Liganden an die andere Bindungsstelle (Bindungsmechanismus **IV**, Spezialfall, ◯ Abb. 2.23). Sind die Bindungsstellen voneinander abhängig (allosterisch gekoppelt), gibt es zwei Möglichkeiten: Erleichtert die Bindung des Liganden an die eine Bindungsstelle die Bindung an die andere Bindungsstelle, liegt positive Kooperativität vor (z. B. Bindungsmechanismus **IV** bei $K_{D1} > K_{D4}$). Erschwert die Bindung des Liganden an die eine Bindungsstelle die Bindung an die andere Bindungsstelle, liegt negative Kooperativität vor ($K_{D1} < K_{D4}$ in Mechanismus **IV**, ◯ Abb. 2.23).

## Bindungshemmung

Moleküle, die die Bindung des Liganden verringern, heißen Hemmer (neudeutsch auch Inhibitoren). Hemmer binden ebenfalls an das Bindungsprotein: entweder über die Bindungsstelle des Liganden oder über eine andere Bindungsstelle. Im ersten Fall spricht man von **kompetitiver**, im zweiten Fall von **allosterischer** Hemmung (◯ Abb. 2.24).

Verschiedene Mechanismen führen zur Hemmung der Ligandenbindung. Der einfachste Hemmmechanismus **I** ist kompetitiv, d. h. Ligand und Hemmer binden an die gleiche Bindungs-

stelle (◯ Abb. 2.25). Ein Komplex RLI existiert bei Hemmmechanismus **I** nicht.

Die Scatchard-Gleichungen von Hemmmechanismus **I** und von Bindungsmechanismus **I** haben die Form $B/L = a - bB$. Bei Bindungsmechanismus **I** sind a und b Konstanten, bei Hemmmechanismus **I** hängen a und b von der Konzentration I an freiem Hemmer ab (◯ Abb. 2.25).

Oft gilt $I \gg RI$ und damit $I \approx I_0$. In diesem Fall sind a und b der Scatchard-Gleichung von Hemmmechanismus **I** konstant, und der Auftrag B/L gegen B liefert eine Gerade. Verschiedene $I_0$ geben verschiedene Geraden; alle Geraden gehen durch den Punkt mit den Koordinaten B/L = 0; $B = B_{max}$ und geben daher ein Strahlenmuster (◯ Abb. 2.26).

$B_{max}$ ist unabhängig von $I_0$. Auch die Kurven komplizierterer Mechanismen gehen durch den Punkt (B/L = 0; $B = B_{max}$). So bei Hemmmechanismus **II**, wo der Hemmer zwei Bindungsstellen auf dem Bindungsprotein belegt, und auch bei Mechanismus **III**, also bei allosterischer Hemmung.

Gilt $I \gg RI$ bzw. $I \approx I_0$, lässt sich bei bekannter $K_D$ des Liganden und Konzentration $I_0$ aus der Steigung S des Scatchard-Plots die Dissoziationskonstante $K_i$ des Hemmers errechnen (◯ Abb. 2.27).

Scatchard-Plots sind experimentell aufwendig. Einfacher ist die Bestimmung von $K_i$ mit $IC_{50}$-Kurven. Zu einer definierten Konzentration von Ligand $L_0$ und Bindungsprotein $R_0$ gibt man zunehmend höhere Konzentrationen von Hemmer $I_0$ und bestimmt jeweils die Bindung B. Die $IC_{50}$ ist dasjenige $I_0$, das B auf die Hälfte von $B_0$ (Bindung bei $I_0 = 0$) reduziert. Aus der gemessenen $IC_{50}$ und bekannter $K_D$ und $L_0$ des Liganden berechnet sich die $K_i$ des Hemmers nach ◯ Abb. 2.28.

Die Formel in ◯ Abb. 2.28 wurde von Cheng und Prusoff (1973) für die Enzymkinetik entwickelt. Bei Bindungsexperimenten gilt diese Formel nur, wenn $I \approx I_0$ und $L \approx L_0$. Gelten diese Bedingungen nicht, muss die exakte Gleichung von Munson und Rodbard (1988) verwendet werden.

Geht die sättigbare Bindung B auch mit hohen Hemmerkonzentrationen nicht gegen null, gibt es folgende Möglichkeiten:
– Der Ligand bindet an mehrere verschiedene Bindungsstellen, der Hemmer aber nicht an alle Bindungsstellen des Liganden.
– Es liegt negative Kooperativität vor. So geht B bei Hemmmechanismus **III** und $K_{ii} > K_i$ mit zunehmender Konzentration an Hemmer nicht gegen null, sondern gegen einen von $K_{ii}$, $K_i$, $K_{D1}$, $R_0$ und $L_0$ abhängigen Grenzwert.

**Zwei verschiedene Bindungsproteine $R_1$ und $R_2$**

$$R_1 + L \rightleftharpoons R_1L \qquad R_2 + L \rightleftharpoons R_2L$$

| | | |
|---|---|---|
| $K_{D1} = \dfrac{R_1 \bullet L}{(R_1L)}$ | $K_{D2} = \dfrac{R_2 \bullet L}{(R_2L)}$ | Massenwirkungsgesetz |
| $R_{10} = R_1 + (R_1L)$  $\quad B = (R_1L) + (R_2L)$ | $R_{20} = R_2 + (R_2L)$  $\quad B_{max} = R_{10} + R_{20}$ | Erhaltungsgleichungen |

Herleitung der Scatchard-Gleichung (B/L als Funktion von B):

$$R_{10} = R_1 + (R_1L) = R_1 + \frac{R_1 \bullet L}{K_{D1}} = R_1 \bullet [1 + \frac{L}{K_{D1}}]$$

$$R_{20} = R_2 + (R_2L) = R_2 + \frac{R_2 \bullet L}{K_{D2}} = R_2 \bullet [1 + \frac{L}{K_{D2}}]$$

$$B = (R_1L) + (R_2L) = \frac{R_1 \bullet L}{K_{D1}} + \frac{R_2 \bullet L}{K_{D2}} = \frac{L}{K_{D1}} \bullet \frac{R_{10}}{[1 + \frac{L}{K_{D1}}]} + \frac{L}{K_{D2}} \bullet \frac{R_{20}}{[1 + \frac{L}{K_{D2}}]}$$

$$B = \frac{R_{10} \bullet L}{K_{D1} + L} + \frac{R_{20} \bullet L}{K_{D2} + L}$$

$$L = \frac{R_{10} \bullet K_{D2} + R_{20} \bullet K_{D1} - B \bullet [K_{D1} + K_{D2}]}{2[B - R_{10} - R_{20}]} + \sqrt{\frac{[B \bullet [K_{D1} + K_{D2}] - R_{10} \bullet K_{D2} - R_{20} \bullet K_{D1}]^2}{4[B - R_{10} - R_{20}]^2} - \frac{B \bullet K_{D1} \bullet K_{D2}}{B - R_{10} - R_{20}}}$$

$$\frac{B}{L} = \frac{B}{\frac{R_{10} \bullet K_{D2} + R_{20} \bullet K_{D1} - B \bullet [K_{D1} + K_{D2}]}{2[B - R_{10} - R_{20}]} + \sqrt{\frac{[B \bullet [K_{D1} + K_{D2}] - R_{10} \bullet K_{D2} - R_{20} \bullet K_{D1}]^2}{4[B - R_{10} - R_{20}]^2} - \frac{B \bullet K_{D1} \bullet K_{D2}}{B - R_{10} - R_{20}}}}$$

Achsenabschnitte des Scatchard-Plots: $\qquad \left(\dfrac{B}{L}\right)_{B=0} = \dfrac{R_{10}}{K_{D1}} + \dfrac{R_{20}}{K_{D2}} \qquad (B)_{B/L=0} = R_{10} + R_{20}$

Beispiel: Scatchard-Plot

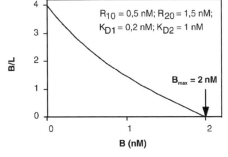

$R_{10} = 0,5$ nM; $R_{20} = 1,5$ nM;
$K_{D1} = 0,2$ nM; $K_{D2} = 1$ nM

$B_{max} = 2$ nM

B/L

B (nM)

◻ **Abb. 2.21** Bindungsmechanismus II

**Das Bindungsprotein besitzt zwei Bindungsstellen 1 und 2 für den Liganden L**

$$1R + L \rightleftharpoons L1R2 \overset{+L}{\rightleftharpoons} L1R2L$$

| | |
|---|---|
| $K_{D1} = \dfrac{(1R) \bullet L}{(L1R2)}$   $K_{D2} = \dfrac{(L1R2) \bullet L}{(L1R2L)}$ | **Massenwirkungsgesetz** |
| $B = (L1R2) + 2(L1R2L)$ $R_o = (1R) + (L1R2) + (L1R2L)$ $B_{max} = 2\,R_o$ | **Erhaltungsgleichungen** |

Daraus ergibt sich nach kurzem Rechnen:

$$B = R_o \bullet \frac{[K_{D2} + 2\,L] \bullet L}{K_{D1} \bullet K_{D2} + K_{D2} \bullet L + L^2}$$

und nach langer Rechnerei:

$$\frac{B}{L} = \cfrac{B}{\dfrac{K_{D2} \bullet [R_o - B]}{2\,[B - 2\,R_o]} + \sqrt{\dfrac{K_{D2}^2 \bullet [B - R_o]^2}{4\,[B - 2\,R_o]^2} - \dfrac{K_{D1} \bullet K_{D2} \bullet B}{B - 2\,R_o}}}$$

$$\left(B\right)_{B/L=0} = 2\,R_o$$

$$\left(\frac{B}{L}\right)_{B=0} = \frac{R_o}{K_{D1}}$$

**Beispiele für Scatchard-Plots:**

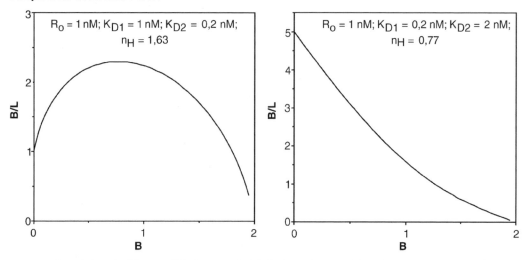

(Linkes Diagramm) $R_o = 1\,nM;\ K_{D1} = 1\,nM;\ K_{D2} = 0{,}2\,nM;\ n_H = 1{,}63$

(Rechtes Diagramm) $R_o = 1\,nM;\ K_{D1} = 0{,}2\,nM;\ K_{D2} = 2\,nM;\ n_H = 0{,}77$

*...dass ein irrender Ritter aus Gründen rasend wird, das ist weder etwas Besonderes noch Anmutiges: Die Feinheit ist, ohn all Ursach unsinnig zu werden.*

☐ **Abb. 2.22** Bindungsmechanismus III

Das Bindungsprotein besitzt 2 Bindungsstellen 1 und 2 für den Liganden. Die Besetzungszustände stehen miteinander im Gleichgewicht nach:

$$
\begin{array}{ccc}
& K_{D1} & \\
1R2 & \rightleftharpoons & L1R2 \\
K_{D2} \updownarrow & & \updownarrow K_{D3} \\
1R2L & \rightleftharpoons & L1R2L \\
& K_{D4} &
\end{array}
$$

$$
K_{D1} = \frac{(1R2) \cdot L}{(L1R2)} \quad K_{D2} = \frac{(1R2) \cdot L}{(1R2L)}
$$

$$
K_{D3} = \frac{(L1R2) \cdot L}{(L1R2L)} \quad K_{D4} = \frac{(1R2L) \cdot L}{(L1R2L)}
$$

Massenwirkungsgesetz

$$
R_0 = (1R2) + (L1R2) + (1R2L) + (L1R2L)
$$

$$
B = (L1R2) + (1R2L) + 2(L1R2L)
$$

$$
B_{max} = 2R_0
$$

Erhaltungsgleichungen

Daraus folgt:

$$
B = R_0 \cdot \frac{[K_{D3} + K_{D4} + 2L] \cdot L}{K_{D1} \cdot K_{D3} + [K_{D3} + K_{D4}] \cdot L + L^2} \quad \text{und} \quad K_{D1} \cdot K_{D3} = K_{D2} \cdot K_{D4}
$$

Achsenabschnitte des Scatchard-Plots:

Hill-Koeffizient $n_H$:

$$
\left(\frac{B}{B/L=0}\right) = 2R_0
$$

$$
\left(\frac{B}{L}\right)_{B=0} = R_0 \cdot \frac{K_{D3} + K_{D4}}{K_{D1} \cdot K_{D3}}
$$

$$
n_H = \frac{8\,\dfrac{K_{D1} \cdot K_{D3}}{K_{D3} + K_{D4}} + 4\sqrt{K_{D1} \cdot K_{D3}}}{4\sqrt{K_{D1} \cdot K_{D3}} + 4\,\dfrac{K_{D1} \cdot K_{D3}}{K_{D3} + K_{D4}} + K_{D3} + K_{D4}}
$$

**Spezialfall:** Die Bindungsstellen sind voneinander unabhängig ($K_{D1} = K_{D4}$ und $K_{D2} = K_{D3}$).

$$
\begin{array}{ccc}
& K_{D1} & \\
1R2 & \rightleftharpoons & L1R2 \\
K_{D2} \updownarrow & & \updownarrow K_{D2} \\
1R2L & \rightleftharpoons & L1R2L \\
& K_{D1} &
\end{array}
$$

Der Hill-Koeffizient ist ≤1 und die Scatchard-Gleichung:

$$
\frac{B}{L} = \frac{B}{\dfrac{[R_0 - B] \cdot [K_{D2} + K_{D1}]}{4 [B - 2R_0]^2} + \sqrt{\dfrac{[R_0 - B]^2 \cdot [K_{D2} + K_{D1}]^2}{4 [B - 2R_0]^2} - \dfrac{B \cdot K_{D1} \cdot K_{D2}}{B - 2R_0}}}
$$

◻ **Abb. 2.23** Bindungsmechanismus IV

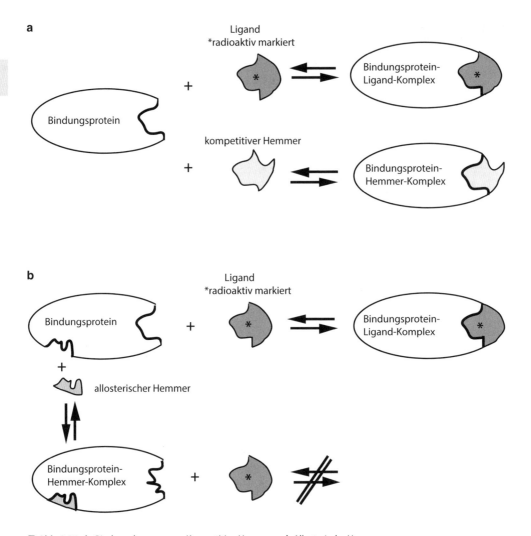

□ **Abb. 2.24a,b** Bindungshemmung. **a** Kompetitive Hemmung, **b** Allosterische Hemmung

Braucht es einen Konzentrationsbereich an Hemmer von mehreren Zehnerpotenzen, um die Bindung des Liganden auf null zu drücken, so bindet der Hemmer vermutlich an mehrere Bindungsstellen mit verschiedener Affinität. Liegt die Affinität der Bindungsstellen genügend weit auseinander, bilden sich Stufen in der $IC_{50}$-Kurve.

Der aus $IC_{50}$-Kurven errechnete Wert für $K_i$ ist natürlich nur bei einfachen Hemmmechanismen wie **I** die wirkliche $K_i$ des Hemmers. Bei komplizierteren Mechanismen oder wenn der Hemmer zwei Bindungsstellen auf dem Bindungsprotein hat (z. B. Hemmmechanismus **II**) erhält man eine scheinbare $K_i$, die sich aus mehreren Konstanten zusammensetzt und manchmal auch noch von $L_0$ und/oder anderen Größen abhängt.

Den Mechanismus einer Hemmung oder Bindung zu ermitteln, ist eine Fleißarbeit, die in der Fachwelt auf mäßiges Interesse, manchmal sogar auf Ablehnung stößt. Das liegt teilweise an der Unsicherheit der Beweisführung: Decken sich Bindungsdaten mit den Voraussagen eines Mechanismus, so ist das kein Beweis, dass der Mechanismus vorliegt. Man kann lediglich Modelle ausschließen. Selbst das fordert langwierige (und langweilige) Messreihen. Zudem hat der durchschnittliche Biologe Scheu, oft sogar Abscheu, vor Mathematik. Jedoch ist die Logik hinter den komplizierten Formeln simpel, und hypothetische Bindungsmechanismen zu entwerfen und daraus Formeln herzuleiten, kann sich zu einem schönen Hobby entwickeln.

# Hemmechanismus I

**Ligand L und Hemmer I binden an die gleiche Bindungsstelle 1 auf dem Bindungsprotein (kompetitive Hemmung)**

$$R1I \underset{K_i}{\rightleftharpoons} R1 \underset{K_D}{\rightleftharpoons} R1L$$
$$+I \qquad +L$$

| | |
|---|---|
| I | Konzentration freier Hemmer |
| L | Konzentration freier Ligand |
| (R1) | Konzentration freies Bindungsprotein |
| (R1L) | Konzentration Bindungsprotein-Ligand-Komplex |

| | |
|---|---|
| (R1I) | Konzentration Bindungsprotein-Hemmer-Komplex |
| $R_o$ | Gesamtkonzentration an Bindungsprotein |
| $I_o$ | Summe der Konzentrationen von freiem und sättigbar gebundenem Hemmer, wird in der Regel gleich der Gesamtkonzentration an Hemmer gesetzt |

$$K_D = \frac{(R1) \cdot L}{(R1L)} \quad ; \quad K_i = \frac{(R1) \cdot I}{(R1I)} \qquad \text{Massenwirkungsgesetz}$$

$$R_o = (R1) + (R1L) + (R1I); I_o = I + (R1I);$$
$$(R1L) = B \; ; \; B_{max} = R_o \qquad \text{Erhaltungsgleichungen}$$

Die Scatchard-Gleichung ist:
$$\frac{B}{L} = \frac{R_o - B}{K_D} \cdot \frac{K_i}{[K_i + I]}$$

Der Scatchard-Plot ist nicht-linear, weil I von B abhängt:

$$I = \frac{B - R_o + I_o - K_i}{2} + \sqrt{\frac{[K_i + R_o - B - I_o]^2}{4} + I_o \cdot K_i}$$

---

# Hemmechanismus II

**Der Hemmer besitzt zwei Bindungsstellen 1 und 2 auf dem Bindungsprotein**

$$I1R2I \underset{K_{ii}}{\rightleftharpoons} I1R2 \underset{K_i}{\rightleftharpoons} 1R \underset{K_D}{\rightleftharpoons} L1R$$
$$+I \qquad +I \qquad +L$$

Die Scatchard-Gleichung ist:
$$\frac{B}{L} = \frac{R_o - B}{K_D} \cdot \frac{K_i \cdot K_{ii}}{K_i \cdot K_{ii} + K_{ii} \cdot I + I^2}$$

---

# Hemmechanismus III

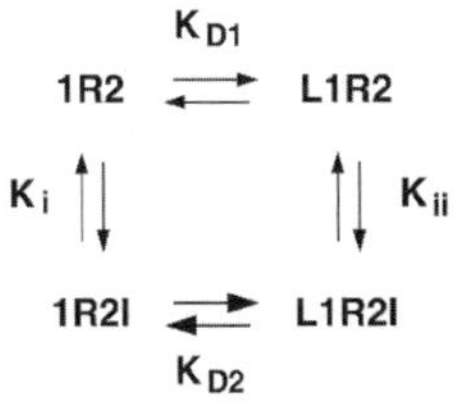

$$1R2 \underset{K_{D1}}{\rightleftharpoons} L1R2$$
$$K_i \updownarrow \qquad \qquad \updownarrow K_{ii}$$
$$1R2I \underset{K_{D2}}{\rightleftharpoons} L1R2I$$

Ligand L bindet an Bindungsstelle 1, Ligand I an Bindungsstelle 2
bei $K_{ii} > K_i$ hemmt Ligand I die Bindung von L (negative Kooperation),
bei $K_{ii} < K_i$ fördert er die Bindung von L (positive Kooperation)
$B = (L1R2) + (L1R2I)$
$B_{max} = R_o$

Die Scatchard-Gleichung ist:
$$\frac{B}{L} = \frac{R_o - B}{K_{D1}} \cdot \frac{1 + \dfrac{I}{K_{ii}}}{1 + \dfrac{I}{K_i}}$$

◘ **Abb. 2.25** Hemmmechanismen

Strahlenmuster

Streifenmuster

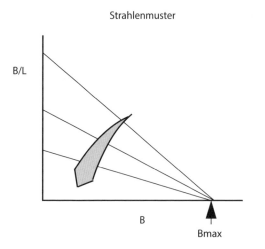
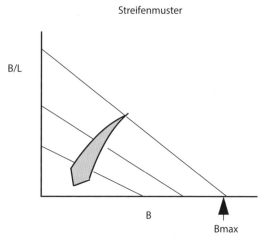

**◘ Abb. 2.26** Experimentelle Scatchard-Plots in Gegenwart eines Hemmers I. In Pfeilrichtung zunehmende Konzentration von Hemmer

## Irrtümer

Ein weitverbreiteter Aberglaube besagt, dass Scatchard-Plots, die mit zunehmendem $I_0$ gleichbleibende $B_{max}$, aber abnehmende $K_D$ zeigen, ein Beweis dafür seien, dass Ligand und Hemmer an die gleiche Bindungsstelle binden (Strahlenmuster, ◘ Abb. 2.26). Die Hemmung sei kompetitiv (◘ Abb. 2.24). Dem ist nicht so. Bei **allen** reversiblen Hemmmechanismen, auch wenn Ligand und Hemmer an verschiedene Stellen auf dem gleichen Bindungsprotein binden, ändert der Hemmer nur die Steigung der Scatchard-Kurven, nicht aber die $B_{max}$ (Tomlinson 1988; Rehm und Becker 1988). So ist z. B. Hemmmechanismus III allosterisch (Hemmer und Ligand binden an verschiedene Bindungsstellen auf dem Bindungsprotein). Trotzdem hat die Scatchard-Gleichung von III die gleiche Form ($B/L = a - bB$) wie die von Mechanismus I, wo kompetitive Hemmung vorliegt. Ist $I \approx I_0$, sind die Scatchard-Plots von I und III Geraden, und **beide** gehen für jedes $I_0$ durch den Punkt ($B/L = 0$; $B = B_{max}$). Ist $I \neq I_0$, sind die Scatchard-Plots beider Mechanismen konvexe Kurven (für I, ◘ Abb. 2.29), die aber trotzdem noch strahlenförmig von dem Punkt ($B/L = 0$; $B = B_{max}$) ausgehen.

Nicht-reversible Hemmung liegt vor, wenn der Hemmer kovalent mit dem Bindungsprotein reagiert und die Bindungsstelle dadurch auf ewig blockiert. Scheinbar nicht-reversible Hemmung verursachen aber auch experimentelle Artefakte, z. B. eine Verunreinigung der Hemmerpräparation mit Proteasen, die das Bindungsprotein abbauen.

Die Feststellung, dass es bei reversiblen Hemmmechanismen nur Strahlenmuster gibt, widerspricht scheinbar der Erfahrung. Häufig scheint die experimentell ermittelte $B_{max}$ mit zunehmendem $I_0$ abzunehmen, auch wenn die Messwerte in Ordnung sind und der Mechanismus reversibel ist.

Diesem Phänomen liegen nicht-lineare Scatchard-Plots zugrunde. Sie täuschen dem Experimentator, der ja nicht alle Punkte der Kurve bestimmen kann, eine Abnahme von $B_{max}$ vor (Rehm und Becker 1988). So biegt bei Hemmmechanismus I (kompetitiv) der Hemmer die Scatchard-Plots nach unten, und die übliche Interpolation der Messpunkte täuscht abnehmende $B_{max}$ mit zunehmender $I_0$ vor (◘ Abb. 2.29). Aus der Bezeichnung „nicht-kompetitive Hemmung" für dieses Phänomen schließen viele auf die Verhältnisse, etwa mit der Logik: Der Effekt heißt „nicht-kompetitive" Hemmung, also hemmt der Hemmer nicht kompetitiv, und wenn er nicht kompetitiv hemmt, muss er wohl allosterisch hemmen. Das ist ein Irrtum. Eine Reihe von Scatchard-Plots, die mit zunehmender Konzentration von Hemmer $I_0$ scheinbar kleinere $B_{max}$ zeigen, ist kein Beweis für allosterische Hemmung. Streifenmuster wie in ◘ Abb. 2.26 weisen vielmehr auf nicht-lineare Scatchard-Plots hin und darauf, dass Bindung nicht so einfach ist, wie sich der Forscher das vorstellt.

Schließlich sind Scatchard-Plots in Anwesenheit von Hemmer meistens nicht-linear, selbst beim

$$K_i = \frac{K_D \bullet (-S) \bullet I_0}{1 + K_D \bullet (-S)}$$

◘ **Abb. 2.27** Berechnung von $K_i$. In Gegenwart des Hemmers (Konzentration $I_0$) wird mit dem Liganden L ein Scatchard-Plot gemacht. Gilt für die freie Konzentration I an Hemmer $M_0$, dann lässt sich K des Hemmers aus der negativen Steigung (−S) des Plots, der $K_D$ des Liganden und $I_0$ berechnen

$$K_i = \frac{K_D \bullet IC_{50}}{L_0 + K_D}$$

◘ **Abb. 2.28** Die Cheng-Prusoff-Gleichung. Zusammenhang zwischen der Dissoziationskonstanten eines Hemmers $K_i$, der $IC_{50}$ des Hemmers und der $K_D$ des Liganden

einfachsten Hemmmechanismus I. I ist eben, streng genommen, immer ungleich $I_0$. Doch wegen der geringen Messgenauigkeit merkt man das selten.

## Der Hill-Plot hilft bei der Diagnose der Kooperativität

Der Hill-Plot eines Liganden ist der Auftrag log (B/($B_{max}$ − B)) gegen log L. Beim Bindungsmechanismus I ergibt dies eine Gerade mit der Steigung 1. Bei anderen Mechanismen (z. B. Bindungsmechanismen III, IV) liefert der Hill-Plot eine sigmoide Kurve. Die Steigung der Kurve bei halbmaximaler Sättigung (also an der Stelle B = $B_{max}$/2) heißt Hill-Koeffizient $n_H$. Für die Bestimmung des Hill-Koeffizienten benutzt man dementsprechend nur Punkte, die in der Nähe der halbmaximalen Sättigung liegen. Für Penible und Mathematiker: Der Punkt der halbmaximalen Sättigung muss nicht mit dem Wendepunkt der Kurve zusammenfallen. So ist beim Bindungsmechanismus II der Hill-Koeffizient (≤1) keineswegs immer die kleinste Steigung der Kurve.

Der Hill-Koeffizient dient zur Diagnose der Kooperativität. Ein Bindungsprotein mit mehreren Bindungsstellen bindet kooperativ, wenn die Bindung des einen Liganden die Bindung des nächsten beeinflusst. Positive Kooperativität: Die Affinität der Bindung nimmt zu; negative Kooperativität: die Affinität der Bindung nimmt ab. Ist $n_H > 1$, so ist der Bindungsmechanismus positiv kooperativ. Bei einem Hill-Koeffizienten < 1 kann, muss es sich aber nicht um negative Kooperativität handeln. Hill-Koeffizienten < 1 erhält man auch bei nicht-kooperativen Bindungsmechanismen, so bei Bindungsmechanismus II (zwei unabhängige Bindungsstellen auf verschiedenen Proteinen).

**Beispiele** Für Bindungsmechanismus IV (zwei Bindungsstellen) ergibt sich aus der Formel in ◘ Abb. 2.23 Folgendes: Der Hill-Koeffizient $n_H$ liegt zwischen 0 und 2 und hängt nur von den Dis-

soziationskonstanten ab. Bei $n_H \neq 1$ ist der Hill-Plot sigmoid. Bei $n_H = 1$ ist er eine Gerade ebenso wie der zugehörige Scatchard-Plot. Der Hill-Koeffizient ist 1, wenn $K_{D3} + K_{D4} = 2K_{D1} K_{D3}$ gilt. Ist IV positiv kooperativ, gilt $K_{D1} > K_{D4}$ und $n_H$ ist ≥ 1. Ist IV negativ kooperativ, gilt $K_{D1} < K_{D4}$ und $n_H$ ist < 1. Gilt schließlich $K_{D1} = K_{D4}$ und $K_{D3} = K_{D2}$, sind also die Bindungsstellen 1 und 2 auf dem Bindungsprotein unabhängig voneinander, so ist $n_H \leq 1$.

Für Bindungsmechanismus III (vereinfachter Fall von IV, zwei Bindungsstellen) gilt: Der Hill-Plot ist sigmoid bei $n_H \neq 1$ (bildet den Übergang zwischen zwei Grenzgeraden mit Steigung 1). Der Wendepunkt des Hill-Plots fällt mit dem Punkt der halbmaximalen Sättigung [log ($R_0$/($2R_0 - R_0$)) = 0; log L = 0,5 log ($K_{D1}$ $K_{D2}$)] zusammen. Der Mechanismus III ist positiv kooperativ (unabhängig von $K_{D1}$ und $K_{D2}$), denn die Affinität des Liganden für die Bindungsstelle 2 ist 0, solange Bindungsstelle 1 unbesetzt ist. Der Hill-Koeffizient von III liegt, abhängig von $K_{D1}$ und $K_{D2}$, zwischen 0 und maximal 2. Es gilt $n_H = 1$ für $4K_{D1} = K_{D2}$; $n_H < 1$ für $4K_{D1} < K_{D2}$; $n_H > 1$ für $4K_{D1} > K_{D2}$.

Bei Bindungsmechanismus II (keine Kooperativität, aber zwei Bindungsstellen) ist der Hill-Plot sigmoid, und es gilt $n_H < 1$ oder, für $K_{D1} = K_{D2}$, $n_H = 1$. Der Wendepunkt des Hill-Plots und der Punkt der halbmaximalen Sättigung fallen bei II nicht unbedingt zusammen, was dem Experimentator eine – theoretische – Möglichkeit gibt, zwischen II und III ($n_H < 1$) zu unterscheiden.

Ist $n_H = 1$, so kann, muss aber nicht, der einfache Mechanismus I vorliegen, denn z. B. Mechanismus III gibt auch $n_H = 1$ bei $4K_{D1} = K_{D2}$. Ebenso Mechanismus IV bei $K_{D3} + K_{D4} = 2K_{D1} K_{D3}$, wobei es sich um positiv kooperative Bindung handeln kann (also mit $K_{D1} > K_{D4}$). Die Scatchard-Plots von III und IV sind linear bei $n_H = 1$, weswegen also lineare Scatchard-Plots kein Beweis für die Existenz nur einer Bindungsstelle sind. Zwischen $n_H = 1$ und $n_H \neq 1$ ist zudem schwer zu unterscheiden, da der Unterschied von $n_H$ und 1 oft klein und nicht unterscheidbar vom experimentellen Fehler ist.

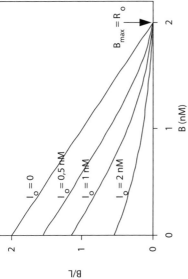

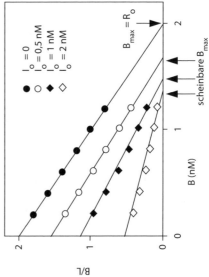

I und L konkurrieren um die gleiche
Bindungsstelle 1 auf dem Bindungs-
protein (kompetitive Hemmung;
Hemmmechanismus I):

$$R1I \xrightleftharpoons[+I]{} R1 \xrightleftharpoons[+L]{} R1L$$

mit der Scatchard-Gleichung aus
Hemmmechanismus I und
$R_o = 2\,nM;\ K_i = 0{,}2\,nM;\ K_D = 1\,nM$
erhält man exakte Kurven

Ergebnis: Die $B_{max}$ nimmt scheinbar mit $I_o$ ab

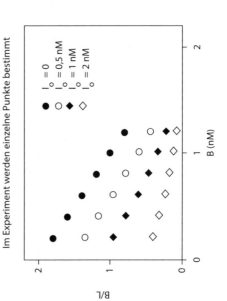

Im Experiment werden einzelne Punkte bestimmt

In Unkenntnis des
Bindungsmechanismus legt
der Experimentator kühn
Geraden durch die Punkte

◻ **Abb. 2.29** Wie richtige Messungen zu falschen Aussagen führen

Der **Hill-Plot eines Hemmers** ist der Auftrag $\log (B/(B_0 - B))$ gegen $\log I$. Da I in der Regel nicht bestimmt werden kann, ohne Annahmen über den Mechanismus zu machen, trägt man $\log (B/(B_0 - B))$ gegen $\log I_0$ auf. $B_0$ ist die Konzentration des gebundenen Liganden B bei $I_0 = 0$. Die Hill-Plots eines Hemmers sind beim Hemmmechanismus **I** sigmoide Kurven (mit zwei Grenzgeraden der Steigung $-1$); bei Hemmmechanismus **II** sind die Hill-Plots konkav (mit zwei Grenzgeraden der Steigung $-1$ bzw. $-2$); bei Hemmmechanismus **III** sind die Hill-Plots konvex (mit zwei Grenzgeraden der Steigung $-1$ und $0$). In Analogie zu oben wäre der Hill-Koeffizient des Hemmers die Steigung der Kurve bei $B = B_0/2$. Die konkaven Kurven von **II** krümmen sich aber gerade in der Gegend von $B = B_0/2$, und es ist dann schwer, den Hill-Koeffizienten des Hemmers zu bestimmen. Zudem hängt der Hill-Koeffizient des Hemmers von dem $L_0$ des Liganden ab (auch bei Mechanismus **I**), ist also für einen bestimmten Hemmmechanismus und bestimmte $K_i$ und $K_D$ keine feste Größe und von zweifelhaftem Wert. Immerhin weist der Hill-Koeffizient des Hemmers auf die Zahl seiner Bindungsstellen hin. Es gilt $n_H < -1$, wenn bei der Bindungsreaktion mit dem Hemmer ein Komplex $RI_n$ mit $n > 1$ entsteht. Zudem hat die Form des Hill-Plots diagnostischen Wert, sie gibt einen Hinweis auf den Hemmmechanismus.

◪ Abb. 2.30 fasst die Auswertungen von Gleichgewichtsbindungsdaten zusammen.

» Niemals lass dich verleiten, die Gesetze willkürlich auszudeuten, denn das pflegen die Unwissenden zu tun, die wollen für scharfsinnig gehalten werden.

## 2.3.2 Kinetik

Bei der Bindungskinetik eines Liganden unterscheidet man *on-rate*-Kinetik und *off-rate*-Kinetik: Der Ligand bindet an den Rezeptor bzw. der Ligand dissoziiert vom Rezeptor.

Kinetiken werden oft noch handgefertigt. Man will z. B. die Assoziation von Ligand und Bindungsprotein zu n verschiedenen Zeitpunkten messen. Dazu setzt der Experimentator einen Bindungsansatz an, der $(n+1)$-fach größer ist als sein Standard-

test, dem aber einer der beiden Bindungspartner, z. B. der radioaktive Ligand, fehlt. Zum Zeitpunkt 0 gibt er z. B. radioaktiven Liganden zu und mischt. Die Bindungsreaktion läuft an. Zu n bestimmten Zeitpunkten entnimmt er nun jeweils ein Aliquot (entsprechend je einem Standardtest) und misst (sofort!) den gebundenen Liganden.

Die Zeitpunkte wählt man so, dass die Differenz zwischen den gebundenen Liganden aufeinanderfolgender Zeitpunkte signifikant ist; man legt die meisten Zeitpunkte also auf den ansteigenden Ast der $B = F(t)$-Kurve, vor allem an deren Anfang. Auch müssen die Zeitpunkte genügend weit auseinanderliegen, um zwischen den einzelnen Aliquot-Entnahmen die Bindung messen zu können. Die Temperatur im Bindungsansatz wird konstant gehalten (Wasserbad).

Aus zwei bis drei Werten vom flachen Ast der $B = F(t)$-Kurve, also bei langen Zeiten, schätzt der Experimentator auf den gebundenen Liganden bei $t =$ unendlich (d. h. im Gleichgewicht). Für die unspezifische Bindung läuft parallel ein $(n+i)$-Ansatz mit einem Überschuss an nicht-radioaktivem Liganden.

Dieses Eintopfverfahren liefert für jeden Zeitpunkt nur einen Bindungswert, doch der ist genau, und wer das nicht glaubt, kann ja den Eintopf dreimal kochen. Auch spart man Zeit und Pipettierschritte. Ein ähnliches Verfahren liefert auch bei der Dissoziation die besten Werte.

Wer schnelle Kinetiken hat oder sehr genau messen will, der kann BIACORE probieren (▶ Abschn. 2.2.6).

## *on-rate*-Kinetik

Die *on-rate*-Kinetik misst die Geschwindigkeit der Assoziation von Ligand und Bindungsprotein.

Daraus errechnen sich zwei Größen, die Halbwertszeit $T_{1/2}$ und die kinetische Konstante $_{kon}$. Die Halbwertszeit $T_{1/2}$ ist die Zeit, die die Konzentration des gebundenen Liganden B benötigt, um die Hälfte ihres Maximalwertes (Wert im Bindungsgleichgewicht) zu erreichen. $T_{1/2}$ ergibt sich aus der Kurve B (zur Zeit t) gegen die Zeit t und gibt einen Anhaltspunkt dafür, wie lange auf das Bindungsgleichgewicht gewartet werden muss. $T_{1/2}$ hängt von den Ausgangskonzentrationen von Bindungsprotein und Ligand ab und ist daher keine Konstante. Besser wird die *on-rate*-Kinetik durch die Konstante $_{kon}$ charakterisiert (◪ Abb. 2.31). Den Wert (RL) bei $t =$ unend-

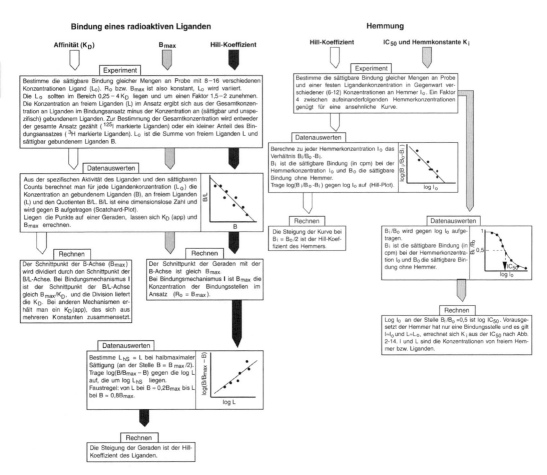

**Bindung eines radioaktiven Liganden**

Affinität (K$_D$)          B$_{max}$          Hill-Koeffizient

**Experiment**

Bestimme die sättigbare Bindung gleicher Mengen an Probe mit 8–16 verschiedenen Konzentrationen Ligand (L$_0$). R$_0$ bzw. B$_{max}$ ist also konstant, L$_0$ wird variiert. Die L$_0$ sollten im Bereich 0,25 – 4 K$_D$ liegen und um einen Faktor 1,5–2 zunehmen. Die Konzentration an freiem Liganden (L) im Ansatz ergibt sich aus der Gesamtkonzentration an Liganden im Bindungsansatz minus der Konzentration an (sättigbar und unspezifisch) gebundenen Liganden. Zur Bestimmung der Gesamtkonzentration wird entweder der gesamte Ansatz gezählt ($^{125}$I markierte Liganden) oder ein kleiner Anteil des Bindungsansatzes ($^3$H markierte Liganden). L$_0$ ist die Summe von freiem Liganden L und sättigbar gebundenem Liganden B.

**Datenauswerten**

Aus der spezifischen Aktivität des Liganden und den sättigbaren Counts berechnet man für jede Ligandenkonzentration (L$_0$) die Konzentration an gebundenem Liganden (B), an freiem Liganden (L) und den Quotienten B/L. B/L ist eine dimensionslose Zahl und wird gegen B aufgetragen (Scatchard-Plot). Liegen die Punkte auf einer Geraden, lassen sich K$_D$ (app) und B$_{max}$ errechnen.

**Rechnen**

Der Schnittpunkt der B-Achse (B$_{max}$) wird dividiert durch den Schnittpunkt der B/L-Achse. Bei Bindungsmechanismus I ist der Schnittpunkt der B/L-Achse gleich B$_{max}$/K$_D$, und die Division liefert die K$_D$. Bei anderen Mechanismen erhält man ein K$_D$(app), das sich aus mehreren Konstanten zusammensetzt.

**Rechnen**

Der Schnittpunkt der Geraden mit der B-Achse ist gleich B$_{max}$. Bei Bindungsmechanismus I ist B$_{max}$ die Konzentration der Bindungsstellen im Ansatz (R$_0$ = B$_{max}$).

**Datenauswerten**

Bestimme L$_{hS}$ = L bei halbmaximaler Sättigung (an der Stelle B = B$_{max}$/2). Trage log(B/B$_{max}$ – B) gegen die log L auf, die um log L$_{hS}$ liegen. Faustregel: von L bei B ≈ 0,2B$_{max}$ bis L bei B ≈ 0,8B$_{max}$.

**Rechnen**

Die Steigung der Geraden ist der Hill-Koeffizient des Liganden.

**Hemmung**

Hill-Koeffizient          IC$_{50}$ und Hemmkonstante K$_i$

**Experiment**

Bestimme die sättigbare Bindung gleicher Mengen an Probe und einer festen Ligandenkonzentration in Gegenwart verschiedener (6-12) Konzentrationen an Hemmer I$_0$. Ein Faktor 4 zwischen aufeinanderfolgenden Hemmerkonzentrationen genügt für eine ansehnliche Kurve.

**Datenauswerten**

Berechne zu jeder Hemmerkonzentration I$_0$ das Verhältnis B$_i$/B$_0$ -B$_i$. B$_i$ ist die sättigbare Bindung (in cpm) bei der Hemmerkonzentration I$_0$ und B$_0$ die sättigbare Bindung ohne Hemmer. Trage log(B$_i$/B$_0$ -B$_i$) gegen log I$_0$ auf (Hill-Plot).

**Rechnen**

Die Steigung der Kurve bei B$_i$ = B$_0$/2 ist der Hill-Koeffizient des Hemmers.

**Datenauswerten**

B$_i$/B$_0$ wird gegen log I$_0$ aufgetragen. B$_i$ ist die sättigbare Bindung (in cpm) bei der Hemmerkonzentration I$_0$ und B$_0$ die sättigbare Bindung ohne Hemmer.

**Rechnen**

Log I$_0$ an der Stelle B$_i$/B$_0$ =0,5 ist log IC$_{50}$. Vorausgesetzt der Hemmer hat nur eine Bindungsstelle und es gilt I=I$_0$ und L=L$_0$, errechnet sich K$_i$ aus der IC$_{50}$ nach Abb. 2-14. I und L sind die Konzentrationen von freiem Hemmer bzw. Liganden.

◻ **Abb. 2.30** Ermittlung von Bindungsgrößen

lich für die Formel in ◻ Abb. 2.31 liefert die Kinetik, L$_0$ ist bekannt, und für R$_0$ muss der Experimentator halt in Gottes Namen einen Scatchard machen.

### off-rate-Kinetik

Die *off-rate*-Konstante $k_{off}$ charakterisiert die Geschwindigkeit der Dissoziation des Liganden vom Bindungsprotein-Liganden-Komplex. Die Konstante ermittelt man folgendermaßen: Nachdem radioaktiver Ligand und Bindungsprotein das Bindungsgleichgewicht erreicht haben, erniedrigt der Experimentator entweder die Konzentration des ungebundenen Liganden L oder seine spezifische Radioaktivität. Letzteres heißt „Chase". Im Chase gibt der Experimentator einen 100- bis 1000-fachen Überschuss an nicht-markiertem Liganden zum Bindungsansatz. Um dagegen die Konzentration des ungebundenen Liganden zu erniedrigen, verdünnt

er den Bindungsansatz und damit den markierten Liganden 20- bis 40-fach mit Bindungspuffer. In beiden Fällen spielt die *on-rate* des radioaktiven Liganden keine Rolle mehr, und es gilt die Formel in ◻ Abb. 2.32.

Im Detail: Im großen Topf einen (n + 1)-fachen Bindungsansatz für n Zeitpunkte ansetzen. Warten, bis das Bindungsgleichgewicht erreicht ist. Start bei t = 0 durch Verdünnen oder Zugabe von kaltem Liganden (Verdünnungslösung bzw. kalter Ligand und Bindungsansatz müssen auf gleicher Temperatur sein!). Zu jedem Zeitpunkt ein Aliquot entsprechend einem Standardtest entnehmen (bei z. B. 40-fachem Verdünnen natürlich das 40-fache Volumen des Standardtests) und sofort die Menge an noch gebundenem Liganden bestimmen.

### Probleme bei Kinetiken

Die *on-rate*- oder *off-rate*-Kurven (◻ Abb. 2.31 und 2.32) sind oft nicht linear, sondern gebogen.

**◘ Abb. 2.31** Ermittlung der *„on-rate"*

**Definitionen:**

| | |
|---|---|
| **L** | Konzentration an freiem Liganden zur Zeit **t** |
| **L₀** | $L_0 = L + (RL)$ [**L₀** ist unabhängig von **t**] |
| **R** | Konzentration an freiem Bindungsprotein zur Zeit **t** |
| **R₀** | Gesamtkonzentration des Bindungsproteins [$R_0 = R + (RL)$; **R₀** ist unabhängig von **t**] |
| **(RL)** | Konzentration des gebundenen Liganden zur Zeit **t** |
| **(R̃L)** | Konzentration des gebundenen Liganden bei $t = \infty$ |

$$\text{Mechanismus} \qquad R + L \underset{k_{off}}{\overset{k_{on}}{\rightleftharpoons}} RL$$

aus dem Mechanismus folgt die Differenzialgleichung: $\dfrac{d(RL)}{dt} = k_{on} \cdot R \cdot L - k_{off} \cdot (RL)$

für **k_on** ergibt sich:

$$k_{on} = \frac{\overset{\infty}{(RL)}}{\overset{\infty}{(RL)^2} - R_0 \cdot L_0} \cdot \frac{1}{t} \cdot \left[ \ln \frac{\overset{\infty}{(RL)} - (RL)}{R_0 \cdot L_0 - \overset{\infty}{(RL)} \cdot (RL)} + \ln \frac{R_0 \cdot L_0}{\overset{\infty}{(RL)}} \right]$$

Der Auftrag der Größe $\ln \dfrac{\overset{\infty}{(RL)} - (RL)}{R_0 \cdot L_0 - \overset{\infty}{(RL)} \cdot (RL)}$ gegen die Zeit **t** liefert eine Gerade, aus deren Steigung S die Konstante $k_{on}$ berechnet wird.

$$k_{on} = \frac{S \cdot \overset{\infty}{(RL)}}{\overset{\infty}{(RL)^2} - R_0 \cdot L_0}$$

Die Steigung S hat die Dimension Zeit⁻¹, $k_{on}$ hat die Dimension Zeit⁻¹ Konzentration⁻¹, also z. B. s⁻¹ M⁻¹.

Dem können mehrere Klassen von Bindungsstellen zugrunde liegen, die verschiedene *on*- bzw. *off-rates* zeigen. Die Geschwindigkeitskonstante der schnellsten Reaktion ergibt sich über die Steigung der Tangente der Kurve im Nullpunkt. Oft liegt aber dem Phänomen gebogener Kurven auch Triviales zugrunde wie Temperaturänderungen während des Experiments etc.

*on-rate* oder *off-rate* sind zu schnell, um ohne großen apparativen Aufwand erfasst zu werden. Kühlung und/oder niedrigere Konzentrationen der Reaktanten ($R_0$, $L_0$) helfen. Der Quotient $k_{off}/k_{on}$ sollte gleich der Dissoziationskonstanten $K_D$ sein (folgt aus den Formeln in ◘ Abb. 2.6 und 2.31, bei $d(RL)/dt = 0$), und normalerweise ist er das auch. Zu starke Abweichungen (größer als Faktor 2) weisen auf methodische Fehler hin.

## 2.4 Vernetzen von Liganden

》 Unter diesen Gesprächen und Unterhaltungen gerieten sie in einen Wald, der vom Wege entfernt lag, und plötzlich, ohne daran zu denken, fand sich Don Quichotte in Netzen von grünen Fäden verwickelt, die von etlichen Bäumen nach den jenseitigen ausgespannt waren; und ohne zu begreifen, was dies sein sollte, sagte er zu Sancho: Ich glaube Sancho, dass diese Netze eins der seltsamsten Abenteuer sind, die man nur ersinnen kann.

Viele Liganden lassen sich kovalent mit ihrem Bindungsprotein vernetzen. Ist der Ligand radioaktiv markiert, dann ist nach der Vernetzung auch das Bindungsprotein radioaktiv markiert. Bindet der Ligand spezifisch, so lassen sich Ligand und Bindungsprotein oft auch spezifisch vernetzen, d. h. in Proteingemischen vernetzt der Ligand nur mit dem

**Definitionen:**

(RL) ist die Konzentration des gebundenen Liganden zum Zeitpunkt **t**

$(RL)_{t=0}$ ist die Konzentration des gebundenen Liganden zum Zeitpunkt **t** = 0.

■ **Abb. 2.32** Ermittlung der „off-rate"

$$\text{Mechanismus} \quad RL \xrightarrow{\ k_{off}\ } R + L$$

zugehörige Differenzialgleichung:
$$\frac{d(RL)}{dt} = -k_{off} \bullet (RL)$$

integrieren ergibt:
$$\ln \frac{(RL)}{(RL)_{t=0}} = -k_{off} \bullet t$$

Der Auftrag **ln** (RL)/(RL)$_{t=0}$ gegen **t** liefert eine Gerade mit der Steigung $-k_{off}$.

Bindungsprotein. Mit der Vernetzungstechnik kann ein Experimentator also Bindungsproteine selektiv und kovalent markieren, ohne dass er diese zuvor reinigen muss. Zudem liefern SDS-Elektrophorese und Autoradiographie des vernetzten Bindungsproteins dessen MG bzw. das MG des ligandenbindenden Polypeptids.

Im Folgenden ist mit Ligand, falls nicht anders erwähnt, radioaktiver Ligand gemeint.

### 2.4.1 Drei-Komponenten-Vernetzung (3K-Vernetzung)

Bei der 3K-Vernetzung reagieren drei Komponenten miteinander: Bindungsprotein, Ligand, Vernetzer. Vernetzer sind Moleküle mit zwei funktionellen Gruppen, z. B. Aldehyd- oder Imidoestergruppen (Gaffney 1985). Häufig verwendete Vernetzer zeigt ■ Abb. 2.33, eine Reihe weiterer Vernetzer beschreibt der Pierce-Katalog (Pierce gehört inzwischen zu Thermo Fisher Scientific), der gleichzeitig ein gutes Nachschlagewerk über Vernetzer ist.

Damit ein Vernetzer Ligand und Bindungsprotein vernetzen kann, müssen Letztere reaktive Gruppen besitzen, die mit den funktionellen Gruppen des Vernetzers reagieren (■ Abb. 2.34). Reaktive Gruppen wären z. B. primäre Amino-, Carboxyl-

oder Sulfhydrylgruppen. Beim Bindungsprotein ist die reaktive Gruppe meistens eine primäre Aminogruppe, z. B. von Lysinresten.

Vernetzen ist einfach, doch mühsam ist es, einen geeigneten Liganden zu finden oder herzustellen. Es genügt nicht, dass der Ligand eine reaktive Gruppe besitzt – diese muss auch an der richtigen Stelle sitzen. Vollends zum Kunststück wird die 3K-Vernetzung, wenn die $K_D$ des Liganden nur im mikromolaren Bereich liegt. Der ideale Ligand enthält also eine primäre Aminogruppe, die an der Bindung unbeteiligt ist, und er bindet mit nanomolarer oder niedrigerer $K_D$ an das Bindungsprotein. Beliebt ist die 3K-Vernetzung dementsprechend bei Protein- und größeren Peptidliganden. Diese werden iodiert und anschließend über ihre primären Aminogruppen an das Bindungspolypeptid vernetzt. 3K-Vernetzung ist auch über die Carboxylgruppen von Ligand oder Bindungspolypeptid möglich (Schmidt und Betz 1989), doch wird dieser Weg selten eingeschlagen.

Der Vernetzer vernetzt nicht nur Ligand und Bindungspolypeptid, sondern auch die anderen Proteine in der Reaktionslösung, und zwar inter- und intramolekular. Bei niedrigen Konzentrationen an Vernetzer ist die Chance, Ligand und Bindungspolypeptid zu vernetzen, klein und damit auch das Signal. Bei hohen Konzentrationen entstehen hoch-

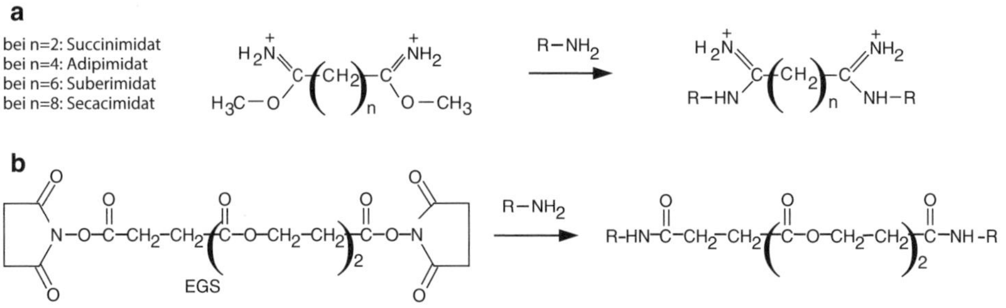

**a**

bei n=2: Succinimidat
bei n=4: Adipimidat
bei n=6: Suberimidat
bei n=8: Secacimidat

**b**

EGS

○ **Abb. 2.33a,b** Homofunktionelle Vernetzer. **a** Bisimidate reagieren mit primären Aminogruppen, bevorzugt mit den Lysinresten von Proteinen, im pH-Bereich 7–9 zu einer stabilen Verbindung. Die Ladung des Proteins ändert sich nicht. Bisimidate sind membranpermeabel, leicht löslich in Wasser und hydrolysieren mit einer Halbwertszeit von 10 min bis 1 h (abhängig vom pH), **b** Ethylenglycol-bis-succinimidyl-Succinat (EGS) von Pierce bildet mit primären Aminen stabile Säureamidverbindungen. EGS ist schlecht wasserlöslich und wird als DMSO-Lösung zum Vernetzungsansatz gegeben. Der Vorteil gegenüber den Bisimidaten ist die längere Halbwertszeit von EGS in wässrigen Lösungen (ein paar Stunden) und seine Spaltbarkeit mit Hydroxylamin (bei pH 8,5). EGS gibt es auch als wasserlösliches Sulfoanalog

molekulare Addukte, die schwer zu analysieren sind und oft nicht einmal mit SDS in Lösung gehen. Es gibt deswegen eine optimale Konzentration an Vernetzer, die für jeden Liganden und jeden Vernetzer ermittelt werden muss. Bei Vernetzern ohne Arylazidgruppe spielt auch dessen Länge eine Rolle: Der Vernetzer muss lang genug sein, um die reaktive Gruppe des Liganden mit einer reaktiven Gruppe des Bindungspolypeptids verbinden zu können. Andererseits darf er nicht zu lang sein, weil er dann nicht mehr mit dem Bindungsprotein reagiert und/ oder intermolekular vernetzt.

Die Einbaurate ist bei der 3K-Vernetzung niedrig, weniger als 1–2 % des gebundenen Liganden werden kovalent an das Bindungsprotein vernetzt. So erlaubt die 3K-Vernetzung meistens nur eine Bestimmung des scheinbaren MG des Bindungspolypeptids auf SDS-Gelen, was Sie oft nicht weiter bringt. Die 3K-Vernetzung ist jedoch, wenn ein geeigneter Ligand vorliegt, schnell gemacht und wirft ein Paper ab.

## Homofunktionelle Vernetzer

Homofunktionelle Vernetzer besitzen zwei gleiche funktionelle Gruppen. Beliebt sind die Bisimidate (○ Abb. 2.33a), z. B. Dimethylsuberimidat, und die N-Hydroxysuccinimidester, z. B. EGS (○ Abb. 2.33b). Dimethylsuberimidat dient oft zum Vernetzen von Protein- und Peptidliganden.

Der Vorteil der **Bisimidate** liegt in ihrer Spezifität für primäre Aminogruppen bzw. Lysinreste

(Thiol-, Phenol-, Imidazolylgruppen reagieren kaum), der Stabilität der entstehenden Verbindung und der Verfügbarkeit einer Reihe von Bisimidaten unterschiedlicher Kettenlänge (von Dimethylsuccinimidat mit n = 2 zu Dimethylsecacimidat mit n = 8). Zudem gibt es im Handel spaltbare Bisimidate, z. B. mit einer Disulfidbrücke, deren Vernetzung wieder rückgängig gemacht werden kann. Nachteile der Bisimidate sind:

— schnelle Hydrolyse,
— die alkalischen Reaktionsbedingungen (begünstigen z. B. Disulfidaustausch).

Die **Succinimidester** gibt es ebenfalls mit verschiedenen Kettenlängen und auch mit einer Disulfidbrücke in der Mitte. Sie sind in Wasser stabiler als die Bisimidate, meist aber schlecht wasserlöslich.

## Heterofunktionelle Vernetzer

Heterofunktionelle Vernetzer besitzen verschiedene funktionelle Gruppen (○ Abb. 2.35). Eine Gruppe reagiert meistens mit primären Aminogruppen, während die andere durch Bestrahlung aktiviert wird (Photolyse, ○ Abb. 2.34b). Die photosensitive Gruppe ist oft ein Arylazid. Arylazide sind im Dunkeln stabil, verwandeln sich aber bei Bestrahlung in aggressive Nitren-Verbindungen. Diese haben eine Lebensdauer von 0,1–1 ms und reagieren sogar mit C–H-Bindungen. Eine reaktive Gruppe auf dem Bindungspolypeptid ist für die Nitrenreaktion also nicht nötig. Das ist gut, wenn die Lysinreste des Bin-

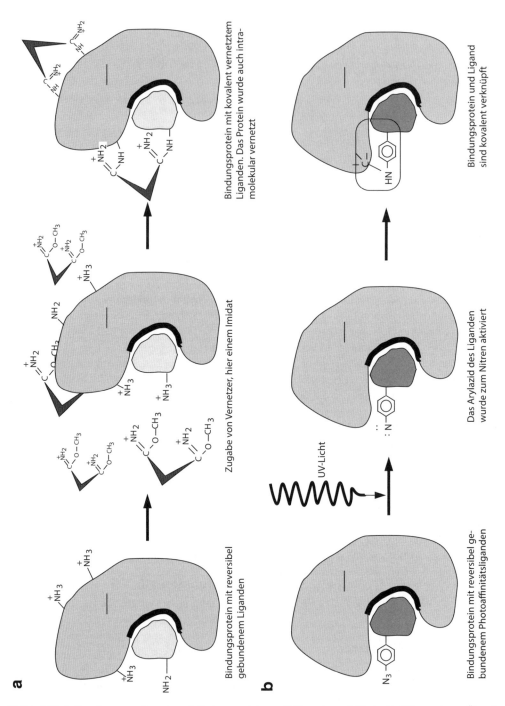

**◻ Abb. 2.34a,b** Vernetzung von Liganden mit Bindungsproteinen. **a** 3K-Vernetzung, **b** Photoaffinitätsvernetzung. Über die Reaktion von Arylnitrenen mit Proteinen ist wenig bekannt, auch hängt die Art der entstehenden Bindung von den Gruppen ab, mit denen das Nitren reagieren kann. Bei der Reaktion des Arylnitrens mit einer CH-Gruppe des Bindungsproteins entsteht vermutlich die umrandete Verbindung. (Bayley und Knowles 1977)

dungsproteins ungünstig liegen oder das Bindungsprotein keine reaktive Gruppe hat. Eine 3K-Vernetzung geht dann mit Bisimidaten bachab, während ein Vernetzer mit Arylazidgruppe wie SANPAH (❏ Abb. 2.35b) das Experiment noch retten könnte.

Ebenfalls beliebt als photosensitive Gruppe sind die Diazirine. Dabei bindet ein C-Atom eine Azogruppe (–N=N–) zu einem dreigliedrigen Ring, einem Dreiring. Mit UV-Licht (350–365 nm) zerfallen Diazirine zu reaktiven Carbenen und $N_2$. Ein beliebter heterofunktioneller Vernetzer mit Diaziringruppe ist SDAD (Thermo Fisher Scientific). SDAD bindet über seine Succinimidylgruppe eine Aminogruppe des Liganden und reagiert nach der Bindung des derivatisierten Liganden und Bestrahlung über die Diaziringruppe mit mehr oder weniger allem, was sich in der Nähe befindet (Gomes und Gozzo 2010; Dubinsky et al. 2012).

Das Absorptionsmaximum von einfachen Arylaziden wie HSAB liegt bei 265–275 nm, der molare Extinktionskoeffizient bei $2 \times 10^4$ $M^{-1}$ $cm^{-1}$. Die Substitution des aromatischen Rings durch Iod, eine Nitro- oder eine Hydroxylgruppe verschiebt das Absorptionsmaximum zu höheren Wellenlängen (das Absorptionsmaximum von NHS-ASA liegt bei 305 nm).

Wem der Zustand der Aminosäuren Tryptophan, Tyrosin und Phenylalanin des Bindungsproteins gleichgültig ist, aktiviert Arylazide mit kurzwelligem Absorptionsmaximum (260–305 nm) mit dem Stratalinker (Stratagene, jetzt Agilent Technologies). Das Gerät erzeugt hauptsächlich monochromatisches Licht der Wellenlänge 254 nm und zusätzlich ein Kontinuum zwischen 315 und 370 nm. Eine Bestrahlung mit 0,12 J für 1 min reicht aus. Wer die Aminosäuren des Bindungsproteins schonen möchte, verwendet Licht längerer Wellenlängen (310–360 nm). Die UV-Lampen der Zellkultur-Abzüge (280 nm) oder die UV-Lichtplatten bzw. Handmonitore der Molekularbiologen (254/312/365 nm) aktivieren Arylazide ebenfalls. Der Strahlungsausstoß dieser Geräte ist aber schlecht kontrollierbar, und die Bestrahlungszeit liegt bei 30 min und länger. Bestrahlungsdauer und die Entfernung zwischen Lampe und Probe finden Sie durch Probieren heraus (30 cm ist ein guter Anfang). Die Intensität der Strahlung nimmt mit dem Quadrat des Abstands ab.
Mit Nitrogruppen substituierte Arylazide lassen sich schnell und proteinschonend mit einem Photoblitz aktivieren.

### 3K-Vernetzungsexperimente

Verbindungen haben – das soll, so hören Sie gelegentlich flüstern, in der Wissenschaft ungeheuer

wichtig sein. Hier ist nicht der Platz, dazu Stellung zu nehmen, doch klar ist: Wer Verbindungen haben will, muss erst welche knüpfen. Wie also führt man eine 3K-Vernetzung sachgerecht durch? Zuerst inkubieren Sie den Liganden mit der Proteinprobe – mit und ohne einen Überschuss an Bindungshemmer. Die Konzentration des Liganden sollte im $K_D$-Bereich liegen. Ist das Bindungsgleichgewicht erreicht, entfernen Sie den ungebundenen Liganden, sofern das die *off-rate* erlaubt. Danach geben Sie den Vernetzer zu. Heterofunktionelle Vernetzer lässt man zuerst mit ihrer nicht-photoaktivierbaren funktionellen Gruppe reagieren.

Die verwendeten Puffer dürfen keine Amine wie Tris oder Glycin enthalten. Die Puffer sollten leicht alkalisch sein, damit genügend unprotoniertes Amin (von Ligand bzw. Protein) für die Reaktion bereitsteht. Hepes-, Borat- oder Phosphatpuffer im pH-Bereich 7,5–8,5 sind eine gute Wahl. Um die optimale Konzentration an Vernetzer zu finden, setzt der Experimentator Ansätze mit verschiedenen Konzentrationen Vernetzer an (bei Bisimidaten z. B. 0,1/0,4/1,6/6,4 mM). Der Vernetzer wird unmittelbar vor der Reaktion angesetzt, um seine Hydrolyse niedrig zu halten. Nach einer Inkubation von Vernetzer, Ligand und Protein von 5–30 min werden heterofunktionelle Vernetzer noch photolysiert. Die Zugabe von Glycin-, Tris- oder Ethanolaminlösungen (100 mM; pH 8,0) blockiert unverbrauchten Vernetzer. Nicht vernetzter Ligand wird, falls mit geringem Aufwand verbunden (z. B. beim Vernetzen an Membranen), weggewaschen.
Nach der Vernetzung analysieren Sie den Ansatz auf einem SDS-Gel. Dicke Gele (1,5–3 mm statt 0,75 mm) ermöglichen es, viel Protein pro Tasche aufzuladen und damit das Signal im Autoradiogramm oder Fluorogramm zu vergrößern.

Bei Vernetzungsversuchen hilft die Schrotflinte. Setzen Sie in einem Rutsch viele Proben mit verschiedenen Vernetzern verschiedener Kettenlänge in verschiedenen Konzentrationen an. Nach der Reaktion analysieren Sie die Ansätze parallel: mit mehreren Gelen und vielen Taschen pro Gel. Haben Sie die Wahl, nehmen Sie iodierten Liganden: Die Autoradiographie dauert bei [125]I nur zwei bis sieben Tage, bei [3]H dagegen vier bis zwölf Wochen (▶ Abschn. 1.7).

Die 3K-Vernetzung von Peptidliganden beschreiben Donner (1983), Susini et al. (1986) sowie Wood und Dorisio (1985). Proteinliganden haben Rehm und Betz (1983) und Schmidt und Betz (1989) vernetzt.

**a**

NHS-ASA

HSAB

**b**

SANPAH
(Lomants Reagenz)

**c**

SASD

◧ **Abb. 2.35a–c** Heterofunktionelle Vernetzer. **a** Die Succinimidylgruppe von NHS-ASA und HSAB reagiert mit primären Aminogruppen zu stabilen Säureamiden. Die Succinimidylgruppe hydrolysiert in Wasser mit einer Halbwertszeit von 2–10 min, ist aber stabil in organischen Lösungsmitteln wie DMSO; die Arylazidgruppe wird durch UV-Licht (270–305 nm) aktiviert (Photolyse). NHS-ASA lässt sich iodieren (Ji et al. 1985; ▶ Abschn. 2.1.2) und eignet sich zur Herstellung von Photoaffinitätsliganden aus nicht-radioaktiven Liganden mit primärer Aminogruppe, **b** Die N-Succinimidylgruppe von SANPAH (Thermo Fisher Scientific) reagiert mit primären Aminogruppen, die Nitroarylazidgruppe wird durch langwelliges UV-Licht (320–350 nm) aktiviert. Unter Rotlicht ist SANPAH stabil. SANPAH ist in Wasser schwer löslich und wird als DMSO-Lösung zum Vernetzungsansatz gegeben, das analoge Sulfo-SANPAH (Sulfogruppe am Succinimidylring) dagegen ist gut wasserlöslich. **c** SASD (Thermo Fisher Scientific) ist am Phenylrest iodierbar, und seine Disulfidgruppe kann nach der Vernetzung gespalten werden. Diese Eigenschaften ermöglichen die spezifische Iodierung des Bindungsproteins: $^{125}$I-SASD wird (über die Sulfosuccinimidylgruppe) mit einer primären Aminogruppe des nicht-radioaktiven Liganden zum Photoaffinitätsliganden umgesetzt. Der Photoaffinitätsligand bindet an das Bindungsprotein, und Photolyse (270–305 nm) vernetzt die Partner kovalent. Danach wird die Disulfidbrücke (mit DTT oder Mercaptoethanol) gespalten. Nur der iodierte Phenylrest bleibt kovalent mit dem Bindungsprotein verbunden. Phosphatpuffer verträgt sich nicht mit SASD: SASD salzt aus

## 2.4.2 Photoaffinitätsvernetzung

### Herstellung eines Photoaffinitätsliganden

Auf einen Vernetzer können Sie verzichten, falls Sie einen Liganden besitzen, der schon eine funktionelle Gruppe enthält. Bei Photoaffinitätsliganden (PAL) ist diese funktionelle Gruppe photoaktivierbar, z. B. ein Arylazid (◧ Abb. 2.34) oder eine Diaziringruppe. Die Diaziringruppe (–N=N–) ist klein, und die Wahrscheinlichkeit, dass sie die Ligandenbindung stört, ist daher vergleichsweise gering. Zudem reagiert sie schon bei milden Bestrahlungsbedingungen.

PAL kann der Experimentator nach Vermutungen, anlehnend an die Struktur bekannter Liganden, synthetisieren und danach radioaktiv markieren. Dies dauert oft Jahre. Besser hat es, wer über Liganden verfügt, deren primäre Amino- oder Car

boxylgruppe an der Bindung des Liganden nicht beteiligt ist. Diese Gruppe des Liganden können Sie mit einem heterofunktionellen Vernetzer mit Arylazidgruppe (◧ Abb. 2.35) zum PAL umsetzen. Es gibt drei Möglichkeiten:

1. Den nicht-radioaktiven Liganden mit einem Überschuss von Vernetzer umsetzen; den entstandenen PAL vom nicht umgesetzten Vernetzer und/oder dessen Abbauprodukten trennen; den PAL radioaktiv markieren.

2. Den Vernetzer radioaktiv markieren (radioaktive Vernetzer sind im Handel erhältlich, z. B. $^{3}$H-HSAB oder $^{125}$I-Denny-Jaffe-Reagenz bei PerkinElmer; andere, wie NHS-ASA oder SASD, lassen sich leicht iodieren); den radioaktiven Vernetzer mit einem Überschuss an nicht-radioaktivem Liganden umsetzen; den radioaktiven PAL vom nicht umgesetzten Liganden trennen.

3. Den radioaktiven Liganden mit einem Überschuss an Vernetzer umsetzen; den radioaktiven PAL vom nicht-umgesetzten Vernetzer und/oder dessen Abbauprodukten trennen.

In den ersten beiden Fällen fordert die Herstellung eines radioaktiven PAL Trennarbeit (meistens einen HPLC-Lauf). Beim dritten Fall kann zur Not auf die Entfernung des nicht umgesetzten Vernetzers verzichtet und dessen nicht-photoaktivierbare funktionelle Gruppe mit Tris oder Glycin inaktiviert werden. Auch im zweiten Fall setzt der Experimentator die Reaktionsmischung hin und wieder direkt zur Vernetzung ein. Dann nämlich, wenn die Affinität des PAL höher ist als die des nicht-radioaktiven Liganden und der Überschuss des nicht-radioaktiven Liganden sich in Grenzen hält. Die aufwendige Abtrennung des nicht-radioaktiven Liganden ist zwar wünschenswert, aber nicht unbedingt nötig. Über die Notwendigkeit entscheidet ein Bindungstest: Bindet Radioaktivität aus der Reaktionsmischung spezifisch an die Protein- oder Membranpräparation, handelt es sich um den PAL, denn der radioaktive Vernetzer bindet nicht spezifisch. Außerdem folgt, dass die Konzentration des nicht-radioaktiven Liganden zu niedrig ist, um die Bindung des PAL vollständig zu hemmen. Dieser sollte sich also an das Bindungspolypeptid vernetzen lassen.

Arylazid-Verbindungen sind im Dunkeln stabil; dies selbst dann, wenn der Benzolring drei verschiedene Gruppen (Hydroxylgruppe, Iod und Azidogruppe) trägt.

Hin und wieder ist der Ligand *a priori* photosensitiv und eine Derivatisierung unnötig (z. B. $^{125}$I-EGF, $^3$H-Strychnin) (Graham et al. 1983). Zu solchen Hoffnungen berechtigt eine Nitrogruppe im Liganden oder der Hinweis „lichtempfindlich" auf seiner Verpackung.

Literatur zur PAL-Herstellung finden Sie am Ende des Kapitels.

## Zur Strategie der Photoaffinitätsvernetzung

Die **Vorteile** der Photoaffinitätsvernetzung gegenüber der 3K-Vernetzung sind:
- höherer Einbau von Radioaktivität in das Bindungspolypeptid (5–20 % des gebundenen PAL),

- schnelle Reaktion, die Kollisionsartefakte vermeidet,
- Schonung des Bindungsproteins.

Zudem funktioniert die Photoaffinitätsvernetzung oft noch bei Liganden mit mikromolarer $K_D$, und es kommt nicht zu der ausgiebigen inter- und intramolekularen Vernetzung wie bei der 3K-Vernetzung. Letzteres zahlt sich nicht nur bei Solubilisierungsversuchen des markierten Bindungsproteins aus. Der PAL ermöglicht eventuell auch die Markierung des Bindungsproteins in der lebenden Zelle und damit Verteilungsstudien und Stoffwechseluntersuchungen (Abbau, Proteolyse, in welcher Art von Zellvesikeln das Protein transportiert wird etc.). Achtung: Die kovalente Verbindung PAL-Bindungsprotein könnte sich anders verhalten als das Bindungsprotein oder der Bindungsprotein-Ligand-Komplex.

Die hohe Einbaurate der Photoaffinitätsvernetzung ermöglicht es manchmal, die kovalente Verbindung PAL-Bindungsprotein mit Antikörpern gegen den PAL zu isolieren (Immunpräzipitation oder Immunaffinitätssäule).

Der PAL reagiert im Allgemeinen nur mit einer Aminosäure in der Nähe seiner Bindungsstelle, und eine intramolekulare Vernetzung findet nicht statt. Daher können Sie nach der Photoaffinitätsvernetzung das Bindungspolypeptid in Peptide spalten. Die hohe Einbaurate ermöglicht den Nachweis und die Isolierung der vom PAL derivatisierten Peptide. Die Sequenzierung dieser Peptide gibt Hinweise auf die PAL-Bindungsstelle (Winkler und Klingenberg 1992).

## Photoaffinitäts-Vernetzungsexperimente

Bei der Photoaffinitätsvernetzung ist es die vornehmste und schwierigste Aufgabe, die Verbindung herzustellen, von der der Forscher hofft, dass sie ein PAL sei. Da diese Hoffnung oft vergebens ist, kontrolliert er zuerst, ob es sich bei der produzierten Verbindung wirklich um einen PAL handelt. Die Verbindung muss nicht nur radioaktiv markiert sein und eine photoaktivierbare Gruppe besitzen, sie muss auch mit mindestens mikromolarer, besser nanomolarer $K_D$ und spezifisch an das richtige Protein binden. Ist das der Fall, wird vernetzt.

Der PAL (Konzentration im $K_D$-Bereich) wird mit der Proteinprobe inkubiert. Nach dem Erreichen des Bindungsgleichgewichts entfernt man den ungebundenen PAL, falls das ohne größeren Aufwand möglich ist. Danach wird photolysiert wie bei heterofunktionellen Vernetzern mit Arylazidgruppe (▶ Abschn. 2.4.1). Nach der Photolyse wäscht man, wenn das wie bei Membranen leicht möglich ist, nicht vernetzten PAL weg.

Die Spezifität der Vernetzung prüft man durch Zugabe von spezifischen Bindungshemmern.

Arylazid-Verbindungen ohne Nitrogruppe sind bei Raumlicht für mehrere Stunden stabil. Die Verbindungen sollten dennoch im Dunkeln aufbewahrt und nie direktem Sonnenlicht ausgesetzt werden.

Für die Analyse des Vernetzungsansatzes mit SDS-Gelen und für deren Entwicklung gelten die gleichen Regeln wie für die Analyse der 3K-Vernetzung (▶ Abschn. 2.4.1).

PAL mit kleinem MG beschreiben Graham et al. (1983), Leeb-Lundberg et al. (1984) und May (1986). Auf Peptid-PAL gehen Pearson und Miller (1987) sowie Vandlen et al. (1985) ein. Eine Übersicht über PAL mit Diazirinen als reaktive Gruppe geben Dubinsky et al. (2012).

### 2.4.3  Kontrollen bei Vernetzungsversuchen

Zum Nachweis der Vernetzung von Ligand und Bindungsprotein wird die vernetzte Proteinprobe auf einem SDS-Gel aufgetrennt und dieses autoradiographiert. Ist die Vernetzung gelungen, erscheint die Ligand-Bindungspolypeptid-Verbindung auf dem Film als Bande. Nun ist es aber so, dass man immer eine bis mehrere Banden sieht, auch dann, wenn die Probe überhaupt kein Bindungsprotein enthielt, solange nur das SDS-Gel lange genug mit dem Film aufbewahrt wird. Das liegt daran, dass immer etwas Ligand unspezifisch bindet und damit unspezifisch vernetzt wird. Zudem aggregieren bei längerer Lagerung viele Proteinliganden kovalent zu Dimeren, Trimeren etc. Auch wenn dies nur in geringem Ausmaß geschieht, die hochmolekularen Komplexe lassen sich selten vollständig von der Probe abtrennen und erscheinen im Autoradiogramm als Artefaktbanden.

Das Auftauchen einer Bande genügt also nicht als Nachweis spezifischer Vernetzung; Sie müssen beweisen, dass die Bande ihr Bindungsprotein ist. Dazu dienen folgende Kontrollen:

- Unmarkierter Ligand (Konzentration im $K_D$-Bereich) oder andere spezifische Bindungshemmer müssen die radioaktive Markierung der Bande verringern. Die Bindungshemmer werden beim ersten Schritt der Vernetzung, der Inkubation des Liganden mit der Proteinprobe, zugesetzt.
- Die Bande darf nicht bei Proteinproben erscheinen, die kein Bindungsprotein enthalten oder deren Bindungsprotein inaktiviert wurde.
- Die Bande darf nicht ohne Vernetzer oder, bei PAL, ohne Photolyse erscheinen.
- Die Vernetzung darf das Bandenmuster der Proteinprobe im SDS-Gel nicht verändern (zwei Vernetzungsansätze – mit bzw. ohne Vernetzer – auf einem SDS-Gel fahren und mit Coomassie färben).
- Wird die Vernetzung ohne die Proteinprobe durchgeführt, darf keine Bande erscheinen. Diese Kontrolle ist nicht trivial, denn die radioaktive Bande im Gel könnte durch intermolekulare Vernetzung des Liganden entstanden sein. Diese Gefahr besteht vor allem bei Proteinliganden.

Die folgenden Experimente sind für ein Vernetzungspaper nicht unbedingt notwendig. Sie machen jedoch Eindruck auf den Gutachter eines Journals und führen manchmal zu überraschenden Erkenntnissen:

- Vernetzung mit verschiedenen radioaktiven Liganden,
- Vernetzung mit verschiedenen Vernetzern verschiedener Länge,
- Vernetzungsansatz unter reduzierenden und unter nicht-reduzierenden Bedingungen auf dem SDS-Gel fahren. Dieses Experiment klärt, ob über Disulfidbrücken weitere Polypeptide mit dem Bindungspolypeptid verknüpft sind.
- Um zu prüfen, ob bei Proteinliganden die Radioaktivität der Bande im SDS-Gel wirklich vom Liganden stammt, vernetzt der vorsichtige Forscher zusätzlich mit spaltbaren Vernetzern (z. B. EGS, SASD). Nach der Vernetzung und der SDS-Gelelektrophorese schneidet er die radioaktive Bande aus dem Gel, behandelt das Gelstück in der Tasche eines zweiten SDS-Gels mit einem spaltenden Reagenz und elektrophoretisiert danach. Die Radioaktivität muss jetzt in einer Bande auftauchen, deren Position dem MG des Liganden entspricht.

▬ Membranproteine sind in der Regel glykosyliert, und ihr scheinbares MG ändert sich mit dem Prozentsatz Acrylamid im SDS-Gel. Bestimmen Sie also die scheinbaren MG der Ligand-Bindungspolypeptid-Verbindung mit SDS-Gelen verschiedener Prozentsätze Acrylamid.

## Ein Fall aus der Praxis

Wie verschieden bei Vernetzungsversuchen die MG ausfallen können, zeigen die Paper Rehm und Betz (1983) sowie Schmidt und Betz (1989). Rehm und Schmidt wollten das Bindungsprotein für das Neurotoxin β-Bungarotoxin identifizieren. Das Toxin besteht aus zwei über Disulfidbrücken verbundenen Peptiden vom MG 7 und 14 kDa.

Im Jahr 1983 hatte Rehm in Martinsried [125]I-β-Bungarotoxin an Kükenhirnmembranen vernetzt und die Membranen auf 10%igen SDS-Gelen analysiert. Mit dem membrangängigen Vernetzer SANPAH hatte er eine Bande vom MG 116 kDa markiert. Schmidt vernetzte sechs Jahre später in Heidelberg [125]I-β-Bungarotoxin und Kükenhirnmembranen mit dem wasserlöslichen Vernetzer Sulfo-SANPAH und dem wasserlöslichen Carbodiimid EDAC. Schmidt markierte zwei Banden: bei MG 90–95 kDa und bei 46–49 kDa. Sowohl Rehms als auch Schmidts Banden zeigten das verschwommene Erscheinungsbild von Glykoproteinen. Auch blieb bei beiden Autoren das MG der markierten Banden beim Wechsel von reduzierenden zu nichtreduzierenden Bedingungen gleich. Also wurden nicht nur Polypeptide des Bindungsproteins mit [125]I-β-Bungarotoxin, sondern auch die zwei Untereinheiten des [125]I-β-Bungarotoxins miteinander vernetzt. Zieht man das MG des [125]I-β-Bungarotoxins (7 + 14 = 21 kDa) vom MG der Banden ab, erhielt Rehm für das β-Bungarotoxin-bindende Peptid des Bindungsproteins ein MG von 95 kDa, Schmidt jedoch 69–74 bzw. 25–28 kDa.

Diese Unterschiede sind erstaunlich: Der Doktorand Schmidt war von Postdok Rehm in die Labortechniken eingeführt worden. Insbesondere hatte Schmidt das Gelegießen und das Iodieren von Rehm gelernt. Vernetzt hatte Schmidt allerdings, als Rehm in Nizza forschte. Rückfragen hatte Schmidt für unnötig gehalten.

Wie lassen sich diese Unterschiede erklären?

Zuerst: Das β-Bungarotoxin-Bindungsprotein ist ein spannungsabhängiger K$^+$-Kanal (Rehm und Betz 1984; Rehm 1984). So wird unter anderem die Bindung von [125]I-β-Bungarotoxin durch Dendrotoxin und Mastzellen-degranulierendes Peptid (MCDP), zwei Peptidliganden spannungsabhängiger K$^+$-Kanäle, gehemmt. Die Kanäle sind Oktamere aus vier α-Untereinheiten und vier β-Untereinheiten (nicht verwechseln mit β-Bungarotoxin!). Eine α-Untereinheit besitzt sechs Transmembransegmente, und das MG ihrer Peptidkette liegt je nach Spezies zwischen 56 und 73 kDa. Die α-Untereinheit ist glykosyliert, ihr MG liegt also über dem der Peptidkette. Die β-Untereinheit sitzt auf der cytoplasmatischen Seite der Membran, reguliert die Aktivität des Kanals, besitzt keine Transmembransegmente und keine N-Glykosylierungsstelle. Beim Rind hat sie ein aus der Aminosäuresequenz abgeleitetes MG von 41 kDa.

Rehm reinigte 1988 den Kanal aus Rattenhirn mit einer Dendrotoxin-Affinitätssäule (Rehm und Lazdunski 1988). Er erhielt drei Polypeptide. Diese zeigten in einem 8%igen SDS-Gel die MG 76–80 kDa, 38 kDa und 35 kDa – wobei die 35-kDa-Bande vermutlich ein Abbauprodukt der 38-kDa-Bande ist. In einem 10%igen SDS-Gel dagegen zeigten Rehms gereinigte Polypeptide die MG 90 und 38 kDa (Rehm 1989). Das passt zu Rehms Vernetzungsergebnis von 95 kDa beim Huhn (ebenfalls in 10%igen Gelen).

Rinderhirn ergab Peptide, die in einem 8%igen SDS-Gel die MG 74 kDa, 35, 38 und 42 kDa zeigten (Rehm et al. 1989; Newitt et al. 1991), wobei die Peptide von 35 und 38 kDa wieder Abbauprodukte des 42-kDa-Peptids sein dürften. Wurden die gleichen Peptide in einem 10%igen SDS-Gel untersucht, zeigte das größere Peptid ein MG von 83 kDa, die MG der kleineren Peptide blieben unverändert (Rehm et al. 1989).

Rehms Proteine bei 76–80/90 kDa (Ratte) bzw. 74/83 kDa (Rind) waren glykosyliert, ihre Banden im SDS-Gel daher verschwommen (Rehm 1989). Die Banden der kleinen Peptide dagegen waren scharf. Offensichtlich handelt es sich bei den größeren Peptiden um die α-Untereinheiten, bei den kleinen um die β-Untereinheiten der K$^+$-Kanäle. Dementsprechend vernetzen [125]I-Dendrotoxin und [125]I-MCDP an ein Protein aus Rattenhirn, das in 8%igen SDS-Gelen ein MG von 76–77 kDa zeigt

(Rehm et al. 1988). Erkenntnis: Die SDS-Gele liefern nur bei den nicht-glykosylierten β-Untereinheiten zuverlässige Angaben über das MG.

Rehm hat also korrekt mit $^{125}$I-β-Bungarotoxin vernetzt und seine 10%igen SDS-Gele richtig vermessen.

Er hatte bei der α-Untereinheit dennoch eine Hausnummer erhalten, weil das scheinbare MG von glykosylierten Proteinen vom Prozentsatz des Acrylamids im SDS-Gel abhängt. Diese Abhängigkeit kannte Rehm 1983 noch nicht, das ging ihm erst 1989 auf (Rehm 1989). Da half es auch nicht, dass er 1983 sämtliche Kontrollen durchgeführt hatte: So erhielt er z. B. keine Bande beim Vernetzen von $^{125}$I-β-Bungarotoxin mit Membranen aus Kükenleber, die kein β-Bungarotoxin-Bindungsprotein enthalten. Auch hat er das Experiment Dutzende von Malen wiederholt und etliche Seiten seines Laborbuches mit getrockneten Gelen tapeziert.

Schmidt, der die Vernetzungsprodukte seiner Kükenhirnmembranen ja auch mit 10%igen SDS-Gelen untersuchte, sollte die gleiche Hausnummer erhalten wie Rehm: 116 kDa für das Vernetzungsprodukt und 95 kDa für das MG der α-Untereinheit. Wie eingangs gesagt, erhielt er aber zwei Vernetzungsprodukte mit MG von 90–95 kDa und 46–49 kDa, woraus sich – nach Abzug des MG von β-Bungarotoxin – die MG 70–74 kDa und 25–28 kDa für die β-Bungarotoxin-bindenden Peptide ergeben.

Schmidt erklärt den Widerspruch so: Rehm habe mit seinem membrangängigen Vernetzer das Trimer aus α-Untereinheit, β-Untereinheit und β-Bungarotoxin erhalten. Er, Schmidt, dagegen habe mit seinen wasserlöslichen Vernetzern beide Untereinheiten des K$^+$-Kanals identifiziert. In der Tat passt das MG des hypothetischen Trimers (70 kDa + 25 kDa + 21 kDa = 116 kDa) zum MG 116 kDa von Rehms Vernetzungsprodukt.

Jedoch: Die 116 kDa von Rehms Vernetzungsprodukt erklären sich mit der Abhängigkeit der scheinbaren MG der α-Untereinheit vom Prozentsatz des SDS-Gels.

Dagegen gibt es Probleme mit Schmidts Hypothese, er habe beide Untereinheiten des Kanals identifiziert. Das MG von Schmidts 46–49-kDa-Vernetzungsprodukt ist zu niedrig für die β-Untereinheit des Kanals. Wenn man annimmt, dass das MG der β-Untereinheit des Huhns zwischen 38 (Ratte) und

42 kDa (Rind) liegt, hätte Schmidt eine scharfe Bande bei etwa 60 kDa erhalten müssen. Das verschwommene Erscheinungsbild seiner 46–49-kDa-Bande spricht vielmehr für eine Vernetzung mit einem glykosylierten Protein. Es handelt sich bei Schmidts Vernetzungsprodukten vom MG 46–49 kDa und 90–95 kDa wohl um Abbauprodukte von Rehms 116-kDa-Bande. Bezeichnenderweise liegt die Summe der MG von Schmidts β-Bungarotoxin-bindenden Peptiden (70–74 kDa + 25–28 kDa ) bei 95–102 kDa. In einigen Experimenten mit Sulfo-SANPAH hatte Schmidt sogar ein Vernetzungsprodukt bei 115–120 kDa beobachtet (in dem er freilich das Trimer von α- und β-Untereinheit und β-Bungarotoxin vermutet).

So weit, so gut, doch Rehm beobachtete nie Abbauprodukte seiner 116-kDa-Bande.

Haben Schmidts geänderte Vernetzungsbedingungen Proteasen aktiviert?

Möglich ist das. Schmidt hat in HEPES-Puffer ohne Triton X-100 vernetzt, statt in Phosphat- oder Imidazolpuffer, die zur Unterdrückung der unspezifischen Bindung 0,02 % Triton X-100 enthielten. Des Weiteren hat er wasserlösliche, statt hydrophobe Vernetzer verwendet.

Doch vielleicht sind die Ursachen für Schmidts Ergebnisse banaler. Vielleicht hat er für seine Experimente die Kükenhirnmembranen benutzt, die Rehm bei seinem Abgang wegzuwerfen vergaß und die schon seit Jahren im Tiefkühlschrank schlummerten. Wenn die α-Untereinheit des K$^+$-Kanals im Kühlschrank durch Proteasen zerlegt wurde, helfen keine Protease-Hemmer im Vernetzungsansatz.

Wie könnte man prüfen, ob Schmidts Banden Abbauprodukte von Rehms 116-kDa-Bande sind?

– Wenn die 46–49-kDa-Bande ein Abbauprodukt der α-Untereinheit und glykosyliert ist, müsste sie in 8%igen SDS-Gelen ein niedrigeres scheinbares MG zeigen als in 10%igen Gelen.

– Polyklonale Antikörper gegen die α-Untereinheit müssten in Western Blots der Vernetzungsansätze an die Bande mit MG 46–49 kDa binden: jedenfalls dann, wenn genügend Material für eine Immunerkennung übertragen wird.

Schmidt hat dies nicht kontrolliert, und man kann es ihm nicht verdenken. Sein Ergebnis schien so schön zu Rehms Reinigung zu passen. Auch hätte sich Schmidt die polyklonalen Antikörper erst erbetteln müssen. Und im Jahr 1989 stand er schon im fünften Jahr seiner Doktorarbeit …

Warum hat Schmidt überhaupt diese Vernetzungsexperimente gemacht?

Im Jahr 1989 war die Zusammensetzung des $K^+$-Kanals ja schon bekannt (Rehm und Lazdunski 1988). Schmidt hätte also Rehms Ergebnisse nur bestätigen können: entweder die von 1983 oder die von 1988. Etwas Neues war nicht zu erwarten. Die Vernetzung war schon im Ansatz eine Zeitverschwendung.

Welche Lehren kann man aus diesem Fall ziehen?

1. Verschwenden Sie ihre Zeit nicht an Bestätigung der Versuche anderer. Entdecken Sie Neues!
2. Umsicht und Fleiß machen einen Irrtum nur unwahrscheinlicher, sie schließen ihn nicht aus.
3. Prüfen Sie vor dem Bau vornehmer Theorien, ob nicht ein gemeiner Artefakt dahintersteckt.
4. Irrtümer können zu neuen Erkenntnissen führen. Hier: Das scheinbare MG von Glykoproteinen hängt vom Prozentsatz des Lämmli-Gels ab.
5. Treffen Sie vor einem Abgang nach Nizza oder anderswo mit dem Professor klare Absprachen über die Autorenschaften. Halten Sie ihn nicht für einen guten Mann. Halten Sie Kontakt. Rehm hat sich damals darüber geärgert, dass ihn Schmidt und Betz (1989) nicht als Koautor aufnahmen. Heute freilich ist er froh darüber.

**Zum Abschluss** Warum hat Rehm die β-Untereinheit nicht sofort nach ihrer Entdeckung kloniert? Er hatte sie ja 1988 als Erster gefunden und gereinigt, und seine Konkurrenten kamen erst volle sechs Jahre später zu Potte (Rettig et al. 1994).

Die Antwort: Rehm bekam keine Stelle, in der er die β-Untereinheit auf eigene Rechnung hätte klonieren können – und für andere wollte er es nicht tun.

## 2.4.4 Vernetzung nicht-radioaktiver Liganden

Nicht-radioaktive Liganden vernetzen Sie wie oben beschrieben. Vernetzung und Anzahl der vernetzten Liganden weisen Sie mittels Massenspektrometrie nach. Das Bindungsprotein wird ja durch die Vernetzung um die Molekularmasse des/der Liganden schwerer. Wollen Sie die Stelle der Vernetzung identifizieren, so zerlegen Sie den Ligand-Protein-Komplex vor und nach der Vernetzung proteolytisch in Peptide (siehe auch ▶ Abschn. 7.4). Beide Verdaus werden im Massenspektrometer analysiert. Sie suchen jenes Peptid, das um die Ligandenmasse zunimmt. Die Bindungsstelle ist nicht mit der Vernetzungsstelle identisch (sonst gäbe es keine Bindung!), aber oft liegen sie nahe zusammen.

## 2.5 Sinniges

Es ist schön, die Bindungsstelle eines Liganden gefunden zu haben. Doch noch schöner wäre es, dem Protein, auf dem die Bindungsstelle liegt, eine Funktion im Zellstoffwechsel zuordnen zu können. Das Problem, um die Existenz eines Proteins zu wissen, doch seine Funktion nicht zu kennen, tritt oft auf. Gelingt es z. B., den Bindungspartner eines Toxins über Bindungstests mit dem markierten Toxin zu identifizieren, weiß der Experimentator zwar, dass ein Partner existiert, doch über seine Funktion weiß er nichts. Beim Herstellen monoklonaler Antikörper gegen eine ungereinigte Probe können Antikörper gegen Proteine auftauchen, deren einzige bekannte Eigenschaft es ist, einen monoklonalen Antikörper zu binden (z. B. Wiedenmann und Franke 1985). Schließlich finden sich in vielen Banken cDNAs, die für Proteine kodieren, deren Funktion unbekannt ist.

Eine systematische Strategie zur Sinnsuche gibt es nicht, wohl aber Ansatzpunkte (◘ Abb. 2.36).

Zuerst schafft sich der Experimentator Werkzeuge. Damit sichert er sich auch gegen den völligen Misserfolg (= kein Paper). Werkzeuge wären:

- das gereinigte Protein,
- partielle Aminosäuresequenzen des Proteins,
- Antikörper gegen das Protein,
- die cDNA zum Protein.

Hin und wieder tauchen schon bei der Solubilisierung, Reinigung oder Klonierung des Proteins Hinweise auf die Funktion auf (Rehm und Betz 1984 und Einleitung zu ▶ Kap. 3; Ushkaryov et al. 1992; Schiavo et al. 1992). Das gereinigte Protein einem

Enzymtest nach dem anderen zu unterwerfen, ist dagegen bei den Tausenden von Enzymaktivitäten ein endloses Lotteriespiel, in dem die Erfolgswahrscheinlichkeit nicht nur klein, sondern null sein kann, denn nicht alle Proteine sind Enzyme. Zudem beschleicht den Erfolglosen die bange Frage, ob es nicht am Test (z. B. Puffer-pH, Ionen etc.) liegt oder die Aktivität bei der Reinigung verloren ging. Ein „Erfolg" andererseits kann von einer enzymatisch aktiven Verunreinigung ausgehen. Aussichtsreicher scheinen uns folgende Strategien:

- **A** Bestimmung des MG, der Glykosylierung und der Untereinheitenzusammensetzung des Proteins. Wo (Organe, Zellen) und wann (ontogenetisch, phylogenetisch) wird das Protein exprimiert? In welchen Zellkompartimenten sitzt es? Auch wenn diese Untersuchungen keinen eindeutigen Schluss auf die Funktion des Proteins zulassen, bieten sie doch eine Überlegungshilfe und lassen sich in einem mittelmäßigen Journal veröffentlichen.
- **B** Existieren in Datenbanken verwandte Proteinsequenzen, deren Funktion bekannt ist? Hat das Protein Teilsequenzen, die auf $Ca^{2+}$-Bindung, Kinaseaktivität etc. hindeuten?
- **C** Mit dem markierten und gereinigten Protein sucht der Experimentator in Membranen oder Zellextrakten nach möglichen Bindungspartnern. Hat er einen Bindungspartner gefunden, verfolgt er die Kette der Protein-Wechselwirkungen weiter, bis er auf ein bekanntes Protein trifft. Der Freund des schnellen und schmutzigen Experiments färbt dazu Blots mit dem markierten und gereinigten Protein an (▶ Abschn. 1.6.6). Gründlichere, aber nicht notwendig erfolgreichere Leute entwickeln einen Bindungstest oder koppeln das gereinigte Protein an Affinitätssäulen und versuchen den Bindungspartner anzureichern. Bei Letzterem ist fraglich, ob die Bindungsaktivität die Reinigung und Kopplung an die Säule übersteht. Gelingt dies und gelingt es auch, das Problem der Elution von der Säule zu lösen, hat man beide Bindungspartner in der Hand. Die Interpretation derartiger Experimente wird jedoch durch die Tatsache verwässert, dass eine Proteinaffinitätssäule aus konzentrierten Proteinlösungen immer und unspezifisch Proteine

adsorbiert. Die notgedrungen unspezifischen Elutionsmethoden (z. B. pH-Extreme, hohes Salz, 1 % SDS) eluieren diese unspezifisch gebundenen Proteine. Sie stehen dann hilflos vor einer Mischung denaturierten Materials.

- Das Problem der Strategie C ist es also, die Spezifität der Bindung und die Natur des Bindungspartners nachzuweisen. Immerhin, wenn die $K_D$ der Bindung im nanomolaren Bereich liegt und ein definierter Bindungskomplex entsteht, ist das interessant und damit veröffentlichbar. Erhält der Experimentator keine Bindung, so heißt das nichts. Die Bindungsaktivität des Proteins kann während der Reinigung oder Markierung verloren gegangen sein oder ein Kofaktor fehlt.
- **D** Sie unterbinden die Expression des Proteins: in Zellen z. B. durch RNA-Interferenz (*Laborjournal* 11/2008), Injektion von *antisense*-Oligonukleotiden gegen die mRNA des Proteins, oder Sie züchten Knock-out-Mäuse.

Dieses elegante Experiment hat Tücken. Sein Erfolg hängt davon ab, welche Funktionen Sie messen können. Dass das fragliche Protein aus der Zelle verschwunden ist, lässt sich leicht beweisen. Sehen Sie der Zelle jedoch sonst nichts an, sind Sie nach dem Experiment so schlau wie zuvor. Stirbt die Zelle, ist außer der Erkenntnis, dass das Protein lebensnotwendig war, ebenfalls nichts gewonnen. Sie müssen also einen Funktionsbereich suchen (z. B. Glucoseabbau, Neurotransmitterausschüttung), der durch das Fehlen des Proteins gestört ist. Dabei hilft die zelluläre und intrazelluläre Lokalisation. Sie prüfen den verdächtigen Funktionsbereich und engen ihn Schritt für Schritt auf den neuralgischen Punkt ein (z. B. bei Enzymketten). Dies geht nur, wenn die molekularen Zusammenhänge im Funktionsbereich weitgehend bekannt sind; anderenfalls erhalten Sie für ihre Mühe nur die Information, dass der Funktionsbereich ohne das Protein nicht oder anders arbeitet (z. B. Alder et al. 1992).

- **E** Zellen ohne das fragliche Protein werden permanent mit dem Gen für das Protein transfiziert. Die Strategie E ist das Umkehrexperiment zu D, und es gelten daher ähnliche (umgekehrte) Überlegungen wie bei D. Wieder lässt sich leicht beweisen, dass die Zellen das fragliche Protein exprimieren; und der Histo-

**Was ist es?**
**Was tut es?**
**das:**

Bindungs-
protein

**1. Schritt: Werkzeuge**

reines Bindungsprotein

Screenen nach weiteren
Liganden

**2. Schritt: mehr Werkzeuge**

Antikörper

radioaktiv markiertes
reines
Bindungsprotein

partielle
Aminosäuresequenzen

**3. Schritt: noch mehr Werkzeuge**

cDNA

Zelllinien, die das
Bindungsprotein
exprimieren

**Nach und während dem Schreiten: Tasten und Suchen**

Protein charakterisieren:
Größe, Untereinheiten-
zusammensetzung,
Glykosylierung etc.

histologische
Verteilung

Welche Funktion haben die
Bindungspartner des Proteins?
Die Partner finden Sie per in
vivo-Test mit 2-Hybrid-System,
oder in vitro-Test mit
Affinitätssäulen oder SELDI.

Ist das Protein integraler Teil
eines Zellkompartimentes?
Bauen Sie ein in vitro-System,
das Wechselwirkung und Funktion des Kompartimentes misst.

Homologie zu
schon bekannten
Proteinen?

Knock-out-mäuse.
Was geschieht,
wenn der Maus
das Protein fehlt?

Funktionstests.
Ändern spezifische
Liganden z. B. den
Calcium-Spiegel der
Zelle, die cAMP-
Bildung etc.?

◻ **Abb. 2.36** Sinnsuche

loge zeigt Ihnen, wo in der Zelle das Protein sitzt. Allein, was heißt das? Vielleicht wird es nur synthetisiert und sitzt als molekularer Frührentner tatenlos in einem Kompartiment. Oder es nimmt in der neuen Zelle eine andere Funktion wahr oder arbeitet im falschen Kompartiment oder kann nicht arbeiten, weil ihm der richtige Partner fehlt.

Die Suche nach der Funktion selbst majoritärer und leicht zu isolierender Proteine kann Jahrzehnte dauern und Dutzende von Doktoranden verschleißen. Beispiele wären der α-Latrotoxin-Rezeptor oder die neuronalen Membranproteine Synapsin und Synaptophysin. Letzteres wurde 1983 entdeckt. Hinweise auf seine Funktion tauchten erst in den letzten Jahren auf.

Genug des Unkens. Eine Sinnsuche ist riskant und schwierig, kann aber zu unerwarteten Ergebnissen führen (z. B. Ushkaryov et al. 1992). Es braucht Grips, die Beherrschung verschiedenster Methoden und eine gute Kenntnis der Literatur: ein Projekt für ehrgeizige Doktoranden mit eisernen Nerven.

## Literatur

Adessi C et al (1995) Identification of major proteins associated with *Dictyostelium discoideum* endocytic vesicles. J Cell Science 108:3331–3337

Ahmed S et al (2013) Small-scale isolation of synaptic vesicles from mammalian brain. Nat Protoc 8:998–1009

Albertsson P (1960) Partition of cell particles and macromolecules. Wiley, New York

Alder J et al (1992) Calcium-dependent transmitter secretion reconstituted in *Xenopus* oocytes: requirement for synaptophysin. Science 257:657–661

Atha D, Ingham K (1981) Mechanism of precipitation of proteins by polyethylene glycols. J Biol Chem 256:12108–12117

Baker B, Murphy K (1997) Dissecting the energetics of a protein-protein interaction: the binding of ovomucoid third domain to elastase. J Mol Biol 268:557–569

Bayley H, Knowles JR (1977) Photoaffinity labeling. Methods Enzymol 46:69–114

Bellavia D et al (2008) A homemade device for linear sucrose gradients. Anal Biochem 379:211–212

Bidard J et al (1989) Analogies and differences in the mode of action and properties of binding sites (localization and mutual interactions) of two K⁺ channel toxins, MCD peptide and dendrotoxin I. Brain Res 495:45–57

Bishop D, Roy P (1972) Dissociation of vesicular stomatitis virus and relation of the virion proteins to the viral transcriptase. J Virol 10:234–243

Blandamer M et al (1994) Domain structure of *Escherichia coli* DNA gyrase as revealed by differential scanning calorimetry. Biochemistry 33:7510–7516

Bolton A, Hunter W (1973) The labelling of protein to high specific radioactivities by conjugation to a ¹²⁵I-containing acylating agent. Biochem J 133:529–539

Bradshaw JM et al (1998) Probing the „two-pronged plug two-holed socket" model for the mechanism of binding of the Src SH2 domain to phosphotyrosyl peptides: a thermodynamic study. Biochemistry 37:9083–9090

Breslav M et al (1996) Preparation of radiolabeled peptides via an iodine exchange reaction. Anal Biochem 239:213–217

Bright G, Spooner B (1983) Preparation and reaction of an iodinated imidoester reagent with actin and α-actinin. Anal Biochem 131:301–311

Bruns M et al (1983a) Lymphocytic choriomeningitis virus. VI Isolation of a glycoprotein mediating neutralization. Virology 130:247–251

Bruns R et al (1983b) A rapid filtration assay for soluble receptors using polyethylenimine-treated filters. Anal Biochem 132:74–81

Bustamante E et al (1977) A high yield preparative method for isolation of rat liver mitochondria. Anal Biochem 80:401–408

Cameron R et al (1986) A common spectrum of polypeptides occurs in secretion granule membranes of different exocrine glands. J Cell Biol 103:1299–1313

Cheng YC, Prusoff W (1973) Relationship between the inhibition contant (Ki) and the concentration of inhibitor which causes 50% inhibiton (I₅₀) of an enzymatic reaction. Biochem Pharmacol 22:3099–3108

Chervenak M, Toone E (1994) A direct measure of the contribution of solvent reorganisation to the enthalpy of ligand binding. J Am Chem Soc 116:10533–10539

Chisholm D et al (1969) The gastrointestinal stimulus to insulin release I. secretin. J Clin Invest 48:1453–1460

Dakin HD et al (1916) The antiseptic action of substances of the chloramine group. Proc Royal Soc London Ser B 89:232–242

Daniel JM et al (2002) Quantitative determination of noncovalent binding interactions using soft ionization mass spectrometry. Int J Mass Spectrom 216:1–27

DeArmond P et al (2011) Thermodynamic analysis of protein-ligand interactions in complex biological mixtures using a shotgun proteomics approach. J Proteom Res 10:4948–4958

Demoliou-Mason C, Barnard E (1984) Solubilization in high yield of opioid receptors retaining high-affinity delta, mu and kappa binding sites. FEBS Lett 170:378–382

DeSantis K et al (2012) Use of differential scanning fluorimetry as a high-throughput assay to identify nuclear receptor ligands. Nucl Recept Signal 10:2–5

Dodd P et al (1981) A rapid method for preparing synaptosomes: comparison with alternative procedures. Brain Res 226:107–118

Dolly J et al (1981) Tritiation of alpha-bungarotoxin with N-succinimidyl(2,3-³H)proprionate. Biochem J 193:919–923

Donaldson G et al (2012) A rapid assay for affinity and kinetics of molecular interactions with nucleic acids. Nucleic Acids Res 40:e48. doi:10.1093/nar/gkr1299

Donner D (1983) Covalent coupling of human growth hormone to its receptor on rat hepatocytes. J Biol Chem 258:2736–2743

Dubinsky L et al (2012) Diazirine based photoaffinity labeling. Bioorg Med Chem 20:554–570

End P et al (1993) A biosensor approach to probe the structure and function of the p85a subunit of the phosphatidylinositol 3-kinase complex. J Biol Chem 268:10066–10075

Gaffney BJ (1985) Chemical and biochemical crosslinking of membrane components. Biochim Biophys Acta 822:289–317

Garbett N et al (2008) Calorimetry outside the box: a new window into the plasma proteome. Biophys J 94:1377–1383

Glatz J, Veerkamp J (1983) A radiochemical procedure for the assay of fatty acid binding by proteins. Anal Biochem 132:89–95

Gomes A, Gozzo F (2010) Chemical cross-linking with a diazirine photoactivatable cross-linker investigated by MALDI- and ESI-MS/MS. J Mass Spectrom 45:892–899

Graham D et al (1983) Photoaffinity labelling of the glycine receptor of rat spinal cord. Eur J Biochem 131:519–525

Gruen L et al (1993) Determination of relative binding affinity of influenza virus N9 sialidases with the Fab fragment of monoclonal antibody NC41 using biosensor technology. Eur J Biochem 217:319–325

Hell J et al (1988) Uptake of GABA by rat brain vesicles isolated by a new procedure. EMBO J 7:3023–3029

Hingorani SR, Agnew W (1991) A rapid ion exchange assay for detergent solubilized inositol 1,4,5-triphosphate receptors. Anal Biochem 194:204–213

Huttner W et al (1983) Synapsin I (Protein I), a nerve terminal-specific phosphoprotein. III. its association with synaptic vesicles studied in a highly purified synaptic vesicle preparation. J Cell Biol 96:1374–1388

Jason-Moller L et al (2006) Overview of Biacore systems and their applications. Curr Protoc Protein Sci Chapter 19:Unit 19.13

Jelesarov I, Bosshard H (1999) Isothermal titration calorimetry and differential scanning calorimetry as complementary tools to investigate the energetics of biomolecular recognition. J Mol Recognit 12:3–18

Ji J et al (1985) Radioiodination of a photoactivable heterobifunctional reagent. Anal Biochem 151:358–349

Kensal E et al (2005) Principles of Physical Biochemistry. Prentice Hall, Upper Saddie River, New Jersey, USA

Khilko S et al (1993) Direct detection of major histocompatibility complex class I binding to antigenic peptides using surface plasmon resonance. J Biol Chem 268:15425–15434

Kollau A et al (2005) Contribution of aldehyde dehydrogenase to mitochondrial bioactivation of nitroglycerin: evidence for activation of purified soluble guanylyl cyclase via direct formation of nitric oxide. Biochem J 385:769–777

Kometani T et al (1985) An improved procedure for the iodination of phenols using sodium iodide and tertbutyl hypochlorite. J Org Chem 50:5384–5387

Kometani T et al (1985) Iodination of phenols using chloramine-T and sodium iodide. Tetrahedron Lett 26:2043–2046

Krell T et al (2003) Insight into the structure and function of the transferrin receptor from *Neisseria meningitidis* using microcalorimetric techniques. J Biol Chem 278:14714–14722

Kusumoto M et al (2001) Homogenization of tissue samples using a split pestle. Anal Biochem 294:185–186

Larsson C (1985) Plasma Membranes. In: Linskens HF, Jackson JF (Hrsg) Modern Methods of Plant Analysis. New Ser., Bd. 1. Springer, Berlin, S 85–104

Lee S et al (2013) MALDI-TOF/MS-based label-free binding assay for angiotensin II type 1 receptor: application for novel angiotensin peptides. Anal Biochem 437:10–16

Leeb-Lundberg LM et al (1984) Photoaffinity labeling of mammalian alpha 1-adrenergic receptors. J Biol Chem 259:2579–2587

Legare A et al (2001) Increased density of glucagon receptors in liver from endurance-trained rats. Am J Physiol Endocrinol Metab 280:E193–E196

Li Q et al (1991) An assay procedure for solubilized thyroid hormone receptor: use of lipidex. Anal Biochem 192:138–141

Lin Z et al (1995) The hydrophobic nature of GroELsubstrate binding. J Biol Chem 270:1011–1014

Lomenick B et al (2009) Target identification using drug affinity responsive target stability (DARTS). Proc Natl Acad Sci USA 106:21984–21989

Lomenick B et al (2011) Identification of direct protein targets of small molecules. ACS Chem Biol 6:34–36

Mackin WM et al (1983) A simple and rapid assay for measuring radiolabeled ligand binding to purified plasma membranes. Anal Biochem 131:430–437

Markwell M (1982) A new solid state reagent to iodinate proteins: conditions for the efficient labelling of antiserum. Anal Biochem 125:427–432

Masson J, Labia R (1983) Synthesis of a $^{125}$I-radiolabelled penicillin for penicillin binding proteins. Anal Biochem 128:164–168

May J (1986) Photoaffinity labeling of glyceraldehyde-3-phosphate dehydrogenase by an aryl azide derivative of glucosamine in human erythrocytes. J Biol Chem 261:2542–2547

Mersel M et al (1987) Isolation of plasma membranes from neurons grown in primary culture. Anal Biochem 166:246–252

Miskimins W, Shimuzu N (1982) Dual pathways for epidermal growth factor processing after receptor-mediated endocytosis. J Cell Physiol 112:327–338

Munson P, Rodbard D (1988) An exact correction to the Cheng-Prusoff correction. J Receptor Res 8:533–546

Nagaveni V et al (2012) Study on the noncovalent interactions of antiepileptic drugs and amyloid β 1–40 peptide by electrospray ionization mass spectrometry. Rapid Commun Mass Spectrom 26:2372–2376

Nagy A, Delgado-Escueta A (1984) Rapid preparation of synaptosomes from mammalian brain using nontoxic isoosmotic gradient material (Percoll). J Neurochem 43:1114–1123

Navarro F et al (1998) Vitamin E and selenium deficiency induces expression of the ubiquinone-dependent antioxidant system at the plasma membrane. FASEB J 12:1665–1673

Newitt R et al (1991) Potassium channels and epilepsy: evidence that the epileptogenic toxin, dendrotoxin, binds to potassium channel proteins. Epilepsy Res Suppl 4:263–273

Othman I et al (1982) Preparation of neurotoxic $^3$H-β-bungarotoxin. Demonstration of saturable binding to brain synapses and its inhibition by toxin I. Eur J Biochem 128:267–276

Patel D et al (2014) Assessing RNA interactions with proteins with Dracala. Methods Enzymol 549:489–512

Pearson R, Miller L (1987) Affinity labeling of a novel cholecystekinin-binding protein in rat pancreatic plasmalemma using new short probes for the receptor. J Biol Chem 262:869–876

Petrenko A et al (1990) Isolation and properties of the α-latrotoxin receptor. EMBO J 9:2023–2027

Pfeiffer F, Betz H (1981) Solubilization of the glycine receptor from rat spinal cord. Brain Res 226:273–279

Plotnikov V et al (1997) A new ultrasensitive scanning calorimeter. Anal Biochem 250:237–244

Poellinger L et al (1985) A hydroxylapatite microassay for receptorbinding of 2,3,7,8 tetrachlorodibenzo-p-dioxin and 3 methylcholanthrene in various target tissues. Anal Biochem 144:371–384

Record M et al (1985) A rapid isolation procedure of plasmamembranes from human neutrophils using selfgenerating Percoll gradients. Importance of pH in avoiding contaminations by intracellular membranes. Biochim Biophys Acta 819:1–9

Rehm H (1984) News about the neuronal membrane protein which binds the presynaptic neurotoxin β-bungarotoxin. J Physiol Paris 79:265–268

Rehm H (1989) Enzymatic deglycosilation of the dendrotoxin-binding protein. FEBS Lett 247:28–30

Rehm H, Becker CM (1988) Interpreting noncompetitive inhibition. TIPS 9:316–317

Rehm H, Betz H (1982) Binding of β-bungarotoxin to synaptic membrane fractions of chick brain. J Biol Chem 257:10015–10022

Rehm H, Betz H (1983) Identification by crosslinking of a β-bungarotoxin binding polypeptide in chick brain. EMBO J 2:1119–1122

Rehm H, Betz H (1984) Solubilization and characterization of the β-bungarotoxin binding protein of chick brain membranes. J Biol Chem 259:6865–6869

Rehm H, Lazdunski M (1988) Purification and subunit structure of a putative K$^+$-channel protein identified by its binding properties for dendrotoxin I. Proc Natl Acad Sci USA 85:4919–4923

Rehm H, Lazdunski M (1992) Purification, affinity labeling and reconstitution of voltage-sensitive potassium channels. Methods Enzymol 207:556–564

Rehm H et al (1988) The receptor site for the bee venom mast cell degranulating peptide. Affinity labeling and evidence for a common molecular target for mast cell degranulating peptide and dendrotoxin I, a snake toxin active on K$^+$-channels. Biochemistry 27:1827–1832

Rehm H et al (1989) Immunological evidence for a relationship between the dendrotoxin-binding protein and the mammalian homologue of the *Drosophila* Shaker K$^+$ channel. FEBS Lett 249:224–228

Reiffen F, Gratzl M (1986) Ca$^{2+}$ binding to chromaffine vesicle matrix proteins: effect of pH, Mg$^{2+}$, and ionic strength. Biochemistry 25:4402–4406

Rettig J et al (1994) Inactivation properties of voltage-gated K$^+$ channels altered by presence of β-subunit. Nature 369:289–294

Rodriguez J et al (1993) Characterization of lysosomes isolated from *Dictyostelium discoideum* by magnetic fractionation. J Biol Chem 268:9110–9116

Roelofs K et al (2011) Differential radial capillary action of ligand assay for high-throughput detection of protein-metabolite interactions. Proc Natl Acad Sci USA 108:15528–15533

Salacinski P et al (1981) Iodination of proteins, glycoproteins, and peptides using a solid phase oxidizing agent, 1,3,4,6-tetrachloro-3a,6adiphenyl glycoluril (iodogen). Anal Biochem 117:136–146

Scheer H, Meldolesi J (1985) Purification of the putative α-latrotoxin receptor from bovine synaptosomal membranes in an active binding form. EMBO J 4:323–327

Schiavo G et al (1992) Tetanus and botulinum B neurotoxins block neurotransmitter release by proteolytic cleavage of synaptobrevin. Nature 359:832–835

Schindler J, Nothwang HG (2006) Aqueous polymer two-phase systems: effective tools for plasma membrane proteomics. Proteomics 6:5409–5417

Schindler et al (2006) Proteomic analysis of brain plasma membranes isolated by affinity two-phase partitioning. Mol Cell Proteomics 5:390–400

Schmidt H et al (2009) Enrichment and analysis of secretory lysosomes from lymphocyte populations. BMC Immunol 10:41

Schmidt R, Betz H (1989) Crosslinking of β-bungarotoxin to chick brain membranes. Identification of subunits of a putative voltage-gated K$^+$ channel. Biochemistry 28:8346–8350

Schneider M et al (1985) Biochemical characterization of two nicotinic receptors from the optic lobe of the chick. J Biol Chem 260:14505–14512

Scott J, Smith G (1990) Searching for peptide ligands with an epitope library. Science 249:386–390

Spolar R, Record M (1994) Coupling of local folding to site-specific binding of proteins to DNA. Science 263:777–783

Spolar R et al (1989) Hydrophobic effect in protein folding and other noncovalent processes involving proteins. Proc Natl Acad Sci USA 86:8382–8385

Su S, Jeng I (1983) Conversion of a primary amine to a labeled secondary amine by the addition of phenolic groups and radioiodination. Anal Biochem 128:405–411

Susini C et al (1986) Characterization of covalently crosslinked pancreatic somatostatin receptors. J Biol Chem 261:16738–16743

Sutter A et al (1979) Nerve growth factor receptors. Characterization of two distinct classes of binding sites on chick embryo sensory ganglia cells. J Biol Chem 254:5972–5982

Taylor J et al (1984) The characterization of high affinity binding sites in rat brain for the mast cell degranulating peptide from bee venom using the purified monoiodinated peptide. J Biol Chem 259:13957–13967

Tomlinson G (1988) Inhibition of radioligand binding to receptors: a competitive business. TIPS 9:159–162

Tuszynski G et al (1983) Labeling of platelet surface proteins with $^{125}$I by the iodogen method. Anal Biochem 130:166–170

Uemura M, Yoshida S (1983) Isolation and identification of plasma membranes from light grown winter rye seedlings. Plant Physiol 13:586–591

Ushkaryov Y et al (1992) Neurexins: synaptic cell surface proteins related to the α-latrotoxin receptor and laminin. Science 257:50–56

Vandlen R et al (1985) Identification of a receptor for atrial natriuretic factor in rabbit aorta membranes by affinity crosslinking. J Biol Chem 260:10889–10892

Vedadi M et al (2006) Chemical screening method to identify ligands that promote protein stability, protein crystallization, and structure determination. Proc Natl Acad Sci USA 103:15835–15840

Wiedenmann B, Franke W (1985) Identification and localization of synaptophysin, an integral membrane protein of Mr 38000 characteristic of presynaptic vesicles. Cell 41:1017–1028

Winkler E, Klingenberg M (1992) Photoaffinity labeling of the nucleotide-binding site of the uncoupling protein from hamster brown adipose tissue. Eur J Biochem 203:295–304

Wood C, Dorisio M (1985) Covalent crosslinking of vasoactive intestinal polypeptide to its receptors on intact human lymphoblasts. J Biol Chem 260:1243–1247

Xu Y et al (2011) Mass spectrometry- and lysine amidation-based protocol for thermodynamic analysis of protein folding and ligand binding interactions. Anal Chem 83:3555–3562

Zischka H et al (2003) Improved proteome analysis of *Saccharomyces cerevisiae* mitochondria by free-flow electrophoresis. Proteomics 3:906–916

# Membranproteine solubilisieren

H. Rehm, T. Letzel, *Der Experimentator: Proteinbiochemie/Proteomics*,
DOI 10.1007/978-3-662-48851-5_3, © Springer-Verlag Berlin Heidelberg 2016

» Da es also ist, sagte Sancho, so bleibt nichts
weiter zu tun, als dass wir uns Gott empfehlen
und das Glück dahin gehen lassen, wohin es uns
führen will.

Wer Membranproteine reinigen oder untersuchen
will, bringt sie besser zuerst in Lösung. Integrale
Membranproteine, d. h. Proteine mit Transmembranhelices, lösen sich mit Seifen. Periphere Membranproteine, d. h. mit Membranen assoziierte Proteine,
die keine Transmembranhelices besitzen, lösen sich
oft schon in Puffern hoher oder niedriger Ionenstärke
oder mit hohem pH (Steck und Yu 1973). Proteine,
die über Glykosyl-Phosphatidylinositol-Reste in der
Membran ankern (z. B. alkalische Phosphatase), werden durch eine Behandlung mit Phosphatidylinosi-
tol-spezifischer Phospholipase C solubilisiert.

Beim Solubilisieren ist es des Experimenta-
tors Wunsch und Streben, die Konformation und
Funktion der Proteine zu erhalten. Bei integralen
Membranproteinen ist dies oft ein Problem. Dessen
Lösung kann aber – mit Glück – nicht nur den Weg
zur Reinigung öffnen, sondern auch Einblicke in die
Funktion gewähren.

**Dazu ein Beispiel** Für seine Doktorarbeit sollte
Autor Rehm die Bindungsstelle des Schlangen-
toxins β-Bungarotoxin reinigen. Das Toxin tötet
Nervenzellen spezifisch und in pikomolaren Konzentrationen. Vom Mittler dieser Wirkung, der
Bindungsstelle, wusste man nichts, weder Funktion
noch Natur. Es war nicht einmal klar, ob es sich um
ein Protein oder ein Phospholipid handelte. Für
Letzteres sprach die Phospholipase-A2-Aktivität
von β-Bungarotoxin. Bindungsstudien mit $^{125}$I-β-
Bungarotoxin verliefen zuerst im Sand, weil das Toxin durch die damals üblichen hohen Konzentrationen von Chloramin-T in der Iodierungsreaktion
inaktiviert wurde. Rehm gelang es dann, dank dem
Hinweis eines Nachbarlabors, mildere Iodierungs-
bedingungen zu finden. Erste Bindungsstudien mit
nativem $^{125}$I-β-Bungarotoxin wiesen auf ein integrales Membranprotein als Bindungsstelle hin. Aber
welche Funktion hatte dieses Protein? Nachdenken
und Literaturstudium führten zu nichts. Eine Methode, die Frage direkt anzugehen, fiel dem naiven
Doktoranden nicht ein und seinem etwas weniger
naiven Chef auch nicht.

Was tun? Rehm stellte die Frage zurück
und machte, was machbar schien. Machbar
schien die Solubilisierung des β-Bungarotoxin-
Bindungsproteins. Sie hätte anschließend dessen
Reinigung ermöglicht, die wiederum die Sequenzierung und diese hätte endlich, so hoffte Rehm, einen
Hinweis auf die Funktion gegeben.

**Solubilisieren schien ja so einfach** Membranen
machen, in Puffer resuspendieren, Seife zugeben,
ein bisschen warten, zentrifugieren und schon
schwimmt das Toxin-Bindungsprotein fröhlich
im Überstand. Jedoch: Rehm konnte machen, was
er wollte, verschiedene Seifen, verschiedene pHs,
verschiedene Bindungstests: Nie war im Überstand auch nur die Spur einer β-Bungarotoxin-
Bindungsaktivität zu entdecken – und war doch
eine da, lag es daran, dass er nicht richtig abzentrifugiert hatte. Das ging so ein halbes Jahr. Rehms
Verzweiflung nahm zu und der Unwillen seines
Chefs ebenfalls.

„Willsch nit doch lieber s'Thema wechsle?",
fragte der Chef, der alles bezahlen musste. Rehm
wollte nicht. Rehm setzte Puffer nach Puffer an,
meistens Tris-Cl mit 50 bis 150 mM NaCl, weil er
glaubte, NaCl sei besonders physiologisch. Schließlich war die NaCl-Flasche leer. Das geschah glücklicherweise an einem Sonntag. Glücklicherweise deswegen, weil am Sonntag die Chemikalienausgabe
des MPI für Biochemie geschlossen hatte. Rehm
empfand das zwar nicht als Glück, sondern fluchte
vor sich hin, dann aber, weil er schon mal da war,
griff er eben in Gottes Namen zum nächstbesten Ersatz: der Flasche mit KCl. Statt Na$^+$-haltigem Puffer,
wie sich das gehörte, wie das in der Abteilung schon
immer gemacht worden war, setzte Rehm K$^+$-halti-
gen an. Am Abend spuckte der Counter den Beleg
einer einwandfreien Bindung aus. Rehms Verblüf-
fung war grenzenlos. Mit K$^+$ ging, was mit Na$^+$ unter keinen Bedingungen zu erreichen gewesen war.

Es stellte sich heraus, dass es auch mit Rb$^+$ und
Cs$^+$ ging. Es ging mit allen Ionen, die einen K$^+$-Ka-
nal passieren konnten, und je besser die Ionen das
konnten, umso besser erhielten sie die Konformation des gelösten β-Bungarotoxin-Bindungsproteins
(Rehm und Betz 1984). Vielleicht voreilig, aber begeistert, verkündete Rehm auf dem nächsten Toxin-
Kongress, dass es sich bei dem Bindungsprotein um

einen $K^+$-Kanal handele (Rehm 1984). Das schlug ein. Alle Dendrotoxin- und β-Bungarotoxin-Forscher eilten heim und beeilten sich, Rehms Erkenntnisse als eigene auszugeben. Es war der erste spannungsabhängige $K^+$-Kanal, den man als Protein in die Hand bekam.

**Merke** Nur schriftliche Verlautbarungen zählen!

## 3.1 Seifen

Das wichtigste Hilfsmittel beim Solubilisieren integraler Membranproteine sind Seifen: Ohne Seife läuft nichts, mit Seife – nun ja. Seifen sind molekulare Zwitter; sie bestehen aus einem hydrophilen und einem hydrophoben Teil (◘ Abb. 3.1). Der hydrophobe Teil besteht aus Phenylderivaten (Triton X-100), aliphatischen Ketten (Oktylglucosid, Zwittergent 3-14, Lubrol PX) oder Steroidgerüsten (Cholat, Deoxycholat, Chaps, Bigchap, Deoxybigchap, Digitonin). Den hydrophilen Seifenteil bilden ionisierte Gruppen (Cholat, Deoxycholat, Chaps, SDS), Zucker (Oktylglucosid, Digitonin, Bigchap, Deoxybigchap), Hydroxylgruppen (Cholat, Deoxycholat) oder Polyethylenoxide (Triton X-100, Lubrol PX).

Das Wesen einer Seife ist also gespalten zwischen der Liebe zum Fett und der Sehnsucht nach Wasser. Es ist diese Zwiespältigkeit, welche es der Seife ermöglicht, zusammenzubringen, was nicht zusammengehört, also Membranproteine und eine wässrige Lösung.

### 3.1.1 Saubere Begriffe

**Mizellen** sind Aggregate von Seifenmolekülen. Die hydrophoben Teile der Seifenmoleküle liegen im Inneren der Mizellen, die hydrophilen Reste wechselwirken mit dem wässrigen Medium. Die Größe der Mizellen, also die durchschnittliche Zahl der Seifenmoleküle pro Mizelle, und ihre Form sind ein Charakteristikum jeder Seife. Triton X-100 bildet große sphärische Mizellen, während die Steroidseifen (Cholat etc.) Flüssigkristallaggregate aus zwei, vier etc. Monomeren bilden (◘ Abb. 3.1). Größe und Form der Mizellen hängen aber auch von der

Temperatur, Seifenkonzentration, Salzkonzentration, pH und der Anwesenheit von Phospholipiden ab (◘ Abb. 3.2 und 3.3).

Die **kritische mizelläre Konzentration** (CMC) ist diejenige Seifenkonzentration, oberhalb derer sich Mizellen bilden. Unterhalb der CMC liegen die Seifenmoleküle in monomerer Lösung vor. Die CMC hängt ab von der Temperatur, der Ionenstärke, dem Puffer-pH und der Konzentration nicht-ionischer Substanzen wie Harnstoff oder Alkohole.

Der **Wolkenpunkt** ist diejenige Temperatur, bei der die Seife in wässriger Lösung ausfällt.

Eine Reihe weiterer Begriffe, die für das tägliche Arbeiten weniger wichtig sind, wie die kritische mizelläre Temperatur, den Krafft-Punkt und das hydrophile/lipophile Gleichgewicht, beschreibt der Übersichtsartikel von Helenius und Simons (1975), der trotz seines hohen Alters das beste Schriftstück über Seifen ist.

### 3.1.2 Vom Umgang mit Seifen

#### Allgemeines

- Nicht-ionische Seifen mit hoher CMC sind leicht dialysierbar, Seifen mit niedriger CMC dagegen sind durch Dialysieren kaum zu entfernen.
- Die CMC einer ionischen Seife nimmt ab, wenn die Ionenstärke des Puffers erhöht wird. Die CMC nicht-ionischer Seifen dagegen hängt kaum von der Ionenstärke ab.
- Die Temperatur hat auf die CMC von ionischen Seifen wenig Wirkung, die CMC von nicht-ionischen Seifen nimmt mit zunehmender Temperatur signifikant ab.
- Die CMC einer Mischung von zwei Seifen (mit verschiedener CMC) liegt nahe der niedrigen CMC, selbst dann, wenn nur wenig Seife der niedrigen CMC in der Lösung schwimmt.
- Viele nicht-ionische Seifen sind autoklavierbar, fallen bei diesem Prozess aber aus (Wolkenpunkt) und müssen nach dem autoklavieren wieder gemischt werden.

**Spezielles** Triton X-100 und seine Analoga wie Triton X-114 sind Gemische von p-t-Oktylphenylpolyoxyethylen, in denen die Länge der Polyoxyethy-

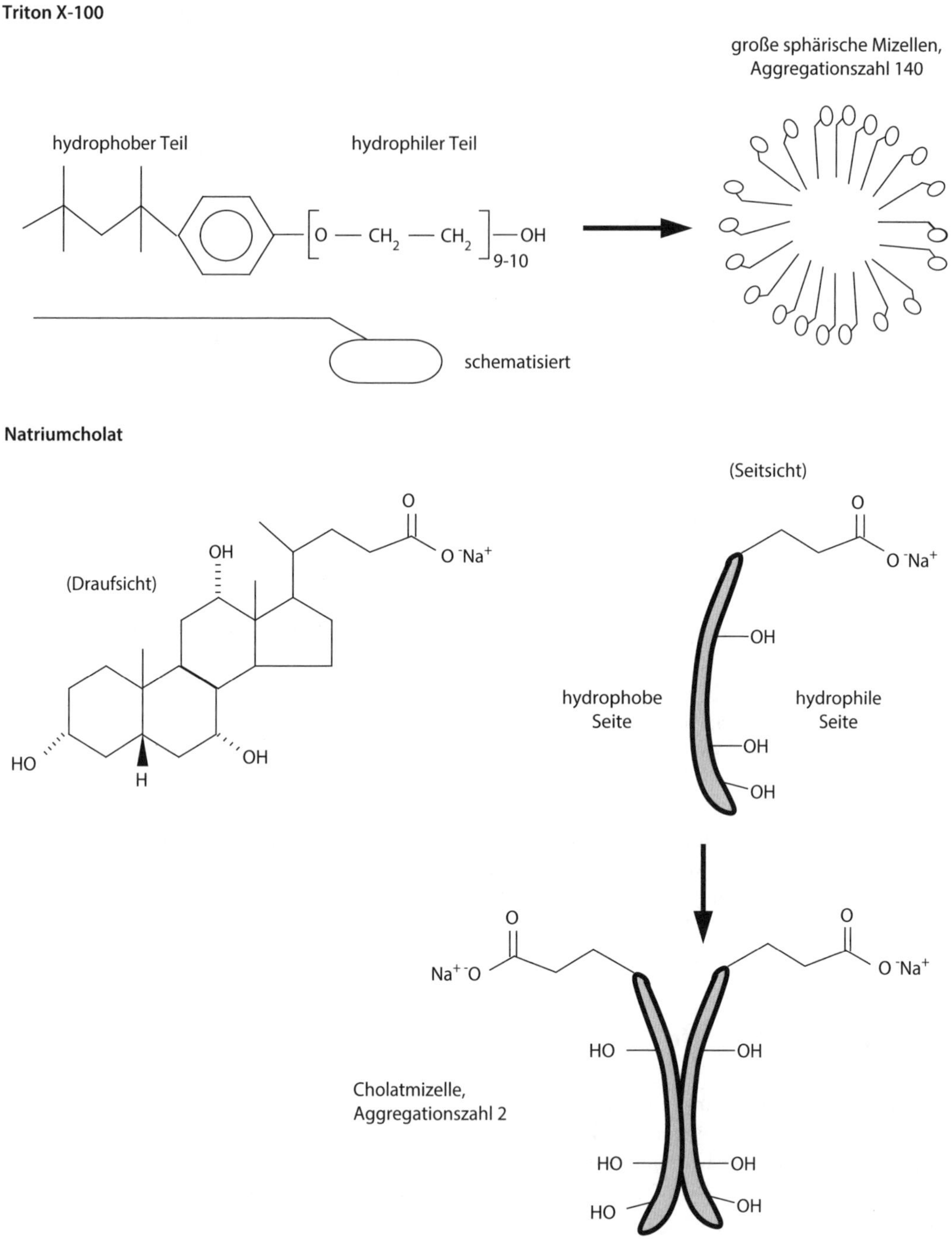

**Triton X-100**

große sphärische Mizellen,
Aggregationszahl 140

hydrophober Teil          hydrophiler Teil

$$\left[ O - CH_2 - CH_2 \right]_{9\text{-}10} - OH$$

schematisiert

**Natriumcholat**

(Seitsicht)

(Draufsicht)

hydrophobe
Seite

hydrophile
Seite

Cholatmizelle,
Aggregationszahl 2

**☐ Abb. 3.1** Struktur von Mizellen von Cholat und Triton X-100

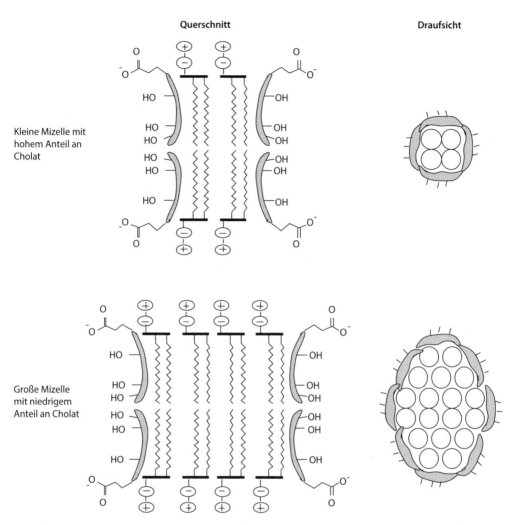

Querschnitt    Draufsicht

Kleine Mizelle mit
hohem Anteil an
Cholat

Große Mizelle
mit niedrigem
Anteil an Cholat

**◻ Abb. 3.2** Struktur von Lecithin/Cholat-Mizellen

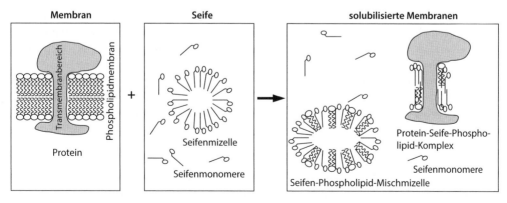

Membran    Seife    solubilisierte Membranen

Transmembranbereich

Phospholipidmembran

Protein

Seifenmizelle

Seifenmonomere

Protein-Seife-Phospho-
lipid-Komplex

Seifenmonomere

Seifen-Phospholipid-Mischmizelle

**◻ Abb. 3.3** Solubilisierung von integralen Membranproteinen

lenketten um jeweils einen Mittelwert schwankt. Tritonmoleküle mit kurzen Polyoxyethylenketten binden besonders fest an hydrophobe Oberflächen.

Die Phenylgruppe im Tritonmolekül sorgt für eine starke Absorption bei 280 nm.

Wegen der zähen, honigartigen Konsistenz von reinem Triton X-100 legen Sie sich am besten eine 20 %ige (w/v) Vorratslösung an. Na-EDTA pH 7,4 (0,1–1 mM) in der Vorratslösung hemmt Pilzbefall und die Bildung von Oxidanzien (Chang und Bock 1980).

Die Mizellengröße von Triton nimmt exponentiell mit der Temperatur zu, bis – am Wolkenpunkt – das Triton ausfällt. Diesen Effekt nutzt die **Phasentrennung nach Bordier** (1981): Membranen werden bei 4 °C in Triton X-114 aufgelöst und die Lösung danach auf 25 oder 30 °C erwärmt. Dabei fällt das Triton X-114 aus, und nach dem Abzentrifugieren liegt eine Triton-X-114-reiche Phase und eine Triton-X-114-arme Phase vor. Bordier stellt in seinem Abstract fest: „*Hydrophilic proteins are found exclusively in the aqueous phase, and integral membrane proteins with an amphiphilic nature are recovered in the detergent phase.*" Als Autor Rehm dies las, wurde Bordier sein Held – für eine Woche. Denn Bordier ließ die Hoffnung keimen, er könne auf einen Schlag Membranproteine von löslichen Proteinen trennen. Zudem imponierte es Rehm, dass Bordier die Zivilcourage besessen hatte, ein fettes *J. Biol. Chem.*-Paper ohne professoralen „Ehrenautor" zu veröffentlichen: Der Mann hatte Mumm. Im ersten Punkt wurde Rehm enttäuscht. Seine zwei integralen Membranproteine, das β-Bungarotoxin-Bindungsprotein (= spannungsabhängiger $K^+$-Kanal) und Synaptophysin tummelten sich keineswegs vollständig in der Triton-X-114-reichen Phase, obwohl doch Synaptophysin vier Transmembrandomänen bei einem MG von nur 38 kDa aufweist. Vielmehr verteilten sich die Proteine, wahrscheinlich wegen ihrer hydrophilen Glykanketten, zwischen den Phasen. Der Reinigungseffekt war gering. Das Paper von Bordier verschwand in Rehms Ordner „Seltsame Methoden".

**Zugegeben** Weder Bordier noch Rehm haben die Methode theoretisch und praktisch ausgereizt. Dies hat Luis Gonzalez de la Vara (2009) nachgeholt und Bordiers Methode gewissermaßen zu Ende gedacht.

Auch de la Vara stellte fest, dass sich Proteine, auch integrale Membranproteine, nicht ausschließlich in der einen oder anderen Triton-X-114-Phase aufhalten, sondern in beiden, wenn auch in verschiedenen Konzentrationen. Die Verteilung gibt ihr Verteilungskoeffizient $K_i$ wieder. $K_i$ ist das Verhältnis der Konzentrationen eines Stoffes i in der oberen (Triton-X-114-armen) zu der Konzentration in der unteren Phase. Hydrophobe Proteine besitzen demgemäß einen $K_i < 1$, hydrophile einen $K_i > 1$. De la Vara, ein Freund der Runkelrübe, hat Rübenproteine mit Triton X-114 in Lösung gebracht und in einem manuellen Gegenstromverfahren zwischen den beiden Phasen verteilt. Das geht so: 1,5 ml Triton-X-114-Lösung ($P_0$) werden in einem 2 ml-Eppendorfgefäß von 0 °C auf 25 °C erhitzt und danach abzentrifugiert. Es entstehen 0,3 ml untere und 1,2 ml obere Phase. Die 1,2 ml obere Phase werden abgenommen und in ein Eppendorfgefäß $P_1$ mit 0,3 ml frischer unterer Phase transferiert. Zu den 0,3 ml unterer Phase in $P_0$ werden 1,2 ml frische obere Phase gegeben. Dann werden beide Eppendorfgefäße auf 0 °C gekühlt und gemischt. Beide werden wieder auf 25 °C erwärmt und abzentrifugiert. Ein Eppendorfgefäß $P_2$ mit 0,3 ml frischer unterer Phase wird bereitgestellt. Die obere Phase aus $P_1$ kommt in $P_2$, die obere Phase aus $P_0$ in $P_1$, und in $P_0$ werden wieder 1,2 ml frische obere Phase gegeben. Und so weiter und so fort.

Die untere Phase in $P_0$ wird so sukzessive mit frischer oberer Phase gewaschen, die erste obere Phase von $P_0$ wird sukzessive mit frischer unterer Phase gewaschen. Macht man das n-mal, erhält man n + 1 Fraktionen (und dazu zittrige Finger), wobei die Proteine nach Maßgabe ihrer Hydrophobizität in einer Binominalverteilung über die Fraktionen verteilt sind. In $P_0$ schwimmen die hydrophobsten, in $P_n$ die hydrophilsten Proteine. Die Amphiphilen bevorzugen die Zwischenfraktionen.

Das ist schön und gut, in den Extrempositionen dürften auch Reinigungseffekte zu erwarten sein. Hier lassen sich die Proteine durch Zugabe von Puffer oder Triton X-114 zudem konzentrieren. Aber für gewöhnlich hat man es mit Proteinen zu tun, die in den Zwischenfraktionen liegen. Deren Gipfel gleichen sanften Schwarzwaldhügeln mit langen Vorbergen, was kleine Ausbeute und geringe Reinigung bedeutet: Die Methode gibt Ihnen im Grunde nur ein Maß der Hydrophobizität ihres Proteins. Das aber liefert auch der $K_i$, den man schneller und einfacher erhält. Auch ist das manuelle Gegenstromverfahren arbeitsaufwendig und braucht Geschick. Sie müssen Dutzende von Malen exakt die obere Phase von der unteren trennen: ein Geduldsspiel. Übrigens: Für die Reinigung extrem hydrophober Proteine reicht es, die erste Fraktion zehnmal mit frischer oberer Phase zu extrahieren. Allerdings vertragen nicht alle Proteine das x-malige Erhitzen und Abkühlen in Gegenwart von 3 % (v/v) Triton X-114. So berichtet de la Vara, dass die Aktivität der $H^+$-ATPase verschwinde. Vielleicht hilft es, den Wolkenpunkt von Triton X-114 durch Zugabe von Triton X-45 zu senken (Ganong und Delmore 1991). Eine weite Verbreitung dürfte der Methode dennoch nicht beschieden sein, es sei denn, es gelingt, sie zu automatisieren oder zu verstetigen. Man könnte sich eine Dünnschichtflussapparatur vorstellen, bei der bei 25 °C über eine stationäre Triton-X-114-reiche Phase eine Triton-X-114-arme Phase fließt. Die Proteine eluieren nach Maßgabe ihrer Hydrophobizität: die hydrophilen zuerst. Eine Aufgabe für frustrationstolerante Tüftler.

Der Ausgewogenheit halber wollen wir auch zwei Optimisten zitieren. Thomas Arnold und Dirk Linke schreiben: *„Phase separation is a simple, efficient, and cheap method to purify and concentrate detergent-solubilized membrane proteins"* (Arnold und Linke 2007). Machen Sie Ihre eigenen Erfahrungen!

Meiden Sie **Digitonin**. Kommerziell erhältliche Digitoninpräparationen sind nicht nur teuer, sie sind auch mit Giften verunreinigt, mit bis zu 50 % und darüber, deren genaue chemische Natur unbekannt ist. Zudem lösen sich Digitoninpräparationen meist nur unter Erhitzen (maximale Konzentration 4 % w/v). Aus den Lösungen fällt bei 4 °C im Verlauf von Tagen Material aus, das Säulen verstopft und eine Quelle endlosen Ärgers bildet. Auch sind die Digitoninpräparationen verschiedener Firmen und teilweise auch der gleichen Firma von unterschiedlicher Qualität und oft nicht für Solubilisierungen geeignet. Die besten Erfahrungen machte Rehm mit den Digitoninpräparaten der Firmen Wako, Fluka und Sigma. Die Reinigung von Digitonin beschreiben Kun et al. (1979).

Von den in der ◘ Tab. 3.1 aufgeführten Seifen solubilisiert **Deoxycholat** – nach SDS – am besten:

Etwa 70–80 % der Proteine einer Membranpräparation gehen mit Deoxycholat in Lösung. Trotzdem ist Deoxycholat kein ideales Detergens, denn seine Solubilisierungseigenschaften, CMC und Mizellengröße hängen stark von pH und Ionenstärke ab: Deoxycholat bildet bei saurem pH ein Gel und fällt mit zweiwertigen Kationen aus. Auch ist es bei Reinigungen, die Ladungsunterschiede ausnutzen, nicht zu gebrauchen, und es ändert die Konformation vieler Proteine.

## 3.2 Solubilisieren

Beim Solubilisieren lagern sich die Seifenmoleküle mit ihren hydrophoben Resten an die hydrophoben Stellen (vor allem Transmembranbereiche) des Proteins an und verdrängen dabei teilweise die Phospholipide (◘ Abb. 3.3). Lagern sich genügend Seifenmoleküle an, geht das Membranprotein in Lösung. Solubilisierte Membranproteine sind also Komplexe aus Seife, Phospholipid und Protein, wobei die Anteile der Komponenten von der Zusammensetzung des verwendeten Puffers abhängen. Der Anteil der Seifen- und Phospholipidmoleküle am Komplex liegt in der Regel zwischen 10 und 50 %.

Beim Solubilisieren von integralen Membranproteinen gibt es zwei **Probleme:**
1. Das Protein geht nicht in Lösung, es aggregiert.
2. Das Protein geht in Lösung und denaturiert.

Jedes Membranprotein benötigt eigene Bedingungen, um in nativer Konformation in Lösung zu gehen. Kritisch ist immer die Seife und ihre Konzentration, aber auch der Puffer, der pH, die Ionen, die Ionenstärke oder die An- oder Abwesenheit bestimmter Liganden können eine Rolle spielen. Dasselbe gilt für die Art und Menge der Phospholipide und für das Protein-zu-Seife-Verhältnis. Jede dieser Variablen kann, keine muss entscheidend sein.

**Seife** Da sich die Seifen mit ihren hydrophoben Resten an das Protein anlagern, hat dieser Rest Einfluss auf die Konformation des solubilisierten Proteins. Nach ◘ Tab. 3.1 gibt es drei Grundformen an hydrophoben Resten: Steroidgerüste, aliphatische Ketten und Phenylderivate. Beim Screenen auf geeignete Seifen sollte jede Grundform vertreten sein.

**◻ Tab. 3.1** Seifen

| | Name | MG Mon | MG Miz | CMC % (w/v)/(mM) | psV | Dia? | Besonderheiten |
|---|---|---|---|---|---|---|---|
| **Steroid- gerüste** | Bigchap | 862 | 6900 | 0,12/1,4 | 0,60 | Ja | – |
| | Chaps | 615 | 6150 | 0,25/4 | 0,81 | Ja | – |
| | ChapsO | 631 | 7000 | 0,5/8 | | Ja | – |
| | Na-Cholat | 431 | 1700 | 0,36/8 | 0,77 | Ja | Fällt aus mit divalenten Kationen und bei pH < 6,5 |
| | Deoxybigchap | 862 | 7000 | 0,12/1,4 | 0,63 | Ja | – |
| | Na-Deoxy-cholat | 415 | 700–9000 | 0,11/1–2,7 | 0,778 | – | Bildet Riesenmizellen bei pH < 7,8; fällt aus bei pH < 6,9 bzw. mit $Ca^{2+}$, $Mg^{2+}$; CMC sinkt mit zuneh- mender Salzkonzentration |
| | Taurodeoxy-cholat | 522 | 4200–30.000 | 0,05–0,2/1–4 | 0,76 | – | CMC sinkt bei zunehmen- der Salzkonzentration, Mizellengröße nimmt zu |
| | Digitonin | 1229 | 70.000 | 0,031/0,25 | – | Nein | Giftig, löst sich nur bei Erhitzen |
| **Alkyl- reste** | ASB-14 | 435 | – | – | – | – | Zwitterionische Sulfo- betaingruppe |
| | ASB-16 | 463 | – | – | – | – | Zwitterionische Sulfo- betaingruppe |
| | Oktylglucosid | 292 | 8000 | 0,73/25 | – | Ja | Nicht-ionisch |
| | Oktylthioglu-copyranosid | 308 | – | 0,277/9 | – | Ja | Nicht-ionisch |
| | Lubrol PX | 582 | 64.000 | 0,006/0,1 | 0,958 | Nein | – |
| | SDS | 288 | 18.000 | 0,24/8,2 | 0,870 | Ja | Unlöslich mit $K^+$ und divalenten Kationen |
| | Dodecylmal-tosid | 511 | 50.000 | 0,008/0,16 | – | Nein | Nicht-ionisch mit Maltose- rest |
| | MEGA-8 | 321 | – | 1,9/58 | – | Ja | Nicht-ionisch |
| | MEGA-10 | 351 | – | 0,22/6,2 | – | Ja | Nicht-ionisch |
| | Hecameg | 335 | – | 0,65/19,5 | – | Ja | Stört in höheren Konzentra- tionen BCA-Test und Lowry; unverträglich mit Bradford |
| | Brij 58 | 1122 | 79.000 | 0,0086/0,077 | – | Nein | Polyoxyethylen im hydro- philen Teil |
| | SB 3-10 | 307 | – | /25–40 | – | – | Zwitterionische Sulfo- betaingruppe |

MG Mon: Molekulargewicht des Monomers; MG Miz: Molekulargewicht der Mizelle; psV: partielles spezifisches Volumen; Dia: dialysierbar

**▣ Tab. 3.1** (*Fortsetzung*)

| | Name | MG Mon | MG Miz | CMC % (w/v)/(mM) | psV | Dia? | Besonderheiten |
|---|---|---|---|---|---|---|---|
| | Cetyltrimethyl-ammonium-bromid | 364 | – | – | – | – | Kationisch |
| | Zwitter-gent 3-14 | 364 | 30.000 | 0,011/0,30 | – | Nein | – |
| | Tween 20 | 1228 | – | 0,0074/0,06 | – | Nein | Polyoxyethylen im hydrophilen Teil; nicht-ionisch; Wolkenpunkt bei 76 °C |
| **Phenyl-reste** | Triton X-100 | 650 | 90.000 | 0,02/0,24 | 0,908 | Nein | Adsorbiert bei 280 nm; Wolkenpunkt bei 64 °C |
| | Triton X-114 | 536 | – | 0,009/0,20 | – | Nein | Adsorbiert bei 280 nm; Wolkenpunkt bei 22 °C |
| | Nonidet P 40 | 606 | – | 0,015/0,25 | – | Nein | Nicht-ionisch; Wolkenpunkt bei 65 °C; mit Licht können sich Peroxide bilden |
| | C7BzO | 400 | – | – | – | – | Zwitterionische Sulfobetaingruppe im hydrophilen Teil; verträgt sich mit 7 M Harnstoff; extrahiert gut Pflanzenproteine |
| | 4-Oktylbenzol-Amidosulfo-betain | – | – | – | – | – | Zwitterionische Sulfobetaingruppe |

MG Mon: Molekulargewicht des Monomers; MG Miz: Molekulargewicht der Mizelle; psV: partielles spezifisches Volumen; Dia: dialysierbar

Seifen mit nicht-ionischen hydrophilen Teilen, z. B. Oktylglucosid, sind sanft zum Membranprotein und belassen es meist in der nativen Konformation – und leider oft auch in der Membran. Andererseits unterbinden ionische Seifen – durch die ionostatische Abstoßung – die Aggregation. Verlassen kann man sich darauf nicht, nicht einmal bei Deoxycholat.

Zum Solubilisieren muss die Seifenkonzentration größer sein als die CMC, denn die Membranlipide müssen sich in Mizellen einlagern können. Die obere Grenze der Seifenkonzentration liegt bei 2–3 % (w/v); mehr macht wenig Sinn wegen der Inaktivierung vieler Proteine und der Viskosität der Lösung.

Es gibt Leute, die behaupten, **ohne Seifen solubilisieren** zu können. So hat Merck im Februar 2008 einen Kit namens ProteoExtract auf den Markt gebracht, von dem die Firma behauptet, er löse Membranproteine mit der Kraft von SDS und dennoch nativ. Wirkbestandteile sind die Reagenzien A und B. Sie wurden von dem Merck-Mitarbeiter Jörg von Hagen gefunden; dies im Rahmen eines Suchprojektes nach amphiphilen Substanzen in Mercks chemischer Bibliothek, wobei nicht nur Seifen, sondern alle wasserlöslichen Substanzen gescreent wurden. Messgröße war die Solubilisierung des Transmembranproteins EGF(*epidermal growth factor*)-Rezeptor im Vergleich zu Triton X-100.

Nach einem Merck-Artikel in *Innovations* löse das Reagenz A zwei Membranproteine mit sieben Transmembraneinheiten besser als SDS (Michelsen und von Hagen 2008). Reagenz B gäbe auch eine höhere Aktivität der über einen Glykosyl-Phosphatidylinositol-Anker mit der Membran verbundenen alkalischen Phosphatase als Triton X-100 (Reagenz A extrahiere hier weniger effizient).

Bei genauem Hinschauen tauchen Fragen auf. Nach ihrem *Innovations*-Artikel haben Uwe Michelsen, der Produktmanager für ProteoExtract, und Jörg von Hagen ihre Extrakte nur für 15 min bei 16.000 g abzentrifugiert. Unter diesen Bedingungen sedimentieren fein verteilte Partikel nicht, es ist also unklar, ob ProteoExtract wirklich besser solubilisiert oder nur besser suspendiert. Autor Rehms Nachfrage bei Herrn Michelsen ergab, dass anscheinend nie bei 100.000 g für 1 h abzentrifugiert wurde, wobei selbst das kein absolut sicheres Solubilisierungskriterium ist (▶ Abschn. 3.2.1).

Des Weiteren zeigen Michelsen und von Hagen die Extraktionskraft von ProteoExtract nur für drei Proteine; Angaben über die Gesamtextraktion von Proteinen aus Membranen fehlen und wurden nach Michelsen auch nie durchgeführt.

Ein Rätsel ist die Natur der Wundersubstanzen Reagenz A und B. In dem erwähnten *Innovations*-Artikel wird beteuert, A und B seien keine Detergenzien und verträglich mit den meisten Proteinanalysemethoden, insbesondere der 2D-Elektrophorese. Uwe Michelsen teilte auf Nachfrage mit, es handele sich um wasserlösliche amphiphile Substanzen, über deren Natur er aus patentrechtlichen Gründen keine Auskunft geben dürfe. Auch ob die Substanzen ionischer Natur sind, wollte er nicht mitteilen.

Was soll man davon halten?

Es ist möglich, dass es Substanzen gibt, die besser als SDS solubilisieren und dennoch die native Konformation der Membranproteine erhalten. Zumindest hoffen wir das. Dass allerdings die Merck'schen Produkte dieses Wunder vollbringen, halten wir nicht für nachgewiesen. Da Herr Michelsen versichert hat, ProteoExtract sei ein Verkaufserfolg, müssten einige Forscher darüber Auskunft geben können. Bis jetzt hat sich keiner bei uns gemeldet.

**Solubilisierungspuffer** Hepes-, Mops-, Tris-Puffer sind, falls mit Ihren Tests verträglich, eine gute Wahl. Die Konzentration sollte etwa 20 mM betragen, um genügend Pufferkapazität zu gewährleis-ten. Eine hohe Ionenstärke (Zusatz von 0,1–0,4 M NaCl oder KCl) im Solubilisierungspuffer schadet selten; vor allem bei den ionisierten Seifen Deoxycholat und Cholat fördern hohe Konzentrationen von NaCl (bis 1 M) die Solubilisierung. Die Zugabe von Phospholipiden ist beim Solubilisieren unnötig, die Membranen liefern genügend endogene Lipide.

Phosphatpuffer (0,1–0,2 M), die chaotropen Rhodanidsalze (0,2–0,4 M) und Harnstoff (2–6 M) verstärken die Solubilisierungskraft von Seifen, wobei Harnstoff mit nicht-ionischen Seifen Komplexe bildet. Nach Broecker und Keller (2013) beeinflusst die Harnstoffkonzentration einer Lösung auch die CMC von nicht-ionischen Detergenzien: Die CMC nimmt exponentiell zu. Chaps, vereint mit Guanidiniumchlorid, soll wirksam Proteine solubilisieren, die zur Aggregation neigen, doch nicht-ionische Seifen fallen mit hohen Konzentrationen von Guanidinchlorid aus. Die denaturierenden Zusätze Rhodanid, Harnstoff und Guanidinchlorid verwendet der Experimentator, dem es auf die native Konformation seines Proteins ankommt, nur in der Not.

Beliebte **Stabilisatoren** im Solubilisierungspuffer sind 10–20 % (w/v) Glycerin, 1 mM DTT und 0,1–1 mM EDTA. Segensreich wirken auch die Protease-Inhibitoren PMSF, Bacitracin, Trypsin-Inhibitor, Leupeptin, Benzamid und Benzamidin, denn Bindungsaktivitäten sind in Lösung empfindlicher gegen Proteasen als in der Membran (▶ Abschn. 5.1). PMSF hemmt Serinproteasen irreversibel durch kovalente Derivatisierung des aktiven Zentrums. Eine einmalige Anwendung reicht daher aus, zumal sich PMSF in wässriger Lösung zersetzt (Halbwertszeit: ein paar Stunden).

**Protein/Seife-Verhältnis** Bei der Solubilisierung kommt es nicht nur auf die Konzentration der Seife an, sondern auch auf das Massenverhältnis Seife/Protein (SPV). ◘ Abbildung 3.4 zeigt, wie die Solubilisierung eines Membranproteins vom SPV abhängt. Systematische Untersuchungen fehlen, doch scheint es zu jedem Seife-Membranprotein-Paar ein optimales SPV zu geben. Für Chaps liegt das optimale SPV meist zwischen 0,5 und 1, für Cholat zwischen 0,5 und 2,5, für Triton X-100 zwischen 2 und 4 und für Digitonin zwischen 3 und 6. Daher die Solubilisierungs-Faustregel: Seifenkonzentra-

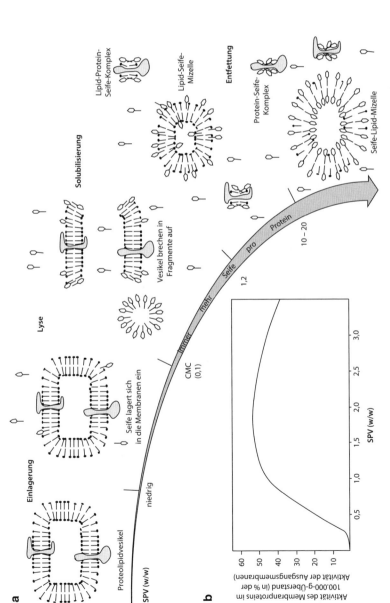

■ **Abb. 3.4a,b** Der Einfluss des Seife/Protein-Verhältnisses (SPV) auf die Solubilisierung von Membranproteinen. **a** SPV und Membransolubilisierung, schematisch (nach Hjelmeland 1990), **b** Abhängigkeit der solubilisierten Aktivität vom SPV. Aliquots einer Membransuspension mit bestimmter Proteinkonzentration wurden mit jeweils zunehmenden Konzentrationen Seife solubilisiert. Danach bestimmte der Experimentator in den 100.000-g-Überständen und auch in der ursprünglichen Membransuspension (100-%-Wert) die Aktivität des gesuchten Membranproteins (z. B. Ligandenbindung, Enzymaktivität). Im Allgemeinen hängt der Prozentsatz der solubilisierten Aktivität S-förmig vom SPV ab. Doch die verwendete Seife, Puffer etc. beeinflussen die Position der Kurve, die Höhe ihres Gipfels und das Ausmaß der Inaktivierung der Aktivität (bei hohen Seifenkonzentrationen, rechter Kurvenarm). Zudem verschiebt sich die Kurve oft nach links, wenn man die Konzentration an Gesamtprotein erhöht, sodass z. B. unter sonst gleichen Bedingungen ein SPV von 0,5 bei einer Membranproteinkonzentration von 3 mg/ml 10 % Aktivität solubilisiert, bei einer Konzentration von 6 mg/ml aber 40 %

tion 0,5–2 % (w/v); Proteinkonzentration 2–5 mg/ml (SPV 1–10).

**Lagerung** Bei 4 °C und in Puffern mit Stabilisatoren halten sich die meisten solubilisierten Membranproteine ein paar Tage. Wer Seifenextrakte länger aufbewahren will, sollte sie in flüssigem $N_2$ einfrieren und bei –80 °C lagern. Solubilisierte Membranproteine überstehen wiederholtes Frieren und Tauen, vorausgesetzt das Einfrieren findet in flüssigem $N_2$ statt. Einfrieren und Lagern bei –20 °C ist, nach Rehms Erfahrungen, nicht besser als Lagern bei 4 °C.

**Wie solubilisiert man?** Man inkubiert die fein suspendierten Membranen (Proteinkonzentration 2–5 mg/ml) bei 4 °C in einem geeigneten Puffer mit 0,5–2 % (w/v) der Seife. Die einen rühren dabei mit einem Teflonfisch, andere vortexen alle 10 min, und wieder andere bemühen einen Überschlag-Schüttler. Schaumschlagen jedoch übt der Profi nur auf Kongressen, und auch Beschallen kann die Proteine denaturieren. Nach etwa 1 h wird der Extrakt abzentrifugiert (1 h, 100.000 g oder mehr bzw. länger) und das Pellet, nach mehrmaligem Waschen, im gleichen Volumen Solubilisierungspuffer (ohne Seife) resuspendiert. Untersuchen Sie Überstand **und** resuspendiertes Pellet auf die gewünschte Aktivität!

**Führen Sie zuerst zwei bis drei Pilotexperimente durch** mit Triton X-100, Cholat und Oktylglucosid und dem Puffer, in dem Sie für gewöhnlich ihre Aktivität messen. Scheitern die Pilotexperimente, sollten Sie sich überlegen, ob Sie nicht besser an einem anderen Projekt weitermachen. Vor allem dann, wenn beim Extrahieren (z. B.) die Bindungsaktivität verschwindet und weder im Pellet noch im Überstand zu finden ist. Wurde solubilisiert, aber der Bindungstest funktioniert nicht? Wurde nicht solubilisiert, und das Protein sitzt aggregiert und denaturiert im Pellet? Funktioniert der Test, und das Protein wurde in nicht-bindendem Zustand solubilisiert? Mit diesen Fragen können Sie sich jahrelang herumschlagen. Denn ein rationales Erfolgsrezept gibt es für's Solubilisieren nicht, Sie müssen screenen: Seifen, Ionen, Stabilisatoren etc. (◘ Abb. 3.5).

Ist das Protein in nativem Zustand solubilisiert, setzt man für die weiteren Untersuchungen die

Seifenkonzentration herab (Richtwert: 0,05–0,2 % (w/v) für Seife, 0,01–0,04 % (w/v) für Phospholipid). Dies aus Sparsamkeit und weil eine hohe Seifenkonzentration vielen Proteinen auf die Dauer missfällt. Viele Solubilisierer glauben, dass Membranproteine nur oberhalb der CMC einer Seife in Lösung bleiben. Nach Rehms Erfahrungen gilt dies nicht für alle Seifen und Membranproteine. Allerdings sollten **alle** Puffer, mit denen das solubilisierte Protein in Kontakt kommt, Seife und Phospholipid enthalten. Natürlich kontrollieren Sie, ob ihr Protein unter den neuen Bedingungen nicht ausfällt (ein paar Stunden stehen lassen, abzentrifugieren, Überstand und Pellet testen und vergleichen).

**Merke** Membranproteine solubilisieren benötigt wenig Intelligenz, aber Fleiß und Ausdauer.

**Zum Schluss noch mal zum Anfang** zur **Vorbehandlung der Membranen.** Falls Sie Ihr integrales Membranprotein reinigen oder ihre Untersuchung auf integrale Membranproteine beschränken wollen, kann es sinnvoll sein, vor der Solubilisierung alle Proteine zu entfernen, die nicht fest in der Membran verankert sind. Dazu waschen Sie die Membranen mit eiskalter verdünnter Natronlauge (1 mM = pH 11) oder behandeln sie mit eiskalter Carbonatlösung pH 11,5 (Fujiki et al. 1982). Bei diesem pH sind fast alle Proteine und die Membran stark negativ geladen und stoßen sich gegenseitig ab (Coulomb'sche Abstoßung). Nicht fest verankerte (nicht-integrale) Proteine werden daher von der Membran abgestreift, und Sie sind sie los.

Bei stark alkalischem pH wandeln sich Membranvesikel zudem in flächige Schuppen um. Der alkalische pH wirkt also von beiden Seiten, und intravesikuläre Proteine werden ebenfalls freigesetzt. Ja, es kann Ihnen sogar geschehen, dass Sie integrale Membranproteine verlieren. Sie müssen das kontrollieren.

Natürlich schädigt pH 11 die Konformation vieler Proteine. Integrale Membranproteine werden jedoch durch die Membran stabilisiert und überstehen oft (aber nicht immer!) die brutale Behandlung.

Eine ähnliche, aber schwächere Abstreifwirkung erreichen Sie durch Behandeln der Membranen mit bidestilliertem $H_2O$ bzw. mit Puffern niedriger Io-

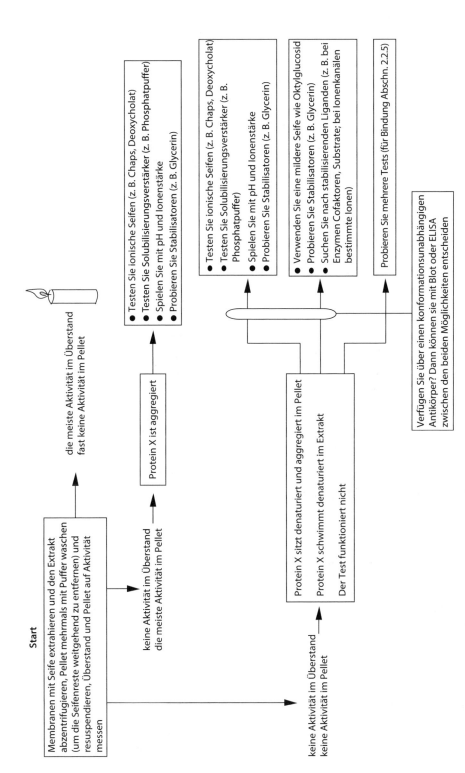

**Start**

Membranen mit Seife extrahieren und den Extrakt abzentrifugieren, Pellet mehrmals mit Puffer waschen (um die Seifenreste weitgehend zu entfernen) und resuspendieren, Überstand und Pellet auf Aktivität messen

die meiste Aktivität im Überstand fast keine Aktivität im Pellet

keine Aktivität im Überstand die meiste Aktivität im Pellet

Protein X ist aggregiert

- Testen Sie ionische Seifen (z. B. Chaps, Deoxycholat)
- Testen Sie Solubilisierungsverstärker (z. B. Phosphatpuffer)
- Spielen Sie mit pH und Ionenstärke
- Probieren Sie Stabilisatoren (z. B. Glycerin)

keine Aktivität im Überstand keine Aktivität im Pellet

Protein X sitzt denaturiert und aggregiert im Pellet

Protein X schwimmt denaturiert im Extrakt

Der Test funktioniert nicht

- Testen Sie ionische Seifen (z. B. Chaps, Deoxycholat)
- Testen Sie Solubilisierungsverstärker (z. B. Phosphatpuffer)
- Spielen Sie mit pH und Ionenstärke
- Probieren Sie Stabilisatoren (z. B. Glycerin)

- Verwenden Sie eine mildere Seife wie Oktylglucosid
- Probieren Sie Stabilisatoren (z. B. Glycerin)
- Suchen Sie nach stabilisierenden Liganden (z. B. bei Enzymen Cofaktoren, Substrate; bei Ionenkanälen bestimmte Ionen)

Probieren Sie mehrere Tests (für Bindung Abschn. 2.2.5)

Verfügen Sie über einen konformationsunabhängigen Antikörper? Dann können sie mit Blot oder ELISA zwischen den beiden Möglichkeiten entscheiden

**□ Abb. 3.5** Solubilisieren

nenstärke (z. B. 5–10 mM $NaH_2PO_4$). Sie entfernen damit die kleinen Ionen ($Na^+$, $Cl^-$, $K^+$ etc.), die Protein- und Membranladungen abschirmen, und es kommt ebenfalls zu Abstoßung zwischen Proteinen und den Proteinen und der Membran. Aber Vorsicht: Bei niedriger Ionenstärke adsorbieren manche Proteine und Proteinkomplexe (z. B. Ribosomen) an Membranen. Es empfiehlt sich, die Membranen erst bei hoher und dann bei niedriger Ionenstärke zu waschen. Manche Membranvesikel scheinen zudem bei niedrigen Ionenstärken in kleine Fetzen zerrissen zu werden, die nicht oder nur schlecht pelletieren.

Eine Übersicht über Solubilisierungsmethoden und Seifen bieten Fujiki et al. (1982), Hjelmeland (1990), Luche et al. (2003) sowie Duquesne und Sturgis (2010). Die Solubilisierung neuronaler **Transmitterrezeptoren** beschreiben Bristow und Martin (1987) und Hooper (1986). **Ionenkanäle** haben Rehm und Betz (1984) sowie Seagar et al. (1987) solubilisiert, und Yamada et al. (1988) haben einen **Transporter** in Lösung gebracht. Mit **Hormonrezeptoren** schließlich gaben sich Dufau et al. (1973), Johnson et al. (1984) und Perdue et al. (1983) ab.

> » Auf diese Weise zog er langsam fort, und die Sonne schien so brennend hernieder, dass dies hinreichend gewesen wäre, ihm die Sinne zu verrücken, hätte er welche gehabt.

### 3.2.1  Solubilisierungskriterien

Ist ein Protein nach einstündiger Zentrifugation bei 100.000 g noch im Überstand, so gilt es nach landläufiger Ansicht als solubilisiert. Dieses Kriterium versagt, wenn der Solubilisierungspuffer Glycerin oder andere Bestandteile enthält, die die Dichte der Lösung erhöhen und die Sedimentationsgeschwindigkeit erniedrigen. Auch bei großen Zentrifugationsvolumina und entsprechend langen Sedimentationswegen reichen 100.000 g × h nicht aus, um alle Partikel zu sedimentieren. Beweiskräftiger ist eine Gelfiltration des Seifenextraktes an Sepharose CL 6B: Erscheint das Protein im Einschlussvolumen der Säule, ist es solubilisiert.

Dichtegradientenzentrifugationen (z. B. in 5–20 % Sucrosegradienten) sind ein weiteres Solubilisierungskriterium. Nicht-solubilisiertes Protein pelletiert am Boden des Zentrifugenröhrchens. Ein solubilisiertes Protein dagegen gibt einen Gipfel im Gradienten, dessen Position von seiner Sedimentationskonstante abhängt. Dichtegradienten verdünnen die Probe kaum und erlauben es, mehrere Proben gleichzeitig unter verschiedenen Bedingungen zu untersuchen. Über mitlaufende Markerproteine misst die Dichtegradientenzentrifugation zudem den scheinbaren Sedimentationskoeffizienten.

Zum einwandfreien Beweis der Solubilisierung gehören die Gelfiltration und der Dichtegradient. Der Beweis ist nicht trivial. So wurden Ende der 1980er-Jahre ein halbes Dutzend Paper zur Solubilisierung des Rezeptors für den Neurotransmitter N-Methyl-D-aspartat (NMDA) veröffentlicht. Verschiedene Laboratorien behaupteten, sie hätten den Rezeptor in nativer Form mit Deoxycholat, Triton oder Cholat solubilisiert. Sie irrten.

Als **Beispiel für falsche Forschungsstrategie** und Taktik sei das genauer erzählt:

Rehms Professor wollte eine der veröffentlichten Solubilisierungsmethoden nutzen, um den NMDA-Rezeptor zu reinigen und zu klonieren. Er hielt das für genial, Rehm für eine Schnapsidee. Der Grund: Wenn sechs Gruppen an der Solubilisierung arbeiten, haben mindestens drei ebenfalls den naheliegenden Einfall, den Rezeptor zu reinigen. Man lässt sich also auf ein Wettrennen ein, bei dem alle Gegner einen Vorsprung von etwa anderthalb Jahren haben.

Allein, Rehm redete gegen eine Wand.

Also wurde solubilisiert. Es ging nicht. Rehm kochte das halbe Dutzend Vorschriften aufs Genaueste nach, das Ergebnis war immer das gleiche: kein NMDA-Rezeptor im Überstand und wenn doch, dann war er nicht gelöst.

Wie konnten dann die anderen behaupten, sie hätten solubilisiert?

Solubilisierungskriterium war für alle Gruppen allein die übliche Zentrifugation bei 100.000 g für 1 h gewesen. Das reicht, wie eingangs erwähnt, jedoch nicht immer, um fein suspendierte Membranpartikel zu pelletieren, vor allem dann nicht, wenn man Deoxycholat zum Solubilisieren verwendet und der Puffer 10 % oder mehr Glycerin enthält. Glycerin erhöht die Dichte der Lösung. Rehms Konkurrenz hatte fein suspendierte Membranpartikel für „gelösten" NMDA-Rezeptor gehalten.

Das zeigte Rehm unter anderem eine Gelfiltration an Sepharose CL 6B. Bei dieser eluierte die Bindung im Ausschlussvolumen. Wäre der NMDA-Rezeptor gelöst gewesen, hätte er – wie oben erwähnt – im Einschlussvolumen auftauchen müssen.

Mit dieser Erkenntnis marschierte Rehm zum Ordinarius. Der glaubte ihm nicht.

„Ein halbes Dutzend angesehener Gruppen berichten von einer Solubilisierung. Aber der oberschlaue Rehm will's besser wissen", mochte er gedacht haben.

**Gesagt hat er:** „Da hast du wohl experimentell etwas übersehen oder was nicht richtig gemacht. Oft hängt es ja nur an Kleinigkeiten …" Der Ordinarius war wenigstens ein guter Diplomat.

„Gut, probier' ich halt weiter", sagte Rehm, zog eine Lätsch (er ist kein guter Diplomat) und dachte nicht druckfähige Worte. Dabei hatte er damals mit der Forschung schon abgeschlossen, und es konnte ihm gleich sein, womit er den Rest seiner Vertragszeit totschlug. Rehm hat dann ein halbes Jahr damit verbraten, den NMDA-Rezeptor zu solubilisieren: Nach den publizierten Methoden, nach eigenen Einfällen, aus Rattenhirn, aus Krötenhirn, sogar aus Hummerganglien. Vergebens. Heute, über 20 Jahre später, ist der Rezeptor immer noch nicht in Lösung gegangen.

Was lernt der Experimentator daraus?

Trauen Sie niemandem, auch mehrere Labors können irren. Entscheidend ist nicht eine Autorität, auch dann nicht, wenn sie in der Mehrzahl auftritt $(n \times 0 = 0)$. Entscheidend ist das Experiment. Und: Lassen Sie sich keine Experimente aufdrängen, von denen Sie nicht überzeugt sind, vor allem dann nicht, wenn Sie nur eine Zeitstelle haben. Der Prof. kann Vorschläge machen, die Entscheidung darüber liegt bei Ihnen. Sie tragen das Risiko, Sie haben es auszubaden, wenn die Experimente schiefgehen. Wenn der Prof. das nicht akzeptiert, dann schauen Sie, dass Sie weiterkommen, und zwar so schnell wie möglich.

## 3.2.2 Physikalische Parameter solubilisierter Membranproteine

Von solubilisierten Membranproteinen lassen sich ohne größeren apparativen Aufwand MG, Stokes-Radius, Sedimentationskoeffizient, Anteil an gebundener Seife und Phospholipid, isoelektrischer Punkt und scheinbarer Reibungskoeffizient bestimmen. Die Kenntnis von Stokes-Radius, MG und isoelektrischem Punkt erleichtert die Planung einer Reinigung oder den Entwurf eines Nachweistests; die anderen Größen sind von bibliothekarischem Wert.

Den **Stokes-Radius** des Protein-Seife-Phospholipid-Komplexes liefert eine Gelfiltration (z. B. an Sepharose 6B oder CL 6B), sofern man Markerproteine von bekanntem Stokes-Radius mitlaufen lässt (z. B. β-Galactosidase 6,9 nm; Apoferritin 6,1 nm; Katalase 5,2 nm; BSA 3,55 nm). Die Methode bestimmt **nicht** das Protein-MG (unter anderem wegen dem Anteil an Seife und Phospholipid am Komplex).

**Sedimentationskoeffizient, MG,** scheinbarer Reibungskoeffizient und die Anteile an gebundener Seife und Phosholipid lassen sich über Dichtegradientenzentrifugationen in $H_2O$ und $D_2O$ bestimmen. Voraussetzung ist, dass die partiellen spezifischen Volumina von Seife und Protein (wird als 0,73 $cm^3/g$ angenommen) verschieden sind und der Stokes-Radius des Protein-Phospholipid-Seifen-Komplexes bekannt ist (Clarke 1975). Lubrol PX, Triton X-100 und Oktylglucosid eignen sich für die $H_2O/D_2O$-Zentrifugation, Deoxycholat nicht. Die zugehörige Rechnerei ist kompliziert, und manche Parameter, so das partielle spezifische Volumen des Proteinanteils, müssen angenommen werden. Trotzdem stimmt das errechnete MG oft gut mit der Wirklichkeit (d. h. mit den Ergebnissen anderer Bestimmungsmethoden) überein.

Nach Lustig et al. (2000) und Machaidze und Lustig (2006) lässt sich das MG eines Membranproteins mit der analytischen Ultrazentrifuge bestimmen. Die Methode soll genau genug sein, um die Untereinheitenzusammensetzung eines Membranproteins zu bestimmen (▶ Abschn. 8.1.1)

Auch mit Strahlungsinaktivierung lässt sich das MG von Membranproteinen bestimmen (Harmon et al. 1985). Sie bestrahlen die gefriergetrocknete

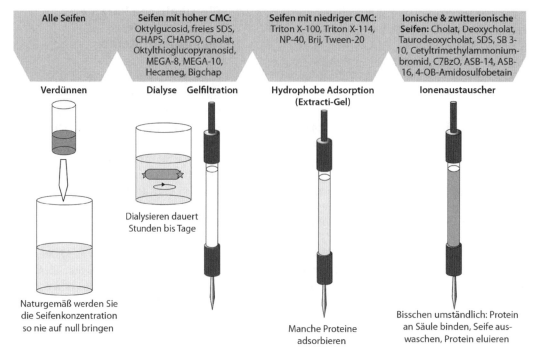

| Alle Seifen | Seifen mit hoher CMC: Oktylgucosid, freies SDS, CHAPS, CHAPSO, Cholat, Oktylthioglucopyranosid, MEGA-8, MEGA-10, Hecameg, Bigchap | Seifen mit niedriger CMC: Triton X-100, Triton X-114, NP-40, Brij, Tween-20 | Ionische & zwitterionische Seifen: Cholat, Deoxycholat, Taurodeoxycholat, SDS, SB 3-10, Cetyltrimethylammonium-bromid, C7BzO, ASB-14, ASB-16, 4-OB-Amidosulfobetain |
|---|---|---|---|
| Verdünnen | Dialyse    Gelfiltration | Hydrophobe Adsorption (Extracti-Gel) | Ionenaustauscher |

Dialysieren dauert Stunden bis Tage

Naturgemäß werden Sie die Seifenkonzentration so nie auf null bringen

Manche Proteine adsorbieren

Bisschen umständlich: Protein an Säule binden, Seife auswaschen, Protein eluieren

**☐ Abb. 3.6** Seifen-Ex

oder gefrorene Probe mit verschiedenen Dosen hochenergetischer γ- oder β-Strahlung (> 1 MeV). Die Strahlung zerstört in einem Alles-oder-nichts-Prozess die molekulare Struktur des Proteins und damit seine biologische Aktivität. Zu jeder Dosis bestimmen Sie die restliche enzymatische Aktivität ($V_{max}$) oder die Zahl der Bindungsstellen ($B_{max}$). Daraus lassen sich die Trefferwahrscheinlichkeit und das MG der „funktionellen Einheit" errechnen. Die Methode setzt eine hochenergetische Strahlenquelle voraus. Zudem muss sich die Probe ohne Aktivitätsverlust gefriertrocknen und rehydrieren oder frieren/tauen lassen.

Mit einer Chromatofokussierung können Sie den **isoelektrischen Punkt** von Membranproteinen ermitteln. Sie gibt zudem eine beachtliche Anreicherung. Für eine Chromatofokussierung muss das Protein bei niedriger Ionenstärke stabil sein (Salz stört die Fokussierung), und Sie dürfen keine ionischen Seifen wie Deoxycholat, Cholat oder SDS verwenden.

Über eine isoelektrische Fokussierung in Polyacrylamidgelen dagegen lässt sich der isoelektrische Punkt von integralen Membranproteinen nicht be-

stimmen. Integrale Membranproteine fokussieren nicht im IEF-Gel, sondern schmieren über mehrere pH-Einheiten (▶ Abschn. 1.3.3). Der Grund sind vermutlich Aggregations-/Adsorptionsprobleme, die auch der Zusatz nicht-ionischer Seifen wie Triton X-100 nicht behebt. Für Unverzagte: Dockham et al. (1986) behaupten, dass Membranproteine sich fokussieren lassen, wenn man sie in Lysin, 9 M Harnstoff und 2 % Triton X-100 auflöst.

Mit der **MG-Bestimmung** von Membranproteinen haben sich Clarke (1975), Haga et al. (1977), Harmon et al. (1985), Patthi et al. (1987), Tanford et al. (1974), Lustig et al. (2000) sowie Machaidze und Lustig (2006) beschäftigt. Der isoelektrischen **Fokussierung und Chromatofokussierung** widmeten sich Dockham et al. (1986), Siemens et al. (1991) und Thomas et al. (1988).

Solubilisieren entbehrt nicht einer gewissen Poesie. Der Experimentator schwebt in windigen Höhen wie ein Adler und späht nach dem Mäuschen, das sich nicht blicken lassen will. Einsam und endlos dreht er seine Kreise zwischen Membranenmachen, Pipettieren, Rühren, Zentrifugieren, Suspendieren und dem Aktivitätstest. Manche nennen das stumpfsinnig, doch fehlt uns nicht allen das beruhigende Ritual und das Gefühl, eine Sache um ihrer selbst willen zu tun?

Gott sei Dank lässt beim Solubilisieren der Erfolg nur in Ausnahmefällen länger als ein Jahr auf sich warten. Danach ist die Bahn frei für Interessanteres wie Reinigen, Untereinheitenzusammensetzung etc.

### 3.2.3  Wie werde ich die Seife wieder los?

**Es gibt fünf Methoden** Verdünnen, Dialyse, Gelfiltration, Adsorption an hydrophobe Säulen und Ionenaustauschchromatographie. SDS lässt sich unter bestimmten Bedingungen auch ausfällen (z. B. mit SDS-*out*-Reagenz von Pierce bzw. Thermo Fisher). Die Wahl der Methode richtet sich nach der Seife und danach, was Sie hinterher mit der Probe anfangen wollen. ◘ Abbildung 3.6 gibt Ihnen einen Überblick. Einzelheiten finden Sie in ▶ Abschn. 4.2.4.

≫  Als Don Quichotte sich im freien Felde sah, war ihm, als befinde er sich wieder in seinem Elemente, sein Geist erwachte von neuem, die Bahn der Ritterschaft zu verfolgen, und indem er sich zu Sancho wandte, sagte er: Die Freiheit, Sancho, ist eins der köstlichsten Geschenke, welches der Himmel nur immer den Menschen verliehen hat.

### Literatur

Arnold T, Linke D (2007) Phase separation in the isolation and purification of membrane proteins. Biotechniques 43:427–430

Bordier C (1981) Phase separation of integral membrane proteins in Triton X-114 solution. J Biol Chem 256:1604–1607

Bristow D, Martin I (1987) Solubilization of the γ-aminobutyric acid/benzodiazepine receptor from rat cerebellum: optimal preservation of the modulatory responses by natural brain lipids. J Neurochem 49:1386–1393

Broecker J, Keller S (2013) Impact of urea on detergent micelle properties. Langmuir 29:8502–8510

Chang H, Bock E (1980) Pitfalls in the use of commercial nonionic detergents for the solubilization of integral membrane proteins: sulfhydryl oxidizing contaminants and their elimination. Anal Biochem 104:112–117

Clarke S (1975) The size and detergent binding of membrane proteins. J Biol Chem 250:5459–5469

Dockham P et al (1986) An isoelectric focusing procedure for erythrocyte membrane proteins and its use for two-dimensional electrophoresis. Anal Biochem 153:102–115

Dufau M et al (1973) Characteristics of a soluble gonadotropin receptor from the rat testis. J Biol Chem 248:6973–6982

Duquesne K, Sturgis JN (2010) Membrane protein solubilization. Methods Mol Biol 601:205–217

Fujiki Y et al (1982) Isolation of intracellular membranes by means of sodium carbonate treatment: application to endoplasmic reticulum. J Cell Biol 93:97–102

Ganong B, Delmore J (1991) Phase separation temperatures of mixtures of Triton X-114 and Triton X-45: application to protein separation. Anal Biochem 193:35–37

Haga T et al (1977) Hydrodynamic properties of the β-adrenergic receptor and adenylate cyclase from wild type and variant S49 lymphoma cells. J Biol Chem 252:5776–5782

Harmon J et al (1985) Molecular weight determinations from radiation inactivation. Methods Enzymol 117:65–94

Helenius A, Simons K (1975) Solubilization of membranes by detergents. Biochim Biophys Acta 415:29–79

Hjelmeland L (1990) Solubilization of native membrane proteins. Methods Enzymol 182:253–264

Hooper R (1986) Optimisation of conditions for solubilization of the bovine dopamine D2 receptor. J Neurochem 47:1080–1085

Johnson W et al (1984) Solubilization and characterization of thyrotropin-releasing hormone receptors from rat brain. Proc Natl Acad Sci USA 81:4227–4231

Kun E et al (1979) Stabilization of mitochondrial functions with digitonin. Methods Enzymol 55:115–118

Luche S et al (2003) Evaluation of nonionic and zwitterionic detergents as membrane protein solubilizers in two-dimensional electrophoresis. Proteomics 3:249–254

Lustig A et al (2000) Molecular weight determination of membrane proteins by sedimentation equilibrium at the sucrose or nycodenz-adjusted density of the hydrated detergent micelle. Biochim Biophys Acta 1464:199–206

Machaidze G, Lustig A (2006) SEGAL, a semi-automatic program for fitting sedimentation equilibrium patterns from analytical ultracentrifugation. J Biol Phys Chem 6:91–102

Michelsen U, von Hagen J (2008) Efficient extraction of transmembrane proteins. Innovations 28:18–20

Patthi S et al (1987) Hydrodynamic characterization of vasoactive intestinal peptide receptor extracted from rat lung membranes in Triton X-100 and n-octyl-β-D-glucopyranoside. J Biol Chem 262:15740–15745

Perdue J et al (1983) The biochemical characterization of detergent-solubilized insulin-like growth factor II receptor from rat placenta. J Biol Chem 258:7800–7811

Rehm H (1984) News about the neuronal membrane protein which binds the presynaptic neurotoxin betabungarotoxin. J Physiol (Paris) 79:265–268

Rehm H, Betz H (1984) Solubilization and characterization of the β-bungarotoxin binding protein of chick brain membranes. J Biol Chem 259:6865–6869

Seagar M et al (1987) Solubilization of the apamin receptor associated with a calcium-activated potassium channel from rat brain. J Neurosci 7:565–570

Siemens I et al (1991) Solubilization and partial characterization of angiotensin II receptors from rat brain. J Neurochem 57:690–700

Steck TYuJ (1973) Selective solubilization of proteins from red blood cell membranes by protein perturbants. J Supramol Struct 1:220–231

Tanford C et al (1974) Molecular characterization of proteins in detergent solution. Biochemistry 13:2369–2376

Thomas L et al (1988) Identification of synaptophysin as a hexameric channel protein of the synaptic vesicle membrane. Science 242:1050–1053

de la Vara L et al (2009) Separation of membrane proteins according to their hydropathy by serial phase-partitioning with Triton X-114. Anal Biochem 387:280–286

Yamada K et al (1988) Solubilization and characterization of a $^3$H-hemicholinium-3 binding site in rat brain. J Neurochem 50:1759–1764

# Rekonstitution von Proteinen

H. Rehm, T. Letzel, *Der Experimentator: Proteinbiochemie/Proteomics*,
DOI 10.1007/978-3-662-48851-5_4, © Springer-Verlag Berlin Heidelberg 2016

## 4.1 Rekonstitution der Tertiärstruktur löslicher Proteine

Es gibt noch Fragen der Biochemie, deren Beantwortung mit einem Nobelpreis belohnt würde. „Wie berechnet man aus der Aminosäuresequenz die Konformation eines Proteins?", wäre eine solche Frage und damit zusammenhängend: „Unter welchen Bedingungen bildet sich aus einer denaturierten Aminosäurekette das native Protein?"

Für Antworten auf die zweite Frage ist man immer noch auf Serienexperimente nach dem Versuch-Irrtum-Prinzip angewiesen. Dabei stellt sich das Problem oft. So flockt bei der Proteinüberexpression in Bakterien das produzierte Protein häufig zu Inklusionskörpern aus, die aufgelöst werden müssen. Meist verwendet man dazu denaturierende Agenzien wie Harnstoff oder Guanidiniumchlorid oder SDS. Wie haucht man diesen Proteinleichen wieder Leben ein?

Zu einer erfolgreichen Rekonstitution müssen Sie mehrere Hürden nehmen. Die erste: Verhindern Sie die Aggregation der Aminosäureketten! Sind die Stränge einmal verfilzt, können Sie einen Hut daraus pressen, aber es wird kein Doktorhut werden. Das Aggregationsproblem versuchten Charles Epstein und Christian Anfinsen schon in den 1960er-Jahren durch Immobilisierung zu lösen (Epstein et al. 1963). Sie banden die denaturierten Proteinmoleküle an eine Matrix, entfernten das denaturierende Agens und lösten das (hoffentlich renaturierte) Protein dann wieder ab. Die Idee: Das denaturierende Agens, SDS, Harnstoff oder Guanidiniumchlorid, entfaltet die Proteinketten zwar, verhindert aber auch ihre Aggregation. Kritisch wird es erst, wenn das denaturierende Agens entfernt wird (z. B. durch Dialyse): Dann können die Aminosäureketten miteinander verfilzen. Ist jedoch das denaturierte Protein an eine Matrix gebunden, kann es nicht mit seinesgleichen wechselwirken, also auch nicht aggregieren.

Die Idee ist gut, funktioniert aber nicht immer. Manchmal lässt sich das Protein nicht mehr von der Matrix ablösen. Auch muss sich die Aminosäurekette nicht zwangsläufig wieder richtig zurückfalten. Faltet sie sich falsch zurück, kann es auch nach dem Ablösen von der Matrix zur Aggregation kommen

– und selbst wenn nicht: Falsche Faltung gibt eine Proteinleiche, und Leichen sind tot – im Massengrab genauso wie bei Einzelbestattung. Zudem ist die Methode umständlich. Glücklich scheinen mit ihr denn auch nur die Erfinder geworden zu sein. Anfinsen erhielt 1972 den Nobelpreis, (Titel seiner Nobelpreisrede: „*Studies on the principles that govern the folding of protein chains*"). Epstein dagegen verließ das Gebiet und entwickelte eine Trisomie-16-Maus als Modell für das Down-Syndrom.

Einfacher wäre es, in Lösung zu renaturieren. Eine allgemeingültige und zuverlässige Vorschrift dazu gibt es (noch) nicht, lediglich einige Regeln. Unsere stammen zum Teil aus dem Netz von einem gewissen Nikolai, den wir nicht näher identifizieren konnten. Zuerst gilt es, einen einfachen Test zu entwickeln, der Ihnen sagt, ob das Protein in nativer Konformation oder denaturiert vorliegt. Bei Enzymen bietet sich die Enzymaktivität an. Die Prinzipien und Einzelheiten von Enzymtests werden in Bisswanger (2004) und Suelter (1990) behandelt. Bei anderen Proteinen eignet sich die spezifische Bindung eines Liganden für die Konformationskontrolle (► Kap. 2). Als Nächstes muss das denaturierende Agens entfernt oder wenigstens seine Konzentration auf harmlose Werte reduziert werden. Der Erfolg einer Renaturierung hängt ab von:

1. Zusammensetzung und pH des Renaturierungspuffers. Dies ist ein weites Feld: Endlos können Sie Ionen, Ionenstärke, Kofaktoren, Thiol-Verbindungen und den pH variieren. Es lohnt sich, mit Mikrotiterplatten zu arbeiten und auf einen Schlag Hunderte von verschiedenen Puffern zu testen. Anderenfalls verbraten Sie Jahre mit der Suche nach einem Renaturierungspuffer.

2. Geschwindigkeit, mit der das denaturierte Protein in den Renaturierungspuffer überführt wird. Faustregel: Je schneller dabei das denaturierende Agens, z. B. SDS, entfernt oder unwirksam gemacht wird, desto besser der Renaturierungserfolg.

3. Reinheit des zu renaturierenden Proteins. Verunreinigungen behindern die Renaturierung.

4. Konzentration des zu renaturierenden Proteins. Faustregel: Je verdünnter, desto besser. Je einsamer die Aminosäureketten in der Lösung schwimmen, desto weniger können sie sich beim Zurückfalten gegenseitig stören: Intra-

molekulare Wechselwirkungen überwiegen die intermolekularen Wechselwirkungen.

5. Zahl und Anordnung von SH-Gruppen. Faustregel: Je mehr SH-Gruppen ein Protein besitzt, desto unwahrscheinlicher ist eine korrekte Zurückfaltung bzw. die Ausbildung der richtigen Disulfidbrücken. Eine Mischung von reduziertem und oxidiertem Glutathion bei basischem pH (8 oder höher) soll helfen, wobei das optimale Verhältnis von reduziertem und oxidiertem Glutathion für jedes Protein bestimmt werden muss. Manchmal bilden sich die korrekten Disulfidbrücken auch ohne die Zugabe von Thiol-Verbindungen (Marston et al. 1984).

**Das Wichtigste noch einmal** Das denaturierende Agens muss beim Wechsel in den Renaturierungspuffer verschwinden oder wenigstens auf harmlose Konzentrationen reduziert werden.

SDS beispielsweise sollte wenigstens auf Konzentrationen unterhalb seiner kritischen mizellären Konzentration sinken. Das ist jene Seifenkonzentration, unterhalb derer die Seife nur als Monomer und nicht mehr in Mizellen vorliegt. Bei SDS liegt die kritische mizelläre Konzentration – abhängig unter anderem von der Ionenstärke – bei 8 mM.

In ► Abschn. 3.2.3 werden fünf Methoden aufgezählt, die SDS-Konzentration einer Lösung herabzusetzen: Verdünnen, Dialyse, Gelfiltration, Ionenaustauschchromatographie und Ausfällen mit $K^+$ oder divalenten Kationen. Die Methoden sind *in puncto* Renaturierungserfolg nicht gleichwertig. Verdünnen beispielsweise geht schneller als dialysieren und ist daher vorzuziehen, zumal auch das Verdünnen *per se* die Rekonstitution begünstigt. Ausfällen des SDS mit $K^+$ oder divalenten Kationen läuft zwar auch schnell ab, doch besteht hier die Gefahr einer Adsorption der Proteine an das Präzipitat: Nach Rehms Erfahrungen fehlt hinterher im Überstand sowohl das SDS als auch das Protein.

Ein weiteres Renaturierungshilfsmittel für SDS-denaturierte Proteine wurde 1995 von David Rozema und Samuel Gellman beschrieben: β-Cyclodextrin (Rozema und Gellmann 1995). Es handelt sich um ein ringförmiges Oligosaccharid aus sieben α-1,4-glykosidisch verknüpften Glucosemolekülen und entsteht beim Abbau von Stärke. β-Cyclodextrin ist stabil in alkalischen Lösungen.

Es besitzt einen hydrophoben Hohlraum und bildet mit SDS und anderen Seifen eine reversible, nichtkovalente, wasserlösliche Einschlussverbindung. Seine renaturierende Wirkung kommt also durch die schnelle, schonende und effektive Entfernung von SDS zustande. So gelang es Rozema und Gellman 1996 mithilfe von β-Cyclodextrin denaturierte Carboanhydrase zu renaturieren (Rozema und Gellmann 1996).

Rozema und Gellman vertraten dabei die Ansicht, es sei essenziell, das Protein während der Denaturierung (bei Hitzedenaturierung) oder hinterher (bei Denaturierung durch 5 M Guanidiniumchlorid) durch Detergenszusatz (SDS, Cetyltrimethylammoniumbromid oder Sodiumtetradecylsulfat) vor dem Aggregieren zu bewahren. Nach Rozema und Gellman haben die Detergenzien eine Art Chaperon-Wirkung. Dennoch sollte man die Lösung so weit wie möglich verdünnen (auf 10–50 µg/ml). Je nach Art der Denaturierung (Hitze oder Guanidiniumchlorid) erhielten Rozema und Gellman in Anwesenheit von SDS und nachfolgender Gabe von β-Cyclodextrin zwischen 15 und 28 % der ursprünglichen Aktivität. Beim Denaturieren in Gegenwart von Cetyltrimethylammoniumbromid lag die Ausbeute bei 81 bzw. 74 %. Nicht-ionische Detergenzien erwiesen sich als wenig wirksam.

Die Methode funktioniert nach Gellman und Rozema nicht nur mit Carboanhydrase, sondern auch mit anderen Enzymen, wie mit der dimeren Citratsynthetase. Sie soll sogar in SDS-Gelen funktionieren. So hat Etsushi Yamamoto kürzlich α-Gluconidase aus Hefe mithilfe von β-Cyclodextrin im SDS-Gel wiederbelebt (Yamamoto et al. 2008). Die α-Gluconidase-Probe war für 2 min mit Mercaptoethanol gekocht und auf ein 10%iges Lämmli-SDS-Gel aufgetragen worden. Nach dem Lauf wurde das Gel entlang der Laufrichtung in Streifen geschnitten und die Streifen bei Raumtemperatur für 30 min in verschiedenen Renaturierungspuffern inkubiert (10 mM Na-Phosphatpuffer pH 7,6 mit verschiedenen Konzentrationen β-Cyclodextrin [0–1,5 %] oder Triton oder Isopropanol). Alle Streifen wurden zum Schluss für 5 min in 10 mM Na-Phosphatpuffer pH 7,6 inkubiert und danach mit dem α-Gluconidase-Substrat p-Nitrophenyl-α-D-glucopyranosid in Phosphatpuffer inkubiert. Falls das Enzym in nativer Konformation vorliegt, also aktiv ist, entsteht das gelbe p-Nitrophenyl. Und tatsächlich: Ab einer Konzentration von 0,05 % β-Cyclodextrin färbten sich die mit β-Cyclodextrin inkubierten Streifen nach 10 min gelb und dies bei der richtigen Position: bei 68 kDa, dem Molekulargewicht der α-Gluconidase.

Das Ergebnis verwundert. Denn einerseits wird das Enzym im Lämmli-Gel ja konzentriert, was die Renaturierung behindern sollte, und andererseits dauert die Äquilibrierung eines 10%igen Lämmli-Gels mit Puffer, also auch mit β-Cyclodextrin, etwa eine halbe Stunde: Von schneller Entfernung des Denaturierungsmittels kann also keine Rede sein. Vermutlich renaturieren nur die Enzymmoleküle an der Geloberfläche, und die Ausbeute an renaturiertem Enzym ist dementsprechend niedrig. Dafür spricht, dass Yamamoto et al. (2008) keine Ausbeute angeben, obwohl das durchaus möglich gewesen wäre: Sie hätten die Banden aus den Gelstücken eluieren und mit nativem Enzym vergleichen können.

Weitere Informationen zur Renaturierung finden Sie in Hedhammar (2005) und Misawa und Kumagai (2000).

## 4.2    Rekonstitution von Membranproteinen in Membranen

### 4.2.1    Einleitung

Hier geht es nicht um die Rekonstitution denaturierter Proteine, sondern um die Rekonstitution in Seifen gelöster nativer Membranproteine in Membranen. Es geht auch nicht um Proteine, die Moleküle verändern (Enzyme), sondern um Proteine, die die räumliche Verteilung von Molekülen oder Ionen steuern: Transporter und Ionenkanäle. Transporter und Ionenkanäle heißen auch Translokatoren.

Ein offener (aktiver) Ionenkanal ist eine wassergefüllte Proteinpore, die bestimmte Ionen passieren lässt. Der Ionenstrom wird getrieben vom Konzentrationsgradienten des Ions und dem elektrischen Potenzial über der Membran. Ionenkanäle sind aber keine molekularen Brunnenmännchen, durch deren Mund die Ionen in stetig gleichem Strome fließen. Ein Kanalmolekül öffnet und schließt, wie es ihm gerade passt, d. h. stochastisch, wobei die

Öffnungswahrscheinlichkeit von Parametern wie Membranpotenzial oder Ligandenkonzentration abhängt. Kanäle gleichen also einer schadhaften Toilettenspülung, die stotternd Wasser liefert, solange der Hebel gedrückt wird. Man unterscheidet spannungsabhängige Ionenkanäle (z. B. spannungsabhängiger $Na^+$-Kanal) und ligandengesteuerte Ionenkanäle (z. B. Acetylcholin-Rezeptor). Es gibt Ionenkanäle, die nur ein bestimmtes Ion (z. B. $Na^+$) durchlassen, andere sind permeabel für mehrere Ionen (z. B. $Na^+$ und $Ca^{2+}$). Manche Ionenkanäle sind oligomere Proteine mit vier ($K^+$-Kanäle) bzw. fünf Untereinheiten (ligandengesteuerte Kanäle), andere bestehen aus einem großen Protein ($Na^+$-Kanäle, $Ca^{2+}$-Kanäle) mit vier zueinander homologen Domänen. Ionenkanalproteine sind integrale Membranproteine mit mehreren Transmembranhelices.

**Transporter** vermitteln die Aufnahme oder Abgabe von lipidunlöslichen Stoffen (Zucker, Aminosäuren, Ionen) durch Phospholipidmembranen. Transporter besitzen keine Porenstruktur, sondern transportieren ihre Fracht in drei Stufen: Bindung des Substrats an die eine Seite, Konformations- oder Ortsänderung des Transporter-Substrat-Komplexes, Dissoziation des Substrats vom Transporter an der anderen Seite der Membran. Oft wird nicht nur ein Molekül transportiert, sondern mehrere, entweder in gleicher Richtung (Symport, z. B. $H^+$ und Lactose) oder in Gegenrichtung (Antiport, z. B. $Na^+$ gegen $Ca^{2+}$). Primär aktive Transportprozesse (Pumpen) werden von ATPasen angetrieben (z. B. die $Na^+$/$K^+$-ATPase), während sekundär aktive Transportprozesse an $H^+$- oder $Na^+$-Gradienten oder an das Membranpotenzial gekoppelt sind.

Die bisher bekannten Transporterproteine besitzen bis zu einem Dutzend Transmembranhelices, von denen ein Teil amphipathisch, der Rest hydrophob ist. Vermutlich bilden die amphipathischen Helices des Transporters einen inneren Kreis, der von einem äußeren Kreis hydrophober Helices in der Membran gehalten wird.

Transporter besitzen Bindungsstellen für ihr Substrat. Die Affinität des Substrats zum Transporterprotein und die Zahl seiner Bindungsstellen kennzeichnen Transportprozesse ebenso wie die kinetischen Größen Transportgeschwindigkeit und Umsatzzahl. Die Transportgeschwindigkeit (z. B. in μmol Substrat/min) erreicht mit zunehmender

Substratkonzentration einen maximalen Wert, die maximale Transportgeschwindigkeit ($V_{max}$). Die Umsatzzahl (in $s^{-1}$) gibt die Zahl der Substratmoleküle, die ein Transportermolekül pro Sekunde transportiert.

Der Transportgeschwindigkeit beim Transporter entspricht der Ionenflux beim Ionenkanal. Der Ionenflux von Kanälen zeigt aber keine Sättigung bei Zunahme der Ionenkonzentration und ist um Größenordnungen höher als die Transportgeschwindigkeit von Transportern. Der Ionenflux ist direkt proportional zum Ionenstrom.

Die Grundlage der Funktion von Translokatoren sind membranumschlossene Kompartimente. Zellen, Organellen, Vesikel oder Proteoliposomen (Prolis). Prolis und Liposomen spielen bei der Reinigung und Rekonstitution von Translokatoren eine Rolle.

### 4.2.2 Liposomen

Liposomen sind Vesikel aus Phospholipidmembranen. Unterteilt werden Liposomen in multilamellare Vesikel (MLV), kleine unilamellare Vesikel (SUV) und große unilamellare Vesikel (LUV) (◌ Tab. 4.1).

MLV bestehen aus vielen zwiebelartig ineinandergeschachtelten Liposomen (Prinzip der russischen Puppen). Sie entstehen beim Kontakt von Phospholipiden mit wässrigen Lösungen.

SUV entstehen beim Beschallen von MLV-Suspensionen, bei der Dialyse oder der Gelfiltration von Seifen-Phospholipid-Mischmizellen, beim Einspritzen einer ethanolischen Lösung von Phospholipiden in eine wässrige Lösung und beim Durchpressen von MLV-Suspensionen durch Filter definierter Porengröße.

Der Durchmesser von SUV liegt bei 20–60 nm. Ein SUV vom Durchmesser 20 nm enthält 33.300 Wassermoleküle und von einer Substanz der Konzentration 1 mM durchschnittlich 0,6 Moleküle. Ein SUV vom Durchmesser 60 nm dagegen enthält ca. 2,5 Millionen Wassermoleküle und durchschnittlich 45 Moleküle von einer Substanz der Konzentration 1 mM. SUV sind instabil und fusionieren im Laufe der Zeit zu Aggregaten, MLV und LUV. Im Gegensatz zu ihren größeren Kameraden sind SUV unempfindlich gegen Schwankungen der Osmolarität.

LUV haben Durchmesser von 100 nm–10 μm. Kleinere LUV vom Durchmesser 100–240 nm entstehen beim Dialysieren von Seifen-Phospholipid-Lösungen, wobei die Größe der Vesikel vom molaren Verhältnis Seife zu Lipid und von der Art der Seife abhängt.

Die Eigenschaften von Liposomen, z. B. ihre Permeabilität, hängen von ihren Phospholipiden ab. Grundlage ist meist Phosphatidylcholin. Die oft verwendeten Phospholipide aus Eigelb oder Sojabohnen (Asolektin) sind Mischungen verschiedener Phospholipide mit unbekannten Substanzen. Sauberer sind die Produkte von Avanti Polar. Cholesterol (z. B. Phosphatidylcholin:Cholesterol 2:1) erhöht die Stabilität und erniedrigt die Permeabilität der Liposomen, und negativ geladene Phospholipide wie Phosphatidylserin verhindern durch elektrostatische Abstoßung die Aggregation.

Die Eigenschaften der Liposomen hängen auch von der Temperatur ab, denn die Phospholipidmembran ändert ihre Struktur beim Phasenumwandlungspunkt. Unterhalb dieser Temperatur befinden sich die Phospholipide in geordnetem Zustand mit ihren Acylketten in all-*trans*-Konformation. Oberhalb des Phasenumwandlungspunktes liegt ein mehr flüssiger Zustand vor, und die Liposomen werden permeabel. Der Phasenumwandlungspunkt der Liposomen hängt von der Art und Länge der Acylketten ihrer Phospholipide ab. Phosphatidylcholine mit langen gesättigten Acylketten bilden besonders stabile Liposomen.

Lagern Sie Liposomen bei neutralem pH und unter Stickstoff, denn pH-Extreme hydrolysieren Phospholipide, und die entstehenden Lysolecithine permeabilisieren die Liposomenmembran. Längerer Kontakt mit Sauerstoff führt zu Lipidoxidation. Das Einfrieren sollten sie vermeiden, da dies die Vesikel aufbrechen kann; auch ändert ein Frieren/Tauen-Zyklus die Größenverteilung der Vesikel. Sie können die Vesikel mit Gefrierschutz wie Sucrose oder Trehalose bei −20 °C aufbewahren, allerdings müssen Sie damit rechnen, dass Ihre Suspension früher oder später von Pilzen befallen wird. Auf der Netzseite von Avanti Polar wird empfohlen, SUV oberhalb ihres Phasenumwandlungspunktes nicht länger als 24 h zu lagern. LUV werden nach einer Woche bei 4 °C wegen der Bildung von Lysolipiden undicht.

**4**

◻ **Tab. 4.1** Herstellung und Eigenschaften von Liposomen

| Vesikel-typ | Herstellungs-methode | Größenbereich (Durchmesser in nm) | Kapazität (l/mol Lipid) | Vorteile | Nachteile |
|---|---|---|---|---|---|
| MLV | Dispersion des Lipids in Wasser | | 1–4 | Leichte und schnelle Herstellung | Niedrige Kapazität und heterogene, schlecht charakterisierte Vesikelmischung |
| Oligolamellare Vesikel und LUV | Homogenisieren von MLV mit Liposomenextruder und Polycarbonatmembranen definierter Porengröße | | | | Heterogene Vesikelmischung, braucht spezielle Apparatur |
| SUV | Ultrabeschallen von MLV | 20–60 | 0,2–1,5 | Einheitliche Größe, leicht herzustellen | Niedrige Kapazität; die Liposomen nehmen keine Moleküle auf, deren MG größer als 40 kDa ist; die SUV sind instabil und bilden Aggregate; Beschallen degradiert Lipide |
| SUV/ LUV | Dialyse von Phospholipid-Seifen-Mizellen; Seifen: Cholat, Deoxycholat, Oktylglucosid | 20–150 | 0,2–7 | Einheitliche Größe, gute Reproduzierbarkeit, Vesikelgröße kann durch verschiedene Parameter (Seife, Dialysegeschwindigkeit etc.) variiert werden; Reste von Cholat und Deoxycholat stabilisieren die Vesikel | Seifenreste in den Vesikeln? |
| SUV | Adsorption von Seifen aus Phospholipid-Seifen-Mizellen an hydrophobe Matrizen | | | | |
| SUV | Einspritzen von Phospholipidmischungen in Ethanol in wässrige Lösungen | 30–60 | 0,4–1,5 | Einfache Herstellung | Heterogene Vesikelmischung; die Liposomensuspension enthält Ethanol |

MLV: multilamellare Vesikel; SUV: kleine unilamellare Vesikel; LUV: große unilamellare Vesikel

**Bleibt die Frage** Wie bestimme ich die Größe und Größenverteilung meiner Liposomen? Auf der Netzseite von Avanti Polar wird dafür die Technik des *dynamic light scattering* (quasi-elastische Lichtstreuung) empfohlen. Man könne damit sowohl den durchschnittlichen Durchmesser als auch die Größenverteilung ermitteln. Einen Vergleich zwischen verschiedenen Methoden der Größenbestimmung von Liposomen bieten Egelhaaf et al. (1996).

Lesenswerte Übersichtsartikel haben Woodle und Papahadjopoulos (1989) sowie Laouini et al. (2012) geschrieben.

### 4.2.3 Proteoliposomen

Liposomen mit eingebauten Membranproteinen heißen Proteoliposomen (Prolis). Mit Prolis zu arbeiten, hat den Vorteil, dass das innere und äußere Medium, die Phospholipidzusammensetzung der Membran sowie die Art und Menge der in die Membran eingelagerten Proteine Ihrer Kontrolle unterliegen. Sie können z. B. beliebige Ionengradienten über der Prolimembran aufbauen. Dementsprechend dienen Prolis zur Charakterisierung der Eigenschaften eines gereinigten Translokators in einer definierten Umgebung, aber auch zum Nachweis eines Translokators in einem Reinigungsprotokoll. Messgröße ist meist der Flux des Translokatorsubstrats in oder aus den Prolis (▶ Abschn. 4.2.5). Ändern sich die Prolieigenschaften durch den Substratflux, lässt sich dies gelegentlich zur Reinigung des Translokators ausnutzen (Barzilai et al. 1984).

Prolis ähneln in ihren Eigenschaften den Liposomen. Sie treten ebenfalls als MLV, SUV und LUV auf, und was für die Permeabilität von Liposomen gilt, gilt auch für Prolis. Während jedoch SUV- und LUV-Liposomen Sterilfilter passieren, werden die entsprechenden Prolis adsorbiert.

MLV-Prolis eignen sich nicht für Fluxtests: Die Pospholipidmembranen des äußeren und nächstinneren Vesikels liegen so dicht aufeinander, dass das Zwischenvolumen zu klein ist. Zudem sind die Proteine der inneren Schalen für viele Tests nicht erreichbar.

SUV-Prolis können durch Frieren/Tauen und anschließende Passage durch Filter definierter Porengröße (z. B. Polycarbonatfilter von Nuclepore) und Liposomenextruder in kleinere LUV-Prolis überführt werden. LUV eignen sich wegen ihres großen inneren Volumens gut für Fluxmessungen.

Der Einsatz von Prolis für Fluxtests ist nicht frei von Fallen:

- Das kleine innere Volumen der SUV begrenzt die Aufnahmekapazität der Prolis und damit die Signalgröße des Tests. Zudem ist die Bedeutung makroskopischer Größen wie Konzentration oder pH im Innern derart kleiner Vesikel zweifelhaft.

- Die Oberfläche von SUV und LUV ist groß im Verhältnis zu ihrem inneren Volumen. Auch ist die Prolioberfläche, abhängig von der Protein- und Phospholipidzusammensetzung, geladen und kann geladene Stoffe wie $Ca^{2+}$, Proteine, Peptide adsorbieren. Es ist daher schwierig, zwischen Aufnahme eines Stoffes in das innere Prolivolumen und seiner Bindung an die Prolioberfläche zu unterscheiden.

- Prolis sind oder werden oft undicht, d. h. unspezifisch permeabel für Ionen oder Zucker, denn beispielsweise SUV sind keine statischen Gebilde, sondern fusionieren, lagern sich um etc. Größere Prolis sind Osmometer, die anschwellen und schließlich platzen, wenn die Osmolarität des Puffers absinkt. Undichte Prolis eignen sich für Tests, die keinen Flux messen und weder Membranpotenzial noch einen Ionengradienten über die Membran voraussetzen, und natürlich für Tests, bei denen die innere und äußere Seite des Membranproteins für hydrophile Substrate zugänglich sein muss. Stabilität und Dichtigkeit von Prolis hängen ab von ihrer Protein- und Phospholipidzusammensetzung (siehe Liposomen), der Herstellungsmethode, der Temperatur, der Ionenzusammensetzung (vor allem $Ca^{2+}$ und $Mg^{2+}$) und dem pH des umgebenden Puffers. Dementsprechend werden für die Stabilität von Konzentrationsgradienten über Prolimembranen die unterschiedlichsten Werte, von Minuten zu Tagen, angegeben. Wurden bei der Herstellung der Prolis andere Seifen als Deoxycholat oder Cholat verwendet, so müssen diese vollständig entfernt werden; schon geringste Reste von z. B. Triton X-100 permeabilisieren Prolis.

### 4.2.4 Rekonstitution in Membranen

Ein Membranprotein zu rekonstituieren heißt, das Protein funktionsfähig in eine Phospholipidmembran einzubauen. Bei den meisten Methoden entstehen dabei Prolis. Ziel ist es, alle Funktionen und Eigenschaften des Translokators zu rekonstituieren – bei größeren Proteinen mit ihrer Vielzahl von Ligandenbindungsstellen und Regulationsmöglichkeiten eine ehrgeizige Aufgabe. Die wichtigste Funktion, die es zu rekonstituieren gilt, ist die Translokation des Substrats. Andere Eigenschaften des Translokators, wie Substrat- oder Ligandenbindung, Enzymaktivitäten etc., dienen wegen ihres leichten Nachweises als Wegweiser bei der Suche nach optimalen Rekonstitutionsbedingungen. Prolis entstehen:

- durch Einbau der Membranproteine in vorgefertigte Liposomen,
- durch Entfernen der Seife aus einer Seife-Phospholipid-Protein-Lösung.

## Rekonstitution von gelösten Membranproteinen

Wenn Sie die Seifenkonzentration einer Seife-Phospholipid-Membranprotein-Lösung herabsetzen, entstehen irgendwann Prolis (es sei denn, Sie geben bestimmte Gerüstproteine zu; ▶ Abschn. 4.2.4). Ein Teil der Membranproteine wird in die Phospholipidmembran eingebaut, ein Teil aggregiert. Die eingebauten Membranproteine können funktionell aktiv oder inaktiv und in zwei verschiedenen Richtungen (*outside out* bzw. *inside out*) eingebaut werden. Über die relativen Anteile entscheiden drei Variablen:

- die Seife, die Protein und Phospholipide in Lösung hält, und die Methode ihrer Entfernung,
- Art und Menge der Phospholipide und das Protein/Phospholipid-Verhältnis,
- Zusammensetzung, Ionen, Ionenstärke und pH des Puffers.

Die einfachste Methode, die Seifenkonzentration herabzusetzen (▶ Abschn. 3.2.3), ist, die Lösung aus Phospholipiden, Seife und Membranprotein in einem geeigneten Puffer zu **verdünnen.** Die entstandenen Prolis können direkt in den Fluxtest eingesetzt oder zuvor konzentriert oder gewaschen werden (durch Abzentrifugieren etc.). Diese Methode funktioniert gut bei Cholat- oder Deoxycholatlösungen. Die entstandenen SUV sind stabil und dicht, denn die Reste der Gallensalze stabilisieren die Vesikelmembran ähnlich wie Cholesterol und sorgen durch ihre negative Ladung dafür, dass die

Vesikel nicht verklumpen. Liegen die Membranproteine in anderen Seifen vor, setzen Sie vor dem Verdünnen Cholat zu (Ambesi et al. 1991). Die Rekonstitution durch Verdünnen beschreiben außerdem Hell et al. (1990), Huganir und Racker (1982) sowie Newman und Wilson (1980).

Prolis entstehen auch bei der **Dialyse** der Seife-Phospholipid-Membranprotein-Lösung, bei ihrer Passage über eine **Gelfiltrationssäule** (z. B. Sephadex G-50) und wenn ein **Ultrafiltrat** der Lösung mit seifenfreiem Puffer verdünnt wird. Für alle drei Methoden muss die Seife dialysierbar sein bzw. eine hohe CMC besitzen (Oktylglucosid, Cholat etc., ◘ Tab. 3.1). Die Gelfiltration hat den Nachteil, dass die Säule einen Teil der Prolis adsorbiert, und bei der Ultrafiltration kann die Filtermembran verstopfen. Je nach Seife entstehen SUV (Cholat, Deoxycholat) bis kleinere LUV (Oktylglucosid). Die Größe der Prolis kann über das Seifen/Phopholipid-Verhältnis gesteuert werden.

Mit Gelfiltration rekonstituiert haben Garcia-Calvo et al. (1989) und Haga et al. (1985).

Seifen mit niedriger CMC wie Digitonin, Triton X-100 oder Lubrol PX lassen sich nicht durch Dialyse entfernen (▶ Abschn. 3.1.2). Sie können sie entweder gegen eine dialysierbare Seife austauschen (z. B. über IC- oder Lektinchromatographie) oder eine dialysierbare Seife zugeben. Nicht-dialysierbare Seifen bilden Mischmizellen mit dialysierbaren Seifen, und diese Mischung ist dialysierbar, vorausgesetzt, die Konzentration an nicht-dialysierbarer Seife ist wesentlich niedriger als die der dialysierbaren (z. B. 0,05 % Triton X-100 mit 1 % Oktylglucosid; Scheuring et al. 1986; Rehm et al. 1989). Der Zusatz einer geringen Menge von [3]H-Triton X-100 erlaubt es, festzustellen, ob und wie viel Triton X-100 aus der Lösung entfernt wurde. Barzilai et al. (1984), Cook et al. (1986) und Epstein und Racker (1978) entfernten ihre Seifen ebenfalls durch Dialyse.

Hydrophobe Matrizen (z. B. SM-2 Biobeads von Bio-Rad, Extracti-Gel von Pierce) **adsorbieren** Seifen aus wässrigen Lösungen (entweder im Batch oder durch die Passage über eine Säule). Diese Technik entfernt auch Seifen mit niedriger CMC wie Triton X-100 oder Lubrol. Die Adsorptionsmatrizen sind mäßig wirksam; der Austausch der nicht-dialysierbaren Seife gegen eine dialysierbare und anschließende Dialyse ist häufig vorteilhafter. Die

Adsorptionsmethode führt teilweise zur Bildung von MLV und Aggregaten, die für Fluxtests nicht geeignet sind und nachbehandelt werden müssen. In Gegenwart von 1 mM EDTA und in Abwesenheit von divalenten Kationen können jedoch auch SUV entstehen. Rekonstituiert durch Adsorption an hydrophobe Matrizen haben Hanke et al. (1984), Horne et al. (1986) und Talvenheimo et al. (1982).

**Zur Wahl der Phospholipide** Die meisten Translokatoren arbeiten in Membranen aus verschiedensten Phospholipiden, wenn auch unterschiedlich munter. Gute Prolis geben Phospholipide aus Eigelb, Hirn oder Sojabohnen mit Cholesterolzusatz. Spezielle Phospholipide braucht, wer die Vesikel hinterher, z. B. für elektrophysiologische Untersuchungen, mit anderen Membranen fusionieren möchte (Rehm et al. 1989).

Der **Puffer,** in dem die Prolis hergestellt wurden, ist der Puffer, der hinterher in den Prolis drin ist. Die Ionenzusammensetzung des äußeren Mediums können Sie ändern, indem Sie die Prolis über eine Gelfiltrationssäule geben, die mit einem anderen Puffer äquilibriert wurde. Über der Prolimembran entstehen dann pH- und Ionengradienten, die wegen der verschiedenen Permeabilität der Ionen zur Bildung von elektrischen Potenzialen führen.

Eine Übersicht über die verschiedenen Methoden geben Shen et al. (2013).

## Rekonstitution in vorgefertigte Liposomen

Es ist möglich, Membranproteine in Liposomen einzubauen, ohne Seifen zu verwenden oder den Einbau in Gegenwart niedriger Seifenkonzentrationen zu bewerkstelligen (Dencher 1989). Insbesondere kann man Membranproteine direkt, ohne einen Solubilisierungsschritt dazwischenzuschalten, aus der nativen Membran in Liposomen umziehen lassen. Die Technik erfordert meistens spezielle und hochgereinigte Phospholipide sowie eine genaue Kenntnis von deren Eigenschaften (Zakin und Scotto 1989).

## Rekonstitution von Membranproteinen in Nanoscheibchen

Nanoscheibchen (Nanodiscs) eignen sich ausgezeichnet zur funktionellen Rekonstitution integ-

raler Membranproteine. Nanoscheibchen bestehen aus einem Fetzchen Phospholipiddoppelmembran, deren Rand mit einem Ring von amphipathischen Gerüstproteinen stabilisiert wurde. Zwei Kopien des Gerüstproteins schirmen die hydrophoben Fettsäureketten der Phospholipide von der wässrigen Umgebung ab, indem sie das Phospholipidplätzchen quasi umarmen und einen Schwimmring bilden. Als Gerüstproteine dienen häufig Varianten des humanen Apolipoproteins A-I (Ritchie et al. 2009); Letzteres ist Bestandteil von *high density lipoproteins* (HDL), den Transportvehikeln des Blutes für Cholesterin und andere lipophile Substanzen. Die für Nanoscheibchen benutzten Varianten des humanen Apolipoproteins A-I bestehen aus mehreren helikalen Bereichen von je 22 Aminosäuren, wobei die helikalen Bereiche durch Prolin- und Glycinreste unterbrochen werden. Im Gegensatz zu Liposomen und Prolis sind Nanoscheibchen gelöst; Nanoscheibchen sind auch um einiges kleiner als Liposomen und stabiler.

Über die Wahl des Gerüstproteins haben Sie die Größe bzw. den Durchmesser der Scheibchen in der Hand. Je nachdem, wie viele amphipathische Helices das Gerüstprotein aufweist, schwankt der Durchmesser der Scheibchen zwischen 9,8 und 17 nm: Die Zahl der Phospholipidmoleküle pro Scheibchen hängt auch mit der Zahl der Aminosäuren im Gerüstprotein zusammen (Ritchie et al. 2009).

Da Sie die Phospholipidzusammensetzung der Nanoscheibchen festlegen können, können Sie die Wechselwirkung Ihres Membranproteins mit verschiedenen Phospholipiden untersuchen. Das Gleiche gilt für die Wechselwirkung mit ko-restituierten Proteinen. Das Nanoscheibchen ist gewissermaßen eine Insel der Seligen, auf der Sie paradiesische Bedingungen schaffen können: eine Welt, wie sie Ihnen gefällt. Zudem haben die Scheibchen, im Gegensatz zu Liposomen, den Vorteil, dass beide Seiten der Membran frei zugänglich sind. Fluxmessungen allerdings sind mit Nanoscheibchen nicht möglich.

Zur besseren Handhabung der Scheibchen besitzen die Gerüstproteine Hexahistidin-Tags. Die Tags können Sie über spezifische Proteasespaltstellen wieder von den Scheibchen abspalten.

Nanoscheibchen mit eingebautem integralem Membranprotein bilden sich automatisch in einer

Lösung von Membranprotein, Gerüstprotein, Phospholipid und Seife, wenn Sie die Seife über Dialyse oder durch Adsorption entfernen (siehe diesen Abschnitt oben und ▶ Abschn. 3.2.3). Die Temperatur sollte bei der Phasenübergangstemperatur des Phospholipids liegen. Bei reinem Dipalmitoylphosphatidylcholin beispielsweise wäre die Phasenübergangstemperatur 41,3 °C; hat das Phospholipid Fettsäureketten mit 14 C-Atomen, liegt die Phasenübergangstemperatur bei 24 °C.

Eine hohe Ausbeute an homogenen Nanoscheibchen setzt zudem ein bestimmtes Verhältnis von Phospholipiden und Gerüstproteinen voraus: Bei einem Überschuss von Gerüstproteinen bilden sich Aggregate, bei einem Überschuss von Phospholipiden entstehen Lipoproteinpartikel. Für jede Phospholipid/Gerüstprotein-Kombination müssen Sie daher zuerst das optimale Verhältnis der beiden bestimmen. Nach der Entfernung der Seife werden die Nanoscheibchen über eine Gelfiltration von überschüssigem Phospholipid sowie Protein und Aggregaten gereinigt. Natürlich hilft Ihnen die Scheibchentechnik nicht, wenn Ihr Membranprotein schon in Lösung denaturiert und/oder aggregiert ist.

Als Seife für die Scheibchenproduktion empfehlen Bayburt und Sligar (2009) Cholat in einem molaren Verhältnis von 2 : 1 zum Phospholipid. Man könne das Cholat aber auch mit Chaps oder Oktylglucosid mischen. Eine Liste verwendeter Phospholipide und Detergenzien zeigen Bayburt und Sligar (2009).

Bisher wurden unter anderem P450-Reduktase, Aromatase, Choleratoxin und Bakteriorhodopsin in Nanoscheibchen rekonstitutiert.

Nach Glück et al. (2011) können Sie Nanoscheibchen und die eingebauten Membranproteine mittels BIACORE, d. h. mit Plasmonresonanz, untersuchen.

**Beachten Sie** Wenn glykosylierte Membranproteine in Nanoscheiben eingebaut wurden, haben diese eine Zucker- und eine Fettseite, sind also asymmetrisch.

Erfunden hat die Scheibenwelt Timothy Bayburt von der Universität Illinois. Der Terry Pratchett der Proteinbiochemie hat damit der bräsigen Rekonstituiererei einen Tritt in den Hintern gegeben und sie auf Trab gebracht. Leider schreibt Bayburt nicht, wie er auf diese Idee gekommen ist.

### 4.2.5  Nachweis der Rekonstitution in Membranen durch Fluxtests

Einen Test zu entwickeln, der die Translokation oder den Flux eines Substrats in Kompartimente misst, ist umso schwerer, je kleiner die Kompartimente sind. Die hohe Schule ist, in Prolis die Transport- oder Ionenkanalfunktion eines Translokators nachzuweisen. Dies deswegen, weil der Forscher nicht weiß, auf welcher Stufe sein vorheriges Experiment scheiterte: Wurde der Translokator nicht in der richtigen Konformation und Orientierung in Prolis eingebaut, oder war das Fluxprotokoll ungeeignet? Bei Ionenkanälen handelt es sich zudem um schnelle Fluxe und seltene Membranproteine (◘ Tab. 4.2). Oft enthält nur ein kleiner Teil der Vesikel einen Ionenkanal. Dann müssen Sie den Flux in dieses kleine Volumen vom unspezifischen Flux in den großen Rest der Vesikelpopulation unterscheiden. Eine Hilfe ist es zu prüfen, ob andere Eigenschaften des Translokators, z. B. eine Enzymaktivität oder Bindungsstellen, rekonstituiert wurden. Doch eine zwingende Verbindung gibt es nicht: Oft wird z. B. eine Bindungsstelle des Translokators, nicht aber seine Translokationsfunktion rekonstituiert. Die Frage, misslungene Rekonstitution oder ungeeigneter Fluxtest, bleibt offen.

Bei der Entwicklung eines Fluxtests sollten, unabhängig von der Art der Kompartimente und des Translokators, folgende Kontrollen durchgeführt werden:

- Enthält die Vesikelpräparation noch endogene Substanzen, die den Translokator beeinflussen (z. B. Glycin beim Glycin-Rezeptor, Glutamat bei Glutamat-Rezeptoren)?
- Zeigt die Translokation pharmakologische Spezifität? Wie hoch ist der unspezifische Flux, d. h. der Flux, der nicht über den Translokator abläuft (z. B. in Gegenwart eines Hemmers des Translokators)? Der Translokatorflux ist dann die Differenz zwischen Gesamtflux und unspezifischem Flux. Der unspezifische Flux ist ein Maß für die Qualität der Kompartimente und die Anwesenheit anderer Translokatoren des Substrats; er kann über 90 % des Gesamtfluxes ausmachen.
- Keine Translokation ohne die treibenden Gradienten oder Enzymaktivitäten!

■ **Tab. 4.2** Ionenfluxtests

| Ion | Testmolekül | Messprinzip | Bemerkungen | Referenzen |
|---|---|---|---|---|
| $Na^+$ | $^{22}Na^+$ | Direkt (Radioaktivität) | Harter γ-Strahler; zentimeter-dicke Bleiziegel schirmen ab | Epstein und Racker 1978; Rosenberg et al. 1984[a] |
| $K^+$ | $^{86}Rb^+$ | Direkt (Radioaktivität) | Harter γ- und β-Strahler; Halbwertszeit: 19 d; braucht zentimeterdicke Bleiziegel zur Abschirmung | Arner und Stallcup 1981[a] |
| $Ca^{2+}$ | $^{45}Ca^{2+}$ | Direkt (Radioaktivität) | Misst das $^{45}Ca^{2+}$ der ganzen Zelle; die spezifischen Aktivitäten des $Ca^{2+}$ in Zelle und Medium sind i. A. verschieden | Barzilai et al. 1984; Akerman und Nicholls 1981[a]; Combettes et al. 1990[a]; Borle et al. 1975[a]; Barrit et al. 1981[a] |
| | Fura-2 Indo-1 Quin-2 Arsenazo III | Indirekt (Fluoreszenz) Indirekt (Fluoreszenz) Indirekt (Fluoreszenz) Indirekt (Adsorption) | Misst das cytoplasmatische $Ca^{2+}$. Fura-2 ist selektiver für $Ca^{2+}$, arbeitet bei längeren Wellenlängen und besitzt größere Fluoreszenzintensität als Quin-2. Fura-2 ist der $Ca^{2+}$-Indikator der Wahl | Pandiella und Meldolesi 1989[a]; Morgan et al. 1987[a]; Grynkiewicz et al. 1985[a]; Arslan et al. 1985[a]; Koch und Kaupp 1985 |
| | Äquorin | Indirekt (Lichtemission) | Das Protein Äquorin bindet $Ca^{2+}$ unter Lichtabgabe; diese hängt nicht linear von $Ca^{2+}$ ab. Äquorin wird injiziert oder transfiziert; je nach Transfektionstechnik erscheint es im Cytoplasma oder in den Mitochondrien; $Ag^+$ stört | Olsen et al. 1988[a]; Rizzuto et al. 1992 |
| $H^+$ | Pyranin | Indirekt (Fluoreszenz) | | Page et al. 1988 |
| | 4-Methylumbelliferon | Indirekt (Fluoreszenz) | | Page et al. 1988 |
| $Cl^-$ | $^{36}Cl^-$ | Direkt (Radioaktivität) | | Thampy und Barnes 1984 |
| | $I^-$ und MSQ[b] | Indirekt (Fluoreszenz) | | Garcia-Calvo et al. 1989 |
| Anionen ($HCO_3^-$ etc.) | $^{35}SO_4^{2-}$ | Direkt (Radioaktivität) | | Scheuring et al. 1986 |

[a] Akerman K, Nicholls D (1981) *Eur. J. Biochem.* 115:67–73; Arner L, Stallcup W (1981) *Develop. Biol.* 83:138–145; Arslan P et al. (1985) *J. Biol. Chem.* 260:2719–2727; Barrit G et al. (1981) *J. Physiol.* 312:29–55; Borle A et al. (1975) *Methods Enzymol.* 39:513–555; Combettes L et al. (1990) *Methods Enzymol.* 192:495–500; Grynkiewicz G et al. (1985) *J. Biol. Chem.* 260:3440–3450; Olsen R et al. (1988) *J. Biol. Chem.* 263:18030–18035; Morgan-Boyd R et al. (1987) Am. J. Physiol. 253:C588–C598; Pandiella A, Meldolesi J (1989) *J. Biol. Chem.* 264:3122–3130; Rosenberg R et al. (1984) *Proc. Natl. Acad. Sci. USA* 81:1239–1243; alle anderen Referenzen am Ende des Kapitels
[b] MSQ: 6-Methoxy-N-(3-sulfopropyl)quinolinium

- Nehmen Kompartimente, die keinen Translokator enthalten, Substrat auf? Keine Translokation ohne Translokator!
- Wurde das Substrat wirklich aufgenommen, oder band es nur außen an die Membran der Kompartimente? Lyse der Kompartimente oder Substanzen, die die Membran für das Substrat durchlässig machen (z. B. $Ca^{2+}$-Freisetzung nach A-23187-Gabe), sollten das aufgenommene Substrat freisetzen, während das gebundene mit der Membran assoziiert bleibt.

## Influxtest

Beim direkten Influxtest inkubiert der Experimentator das radioaktive Substrat (z. B. $^{22}Na^+$-, $^3$H-Aminosäuren etc.) mit den Kompartimenten in einem geeigneten Puffer. Zum gewünschten Zeitpunkt unterbricht er die Translokation (z. B. durch Zugabe eines spezifischen Blockers) und trennt die Kompartimente vom Medium. Zur Trennung dienen Größen-, Adsorptions- oder Ladungsunterschiede zwischen Kompartiment und Substrat, also Filtration über Glasfaserfilter (Whatman GF/C) oder Nitrocellulosefilter (Millipore, GS-TF 0,22 μm), Ionenaustauschchromatographie an Dowex 50 W, Gelfiltration oder, bei Zellkulturen, einfaches Waschen. Für Zellen oder größere Vesikel eignet sich auch die Zentrifugation durch ein Sucrose- oder Mineralölkissen. In diesem Fall ermittelt der Experimentator zusätzlich den Anteil an extrazellulärem Raum im Zell- oder Vesikelpellet mit einer nichtmembranpermeablen Substanz wie $^3$H-Sucrose.

### Achtung bei Filtertests:

Glasfaserfilter mit adsorbiertem $^3$H oder $^{45}$Ca müssen mindestens 18 h mit Scintillator inkubiert und gelegentlich geschüttelt werden. Erst dann haben sich die *counts per minute* (cpm) pro Vial stabilisiert. Vorinkubation der Filter mit einer Lösung von 10 mM $CaCl_2$ soll die unspezifische Bindung von $^{45}Ca^{2+}$ an die Filter unterdrücken.

Damit Prolis eine Filtration überstehen, ohne ihren Inhalt zu verlieren, senkt man die Temperatur unter den Phasenumwandlungspunkt der verwendeten Phospholipide. Die Filtrationsverfahren ähneln denen in Membranbindungstests (▶ Abschn. 2.2.3), doch mit dem Unterschied, dass auf Stabilität und Dichtigkeit der Kompartimente und eventuell auf Ionengradienten zwischen Kompartiment und Medium geachtet werden muss. Die Kompartimente dürfen keinen osmotischen Stress erfahren.

Fluxe durch Ionenkanäle in kleine Kompartimente zu messen, ist wegen der Schnelligkeit des Vorgangs, dem kleinen inneren Volumen der Kompartimente und der Seltenheit der Kanalproteine ein Kunststück. Garty et al. (1983) entwickelten eine Methode, die so einfach wie genial ist (◘ Abb. 4.1). Sie messen den Influx des radioaktiven Ions gegen einen chemischen Gradienten des gleichen nichtradioaktiven Ions. Paradox? Die Kompartimente enthalten eine hohe Konzentration des für den Kanal permeablen Ions, das äußere Medium enthält stattdessen die gleiche Konzentration eines für den Kanal impermeablen Ions. Wegen der ungleichen Verteilung des kanalpermeablen Ions entsteht ein Diffusionspotenzial (bei Kationen innen negativ) über der Membran derjenigen Kompartimente, die den Kanal enthalten. Die anderen Kompartimente sind nicht permeabel für das Ion, und es entsteht daher kein Diffusionspotenzial (Idealfall). Der Experimentator mischt nun geringe Mengen des radioaktiven kanalpermeablen Ions ins äußere Medium. Das radioaktive Ion verteilt sich nach Maßgabe des Membranpotenzials und reichert sich daher (bis zu 100-fach) selektiv in denjenigen Vesikeln an, die den Kanal enthalten. Es ahmt sozusagen die Verteilung seines mächtigen Verwandten nach. Dieses Verfahren liefert ein um Größenordnungen höheres Signal als Ionenkanalfluxe, die nur einen Ausgleich messen. Zudem verläuft der Prozess langsam (im Minutenbereich) und kann bequem gemessen werden.

Bei **indirekten** Methoden der Influxmessung zeigt eine Farb-, Fluoreszenz- oder Enzymreaktion oder eine Dichteänderung der Kompartimente die Translokation des Substrats an. Die Indikatormoleküle befinden sich in der Regel im Innern der Kompartimente, nicht aber im äußeren Medium. Tritt das Substrat in die Vesikel ein, reagiert es mit dem Indikatormolekül, das Indikatormolekül ändert seine Eigenschaften, und diese Änderung wird gemessen. Die Reaktion mit dem Indikator läuft in der Regel schnell ab, sodass sich mit Absorptions- oder Fluoreszenzmessungen die Substrataufnahme bzw. -abgabe kontinuierlich verfolgen lässt.

Natürlich dürfen sich die Eigenschaften des Indikatormoleküls nur mit dem Substrat ändern. So können membrangängige Liganden des Trans-

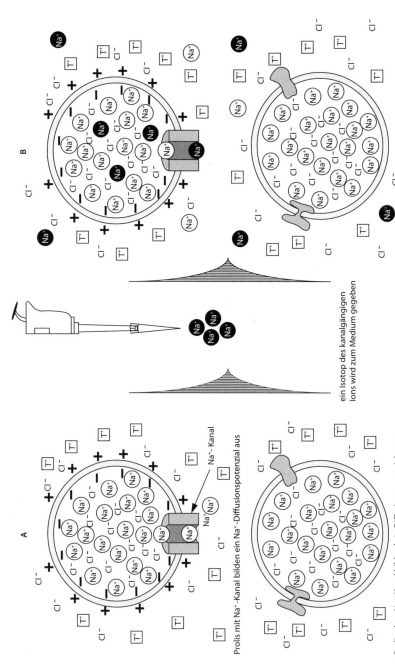

Prolis mit Na⁺-Kanal bilden ein Na⁺-Diffusionspotenzial aus

Prolis ohne Na⁺-Kanal bilden kein Diffusionspotenzial aus

ein Isotop des kanalgängigen Ions wird zum Medium gegeben

□ **Abb. 4.1a,b**  Paradoxer Isotopenflux in kanalhaltige Vesikel. Prolis werden in Gegenwart einer hohen Konzentration eines kanalgängigen Ions (hier Na⁺) gebildet. Danach wird das extravesikuläre NaCl durch das Na⁺-Kanal-impermeable Kation T⁺ ersetzt. Es entsteht ein Na⁺-Konzentrationsgradient zwischen Prolinnerem und dem äußeren Medium. **a** Da Prolis mit Na⁺-Kanälen permeabel für Na⁺ sind, entsteht in diesen Prolis ein Na⁺-Diffusionspotenzial (innen negativ). Nun wird radioaktives Na⁺ zugegeben, **b** Folgendes geschieht: Außen ist nur radioaktives Na⁺, der Kanal lässt aber Na⁺ in beiden Richtungen durch. Also wandert radioaktives Na⁺ über den Kanal in das Vesikelinnere. Aus den Vesikeln kommt das radioaktive Na⁺ nur schwer heraus. Grund: Wenn Sie eine schwarze Kugel (= radioaktives Na⁺) in eine Kiste mit vielen weißen Kugeln (= Na⁺) werfen, die Kiste schütteln und wieder eine Kugel herausnehmen, erhalten Sie mit großer Wahrscheinlichkeit eine weiße Kugel. Die kanalhaltigen Vesikel enthalten aber lange Zeit viele Na⁺-Ionen (weiße Kugeln), denn das innen negative Diffusionspotenzial hält die Na⁺-Ionen in den Vesikeln fest. Das radioaktive Na⁺ reichert sich also in den Vesikeln an, die Na⁺-Kanäle besitzen und viel Na⁺ enthalten

lokators – deren Wirkung auf den Translokator festgestellt werden soll – z. B. die Fluoreszenz des Indikators quenchen und so eine Änderung in der Substrattranslokation vortäuschen.

Für den indirekten Influxtest müssen die Kompartimente dicht sein, und der Indikator muss zuvor ins Kompartiment hineingebracht werden. Eine elegante Lösung des letzteren Problems sind lipidlösliche Indikatorvorstufen, die die Membran leicht durchdringen und dann innerhalb des Kompartiments, z. B. durch Esterasen, in den lipidunlöslichen, hydrophilen Indikator umgewandelt werden. Substratinflux misst der Experimentator daher nur in Kompartimenten, die die entsprechenden Esterasen enthalten. So hydrolysiert die lebende Zelle Fura-2-Acetoxymethylester nur im Cytoplasma zu Fura-2. Fura-2 ist ein Fluoreszenzfarbstoff, der selektiv mit $Ca^{2+}$ Komplexe bildet und daraufhin sein Exzitationsspektrum ändert. Mit Fura-2 kann der Experimentator also die Änderung des $Ca^{2+}$-Spiegels im Cytoplasma messen, nicht aber z. B. im endoplasmatischen Reticulum oder in den Mitochondrien. Letzteres gelang Rizzuto et al. (1992). Rizzuto et al. transfizierten Zellen mit einer cDNA für Äquorin. Äquorin ist ein Protein, das $Ca^{2+}$ unter Lichtabgabe bindet. Da die Äquorin-cDNA mit einer mitochondrialen Markersequenz fusioniert war, exprimierte sie die Zelle selektiv in den Mitochondrien, was es Rizzuto et al. ermöglichte, ebenso selektiv Änderungen im $Ca^{2+}$-Gehalt dieser Organellen zu messen. Influxmessungen mit $^{45}Ca^{2+}$ (eine direkte Methode) schließlich erfassen das gesamte von der Zelle aufgenommene $^{45}Ca^{2+}$.

Den Influx in Zellen behandeln Thampy und Barnes (1984) sowie Thayer et al. (1988), den Influx in Vesikel Garty et al. (1983), Kish und Ueda (1989) und Rizzuto et al. (1992). Mit Prolis haben sich Barzilai et al. (1984), Claassen und Spooner (1988), Epstein und Racker (1978), Garcia-Calvo et al. (1989), Kasahara und Hinkle (1977), Page et al. (1988) sowie Radian et al. (1986) beschäftigt. Eine theoretische Analyse des Influxes liefern Kotyk (1989) und Stein (1989).

### Effluxtest

Statt die Translokation eines Substrats **in** ein Kompartiment zu messen, ist es manchmal zweckmäßiger, die Translokation **aus** dem Kompartiment zu

bestimmen. Da aus einem Behälter nur etwas herauskommt, wenn etwas drin ist, werden beim Effluxtest die Kompartimente zuerst mit dem Substrat beladen. Wie belädt man? Sie können die Kompartimente stundenlang mit hohen Konzentrationen an Substrat inkubieren, bis sich das Gleichgewicht zwischen innerer und äußerer Konzentration eingestellt hat. Diese Lademethode ist langwierig, aber sicher und schonend (Scheuring et al. 1986; Hunter und Nathanson 1985). Falls Sie mit Prolis arbeiten, können Sie diese in Gegenwart des Substrats bilden oder Ihre Prolis in Gegenwart des Substrats einem Gefrier-/Auftauzyklus unterwerfen.

Sind die Kompartimente beladen, trennen Sie das nicht aufgenommene Substrat ab (Dialyse, Zentrifugieren, Gelfiltration etc.) und setzen die beladenen Kompartimente so schnell wie möglich in den Test ein. Der besteht in der Regel darin, die beladenen Kompartimente für eine gewisse Zeit einem Agens auszusetzen und sie danach vom umgebenden Medium abzutrennen. Gemessen wird (direkt oder indirekt) die Menge an freigesetztem Substrat oder die Menge Substrat, die die Kompartimente noch enthalten.

Den Efflux aus Zellen messen Hunter und Nathanson (1985), Lukas und Cullen (1988) sowie Quitterer et al. (1995), den Efflux aus Vesikeln Koch und Kaupp (1985) und den Efflux aus Prolis Scheuring et al. (1986).

## 4.2.6   Aufbauende Überlegungen

Rekonstitutionen von Membranproteinen in Membranen sind technisch einfach, brauchen wenig Einarbeitung, und Sie lernen den Umgang mit Seifen, Phospholipiden, Membranen sowie Membranproteinen. Ist die Rekonstitution gelungen, können Sie Ihr Protein frei vom Einfluss des Zellstoffwechsels in einer definierten Umgebung beobachten und sich anschließend dem *in vitro*-Aufbau ganzer Stoffwechselketten oder -vorgänge widmen, gewissermaßen Ihr eigenes Organell bauen. Manchmal sind die Rekonstitution der Translokatorfunktion und der Fluxtest auch Voraussetzung für die Reinigung des Translokatorproteins. Ihre Möglichkeiten zeigt ☐ Abb. 4.2 auf.

Fluxtests mit größeren Kompartimenten wie Zellen oder Organellen sind leicht zu entwickeln.

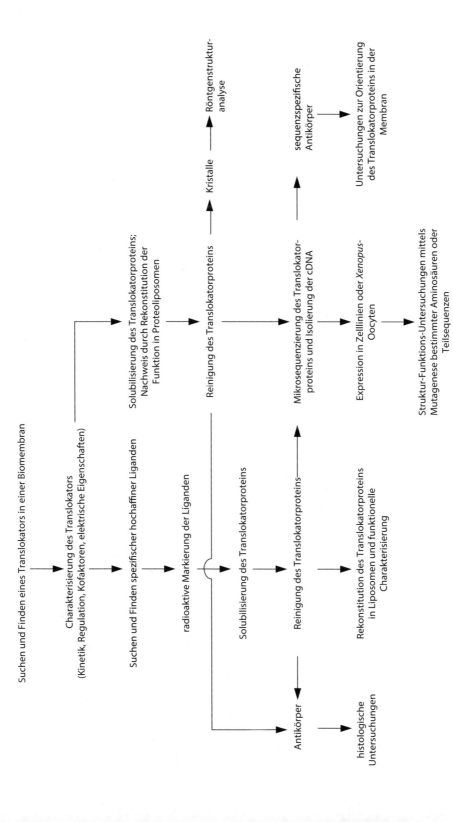

**Abb. 4.2** Translokatorenforschung

Zwar langweilt Zellkulturarbeit und das tägliche Schlachten einer Ratte für frische Organellen ersetzt das Frühstück, doch hat auch der Unerfahrene den Test in ein paar Monaten im Griff und kann dann zu publikationspolitisch lohnenderen Aufgaben übergehen. Schwieriger sind Tests, die Translokation in Prolis, womöglich noch mit einer indirekten Methode, nachweisen sollen. Funktioniert der Test nicht auf Anhieb, kann vieles schuld sein: die Prolis, die zu klein oder nicht dicht sind, ihre Phospholipidzusammensetzung, das Protein/Phospholipid-Verhältnis, das Substrat, das Translokatorprotein, welches entweder nicht oder falsch eingebaut wurde oder während des Einbaus denaturierte, der Fluxtest usw. Sie tappen im Dunkeln, bis sich die Glücksfee Ihrer erbarmt – oder auch nicht. Oft lag über ein halbes Jahrzehnt zwischen der Reinigung eines Proteins und seiner Rekonstitution (z. B. Acetylcholin-, Glycin-Rezeptor).

Zudem ist das bei Rekonstitutionen erarbeitete Know-how in Professorenkreisen nicht besonders begehrt und die Rekonstitution vieler Proteine eine Sackgasse, die keine neuen experimentellen Perspektiven eröffnet (◘ Abb. 4.2). So hat die Rekonstitution von Ionenkanälen und Rezeptorproteinen an Ansehen verloren, weil Fragen, für die früher eine Rekonstitution des Proteins notwendig war, heute mit molekularbiologischen Methoden (z. B. Expression der cRNA in *Xenopus-Oocyten)* schneller und besser beantwortet werden können. Gelingt es also, das Protein zu rekonstituieren und einen zuverlässigen Test aufzubauen, reicht das, wenn Sie Pech haben, für eine unbeachtete Publikation im *Journal of Biological Chemistry* und (vielleicht) den Doktortitel. Danach verläuft das Projekt im Sande, weil andere auf kürzeren Wegen schneller vorankommen; Sie haben eine Niete gezogen und müssen in Zentrifugen und Reagenzgläschen erneut nach einer Gans suchen, die goldene Eier legt. Lassen Sie sich das nicht verdrießen – Geduld sollten Sie beim Rekonstituieren ja gelernt haben.

## Literatur


Ambesi A et al (1991) Sequential use of detergents for solubilization and reconstitution of a membrane ion transporter. Anal Biochem 198:312–317

Barzilai A et al (1984) Isolation, purification and reconstitution of the $Na^+$ gradient-dependent $Ca^{2+}$ transporter ($Na^+$-$Ca^{2+}$ exchanger) from brain synaptic plasma membranes. Proc Natl Acad Sci USA 81:6521–6525

Bayburt T, Sligar S (2009) Membrane protein assembly into nanodiscs. FEBS Lett 584:1721–1727

Bisswanger H (2004) Practical Enzymology. Wiley VCh, Weinheim

Claassen D, Spooner B (1988) Reconstitution of cardiac gap junction channeling activity into liposomes: a functional assay for gap junctions. Biochem Biophys Res Commun 154:194–198

Cook N et al (1986) Solubilization and functional reconstitution fo the cGMP-dependent cation channel from bovine rod outer segments. J Biol Chem 261:17033–17039

Dencher N (1989) Gentle and fast transmembrane reconstitution of membrane proteins. Methods Enzymol 171:265–274

Egelhaaf S et al (1996) Determination of the size distribution of lecithin liposomes: a comparative study using freeze fracture, cryoelectron microscopy and dynamic light scattering. J Microscopy 184:214–228

Epstein C et al (1963) The genetic control of tertiary protein structure. Model systems Cold Spring Harbor Symposia on Quantitative Biology 28:439–449

Epstein M, Racker E (1978) Reconstitution of carbamylcholine-dependent sodium ion flux and desensitization of the acetylcholine receptor from *Torpedo californica.* J Biol Chem 253:6660–6662

Garcia-Calvo M et al (1989) Functional reconstitution of the glycine receptor. Biochemistry 28:6405–6409

Garty H et al (1983) A simple and sensitive procedure for measuring isotope fluxes through ion-specific channels in heterogenous populations of membrane vesicles. J Biol Chem 258:13094–13099

Glück J et al (2011) Nanodiscs allow the use of integral membrane proteins as analytes in surface plasmon resonance studies. Anal Biochem 408:46–52

Haga K et al (1985) Functional reconstitution of purified muscarinic receptors and inhibitory guanine nucleotide regulatory protein. Nature 316:731–732

Hanke W et al (1984) Reconstitution of highly purified saxitoxin-sensitive $Na^+$ channels into planar lipid bilayers. EMBO J 3:509–515

Hedhammar M (2005) Strategies for facilitated protein recovery after recombinant production in *Escherichia coli.* Royal Institute of Technology, Department of Biotechnology, Stockholm

Hell J et al (1990) Energy dependence and functional reconstitution of the γ-aminobutyric acid carrier from synaptic vesicles. J Biol Chem 265:2111–2117

Horne WA et al (1986) Rapid incorporation of the solubilized dihydropyridine receptor into phospholipid vesicles. Biochim Biophys Acta 863:205–212

Huganir R, Racker E (1982) Properties of proteoliposomes reconstituted with acetylcholine receptor from *Torpedo californica.* J Biol Chem 257:9372–9378

Hunter D, Nathanson N (1985) Assay of muscarinic acetylcholine receptor function in cultured cardiac cells by stimulation of $^{86}Rb^+$ efflux. Anal Biochem 149:392–398

Kasahara M, Hinkle P (1977) Reconstitution and purification of the D-glucose transporter from human erythrocytes. J Biol Chem 252:7384–7390

Kish P, Ueda T (1989) Glutamate accumulation into synaptic vesicles. Methods Enzymol 174:9–25

Koch K, Kaupp B (1985) Cyclic GMP directly regulates a cation conductance in membranes of bovine rods by a cooperative mechanism. J Biol Chem 260:6788–6800

Kotyk A (1989) Kinetic studies of uptake in yeast. Methods Enzymol 174:567–591

Laouini A et al (2012) Preparation, characterization and applications of liposomes: state of the art. J Colloid Sci Biotechnol 1:147–168

Lukas R, Cullen M (1988) An isotopic rubidium ion efflux asay for the functional characterization of nicotinic acetylcholine receptors on clonal cell lines. Anal Biochem 175:212–218

Marston F et al (1984) Purification of calf prochymosin (prorennin) synthesized in *Escherichia coli*. Biotechnology 2:800–804

Misawa S, Kumagai I (2000) Refolding of therapeutic proteins produced in *Escherichia coli* as inclusion bodies. Peptide Sci 51:297–307

Newman M, Wilson T (1980) Solubilization and reconstitution of the lactose transport system from *E. coli*. J Biol Chem 255:10583–10586

Page M et al (1988) The effects of pH on proton sugar symport activity of the lactose permease purified from *Escherichia coli*. J Biol Chem 263:15897–15905

Quitterer U et al (1995) Effects of bradykinin and endothelin-1 on the calcium homeostasis of mammalian cells. J Biol Chem 270:1992–1999

Radian R et al (1986) Purification and identification of the functional sodium- and chloride coupled γ-aminobutyric acid transport glycoprotein from rat brain. J Biol Chem 261:15437–15441

Rehm H et al (1989) Dendrotoxin-binding membrane protein displays a $K^+$ channel activity that is stimulated by both cAMP-dependent and endogenous phosphorylations. Biochemistry 28:6455–6460

Ritchie TK et al (2009) Reconstitution of membrane proteins in phospholipid bilayer nanodiscs. Methods Enzymol 464:211–231

Rizzuto R et al (1992) Rapid changes of mitochondrial $Ca^{2+}$ revealed by specifically targeted recombinant aequorin. Nature 358:325–327

Rozema D, Gellman S (1995) Artificial chaperones: protein refolding via sequential use of detergent and cyclodextrin. J Am Chem Soc 117:2373–2374

Rozema D, Gellman S (1996) Artificial chaperone-assisted refolding of carbonic anhydrase B. J Biol Chem 271:3478–3484

Scheuring U et al (1986) A new method for the reconstitution of the anion transport system of the human erythrocyte membrane. J Membr Biol 90:123–135

Shen H et al (2013) Reconstitution of membrane proteins into model membranes: seeking better ways to retain protein activities. Int J Mol Sci 14:1589–1607

Stein W (1989) Kinetics of transport: analyzing, testing and characterizing models using kinetic approaches. Methods Enzymol 171:23–62

Suelter CH (1990) Experimentelle Enzymologie. Gustav Fischer, Stuttgart

Talvenheimo J et al (1982) Reconstitution of neurotoxin stimulated sodium transport by the voltage-sensitive sodium channel purified from rat brain. J Biol Chem 257:11868–11871

Thampy KG, Barnes EM Jr (1984) γ-aminobutyric acid-gated chloride channels in cultured cerebral neurons. J Biol Chem 259:1753–1757

Thayer S et al (1988) Measurement of neuronal $Ca^{2+}$ transients using simultaneous microfluorymetry and electrophysiology. Pflügers Arch 412:216–223

Woodle M, Papahadjopoulos D (1989) Liposome preparation and size characterization. Methods Enzymol 171:193–217

Yamamoto E et al (2008) Effect of β-cyclodextrin on the renaturation of enzymes after sodium dodecylsulfate-polyacrylamide gel electrophoresis. Anal Biochem 381:273–275

Zakin D, Scotto A (1989) Spontaneous insertion of integral membrane proteins into preformed unilamellar vesicles. Methods Enzymol 171:253–264

# Säubern und Putzen

H. Rehm, T. Letzel, *Der Experimentator: Proteinbiochemie/Proteomics*,
DOI 10.1007/978-3-662-48851-5_5, © Springer-Verlag Berlin Heidelberg 2016

» Will's da hinaus? sagte Sancho. Was haben denn die Stallmeister mit den Abenteuern ihrer Herren zu tun? Müssen sie den Ruhm davontragen, dass sie bestehen und wir müssen nichts weiter als die Mühe davon haben? Bei meiner armen Seele! Wenn die Historienschreiber noch sagten: der und der Ritter bestand das Abenteuer aber mit Hilfe des und des Mannes, seines Stallmeisters, ohne welchen es ihm unmöglich fiel, es zu bestehen; aber nein da schreiben sie trocken hin: Don Paralipomemon von den drei Sternen bestand das Abenteuer mit den 6 Gespenstern, ohne den Stallmeister nur mit dem Namen zu nennen.

## 5.1    Putziges

» Nur das muss ich dir noch nebenher sagen, dass es nichts Herrlicheres auf der Welt gibt, als der Stallmeister eines irrenden Ritters zu sein, der ein Abenteuersucher ist. Es ist wohl wahr, dass die meisten, die man findet, nicht zu der Ergötzung ausschlagen, wie sie sich der Mensch wohl wünschen könnte, denn von hundert, auf die man trifft, geraten 99 höchst erbärmlich und windschief. Das weiß ich aus Erfahrung, denn in etlichen wurde ich geprellt, wieder in anderen geprügelt; aber doch bleibt es ein trefflich Ding, sein Heil zu versuchen, über Berge zu klettern, durch dichte Wälder zu ziehn, auf Felsen zu stehen, Kastelle zu besuchen, in Schänken um Gotteswillen zu herbergen, wo den Pfennig, den man bezahlt, gleich der Teufel holen soll.

Allgemeine Ratschläge zum Putzen von Proteinen ähneln geistlichen Vorschriften zum Seligwerden: Was theoretisch schön und abgeklärt, hat praktisch oft geringen Wert. Wir beschränken daher die salbungsvollen Eingangsbemerkungen auf das Notwendige und selten Gesagte:

Uninteressante Proteine sind prinzipiell ebenso schwer zu reinigen wie interessante. Der Proteinputzer mit Zeitstelle sucht sich daher ein Protein, dessen Reinigung ihm Aufmerksamkeit bringt. Mit anderen Worten, drei Jahre an eine Reinigung zu verschwenden, lohnt sich nur, wenn Sie diese in einem angesehenen Journal unterbringen können.

Das ist oft möglich: Die Erstreinigung eines Proteins macht Eindruck, vor allem dann, wenn Sie die Reinigung kurz und klar mit einer Reinigungstabelle und einem Bandenmuster auf dem SDS-Gel darstellen können.

Das saubere Protein ist der Schlüssel zu weiteren Erkenntnissen und Papers (▶ Abschn. 5.6). Sie können spezifische Antikörper herstellen, partielle Aminosäuresequenzen für die Klonierung ermitteln, Kristalle für die Röntgenstrukturanalyse basteln und die Untereinheitenzusammensetzung und Stöchiometrie aufklären. Das heißt, Sie könnten das, wenn nach der mehrjährigen Reinigung ihr Arbeitsvertrag nicht abgelaufen wäre und Sie nicht Labor und Thema wechseln müssten. Nun – ein richtiger Forscher ist trotzdem stolz auf seine Proteinreinigung, so wie ein Schneiderlehrling auf den ersten selbst gemachten Anzug. Den trägt ja schließlich auch ein anderer.

Wesentlich für die Reinigung eines Proteins sind zwei Größen: der Nachweistest und das Material, aus dem das Protein isoliert werden soll. Oft wird der Test vom Vorgänger oder aus der Literatur übernommen. „Ich hab' da jahrelang daran gefeilt, der Test steht optimal", beteuert der Vorgänger. Achten Sie nicht darauf. Versuchen Sie den Test schneller und einfacher zu gestalten, auch wenn das auf Kosten der Genauigkeit geht.

Das Ausgangsmaterial sollte zwei Anforderungen erfüllen: hohe Konzentration an gesuchtem Protein und leichter Zugang. Es lohnt sich, vor den ersten Reinigungsversuchen systematisch mehrere Spezies, verschiedene Organe und verschiedene Entwicklungsstadien auf ihre Konzentration an dem gesuchten Protein zu testen. Selbst wenn diese Vorarbeit für die Reinigung keine Vorteile bringt, Sie haben sich mit der Materie vertraut gemacht und können ein Paper schreiben (etwa „Development of protein XY expression in different species").

Der Fortschritt einer Reinigung spiegelt sich in der Zunahme der spezifischen Bindung oder Aktivität des Proteins (Anreicherung, z. B. in fmol Bindungsstellen/mg Protein) und der Abnahme der Zahl der Banden im SDS-Gel wider. Für beide Reinheitsindizien ist es vorteilhaft, das MG des zu reinigenden Proteins zu kennen. Wenn Sie über einen geeigneten Liganden verfügen, sollten Sie während oder vor der Reinigung mit Vernetzungsversuchen das MG der ligandenbindenden Untereinheit ihres Proteins bestimmen (▶ Abschn. 2.4).

Nach welchen Kriterien sucht man sich die Reinigungsmethoden aus? Wie kombiniert man sie? Wir raten: höchstens vier Reinigungsstufen, bei jeder Stufe die drei **As** beachten (**A**nreicherung, **A**usbeute, **A**rbeitsaufwand); möglichst keine Stufe mit einem Reinigungsfaktor unter 5, möglichst keine Stufe mit einer Ausbeute unter 30 %, keine Stufe sollte länger als einen Tag und eine Nacht dauern. Konzentrierende Reinigungsschritte sparen Arbeit. Auch kombiniert der kluge Putzmann seine Stufen so, dass er die angereicherten Fraktionen direkt, also ohne aufwendige Zwischenbehandlung wie Dialyse, Pufferaustausch etc., auf die nächste Stufe aufladen kann. Langwieriges und Langweiliges, wie Säulenwaschen, verlegt man auf die Nacht.

Zahllos sind die Unglücksfälle, die eine Proteinreinigung scheitern lassen: Die Säule zieht Luft, der Pumpenschlauch ist durchgescheuert, der Puffer wurde verwechselt, Zuleitungs- oder Ableitungsschläuche sind undicht, die Säule verstopft, der Dialyseschlauch hat ein Loch, die Kühlzelle fällt aus, und Fraktionssammler haben die Neigung, dann zu streiken, wenn im letzten Reinigungsschritt gerade das kostbare Protein eluiert. Glücklich, wer eine eigene Pumpe, einen zuverlässigen Fraktionssammler (z. B. von Gilson) und gute Säulen (z. B. von Bischoff) besitzt und diese Werkzeuge nicht an die Kollegen ausleihen muss.

Verbinden Sie Säule, Fraktionssammler und Pumpe mit kurzen Schläuchen aus jeweils einem Stück. Dies sorgt für kurze Wartezeiten, kleines Totvolumen, verringert die Wahrscheinlichkeit von Lecks und schont Ihre Nerven.

Sitzt dem Säulenmaterial ein großes Pufferreservoir auf, und hat der Elutionspuffer auch noch eine höhere Dichte als der Säulenpuffer, entsteht eine Mischkammer am Eingang der Säule. Diese verwandelt scharfe in diffuse Gradienten. Die Folge sind breite Gipfel und verdünntes Eluat. Letzteres kostet Sie die Reinheit und Aufkonzentrierung.

Aufeinanderfolgende Puffer müssen sich vertragen; so passen $Ca^{2+}$-haltige oder organische Lösungen nicht auf Puffer, die Phosphat oder Deoxycholat enthalten. Einen Überblick über Puffersysteme nach pH-Bereichen, Temperaturabhängigkeit und Herstellung geben Stoll und Blanchard (1990) (▶ Abschn. 1.1).

Proteinputzer würzen die Kaffeepausen oft mit Klagen über das Verschwinden der Aktivität ihres Proteins. Die Aktivität verschwindet wegen irreversibler Adsorption des Proteins an Säulenmaterialien, proteolytischem Verdau und/oder instabiler Konformation. Heimtückisch sind Kofaktoren, von deren Existenz der Experimentator nichts ahnt, die aber das Protein stabilisieren und während der Reinigung verloren gehen. Die Existenz eines niedermolekularen Kofaktors liegt nahe, wenn das im rohen Zell- oder Membranextrakt stabile Protein seine Aktivität beim Dialysieren gegen Extraktionspuffer verliert.

Gegen Proteasen sind viele Kräuter gewachsen, aber keines gegen alle. Es ist deshalb Sitte, einen Mix von fünf bis sechs Protease-Hemmern zum Proteinextrakt zu geben (◘ Tab. 5.1). Die wichtigsten Komponenten des Mixes sind EDTA und PMSF.

Der Verdau eines Proteins lässt sich nicht nur durch die Hemmung der Proteasen verhindern, sondern auch durch die Stabilisierung des Proteins. So stabilisieren Glycerin (10 %) und/oder Liganden die Konformation vieler Proteine (▶ Abschn. 2.2.6, DSK). Zudem gibt es stabilisierende Wundersubstanzen, die **Ectoine**. Diese niedermolekularen Verbindungen werden von salzliebenden Bakterien produziert. Ectoine schützen die Bakterien gegen die extremen osmotischen Bedingungen ihrer Umgebung. Gleichzeitig stabilisieren Ectoine Proteine gegen Proteasen und Denaturierung. Sie nutzen aus, dass Wasser in der Umgebung von Proteinen eine andere Struktur hat als in einer Salzlösung.

Die Struktur von flüssigem Wasser ähnelt ja dem Bau von Eis (Eis I). Im Eis ist jedes Wassermolekül über Wasserstoffbrücken mit vier anderen Wassermolekülen verbunden. Der mittlere Abstand von Sauerstoff zu Sauerstoff beträgt 0,276 nm. Im flüssigen Wasser bei 0 °C ist jedes Wassermolekül durchschnittlich mit 3,6 Wassermolekülen verbunden, und der O-O-Abstand liegt bei 0,280 nm. Kein großer Unterschied also: Flüssiges Wasser ist eisartig. In der Umgebung von Proteinen stören aber die hydrophilen Aminosäurereste die Wasserstruktur, hier ist das Wasser nicht mehr eisartig. Ectoine binden bevorzugt an eisartiges Wasser. Damit werden

◨ **Tab. 5.1** Protease-Hemmer

| Protease-Hemmer | Proteasenklasse | Arbeitskonzentration | Besonderheiten |
|---|---|---|---|
| • PMSF | Serinproteasen | 1–10 µM | Zersetzt sich in wässriger Lösung; löslich in Ethanol und Isopropanol; in 100 % Isopropanol jahrelang stabil |
| Benzamidin | Serinproteasen | ca. 1 mM | |
| · Aprotinin | Serinproteasen | 5 µg/ml | Wird durch mehrfaches Frieren/ Tauen und alkalischen pH (> 10) inaktiviert |
| Antithrombin III | Serinproteasen | 150 µg/ml | Bildet irreversible 1 : 1-Komplexe mit Serinproteasen |
| Trypsin-Inhibitoren | Serinproteasen | 10–100 µg/ml | Trypsin-Inhibitor aus Sojabohnen ist instabil in alkalischen Lösungen |
| · Pepstatin A | Saure Proteasen | 1 µg/ml | Löslich in Methanol (1 mg/ml) |
| · Leupeptin | Thiolproteasen | 1 µg/ml | |
| Antipain | Thiolproteasen | 1 µg/ml | |
| Cystatin | Thiolproteasen | 250 µg/ml | |
| E64 | Thiolproteasen | 5 µg/ml | Löslich in 1 : 1 Ethanol/Wasser |
| • EDTA | Metalloproteasen | 0,1–1 mM | |
| Phosphoramidon | Metalloproteasen | 100 µg/ml | |

Die mit dem *großen Punkt* markierten Protease-Hemmer reichen für die meisten Proteinreinigungen aus. Wer ein Übriges tun will, gibt noch die mit dem *kleinen Punkt* markierten Hemmer zu seinen Puffern. Ist die Aktivität immer noch instabil, verstärkt der Experimentator seinen Mix mit den restlichen Protease-Hemmern oder sucht nach anderen Gründen für die Instabilität.

sie von dem Wasserfilm auf der Proteinoberfläche ausgeschlossen. Zwischen der Oberfläche jedes Proteins und seiner Lösung entwickelt sich also ein (Mini-)Konzentrationsgradient von Ectoin. Der Gradient bewirkt, dass das Protein sich abrundet und damit seine Oberfläche verkleinert (◨ Abb. 5.1). Naive Begründung: Je kleiner die Oberfläche, desto kleiner die Gradientenfläche, desto kleiner die Störung des Gleichgewichts. Störungen liebt die Thermodynamik nicht, und das kompakte Kügelchen ist für Proteasen schlechter anzugreifen und zudem hitzestabiler.

Ectoine schützen sowohl Enzyme wie auch Antikörper – zumindest manche. Dazu kommt, dass Ectoine stabil sind und den Zellstoffwechsel selbst in hohen Konzentrationen nicht abwürgen (im Gegensatz zu EDTA!). Sie brauchen allerdings hohe Konzentrationen, so zwischen 0,4 und 2 M – und das kostet. Zudem sind Ectoin und Hydroxyectoin stickstoffhaltige Zwitterionen (◨ Abb. 5.1) und könnten daher Proteintests stören und wohl auch Reinigungsverfahren, die auf der Proteinladung aufbauen.

Schützen Sie volle Säulen, die Sie längere Zeit nicht brauchen, mit Azid (0,02 %) oder mit organischem Lösungsmittel (40 %) gegen Mikroorganismen. Dies natürlich nur, wenn Säule und Säulenmaterial das vertragen. Beschriften Sie das Gerät (Inhalt, Ihre Initialen). So bleibt das Matrixmaterial frei von verdächtigen grauen Pilzflecken, und der Kühlraumverantwortliche scheut sich, die Säule zu entfernen: Mit Glück steht sie noch Jahre nach Ihrem Abgang dort und erinnert als Denkmalsäule an Ihr Werk.

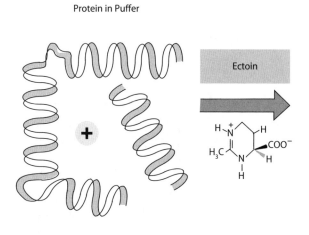

Protein in Puffer

Ectoin

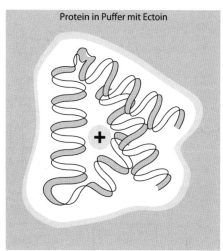

Protein in Puffer mit Ectoin

◙ **Abb. 5.1** Mit Ectoin geht's rund. In Lösungen von Ectoin bilden sich Gradienten zwischen Proteinoberfläche und der Wasserphase aus. In der Folge runden sich die Proteine ab und werden widerstandsfähiger gegen Proteasen und Hitze

Eine Übersicht über die gängigen Reinigungsmethoden gibt ◙ Abb. 5.2.

### 5.1.1 Proteinaggregation messen und verhindern

Proteine sind oft empfindliche Wesen: Sie können nicht nur von Proteasen abgebaut werden, sie können auch denaturieren und aggregieren. Eine Aggregation kann fatale Folgen für Filter oder feine Düsen haben. Zudem mindert sie bei der Reinigung des betreffenden Proteins die Ausbeute. Die Aggregationsneigung eines Proteins hängt nicht nur von ihm selbst ab (von seiner Sekundär- und Tertiärstruktur), sondern auch von den Bedingungen (Puffer, pH, Salze und andere Zusätze), unter denen es gelöst ist.

Sarah Bondos und Alicia Bicknell (2003) haben einen staunenswert einfachen Aggregationstest entwickelt. Er erlaubt es, Bedingungen zu finden, die eine Aggregation unterdrücken.

Wenn Proteine aggregieren, bilden sie Partikel, die in der Regel unlöslich, immer aber größer sind als das Ausgangsprotein. Sarah Bondos filtriert daher die Proteinlösung durch ein Microcon-Filtersystem (▶ Abschn. 1.5.3) mit einer MG-Grenze von 100 kDa. Das lösliche Protein flutscht

durch, falls sein MG unter 100 kDa liegt (anderenfalls müssen Sie einen anderen Filter nehmen), die Aggregate bleiben dagegen auf dem Filter liegen. Die Aggregate resuspendieren Sie in destilliertem Wasser. Ein Aliquot des Filtrats und der Aggregatsuspension werden nun mit SDS-Probenpuffer versetzt, erhitzt und auf benachbarten Bahnen eines SDS-Gels aufgetragen. Nach dem Färben können Sie das Ausmaß der Aggregation an der Intensität des Schmiers auf der Aggregatbahn ablesen. Liegt das Protein nicht in reiner Form vor, besitzen Sie aber Antikörper dagegen, können Sie das Gel blotten und den Blot mit den Antikörpern entwickeln.

Mit dem Test können Sie nach Bedingungen suchen, die die Aggregation ihres Proteins verhindern: Sie bringen das Protein in verschiedene Puffer mit verschiedenen Salzen verschiedener Konzentrationen oder prüfen Zusätze wie Glycerin, Liganden etc. Falls Sie Ihre Phantasie in dieser Beziehung im Stich lässt: Bondos und Bicknell (2003) listen eine Reihe von Zusätzen auf, die die Löslichkeit von Proteinen erhöhen und die Aggregation unterdrücken könnten.

Mit einem **Zirkulardichroismus(CD)-Spektrometer** lässt sich nicht nur die Stabilität von gelösten Proteinen, sondern auch ihre korrekte Faltung bestimmen (*Laborjournal* 5/2012, S. 38). Das Gerät

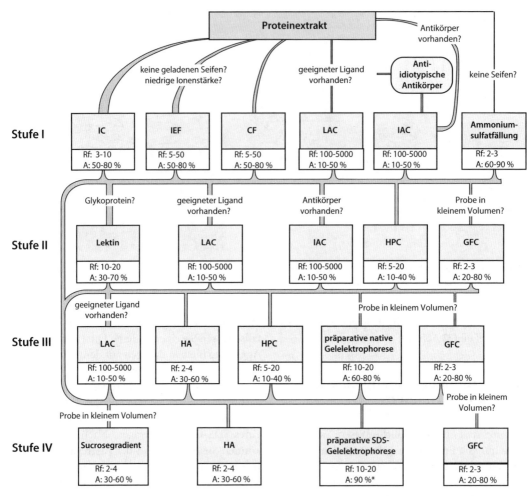

**◘ Abb. 5.2** Proteinreinigung. Das Diagramm soll bei der Planung einer Proteinreinigung helfen. Die unter den Methodenkäst-chen angegebenen Reinigungsfaktoren (Rf) und Ausbeuten (A) dienen zur groben Einschätzung und müssen nicht für jedes Protein zutreffen. Je weiter links das Methodenkästchen steht, desto eher sollte es auf der betreffenden Stufe verwendet wer-den. Es ist selten sinnvoll, im Laufe eines Reinigungsprotokolls eine Methode zu wiederholen. CF: Chromatofokussierung; GFC: Gelfiltrationschromatographie; HA: Hydroxylapatit-Chromatographie; HPC: hydrophobe Chromatographie; IAC: Immunaffini-tätschromatographie; IC: Ionenaustauschchromatographie; IEF: isoelektrische Fokussierung; LAC: Liganden-Affinitätschromato-graphie; *bezieht sich auf Protein, nicht auf Aktivität

misst die Unterschiede zwischen links- (Drehung gegen den Uhrzeigersinn) und rechts- (Drehung im Uhrzeigersinn) zirkular polarisiertem Licht (◘ Abb. 5.3).

Zirkular polarisiertes Licht entsteht aus linear polarisiertem Licht (hier schwingt ein Feldvektor immer in einer Ebene und der andere senkrecht dazu) bei der Passage durch ein anisotropes Me-dium. Das kann beispielsweise die Lösung einer chi-ralen Substanz sein. In einem anisotropen Medium laufen die beiden Wellenanteile (Feldvektoren) mit verschiedener Geschwindigkeit. Wird ein Wellen-anteil um eine Viertelwellenlänge verschoben, fängt die linear polarisierte Welle an, sich zu drehen. Lehrvideos zur Physik dieses Vorgangs finden Sie auf der Netzseite der Firma Applied Photophysics.

Chirale Substanzen adsorbieren links- und rechtspolarisiertes Licht unterschiedlich; ein CD-

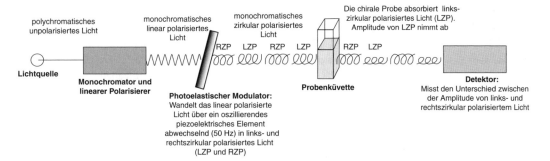

**□ Abb. 5.3** CD-Spektrometer

Spektrometer erfasst diesen Unterschied und misst ihn bei verschiedenen Wellenlängen.

Proteine sind chirale Substanzen, denn das α-C-Atom aller in Proteinen vorkommenden Aminosäuren – außer Glycin – ist asymmetrisch. Nun ist das CD-Spektrum (d. h. die Absorption von zirkular polarisiertem Licht bei verschiedenen Wellenlängen) eines Proteins nicht die Summe der CD-Spektren seiner Aminosäuren, sondern hängt von der räumlichen Anordnung der Aminosäurereste, also von der Sekundärstruktur der Proteine ab. Daher zeigen α-Helices, β-Faltblätter und Zufallsknäuel (*random coil*) jeweils typische CD-Spektren (**□** Abb. 5.4). Man kann also vom CD-Spektrum eines Proteins auf den Anteil an α-Helices, β-Faltblättern und Zufallsknäuels schließen und somit auch auf seinen Zustand: nativ oder denaturiert.

Die verwendeten Wellenlängen bei der CD-Spektroskopie von Proteinen liegen zwischen 170 und 260 nm. Das Fahren eines Spektrums dauert Minuten, die Messung bei einzelnen Wellenlängen jedoch nur Millisekunden. Bei einzelnen Wellenlängen lassen sich daher kinetische Messungen durchführen.

Die gemessenen Unterschiede in der Amplitude von links- und rechtszirkular polarisiertem Licht sind winzig und anfällig für Störungen, z. B. durch die Materialstruktur des Messgefäßes. Sie brauchen also teure Küvetten aus Spezialglas; mit Mikrotiterplatten lässt sich kein CD-Spektrum erstellen. Wie noch bei einer UV-Absorptionsmessung in den 1960er-Jahren müssen Sie die Proben einzeln in die Küvette pipettieren und die Küvette nach der Messung gründlich waschen. Für eine Messung benöti-

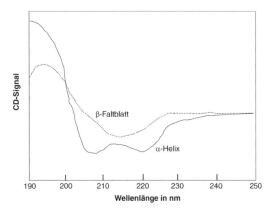

**□ Abb. 5.4** CD-Spektren von Protein-Sekundärstrukturen

gen Sie zwischen 20 und 40 µg Protein. Zwar lässt sich die Messung des laut Firmenblubber „weltbesten CD-Spektrometers" inzwischen automatisieren, was Arbeitszeit spart und einen Gewinn an Genauigkeit und Reproduzierbarkeit bringt, doch ist ein CD-Spektrometer selbst ohne Pipettierroboter eine teure Angelegenheit, was man schon daran sieht, dass im Netz nichts über den Preis dieses Gerätes zu erfahren war.

Wer also nur einmal wissen will, in welchen Puffern sich sein Protein am wohlsten fühlt oder ab welcher Harnstoffkonzentration das Protein anfängt, sich zu entfalten, der sollte das CD-Spektrometer eines netten Kollegen benutzen. Bei der Suche nach solch einem Kollegen kann das im Jahr 2011 gegründete Proteinforscher-Netzwerk *Protein Production and Purification Partnership in Europe* (P4EU) helfen (*Laborjournal* 4/2012, S. 74). Sie erreichen es über ► www.structuralbiology.eu/networks/p4eu.

## 5.2 Konventionelle Reinigungsmethoden

> » Nachdem dies gesprochen war, wandte sich Sancho um und trieb den Grauen an und Don Quichotte blieb zu Pferde, in den Steigbügeln ruhend und auf seine Lanze gestützt, voller trauriger und sehr verworrener Vorstellungen.

Konventionelle Reinigungsmethoden sind vergleichsweise leicht auszuarbeiten und liefern Zusatzinformationen z. B. über die Stabilität des gesuchten Proteins, seine Hydrophobizität, Ladung oder Größe. Beginnen Sie daher, bei einer voraussichtlich mehrstufigen Reinigung, mit einer konventionellen Methode. Hier ist die Zahl der Variablen begrenzt, und spätestens nach zwei Wochen sieht man, ob die Methode einsetzbar ist. Selten müssen mehr als drei Methoden ausprobiert werden, bevor ein Verfahren gefunden wird, das einen akzeptablen Reinigungsfaktor und Ausbeute aufweist. Das Erfolgserlebnis gleich am Anfang beschert Ihnen den Schwung, den Sie brauchen, um die folgenden Stufen zu bezwingen.

**Zu allererst empfehlen wir Ihnen folgendes Experiment** Nehmen Sie ein Filterpapier und einen braunen Filzstift. Malen Sie einen großen Punkt in die Mitte des Filterpapiers und pipettieren Sie darauf einige Tropfen Wasser. Die entstehenden Farbkreise werden Ihnen über die kommende Trennungsmühsal hinweghelfen.

> » Mit Fröhlichkeit, Zufriedenheit und Selbstbewusstsein setzte Don Quichotte seine Reise fort, durch den errungenen Sieg überzeugt, er sei der tapferste irrende Ritter, den die Welt in diesem Zeitalter besitze.

### 5.2.1 Reinigung nach Hydophobizität

Haben Sie das Filterpapierexperiment absolviert? Dann sind Sie reif für den Begriff Hydrophobizität. Statt hydrophob sagt man auch lipophil oder wasserabweisend. Für die Hydrophobizität einer Verbindung gibt es mehrere Bestimmungsmetho-

den. Eine ist der Oktanol-Wasser-Koeffizient. Wenn Sie eine Chemikalie in ein Zwei-Phasen-System aus 1-Oktanol und Wasser geben, verteilt sie sich zwischen den beiden Phasen. Das Verhältnis der Konzentrationen der Chemikalie in 1-Oktanol und Wasser ist der Oktanol-Wasser-Koeffizient $K_{ow}$, oft umgerechnet auch als $logK_{ow}$ angegeben. Eine Chemikalie mit $K_{ow} > 1$ bzw. positivem $logK_{ow}$ wäre dann hydrophob, eine Chemikalie mit $K_{ow} < 1$ bzw. negativem $logK_{ow}$ wäre hydrophil.

Jede Verbindung besitzt einen $K_{ow}$-Wert. Hydrophobizität wird auch häufig mit der HPLC über die Retentionszeit auf einer RP-Phase bestimmt (siehe Cowan und Whittaker 1990; ► www.expasy. com oder den nächsten Abschnitt.).

### Säulentechnik (HPLC) und Umkehrphasenchromatographie (RPLC)

Bei fast allen Adsorptionsmaterialien ist die Säulenchromatographie dem Batchverfahren überlegen.

Kommerzielle Säulen sind den bei akademischen Bastlern beliebten Vorrichtungen aus Spritzen, Pipetten und Gummistopfen vorzuziehen. Der Zeitaufwand und die Unglücksgefahr sind bei Selbstgebasteltem groß, und es ist schließlich nicht des Doktoranden Geld, das er für ordentliche Säulen ausgibt, wohl aber seine Zeit und seine Wunden.

Für viele Proteinreinigungen genügen die billigen Niederdrucksäulen, die mit Schlauchpumpen betrieben werden. Doch manchmal sind Niederdruck-Trennmethoden zu ineffizient und/oder zu langsam, z. B. bei Proteinen, die über 1000-fach gereinigt werden müssen und für die keine Affinitätssäule existiert.

Hier lohnen Versuche mit der **HPLC** (*high performance liquid chromatography*, früher auch *high pressure liquid chromatography*). Benutzen Sie letzteren Ausdruck, so outen Sie sich als Laie, erklären Sie allerdings den Sachverhalt ist Ihnen ein wohlwollendes „Aha" sicher. Die Anlagen bieten neben einfacher Arbeitsweise, hoher Reproduzierbarkeit – bei Peptiden und kleinen stabilen Proteinen – auch hohe Ausbeuten (Aguilar und Hearn 1996).

Den schematischen Aufbau einer HPLC zeigt ◘ Abb. 5.5. Kernstück ist die Pumpe. Sie muss Drücke von 300–400 bar erzeugen können – und das dauerhaft, reproduzierbar und pulsationsfrei. Seit

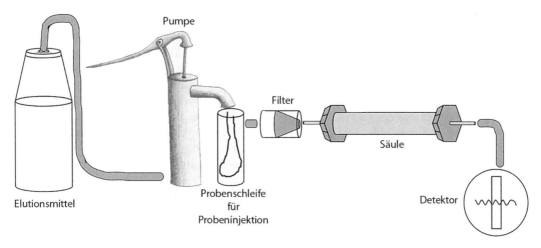

**□ Abb. 5.5** Aufbau einer HPLC

geraumer Zeit gibt es auch für die HPLC geeignete Pumpen, die 600–1000 bar erzeugen. Diese Technik nennt sich dann UHPLC (U für Ultra), trennt nicht immer besser, ist aber immer noch teurer.

Nur an diese Pumpen kann man kommerziell dicht gepackte Säulen anschließen, d. h. anschließen können Sie die Säulen auch an schwächere Pumpen, nur kommt dann kein Tropfen hinten heraus. Je dichter die Säule gepackt ist, desto besser trennt sie. Damit die Säulen den Druck aushalten, bestehen ihre Mäntel und Verschlüsse in der Regel aus Stahl. Ihr Inhalt, also das Säulenmaterial oder die stationäre Phase, wie der HPLCler sagt, muss ebenfalls druckresistent sein. Der Säuleninhalt besteht daher in der Regel aus modifizierten Kieselgel- (Silika), Aluminiumoxid- oder Zirkonoxidpartikeln.

Benutzt die HPLC hydrophobe Wechselwirkungen zur Trennung der Moleküle, so spricht man von **RPLC** (*reversed-phase liquid chromatography*). Dabei sind modifizierte Silikapartikel am beliebtesten, da sie am variabelsten einsetzbar sind. Unbehandeltes Kieselgel hat polare Eigenschaften. Es wurde in den ursprünglichen Trennsäulen verwendet. Daher spricht man von „Normalphasen". Neuerdings finden diese Phasen auch Einsatz in der HILIC (*hydrophilic interaction liquid chromatography*)-Technologie, mit der man polare Moleküle trennen kann (▶ Abschn. 5.2.3). Die polare Beschaffenheit der Kieselgeloberfläche kann durch aliphatische oder aromatische Gruppen „umgekehrt", d. h. apolar (hydrophob) gemacht werden. Man spricht

somit von „Umkehrphasen" oder *„reversed phase"*. Dazu werden die Si-OH-Gruppen des Kieselgels in einer Kondensationsreaktion (ein paar chemische Ausdrücke können Sie doch vertragen?) z. B. mit Alkylsilyl-Verbindungen umgesetzt. Für die Apolarität der Oberfläche kommt es zum einen auf die Beschaffenheit des angehängten Restes an, zum anderen auf die Vollständigkeit der Umsetzung, d. h. wie viele der Hydroxylgruppen der Partikeloberfläche derivatisiert wurden. Nicht umgesetzte Hydroxylgruppen werden oft noch mit kleinen $Si(CH_3)$-Gruppen gedeckt (Originalausdruck: *endcapped*), was das Säulenmaterial dann vollends unpolar macht (und sich in der Reinigung häufig nachteilig auswirkt).

Die Partikel besitzen in der Regel Durchmesser von 3–7 µm. Je kleiner der Durchmesser der Partikel, je feiner also das Material, desto besser wird die Trennung und umso höhere Drücke muss die Pumpe aushalten können. Daher werden in der oben erwähnten UHPLC sogar Partikel mit einer Größe von bis zu 1,8 µm eingesetzt, was die Bodenzahlen der Säule und damit ihre Trennkraft immens erhöht. Neuerdings geht der Trend wieder zu niedrigeren Drücken. Dies schafft man mit sogenannten Monolithen (z. B. Firma Merck), die als Sieb weniger Rückdruck aufbauen, oder indem man Partikel mit hartem Kern und weicher Schale nutzt (z. B. Poroshell von Agilent oder Core-Shell von Phenomenex).

Es gibt poröse und nicht-poröse Partikel. Poröse Teilchen haben naturgemäß eine größere Oberfläche und – vorausgesetzt, die zu trennenden Substanzen können in die Poren eintreten – eine bessere Trennwirkung. Beachten Sie: Die Porengrößen sind nie einheitlich, sie sollten aber nicht allzu sehr schwanken. Entscheidend sind die Poren bei der Gelfiltration (▶ Abschn. 5.2.2).

Die Trenneigenschaften einer HPLC-Säule hängen also von der Packungsdichte, der Länge, Polarität und Dichte der Alkylketten sowie dem Deckelungsgrad ab.

Mehr Details finden Sie in HPLC-Lehrbüchern, z. B. Unger (1989), Kaltenböck (2008) und Meyer (2009) (alle deutschsprachig). Eine gute Übersicht über verschiedenste HPLC-Systeme steht in Meister und Engelhardt (1992). Wollen Sie mehr zur UHPLC erfahren, müssen Sie sich an die englische Forschungsliteratur halten (MacNair et al. 1999; Kaiser 2009), da diese Technik erst in den letzten Jahren entstanden ist und in Lehrbücher noch kaum Eingang gefunden hat.

**Nun zu Ihrer Proteinaufreinigung mit HPLC** Das Prinzip: Proteine oder Peptide binden unterschiedlich fest an die stationäre Phase, d. h. an das modifizierte Kieselgel, und werden wieder eluiert. Haben Sie die Säulen mit Ihrer Proteinprobe beladen (typischerweise zwischen 10 und 50 µl), so können Sie diese entweder isokratisch mit Lösungsmittel spülen (d. h. die mobile Phase ändert sich während der Elution nicht, z. B. immer Methanol/$H_2O$ im Verhältnis 60/40) oder mit einem Gradienten eluieren (man beginnt z. B. mit 90 % Wasser und endet mit 90 % Methanol). Die Gradientenelution gibt schärfere Gipfel, braucht weniger Zeit, aber auch jemanden, der zuvor per Versuch/Irrtum oder mit Erfahrung ermittelte, dass dieser bestimmte Gradient diesen Trenneffekt hat (Methodenentwicklung). Sind Sie derjenige, der den Gradienten zu entwickeln hat, dann informieren Sie sich zuvor genau über die Möglichkeiten (z. B. bei den *HPLC-Tipps* von Stavros Kromidas (2014)), denn das Entwickeln von Gradienten basiert auf naturwissenschaftlichen Gegebenheiten und nicht auf Esoterik (wie es Ihnen Pseudo-HPLCler gerne weismachen wollen).

Die *reversed-phase-* oder RPLC mit Wasser/Acetonitril- bzw. Wasser/Methanol-Gradienten ist die Methode der Wahl beim Reinigen von Proteinen und Peptiden (z. B. aus tryptischen Verdaus). Mit der RPLC können Sie schnell und wirksam kleine, aber oft auch größere stabile Proteine trennen (für Letzteres siehe auch Young und Garcia 2011). RPLC-Säulen arbeiten mit pikomolaren Mengen an Probe. Die eluierenden Substanzen können Sie direkt zur Edman-Sequenzierung verwenden oder, noch besser, in ein Massenspektrometer mit ESI-Quelle einspeisen (▶ Abschn. 7.5.2 und Berkemeyer und Letzel 2007).

Für die Trennung von Peptiden benutzt man für gewöhnlich C18-modifizierte Silikapartikel mit Porengrößen von 100–300 Å, für Proteine solche mit 300–4000 Å; der Porendurchmesser sollte zehnmal größer sein als das Peptid bzw. Protein. Der Durchmesser der Silikapartikel liegt zwischen 3 und 5 µm. Es gilt: Je kleiner der Durchmesser, desto besser ist die Trennung, aber umso höher der Druck in Ihrem Pumpensystem. Eluiert wird die Probe gewöhnlich mit einem ansteigenden Acetonitril- bzw. Methanol-Gradienten. Für tryptische Verdaus sind 20 cm-Säulen mit 4,6 mm Standarddurchmesser üblich. Größere Proteine trennt man auf kürzeren Säulen, weil sonst die Ausbeute zu niedrig wird: Größere Proteine denaturieren gerne unter *reversed-phase*-Bedingungen. Deswegen setzt man die RPLC ungern zur Trennung größerer Proteine ein.

Wollen Sie es wirklich probieren? Dann lesen Sie vorher Young und Garcia (2011); die bringen Ihnen die Schwierigkeiten und Möglichkeiten der Proteintrennung näher.

Die Qualität der Trennung hängt von der Steilheit des Gradienten und der Temperatur ab. Von der Temperatur, weil Peptide unter den Bedingungen der RPLC eine Sekundärstruktur (α-Helix, β-Faltblatt) beibehalten könnten, die die Adsorption beeinflusst. Hohe Temperaturen unterbinden Sekundärstrukturen. Des Weiteren nimmt die Viskosität der benutzten mobilen Phase mit höher werdender Temperatur ab und somit der Druck im Pumpensystem. Man arbeitet, auch wenn es unbequemer ist, bei etwa 50 °C, anstatt bei Raumtemperatur (RT).

Das *reversed-phase*-Prinzip ist nicht das einzige Trennprinzip der HPLC. Sie können eine HPLC auch mit anderen Säulenmaterialien und wässrigen Salzlösungen betreiben. Allerdings müssen Sie dann korrosionsbeständige HPLC-Anlagen benutzen, die Titan-, Edelstahl- oder Teflonteile enthalten.

Mit diesen Geräten ist auch eine Ionenaustauschchromatographie (IC) oder Gelfiltration möglich. GE Healthcare bieten dazu beispielsweise speziell entwickeltes Matrizenmaterial an (Monobeads bzw. Tentakelgel), gepackt in Glas-, Edelstahl- oder Polyetheretherketon(PEEK)-Säulen, die hohe Flussraten bei mittleren Drücken (etwa 30 bar) erlauben. Diese Säulen gibt es für Gelfiltration, IC, Chromatofokussierung, hydrophobe Chromatographie und Affinitätschromatographie an Protein A und Protein G.

**Probleme** Bei der Affinitätschromatographie bietet eine HPLC keinen prinzipiellen Vorteil gegenüber der Niederdruckchromatographie, und bei der Trennung von Membranproteinen mit IC oder Chromatofokussierung liefert die Niederdruckchromatographie eher bessere Ergebnisse. Glykoproteine bereiten generell Schwierigkeiten bei der HPLC. Einige Tricks, diese zu beseitigen, wie die Zugabe von Betain oder Taurin zum Puffer, beschreibt das Büchlein *Ion Exchange and Chromatofocusing* von GE Healthcare. Proteinlösungen für die HPLC muss der Experimentator vor Gebrauch sterilfiltrieren (wegen Partikeln). Das Gleiche gilt für selbst gemachte Pufferlösungen; diese muss er zusätzlich noch entgasen, wenn die HPLC keinen Entgaser hat.

## HPLC für die Massenspektrometrie von Membranproteinen

Es wäre schön, Membranproteine massenspektrometrisch untersuchen zu können. Dies schon deswegen, weil die MG-Bestimmung mittels SDS-Elektrophorese bei glykosylierten Membranproteinen oft nur Hausnummern misst (▶ Abschn. 2.4.3 und 1.3.1). Leider ist die Massenspektrometrie von Membranproteinen schwierig. Zwar stellte Julian Whitelegge schon im Jahr 1998 eine Methode vor, die Membranproteine über eine Elektrospray-Ionisierung massenspektrometrisch vermisst, und zwei Jahre später veröffentlichten Martine Cadene und Brian Chait eine Methode, die Membranproteine über MALDI in die Gasphase bringt, doch haben sich diese Methoden nie richtig durchgesetzt (Whitelegge et al. 1998; Cadene und Chait 2000).

Die Methode von Cadene und Chait verlangt die Herstellung von „ultradünnen Matrixschichten" und damit eine Handfertigkeit und Geduld, über die

nicht jeder Experimentator verfügt. Zudem hängt ihr Gelingen von der Art und Konzentration der Seife ab, mit der das Membranprotein in Lösung gebracht wurde. Es eignen sich nicht-ionische Seifen mit Konzentrationen leicht über der CMC. Sobald sich nach dem Auftrag der Probe auf die ultradünne Matrixschicht ein Proteinmatrix-Kristallfilm gebildet hat, müssen Sie die überstehende Flüssigkeit und damit überschüssige Seife, Lipide und andere Nichtproteinkomponenten absaugen. Das verbessert die Qualität des Signals. Die Sensitivität ist im Vergleich zu löslichen Proteinen eine Größenordnung niedriger.

Whitelegge et al. (1998) wiederum verwenden für jedes Membranprotein ein anderes Lösungsmittel – mal Ameisensäure/Isopropanol (1 : 1), mal 60 % Ameisensäure in Wasser, mal Ameisensäure/Wasser/Isopropanol (50 : 25 : 25) –, bevor sie es auf die Umkehrphasen-HPLC auftragen. Als HPLC-Matrix dient ihnen ein Kopolymer von Styrol und Divinylbenzol. Die HPLC wird mit einem linearen Gradienten von 60 % Ameisensäure in Wasser gegen Isopropanol entwickelt. Der Lauf dauert eine Stunde. Whitelegge et al. (1998) konnten MGs bis zu 40 kDa mit einer Genauigkeit von 0,01 % bestimmen.

Das Hauptproblem bei der massenspektrometrischen Messung gereinigter integraler Membranproteine sind aber weder die schwankenden Handfertigkeiten der Experimentatoren noch die variablen Lösungsmittel. Es sind vielmehr die zahlreichen Molekulargewichte, unter denen ein bestimmtes Membranprotein auftreten kann: durch unterschiedliche Glykosylierung, unterschiedliche Zahl von Phosphat- oder Sulfatgruppen, durch Acetylierung oder Carboxylierung, gebundene Seifenmoleküle usw. Cadene beispielsweise erhielt bei ihrer massenspektrometrischen Vermessung von Rhodopsin nur mit deglykosyliertem Protein brauchbare Spektren.

Georgina Berridge hat sich des Problems der massenspektrometrischen MG-Bestimmung von Membranproteinen noch einmal angenommen und im Jahr 2011 eine Methode publiziert, die zum Klassiker werden könnte (Berridge et al. 2011). Sie verdünnt die in seifenhaltigem Puffer gelösten und gereinigten Membranproteine in 1 % Ameisensäure und trennt sie auf einer Zorbax-300SB-C3-HPLC-

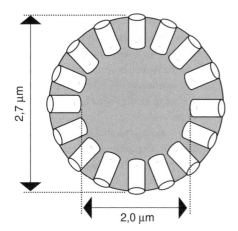

Silikapartikel mit poröser Oberfläche
und massivem Kern: dadurch kurze
Diffusionswege (nach Wagner et al., 2012)

2,7 µm

2,0 µm

Silikaoberfläche

—OH

—OH   +   HSi

—OH

$H_3C$   $CH_3$

$CH_3$
$CH_3$

$H_3C$   $CH_3$

Triisopropyl-Silan

$H_3C$   $CH_3$

O—Si

$CH_3$
$CH_3$

$H_3C$   $CH_3$

—OH

$H_3C$   $CH_3$

O—Si

$CH_3$
$CH_3$

$H_3C$   $CH_3$

C3-beschichtete Silikaoberfläche: Wegen der
vollständigen Abdeckung der Oberfläche durch
Methylgruppen ist die O-Si-Bindung stabil (sterischer
Schutz): Die Säulen können daher bei pH-Werten
zwischen 1 und 8 und Temperaturen von bis zu 80 °C
betrieben werden.

**Abb. 5.6** Protein-kompatible Silikapartikel für die HPLC

Säule bei 40 °C Säulentemperatur auf (HPLC siehe ▶ Abschn. 5.2.1).

Zorbax 300SB-C3 besteht aus 5 µm Silikapartikeln mit Poren von 300 Å Durchmesser (◘ Abb. 5.6). Das SB steht für *stable bond*, und C3 verweist auf die Beschichtung mit Triisopropyl-(C3)-Resten. Es handelt sich um eine deckende Beschichtung, die die empfindlichen O-Si-Bindungen sterisch stabilisiert. Die hohe Säulentemperatur verbessert Auflösung und Ausbeute. Eine Chromatographie auf der Zorbax-300SB-C3-HPLC-Säule dauert eine Viertelstunde.

Eluiert werden HPLC-Säulen üblicherweise mit $H_2O$/TFA- gegen Acetonitril/TFA-Gradienten.

Unter diesen Bedingungen scheiterte Georgina Berridge mit der anschließenden Massenspektrometrie von Membranproteinen. Zum Teil, weil TFA (Trifluoressigsäure) die Sensitivität der Massenspektrometer herabsetzt, aber auch wegen des Acetonitrils. Besserung brachte der Austausch des Acetonitrils gegen Methanol:

Ein Gradient von $H_2O$/0,1 % Ameisensäure gegen Methanol/0,1 % Ameisensäure mit anschließender isokratischer Elution (d. h. nach dem Gradienten wird konstant mit 95 % Methanol/5 % $H_2O$/0,1 % Ameisensäure weiter eluiert) trennte das Membranprotein von einem Großteil der Seife und anderen Verunreinigungen. Hinterher konnte es mit der Elektrospray-Methode ionisiert werden.

Nicht immer sind diese HPLC-Bedingungen imstande, Membranprotein und Verunreinigungen ausreichend zu trennen. In diesem Fall empfehlen Berridge et al. (2011), längere Säulen zu nehmen oder auf eine Zorbax-300SB-C8-Säule auszuweichen. Auch Zorbax-Poroshell-300SB-C3- oder -C8-Säulen sind es wert, ausprobiert zu werden. Der Witz bei diesen Säulen ist, dass nur ihre äußere Schale porös ist, der Kern dagegen massiv (◘ Abb. 5.6). Dadurch bleiben die Diffusionswege kurz, und die Gipfel schmieren nicht. Wagner et al. (2012) haben diese neuen HPLC-Matrizen eingehend untersucht.

**Probleme** Offensichtlich sind Membranproteine in 95 % Methanol/5 % $H_2O$/0,1 % Ameisensäure löslich. Das heißt aber nicht, dass sie in nativer Konformation vorliegen: In den allermeisten Fällen wird es sich um denaturierte Proteine handeln.

Das Detergens, das mit dem Protein auf die HPLC-Säule aufgetragen wurde, eluiert in der Regel vor dem Protein. Die Seifen tauchen aber in allen Gipfeln des HPLC-Säuleneluats auf, und in der anschließenden Massenspektrometrie degradiert ihre hohe Ionenintensität die Proteingipfel zu Maulwurfshügeln, die schwer zu entdecken sind. Das m/z-Spektrum des Membranproteins gleicht mit seinen zahlreichen Ionenspezies ja der Rückenfinne des Feuerfisches; die Intensität der einzelnen Gipfel ist daher niedrig. Zudem bleiben in der Gasphase oft ein, zwei oder drei Seifenmoleküle am Membranprotein kleben und dehnen den Gipfelwald aus.

Berridge et al. (2011) berichten, dass bei Membranproteinen mit MGs von 34–67 kDa die mittlere Genauigkeit der Massenbestimmung bei etwa 2 Da läge. Sie sei also vergleichbar mit der Genauigkeit der Massenbestimmung von löslichen Proteinen. Die Sensitivität läge allerdings um eine Größenordnung niedriger: Man benötige 0,2–5 µg Protein für eine Bestimmung.

Ab einer bestimmten Größe (> 100 kDa) scheinen sich Proteine gegen das Massenspektrometer zu sperren. Bei Membranproteinen spielt zudem noch die Seife eine Rolle: Mit manchen Seifen geht es, mit anderen nicht.

**Lehre fürs Forscherleben** Die Arbeit von Berridge et al. (2011) zeigt, dass auch banale Änderungen in den experimentellen Bedingungen (hier der Austausch von Acetonitril gegen Methanol) zu einem Durchbruch führen können. Also: Kochen Sie nicht stur, endlos und ewig die amtliche Vorschrift nach. Spielen Sie herum, wenn sich das leicht und in parallelen Versuchen machen lässt! Ja, in der Regel wird das in die Hose gehen und stinken. Aber selbst dann haben Sie etwas gelernt.

## FPLC

Die *fast protein liquid chromatography* (FPLC) zeichnet sich im Vergleich zur HPLC durch niedrigere Drücke (unter 5 bar), wässrige Puffer, die Verwendung von Glassäulen und einen niedrigeren Preis aus (Madadlou et al. 2011; *Introduction to FPLC* unter ▶ http://users.path.ox.ac.uk/~ciu/methods/protein/fplc.html). Die FPLC eignet sich daher zur präparativen Reinigung nativer Proteine, während die denaturierende HPLC meist nur zur Analyse verwendet werden kann. In den letzten Jahren glich sich die FPLC-Technik immer mehr der HPLC an: So können die neuen FPLC-Pumpen ähnliche Drücke wie HPLC-Pumpen entwickeln, und parallel dazu werden die FPLC-Glassäulen druckresistenter. Bei der FPLC werden aber nach wie vor Glassäulen verwendet – statt Edelstahlsäulen wie bei der HPLC. Bei der FPLC kommt die Proteinlösung nicht in Kontakt mit Metall. Zudem werden FPLC-Säulen mit wässrigen Puffern gefahren. Kurzum: Bei der FPLC wird unter nativen Bedingungen chromatographiert.

Im Vergleich zur herkömmlichen Niederdruckchromatographie, bei der meist ebenfalls unter nativen Bedingungen chromatographiert wird, ist die FPLC schneller und trennt besser. Letzteres liegt an den kleinen Korngrößen des FPLC-Säulenmaterials: Die Trennung auf einer Säule ist ja umso besser, je kleiner die Korngröße der verwendeten Matrix ist. Zudem lässt sich die FPLC automatisieren und wird dann reproduzierbarer als die Niederdruckchromatographie.

Ein FPLC-System besteht aus ein bis zwei Präzisionspumpen, einer Kontrolleinheit, einer Säule, einer Detektionseinheit und dem Fraktionssammler. Im Gegensatz zu vielen HPLC-Systemen misst eine FPLC-Detektionseinheit nur bei zwei Wellenlängen: 254 und 280 nm. FPLC-Säulen gibt es für die verschiedensten Anwendungen: Ionenaustausch-, Größenausschluss-, Affinitäts- und hydrophobe Chromatographie.

Die Proben werden mit einer Probenschleife auf die FPLC-Säule aufgetragen. Im ÄKTA-System gibt es für Auftragsmengen zwischen 10 µl und 10 ml eine Röhrchenschleife und für Mengen zwischen 100 µl und 150 ml eine Superschleife (Superloop). Letztere ist mit einem Heiz- bzw. Kühlmantel versehen, damit Sie die Probe bei einer gewünschten Temperatur halten können. Die Superschleife ist aus Glas, teuer und zerbrechlich. Hüseyin Besir vom EMBL (Heidelberg) ist eine solche Schleife wohl einmal durch die nassen Handschuhe ins Waschbecken geflutscht und zerbrochen. Der Ärger hat ihn dazu getrieben, aus zwei Plastikspritzen ein unzerbrechliches und noch dazu billiges Probeninjektionssystem für die FPLC zu entwickeln (*Laborjournal*, 12/2013, S. 56 oder besir@embl.de). Der Nachteil von Besirs Erfindung ist, dass die Proben nicht temperiert werden können.

Die FPLC wurde 1982 von der schwedischen Firma Pharmacia entwickelt. Ein Verkaufsschlager scheint die FPLC nicht gewesen zu sein, denn nach mehreren Umorganisationen und Fusionen ging Pharmacia in dem US-Riesen GE-Healthcare auf. Ihre FPLC-Produkte werden inzwischen als ÄKTA-Chromatographie-System vertrieben. ÄKTA ist schwedisch für „echt" – Liebhaber von Science-Fiction werden sich an die schwedische Serie *Äkta människor* („echte Menschen") erinnern – und soll wohl darauf hinweisen, dass ÄKTA das ursprüngliche und echte FPLC-System ist. Ob es auch das Beste ist, können wir nicht sagen. Es gibt jedoch zwei Konkurrenzprodukte: Die NGC-Proteinchromatography von Bio-Rad und das Bioline-FPLC-System von Knauer.

Die Firma Knauer wurde 1962 von dem Chemiker Herbert Knauer, Jahrgang 1931, gleich nach seiner Doktorarbeit gegründet. Der Weg dieses Beamtensohns (!) zeigt, wie Sie sich aus der Falle einer „Postdoc-Karriere" befreien können: Geben Sie das Verträgehopsen auf, gründen Sie eine Firma, zeigen Sie Mumm. Knauer verwendete die Expertise, die er sich in der Doktorarbeit angeeignet hatte, um sich selbstständig zu machen. Er stellte HPLC-Geräte her. Die HPLC war in den 1960er-

Jahren etwas Neues. Daneben zeugte er mit seiner Frau, einer Schwäbin aus Horb, vier Kinder. Er hatte das Glück, dass eines davon die Firma übernahm. Seit 2009 stellt die Firma Knauer auch FPLC-Geräte her. Die Entscheidung des Herbert Knauer, der Universität frühzeitig Ade zu sagen, war also richtig, obwohl eine akademische Karriere damals noch bessere Perspektiven bot als heute. Dem heutigen Akademiker blüht ein Dasein als einsam herumziehender, steriler Wasserträger mit einem bestenfalls durchschnittlichen Einkommen (siehe Vorwort).

## Hydrophobe Chromatographie (HPC)

Viele lösliche Proteine besitzen auf ihrer Oberfläche hydrophobe Bereiche. In wässriger Lösung assoziieren diese hydrophoben Bereiche mit hydrophoben Oberflächen. Die Assoziationsneigung hängt von der Struktur des Wassers ab und diese wiederum von den darin gelösten Salzen. Hohe Konzentrationen von bestimmten Ionen verstärken die hydrophoben Wechselwirkungen von Protein und Oberfläche, während chaotrope Salze die Wasserstruktur stören und dadurch die Neigung zu hydrophoben Wechselwirkungen verringern ( Abb. 5.7). Diesen Sachverhalt nutzt die hydrophobe Chromatographie (Kennedy 1990). Sie verträgt sich gut mit einer Ammoniumsulfatfällung (▶ Abschn. 5.2.3).

Die Proteinprobe wird bei hoher Ionenstärke (meistens Ammoniumsulfat) auf eine hydrophobe Matrix aufgeladen. Das Protein bindet, die Säule wird gewaschen und das gesuchte Protein anschließend mit einem abnehmenden Salzgradienten oder einer niedrigeren Salzkonzentration (Stufe) wieder eluiert. Zur Elution dienen oft auch Seifen, die die hydrophoben Bereiche der Proteine abdecken und sie dadurch von der Matrix ablösen (Wu und Karger 1996).

Matrizen für die hydrophobe Chromatographie bieten GE Healthcare und die Firma Sigma Aldrich an. Sie sind entweder mit Phenylresten (z. B. Phenylsepharose) oder Oktylresten (z. B. Oktylsepharose) derivatisiert. Ist die Hydrophobizität des gesuchten Proteins unbekannt, fängt man am besten mit Phenylsepharose an, denn diese ist weniger hydrophob als Oktylsepharose, und die Proteine eluieren schon unter sanften Bedingungen. Oktylsubstituierte Matrizen eignen sich für schwach hydrophobe Proteine und Membranproteine.

Anionen    $PO_4^{3-} > SO_4^{2-} > CH_3COO^- > Cl^- > Br^- > NO_3^- > ClO_4^- > I^- > SCN^-$

verstärken
hydrophobe                schwächen hydrophobe Wechselwirkungen
Wechselwirkungen

Kationen    $NH_4^+ > Rb^+ > K^+ > Na^+ > Cs^+ > Li^+ > Mg^{2+} > Ca^{2+} > Ba^{2+}$

**▣ Abb. 5.7** Ionen für die hydrophobe Chromatographie

## 5.2.2 Reinigung nach Größenunterschieden

### Gelfiltrationschromatographie (GFC)

Die Gelfiltrations- (GFC), Größenausschluss- (SEC, *size exclusion chromatography*) oder Gelpermeationschromatographie beruht auf der unterschiedlichen Verteilung von Molekülen zwischen einem Gelkompartiment (▣ Tab. 5.2) und dem umgebenden Medium (Stellwagen 1990). Obwohl sie häufig angewandt wird, ist die Niederdruck-GFC zum Reinigen von Proteinen, abgesehen von Ausnahmefällen, nicht geeignet.

Die Gründe sind:
- großer Aufwand beim Säulengießen und -fahren,
- schlechte Auflösung (Reinigungsfaktoren etwa 3–6),
- begrenztes Probenvolumen,
- lange Dauer der Chromatographie, da die Flussgeschwindigkeit begrenzt ist.

Schließlich wird die Probe um mindestens einen Faktor 3 verdünnt. Heute gibt es jedoch eine Vielzahl an Herstellern (z. B. Tosoh Bioscience), die gepacktes Material guter Qualität anbieten. Auch hier gilt wieder: Geld einsetzen oder Doktorandenzeit.

Wer zu viel Zeit hat oder wem nichts anderes übrig bleibt, der sollte bei der GFC auf Folgendes achten:
- Säulenpuffer mit hoher Ionenstärke (mindestens 0,1 M Salz) verwenden; die Säule muss gerade stehen (Wasserwaage); Säule bei Raumtemperatur gießen und die Gelsuspension vor dem Gießen entgasen, um die Bildung von Luftblasen zu vermeiden; um Schichtenbildung im Gel zu verhindern, die Säule gleichmäßig in einem Zug gießen (Vorratsgefäß zu Hilfe nehmen).

- Sorgfältiger Probenauftrag: Das Volumen der Probe sollte nicht mehr als 5 % des Säulenvolumens betragen, die Geloberfläche glatt und eben sein. Einen guten Auftrag erhält, wer die Probe mit einem Peleusball oder einem Pipetus-Akku auf die Säule lädt. Die Probe sollte dabei etwas schwerer sein als der Säulenpuffer und etwa 0,5 cm oberhalb der Geloberfläche langsam und stetig am Rand der Säule herablaufen. Dabei ist das Pufferreservoir über der Geloberfläche 2–3 cm hoch, die Probe wird also unterschichtet.
- Verzerrte Banden beruhen auf schlechtem Probenauftrag, der Adsorption von Protein an das Säulenmaterial oder einem Gleichgewicht des Proteins zwischen verschiedenen Polymerisationsstadien. Gegen die Adsorption an das Säulenmaterial hilft ein Vorlauf mit BSA und/oder der Zusatz von Triton X-100 oder Salz zum Säulenpuffer. Am besten prüft man die Säule vor dem Lauf mit farbigen Markern (z. B. einer Mischung aus Cytochrom *c*, Dextranblau, Kaliumdichromat) auf Laufeigenschaften und Bandenverzerrung.
- Als Vorsichtsmaßnahme gegen verstopfte Säulen sollte die Probe vor dem Auftrag 1 h bei 100.000 g zentrifugiert werden. Zudem sollten Sie die Säule gleich nach Gebrauch mit Natriumazid- oder 1 mM EDTA-haltigem Puffer spülen, denn die Zuckernatur vieler GFC-Gele führt bei neutralen oder leicht alkalischen Säulenpuffern schon nach ein paar Tagen zu bakteriellem Befall; verstopft die Säule trotzdem, hilft manchmal Spülen mit 1 % SDS in 10 mM NaOH.
- Die Auflösung der GFC lässt sich verbessern durch längere Säulen, langsameren Durchfluss, feineres Matrixmaterial und eine HPLC-Anlage (▶ Abschn. 5.2.1).

**Tipp** Bei Aggregationsproblemen: Isopropanol in Konzentrationen bis zu 15 % soll hydrophobe Wechselwirkungen zwischen Proteinen unterbinden.

### Präparative Gelelektrophorese

Die präparative SDS-Gelelektrophorese (▶ Abschn. 1.3.1) eignet sich zur Reinigung von Proteinen, bei denen es nicht auf die biologische Aktivität ankommt. Die präparative SDS-Gelelektrophorese trennt nach Größe. Zum Nachweis des gesuchten Proteins dient sein MG, das z. B. aus Vernetzungsversuchen

**◘ Tab. 5.2** Gelfiltrationsmatrizen

| | Name | Lieferant | Matrixaufbau | Stabilität | | Korn-Ø | Trennbereich | Typische Fließgeschwindigkeit |
|---|---|---|---|---|---|---|---|---|
| | | | | pH | T (°C) | (µm) | (in kDa) | (cm/h) |
| | Bio-Gel A-1.5m | Bio-Rad | Agarose, fine | 4–13 | 2–30 | 37–75 | 10–1500 | 7–25 |
| | Bio-Gel P-60 | | Polyacrylamid, fine | 2–10 | 4–80 | 45–90 | 3–60 | 3–10 |
| | Sephacryl S-100 HR bis Sephacryl S-500 HR | GE Healthcare | Allyl-Dextran vernetzt mit Bisacrylamid | 3–11 | 1–120 | 25–75 | 1–100 bis 40–20.000 | 15 |
| | Superdex 75 10/300 GL und 5/150 GL | | Vernetzte Agarose und Dextran | 3–12 | 1–120 | | 5–70 | 5 und 2 |
| | Superose 6 10/300, 12 10/300 und 12 3.2/300 | | Vernetzte Agarose | 3–12 | 1–120 | 45–165 60–200 | 5–50 7–40.000 | 18 |
| HPLC | Protein Pak 60 Protein Pak 300 | Waters | Silika | 2–8 | 1–90 | 10 | 1–20 10–500 | |
| | Shodex WS 802.5 Shod ex WS 80e | Phenomenex | Silika | 3–7,5 | 10–45 | 9 | 4–150 10–2000 | |
| | Superose 12 HR 10/30 Superose 6 HR 10/30 | GE Healthcare | Vernetzte Agarose | 2–12 | 4–40 | 8–12 11–15 | 1–300 5–5000 | |
| | TSK G2000SW TSK G4000SW | Tosoh Bioscience | Silika | 3–7,5 | 1–45 | 10–13 | 5–60 5–1000 | |
| | Zorbax GF-250 Zorbax GF-450 | Agilent | Silika | 3–8,5 | 1–100 | 4–6 | 4–500 5–900 | |

(▶ Abschn. 2.4) bekannt ist. Das gesuchte Protein liegt nach der Elektrophorese als denaturierter Protein-SDS-Komplex vor; die Methode ist daher sinnvoll als letzte Reinigungsstufe, nachdem Reinigungsschritte, die auf Hydrophobizität, Ladungsunterschieden oder einer Aktivität beruhen, ausgereizt wurden.

Die präparative SDS-Gelelektrophorese unterscheidet sich von der analytischen durch dickere Spacer (3 mm) und eine breite Auftragstasche. Ein Gel mit 3 mm dicken Spacern und einer 10 cm breiten Tasche verträgt maximal 20 mg Protein. Zum Schutz empfindlicher Aminosäuren wie Tryptophan und Methionin enthält der Kathodenpuffer 0,1 mM Natriumthioglykolat. Der Reinigungsfaktor bei der präparativen Gelelektrophorese hängt von der Länge des Gels und seiner Struktur ab (lineare bzw. exponentielle Gradientengele reinigen besser als einfache Gele). Gradientengele sind langen Gelen (> 10 cm) vorzuziehen, denn deren bessere Reinigung geht auf Kosten der Ausbeute. So bleiben bei der SDS-Gelelektrophorese geringe Mengen Protein in der Laufspur hängen (empfindliche Proteinfärbungen machen den Kometenschweif sichtbar, den die Proteinbande im Gel hinter sich herzieht).

Die präparative **native** Gelelektrophorese (▶ Abschn. 1.3.3) trennt nach Ladung sowie Größe und bringt beachtliche Reinigungsfaktoren bei guter Ausbeute. Oft bleibt die biologische Aktivität des gesuchten Proteins erhalten, und das Protein kann nach der Elektrophorese im Gel durch seine Aktivität nachgewiesen werden. Die native Gelelektrophorese eignet sich nicht für Membranproteine (siehe aber ▶ Abschn. 1.3.3: Spezialfälle). Für die Methodik gilt sinngemäß das Gleiche wie für die präparative SDS-Gelelektrophorese. Einen Vergleich verschiedener präparativer Elektrophorese-Methoden (SDS, nativ, IEF u. a. m.) nach Preis, Leistung, Firma etc. bietet Eby (1991).

Nach dem Lauf empfiehlt es sich, die Proteine mit einer schonenden Methode anzufärben, z. B. mit Natriumacetat (▶ Abschn. 1.4.2), und die interessanten Banden mit einer Rasierklinge auszuschneiden. Der Handel bietet verschiedene Apparate zur Elektroelution von Proteinen aus Gelstücken an (Hunkapiller et al. 1983). Wer häufig präparative Elektrophoresen verwendet, sollte die Prep-Zelle von Bio-Rad auf ihren Gebrauchswert testen. Die Vorrichtung erlaubt es, Proteine präparativ in einem Arbeitsgang zu elektrophoretisieren und zu eluieren. Vasili Fadouloglou (2013) beschreibt einen Elektroeluter zum Selberbauen (▶ Abschn. 7.3.3).

### 5.2.3 Reinigung nach Ladungsunterschieden

#### Ammoniumsulfatfällung

Die früher traditionell als erste Stufe angewandte Ammoniumsulfatfällung ist mit Recht aus der Mode gekommen. Die Verluste sind groß, der Reinigungsfaktor unbefriedigend (ca. 2–3), der Zeitaufwand beachtlich. Bessere Resultate erhält, wer die Proteinprobe mit hohen Ammoniumsulfatkonzentrationen vollständig auf einen inerten Träger (z. B. Kieselgel) ausfällt, die Trägersuspension mit dem ausgefällten Protein in eine Säule gießt und das gesuchte Protein danach mit einem absteigenden Gradienten von Ammoniumsulfat wieder eluiert (Englard und Seifter 1990).

Wir können es uns nicht verkneifen, dazu einen Auszug aus einem Artikel zu zitieren, der im *Laborjournal* 1/2006 erschien:

» Die geheimnisvollste Abteilung des geheimnisvollen Physiologisch-Chemischen Instituts in Tübingen war in den 80er-Jahren des vergangenen Jahrhunderts die Abteilung Weser. Ihr Haupt, Ulrich Weser, C3-Professor, galt unter den Biochemie-Studenten als Original. Dieser Status ruhte auf zwei Säulen. Zum einen auf der Fliege, die Weser ständig um den Hals trug. Zum anderen auf der Mumie, die Wesers Labor mit ihrer Anwesenheit beehrte.

Zugegeben, auch andere Professoren des Instituts konnten Bedeutendes vorweisen. Einer galt als ausgezeichneter Doppelkopfspieler, ein anderer verfügte über eine riesige Spatelsammlung, wieder ein anderer über Fingernägel, die so lang waren, daß sie sich über die Fingerkuppen zu Spiralen krümmten. Geheimnisvoll aber war das nicht. Im Gegenteil. Der Doppelkopf-Professor teilte sein Kenntnisse gerne mit und man sah ihn oft, während im Labor gemütlich die Destille blubberte, im Schreibkabuff mit drei Praktikanten „schwarze Sau" spielen. Wesers Mumie dagegen war in einem Schrank verschlossen und ein riesiger Ägypter namens Younes stand an der Bench davor und zerknirschte Knochen in einem Porzellanmörser. Unter den Biochemie-Studenten ging das Gerücht, Younes sei ein Nachfahre pharaonischer Priester und die Mumie sein Ururur-Großvater.

Die Geheimnisse des Weserlabors hatten Rehm zu etlichen Versuchen bewogen, bei Weser als Hiwi anzuheuern. Diese Versuche waren erfolglos. Eines Tages jedoch bat ein Doktorand Wesers Rehm und seinen Freund um Hilfe bei einer Großisolierung von Superoxiddismutase (SOD). Dazu war es damals üblich, den Rohextrakt mit Ammonsulfat zu fraktionieren und das SOD-Präzipitat auf Sephadex zu trennen. Reinigungsfaktor und Ausbeute waren jämmerlich, man konnte die Methode aber insofern ägyptisch nennen, als Ammon oder Amun der ägyptische Gott der Herden und Weiden war. Zudem haben wahrscheinlich schon die alten Ägypter ihre SOD mit Ammonsulfatfällungen gereinigt. Rehm und sein Freund stürzten sich mit Begeisterung auf die Arbeit.

Zwischen den Ammonsulfatfällungen fielen viele Leerstunden an, und weil in Wesers Labor Doppelkopf verpönt und es Rehm daher langweilig war, probierte er mit 10 % des Rohextrakts eine alternative Reinigungsmethode aus, auf die ihn ein Postdok aus der Fingernagelkräuselgruppe hingewiesen hatte. Danach wurde der Rohextrakt auf einer inerten Matrix vollständig mit Ammonsulfat ausgefällt, der Brei in eine Säule gegossen und die Säule mit einem abnehmenden Gradienten von Ammonsulfat eluiert. (…)

Diese Methode gab eine 20mal größere Ausbeute als das herkömmliche Verfahren und einen ums Doppelte besseren Reinigungsfaktor: Mit 10 Prozent Extrakt erhielt Rehm doppelt so viel SOD von höherer Reinheit als sein Freund und Wesers Doktorand, die sich mit den 90 Prozent Rest abplagten. Rehm war begeistert, sein Freund staunte, und der Doktorand war sauer. Vermutlich sah er, ob des Erfolgs des Hiwis, seine Vorgesetztenwürde schwinden.

Doch damit der Wunder nicht genug. Als Rehm eines Abends verfroren aus Wesers Kühlraum trat, lag die Mumie auf der Bench. Rehm trat näher. Es handelte sich um einen erdbraunen Torso ohne Arme, der aussah wie aus Lehm gebacken. Die Nase fehlte und aus den Schultern bröselte gelbbrauner Staub. Gerade wollte Rehm an die Binden rühren, da knirschte es. Rehm blickte auf und sah in die schwarzen mißtrauischen Augen des Ägypters. Seine Hand umklammerte einen Mörserstößel. Langsam hob er ihn …

In diesem Moment surrte Weser ins Labor. Seine rotkarierte Fliege flatterte.

„Wer het denn wieder s'Mümle liege laa?", fragte er.

Der Ägypter neigte sich wieder über seinen Mörser und Rehm machte, daß er nach Hause kam. Nachts träumte er von einer Mumie mit Fliege und Frack, die ihn um einen Sarkophag jagte, in dem auf einer Brühe von gesättigtem Ammonsulfat eine Leiche schwamm, deren Hals ebenfalls mit einer Fliege geziert war.

Nachzutragen wäre noch, dass Triton X-100 und andere neutrale Seifen mit hohen Konzentrationen an Ammoniumsulfat als ölige Masse aussalzen.

## Ionenaustauschchromatographie (IC)

Bei der Ionenaustauschchromatographie (IC) binden Proteine über elektrostatische Wechselwirkungen an eine Matrix. Die Matrix trägt positiv geladene (Anionenaustauscher) oder negativ geladene Gruppen (Kationenaustauscher). Ausmaß und Stärke der Bindung eines Proteins an den Ionenaustauscher hängen von pH und Ionenstärke des Puffers, dem isoelektrischen Punkt des Proteins und der Dichte der Ladungen auf der Matrix, d. h. sein Substitutionsgrad mit ionisierten Gruppen und die Art dieser ionisierten Gruppen, ab (Choudhary und Horvath 1996).

Die manuelle IC ist technisch einfacher als die GFC. Die IC benötigt keine perfekt gegossenen Säulen, und das Probenvolumen kann ein Mehrfaches des Säulenvolumens betragen. Die IC gibt zudem bessere Reinigungsfaktoren als die GFC (je nach Protein und Bedingungen zwischen 3 und 15) und konzentriert die Probe. Auch die Ausbeuten sind oft besser (zwischen 50 und 80 %). Wenn Sie jedoch ein HPLC-System verwenden, sind die beiden Techniken in etwa gleichwertig.

**Experimentelles** Zuerst prüfen Sie, unter welchen pH- und Salzbedingungen das gesuchte Protein stabil ist. Danach laden Sie die Probe auf die mit einem Puffer niedriger Ionenstärke (z. B. 20 mM Salz) äquilibrierte Säule. Ungebundene Proteine werden ausgewaschen, das gesuchte Protein durch Erhöhung der Salzkonzentration oder Veränderung des pH-Wertes eluiert. Vorsichtshalber misst man das gesuchte Protein auch im Durchlauf der Säule.

Am einfachsten chromatographiert man bei konstantem pH und adsorbiert bzw. eluiert das gesuchte Protein durch stufenweise Änderung der Ionenstärke. Bei größeren Proteinen und integralen Membranproteinen ist es nämlich vergebene Liebesmüh, die IC durch einen Salz- oder pH-Gradienten verbessern zu wollen. Der Konzentrierungseffekt der IC geht verloren, und die Reinigungsfaktoren werden nur unwesentlich höher. Die Elution des Proteins mit einem gut ausgewogenen Stufengradienten ist effizienter und reproduzierbarer. Bei der präparativen IC dienen lineare Gradienten also nur zum Abschätzen der Elutionsbedingungen. Mischungen kleinerer Proteine und Peptide dagegen trennt ein linearer oder exponentieller Gradient oft in ein spektakuläres Gipfelpanorama auf (z. B. in Harvey und Karlsson 1980).

Die besten Reinigungsfaktoren erhält, wer die Säule an ihrer Kapazitätsgrenze für das gesuchte Protein fährt. Die Trennleistung der IC hängt zudem von der Flussrate ab (je langsamer, desto besser).

Es lohnt sich, verschiedene Ionenaustauscher auszuprobieren: also weg vom Historismus, nicht immer nur CM- oder DEAE-Sephadex! Zur Säulendimension: Die kleinen, dicken sind am besten. Bei der IC von Membranproteinen sind geladene Detergenzien wie Cholat oder Deoxycholat fehl am Platze.

## Isoelektrische Fokussierung (IEF)

Legt man an eine Mischung von zwitterionischen Verbindungen (Ampholine, Ampholyte) ein elektrisches Feld an, bildet sich ein pH-Gradient (niedriger pH an der Anode, hoher pH an der Kathode). Jede zwitterionische Verbindung wandert dabei zu ihrem isoelektrischen Punkt, d. h. zu der Stelle im pH-Gradient, an dem ihre Nettoladung gleich 0 ist. Wird ein Protein zugesetzt, wandert es im elektrischen Feld ebenfalls zu der Stelle im pH-Gradienten, an der seine Nettoladung null ist: zu seinem isoelektrischen Punkt (◻ Abb. 5.8). Dort bleibt es liegen, denn ein elektrisches Feld wirkt nur auf geladene Moleküle. Das elektrische Feld konzentriert (fokussiert) das Protein also an seinem isoelektrischen Punkt. Deswegen heißt der Prozess isoelektrische Fokussierung (IEF) (Grafin 1990).

Damit der pH-Gradient stabil bleibt, müssen Sie das System gegen Konvektion stabilisieren. Das gelingt durch ein 5%iges Polyacrylamidgel (analytische IEF) oder eine Aufschwemmung von granulierten Gelkügelchen in einem Trog (präparative **IEF**, ◻ Abb. 5.9).

Für die präparative IEF eignet sich auch die Rotofor-Zelle (verkauft von Bio-Rad, entwickelt von Egen et al. 1984). Hier wird in einer Säule fokussiert. Eine Reihe zwischengeschalteter Filter und die Rotation der Säule um die horizontal liegende Längsachse unterdrücken Konvektionsströme.

Weitere präparative IEF-Methoden finden Sie in ▶ Abschn. 7.3.2.

**Fixierte pH-Gradienten** Die IEF mit löslichen Ampholinen krankt an der Tatsache, dass Konvektionsunterdrückung allein den Gradienten nicht vollständig stabilisiert. So wandern bei längerer Fokussierung die Ampholine lustig in die Kathode und verschwinden darin samt den Proteinen. Schuld sind elektroendosmotische und andere seltsame Effekte. Das macht sich besonders bei basischen Gradienten bemerkbar.

Beim Reinigen des extrem basischen β-Bungarotoxins aus Schlangengift umging der Au-

tor Rehm das Problem auf folgendem Weg. Nach einer Vorreinigung über eine IC oder Gelfiltration wurde die β-Bungarotoxin-haltige Fraktion in einer dünnen Rinne mittig und parallel zu den Elektroden in den Trog mit der basischen Ampholin-Gelkügelchen-Suspension aufgebracht (◻ Abb. 5.9). Unter Spannung bildete sich ein pH-Gradient, der langsam in der Kathode verschwand. Die aufgebrachten Proteine wanderten aus der Rinne als schmale Streifen zu ihren isoelektrischen Punkten, die sie aber nie ganz erreichten, weil diese eben auch zur Kathode wanderten. Die Proteine wurden also sowohl einer Elektrophorese wie auch einer unvollständigen isoelektrischen Fokussierung unterworfen. Diese Kombination führte zu 95 % reinem β-Bungarotoxin. Sie müssen dabei aufpassen, dass das Toxin nicht auch in der Kathode verschwindet, also in regelmäßigen Abständen das Proteinmuster im Geltrog kontrollieren. Das ist nicht schlimm, aber umständlich: Spannung abstellen, Filterpapier auf das Gel legen, Filterpaper auf Protein färben, Spannung wieder einschalten etc.

Schöner wäre es, wenn der pH-Gradient stabil bliebe!

Das Labor von Angelika Görg hat dies durch kovalente Fixierung der Ampholine im Gel erreicht (Corbett et al. 1994; Righetti 1990). Diese Methode hat sich mit Aplomp durchgesetzt und wurde schnell kommerzialisiert. So kopolymerisiert das **Immobilin-System** (GE Healthcare) puffernde zwitterionische Acrylamid-Derivate (Immobiline) mit Acrylamid und Bis. Zwei Acrylamid/Immobilinlösungen mit verschiedenen pH-Werten und ein Gradientenmischer ergeben einen kovalent fixierten (immobilisierten) pH-Gradienten. Den Gradienten müssen Sie vorgeben, er kann sich ja im elektrischen Feld nicht mehr von selbst einstellen, da die Zwitterionen nach der Polymerisierung des Gels kovalent an dieses gebunden sind und nicht mehr wandern können.

Der fixierte und daher stabile pH-Gradient gibt – im Vergleich zur IEF mit nicht-fixierten Ampholinen – eine 10-fach bessere Auflösung. Verwenden Sie Gele mit engem pH-Bereich (z. B. pH 5,5–6,5), so können Sie noch Proteine trennen, deren isoelektrische Punkte sich nur um 0,01 pH-Einheiten unterscheiden. Dies unter anderem deswegen, weil Sie mit Immobilinen länger und mit höherer Spannung

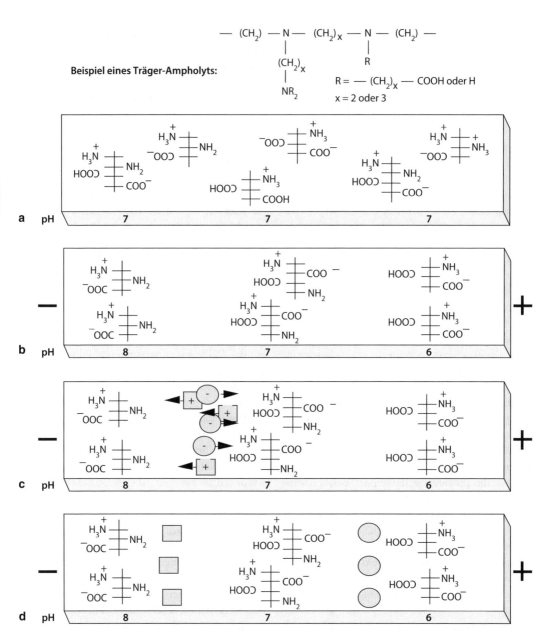

□ **Abb. 5.8a–d** Isoelektrische Fokussierung (IEF). **a** Gemisch von Träger-Ampholyten (schematisch) im nicht-fokussierten IEF-Gel, **b** Spannung anlegen. Die Träger-Ampholyte wandern zu ihren isoelektrischen Punkten, der pH-Gradient entsteht, **c** Probe aufbringen (kann auch schon vor der Bildung des pH-Gradienten geschehen), **d** Probe fokussieren

fokussieren können. Auch sind die Ergebnisse reproduzierbarer. Endlich ist die Handhabung leichter, denn Immobilin-IEF-Gele werden auf Folie gegossen und sind als 3–4 mm breite Streifen im Handel erhältlich (▶ Abschn. 7.3). Manche Autoren behaupten allerdings, dass sich auf herkömmliche IEF-Gele

mehr Protein auftragen lasse und die Proteine in herkömmlichen IEFs ein besseres Löslichkeitsverhalten zeigten. Membranproteine scheinen in der Immobilin-IEF sogar irreversibel zu präzipitieren.

Dieses Beispiel zeigt, dass es auch mit der Entwicklung analytischer Techniken etwas zu erreichen

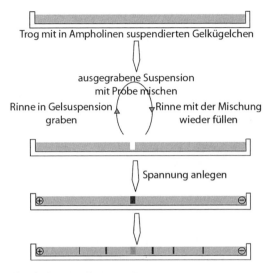

Trog mit in Ampholinen suspendierten Gelkügelchen

ausgegrabene Suspension
mit Probe mischen

Rinne in Gelsuspension        Rinne mit der Mischung
graben                                    wieder füllen

Spannung anlegen

⊕                   ⊖

⊕                   ⊖

◘ **Abb. 5.9** Präparative IEF im Trog

gibt. Frau Görg hat unter anderem hierfür das Bundesverdienstkreuz erhalten.

**Generelle Probleme der IEF** Eine IEF lässt sich nur bei niedriger Ionenstärke durchführen, selbst geringe Salzkonzentrationen verzerren die Banden. Viele Proteine benötigen aber eine gewisse Ionenstärke oder zweiwertige Kationen wie $Ca^{2+}$ oder $Mg^{2+}$ für ihre native Konformation, bzw. um in Lösung zu bleiben.

Membranproteine schmieren in Polyacrylamidgelen der analytischen IEF. Überhaupt bereiten der Probenauftrag und das In-Lösung-Halten im IEF-Gel Probleme, an denen sich schon mancher Doktorand die Zähne ausgebissen hat: Dummerweise ist die Löslichkeit vieler Proteine umso niedriger, je näher sie an ihren isoelektrischen Punkt kommen, und eben dies, das Hinbringen zum isoelektrischen Punkt, ist ja der Zweck der IEF. Falls es sich mit Ihrem Vorhaben verträgt, können Sie Ihre Proteine in denaturierenden Puffern aufnehmen. Ein typischer denaturierender Puffer wäre 8 M Harnstoff, 4 % (w/v) Chaps, 40 mM Tris und 65 mM Dithiotreitol (DTT; weitere Puffer finden Sie in ▶ Abschn. 7.3.1). Den Immobilin-Streifen dazu quellen Sie in 8 M Harnstoff, 2 % Chaps, 10 mM Dithiotreitol und 2 % (v/v) Resolyte des entsprechenden pH-Bereichs auf. Derartige denaturierende Puffer zerstören zwar die native Konformation der meisten Proteine (*nomen est omen*), deren Eigenladung bleibt jedoch erhalten.

Der Vorteil dieser Puffer ist: Sie bringen und halten vieles – aber nicht alles – in Lösung.

Fokussieren Sie mit löslichen Ampholinen, haben Sie nach der Fokussierung Ampholine in der Probe. Diese stören bei vielen Anwendungen, z. B. bei der Proteinbestimmung. Auch bleiben die pH-Gradienten nur für beschränkte Zeit (ca. 3 h) stabil. Extrem basische Proteine werden – wie schon erwähnt – schlecht aufgetrennt. Mit Immobilinen vermeidet man diese Probleme, dafür kann die Fokussierung zwei bis drei Tage dauern.

**Vorteile** Die IEF verarbeitet große Materialmengen, konzentriert die Probe, gibt hohe Reinigungsfaktoren (10–100) bei guter Ausbeute und ermittelt zudem den isoelektrischen Punkt. Vorausgesetzt, das gewünschte Protein ist in Ampholinlösungen oder unter den Bedingungen der Immobilin-IEF stabil bzw. aggregiert nicht, ist die IEF die bessere und schnellere Alternative zur IC.

**Überblick Isoelektrische Fokussierung**
**Anwendungen**
▬ Bestimmung des isoelektrischen Punkts,
▬ Untersuchung auf Mikroheterogenität (z. B. wegen Phosphorylierung, Sulfatierung etc.),
▬ Reinheitsnachweis (analytisch),
▬ Reinigung eines Proteingemisches nach Ladung (präparativ).

**Tipps zum Gel**
▬ Falls sich Ihre Proteinprobe nur mit Seifen löst, können Sie dem Gel noch Chaps, ChapsO, Oktylglucosid (1–2 %) oder Triton X-100 (0,1 %) zusetzen. Auch Harnstoff (3–8 M) stört die Fokussierung nicht. Wollen Sie möglichst viele Proteine erfassen (z. B. Zellextrakte, Plasma etc.), empfiehlt es sich, die Probe in 8 M Harnstoff, 4 % (w/v) Chaps, 40 mM Tris, 65 mM DTT aufzulösen. Immobilingele werden entsprechend in 8 M Harnstoff, 2 % (v/v) Chaps, 10 mM DTT und 2 % (v/v) Resolyte des entsprechenden pH-Bereichs gequollen.
▬ Sie fürchten, dass die Cystein- und Methioninreste Ihrer Proteine zu Cysteinsäure und Methioninsulfoxid oxidieren? Dann begasen Sie die IEF-Lösungen zuvor mit Stickstoff.

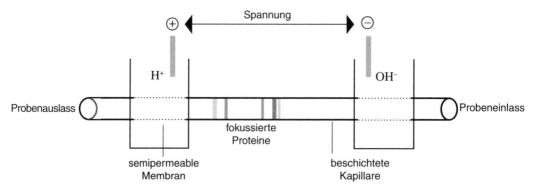

**Abb. 5.10** Isoelektrische Fokussierung in Kapillaren (cIEF)

— Je dünner das Gel, desto besser die Hitzeableitung, desto geringer die Diffusion, desto besser
die Auflösung.

**Tipps zum Probenauftrag**
— Nicht zu nahe an den Elektroden aufbringen
(Protein denaturiert).
— Die Probe muss salz- und präzipitatfrei sein.
— In Rohextrakten kann DNA stören, z. B.
Banden verzerren; Abhilfe: Vorbehandlung der
Probe mit DNase.

**Tipps zum Fokussieren**
— Bei langem Fokussieren (> 3 h) wandert der
pH-Gradient in die Kathode (Kathodendrift);
Abhilfe: Immobiline.
— Oligosaccharidreste von Glykoproteinen wer-
den in ungünstigen pH-Bereichen modifiziert.
— Die Metallionen in Metalloproteinen können
anodisch oxidiert bzw. kathodisch reduziert
werden; auch können Metalloproteine ihr
Metallion verlieren.

**Kontrolle** Fokussierung wiederholen und Probe
einmal im basischen und einmal im sauren Bereich
auftragen.

## Isoelektrische Fokussierung in Kapillaren (cIEF)

Wenn es Ihnen nur auf die Analyse einer Proteinmischung ankommt, empfiehlt sich die isoelektrische Fokussierung in einer Kapillare (Wehr et al.
1996). Die üblichen Kapillaren haben ein Volumen
von 100–600 nl bei einem Innendurchmesser von

50–100 μm und einer Länge von 50–80 mm. Wegen
ihres kleinen Volumen/Oberfläche-Verhältnisses
führen sie die Wärme besser ab als Gele. Kapillaren geben auch eine bessere Auflösung bei kürzeren
Trennzeiten. Zudem kommen Sie mit kleinen Probenmengen aus: 20–40 ng Protein reichen für eine
Fokussierung (▪ Abb. 5.10).

Üblicherweise werden aber 20–40 μg Protein
mit Ampholinen und Methylcellulose – Letztere
dient als Matrix – zu einer Vorratslösung gemischt, deren Volumen bei 200 μl liegt. Die Mischung wird abzentrifugiert, um Luftblasen und
Aggregate zu entfernen. Ein Aliquot wird dann
langsam in die Kapillare eines cIEF-Apparates injiziert. Sie fokussieren die Probe für 1–2 min bei
1500 V vor und schließlich für weitere 12–13 min
bei 3000 V. Zur Auswertung wird die fokussierte
Flüssigkeitssäule aus der Kapillare an einer Mes-
seinheit vorbeigepresst und die Absorption bei
280 nm gemessen. Neuere Apparate messen die
gesamte Kapillare schon während der Fokussierung in Echtzeit durch. Das hat den Vorteil, dass
die fokussierten Banden nicht bewegt und daher
nicht gestört werden, und den Nachteil, dass die
Kapillaren kürzer sind als bei herkömmlichen
Geräten. Letzteres wiederum sorgt für eine etwas
schlechtere Auflösung. Immerhin können Sie bei
den Echtzeitgeräten beobachten, wie sich die Banden bilden – wenn sie sich bilden.

Die Methylcellulose, sie ist auch Hauptbestandteil von Tapetenkleister, unterdrückt nicht nur Konvektionsströme, sie erhöht auch die Viskosität der
Probe und ist der Grund dafür, dass sie langsam in
die Kapillare injiziert werden muss. Bei Kapillaren

mit einer speziellen Beschichtung kann auf die Methylcellulose verzichtet werden. Das Injizieren geht dann ruckzuck.

Bei der analytischen isoelektrischen Fokussierung spielt der Zustand der Proteine nach der Fokussierung (nativ oder denaturiert) keine Rolle. Sie können daher unter denaturierenden Bedingungen, z. B. mit 3–8 M Harnstoff, fokussieren. Das reicht aber nicht immer aus, um alle Proteine zu denaturieren. Der Zusatz von 2 M Thioharnstoff hilft, doch Thioharnstoff stört die Messung der Absorption bei 280 nm. Gervais und King (2014) empfehlen, die 8 M Harnstoff durch 2 M N-Ethylharnstoff zu ergänzen. Diese Kombination würde selbst ein so schwer zu denaturierendes Enzym wie die L-Asparaginase von *Erwinia chrysanthemi* knacken.

Die Zugabe von Harnstoff bei der isoelektrischen Fokussierung in Kapillaren ist zudem deswegen angezeigt, weil Proteine auch und gerade in Kapillaren präzipitieren. Insbesondere große und hydrophobe Proteine tun das. Sie können in Extremfällen die Kapillare unbrauchbar machen und so – zumindest kurzzeitig – den inneren Frieden des Experimentators stören. Proteinpräzipitate erkennen Sie an ihren extrem engen Gipfeln. Neben Harnstoff sollen auch Detergenzien, Glycerol oder Propylenglykol gegen die Bildung von Präzipitaten helfen.

## Chromatofokussierung (CF)

Die Chromatofokussierung trennt Proteine nach ihren isoelektrischen Punkten. Sie nützt den pH-Gradienten aus, der entsteht, wenn eine in Puffer pH A (Startpuffer) äquilibrierte Ionenaustauschersäule mit einem Puffer pH B (Elutionspuffer, Polypuffer) eluiert wird (◘ Tab. 5.3). Es gilt pH A > pH B. Bei dem Ionenaustauscher handelt es sich um einen Anionenaustauscher auf Sepharose-6B-Basis mit kationischen Gruppen unterschiedlicher pKa-Werte.

Zuerst werden die Proteine in Startpuffer an die Säule gebunden, danach löst der pH-Gradient die gebundenen Proteine in der Reihenfolge ihrer isoelektrischen Punkte ab; gleichzeitig kommt es zur Fokussierung, denn die Wanderungsgeschwindigkeit eines Proteins in der Säule hängt vom pH ab (◘ Abb. 5.11). Angeblich soll die CF noch Proteine trennen, deren isoelektrische Punkte sich nur durch 0,05 pH-Einheiten unterscheiden; das beste Ergebnis des Autors Rehm waren 0,1 pH-Einheiten.

Eine CF-Säule muss, ähnlich einer Gelfiltrationssäule, gleichmäßig und frei von Gasblasen gegossen werden. Die Kunst des gleichmäßigen Packens beschreibt ▶ Abschn. 5.2.2. Da $HCO_3^-$ den pH-Gradienten stört, dürfen die Start- und Elutionspuffer kein Kohlendioxid enthalten. Sie müssen die Puffer also entgasen. Schließlich sollte die Proteinprobe eine niedrige Ionenstärke haben. Ansonsten ist die CF so einfach wie eine IC und benötigt keine Stromquellen oder Gradientenmischer. Zur Not können Sie auch in Gegenwart von dissoziierenden Agenzien (Harnstoff und DMSO) oder nicht-ionischen Seifen (NP-40, Triton X-100, Oktylglucosid) chromatofokussieren.

Steht die Säule, ist die Chromatographie in ein paar Stunden erledigt. Noch schneller und mit etwas besseren Ergebnissen chromatofokussiert man natürlich mit einer HPLC- oder FPLC-Anlage.

Die CF gibt oft bessere Reinigungsfaktoren als die IC, liefert den isoelektrischen Punkt und verkraftet große Proteinmengen. Die CF ist daher, falls das gesuchte Protein im Elutionspuffer stabil ist, eine Alternative zur IC.

**Empfehlungen:**
Prüfen Sie die Qualität Ihrer CF-Säule mit einer Cytochrom-*c*-Lösung (Giri 1990).
Ein sauberer Probenauftrag ist bei der CF ebenso wichtig wie bei der GFC (▶ Abschn. 5.2.2), vor allem muss die Geloberfläche eben sein. Giri (1990) empfiehlt, auf das PBE-Gelbett eine Schicht (1–2 cm) Sephadex G-25 Coarse aufzubringen. Die Sephadexschicht soll einen gleichmäßigen Probenauftrag gewährleisten und als Mischkammer dienen. Sie verhindert auch, dass die Oberfläche des Ionenaustauschergels aufgewirbelt wird. Es ist üblich, die Probe vor dem Auftrag in Start- oder Elutionspuffer zu äquilibrieren, wobei das Probenvolumen kleiner als das halbe Säulenvolumen sein sollte. Zuerst gibt man ein paar Milliliter Elutionspuffer über die Säule, dann die Probe und letztlich den Elutionspuffer. Die Fließgeschwindigkeit ist bei der CF nicht kritisch und liegt gewöhnlich zwischen 20 und 40 cm/h.

**Probleme** Die Proteinprobe und der Elutionspuffer dürfen kein Salz enthalten. Manche Proteine brauchen aber eine bestimmte Salzkonzentration zum Erhalt ihrer nativen Konformation.

**◘ Tab. 5.3** Puffer und Gele für Chromatofokussierung. (Nach Giri 1990)

| pH-Bereich | Gel | Startpuffer | Elutionspuffer | Verdünnung des Elutionspuffers | Totvolumen (in Säulenvolumen) | Gradientenvolumen (in Säulenvolumen) | Gesamtvolumen (in Säulenvolumen) |
|---|---|---|---|---|---|---|---|
| 10,5–8 | PBE 118 | pH 11; 0,025 M Triethylamin-HCl | pH 8; Pharmalyte (pH 8–10,5)-HCl | 1:45 | 1,5 | 11,5 | 13,0 |
| 10,5–7 | PBE 118 | pH 11; 0,025 M Triethylamin-HCl | pH 7; Pharmalyte (pH 8–10,5)-HCl | 1:45 | 2,0 | 11,5 | 13,5 |
| 9–8 | PBE 94 | pH 9,4; 0,025 M Ethanolamin-HCl | pH 8; Pharmalyte (pH 8–10,5)-HCl | 1:45 | 1,5 | 10,5 | 12,0 |
| 9–7 | PBE 94 | pH 9,4; 0,025 M Ethanolamin-HCl | pH 7; Polypuffer 96-HCl | 1:10 | 2,0 | 12,0 | 14,0 |
| 9–6 | PBE 94 | pH 9,4; 0,025 M Ethanolamin-$CH_3COOH$ | pH 6; Polypuffer 96-$CH_3COOH$ | 1:10 | 1,5 | 10,5 | 12,0 |
| 8–7 | PBE 94 | pH 8,3; 0,025 M Tris-HCl | pH 7; Polypuffer 96-HCl | 1:13 | 1,5 | 9,0 | 10,5 |
| 8–6 | PBE 94 | pH 8,3; 0,025 M Tris-$CH_3COOH$ | pH 6; Polypuffer 96-$CH_3COOH$ | 1:13 | 3,0 | 9,0 | 12,0 |
| 8–5 | PBE 94 | pH 8,3; 0,025 M Tris-$CH_3COOH$ | pH 5; Polypuffer 96 (30 %) + Polypuffer 74 (70 %)-$CH_3COOH$ | 1:10 | 2,0 | 8,5 | 10,5 |
| 7–6 | PBE 94 | pH 7,4; 0,025 M Imidazol-$CH_3COOH$ | pH 6; Polypuffer 96-$CH_3COOH$ | 1:13 | 3,0 | 7,0 | 10,0 |
| 7–5 | PBE 94 | pH 7,4; 0,025 M Imidazol-HCl | pH 5; Polypuffer 74-HCl | 1:8 | 2,5 | 11,5 | 14,0 |
| 7–4 | PBE 94 | pH 7,4; 0,025 M Imidazol-HCl | pH 4; Polypuffer 74-HCl | 1:8 | 2,5 | 11,5 | 14,0 |
| 6–5 | PBE 94 | pH 6,2; 0,025 M Histidin-HCl | pH 5; Polypuffer 74-HCl | 1:10 | 2,0 | 8,0 | 10,0 |
| 6–4 | PBE 94 | pH 6,2; 0,025 M Histidin-HCl | pH 4; Polypuffer 74-HCl | 1:8 | 2,0 | 7,0 | 9,0 |
| 5–4 | PBE 94 | pH 5,5; 0,025 M Piperazin-HCl | pH 4; Polypuffer 74-HCl | 1:10 | 3,0 | 9,0 | 12,0 |

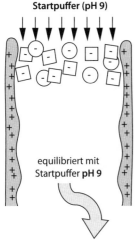

**Startpuffer (pH 9)**

equilibriert mit
Startpuffer **pH 9**

Startpuffer-pH > IEP (isoelektrischer
Punkt) der Proteine: Die Proteine
sind negativ geladen, und die positiv
geladene Matrix hält sie fest.

☐  Protein mit IEP = 6,5

◯  Protein mit IEP = 8

**Elutionspuffer (pH 6)**

**pH**
(in der Säule)

7

8

9

Der Elutionspuffer erzeugt einen
pH-Gradienten in der Säule. Der Gradient
erreicht aber am oberen Ende der Säule
noch nicht den sauren IEP des eckigen
Proteins (Gradienten-pH > IEP). Das eckige
Protein behält also seine negative
Nettoladung und bleibt an der Matrix
kleben. Das runde Protein (IEP = 8)
dagegen ändert seine Nettoladung von
minus über 0 zu plus und löst sich von der
Säulenmatrix ab. Der Pufferstrom schiebt
es zu einem Punkt im Gradienten, wo pH >
IEP ist und die Nettoladung wieder negativ.

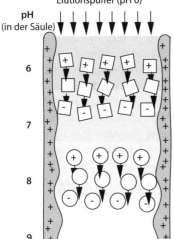

**Elutionspuffer (pH 6)**

**pH**
(in der Säule)

6

7

8

9

Durch das fortdauernde Waschen mit Elutionspuffer pH 6 liegt jetzt am oberen Ende der Säule
der Gradienten-pH unter dem IEP des eckigen
Proteins: Es hat seine Nettoladung von minus zu
plus geändert und wandert nach unten.

Gradienten-pH = IEP des Proteins: Seine
Nettoladung ist 0, immer noch wandert es mit
dem Puffer nach unten.

Gradienten-pH > IEP des Proteins: Es ist wieder
negativ geladen, und die positiv geladene Matrix
hält es fest. Das Protein bewegt sich erst, wenn
der pH-Gradient in der Säule so weit nach unten
gewandert ist, dass an dieser Stelle pH = IEP gilt.

◻ **Abb. 5.11** Chromatofokussierung

Bei Membranproteinen oder bei flachen pH-Gradienten ist der Fokussierungseffekt schwach, und die Probe wird verdünnt.

Das Eluat enthält Polypuffer/Ampholine. Diese stören bei manchen Tests, z. B. beim BCA-Test (▶ Abschn. 1.2.1). Man entfernt sie durch:
- Ausfällen des Proteins mit Ammoniumsulfat (80 % Sättigung; ▶ Abschn. 5.2.3 und Giri 1990),
- Ionenaustauschchromatographie (nur binden, waschen, eluieren. Kein Gradient!),
- Lektinchromatographie (falls Glykoprotein) oder
- GFC an Sephadex G-75 (nur in Notfällen).

## Hydroxylapatitchromatographie

Die Hydroxylapatit(HA)-Chromatographie ist eine „Ich-weiß-nicht-was-ich-sonst-noch-machen-soll"-Methode, daher verwenden sie die meisten Reiniger als letzte Stufe.

Die HA-Chromatographie ist billig und anspruchslos und kann große Mengen an Protein verarbeiten. Doch die Reinigungsfaktoren sind oft schlecht (2–5) und die Ausbeuten mäßig (40–60 %). Bei sauren Proteinen zeigt HA manchmal erstaunliche Reinigungseffekte. Dies gilt besonders für über IC vorgereinigte Präparationen, denn HA trennt saure Proteine nach anderen Prinzipien als ein Ionenaustauscher (Gorbunoff 1984).

HA ist ein Calciumphosphatmineral, das Proteine über zwei Mechanismen bindet (◻ Abb. 5.12):
- Basische Proteine binden über ihre Aminogruppen an die negative Oberflächenladung des Minerals, also über elektrostatische Wechselwirkungen.
- Saure Proteine bilden mit ihren Carboxylgruppen Komplexbindungen mit dem $Ca^{2+}$ des Minerals.

Denaturierte Proteine und Substanzen von niedrigem MG (z. B. Aminosäuren) binden nicht an HA. Ob Peptide binden, hängt von der Zahl ihrer geladenen Aminosäuren ab. Manche sauren Proteine binden nur, wenn sie in Wasser oder phosphatfreien Puffern aufgeladen werden (Schröder et al. 2003).

Beim Beladen der Säule mit Protein und beim Eluieren des gebundenen Proteins muss man nicht nur auf pH und Ionenstärke des Elutionspuffers, sondern auch darauf achten, ob dessen Ionen mit dem HA-Mineral spezifische Wechselwirkungen

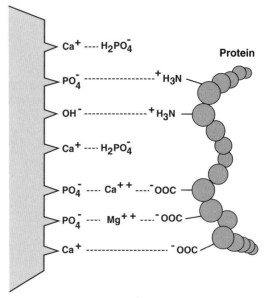

◻ **Abb. 5.12** Wechselwirkungen zwischen Protein und Hydroxylapatit. (Nach Gorbunoff 1984)

eingehen. Dies ist der Fall bei $F^-$, Phosphat und $Ca^{2+}$.

Basische Proteine eluieren von HA entweder mit 0,1–0,3 M Lösungen von einwertigen Kationen (Anionen: $Cl^-$, $F^-$, $SCN^-$ oder Phosphat) oder mit niedrigen Konzentrationen (1–3 mM) an divalenten Kationen ($Ca^{2+}$, $Mg^{2+}$). Im ersten Fall arbeitet HA wie ein Kationenaustauscher; im zweiten Fall binden die divalenten Kationen an das negative Phosphat des HA und verdrängen dabei die Aminogruppen der Proteine.

Saure Proteine eluieren mit $F^-$ und Phosphatsalzlösungen (0,05–0,15 M), aber nicht mit $Cl^-$ oder divalenten Kationen. Dies deshalb, weil $F^-$ und Phosphat die Carboxylgruppen des Proteins vom Calcium des Minerals verdrängen. Divalente Kationen verstärken die Bindung saurer Proteine an HA. Ewald Schröder (Schröder et al. 2003) eluierte ein schwach saures Protein von HA mit phosphathaltigem Puffer bei pH-Werten zwischen 5,5 und 8,0. Als Puffer verwendet er MES oder HEPES. Je saurer der Puffer, desto höhere Phosphatkonzentrationen wurden für die Elution benötigt.

Traditionell wird die HA-Säule mit einem Phosphatpuffer niedriger Konzentration (50 mM oder darunter) äquilibriert. Danach wird die Proteinprobe aufgeladen und das gesuchte Protein, wenn

**◘ Abb. 5.13** HILIC-Mechanismus. Zusätzliche Wechselwirkungen einer zwitterionischen stationären Phase mit polaren bzw. geladenen Analyten

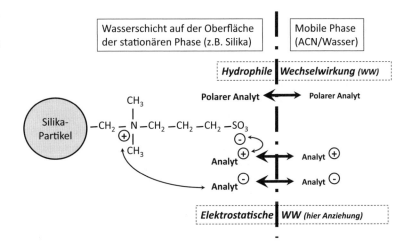

es von der Säule gebunden wurde, wieder mit Phosphatpuffer höherer Konzentration eluiert. Die optimale Elutionskonzentration ermittelt man entweder mit einem Gradienten oder indem man mit mehreren aufeinanderfolgenden Stufen eluiert (z. B. ein bis zwei Säulenvolumen 100 mM Phosphat, gefolgt von ein bis zwei Säulenvolumen 150 mM Phosphat etc.). Bei sauren Proteinen scheint jedoch ein phosphatfreier Auftrag in 10 mM HEPES pH 7,0 einen Versuch wert zu sein.

Kristallines HA ist instabil, HA-Säulen leben also nicht lange. Bio-Rad bietet jedoch ein keramisches (gesintertes) HA an, das chemisch und mechanisch stabil sein soll und hohe Flussraten ermöglicht.

## Hydrophile Interaktionschromatographie (HILIC)

*Hydrophilic interaction liquid chromatography* (HILIC) wurde von Andrew Alpert schon 1990 zur Trennung von Aminosäuren (mit und ohne Phosphorylierung), Di-, Tri- sowie Tetrapeptiden, zyklischen Peptiden, Oligoglykosiden und kleinen organischen Säuren eingeführt (Alpert 1990). Heute wird HILIC gerne zur Analyse von Glykoproteinen eingesetzt (Jandera 2011). Es handelt sich um eine Chromatographie zur Trennung von sehr polaren Molekülen. Dabei werden ähnliche Werkzeuge wie in der RPLC eingesetzt. Alpert beispielsweise nutzte die gleiche Apparatur, wie man sie aus der RPLC kennt (▶ Abschn. 5.2.1). Auch die Laufmittel (die mobile Phase) waren dieselben wie bei der RPLC, nämlich Acetonitril und Triethylaminphosphat (TEAP) enthaltendes Wasser. Die Säulen (die stationäre Phase) war dabei mit dem starken Kationenaustauschermaterial Polysulfoethyl A oder dem Polyhydroxyethyl-A-Material von PolyLC befüllt. Im Gegensatz zur RPLC ist bei der HILIC anfänglich der Gehalt von organischem Lösungsmittel sehr hoch, damit die polaren Moleküle besser mit der polaren Säule interagieren können; im Laufe der Trennung nimmt der Gehalt von Wasser zu, um die polaren Moleküle besser in Lösung zu bekommen und somit wieder von der Säule zu waschen (◘ Abb. 5.13). Obwohl Alpert damals großen Trennerfolg hatte, setzte sich die Nutzung von HILIC erst in den letzten zehn Jahren so richtig durch. Dies liegt wohl vor allem daran, dass die HPLCler an die Trennung unpolarer Moleküle mittels RPLC gewöhnt waren und dachten, die polaren Moleküle einfach unter umgekehrten Einstellungen trennen zu können. Das funktionierte denkbar schlecht, denn das Trennprinzip ist bei HILIC ein wenig anders als bei der RPLC. Meistens wurde (korrekterweise) die mobile Phase so eingesetzt, dass man mit einem hohen organischen Lösungsmittelanteil (d. h. dem schwachen Elutionsmittel) und mit einem nur geringen Anteil Wasser (d. h. dem starken Elutionsmittel) startete. Man übersah aber, dass der Acetonitrilanteil zu Beginn am besten über 90 % betragen sollte. Warum? Der hohe Gehalt an Acetonitril führt dazu, dass sich auf der Oberfläche der polaren stationären Phase eine Wasserschicht ausbilden kann. Diese Wasserschicht ist zum großen Teil für die gute

Retention der polaren Moleküle verantwortlich, da sich diese gerne in der Wasserschicht lösen. Diesen Effekt sehen Sie bei der RPLC nicht! Ist die HILIC-Säule noch dazu geladen, so können entgegengesetzt geladene Analyten auch noch elektrostatische Wechselwirkungen eingehen, d. h. sie werden von der Säule angezogen. Diese funktioniert dann wie eine IC (▶ Abschn. 5.2.3). Selbst bei gleich gerichteten Ladungen, die sich ja abstoßen, lösen sich einige Analyten so gut in der Wasserschicht, dass sie hängen bleiben, statt wieder in die vorbeifließende mobile Phase zu diffundieren.

Die Wasserschicht bricht aufgrund der guten Mischbarkeit von Wasser mit Acetonitril bei Acetonitrilanteilen unter 90 % schnell in sich zusammen. Dann war es das mit der guten Trennung, denn ohne Wasserschicht bleibt nur noch die elektrostatische Wechselwirkung als Trennprinzip übrig. Kleine Moleküle mit einer oder zwei Ladungen lassen sich aber schlecht voneinander trennen. Es wird auch oft vergessen, dass bei Säulenmaterialien mit ionischen Gruppen (auch unbehandeltes Kieselgel hat ja polare Eigenschaften!) der pH-Wert eine Rolle spielt, ebenso wie die Ionenstärke im Laufmittel. Beide Parameter werden in der Regel mit den flüchtigen Salzen Ammoniumacetat oder Ammoniumformiat eingestellt, um die zu analysierende Substanz in einem definierten Ladungszustand, z. B. +1, zu halten; neutrale polare Substanzen benötigen in der HILIC keinen Puffer. Dagegen spielen bei der RPLC pH und Ionenstärke eine untergeordnete Rolle, da bei ihr keine IC-Eigenschaften auftreten. Noch eine dritte Unwegsamkeit kommt hinzu: Die Äquilibrierung der HILIC-Säule (d. h. die Herstellung der Ausgangssituation nach einem Lauf) braucht wesentlich länger als bei der RPLC, da sich die Wasserschicht erst wieder ausbilden muss. Da der Analytiker grundsätzlich ein ungeduldiger Mensch ist, zumindest wenn es um den Erhalt seines Chromatogramms geht, wird die stabile Ausgangseinstellung oft nicht abgewartet und so die Robustheit der Trenntechnik aufgegeben. Daher hatte die HILIC bald einen schlecht Ruf als schwach trennende und anfällige Methode. Oft hört man dies auch heute noch. Fragen Sie dann doch mal nach, ob denn auf die Wasserschicht geachtet, die Ionenstärke des Laufmittels berücksichtigt und die Säule vollständig

rekonditioniert wurde. Wenn Sie Glück haben, bekommen Sie ein lächelndes „Aha" zurück, und wenn Sie Pech haben, dürfen Sie es gleich selber machen. Trennen Sie tatsächlich selbst, sollten Sie vor der Methodenentwicklung ausgiebig über die Moleküle nachdenken, die Sie trennen wollen. Haben Sie beispielsweise Peptide mit Ladungen in den Seitenketten, sollten Sie entgegengesetzt geladene Säulenmaterialien nutzen. Haben sie aber polare und ungeladene Moleküle, so ist wohl eine polare und ungeladene Säule geeigneter. Auf jeden Fall sollten Sie sich über die Trennmaterialien informieren. Hierfür empfehlen wir den Übersichtsartikel von Jandera (2011 – und wenn Sie sonst nichts zu tun haben, auch die fast 200 darin zitierten Literaturstellen). Eine praktische Anleitung gibt der Übersichtsartikel von Greco und Letzel (2013); er weist weniger Zitierungen vor, dafür aber Tipps zur Umsetzung im Labor.

Bei einem Trennerfolg publizieren Sie am besten schnell, denn noch wird die HILIC oft als mystisch angesehen und Sie können sagen: „Ich habe verstanden." Ihrer anschließenden Karriere als Analytiker steht dann nichts mehr im Wege.

## 5.2.4 Blaugel

Mit Blaugel bezeichnet man Matrizen, die den Farbstoff Cibacron Blue 3GA als Liganden tragen (Subramanian 1984). Als Matrizen dienen Agarose, Sepharose oder Silikaperlen. Cibacron Blue 3GA wiederum ist ein Textilfarbstoff, ein Triazin, der an Proteine mit Dinukleotidtasche binden kann. Zudem besitzt Cibacron Blue 3GA negative Ladungen, ist hydrophob und tiefblau.

Diese Vielseitigkeit des Liganden gibt der Blaugelchromatographie den Charakter eines Glücksspiels. Es ist nicht voraussagbar, wie sich ein Protein auf einer Blaugelsäule verhält. Auch Proteine ohne Nukleotidtasche können daran binden, sei es wegen der Ionenaustauschereigenschaften, der Hydrophobizität oder anderer Eigenschaften des komplizierten Farbstoffs. Wie bei allen Glücksspielen, so gilt auch bei der Blaugelchromatographie: Meistens verliert man.

Autor Rehms Liebe zum Blaugel gründet daher mehr auf der schönen Farbe als auf einem Erfolg.

Das Blau, findet er, macht sich gut unter all dem Weiß im Säulenwald. In den USA, am VA Medical Center, hat Rehm einen bayerischen Kollegen sogar vor seinem weißblauen Säulenwäldchen heulen sehen, er weiß nicht, ob es wegen Heimweh war oder ob der Bayer die Probe darin verloren hatte. Mit dem Reinigungseffekt ist es nämlich oft nicht weit her. Wenn Sie mit einem Blaugel mehr als eine Anreicherung von fünf erzielen und dabei nur die Hälfte Ihres gesuchten Proteins verlieren, dürfen Sie sich auf die Schultern klopfen. Tipp: Nehmen Sie kleine Säulen (1–1,5 ml Volumen oder weniger reicht).

Zu empfehlen ist das Blaugel, wenn Sie Medien von BSA befreien wollen. BSA bindet – je nach Matrix und Substitutionsgrad – in Mengen von 8–15 mg/ml an das Blaugel. Auch wenn Sie wissen oder vermuten, dass Ihr gesuchtes Protein eine Dinukleotidtasche besitzt, können Sie an Blaugel chromatographieren, solange Ihnen nichts Besseres einfällt. Die ganze Präparation würde der Autor Rehm nicht riskieren: Testen Sie besser die Reinigungswirkung erst mal mit einem Aliquot. Es kommt öfter vor, dass ein Protein auf Nimmerwiedersehen in den blauen Tiefen verschwindet.

Eluiert wird das Blaugel, je nach Protein, mit hohen Ionenstärken (z. B. 1,5 M KCl) oder mit Seifen. Proteine mit Dinukleotidtaschen können Sie auch mit NADH zu eluieren versuchen.

## 5.2.5 Zeolithchromatographie

Es ist durchaus möglich, dass Sie die vorgehenden Methoden ausprobiert haben und Ihr Protein noch immer dreckig ist. Ein Affinitätsligand ist nicht in Sicht, und Sie stehen im Kühlraum, frieren und fragen sich: „Was jetzt?" oder gar „Soll ich den Löffel hinschmeißen?".

Wir raten Ihnen, nichts übers Knie zu brechen. Gehen Sie erst mal in den Kaffeeraum und flirten Sie mit der neuen Doktorandin oder dem neuen Doktoranden. Hier gibt es vielfältige Methoden: zum Tango einladen, Essengehen, über den Prof lästern, Komplimente wechseln, Fahrradausflug vorschlagen etc. Das regt die Fantasie an und möbelt ihr Selbstbewusstsein wieder auf (oder auch nicht). Falls Ihnen dann immer noch nichts zur

Proteinreinigung eingefallen ist, probieren Sie die Zeolithchromatographie. Diese Technik wird nicht notwendigerweise den Durchbruch bringen, aber sie könnte weiterhelfen, und in der Not frisst der Teufel Fliegen und der Forscher züchtet welche.

### Was sind Zeolithe?

Es sind prominente Verbindungen. Es gibt eine *International Zeolite Association* und Kongresse, die nur diesem Mineral gewidmet sind. Denn um ein Mineral handelt es sich, um kristalline Tectosilikate mit Poren und Kanälen in der Größe von 0,3–3 nm.

Es gibt Hunderte verschiedener Zeolithe. Sie bestehen aus $AlO_4$- und $SiO_4$-Tetrahedrons, die ihre Eckpunkte miteinander teilen. Die Strukturen sind negativ geladen. Die dazugehörenden Kationen wie $Na^+$, $K^+$ oder $Ca^{2+}$ liegen, zusammen mit Wasser, in den Poren. Das Verhältnis (Si + Al):O beträgt 1 : 2. Das Si/Al-Verhältnis dagegen kann während der Synthese oder später verändert werden. Es zeigt ungefähr die hydrophoben Eigenschaften von Zeolithen an. Je größer das Verhältnis, desto hydrophober ist der Zeolith und desto weniger Ionenaustauschereigenschaften zeigt er.

Zeolithe dienen als Wasserenthärter, Entgifter (sie adsorbieren Ammoniak und Schimmelgifte), Futterzusatz, Molekularsieb und Ionenaustauscher. Sie werden in Waschmitteln verwendet, befreien Aquarien von Algen und sind Bestandteil selbstkühlender Bierfässer. Zeolithe sind Wunderstoffe.

Zeolithe kommen natürlich vor – so in Hohlräumen von vulkanischem Gestein –, sie können aber auch synthetisiert werden. Die natürlichen Zeolithe tragen fantasievolle Namen wie Analcim, Chabasit und Mordenit. Auf Deutsch heißen sie Siedesteinchen, weil beim Erhitzen das Wasser aus den Poren kocht und die Steine zu brodeln anfangen.

Horiyuki Chiku et al. (2003) glauben, dass sich Zeolithe für die Chromatographie von Proteinen eignen. In der Tat binden Proteine an Zeolithe. Nach Chiku beruht diese Bindung auf hydrophoben Wechselwirkungen, Coulomb-Kräften und dem Ersatz von Wassermolekülen um die Al-Atome des Zeoliths durch Aminogruppen des Proteins.

Unterhalb des isoelektrischen Punktes des Proteins, es ist hier positiv geladen, wirken zwischen Zeolith und Protein hauptsächlich Coulomb-Kräfte.

Der Zeolith wirkt also als Kationenaustauscher. Oberhalb des isoelektrischen Punktes – das Protein ist negativ geladen – verdrängen die Aminogruppen des Proteins Wassermoleküle von den Al-Atomen des Zeoliths. Zudem kommen hydrophobe Wechselwirkungen ins Spiel. Die Bindung wird durch Coulomb'sche Abstoßung geschwächt.

Beim isoelektrischen Punkt, das Protein trägt keine Nettoladung, spielen hydrophobe Wechselwirkungen die Hauptrolle. Daher binden Proteine in der Nähe ihres isoelektrischen Punktes mit besonderer Liebe an hydrophobe Zeolithe.

Das Problem mit der Zeolithchromatographie ist weniger die Adsorption von Proteinen als deren Elution. Proteine, die an ihrem isoelektrischen Punkt adsorbiert wurden, kleben so fest an dem Mineral, dass man sie weder mit hohen Ionenstärken (NaCl über 2,5 M) noch mit 8 M Harnstoff, noch mit nicht-ionischen Seifen (NP-40, Triton X-100, Tween 20), noch mit pH-Änderungen ablösen kann. Selbst SDS wirkt nur in Konzentrationen über 0,2 % befreiend. Die Frage ist also: Wie holt man die Proteine wieder vom Zeolith herunter und dies in möglichst gutem Zustand?

Die Antwort ist verblüffend; aber unverhofft kommt oft: Nach Chiku et al. (2003) lassen sich die Proteine ablösen, wenn man dem Puffer Polyethylenglykol (PEG) beigibt. Dies allerdings nur an ihrem isoelektrischen Punkt bzw. bei pH-Werten oberhalb des isoelektrischen Punktes. Auch funktioniert die PEG-Elution nur mit der Zeolithsorte Na-BEA. Dieser Zeolith besitzt das höchste Verhältnis von Si zu Al und die größten Poren ($7,6 \times 6,4$ Å).

Von Na-BEA können 70 % des adsorbierten BSA mit 2,5 % PEG 20.000 eluiert werden. Bei anderen Proteinen (Ovalbumin, Hexokinase und Cytochrom $c$) war die Elution weniger erfolgreich. Sie konnte verbessert werden, indem man dem Elutionspuffer 2,5 M NaCl zugab.

Die Proteine eluieren oft in nativer Form, so überstanden DNA-Polymerase β und Lysozym die Prozedur ohne Aktivitätsverlust. Sie können den Zeolith mit dem adsorbierten Protein sogar autoklavieren, und es eluiert hinterher immer noch in nativer Konformation. Das glaubt der Autor Rehm jedenfalls, dem Material-und-Methoden-Abschnitt von Chiku et al. (2003) entnehmen zu können. Die-

ser allerdings liest sich so, wie die meisten Japaner bei Vorträgen sprechen.

Wie wirksam reinigt die Zeolithchromatographie? Um das sagen zu können, müsste man ein Protein aus einem rohen Zellextrakt an einer Zeolithsäule reinigen. Das haben Chiku et al. nicht getan, die Frage bleibt also offen.

### Die Vorteile der Zeolithchromatographie

- Sie können die Probe in Salz oder Detergens auftragen und erhalten bei der Elution mit PEG eine salz- und detergensfreie Proteinlösung.
- Zeolithe sind resistent gegen pH- und Temperaturextreme, Seifen und denaturierende Agenzien. Sie lassen sich leicht regenerieren.
- Sie können das machen, was Chiku et al. (2003) vergessen haben: Mit einer Zeolithsäule aus einem Zellextrakt oder Plasma einige Proteine reinigen. Das müsste ebenfalls ein Paper in *Analytical Biochemistry* abwerfen.
- Sie können der neuen Doktorandin vorschlagen, mit Ihnen Zeolithe sammeln zu gehen. Das wirkt originell.

### Einige Nachteile der Zeolithe müssen Sie in Kauf nehmen

- Proteine aggregieren oft an ihrem isoelektrischen Punkt. Chiku et al. (2003) behaupten zwar, bei einer Zeolithchromatographie mache das nichts aus. Ihre experimentellen Beweise dafür sind aber nicht überzeugend, d. h. nicht existent. Sie zeigen nur, dass man z. B. Ovalbumin am isoelektrischen Punkt wieder desorbieren kann, nicht aber, dass es zuvor aggregiert war.
- Die Ausbeute kann gering ausfallen.
- Sie sollten, wenn Sie ein bestimmtes Protein aus einem Extrakt reinigen wollen, dessen isoelektrischen Punkt kennen. Tragen Sie den Extrakt bei einem anderen pH auf, wird ihr Protein vielleicht nicht oder schlecht adsorbiert. Was nicht adsorbiert wird, kann auch nicht gereinigt werden.

Immerhin, Zeolithe sind billig, Sie brauchen nicht viel (100 mg adsorbieren 3 mg Protein), und es geht schnell. Falls Sie also den isoelektrischen Punkt

**❏ Tab. 5.4** Matrizen für die Lektin-Affinitätschromatographie

| Lektin | Kofaktoren | Matrix (Lieferant) | Elutionszucker | Besonderheiten |
|---|---|---|---|---|
| Weizenkeim-agglutinin (WGA) | | 4 % Agarose (Sigma) Sepharose 6 MB (Sigma) Spectragel* (Spectrum) | 0,02–0,2 M N-Acetyl-D-glucosamin | Stabil in 0,07 % SDS und 1 % Deoxycholat |
| Concanavalin A (Con A) | $Mn^{2+}$, $Ca^{2+}$ | 4 % Agarose (Sigma) Spectragel* (Spectrum) Sepharose (Pharmacia) | 0,1–0,2 M α-D-Methylmannosid, 10 mM α-D-Methylglucosid | Puffer dürfen kein EDTA enthalten |
| *Bandeiraea simpli-cifolia*-Lektin (BS-I) | $Mn^{2+}$, $Ca^{2+}$ | Sephadex A25 (nicht käuflich) | 0,05–0,1 M Melibiose | |
| *Bandeiraea simpli-cifolia*-Lektin (BS-II) | | 4 % Agarose (Sigma) | N-Acetyl-D-glucosamin | |
| Linsenlektin (LCA) | $Mn^{2+}$, $Ca^{2+}$ | 4 % Agarose (Sigma) Sepharose 4B (Pharmacia) Spectragel* (Spectrum) | 0,1–0,2 M Methyl-α-D-mannosid | Stabil in 1 % Deoxycholat; Puffer dürfen kein EDTA enthalten |
| *Ricinus communis*-Agglutinin (RCA-120) | | 4 % vernetzte Agarose (Sigma) | 0,3 M β-Methyl-galactopyranosid | |
| Erdnusslektin (PNA) | | 4 % vernetzte Agarose (Sigma) | Galactose oder Methyl-galactose | |
| Sojabohnenlektin (SBA) | | 4 % vernetzte Agarose (Sigma) | N-Acetyl-D-galactosamin | |
| Jacalin | | 4 % Agarose (Vector Lab.) 6 % Agarose (Pierce) | 25–100 mM Melibiose oder 10 mM α-Methyl-galactopyranosid | Bindet O-glykosy-lierte Proteine |
| *Ulex europaeus* I (UEAI) | | 4 % Agarose (Sigma) | 0,1–0,3 M α-L-(-)Fucose | |
| *Helix pomatia* (HPA) | | 4 % vernetzte Agarose (Sigma) | N-Acetyl-α-D-galactosamin | |

\* Matrixmaterial nicht bekannt

ihres Proteins kennen, sie schon alles ausprobiert haben und ihnen das Wasser bis zum Hals steht: Greifen Sie zum Zeolith!

## 5.3 Affinitätschromatographie

### 5.3.1 Lektinchromatographie

Lektine sind Proteine, die reversibel Mono- oder Polysaccharide oder die Zuckerreste von Glykoproteinen binden. Lektine unterscheiden sich in ihrer Zuckerspezifität, ihrem Aufbau und in den Kofak-

toren, die für die Bindung des Zuckers notwendig sind. Kovalent an Matrizen gekoppelte Lektine sind beliebte Affinitätsmaterialien und im Handel erhältlich (❏ Tab. 5.4), ihre Spezifität zeigt ❏ Tab. 9.1.

Voraussetzung für die Lektinchromatographie ist eine Lektinmatrix, die das gesuchte Protein bindet (Gerard 1990). Um eine solche Matrix zu finden, bestellt sich der Experimentator Lektinmatrizen verschiedener Zuckerspezifitäten (WGA, Con A und drei bis fünf andere) und prüft im Batchverfahren die Adsorption des gesuchten Proteins. Lektinmatrizen mit Spezifität für Zucker, die in vielen Glykoproteinen vorkommen, binden das gesuchte

Glykoprotein mit großer Wahrscheinlichkeit und liefern dafür mäßige Reinigungsfaktoren. Lektine mit Spezifität für seltene Zucker binden das gesuchte Protein mit geringer Wahrscheinlichkeit, doch wenn sie es tun, warten sie mit angenehmen Überraschungen auf (z. B. Barbry et al. 1987).

Manche Glykoproteine binden das Lektin erst, nachdem ihre Sialinsäurereste mit Neuraminidase abgespalten wurden. Dies macht sich eine Doppelchromatographie zunutze, die in der ersten Stufe die Lektin bindenden Proteine entfernt, das gesuchte Protein aber passieren lässt. Der Säulendurchlauf wird mit Neuraminidase behandelt und noch einmal über die regenerierte Lektinsäule gegeben. Diesmal bindet das gesuchte Protein.

Gute Ergebnisse gibt hin und wieder das Hintereinanderschalten zweier verschiedener Lektinsäulen. Die erste Säule bindet das gesuchte Protein zusammen mit anderen Glykoproteinen. Die gebundenen Glykoproteine werden eluiert und das Eluat auf eine zweite Säule aufgeladen. Diese bindet ebenfalls viele Glykoproteine, lässt das gesuchte Protein aber passieren.

Um Ionenaustauschereffekte zu unterdrücken (Lektine tragen als Proteine Ladungen), verwendet die Lektinchromatographie Puffer mit hohem Salzgehalt (0,2–0,5 M NaCl). Lektine brauchen mehrere Stunden, um ihre Liganden zu binden. Daher wird die Proteinprobe oft mit dem Lektingel über Nacht inkubiert und das beladene Gel erst zum Waschen und Eluieren in eine Säule gegossen. Nach mehreren Läufen nimmt die Kapazität einer Lektinsäule ab. Zur Regeneration wäscht man sie dreimal abwechselnd mit 0,1 M Natriumacetat pH 4,0 bzw. 0,1 M Tris-Cl-Puffer pH 8,5, wobei die pH-Wechsel möglichst abrupt erfolgen sollten.

WGA (Weizenkeimagglutinin) und Con A (Concanavalin A) sind die Lieblinge der Proteinreiniger. WGA dient häufig zur Reinigung von Membranproteinen. Es bindet N-Acetylglucose- und N-Acetylglucosaminreste und, mit niedriger Affinität, Sialinsäurereste. Die Liganden bindet WGA in Abwesenheit zweiwertiger Kationen, und WGA verträgt 0,07 % SDS, 1 % Deoxycholat oder 1 mM EDTA. Schwach bindende Proteine eluieren mit 3–30 mM N-Acetylglucosamin; fest gebundene Liganden benötigen 100–300 mM N-Acetylglucosamin. Die Elution ist auch mit hoher Salzkonzentration (0,5 M $MgCl_2$) möglich. Die Reinigungsfaktoren der WGA-

Chromatographie liegen für rohe Proteinextrakte bei 10–20, die Ausbeuten bei 30–70 %, und die Temperatur spielt für Bindung und Elution keine Rolle.

Die Bindung und Elution von Con-A-Säulen ist bei Raumtemperatur am effektivsten. An Sojabohnen- oder Erdnusslektin binden Glykoproteine optimal bei 4 °C.

**Zur Literatur**  Eine Chromatographie an *Bandeiraea simplicifolia-Lektin beschreiben* Barbry et al. (1987). Mit *Ricinus communis-Agglutinin hat* Novick (1987) und mit Weizenkeimagglutinin haben Rönnstrand (1987) und Tollefsen et al. (1987) gearbeitet. Concanavalin A benutzten Lin und Fain (1984) sowie Wimalasena et al. (1985). Mit *Ulex europaeus-*Agglutinin schließlich reinigten Duong et al. (1989) einen Cholecystokinin-Rezeptor.

### 5.3.2  Liganden-Affinitätschromatographie

#### Einführung

Die Liganden-Affinitätschromatographie ist eine eindrucksvolle Methode. Eine gute Affinitätssäule erreicht Reinigungsfaktoren von 1000 und darüber, bei Ausbeuten zwischen 10 und 50 %. Ein spezifischer Ligand des gesuchten Proteins, der eine reaktive Gruppe besitzt, wird über einen Abstandshalter (Spacer) an eine Matrix aus Agarose oder Polyacrylamid gekoppelt (◘ Abb. 5.14). Bleiben dabei die Bindungseigenschaften des Liganden erhalten, bindet die derivatisierte Matrix selektiv das gesuchte Protein. Die Matrix wird auf einer Säule ausgiebig gewaschen und das gesuchte Protein mit dem gleichen oder einem anderen Liganden des Proteins (also spezifisch) eluiert.

Das Problem besteht in der Regel darin, dass die derivatisierte Matrix das gesuchte Protein nicht bindet. Meistens findet man es quantitativ im Eluat wieder, aber gelegentlich verliert das Protein in der Säule seine Aktivität. Der Experimentator glaubt dann, sein Protein hätte gebunden, und spielt monatelang und zwecklos mit den Elutionsbedingungen herum. Schließlich kommt es vor, dass die Matrix das Protein zwar bindet, es aber nicht spezifisch eluiert werden kann. Entweder weil die Bindung an den Liganden zu fest ist (so wenn das

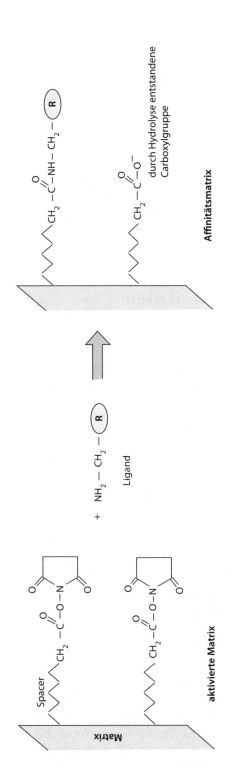

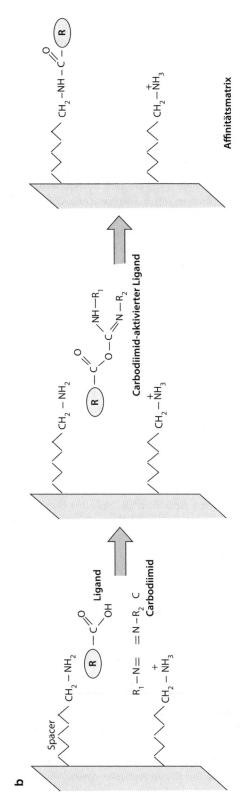

**◻ Abb. 5.14a,b** Kopplung von Liganden an Matrizen. **a** Kopplung eines Liganden über seine primäre Aminogruppe an eine mit N-Hydroxysuccinimidester aktivierte Matrix, **b** Carbodiimid-Kopplung der Carboxylgruppe eines Liganden an matrixgebundene primäre Aminogruppen. Das Carbodiimid verwandelt sich dabei in das entsprechende Harnstoffderivat

Protein mehrere Bindungsstellen für den Liganden besitzt und die Affinitätsmatrix hochsubstituiert ist) oder weil das Protein unspezifisch bindet. Dass das gesuchte Protein an die Matrix bindet, heißt nämlich nicht, dass es über seine Ligandenbindungsstelle bindet. Viele Liganden tragen eine Ladung und verwandeln die Matrix in einen Ionenaustauscher, und hydrophobe Spacer oder Liganden lassen aus der Affinitätschromatographie eine hydrophobe Chromatographie werden. Um Affinitätschromatographie handelt es sich, wenn das gesuchte Protein mit niedrigen Konzentrationen eines Liganden eluiert.

Die Affinitätschromatographie kann nicht nur an ungeeigneten Liganden scheitern. Es gilt die Länge und Art (hydrophil/hydrophob) des Spacers zu beachten, die chemische Natur und Porengröße der Matrix und den Puffer (Ionensorten, pH, Seife, Ionenstärke), in dem das gesuchte Protein der Matrix angeboten wird. Ferner koppeln die Liganden selten so gut und so irreversibel, wie es die Firmenprospekte verkünden.

Die Entwicklung einer Affinitätschromatographie dauert, von Glücksfällen und Routineanwendungen abgesehen, etwa ein Jahr. Sie ist oft die einzige Möglichkeit, seltene Proteine rein darzustellen. Die Reinigungsfaktoren und Ausbeuten konventioneller Verfahren sind in der Regel zu niedrig, um auch bei Kombination von mehreren Reinigungsschritten eine Anreicherung von über 1000 zu erreichen. Bedenken Sie: Bei einer durchschnittlichen Ausbeute von 50 % pro Reinigungsschritt sind nach vier Schritten nur noch 6 % der Ausgangsmenge vorhanden. Schließt man weitere Schritte an, sackt das gesuchte Protein schnell unter die Nachweisgrenze.

## Die Rolle des Liganden

Die erste und schwerste Aufgabe ist es, einen geeigneten Liganden zu finden. Der Ligand sollte spezifisch und mit hoher Affinität ($K_D < 50$ nM, besser $K_D < 10$ nM) an das gesuchte Protein binden und sich ohne Affinitäts- und Spezifitätsverlust an eine Matrix koppeln lassen. Am bequemsten ist die Kopplung von Liganden mit primärer Aminogruppe, schwieriger die Kopplung von Liganden mit einer Carboxylgruppe. Gelegentlich wird auch über Sulfhydryl-, Hydroxyl-, aromatische Amino- oder Bromalkylgruppen gekoppelt (siehe weiter unten in diesem Abschnitt „Zur Literatur"). Bio-Rad bietet Matrizen an, z. B. Affi-Prep Hz, die Proteinliganden über deren Zuckerreste koppeln, den Proteinteil also unberührt lassen.

Bei Liganden mit niedrigem MG und nur einer derivatisierbaren primären Aminogruppe kann man, als Vorversuch, die primäre Aminogruppe mit einer großen Seitenkette derivatisieren (stellvertretend für die Matrix) und die $K_i$ dieser Verbindung bestimmen. Es ist ein gutes Zeichen, wenn die $K_i$ des Derivats nicht wesentlich höher ist als die der Ausgangsverbindung.

Es gibt Proteine, für die kein Ligand existiert. In diesem Fall, und wenn es der Nachweistest erlaubt, kann man sich Peptidliganden aus Epitop-Bibliotheken klonieren (Scott und Smith 1990).

## Die Rolle der Matrix

Die zweite Unbekannte bei der Affinitätschromatographie ist die Matrix. Hier stehen kommerzielle Produkte zur Auswahl (❏ Tab. 5.5), und eigene Affinitätsmatrizen herstellen oder entwickeln wird nur derjenige, der diese Produkte vorher ausprobiert hat und für ungenügend befindet.

Die **Poren** der Matrix müssen groß genug sein, damit das gesuchte Protein ins Innere der Gelkügelchen diffundieren kann. Sind die Poren zu klein, ist der Ligand, der im Inneren sitzt, für die Chromatographie verloren.

Ein langer **Spacer** ist bei Liganden mit kleinem MG oft notwendig, damit sich der Ligand problemlos in seine Bindungstasche einlagern kann. Um hydrophobe bzw. Ionenaustauschereffekte zu vermeiden, sollte der Spacer ungeladen und hydrophil sein.

Die Dichte der Matrix an aktivierten Gruppen bestimmt die maximal erreichbare Substitution mit Liganden. Ein hoher Substitutionsgrad gibt oft, aber nicht immer, die besten Ergebnisse (Parcej und Dolly 1989).

Ist genügend Ligand vorhanden, lohnt es sich, kleinere Mengen verschiedener Matrizen (verschiedenes Matrizenmaterial, Spacer, Dichte an aktivierten Gruppen, Kopplungschemie) zu derivatisieren und im Batchverfahren auf Adsorption zu prüfen.

Von der Natur der **aktivierten Gruppen** der Matrix hängt die Stabilität der kovalenten Bindung

**◘ Tab. 5.5** Aktivierte Matrizen für die Affinitätschromatographie

| Name | Hersteller | Matrix | Reaktive Gruppe | Spacerlänge | Spacernatur | Gut für |
|---|---|---|---|---|---|---|
| Affi-Gel 10 | Bio-Rad | Quervernetzte Agarose (Bio-Gel A-5 m) | N-Hydroxysuccinimidester (15 µmol/ml Gel) | 10 C | Hydrophil | Primäre Aminogruppe |
| Affi-Gel 15 | Bio-Rad | Quervernetzte Agarose (Bio-Gel A-5 m) | N-Hydroxysuccinimidester (15 µmol/ml Gel) | 15 C | Hydrophil, eine positive Ladung | Primäre Aminogruppe |
| Aktivierte CH-Sepharose | GE Healthcare | Agarose (Sepharose 4B) | N-Hydroxysuccinimidester (6–10 µmol/ml Gel) | 6 C | Hydrophob | Primäre Aminogruppe |
| Epoxyaktivierte Sepharose | GE Healthcare | Agarose (Sepharose 6B) | Oxirangruppen (15–20 µequiv/ml Gel) | 11 C | Hydrophil | Primäre Aminogruppen, Hydroxylgruppen, Thiolgruppen |
| CNBr-aktivierte Sepharose 4B– | GE Healthcare | Agarose (Sepharose 4B) | Imidocarbonatgruppen | Keiner | – | Primäre Aminogruppen |
| Act-Ultrogel ACA 22 | Sigma Aldrich | Acrylamid/Agarose | Aldehydgruppen | – | – | Primäre Aminogruppen |
| Reactigel | Thermo Fisher | Agarose | Imidazolyl-Carbamate | Keiner | – | Primäre Aminogruppen |

zwischen Ligand und Matrix ab. Stabil sind Säureamid- und Etherverbindungen. Erstere entstehen bei Matrizen, deren Alkylcarboxylreste zu N-Hydroxysuccinimidestern aktiviert wurden. Nach Wilchek und Miron (1987) bestehen aber die aktivierten Gruppen kommerzieller Produkte wie Affi-Gel 10 etc. nur teilweise aus den N-Hydroxysuccinimidestern von Alkylcarboxylresten. Bis zu 80 % der aktivierten Gruppen seien instabile β-Alaninester, deren Kopplungsprodukte alkalilabil sind und im Laufe der Zeit hydrolysieren (der Ligand „leckt"). 

Auch bei der Kopplung über Epoxide, die zu Ethern führen sollte, entstehen instabile Ester.

### Spezieller Fall: Reinigung von getaggten Proteinen

Auch Mollis müssen gelegentlich proteinbiochemisch arbeiten. In vier von fünf Fällen besteht dies darin, auf Säulen Proteine aufzureinigen, die der kluge Molli zuvor mit einem Peptid- oder Protein-Schwänzle versehen hat, das spezifisch an Affinitätsmatrizen bindet. Dieses Schwänzle

nennt der Forscher Affinitätsmarker oder Tag. Tag steht im Englischen für Etikett, Anhängsel oder Anhänger.

**In der Theorie klingt das einfach** Sie fusionieren die Tag-Information mit ihrem Gen, sodass der Tag am N- oder C-terminalen Ende des zugehörigen Proteins erscheint, exprimieren das rekombinante Protein in einem geeigneten System, lysieren die Zellen, geben das geklärte Lysat über die Affinitätssäule, waschen und eluieren, spalten den Tag mit einer Protease ab, und schon liegt reines Protein vor (◘ Abb. 5.15).

Die Praxis wirft jedoch gerne Steine in den Weg des Experimentators. So gibt es viele verschiedene Expressionssysteme, und nicht alle funktionieren mit Ihrer speziellen Tag-Protein-Kombination. Kay Terpe (2004) empfiehlt daher, parallel in mehreren Systemen zu exprimieren. Das spare Zeit. Des Weiteren gilt es, die Wachstumstemperatur zu optimieren. Schließlich besteht die Gefahr, dass sich die Tag-Protein-Kombination (Fusionsprotein) nach der Lyse der

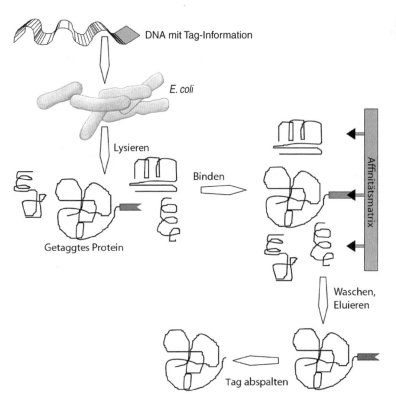

DNA mit Tag-Information

E. coli

Lysieren

Binden

Affinitätsmatrix

Getaggtes Protein

Waschen, Eluieren

Tag abspalten

Zellen nicht löst, auch nicht unter denaturierenden Bedingungen. Ohne Lösung gibt es aber keine Affinitätschromatographie und damit kein reines Protein.

Über die Reinigung des getaggten Proteins aus dem Lysat entscheidet die Natur des Tags. Er sollte die Konformation bzw. Funktion des Proteins nicht beeinflussen und leicht abspaltbar sein. Aber: Schlau sind Sie immer erst hinterher. Terpe (2004) empfiehlt, parallel mit mindestens zwei unterschiedlichen Tags zu arbeiten.

**Es gibt viele Tags** kleine, mittlere und große (◘ Tab. 5.6). Kleine Tags besitzen bis zu zwölf Aminosäuren, große über 60. Bei kleinen Tags ist die Gefahr einer Konformationsänderung des Fusionsproteins geringer als bei großen, aber durchaus existent, denn es kommt nicht nur auf die Größe, sondern auch auf Ladung und Hydrophobizität des Tags an. Arg- und His-Tags z. B. sind geladen. Löst sich das Fusionsprotein schlecht, kann es helfen, den Tag gegen einen großen hydrophilen Tag auszutauschen. Weitere Details zur Molekularbiologie des *tagging* finden Sie bei Terpe (2004).

**His-Tags** sind die klassischen Tags. Sie sind sechs bis zehn Histidinreste lang und können am C- oder am N-terminalen Ende des Proteins sitzen. His-getaggte Proteine werden meistens mit *E. coli*-Expressionssystemen hergestellt, man kann aber auch andere Expressionssysteme wie Insektenzellen benutzen.

His-getaggte Proteine reinigt man affinitätschromatographisch über Ni-Chelat-Säulen durch sogenannte *immobilized metal ion affinity chromatography* (IMAC). Die Säulenmatrix besteht aus Agarose. His-Tags binden spezifisch und umkehrbar an diese Säulen. Es gibt zwei Reinigungsmethoden: die native und die denaturierende.

Die native Methode verwendet man, wenn das His-getaggte Protein nativ in Lösung vorliegt oder sich leicht in Lösung bringen lässt. Zur Reinigung wird das Protein in leicht alkalischem Puffer (z. B. 50 mM Tris-Cl pH 8,0) – nach gründlichem Abzentrifugieren – mit dem Ni-Chelat-Säulenmaterial äquilibriert (1–24 h bei 4 °C). Die Bindungskapazität der meisten Säulenmaterialien liegt bei 10–15 mg His-getaggtem-Protein pro Milliliter Gel. Ist das

**◘ Tab. 5.6** Schöne Tags für schöne Stunden

| Kleine Tags | Eigenschaften |
|---|---|
| Arg-Tag | 5–6 Argininreste; basisch; Reinigung des Fusionsproteins über IC, z. B. SP-Sephadex |
| His-Tag | Bindet an immobilisierte Kationen wie $Cu^{2+}$, $Ni^{2+}$, $Co^{2+}$; Elution mit 250 mM Imidazol |
| Strep-Tag | Sequenz WSHPQFEK; bindet an Streptavidin; Elution mit 2,5 mM Desthiobiotin |
| Biotin-Tag | Bindet an Streptavidin; Elution durch Änderung des pH von 10 auf 4 |
| Flag-Tag | Sequenz DYKDDDDK; bindet $Ca^{2+}$-abhängig an die Antikörper M1, M2 und M5; Fusionsprotein lässt sich unter physiologischen Bedingungen reinigen; Enterokinase spaltet die letzten 5 Aminosäuren ab |
| **Mittlere Tags** | |
| S-Tag | Sequenz KETAAKFERQHMDS; bindet an das S-Fragment der RNAse A; Elution mit 3 M Guanidinthiocyanat oder 0,2 M Citrat |
| HAT-Tag | Sequenz KDHLIHNVHKEFHAHNK; Reinigung wie beim His-Tag über Melat-Chelat-Säulen |
| Calmodulin-Bindepeptid | Bindet in Gegenwart von $Ca^{2+}$ mit hoher Affinität an Calmodulinsäulen; Elution mit EGTA |
| TAP-Tag | Getaggtes Protein besitzt zwei Tags in Tandemanordnung (*tandem affinity purification*, TAP). Der 1. Tag bindet an mit Immunglobulin G beschichtete Oberflächen bzw. Matrizen, der 2. Tag bindet mit anderer Spezifität (z. B. ▶ biotinbasierter Tag). Nachdem der 1. Taq samt des daran hängenden 2. Tags und des Proteins gebunden hat und die Verunreinigungen weggewaschen wurden, wird der 1. Tag durch die spezifische virale Protease TEV abgespalten; das noch mit dem 2. Tag versehene Protein wird eluiert und einer zweiten (anderen) Affinitätschromatographie unterzogen (entfernt Protease und restliche Verunreinigungen) (Li 2011) |
| **Große Tags** | |
| GST-Tag | GST = Glutathion-S-Transferase (26 kDa); bindet an Glutathion-Affinitätsmatrizen; erhöht oft Stabilität und Löslichkeit des Fusionsproteins |
| Maltose-Bindeprotein | Bindet an Amylose-Matrix; Elution mit Maltose; Proteolysegefahr |

Protein adsorbiert, wird gewaschen, denn an den Ni-Chelat-Säulen klebt nicht nur His-getaggtes Protein, sondern auch Dreck, z. B. Metalloproteasen oder histidinhaltige Proteine. Zum Waschen hat jeder Forscher seine eigenen Waschmittel und Methoden; wir empfehlen: jeweils 20 Säulenvolumen Tris pH 8,0, 0,5 M NaCl, gefolgt von 20 Säulenvolumen 50 mM Tris pH 8,0, 0,5 M NaCl, 5 mM Imidazol. Histidin enthält einen Imidazolring, der Imidazolpuffer entfernt daher die an die Säule gebundenen histidinhaltigen Proteine, die keinen His-Tag besitzen. Er entfernt sie allerdings nicht immer und nicht immer vollständig. Um Ihr Gewissen zu beruhigen, können Sie einen dritten Waschgang mit 50 mM Tris pH 8,0, 0,5 M NaCl, 10 mM Imidazol anschließen. Zum Eluieren wird die Imidazolkonzentration auf 0,5–1 M erhöht. In dieser Konzentration konkurriert Imidazol mit dem His-Tag um die Ni-Chelat-Bindungsstellen.

**Probleme** Häufig bindet das His-getaggte Protein nicht an die Säule. Das kann daran liegen, dass das His-Tag nur in Ihrer Einbildung existiert und das Protein in Wirklichkeit tagfrei ist. Es kann aber auch sein, dass das His-Tag-Protein sein „Schwänzle" eingezogen und im Inneren verborgen hat. Oder Schwermetallionen komplexieren den His-Tag und hindern ihn so an der Bindung an die Säule. Hier soll es helfen, die Präparation mit 2 mM EDTA zu versehen und gegen den Auftragspuffer zu dialysieren. Sowohl die Schwermetallionen-EDTA-Komplexe als auch das restliche EDTA, das Ihnen die Ni-Chelat-Säule zerstören würde, verschwinden bei der Dialyse.

Als weitere Möglichkeit bleibt die **denaturierende Methode:** Die native Konformation des Proteins wird zerstört, das His-Schwänzle entblößt. Diese Methode bewährt sich auch, wenn das Protein in Einschlusskörpern von *E. coli* liegt.

Bei der denaturierenden Methode wird die Probe in Harnstoff- oder Guanidiniumchlorid-haltigem Puffer aufgelöst. Typische Zusammensetzungen eines solchen Lysepuffers wären 8 M Harnstoff, 1 M NaCl, 10 % Glycerin, 10 mM Tris-Cl pH 8,0 oder 6 M Guanidiniumchlorid, 100 mM $NaH_2PO_4$, 10 mM Tris-Cl pH 8,0. Falls es sich um Membranproteine handelt, können Sie noch 0,5 % NP-40 oder Triton X-100 zugeben.

Die Brühe wird ausgiebig beschallt und ausgiebig abzentrifugiert. Unterdessen äquilibrieren Sie die Ni-Chelat-Säule mit Lysepuffer und kippen dann das Lysat darüber. Entscheidend für die Reinheit des Produktes ist das Waschen. Gewaschen wird erst mit Lysepuffer und, wenn Sie es gründlich machen wollen, hinterher mit Lysepuffer, der 5–10 mM Imidazol enthält, oder mit etwas saurerem Lysepuffer. Kees et al. (2001) empfehlen, die Säule noch mit 10 mM Tris-Cl pH 8,0 und 60 % Isopropanol in 10 mM Tris-Cl pH 8,0 zu waschen. Dies entferne wirksam die Endotoxine von *E. coli* und eventuelle Seifen. Wie bei anderen Säulen, so gilt auch für Ni-Chelat-Säulen: Das Wirksame am Waschen ist der Wechsel, nicht die Dauer!

Eluiert wird das denaturierte Protein mit einer pH-Stufe, z. B. mit Lysepuffer pH 4,95. Ein unbekanntes Protein eluieren Sie besser zuerst mit einem pH-Gradienten, um den genauen Elutions-pH zu ermitteln; bei nachfolgenden Reinigungen verwenden Sie dann die entsprechende pH-Stufe, auch können Sie eine kleinere pH-Stufe als Waschschritt vorschalten.

Fest bindende His-getaggte Proteine eluieren mit 1 % TFA.

Die Säulen können Sie mehrmals benutzen, ohne sie jedes Mal wieder mit Nickelionen zu beladen. Nur sollten Sie es vermeiden, die Säulen mit EDTA zu waschen – aber das versteht sich wohl von selbst.

**Problem**  Gelegentlich erscheint das His-Tag-Protein im Eluat als Oligomer, das auch von SDS nicht aufgelöst werden kann. Hier bilden von der Säule leckende Nickelionen mit den Proteinen SDS-stabile Chelate. EDTA hilft.

**Tipp**  Falls die Ni-Chelat-Säule trotz allem schlechte Ergebnisse liefert, probieren Sie es doch einmal mit anderen Metall-Chelat-Säulen. Es gibt Metall-Pentadentat-Chelat-Agarosen für Kupfer-, Nickel-, Zinn- und Cobaltionen. Das gleiche Protein kann sich, was Reinigungsfaktor und Ausbeute betrifft, auf verschiedenen Säulen verblüffend verschieden verhalten.

### Hexapeptidsäulen

Auf diese Affinitätschromatographie mit Millionen Hexapeptidliganden wird in ▶ Abschn. 7.3.2 eingegangen. Angeblich fischt sie aus gereinigten Proteinproben die letzten Verunreinigungen heraus.

### Wie geht man vor?

Vorschriften zum Koppeln von Ligand und Matrix listet das Literaturverzeichnis auf, und was es dabei zu beachten gilt, steht in den vorigen Kapiteln. In der Regel ist das Koppeln des Liganden an eine aktivierte Matrix in ein paar Stunden erledigt. Nach der Kopplung sollten Sie die derivatisierte Matrix gründlich auf einer Fritte abwechselnd mit hoher und niedriger Ionenstärke und hohem und niedrigem pH (Wechsel von pH 4 auf 8) waschen, um nicht-gebundene Liganden loszuwerden. Der Ligand sollte den pH-Wechsel nicht übelnehmen. Messen Sie nach dem Waschen, wie viel Ligand am Gel hängen blieb. Dazu eignet sich die Licht- oder UV-Absorption der derivatisierten Matrix in 87 % Glycerin (bei absorbierenden Liganden), die Zugabe von etwas radioaktivem Ligand bei der Kopplung (falls vorhanden), eine Proteinbestimmung (Proteinliganden) oder eine Phosphatbestimmung (bei Phosphor enthaltenden Liganden).

Derivatisierte Matrizen geben häufig geringe Mengen an Ligand ab. Das liegt an der Hydrolyse der kovalenten Matrix-Ligand-Bindung (▶ Abschn. 5.3.2) oder daran, dass die Matrix nicht genügend gewaschen wurde und langsam adsorbierten Liganden freigibt. Oft spielt dieser Leckeffekt keine Rolle, nicht einmal für die Funktionalität der Matrix, die oft monatelang benutzt werden kann. Doch bei hochbeladenen Matrizen, deren hochaffiner Ligand an einer einzigen unstabilen Bindung hängt, kann der Leckeffekt stören, so wenn der frei gewordene Ligand die Bindung des gesuchten Proteins an die Affinitätsmatrix hindert oder dessen Nachweis im Durchlauf hemmt. Letzteres verleitet zu der irrigen Ansicht, das Protein hätte an die Säule gebunden.

**Zur Chromatographie** Laden Sie die Probe in einem Puffer auf die Säule, der nach pH, Ionenstärke etc. eine optimale Bindung zwischen derivatisierter Matrix und dem gesuchten Protein erlaubt. Lassen Sie den beiden genügend Zeit zum Binden. Die Bedingungen schätzen Sie in vorherigen Bindungsversuchen ab.

Nach der Adsorption des Proteins sollten Sie die Säule mit mehreren Säulenvolumen Puffer waschen. Die Waschkraft des Puffers können Sie durch Seifen (z. B. 0,05 % Triton X-100) und/oder hohe Salzkonzentrationen (z. B. 0,2 M KCl) erhöhen. Natürlich darf die hohe Ionenstärke oder die Seife das gesuchte Protein nicht von der Matrix ablösen. Eluiert wird das gesuchte Protein entweder mit dem gleichen Liganden oder – besser – einem chemisch verschiedenen Liganden. Auch können Sie ein Agens zugeben, das einigermaßen selektiv die Bindungsaffinität zwischen gesuchtem Protein und Ligand herabsetzt (Beispiel: Bindung ist $Ca^{2+}$-abhängig, also Elution mit EDTA). Ist das nicht machbar, z. B. weil es ein solches Agens nicht gibt und der Ligand zu kostbar ist, müssen Sie auf unspezifische Elutionsmethoden ausweichen, wie Änderung der Ionenstärke oder des pH-Wertes.

Der Elutionsligand stört oft den Nachweis des gesuchten Proteins im Eluat. Verdünnen der Probe erniedrigt die Ligandenkonzentration, verkleinert aber auch das Messsignal – oft bis zur Unkenntlichkeit. Den unangenehmen Liganden stellen Sie mit folgenden Methoden kalt:

- Wechsel des Nachweistests (statt z. B. Bindungstest mit radioaktiv markiertem Liganden einen Nachweis mit Antikörpern),
- Dialyse des Eluats (dauert lange, das gesuchte Protein könnte adsorbiert oder durch Proteasen abgebaut werden).
- Zentrifugation des Eluats durch Gelfiltrationssäulchen (Trennung vom Liganden nicht vollständig, Adsorptionsgefahr).

- Fällung mit PEG (benötigt bei verdünnten Proteinlösungen einen Proteincarrier, kann also nur mit einem Teil des Eluats durchgeführt werden; zudem adsorbieren manche Liganden an das Präzipitat).
- Ionenaustausch- oder Lektinchromatographie bei Glykoproteinen des Eluats, beide Methoden ermöglichen zwar ausgiebiges Waschen, sind aber umständlich und verlustreich.

Die Proteinkonzentration im Eluat einer Affinitätschromatographie ist in der Regel niedrig. Deswegen macht sich die Adsorption des gereinigten Proteins an Säulenmaterialien, Pipettenspitzen oder Reagenzgläser bemerkbar (reduzieren mit hoher Ionenstärke oder 0,05 % Triton X-100 oder silikonisieren). Auch werden sich die noch vorhandenen Proteasen, mangels Ablenkung, auf das gesuchte Protein stürzen.

» Wenn du diesen Vorschriften und Regeln folgst, Sancho, sagte Don Quichotte, so werden deine Tage lange dauern, dein Ruhm wird ewig, deine Belohnung groß, dein Glück unaussprechlich sein.

**Zur Literatur** Übersichtsartikel zur Affinitätschromatographie bieten Cuatrecasas (1970), Robinson et al. (1980) und Urh et al. (2009). Auf die Kopplung von niedermolekularen Liganden über ihre primäre Aminogruppe gehen Pfeiffer et al. (1982), Raeber et al. (1989) und Sigel et al. (1983) ein. Über eine Carboxylgruppe haben Hampson und Wenthold (1988) und Senogles (1986) ihren niedermolekularen Liganden gekoppelt. Die Kopplung eines niedermolekularen Liganden über seine Hydroxylgruppe beschreiben Abood et al. (1983). Haga und Haga (1983) haben einen niedermolekularen Liganden über seine aromatische Aminogruppe gekoppelt und Bidlack et al. (1981) über seine Bromalkylgruppe.

Peptide koppelten Sheikh et al. (1991) über primäre Aminogruppen, und desgleichen taten Puma et al. (1983) und Rehm und Lazdunski (1988) mit Proteinen.

Detaillierte Beschreibungen neuer Materialien zur Affinitätschromatographie bieten Hersteller wie GE Healthcare und Bio-Rad auf ihren Homepageseiten.

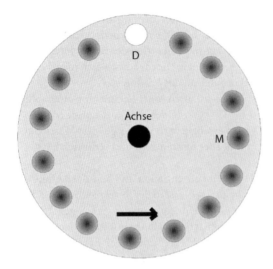

**◘ Abb. 5.16** Hypothetischer Fraktionssammler für Protein-gas. *D* Durchlass zum Detektor; *M* Mulden zum Probenauf-fang; *Pfeil* Drehrichtung

## 5.4 Unkonventionelle Reinigungsmethoden

### 5.4.1 Nicht-zerstörende präparative Massenspektrometrie

**Ja, es ist so** Gelfiltration, Ionenaustausch, hydrophobe Chromatographie, Affinitätschromatographie, isoelektrische Fokussierung und Chromatofokussierung sind immer noch in Mode. Gibt es nichts Neues bei der Proteinreinigung? Auf den ersten Blick haben wir nichts gefunden, abgesehen davon, dass gelegentlich Uralt-Methoden wie die Freifluss-Elektrophorese aufgewärmt und als neu verkauft werden.

Wenn es nichts Neues gibt, kann man sich überlegen, was es Neues geben könnte.

Viele analytische Methoden lassen sich präparativ anwenden, so die SDS-Gelelektrophorese oder die isoelektrische Fokussierung. Warum – die Idee kam dem Autor Rehm nach fünf sukzessive eingenommenen Espressos (Tee Peter, Freiburg, Batch Pedro Nero) – soll das nicht auch für die Massenspektrometrie gelten?

Massenspektrometer (MS) werden in ▶ Kap. 7 ausführlich behandelt. Hier nur so viel: Ein MS besteht aus drei Teilen, Ionenquelle, Analysator und Detektor. Die Ionenquelle liefert gasförmige Proteinionen, der Analysator trennt sie auf, und

im Detektor werden sie nachgewiesen. Bei einer MALDI-Ionenquelle, meist kombiniert mit *time of flight*-Flugrohr als Analysator, wird das Protein in die Kristalle einer Matrix eingebaut und die Matrix danach mit einem Laserstrahl verdampft. Dabei treten Proteinionen in die Gasphase über.

Taugt also ein MS zur Proteinreinigung?

Präparative Mengen an Proteingas könnten einen Laserstrahl mit großem Durchmesser erzeugen. Das Proteingas wird im Vakuum der Flugröhre nach dem Quotienten Masse durch Ladung (m/z) aufgetrennt. Die einzelnen m/z-Spezies treffen am Ende auf einen Detektor und geben ein Signal, dem die Flugzeit zugeordnet wird. Ein präparatives MS müsste zusätzlich zum Detektor noch einen Fraktionssammler aufweisen. Es müsste ein Fraktionssammler sein, der im Hochvakuum arbeitet und das Proteingas in eine Flüssigkeit überführt.

Ist solch ein Fraktionssammler denkbar?

Denkbar ist er schon, aber mit der Verwirklichung dürfte es hapern. Denken könnte man sich eine hochtourig drehende Scheibe, die am Rand ein Loch (für die Detektion), gefolgt von Vertiefungen aufweist (◘ Abb. 5.16). In diesen Mulden würden die Proteingipfel abgebremst und verflüssigt. Aber überstehen die mit ca. 20.000 m/s dahinfliegenden Proteine die Bruchlandung in den Mulden? Wie verflüssigt man das Proteingas? Lässt sich eine Scheibe so schnell drehen, dass sie ein *time of flight*-Spektrum erfasst?

Die Flugzeiten von Proteinen in einem *time of flight*-Flugrohr liegen bei 5–100 ms, die Weite der Gipfel bei einigen Nanosekunden. Die Scheibe müsste also etwa mit $10^6$ Upm drehen. Die auftretenden Zentrifugalkräfte würden die Scheibe in Fetzen zerreißen, und das Problem des Gas-Flüssigkeitstransfers wäre immer noch nicht gelöst. Zudem gibt es den *post source decay*: Proteinionen können während des Flugs im Analysator in Bruchstücke zerfallen. Diese bewegen sich mit der gleichen Geschwindigkeit weiter wie das Mutterion. Der Mutterion-Gipfel enthält also kein reines Protein, sondern auch Bruchstücke des Proteins. Die werden ebenfalls von unserem famosen Fraktionssammler aufgenommen. Die Folge: Die Fraktion mit dem Mutterion ist durch die Bruchstücke verunreinigt. Da bis zu 50 % der Mutterionen im Analysator zerfallen können, müssten Sie der präparativen Massenspektrometrie einen weiteren Reinigungsschritt anhängen, um die Bruchstücke loszuwerden.

**Fazit** Scheibenkleister.

Rehm rief den Autor Letzel zu Hilfe. Der erfahrene Massenspektrometriker reagierte zuerst so, wie jeder Fachmann auf die abgedrehten Ideen eines Laien reagiert: Er wehrte freundlich ab. Im Verlauf dieses Prozesses griff die Idee dann aber doch: Eine präparative Massenspektrometrie könne vielleicht funktionieren, wenn man als Analysator einen Quadrupol oder eine Ionenfalle benütze, meinte Letzel.

Auch diese Begriffe werden in ▶ Kap. 7 erklärt, hier nur so viel: Quadrupole werden meistens von ESI-Ionenquellen gespeist. Bei ESI wird die Proteinlösung über eine Kapillare in feinste geladene Tröpfchen versprüht. Wenn das Lösungsmittel der Töpfchen verdampft, bleiben gasförmige Proteinionen übrig.

Unabhängig von der Art der Ionenquelle (MALDI oder ESI) lässt ein Quadrupol – bei entsprechender Einstellung – ausschließlich Ionen mit einem bestimmten m/z durch. Er funktioniert quasi als kontinuierlicher Fraktionssammler, und es kommt nur noch darauf an, das durchströmende Proteingas in intaktem Zustand in einen Puffer zu überführen. Die Menge an gewonnenem Protein richtet sich dann nach dem Input und der Zeit, in der das Gerät läuft (◘ Abb. 5.17).

Der Durchsatz heutiger Anlagen ließen 1–2 pmol an reinstem Protein pro Stunde erwarten. Ließe man das Gerät über Nacht laufen, kämen vielleicht 10–20 pmol zusammen. Bei einem angenommenen Molekulargewicht von 60.000 Da wären das 0,6–1,2 mg. Damit kann man schon was anfangen.

**Ähnlich die Ionenfalle** Sie sammelt bei entsprechender Einstellung nur Ionen mit einem bestimmten m/z und entlässt sie dann durch ihren Auslass. Statt also kontinuierlich Proteine zu liefern wie der Quadrupol, spuckt die Ionenfalle schubweise Ionen aus, die Zahl der Schübe bestimmt die Menge an geerntetem Protein.

Sowohl Ionenfalle als auch Quadrupol müsste man an eine Vorrichtung anschließen, die die Ionen abbremst und danach oder gleichzeitig in eine Lösung überführt. Die Bremse muss kollisionsfrei arbeiten, denn bei Kollisionen werden die Proteine zerschlagen.

Wie könnte eine Vorrichtung aussehen, die Proteingas kollisionsfrei abbremst? Die Proteine

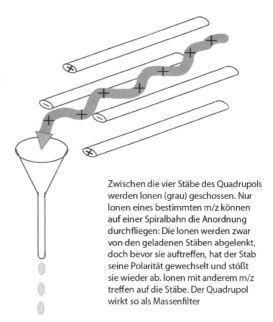

Zwischen die vier Stäbe des Quadrupols werden Ionen (grau) geschossen. Nur Ionen eines bestimmten m/z können auf einer Spiralbahn die Anordnung durchfliegen: Die Ionen werden zwar von den geladenen Stäben abgelenkt, doch bevor sie auftreffen, hat der Stab seine Polarität gewechselt und stößt sie wieder ab. Ionen mit anderem m/z treffen auf die Stäbe. Der Quadrupol wirkt so als Massenfilter

◘ **Abb. 5.17** Hypothetische präparative Massenspektrometrie mit dem Quadrupol-Analysator

sind geladen, also müsste sie ein elektrisches Feld abbremsen. Wie aber bekommt man die abgebremsten Proteinionen in einen Puffer?

Vielleicht, indem man die Kammer mit feinsten Puffertröpfchen einnebelt und den Nebel dann kondensieren lässt? Eine reverse ESI!

Jawohl, Sie dürfen sich kugeln, und Techniker dürfen uns hassen. Es ist uns klar, dass sich solche Vorschläge leicht schreiben, aber nur schwer durchführen lassen. Der Teufel liegt im Detail. So dürfte die Ausbeute an Protein durch das Auftreten von Mehrfachladungen signifikant verringert werden: Ein Protein kann beim Vergasungsprozess nicht nur ein Proton aufnehmen, sondern zwei, drei, vier etc. und tritt daher mit unterschiedlichen m/z auf. Cytochrom c beispielsweise tritt bei ESI-Vergasungen als $(M+H)^+$, $(M+2H)^{2+}$, $(M+3H)^{3+}$ usw. auf mit entsprechend unterschiedlichen m/z. Der Quadrupol lässt aber nur ein m/z durch. Der Rest des Proteins, der mit anderen m/z-Werten auftritt, ist verloren.

Wozu braucht man überhaupt eine hochreinigende präparative Methode? Kann man nicht alles, was man wissen will, z. B. Aminosäuresequenz und Phosphorylierungsstellen, mit dem analytischen MS ermitteln? Und wenn man schon reinigen muss, dann sollte doch die Affinitätschromatographie im

5

Verbund mit einer zusätzlichen Methode ausreichend sein?

**Was das Erste betrifft** Man will vielleicht Antikörper herstellen. Man braucht vielleicht Proteine für therapeutische Zwecke. Man will vielleicht reine Proteine in Zellen injizieren und den Effekt beobachten.

**Zum Zweiten** So hochrein wie mit der Massenspektrometrie bekommt man Proteine auch mit einer beliebigen Kombination klassischer Methoden nicht. Zudem geht es schneller. Schließlich möchte man vielleicht Isotopeneffekte untersuchen – die Affinitätschromatographie trennt keine Proteinisotope.

Den Bedarf für eine solche Methode gäbe es also. Doch ist sie machbar?

Wahrscheinlich schon. Angeregt durch die Diskussion schaute Autor Letzel die Literatur durch und tatsächlich, er entdeckte im *Journal of Mass Spectrometry* ein Paper mit dem Titel: „*Preparative separation of a multicomponent peptide mixture by mass spectrometry*" (Yang et al. 2006). Die Autoren Xinli Yang, Philip Mayer und Frantisek Turecek von der University of Washington haben freilich weder einen Quadrupol noch eine Ionenfalle verwendet, sondern einen *inhomogeneous-field magnetic mass analyzer*. Die Peptide wurden auch nicht mit einem elektrischen Feld langsam abgebremst, sondern schlugen in Vertiefungen aus oxidiertem Edelstahl auf. Yang et al. nennen das euphemistisch „*soft landing*". Die Ausbeuten waren entsprechend gering: Nach 30 h Dauerbetrieb konnte man von den Edelstahlmulden 0,02–0,2 nmol abwaschen: 0,01–0,1 % von dem, was in das MS eingesprüht worden war.

Unser ESI-Verflüssiger, wenn er denn funktionieren würde, sollte höhere Ausbeuten ergeben. Dies zumal dann, wenn man die Proteine so vergast, dass hauptsächlich einfach geladene $(M+H)^+$-Ionen auftreten.

**Nebenbei** In dem Paper von Yang et al. (2006) wird auf eine Arbeit von Ouyang et al. (2003) in *Science* verwiesen, in der Proteine ebenfalls präparativ per Massenspektrometrie gewonnen wurden. Hier wurde in der Tat ein Quadrupol bzw. eine Ionenfalle verwendet. Abgebremst wurden die Proteine jedoch auch brutal: Man ließ sie entweder auf eine goldbeschichtete Platte auftreffen oder auf eine Oberfläche,

die mit einer Glycerin/Fructose/Wasser-Mischung beschichtet war. Danach wurde in einer Methanol/Wasser-Lösung gewaschen. Ausbeuten werden nicht angegeben, Ouyang et al. behaupten jedoch, nach 1 h etwa 2 ng Lysozym erhalten zu haben. Das Lysozym sei noch enzymatisch aktiv gewesen.

Neu ist die Idee einer präparativen Massenspektrometrie also nicht. Selbst Ouyang et al. (2003) können sich das nicht auf die Fahnen schreiben: Die ersten Berichte über präparative Massenspektrometrie stammen aus den 1940er-Jahren. Damals wurde auf diese Art $^{235}U$ gereinigt. Wer noch mehr darüber erfahren möchte, kann dies mittlerweile bei Verbeck et al. (2012) tun. Denn nach unserer Aufnahme dieses Themas in die letzte Ausgabe des Experimentators erschien auch ein Review-Artikel dazu. Wenn das kein Zufall ist.

## 5.5　Die Reinheitsprobe

> » Es ist wahr, dass, um zu erproben, ob der Helm stark genug sei, die Gefahr eines Kampfes auszuhalten, er sein Schwert zog und zwei Hiebe auf ihn führte, aber schon mit dem ersten das wieder vernichtet hatte, was er in einer Woche gearbeitet hatte.

Der übliche Reinheitstest ist die SDS-Gelelektrophorese mit anschließender Silberfärbung. Wer ein Übriges tun will, schließt eine analytische IEF an oder macht eine zweidimensionale Gelelektrophorese.

Erscheinen auf dem SDS-Gel mehrere Banden, so können das Verunreinigungen oder Proteolyseprodukte des gesuchten Proteins sein. Vielleicht handelt es sich bei dem gesuchten Protein auch um einen oligomeren Proteinkomplex. Es gilt also zu bestimmen, welche der Banden zu dem gesuchten Protein gehören. Dazu untersucht man die Verteilung von Bandenintensität und biologischer Aktivität: Man fährt mit der gereinigten Proteinprobe einen Sucrosegradienten. Von jeder Fraktion des Gradienten wird ein Anteil auf einem SDS-Gel gefahren, das Gel auf Protein gefärbt und die Intensität der Banden gemessen (z. B. mit einem Scanner). Gleichzeitig bestimmt man die biologische Aktivität in den jeweiligen Fraktionen. Gehört eine Bande

zum gesuchten Protein, muss ihre Intensitätsvertei-
lung über den Gradienten mit der Verteilung der
biologischen Aktivität übereinstimmen. Das ist natürlich nur eine notwendige und keine hinreichende
Bedingung.

Den gleichen Dienst wie ein Sucrosegradient
tut auch eine Gelfiltration oder eine Ionenaustauschersäule, die mit Salz- oder pH-Gradienten eluiert
wird. Sucrosegradienten haben jedoch den Vorteil,
dass in einem Zentrifugenlauf verschiedene Gradienten (Sucrose, Glycerin) unter verschiedenen
Bedingungen (Salz, pH) gefahren werden können.

Bei Bindungsproteinen identifiziert man die
ligandenbindende Untereinheit mit Vernetzungsversuchen (▶ Abschn. 2.4).

Ist es wahrscheinlich, dass die Banden im SDS-
Gel von dem gesuchten Protein stammen, bleibt die
Frage, ob es sich dabei um verschiedene Unterein-
heiten handelt oder ob die Banden verwandt und
z. B. durch Proteolyse auseinander entstanden sind.
Hier entscheidet der proteolytische Partialverdau.
Die beiden fraglichen Proteine werden mit einer
Protease (z. B. *Staphylococcus aureus* V8, Trypsin,
Chymotrypsin, Papain, Pepsin, Subtilisin) unter
gleichen Bedingungen teilweise verdaut, und die
Proteolyseprodukte auf einem SDS-Gel aufgetrennt.
Sind die beiden Proteine verschieden, müssen die
Bandenmuster im Gel ebenfalls verschieden sein.
Ist das eine Protein ein Proteolyseprodukt des an-
deren, sollten sich die Muster ähneln (Cleveland
et al. 1977).

Der proteolytische Partialverdau liefert eine
schnelle Auskunft. Da aber die Empfindlichkeit eines
Proteins gegenüber Proteasen stark von seiner Konformation abhängt, ist diese Auskunft nur dann zuverlässig, wenn die beiden Proben während des Verdaus vollständig denaturiert sind und genügend SDS
(> 0,05 %) enthalten (Walker und Anderson 1985).

**Auch beim Partialverdau gilt** Ohne Kontrolle gibt's
viel Geschrei und wenig Wolle. Sichern Sie das Ergebnis ihres Partialverdaus ab! Setzen Sie mehrere
Verdaus mit Proteasen verschiedener Spezifität an.
Benutzen Sie verschiedene SDS-Gelsysteme, um
Spaltprodukte verschiedener Größenbereiche aufzutrennen (lineares Gel, Gradientengel). Eine positive und eine negative Kontrolle schließlich, also
z. B. der Vergleich von BSA mit BSA und BSA mit

Ovalbumin, zeigen Ihnen, dass die Methode unter
den gewählten Bedingungen auch funktioniert.

Am besten suchen Sie sich einen Massenspektrometriker, der Ihnen die Verdaue analysiert und
vergleicht, oder Sie setzen sich selbst an das Gerät
(Hilfestellung in ▶ Abschn. 7.5).

## 5.6 Ausschlachten

Steht die Proteinreinigung endlich, schreibt der
Experimentator ein Paper. Doch der Sinn wissenschaftlicher Arbeit ist nicht ein Paper, sondern viele.
Die ◘ Abb. 5.18 zeigt, welche Forschungsmöglichkeiten eine gelungene Proteinreinigung bietet:

- **Isolierung des cDNA-Klons.** Zu empfehlen, falls
  innerhalb der Doktorarbeit noch genügend Zeit
  zur Verfügung steht, das Ansequenzieren des
  Proteins unproblematisch und es nicht zu selten
  ist. Der cDNA-Klon eröffnet eine Vielzahl von
  weiteren Forschungsmöglichkeiten.
- **Antikörper** (monoklonal und polyklonal).
  Die Herstellung von Antikörpern gegen das
  gereinigte Protein reicht nicht für ein Paper.
  Es sei denn, die Antikörper haben interessante
  Eigenschaften (beeinflussen z. B. die Funktion
  des Antigens). Der Professor jedoch verteilt
  die Antikörper gerne an andere Arbeitsgruppen. Das macht sich gut als „Kollaboration"
  auf Anträgen, und zudem wird er auf bequeme
  Art Koautor. Der Hersteller der Antikörper
  wird ebenfalls Koautor, doch meistens nur
  solange, wie er noch Angestellter des Besitzers
  der Antikörper, sprich des Professors, ist. Hier
  lohnen sich klare Abmachungen zum rechten
  Zeitpunkt.
- Ob ein Protein **glykosyliert** ist, ist schnell
  beantwortet. Doch für ein Paper müssen Sie
  noch zusätzliche Fragen angehen: An welcher
  Stelle und wie sind die Zuckerketten mit dem
  Protein verknüpft? Von welchem Typ sind die
  Ketten? Welche Sequenz haben sie? Beeinflusst
  die Glykosylierung die Funktion des Proteins?
  Müssen die Methoden erst eingeführt werden,
  kann sich das Projekt für den Doktoranden
  zur Tretmühle entwickeln, die ihm wenig
  einbringt. Oft jätet er nur den Acker des
  Nachfolgers (▶ Kap. 9). Auch hier empfehlen

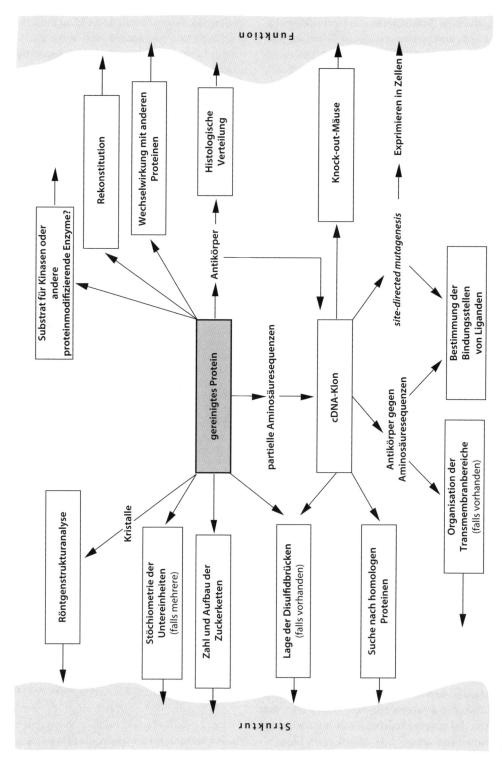

□ Abb. 5.18  Was tun mit dem gereinigten Protein?

wir, sich an eine in der Massenspektrometrie bewanderte Person zu wenden. In diesem Fall raten wir jedoch vom Selbstmachen ab, außer Sie haben Erfahrung mit der Fragmentierung von Zuckern im MS.

- Ist das Protein **Substrat für Kinasen** oder andere proteinmodifizierende Enzyme? Ein paar Vorexperimente klären, ob das Protein zum Kinase-Substrat taugt. Vorsicht: Die meisten Proteine mit einem Serin oder Threonin lassen sich phosphorylieren, wenn man sie nur lange genug mit Mg-ATP und einer Allerweltskinase inkubiert. Nicht jede Phosphorylierung hat also etwas mit der biologischen Wirklichkeit zu tun. Sieht die Sache vernünftig aus (die Kinasen phosphorylieren schnell und stöchiometrisch), bestimmt man die Stöchiometrie der Phosphorylierung, welche Kinasen unter welchen Bedingungen welche Aminosäuren phosphorylieren, die Kinetik etc. Dazu können Sie noch die Position der phosphorylierten Aminosäuren in der Aminosäuresequenz bestimmen. Stoff für ein solides Paper! Mit diesem Paper locken Sie aber nur dann einen Hund hinterm Ofen vor, wenn sie beweisen können, dass die Phosphorylierung des Proteins dessen Funktion beeinflusst. Vielleicht sollten Sie erst mal einen Übersichtsartikel zu dem Thema lesen. Wir empfehlen Hunter und Sefton *Methods of Enzymology* Band 200 und 201 (Hunter und Sefton 1991a, b) oder Peck (2006).

Vielleicht haben Sie gar den **Ehrgeiz**, dass die Fachwelt das gereinigte Protein mit Ihrem Namen verbindet und nicht mit dem Ihres Professors? Das tut sie nur, wenn Sie mehrere Paper über das Protein veröffentlichen und auf den Autorenlisten des Professors Name fehlt. Letzteres lässt die Eigenliebe der Professoren und die feudale Struktur der deutschen Forschung nur in seltenen Fällen zu. Es gibt einen Ausweg: Arbeiten Sie bei der Konkurrenz an dem Protein weiter. Auch da steht ein Professor als Seniorautor auf den Papern, aber wenigstens ein anderer, und den Insidern wird klar, wer auf dem Gebiet die treibende Kraft ist. Diese Taktik raubt Ihnen jedoch die politische Unterstützung ihres Professors (z. B. bei der Habilitation): Sie können sich glücklich schätzen, wenn Sie ihr früherer Chef künftig nur ignoriert. Üben Sie Demut! – Oder wandern Sie in habilitationsfreie Länder wie die USA, England oder Australien aus. Dies aber nicht mit leisem Weinen: Hauen Sie vor der Abreise auf die Pauke, schreien Sie ihre Gründe in die Welt. Sonst ändert sich nie etwas.

## Literatur

Abood L et al (1983) Isolation of a nicotine binding site from rat brain by affinity chromatography. Proc Natl Acad Sci USA 80:3536–3539

Aguilar M, Hearn M (1996) High resolution reversed-phase high-performance liquid chromatography of peptides and proteins. Methods Enzymol 270:3–26

Alpert AJ (1990) Hydrophilic-interaction chromatography for the separation of peptides, nucleic acids, other polar compounds. J Chromatogr 499:177–196

Barbry P et al (1987) Purification and subunit structure of the $^3$H-phenamil receptor associated with the renal apical Na$^+$ channel. Proc Natl Acad Sci USA 84:4836–4840

Berkemeyer C, Letzel T (2007) LC-API-MS(-MS) im Einsatz bei biologischen Proben: Renaissance der komplementären Parameter Hydrophobizität, molekulare Masse und Molekülstruktur. LC-GC AdS 2:36–45

Berridge G et al (2011) High performance liquid chromatography separation and intact mass analysis of detergent-solubilized integral membrane proteins. Anal Biochem 410:272–280

Bidlack J et al (1981) Purification of the opiate receptor from rat brain. Proc Natl Acad Sci USA 78:636–639

Bondos S, Bicknell A (2003) Detection and prevention of protein aggregation before, during and after purification. Anal Biochem 316:223–231

Cadene M, Chait B (2000) A robust, detergent-friendly method for mass spectrometrix analysis of integral membrane proteins. Anal Chem 72:5655–5658

Chiku H et al (2003) Zeolites as new chromatographic carriers for proteins – easy recovery of proteins adsorbed on zeolites by polyethylen glycol. Anal Biochem 318:80–85

Choudhary G, Horvath C (1996) Ion-exchange chromatography. Methods Enzymol 270:47–82

Cleveland D et al (1977) Peptide mapping by limited proteolysis in sodium dodecyl sulfate and analysis by gel electrophoresis. J Biol Chem 252:1102–1106

Corbett J et al (1994) Positional reproducibility of protein spots in two-dimensional polyacrylamide gel electrophoresis using immobilised pH gradient isoelectric focusing in the first dimension: an interlaboratory comparison. Electrophoresis 15:1205–1211

Cowan R, Whittaker R (1990) Hydrophobicity indices for amino acid residues as determined by high-performance liquid chromatography. Peptide Res 3:75–80

Cuatrecasas P (1970) Protein purification by affinity chromatography. J Biol Chem 245:3059–3065

Duong L et al (1989) Purification and characterization of the rat pancreatic cholecystokinin receptor. J Biol Chem 264:17990–17996

Eby MJ (1991) Prep-phoresis: a wealth of novel possibilities. Biotechnology 9:528–530

Egen N et al (1984) A new preparative isoelectric focusing device. In: Hirai H (Hrsg) Electrophoresis 83. de Gruyter, Berlin, S 547–550

Englard S, Seifter S (1990) Precipitation techniques. Methods Enzymol 182:285–300

Fadouloglou V (2013) Electroelution of nucleic acids from polyacrylamide gels: a custom-made, agarose-based electroeluter. Anal Biochem 437:49–51

Fiedler et al (2013) Automated circular dichroism spectroscopy for medium-throughput analysis of protein conformation. Anal Chem 85:1868–1872

Gerard C (1990) Purification of glycoproteins. Methods Enzymol 182:529–539

Gervais D, King D (2014) Capillary isoelectric focusing of a difficult-to-denature tetrameric enzyme using alkyl-urea mixtures. Anal Biochem 465:90–95

Giri L (1990) Chromatofocusing. Methods Enzymol 182:380–392

Gorbunoff M (1984) The interaction of proteins with hydroxyapatite; I. role of protein charge and structure. Anal Biochem 136:425–432

Grafin D (1990) Isoelectric focusing. Methods Enzymol 182:459–477

Greco G, Letzel T (2013) Main interactions and influences of the chromatographic parameters in HILIC separations. J Chromatogr Sci 51:684–693

Haga K, Haga T (1983) Affinity chromatography of the muscarinic acetylcholine receptor. J Biol Chem 258:13575–13579

Hampson D, Wenthold R (1988) A kainic acid receptor from frog brain purified using domoic acid chromatography. J Biol Chem 263:2500–2505

Harvey A, Karlsson E (1980) Dendrotoxin from the venom of the green mamba, *Dendroaspis angusticeps*. Naunyn-Schmiedebergs Arch Pharmacol 312:1–6

Hunkapiller M et al (1983) Isolation of microgram quantities of proteins from polyacrylamide gels for amino acid sequence analysis. Methods Enzymol 91:227–236

Sefton B, Hunter TB (1991) Protein Phosphorylation Part A.

Sefton B, Hunter TB (1991) Protein Phosphorylation Part B.

Jandera P (2011) Stationary and mobile phases in hydrophilic interaction chromatography: a review. Anal Chim Acta 692:1–25

Kaiser TJ (2009) Capillary-based instrument for the simultaneous measurement of solution viscosity and solute diffusion coefficient at pressures up to 2000 bar and implications for ultrahigh pressure liquid chromatography. Anal Chem 81:2860–2868

Kaltenböck K (2008) Chromatographie für Einsteiger. Wiley-VCH, Weinheim

Kees L et al (2001) Purification of his-tagged proteins by immobilized chelate affinity chromatography; the benefits from the use of organis solvent. Protein Expr Purif 18:95–99

Kennedy R (1990) Hydrophobic Chromatography. Methods Enzymol 182:339–343

Kromidas S (2014) HPLC-Tipps. Weka Business Medien, Darmstadt

Li Y (2011) The tandem affinity purification technology: an overview. Biotechnol Lett 33:1487–1499

Lin S, Fain J (1984) Purification of $(Ca^{2+}-Mg^{2+})$-ATPase from rat liver plasma membranes. J Biol Chem 259:3016–3020

MacNair JE et al (1999) Ultrahigh-pressure reversed-phase capillary liquid chromatography: isocratic and gradient elution using columns packed with 1.0-μm particles. Anal Chem 71:700–708

Madadlou A et al (2011) Fast protein liquid chromatography. Methods Mol Biol 681:439–447

Engelhardt MJH (1992) HPLC-Systeme. Nachrichten aus Chemie. Technik und Laboratorium 40:M1–M32

Meyer VR (2009) Praxis der Hochleistungs-Flüssigchromatographie. Wiley-VCH, Weinheim

Novick D (1987) The human interferon-γ receptor; purification, characterization and preparation of antibodies. J Biol Chem 262:8483–8487

Ouyang Z et al (2003) Preparing protein microarrays by soft-landing of mass-selected ions. Science 301:1351–1354

Parcej D, Dolly J (1989) Dendrotoxin acceptor from bovine synaptic plasma membranes. Biochem J 257:899–903

Peck S (2006) Analysis of protein phosphorylation: methods and strategies for studying kinases and substrates. Plant J 45:512–522

Pfeiffer F et al (1982) Purification by affinity chromatography of the glycine receptor of rat spinal cord. J Biol Chem 257:9389–9393

Puma P et al (1983) Purification of the receptor for nerve growth factor from A 875 melanoma cells by affinity chromatography. J Biol Chem 258:3370–3375

Raeber A et al (1989) Purification and isolation of choline acetyltransferase from the electric organ of *Torpedo marmorata* by affinity chromatography. Eur J Biochem 186:487–492

Rehm H, Lazdunski M (1988) Purification and subunit structure of a putative $K^+$ channel protein identified by its binding properties for dendrotoxin I. Proc Natl Acad Sci USA 85:4919–4923

Righetti P (1990) Immobilized pH Gradients: Theory and Methodology. Elsevier, Amsterdam

Robinson J et al (1980) Affinity chromatography in nonionic detergent solutions. Proc Natl Acad Sci USA 77:5847–5851

Rönnstrand L (1987) Purification of the receptor for platelet-derived growth factor from porcine uterus. J Biol Chem 262:2929–2932

Schröder E et al (2003) Hydroxyapatite chromatography: altering the phosphate-dependent elution profile of protein as a function of pH. Anal Biochem 313:176–178

Scott J, Smith G (1990) Searching for peptide ligands with an epitope library. Science 249:386–390

Senogles S (1986) Affinity chromatography of the anterior pituitary D2-dopamine receptor. Biochemistry 25:749–753

Sheikh S et al (1991) Solubilization and affinity purification of the Y2 receptor for neuropeptide Y and peptide YY from rabbit kidney. J Biol Chem 266:23959–23966

Sigel E et al (1983) A γ-aminobutyric acid/benzodiazepine receptor complex of bovine cerebral cortex. J Biol Chem 258:6965–6971

Stellwagen E (1990) Gel filtration. Methods Enzymol 182:317–328

Stoll V, Blanchard J (1990) Buffers: principles and practice. Methods Enzymol 182:24–38

Subramanian S (1984) Dye-ligand affinity chromatography: the interaction of Cibacron Blue F3GA with proteins and enzymes. CRC Crit Rev Biochem 16:169–205

Terpe K (2004) Proteinseparation mit Affinitäts-Tags. Teil 1, 2, 3. Laborjournal (6,68; 9,66; 10,66)

Tollefsen S et al (1987) Separation of the high affinity insulin-like growth factor I receptor from low affinity binding sites by affinity chromatography. J Biol Chem 262:16461–16469

Unger KK (1989) Handbuch der HPLC. Teil 1: Leitfaden für Anfänger und Praktiker. GIT Verlag, Darmstadt

Urh M et al (2009) Affinity chromatography: general methods. Methods Enzymol 463:417–438

Verbeck G et al (2012) Soft-landing preparative mass spectrometry. Analyst 137:4393–4407

Wagner BM et al (2012) Superficially porous silica particles with wide pores for biomacromolecular separations. J Chromatogr A 1264:22–30

Walker A, Anderson C (1985) Partial proteolytic protein maps: Cleveland revisited. Anal Biochem 146:108–110

Wehr T et al (1996) Capillary isoelectric focusing. Methods Enzymol 270:358–374

Whitelegge JP et al (1998) Electrospray-ionization mass spectrometry of intact intrinsic membrane proteins. Protein Sci 7:1423–1430

Wilchek M, Miron T (1987) Limitations of N-hydroxysuccinimid esters in affinity chromatography and protein immobilization. Biochemistry 26:2155–2161

Wimalasena J et al (1985) The porcine LH/hCG receptor. J Biol Chem 260:10689–10697

Wu S, Karger B (1996) Hydrophobic interaction chromatography of proteins. Methods Enzymol 270:27–47

Yang X et al (2006) Preparative separation of a multicomponent peptide mixture by mass spectrometry. J Mass Spectrom 41:256–262

Young NL, Garcia BA (2011) Liquid Chromatography-Mass Spectrometry of Intact Proteins (Chapter 4). In: Letzel T (Hrsg) Protein and Peptide Analysis by LC-MS: Experimental Strategies. RSC Chromatography Monographs. Royal Society of Chemistry, Cambridge It. AK: London, UK

# Antikörper und Aptamere

H. Rehm, T. Letzel, *Der Experimentator: Proteinbiochemie/Proteomics*,
DOI 10.1007/978-3-662-48851-5_6, © Springer-Verlag Berlin Heidelberg 2016

» Frisch auf!, sagte Sancho, für alle Dinge gibt es ein Mittel außer für den Tod.

Es ist immer eine gute Idee, Antikörper gegen ein gereinigtes Protein herzustellen. Antikörper ermöglichen Immunaffinitätssäulen, immunologische Nachweistests, histologische Untersuchungen an Schnitten und das Screenen von Expressionsbanken. Antikörper gegen Peptidsequenzen eines Transmembranproteins informieren über seine Lage in der Membran, Antikörper gegen einzelne Untereinheiten oligomerer Proteine geben Auskunft über deren Zusammensetzung und Stöchiometrie.

Das Beste an Antikörpern ist, dass der Antikörperproduzent diese Experimente nicht selbst machen muss. Oft genügt es, die begehrten Antikörper herzustellen und an andere Arbeitsgruppen weiterzugeben. Diese nehmen den Antikörperlieferanten dankbar in die Autorenliste ihres Papers auf, und der Weise steht auf diese Weise ohne Qualen dutzendweise in Journalen.

Antikörper sind Glykoproteine. Sie bestehen aus vier Polypeptidketten, zwei leichten und zwei schweren. Die Ketten sind durch Disulfidbrücken miteinander verbunden (❍ Abb. 6.1). Das MG der schweren Ketten liegt bei 55 kDa, das der leichten Ketten bei 25 kDa, das der intakten Antikörper bei 160 kDa. Leichte und schwere Ketten besitzen eine N-terminale variable und eine C-terminale konstante Region. Die variable Region bindet das Antigen.

Serum enthält Antikörper der Klassen IgG, IgM, IgA, IgE und IgD. Die Klassen unterscheiden sich in den schweren Ketten.

IgG-Antikörper liegen im Serum in einer Konzentration von 8–16 mg/ml vor. Sie werden von B-Lymphocyten synthetisiert und weisen zwei schwere Ketten vom $\gamma$-Typ auf (❍ Abb. 6.1). Die Subklassen der IgG-Antikörper ($IgG_1$, $IgG_{2a}$, $IgG_{2b}$, $IgG_3$ usw.) unterscheiden sich im C-terminalen Ende der schweren Ketten. IgG-Antikörper sind stabile Proteine. Sie vertragen geringe Konzentrationen an SDS (0,05 %) und mehrere Gefrier-/Auftauzyklen.

IgM-Antikörper sind Pentamere der Grundstruktur (❍ Abb. 6.1) mit einem MG von etwa 900 kDa. IgM-Antikörper gelten als instabil und empfindlich und überstehen kaum eine Reinigung; sie sind der Fluch jedes Experimentators.

Das ▶ Kap. 6 beschreibt die Herstellung von Antiseren, die Reinigung von Antikörpern und die wichtigsten immunologischen Nachweistechniken. Für **monoklonale Antikörper** sei verwiesen auf:

▬ Langone und Van Vunakis eds. (1986) Immunochemical techniques. Part I: Hybridoma technology and monoclonal antibodies. *Methods Enzymol.* 121:1–947,
▬ Monoclonal Antibody Production, National Research Council, National Academies Press Washington, DC (1999) ▶ http://www.nap.edu/catalog/9450.html,
▬ Luttmann et al. (2014) Der Experimentator: Immunologie.

Auch auf die neueren *in vitro*-**Immunisierungsmethoden** gehen wir nur kurz ein (mit freundlicher Beratung durch Stefan Rose-John).

Sowohl zur Herstellung polyklonaler als auch monoklonaler Antikörper brauchen Sie einen funktionierenden Organismus. Das ist oft nachteilig. So lassen sich menschliche Antikörper gegen menschliche Antigene wegen der immunologischen Toleranz nur schwer herstellen, obwohl gerade sie von medizinischem Interesse wären. Toxische Antigene wiederum lösen eher den Tod des Tieres aus als eine Immunreaktion, es sei denn, Sie inaktivieren das Toxin zuvor. Damit verlieren Sie aber die interessanteste Eigenschaft bzw. die interessantesten Epitope. Einen Ausweg aus diesem Dilemma bietet die *in vitro*-Immunisierung mit Phagen (❍ Abb. 6.2).

**Die methodischen Vorteile der *in vitro*-Immunisierung**

▬ Schnelligkeit. Sind Antigen und Phagenbibliothek vorhanden, so produziert ein eingearbeiteter Doktorand schon nach vier Wochen brauchbare sc- bzw. Fab-Fragmente. Jedoch: Der Erfolg hängt von der Qualität der Phagenbibliothek ab. Diese wiederum hängt von der Herstellungsart ab und von der Vorbehandlung des Tieres, aus dem die Gene stammen. Qualitätsmaß ist die Zahl der verschiedenen Phagen. Selbst gute Phagenbanken mit $10^{10}$ bis $10^{12}$ verschiedenen Phagen bieten keine Gewähr für einen Treffer. Schließlich: Wer die *in vitro*-Immunisierung von null aufbauen muss und keinerlei Erfahrung mit der Methode hat, kann mit zwei Jahren harter Arbeit rechnen.

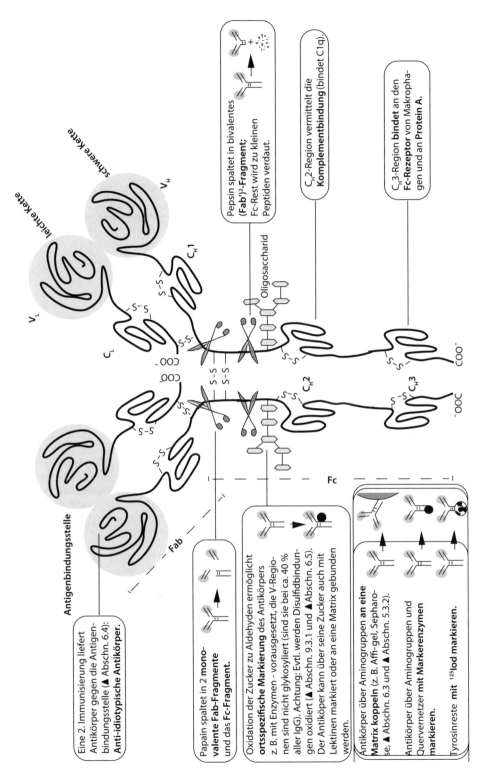

**Antigenbindungsstelle**

schwere Kette

leichte Kette

$V_L$

$C_L$

$V_H$

$C_H1$

Oligosaccharid

$C_H2$

$C_H3$

COO⁻

Fab

Fc

Eine 2. Immunisierung liefert Antikörper gegen die Antigenbindungsstelle (▲ Abschn. 6.4): **Anti-idiotypische Antikörper.**

Papain spaltet in 2 **monovalente Fab-Fragmente** und das **Fc-Fragment.**

Oxidation der Zucker zu Aldehyden ermöglicht **ortsspezifische Markierung** des Antikörpers z. B. mit Enzymen - vorausgesetzt, die V-Regionen sind nicht glykosyliert (sind sie bei ca. 40 % aller IgG). Achtung: Evtl. werden Disulfidbindungen oxidiert (▲ Abschn. 9.3.1 und ▲ Abschn. 6.5). Der Antikörper kann über seine Zucker auch mit Lektinen markiert oder an eine Matrix gebunden werden.

Antikörper über Aminogruppen **an eine Matrix koppeln** (z. B. Affi-gel, Sepharose, ▲ Abschn. 6.3 und ▲ Abschn. 5.3.2).

Antikörper über Aminogruppen und Quervernetzer **mit Markerenzymen markieren.**

Tyrosinreste **mit ¹²⁵Iod markieren.**

Pepsin spaltet in bivalentes **(Fab)'²-Fragment;** Fc-Rest wird zu kleinen Peptiden verdaut.

$C_H2$-Region vermittelt die **Komplementbindung** (bindet C1q).

$C_H3$-Region **bindet** an den **Fc-Rezeptor** von Makrophagen und an **Protein A.**

◻ **Abb. 6.1** Der IgG-Antikörper: Variationen eines Werkzeugs

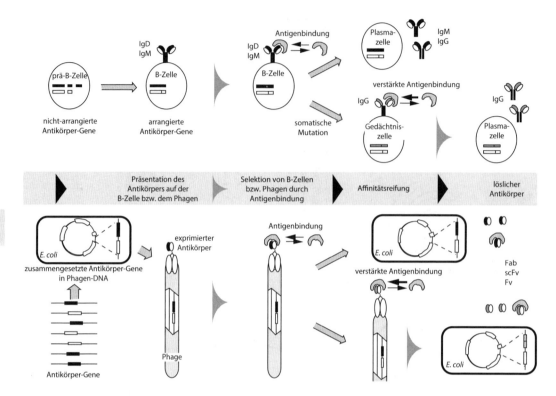

**◘ Abb. 6.2** Die Strategie des Immunsystems imitieren. Immunsystem: Die variablen Domänen von schwerer und leichter Kette bilden die Antigenbindungsstelle. Die Vielzahl von Antigenbindungsstellen kommt durch die Kombination verschiedener Genelemente zustande. Die VH-Domäne (H von *heavy chain*) entsteht durch die Kombination eines V-Gens (von variabel) mit einem D-Gen (von Diversität) und einem J-Gen (von *joining*). Die VH-Domäne und ihre Produkte sind schwarz. Die VL-Domäne (von *light chain*) entsteht durch die Kombination eines $V_K$- oder Vλ-Gens mit einem $J_K$- oder Jλ-Gen. Die VL-Domäne und ihre Produkte sind weiß. Die Genkombinationen führen zu Millionen B-Zell-Klonen. Jeder Klon besitzt eine bestimmte Kombination von VH- und VL-Genen und präsentiert den zugehörigen Antikörper als Antigen-Rezeptor auf der Zelloberfläche. Bindet Antigen, so vermehrt sich die B-Zelle (1. Selektion). Sie wandelt sich in kurzlebige Plasmazellen um, die Antikörper sekretieren, und in langlebige Gedächtniszellen. Die Affinität der Antikörper erhöht sich durch eine zweite Selektion der Gedächtniszellen. Phagensystem: Kombinierte V-Gene (VH und VL) erhält man durch PCR von Lymphocyten-mRNA (aus immunisierten oder nicht-immunisierten Organismen). Die VH- und VL-Gene werden zufällig kombiniert und in Phagen kloniert, wobei Millionen verschiedener Phagen entstehen. Die VH/VL-Paare kodieren entweder für scFv-Antikörper (VH- und VL-Produkt künstlich verknüpft durch ein Polypeptid) oder für Fab-Fragmente. Die Phagen tragen die Antikörper-Fragmente auf ihrer Oberfläche. Phagen mit antigenbindendem Antikörper-Fragment können deswegen an immobilisiertem Antigen gereinigt werden (1. Selektion). *Non-suppressor*-Bakterien, die mit gereinigten Phagen infiziert wurden, synthetisieren lösliche Antikörper-Fragmente. Die isolierten Antikörper-Gene kann man mutieren und die entsprechenden mutierten Phagen einer zweiten Selektion unterziehen. Dabei erhält man Antikörper-Fragmente höherer Affinität

— Billigkeit. Im Vergleich zu monoklonalen Antikörpern benötigt *in vitro*-Immunisieren keine teuren Medien, Zellkulturmaterialien etc.

Als Literatur zu dieser Technik empfehlen wir Griffiths et al. (1993), Marks et al. (1992), Hammers und Stanley (2014) sowie Nissim et al. (1994).

## 6.1    Herstellung von polyklonalen Antikörpern

### 6.1.1    Antigen

Antigen sein heißt in einem Organismus die Bildung von Antikörpern gegen sich auslösen. Lösliche

Proteine sind gut, aggregierte Proteine sehr gut antigen. Denaturierte Proteine sind weniger antigen als native Proteine, doch eignen sich Antikörper gegen denaturierte Proteine besser für die Entwicklung von Immunoblots. Die Antigenizität langkettiger Zucker ist schwach bis mittel, die von Nukleinsäuren schwach.

Substanzen mit einem $MG < 5\,kDa$ sind selten antigen. Um die Bildung von Antikörpern auszulösen, müssen Peptide oder noch kleinere Moleküle an einen Träger gekoppelt oder zu hochmolekularen Addukten vernetzt werden. Als Träger dienen BSA oder das Glykoprotein KLH (*keyhole limpet hemocyanin*). Posnett et al. (1988), Seguela et al. (1984) und Wang (1988) haben kleine Moleküle in Antigene verwandelt.

Kennen Sie die Aminosäuresequenz eines ungereinigten Proteins, können Sie es mit Antikörpern gegen Peptide aus der Proteinsequenz isolieren. Damit die Antikörper das zugehörige Protein spezifisch binden, sollten die Peptide mindestens acht Aminosäuren lang sein; auch nimmt die Affinität von Anti-Peptid-Antikörpern generell mit der Länge des Peptids zu. Für Antikörper gegen native Proteine muss die Peptidsequenz hydrophil sein, denn hydrophile Peptidsequenzen liegen wahrscheinlich auf der Oberfläche des nativen Proteins. Faustregel: Die N- und C-terminalen Enden liegen auf der Oberfläche des Proteins und eignen sich daher zur Immunisierung. Die Antigenizität von Peptidsequenzen lässt sich schwer voraussagen, doch gibt die *hydrophilicity scale* nach Parker et al. (1986) brauchbare Anhaltspunkte. Bis zu 20 Aminosäuren lange Peptide lassen sich schnell und in Milligramm-Mengen mit Peptidsynthesizern herstellen.

Soll das Antiserum spezifisch sein, darf das zur Immunisierung verwendete Antigen keine antigenen Verunreinigungen enthalten. Bei Proteinproben mit stark antigenen Verunreinigungen kann die Immunantwort gegen die Verunreinigung stärker ausfallen als die Antwort gegen das majoritäre Protein. Je nach Tier braucht es 1–100 µg Antigen für eine erfolgreiche Immunisierung.

Die Injektion von unbehandeltem Antigen gibt (vor allem bei löslichen Antigenen) selten eine gute Immunantwort, zudem sind manche Antigene toxisch. Das Antigen wird daher aufbereitet, entweder durch Emulgation mit Adjuvans und/oder Aggregation (z. B. durch Behandlung mit Formalin nach Hirokawa (1978)).

Die SDS-Gelelektrophorese ist oft der letzte Schritt der Antigenreinigung. Antigene in Gelen lassen sich auf folgende Weisen aufbereiten (Autor Rehm bevorzugt die dritte Variante):

1. Das Antigen wird im Gel mit einer nicht-fixierenden Färbemethode (z. B. Natriumacetat, ▶ Abschn. 1.4.2) identifiziert, das Acrylamidstück mit dem Antigen ausgeschnitten und das zerkleinerte Gelstückchen in das Tier injiziert. Zerkleinert wird entweder durch mehrfaches Pressen durch zwei über einen kurzen Schlauch miteinander verbundene Spritzen (Zwei-Spritzen-Methode) oder durch Gefriertrocknen, gefolgt von Zermahlen im Mörser und Rehydrieren. Beides ist mühsam.

2. Das Antigen wird auf Nitrocellulose geblottet, die Antigenbande mit einer milden Methode (z. B. Kupferiodid, ▶ Abschn. 1.6.1) gefärbt und ausgeschnitten. Das Membranstück kann der Experimentator subkutan implantieren. Viele lösen auch die Nitrocellulose in DMSO auf, emulgieren mit Adjuvans und injizieren (Chiles et al. 1987). Vorsicht: Bei längerem Stehenlassen von DMSO bei RT entsteht unter Lichteinwirkung Dimethylsulfat. Letzteres ist ein Zellgift und krebserregend. Kennzeichen: Das DMSO wird bei 4 °C nicht mehr fest (Mitteilung von H. Maidhof an Autor Rehm).

   — Eine Ultraschallbehandlung ($6 \times 30\,s$ mit Mikrotip) verwandelt die Nitrocellulose in eine pulvrige Suspension, die mit oder ohne Adjuvans injiziert werden kann (Diano et al. 1987).

   — Oft entstehen bei diesen Methoden Antikörper gegen Nitrocellulose, die bei der Entwicklung von Immunoblots stören. Abhilfe schafft die Adsorption des Serums an geblockte Nitrocellulosemembranen.

3. Sie identifizieren das Antigen im Gel mit einer nicht-fixierenden Färbung (z. B. Natriumacetat, ▶ Abschn. 1.4.2), schneiden das Acrylamidstück mit dem Antigen aus und elektroeluieren es (▶ Abschn. 5.2.2). Eine Emulsion des Eluats mit Adjuvans wird injiziert.

## 6.1.2 Adjuvans

Das Adjuvans entscheidet über den Erfolg einer Immunisierung. Es wirkt als Depot für das Antigen und verstärkt die Immunreaktion des Tieres. Adjuvanzien gibt es viele. Das (bei Experimentatoren) beliebteste ist Freunds Adjuvans (FA). Pierce bietet zwei Adjuvanzien an, Imject Alum und AdjuPrime, die das zu immunisierende Tier angeblich besser verträgt.

FA besteht aus einem nicht-abbaubaren Mineralöl, das die Depotwirkung besorgt. Beim kompletten FA kommen noch abgetötete *Mycobacterium tuberculosis* hinzu, die die Immunantwort in Gang bringen. FA und komplettes FA dürfen nicht intravenös verabreicht werden.

Bei der Erstinjektion wird das Antigen in PBS mit komplettem FA 1 : 1 gemischt und daraus eine stabile Ölemulsion hergestellt. Die Qualität dieser Emulsion bestimmt die Depotwirkung und damit den Erfolg der Immunisierung. Die Zwei-Spritzen-Methode (▶ Abschn. 6.1.1) oder Ultrabeschallung liefern mit Geduld und Glück gute Emulsionen. Die Emulsion ist gut, wenn ein Tropfen der Emulsion auf einer Wasseroberfläche ein Tropfen bleibt und nicht zerfließt.

## 6.1.3 Injektion und Serumgewinnung

» …denn wenn man nur leben bleibt, sagte Sancho, lassen sich noch viele Dinge in Ordnung bringen.

Das Standardtier für polyklonale Antikörper ist das Kaninchen. Ein Kaninchen liefert im Verlauf eines Immunisierungsprotokolls bis zu 500 ml Serum, Hamster oder Meerschweinchen 20 bzw. 30 ml, eine Maus 0,5 ml. Die Immunantwort ist von Kaninchen zu Kaninchen unterschiedlich, weswegen der vorsichtige Experimentator mindestens zwei Tiere immunisiert. Kaninchen benötigen für eine Immunisierung 10–100 µg Antigen pro Injektion, Hamster oder Meerschweinchen kommen mit 2–10 µg aus.

Bei der Injektion des Antigens haben Sie die Wahl zwischen intramuskulärer (im), intradermaler (id), subkutaner (sc), intravenöser (iv) oder intraperitonealer (ip) Injektion. Bei größeren Tieren

und anatomischen Kenntnissen können Sie auch in die Lymphknoten injizieren. Die id-Injektion erfordert handwerkliches Geschick, soll aber eine gute Immunantwort auslösen, außerdem hält die Depotwirkung lange an. Zerkleinerte Gelstücke können nicht intradermal injiziert werden und Mäusehaut ist zu dünn dafür.

Die sc-Injektion ist einfach, und es können bei der Maus 50 µl, bei Kaninchen 800 µl pro Stelle injiziert werden. Sowohl bei der sc- wie auch bei der id-Injektion setzt man beim Kaninchen mehrere (bis zu zehn) Injektionen zu beiden Seiten der Rückgratlinie. Bei der id-Injektion und beim Kaninchen werden pro Stelle etwa 100 µl injiziert. Das Handwerk schaut der Anfänger am besten einem erfahrenen Kollegen ab. In vielen Labors pflanzen sich diese Techniken von Doktorandengeneration zu Doktorandengeneration gewissermaßen biologisch fort. Etwa eine Woche vor der Erstinjektion nehmen Sie dem Tier Blut ab und bereiten daraus das Präimmunserum (für spätere Kontrollexperimente). Zehn Tage nach der Erstinjektion nehmen Sie wieder Blut ab und bestimmen den Antikörpertiter. Nach weiteren zehn Tagen wird geboostet, d. h. Antigen in FA injiziert. Zehn bis 14 Tage nach dem Boost wird wieder Blut abgenommen und der Titer bestimmt. Zwei Wochen später dürfen Sie wieder boosten, worauf nach zehn bis 14 Tagen die Blutentnahme folgt usw. Dokumentieren Sie die Immunisierungsprotokolle in einem extra Heft mit Zeitpunkten, Antigenzubereitungen, Blutentnahmen etc.

Die Blutentnahme aus der Ohrvene des Kaninchens ist ein unangenehmes Geschäft, das in unerfahrenen Händen und unter unglücklichen Umständen zum Tod des Antikörperspenders führen kann (besonders empfindlich ist beim Kaninchen das Genick):

Der Experimentator rasiert eine Stelle um die Ohrvene, klemmt die andere Ohrvene ab, desinfiziert die rasierte Stelle mit 70 % Alkohol und schneidet die Vene mit einem sterilen Skalpell im 45°-Winkel an. Das austretende Blut (20–30 ml) fängt er in einem 50 ml-Glasröhrchen auf.

Oft ist das **Kaninchen** ängstlich, oder die Blutzufuhr ins Ohr bleibt aus anderen Gründen aus. Der Experimentator wird ungeduldig, das Kaninchen noch ängstlicher; ein Teufelskreis kommt in Gang, der dem Experimentator den Schweiß auf die Stirn und das Kaninchen in Panik treibt. Die Blutentnahme läuft glatt ab, wenn das Kaninchen im Warmen (in flauschiges Handtuch einwickeln) auf einer rauen Oberfläche sitzt. Ein mechanischer Kaninchenhalter ist unsportlich. Reiben des Ohrs fördert die Blutzufuhr und Einreiben der Ohr-Zentralarterie mit etwas Xylol erweitert die Arterien ebenfalls.

Die **Maus** wird vor der Blutentnahme für 10–20 min mit Rotlicht bestrahlt, um die Durchblutung zu fördern. Danach wird das Tier in einen Mausblock eingelegt (Bio-Tec, Basel) und maximal 100 µl Blut durch einen Schnitt in den Schwanz entnommen.

Die Schnittstelle wird nach der Blutentnahme mit Wundsalbe eingerieben.

Die Salamitechnik ist nicht jedermanns Sache, und auch viele Mäuse können sich damit nicht anfreunden und liefern kaum Blut. Eine Alternative für geringe Mengen von Mäuseblut (40–60 μl) beschreibt Klundt (2001). Bei dieser Venenpunktion wird entweder die rechte oder die linke Kollateralvene des Mäuseschwanzes punktiert. Die Methode ist mäusefreundlich, erfordert aber Übung.

40 μl Blut reichen Ihnen nicht?

Punktieren Sie den Blutsinus hinter dem Mäuseauge (Klundt 2001)! Bei dieser leicht widerlichen Methode wird eine Glaskapillare an einen bestimmten Punkt hinter den Augenbulbus geführt und in den Blutsinus gedrückt. Die Kapillare saugt das Blut ab, und Sie leiten es in ein Eppendorfgefäß. Wenn Sie die Maus vollständig entbluten, lassen sich pro Tier ca. 2 ml Blut gewinnen. Lassen Sie weniger Blut abtropfen, sodass die Maus überlebt, können Sie in Abständen von einigen Tagen mehrmals punktieren (mal ins linke, mal ins rechte Auge).

Die Maus wird vor der Punktion betäubt. Dennoch erfordert die Methode Geschicklichkeit und seelische Stabilität. Leider hat *Laborjournal*, um die Leser nicht zu schockieren, die Methode nicht bebildert. Lassen Sie sich von einem erfahrenen Punktierer anleiten (das muss man gesehen haben!). Niemand da, der Ihnen die Technik zeigen kann? Dann informieren Sie sich wenigstens zuvor über die Anatomie des Mäuseauges oder – besser – weichen Sie auf die nächste Methode aus.

Gut bebildert und erklärt ist eine norwegische Mäuseblutzapfmethode (Hem et al. 1998). Hier wird die Vena saphena magna (große Rosenader) am Hinterbein punktiert. Die Maus wird dazu, Kopf voraus, in ein Falcontube gesteckt, das Hinterbein rasiert, die Vene punktiert und das Blut in eine Kapillare abgesaugt. Die Methode liefert ca. 100 μl Blut, und Sie können im Laufe eines Tages an der gleichen Stelle mehrmals absaugen. Mit entsprechenden Stillhalteröhren bringen Sie auch größere Tiere, von der Ratte bis zum Frettchen, zum Blutspenden.

**Tipp** Mäuseblut gerinnt unheimlich schnell. Die aus der Vene austretenden Blutstropfen also sofort in die Kapillare saugen.

Zur Serumgewinnung lässt man das Blut 60 min bei RT stehen. Danach schüttelt man den Blutkuchen vom Rand des Röhrchens vorsichtig los oder löst ihn mit einem Glasstab ab und inkubiert für weitere 2–3 h bei RT oder über Nacht bei 4 °C. Das Serum wird dekantiert und bei 5000 rpm für 10 min abzentrifugiert, um die restlichen Blutzellen zu entfernen. Serum ist bei −80 °C jahrelang stabil.

## 6.1.4 Reinigung von Antikörpern

Auch nach einer Immunisierung sind nur ein kleiner Teil der Serumproteine Antikörper, und nur ein geringer Teil der Antikörper bindet Antigen. Es lohnt sich daher, die Antikörper aus dem Serum aufzureinigen. Die gängigen Methoden sind Ammoniumsulfatfällung und Chromatographie an HA, Protein-A-Sepharose oder einer Antigensäule. Letztere unterscheidet zwischen antigenbindenden und nicht-bindenden Antikörpern.

Die **HA-Chromatographie** verarbeitet große Mengen an Serum in einem Schritt und konzentriert die Antikörper (Bukovsky und Kennet 1987). Es ist nicht nötig, das Serum vor der Chromatographie gegen Säulenpuffer zu dialysieren. Die Ausbeute ist gut, die Antikörper mäßig sauber. Monoklonale Antikörper aus Gewebekulturüberständen mit fötalem Kälberserum trennt die HA-Chromatographie nicht vollständig vom Albumin ab.

Die **Ammoniumsulfatfällung** von Serum (mit 45 % Sättigung bei Kaninchenserum) ist eine *„quick and dirty"*-Methode mit Betonung auf *dirty*. Die Fällung nimmt ein paar Stunden in Anspruch, und anschließend ist noch eine Dialyse fällig (Dunbar und Schwoebel 1990).

**Protein A** (MG 42 kDa) aus *Staphylococcus aureus* bindet Antikörper reversibel über ihre Fc-Domäne (1 mol Protein A bindet 2 mol IgG). Hohe Salzkonzentrationen (2–3 M NaCl) und alkalische pH-Werte (pH 8–9) verstärken die Bindung zwischen Protein A und dem Antikörper. Für die Reinigung von Antikörpern aus Kaninchen, Maus (außer $IgG_1$), Mensch, Pferd und Meerschwein genügen jedoch physiologische Salzkonzentrationen. So liefert die Chromatographie von Serum an Protein-A-Sepharose in einem Schritt die (meisten) IgG-Antikörper. Viele Firmen verkaufen vorgefertigte Protein-A-Säulen. Eluiert werden Protein-A-Säulen mit Puffer pH 2–3. Dem stabilen Protein macht eine Behandlung mit 4 M Harnstoff oder pH 2,5 wenig aus (Ey et al. 1978).

Die einfache und effiziente Reinigungsmethode hat den Nachteil, dass nicht alle IgG-Subklassen mit hoher Affinität an die Säule binden und so verloren gehen (z. B. Maus-$IgG_1$). Auch gibt es Speziesunterschiede: Protein A bindet Kaninchen-Antikörper gut, Ratten-Antikörper schlecht.

**Protein G** (MG 35 kDa) bindet Antikörper und Albumin. Eine künstliche Variante von Protein G bindet nur Antikörper. Der Vorteil von Protein G ist seine ergänzende Spezifität zu Protein A: Antikörper, die nicht an Protein A binden, wie viele monoklonale Antikörper, binden oft an Protein G.

Eine **Antigensäule** ermöglicht es, antigenspezifische Antikörper zu isolieren (affinitätsgereinigte Antikörper). Die Affinitätsreinigung von Antikörpern ist nötig für manche ELISAs und für die Herstellung enzymkonjugierter Antikörper. Affinitätsgereinigte Antikörper geben zudem gute Immunpräzipitationen, und schließlich verwandelt die Chromatographie an der Antigensäule niedertitrige Seren in ein vernünftiges Reagenz.

Die Affinitätsreinigung von Antikörpern ist kein Hexenwerk, vorausgesetzt, das Antigen lässt sich mit Standardmethoden an eine kommerzielle Matrix koppeln und es koppelt nicht gerade über die Stelle, gegen die die Antikörper gerichtet sind. Der Zeitaufwand beträgt etwa zwei Tage.

**Probleme** Für eine Antigensäule benötigt man große Mengen an Antigen. Antikörper mit niedriger Affinität gegen das Antigen binden nicht an die Säule, solche mit sehr hoher Affinität lassen sich aus der Säule nicht mehr im nativen Zustand eluieren.

Das Antigen wird über eine primäre Amino-, Carboxyl- oder Sulfhydrylgruppe kovalent an eine Matrix gekoppelt (Proteine oder Peptide z. B. an Affi-Gel 10). Kopplungsmethoden beschreibt ► Abschn. 5.3. Sie pumpen das verdünnte Serum oder den Hybridoma-Überstand über die Säule, waschen ungebundenes Protein aus und eluieren nacheinander mit saurem pH, basischem pH und mit 3 M $MgCl_2$ (siehe unten).

Oft nimmt schon nach ein paar Einsätzen die Antikörper-Bindungskapazität der Säule ab. Gründe: Proteolyse oder Denaturierung des Antigens oder Blockade durch hochaffine Antikörper. Allerdings sind viele Antigene an der Säule stabiler als in Lösung. Bei einer Blockade hilft Waschen mit 4 M Harnstoff oder 1,5 M KSCN.

**Affinitätsreinigung**
Serum 1 : 10 mit 10 mM Na-HEPES pH 8,0 verdünnen, für 30 min bei 20.000 rpm (Sorvall, SS34 oder gleichwertiger Rotor) abzentrifugieren und den Überstand langsam auf die Säule laden. Danach ausgiebig mit 10 mM Na-HEPES pH 8,0 und 10 mM Na-HEPES pH 8,0, 300 mM KCl (je mindestens zehn Säulenvolumen) waschen. Manche waschen auch mit 200 mM NaSCN pH 5,8. Säuresensitive Antikörper eluieren Sie mit 100 mM Glycin-HCl pH 2,5 (ca. fünf Säulenvolumen). Danach so lange mit 10 mM Na-HEPES pH 8,0 waschen, bis der pH im Eluat 8,0 ist. Es folgt eine Elution mit 100 mM Triethylamin pH 11,5 für die alkalisensitiven Antikörper. Wieder wird die Säule mit 10 mM Na-HEPES pH 8,0 gewaschen und danach mit 3 M $MgCl_2$ eluiert. Legen Sie bei der Elution mit pH-Extremen in die Fraktionsröhrchen einen starken Puffer vor (z. B. 1/10 Fraktionsvolumen 1 M Tris-Cl pH 8,1). Zum Schluss die Säule mit 10 mM Na-HEPES auf pH 8,0 einstellen, den pH der Eluate kontrollieren (bei Bedarf neutralisieren) und das $MgCl_2$ entfernen (z. B. durch Dialyse).

## 6.2    Immunpräzipitation

Die Immunpräzipitation (IP) isoliert ein bestimmtes Antigen aus der Vielzahl der Antigene einer Lösung (Kaboord und Perr 2008). Die IP, eventuell mit anschließender Gelelektrophorese, beantwortet unter anderem folgende Fragen: Erkennt ein Antikörper eine Bindungs- oder Enzymaktivität? Ändert die Zelle unter dem Einfluss eines Parameters das MG des Antigens, seinen Phosphorylierungsstatus, den Aufbau seiner Zuckerketten? Auch über die Spezifität von Antikörpern oder die Verteilung der Untereinheiten oligomerer Proteinfamilien auf deren Mitglieder gibt die IP Auskunft.

Der Vorteil der IP gegenüber einer Immunaffinitätssäule (► Abschn. 6.3) liegt darin, dass keine Säule gegossen werden muss und viele Ansätze gleichzeitig gefahren werden können. Die IP ist aber ein analytisches Werkzeug. Zur Isolierung größerer Mengen Antigen verwendet man die Säule.

Im Präzipitat bestimmt man das Antigen entweder über eine Funktion (z. B. Ligandenbindung, Enzymaktivität) oder über das MG in der SDS-Gelelektrophorese. Bei einer Proteinfärbung des Gels verschwindet das Antigen oft unter der großen Menge der Antikörper des Präzipitats. Der Experimentator markiert dann das Antigen vor der IP radioaktiv und identifiziert es hinterher durch ein Autoradiogramm. In Zellkulturen kann er Proteine mit radioaktiven Aminosäuren (z. B. $^{35}$S-Methionin) markieren; Antigenlösungen oder Zelloberflächenantigene lassen sich iodieren.

Bei der IP seltener Proteine (d. h. Proteine in niedriger Konzentration wie Transmitter- oder Hormonrezeptoren) mit Antikörpern von niedriger Affinität ($K_D > 50$ nM, wie viele Anti-Peptid-Antikörper) erspart Rechnen, Arbeit und Enttäuschungen. Mit den mutmaßlichen Konzentrationen von Antikörper, Antigen und $K_D$ liefern Massenwirkungsgesetz und Erhaltungsgleichungen (◘ Abb. 2.6) den zu erwartenden Prozentsatz von Antigen-Antikörper-Komplex (Gleichung 2. Grades). Manchmal stellt sich heraus, dass der Antikörper unter den gegebenen Bedingungen nur ein paar Prozent des Antigens binden kann.

### 6.2.1 Immunpräzipitation mit immobilisiertem Protein A

Wegen ihrer bivalenten Natur präzipitieren polyklonale Antikörper bei einem optimalen Antikörper/Antigen-Verhältnis. Das Präzipitat bildet ein Netz, das neben Antigen und Antikörper noch andere Proteine mitreißt. Zudem benötigt die Fällung große Mengen an Antigen und Antikörper. Die Methode wird daher, auch in Form der Ouchterlony-Technik, kaum noch angewandt. Üblich ist es vielmehr, der Antigenlösung Antikörper im Überschuss zuzusetzen, sodass sich kein Präzipitat bilden kann. Die Antigen-Antikörper-Komplexe und freien Antikörper werden anschließend mit Protein-A-Sepharose bzw. fixierten *Staphylococcus aureus*-Zellen (Pansorbin) ausgefällt.

Monoklonale Antikörper binden oft schlecht an Protein A. Um die Antigen-Antikörper-Komplexe trotzdem zu fällen, schaltet man vor der Zugabe von immobilisiertem Protein A noch eine Inkubation mit Anti-Maus-IgG (Promega) ein oder verwendet Protein-G-Sepharose (Sigma) oder Anti-Maus-IgG-Sepharose (Sakamoto und Campbell 1991).

Das Präzipitat enthält Antigen, Antikörper, die fixierten *S. aureus*-Zellen bzw. Protein-A-Sepharose und unspezifisch adsorbiertes Protein (bei Zelllysaten vor allem Aktin). Den Anteil an unspezifisch adsorbiertem Protein können Sie verringern, indem Sie affinitätsgereinigte Antikörper statt Serum verwenden und bei hoher Ionenstärke (0,15–0,4 M NaCl) oder in Gegenwart von Seifen (1–2 % Triton X-100 oder NP-40 oder 0,1 % Deoxycholat) präzipitieren. Auch hilft es, den Präzipitationsansatz auf ein Sucrosekissen aufzuladen und die beladene Protein-A-Sepharose etc. durch die Sucrose zu zentrifugieren. Ist der Hintergrund immer noch zu hoch, wird das Präzipitat aufgelöst und die Präzipitation wiederholt (Platt et al. 1986; Doolittle et al. 1991).

Eine IP ohne Kontrolle ist wie ein Landeanflug ohne Licht. Zu einer IP gehören folgende Kontrollexperimente:

- IP mit Präimmunserum oder einem nicht gegen das Antigen gerichteten monoklonalen Antikörper,
- IP ohne den Anti-Antigen-Antikörper (nur mit z. B. Protein-A-Sepharose oder Pansorbin),
- IP mit Zelllysaten, die das Antigen nicht enthalten,
- sind die Antikörper gegen eine Peptidsequenz gerichtet, so muss sich die IP durch das entsprechende Peptid verhindern lassen.

### 6.2.2 Immunpräzipitation mit immobilisiertem Antikörper

Wer im Präzipitat keine freien Antikörper haben möchte, z. B. weil er das Antigen durch SDS-Gelelektrophorese nachweisen muss und das Antigen nicht radioaktiv markieren will oder kann, koppelt die (affinitätsgereinigten) Antikörper kovalent an eine Matrix (z. B. Affi-Gel 10) (siehe auch Grässel et al. 1989). Aus dem Präzipitat gehen dann mit Lämmli-Probenpuffer (ohne Reduktans) nur Antigen und unspezifisch adsorbierte Proteine in Lösung. Die Antikörper bleiben auf der Matrix. Den Präzipitatextrakt können Sie nun auf SDS-Gelen fahren und diese auf Protein färben, ohne dass ihnen die Antikörper alles zuschmieren. Sie können das Gel auch blotten und den Blot mit präzipitierendem Antikörper entwickeln. Mit viel Antikörper im Präzipitatextrakt dagegen wird der Blot hässlich. Zudem binden denaturierte Antikörper den 2. Antikörper (mit dem der Blot entwickelt wird; ▶ Abschn. 1.6.3) oft fast so gut wie die nativen Antikörper (die auf dem Antigen sitzen).

An die üblichen aktivierten Matrizen (▶ Abschn. 5.3) koppeln die Antikörper nicht nur über die Fc-Domäne, sondern beliebig, also auch über die Antigenbindungsstelle. Ein Teil der gekoppelten Antikörper bindet das Antigen also nicht oder schlecht. Schneider et al. (1982) vernetzen die Antikörper deswegen an Protein-A-Sepharose. Durch diesen Trick koppeln die Antikörper kovalent in der richtigen Orientierung, über die Fc-Domäne, an die Matrix.

Die IP mit monoklonalen Antikörpern setzt eine gewisse Affinität ($K_D < 100\,nM$) der Antigen-Antikörper-Bindung voraus. Bei polyklonalen Antikörpern sorgt die multivalente Antigenbindung dafür, dass das Antigen auch bei niedriger Affinität der einzelnen Antikörper fest an der Matrix haftet. Sie führt aber oft zu höherer unspezifischer Bindung.

Heruntersetzen können Sie die unspezifische Bindung durch die schon in ▶ Abschn. 6.2.1 beschriebenen Techniken. Peltz et al. (1987) koppeln Komplexe von Antikörpern an Protein-A-Sepharose und geben ATP und Salz zu ihrem Lysepuffer und wollen damit die unspezifische Bindung von aggregierten Cytoskelettproteinen herabgesetzt haben. Gängig ist auch einfaches Waschen, dies weniger wegen seiner Wirksamkeit, sondern weil dies das Erste ist, was einem Anfänger einfällt. Zum Waschen wird das Präzipitat mit Puffer aufgeschüttelt, wieder abzentrifugiert und der Überstand abgesaugt. Das können Sie einige Male so treiben, und das Präzipitat wird langsam immer sauberer werden, Sie aber nicht notwendigerweise glücklicher. Die Affi-Gel-10- oder Sepharoseperlen bilden kein festes Pellet, daher saugen Sie mit dem Überstand oft auch einige der Perlen ab. Das macht sowohl die Ausbeute des adsorbierten Proteins wie auch quantitative Vergleiche zwischen Präzipitationen zur Glückssache. Zudem lässt sich, wegen dem weichen, voluminösen Pellet, der Überstand nicht vollständig absaugen, was die Waschwirkung herabsetzt und das Eluat verdünnt.

Brymora et al. (2001) helfen sich mit einem Waschmaschinchen. Es besteht in einer kleinen Säule, die in ein Mikrozentrifugenröhrchen passt (◻ Abb. 6.3). Der Präzipitationsansatz wird in der verschließbaren Säule inkubiert und dann abzentrifugiert. Das Gel auf der Fritte lässt sich nun bequem und wirksam waschen. Anschließend können Sie das gebundene Protein von der Säule z. B. mit SDS-Probenpuffer eluieren. Es darf auch heißer Probenpuffer sein, denn die Säule lässt sich im Wasserbad bis auf 85 °C erhitzen. Nach Brymora et al. liefert diese Technik bis zu dreimal höhere Ausbeuten als das Abzentrifugieren und Überstandabsaugen. Geeignete Säulchen seien z. B. von Amersham Pharmacia (jetzt GE Healthcare) zu erhalten (Probe-Quant G-50).

## 6.2.3 Nachweis präzipitierter Antigene mit biotinylierten Antikörpern

Nach Immunpräzipitationen wird das Präzipitat oft mit einer SDS-Gelelektrophorese aufgetrennt und die Antigene immunologisch auf einem Blot nachgewiesen. Wenn der präzipitierende Antikörper nicht kovalent an Kügelchen etc. gebunden war, finden Sie ihn auf dem Blot wieder. Weil er massenhaft auftritt, schmiert er von der Tasche hinunter bis zu MG 40–45 kDa. Entwickeln Sie den Blot mit einem Antikörper, der Affinität zum präzipitierenden Antikörper hat, erhalten sie eine intensive Hintergrundfärbung. Darunter bleibt verborgen, was Sie sehen wollen.

**Beispiel** Ihr Protein hat ein MG von 60 kDa. Sie immunpräzipitieren es mit Kaninchen-Antikörpern. Das Präzipitat trennen Sie auf einer SDS-Gelelektrophorese auf und blotten das Gel. Den Blot entwickeln Sie zuerst mit den Kaninchen-Antikörpern gegen ihr Protein, danach mit HRP-gekoppelten Anti-Kaninchen-Antikörpern. Und dann werden Sie weinen: Der HRP-gekoppelte Anti-Kaninchen-Antikörper bindet nicht nur an den 60-kDa-Protein-Antikörper-Komplex, sondern auch an die Kaninchen-Antikörper, mit denen sie immunpräzipitiert haben. Es ist ja der gleiche Antikörper, nur denaturiert durch die SDS-Behandlung.

Was tun?

Sie können den Blot mit einem Ziegen-Antikörper gegen ihr Protein entwickeln und mit HRP-gekoppelten Anti-Ziegen-Antikörpern färben.

Aber vielleicht haben Sie keinen Ziegen-Antikörper?

Oder der HRP-gekoppelte Anti-Ziegen-Antikörper zeigt Kreuzreaktivität zum Kaninchen-Antikörper?

Immunpräzipitieren Sie mit kovalent gekoppeltem Antikörper.

Das ist Ihnen zu teuer?

Dann müssen Sie sich die Mühe machen und den Antikörper gegen ihr Protein für den Blot biotinylieren. Sie stellen also wie gehabt ihr Immunpräzipitat her, fahren das Gel und blotten. Den Blot ent-

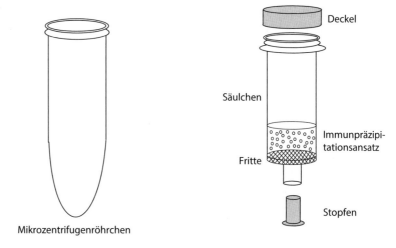

**◻ Abb. 6.3** Waschmaschine für Immunpräzipitation

Deckel

Säulchen

Immunpräzipi-tationsansatz

Fritte

Stopfen

Mikrozentrifugenröhrchen

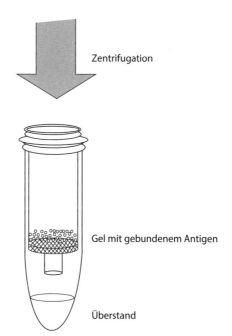

Zentrifugation

Gel mit gebundenem Antigen

Überstand

wickeln Sie aber mit dem biotinylierten Antikörper. Gefärbt wird mit HRP-Avidin. Das ignoriert den unbiotinylierten Kaninchen-Antikörper vollständig, abgesehen von der hoffentlich geringfügigen unspezifischen Bindung. Bei der Färbung erscheint nur die gewünschte Bande.

Eine Vorschrift zur Biotinylierung von Antikörpern finden Sie in Berryman und Bretscher (2001).

### 6.3 Immunaffinitätschromatographie

Die Immunaffinitätschromatographie führt schnell zum sauberen Antigen, wenn spezifische monoklonale oder polyklonale Antikörper gegen das Antigen zur Verfügung stehen (Moser und Hage 2010). Der Erfolg der Immunaffinitätschromatographie hängt also von der Qualität des Antikörpers ab, doch ist sie kein Sensibelchen und funktioniert meistens schon beim ersten Anlauf. So lassen sich Antikörper, zumindest IgG, leicht und häufig ohne Verlust an Bindungsaktivität an die gängigen Matrizen koppeln. Auch ermöglicht die Immunaffinitätschromatographie ausgiebiges Waschen und liefert antikörperfreies Antigen. Allerdings müssen Sie das Antigen in der Regel mit unspezifischen und rabiaten Mitteln eluieren. Die erreichbaren Reinigungsfaktoren liegen zwischen 1000 und 5000. Die Ausbeute hängt von der Elutionsmethode ab, liegt aber meistens über 50 %. Das Koppeln der Antikörper an die Matrix und die Chromatographie verschleißen etwa zwei Tage.

**Wie geht man vor?** Sie koppeln die Antikörper kovalent an eine Matrix, gießen die Antikörper-Matrix in eine Säule und waschen ungekoppelten Antikörper aus (▶ Abschn. 5.3). Dann beladen Sie die Säule mit Antigen. Zum Binden an die Immunaffinitätssäule braucht das Antigen mindestens 2–3 h (am besten über Nacht).

Eluiert wird mit Glycin-HCl-Puffer pH 2,5 oder 3,5 M MgCl$_2$. Brutalere Methoden wie die Elution bei pH 1,8 oder mit 3 M Thiocyanat oder gar mit 1 % SDS führen auch zum Ziel, doch ist die Säule danach nicht mehr zu gebrauchen. Auch bei „milderen" Elutionsmitteln (pH 2,5) geht die biologische Aktivität des Antigens oft zugrunde, und auch die Säule gibt nach einigen Runden den Geist auf. Immunaffinitätssäulen mit polyklonalen Antikörpern sind wegen der starken multivalenten Antigenbindung schwer zu eluieren. Milde Elutionsmittel genügen bei Säulen mit monoklonalen Antikörpern oder polyklonalen Antikörpern gegen eine Peptidsequenz des Antigens. In diesen Fällen ist es auch möglich, mit Liganden (z. B. dem Peptid) zu eluieren. Wer mit pH 1,8–2,5 eluiert und sein Antigen schonen möchte, neutralisiert das Eluat durch Vorlegen eines starken Puffers in die Fraktionsröhrchen.

## 6.4   Antikörper gegen ungereinigte Proteine

Wie kommt man zu Antikörpern gegen ein ungereinigtes Protein? Es gibt drei Möglichkeiten:

1. Sie stellen monoklonale Antikörper gegen die ungereinigte oder teilweise gereinigte Proteinprobe her, bis Sie einen Antikörper finden, der das gesuchte Protein bindet. Der Erfolg hängt ab von der Reinheit der Proteinprobe, der Antigenizität des gesuchten Proteins, der Erfahrung des Labors in der Herstellung von monoklonalen Antikörpern und davon, wie aufwendig der Nachweistest für das gesuchte Protein ist. Ein halbes bis mehrere Jahre kann die Suche dauern. Sie führt hin und wieder zu interessanten Nebenergebnissen (z. B. Antikörper gegen unbekannte Proteine). Auch lernen Sie eine brauchbare und begehrte Technik und steigern so Ihren Marktwert.

2. Ist die Sequenz des Proteins bekannt (z. B. von dessen Expressionsklonierung), liegt es nahe, Antikörper gegen geeignete Peptide herzustellen (▶ Abschn. 6.1.1 und 6.3).

   Dieses Projekt liefert mit Sicherheit Ergebnisse und Papers. Die Anti-Peptid-Antikörper ermöglichen, falls genügend spezifisch und affin, nicht nur die Reinigung des zugehörigen Proteins. Oft geben sie noch Informationen über Struktur und Faltung des Proteins und – bei Membranproteinen – die intra- oder extrazelluläre Lokalisation der Peptidsequenz. Doch müssen Antikörper gegen eine Aminosäuresequenz nicht notwendigerweise auch das zugehörige native Protein erkennen; so kann die Sequenz im nativen Protein für den Antikörper nicht erreichbar sein, oder Zuckerketten schirmen die Sequenz vor dem Zugriff des Antikörpers ab. Schließlich ist der Gedanke, mit Anti-Peptid-Antikörpern zu arbeiten, nicht gerade originell, und veröffentlichte Sequenzen sind jedem zugänglich. Der einfallslose Konkurrenz-Professor wird also ebenfalls einen Doktoranden darauf ansetzen und sei es nur, um diese sichere Quelle von Publikationen nicht dem wissenschaftlichen Gegner zu überlassen.

3. Falls Sie über einen antigenen Liganden verfügen, können Sie anti-idiotypische Antikörper herstellen (◙ Abb. 6.4). Zuerst produzieren Sie Anti-Liganden-Antikörper. Anti-Liganden-Antikörper binden den Liganden, besitzen also eine Bindungsstelle für den Liganden. Diese Bindungsstelle ähnelt bei manchen Antikörpern der Ligandenbindungsstelle des gesuchten Proteins. Also stellen Sie gegen die Anti-Liganden-Antikörper

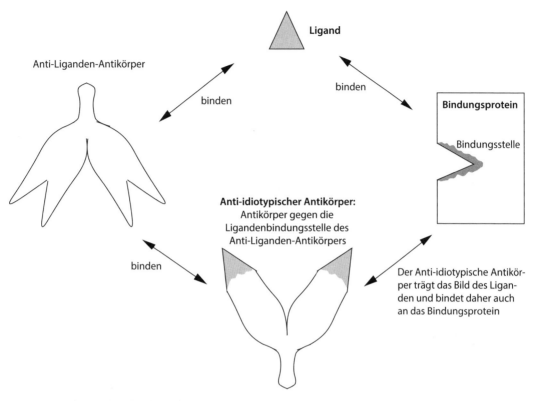

**Abb. 6.4** Anti-idiotypische Antikörper

(monoklonale oder affinitätsgereinigte polyklonale) monoklonale oder polyklonale Antikörper her. Viele dieser Antikörper binden an die Ligandenbindungsstelle der Anti-Liganden-Antikörper. Manche dieser anti-idiotypischen Antikörper binden auch an die Ligandenbindungsstelle des gesuchten Proteins, was sich vielleicht in der Hemmung der Ligandenbindung kundtut. Auf diese Antikörper kommt es an. Ist ihr Titer gegen das gesuchte Protein hoch, lassen sie sich für eine Immunaffinitätschromatographie verwenden. Wenn Sie polyklonale anti-idiotypische Antikörper für eine Immunaffinitätschromatographie verwenden wollen, müssen Sie sie zuvor an einer Anti-Liganden-Antikörper-Säule affinitätsreinigen. Polyklonale anti-idiotypische Antikörper binden das gesuchte Protein nicht multivalent, sondern nur über die Bindungsstelle des Liganden, daher eluiert das Protein von der Immunaffinitätssäule schon unter milden Bedingungen (z. B. mit einem Überschuss an Ligand).

Der Weg über anti-idiotypische Antikörper ist, bei aller theoretischen Eleganz, arbeitsaufwendig und riskant (Kussie et al. 1989; Schick und Kennedy 1989). Sie müssen den Liganden für die Immunisierung aufbereiten, einen oder mehrere Nachweistests aufbauen und mindestens zwei Immunisierungen durchführen, deren Ausgang Glückssache ist (◻ Tab. 6.1). Ein Anfänger benötigt 2–3 Jahre für brauchbare anti-idiotypische Antikörper. Zwar resultiert die Arbeit in umfangreichen Papern im *Journal of Biological Chemistry* oder *Journal of Immunology,* doch nach unseren nicht-repräsentativen Beobachtungen haben anti-idiotypische Antikörper zum Zeitpunkt ihrer Verfügbarkeit nur noch geringen praktischen Wert. In den Jahren ihrer Herstellung hat sich die taktische Lage auf dem Gebiet oft gründlich geändert. Es ist erstaunlich, dass anti-idiotypische Antiköper im Gespräch geblieben sind (Ladjemi 2012).

◻ **Tab. 6.1** Liganden-Rezeptoren-Paare, bei denen sich anti-idiotypische Antikörper segensreich auf die Publikationsliste auswirkten

|  | Ligand | Rezeptor/Bindungsstelle | Referenzen |
| --- | --- | --- | --- |
| **Moleküle mit kleinem MG** | Adenosin | Adenosin | Schick und Kennedy 1989, S. 40 |
|  | Amilorid | $Na^+$-Kanal | Kleyman et al. 1991 |
|  | Alprenolol | β-adrenerg | Schick und Kennedy 1989, S. 40 |
|  | Bis-Q | Acetylcholin | Schick und Kennedy 1989, S. 40 |
|  | Spiperon | D2-Dopamin | Schick und Kennedy 1989, S. 40 |
|  | Haloperidol | D2-Dopamin | Schick und Kennedy 1989, S. 40 |
| **Peptide** | Angiotensin II | Angiotensin | Schick und Kennedy 1989, S. 40 |
|  | Bradykinin | Bradykinin | Haasemann et al. 1991 |
| **Proteine** | Substanz P | Substanz P | Schick und Kennedy 1989, S. 40 |
|  | Choleratoxin | Gangliosid GM1 | Schick und Kennedy 1989, S. 40 |
|  | IgE | Fcε | Schick und Kennedy 1989, S. 40 |

## 6.5 Immunologische Nachweistechniken

Immunologische Methoden zeichnen sich durch Einfachheit, Vielseitigkeit und Sensitivität aus (Frutos et al. 1996; Parker 1990). Mit Dot-Blots oder ELISAs können Sie problemlos 200–400 Proben am Tag messen, und bei einem guten Dot-Blot geben noch 500 pg an Antigen in 100 µg Protein ein messbares Signal.

Die Tests dienen in der Regel zur Konzentrationsbestimmung von Antigenen oder der Titerbestimmung von Seren. Oft benutzte Verfahren zeigen die ◻ Abb. 6.5 und 6.6. Allgemein gilt:

- Je spezifischer Anti-Antigen- und enzymkonjugierter Anti-IgG-Antikörper, desto spezifischer der Test.
- Je stringenter gewaschen wird und je weniger Schichten aufgetragen werden, umso spezifischer und kleiner das Signal.
- Je höher die Konzentration der Antikörper, desto größer Signal und Hintergrundfärbung.

### 6.5.1 Dot-Blots

Bei Dot-Blots wird das Antigen an Nitrocellulosemembranen adsorbiert. Das Antigen ziehen Sie

am besten mit einem Filtrationsapparat auf (zum Beispiel dem von der Firma Schleicher und Schüll). Hinterher fixieren Sie die Proteine mit Ethanol/Essigsäurelösungen, TCA oder Erhitzen und blockieren die Proteinbindungsstellen der Membran (BSA, Milchpulver etc.; ▶ Abschn. 1.6.2). Es folgen Inkubationen mit Anti-Antigen- und Peroxidasekonjugiertem Anti-IgG-Antikörper oder (wie Varghese und Christakos 1987) mit iodiertem Protein A. Zwischen den einzelnen Schritten wird gewaschen (◻ Abb. 6.5). Zum Entwickeln stanzen Sie die Dots der Nitrocellulosemembran in die Vertiefungen (Wells) von Mikroplatten. In den Wells entwickelt sich mit einer geeigneten Substratlösung eine Peroxidase-katalysierte Farbreaktion. Um das Konfetti loszuwerden, wird die Farblösung in neue Mikroplatten übertragen und schließlich im ELISA-Leser gemessen. Eine Kalibrierung mit definierten Mengen an Antigen erlaubt es Ihnen, aus den „Rohdaten" die Antigenmengen zu berechnen (Becker et al. 1989).

Beim Dot-Blot zieht das Antigen schnell auf. Zudem können Sie Serum als Anti-Antigen-Antikörperlösung verwenden. Auch verträgt sich der Dot-Blot gut mit der Mikroplattentechnik, ist also automatisierbar. Im Vergleich zum ELISA fordert er zwei zusätzliche Geräte (Filtrationsapparat und Stanzmaschine) und zwei zusätzliche Arbeitsschritte.

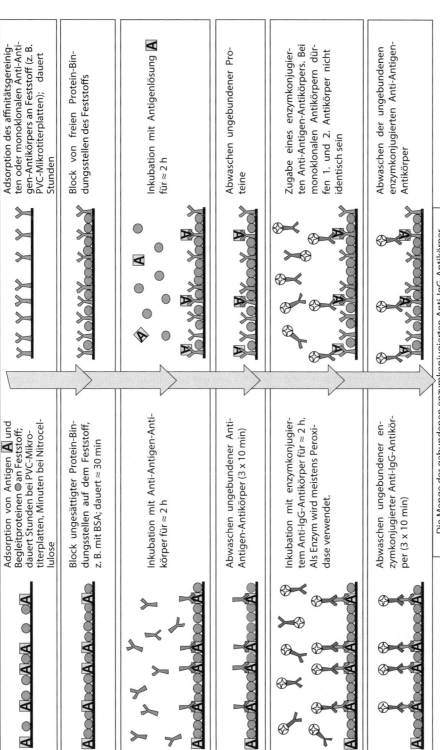

**Adsorption des Antikörpers**

Adsorption des affinitätsgereinigten oder monoklonalen Anti-Antigen-Antikörpers an Feststoff (z. B. PVC-Mikrotiterplatten); dauert Stunden

Block von freien Protein-Bindungsstellen des Feststoffs

Inkubation mit Antigenlösung A für ≈ 2 h

Abwaschen ungebundener Proteine

Zugabe eines enzymkonjugierten Anti-Antigen-Antikörpers. Bei monoklonalen Antikörpern dürfen 1. und 2. Antikörper nicht identisch sein

Abwaschen der ungebundenen enzymkonjugierten Anti-Antigen-Antikörper

**Adsorption des Antigens**

Adsorption von Antigen A und Begleitproteinen ● an Feststoff; dauert Stunden bei PVC-Mikrotiterplatten, Minuten bei Nitrocellulose

Block ungesättigter Protein-Bindungsstellen auf dem Feststoff, z. B. mit BSA; dauert ≈ 30 min

Inkubation mit Anti-Antigen-Antikörper für ≈ 2 h

Abwaschen ungebundener Anti-Antigen-Antikörper (3 x 10 min)

Inkubation mit enzymkonjugiertem Anti-IgG-Antikörper für ≈ 2 h. Als Enzym wird meistens Peroxidase verwendet.

Abwaschen ungebundener enzymkonjugierter Anti-IgG-Antikörper (3 x 10 min)

Die Menge der gebundenen enzymkonjugierten Anti-IgG-Antikörper wird über die Enzymreaktion bestimmt

◻ **Abb. 6.5** Arbeitsabläufe bei ELISA

Die Adsorption von Antigen an Nitrocellulose ist nicht kovalent, die adsorbierten Antigene können also wieder abgewaschen werden, z. B. durch höhere Konzentrationen von Seifen wie NP-40 und Tween 20 (Lui et al. 1996). Die Haftung des Antigens auf der Membran und seine Bindungsfähigkeit zum Antikörper hängen von der Art des Auftrags ab. Gute Auftragslösungen für Protein-Antigene sind 0,1 M NaOH in 20–40 % Methanol (Wiedenmann et al. 1988) oder 0,5 % Deoxycholat, 20 % Methanol in Tris-Puffer pH 7,4 (Becker et al. 1989). Nitrocellulose bindet unter diesen Bedingungen etwa 1000-mal mehr Protein als Polyvinylchlorid (300 ng/cm$^2$) oder Polystyrol (400 ng/cm$^2$). Auch das Aufkochen der Proteine mit niedrigen Konzentrationen an SDS soll ihre Haftungsfähigkeit an Nitrocellulose und die Linearität des Blots verbessern (Smith et al. 1989).

6

## 6.5.2 ELISA

Noch beliebter als Dot-Blots sind direkte Mikroplattentests. Hier werden Antikörper oder Antigene in die Wells von Polyvinylchlorid- oder Polystyrolplatten aufgezogen (Kemeny 1994). In einer bestimmten Abfolge werden die Wells dann weiter mit Antikörpern, Antigen und enzymkonjugierten Antikörpern beschichtet (◘ Abb. 6.6). Der Nachweis des Antigens erfolgt über eine enzymatische Farbreaktion (◘ Abb. 6.5). Es handelt sich also um einen ***e**nzyme-**l**inked **i**mmuno**s**orbent **a**ssay* – abgekürzt ELISA. Genauso gut hätte man auch mit ELIAS abkürzen können, aber der Erfinder hat wohl seine Frau oder Lieblingstante verewigen wollen.

Zum Nachweis werden oft auch fluoreszenzmarkierte Antikörper benutzt und das Antigen dann über Fluoreszenz bestimmt. Das geht schneller, ist aber zumindest theoretisch weniger empfindlich als ein enzymatischer Nachweis. Ein Test dieser Art müsste eigentlich FLISA heißen (von *fluorescence-linked immunosorbent assay*), man sagt aber ebenfalls ELISA dazu.

Viele Firmen (Nunc, Flow, Costar, Falcon) bieten 8- bzw. 12-Kanalpipetten, automatische Waschvorrichtungen, ELISA-Leser usw. an, die das Leben der Freunde von ELISA erleichtern und den Umsatz der Firma vergrößern.

Wie beim Dot-Blot, so besteht auch beim ELISA die Gefahr, dass stringente Wasch- und Inkubationsschritte einen Teil des adsorbierten Antigens oder Antikörpers wieder ablösen. Auch gibt es Antigene (z. B. kleine Peptide), die nicht an Polystyrolplatten adsorbieren oder beim Adsorbieren ihre Bindungseigenschaften ändern. Hier helfen Platten, die Antigen oder Antikörper kovalent koppeln (CovaLink von Nunc).

**Antigen-Kopplung** Es gibt zwei Möglichkeiten, ein Antigen an eine Oberfläche zu binden: nicht-kovalente passive Adsorption und kovalente Immobilisierung. Bei Ersterer wissen Sie nicht, wie und in welcher Orientierung das Antigen an die Oberfläche bindet. Je nach der Natur des Antigens bindet es auch schlecht und/oder benötigt zum Binden einen großen Teil seiner Oberfläche. Bei der kovalenten Immobilisierung sind die Möglichkeiten zwar eingeschränkt, aber immer noch vielfältig. So hat ein Peptid-Antigen, das über seine primären Aminogruppen gekoppelt wird, ebenso viele Möglichkeiten der Kopplung wie es primäre Aminogruppen besitzt: die N-terminale Aminogruppe und die Lysinreste.

Es ist nun nicht so, dass die Kopplung eines Antigens auf die Antigenizität desselben Rücksicht nimmt, d. h. die Antikörperbindungsstelle des Antigens kann durch die Kopplung zerstört werden. Bei beliebiger Kopplung kann es also vorkommen, dass ein Teil oder alle der gekoppelten Antigenmoleküle den Antikörper nicht mehr oder schwächer binden. Es wäre dann wünschenswert, das Antigen so zu koppeln, dass seine Antikörperbindungsstelle erhalten bleibt.

Gregorius und Theisen (2001) haben eine Methode vorgestellt, die Peptid-Antigene zumindest in definierter Orientierung an den Träger bindet. Zuerst werden die Lysin- und Cysteinreste des Peptids während dessen Synthese mit Schutzgruppen geschützt. Wie schützt man Peptide? Peptide mit Schutzgruppen zu versehen, ist Standardpeptidchemie und gähnend langweilig. Der Autor Rehm musste sich in Tübingen zwei Semester damit herumschlagen und bringt es jetzt seelisch nicht mehr fertig, darauf einzugehen. Auch Ihnen raten wir: Überlassen Sie das dem Spezialisten und loben Sie ihn dafür, denn auch der Peptidchemiker lebt nicht

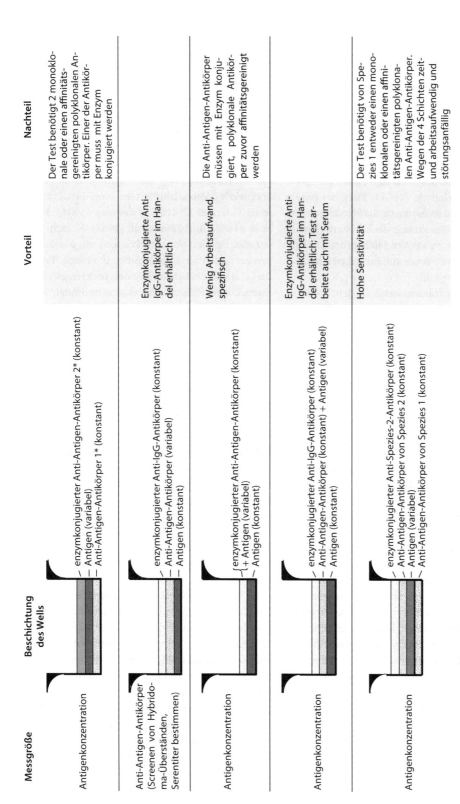

| Messgröße | Beschichtung des Wells | Vorteil | Nachteil |
|---|---|---|---|
| Antigenkonzentration | — enzymkonjugierter Anti-Antigen-Antikörper 2* (konstant)<br>— Antigen (variabel)<br>— Anti-Antigen-Antikörper 1* (konstant) | | Der Test benötigt 2 monoklonale oder einen affinitätsgereinigten polyklonalen Antikörper. Einer der Antikörper muss mit Enzym konjugiert werden |
| Anti-Antigen-Antikörper (Screenen von Hybridoma-Überständen, Serentiter bestimmen) | — enzymkonjugierter Anti-IgG-Antikörper (konstant)<br>— Anti-Antigen-Antikörper (variabel)<br>— Antigen (konstant) | Enzymkonjugierte Anti-IgG-Antikörper im Handel erhältlich | |
| Antigenkonzentration | — enzymkonjugierter Anti-Antigen-Antikörper (konstant)<br>— (+ Antigen (variabel)<br>— Antigen (konstant) | Wenig Arbeitsaufwand, spezifisch | Die Anti-Antigen-Antikörper müssen mit Enzym konjugiert, polyklonale Antikörper zuvor affinitätsgereinigt werden |
| Antigenkonzentration | — enzymkonjugierter Anti-IgG-Antikörper (konstant)<br>— Anti-Antigen-Antikörper (konstant) + Antigen (variabel)<br>— Antigen (konstant) | Enzymkonjugierte Anti-IgG-Antikörper im Handel erhältlich; Test arbeitet auch mit Serum | |
| Antigenkonzentration | — enzymkonjugierter Anti-Spezies-2-Antikörper (konstant)<br>— Anti-Antigen-Antikörper von Spezies 2 (konstant)<br>— Antigen (variabel)<br>— Anti-Antigen-Antikörper von Spezies 1 (konstant) | Hohe Sensitivität | Der Test benötigt von Spezies 1 entweder einen monoklonalen oder einen affinitätsgereinigten polyklonalen Anti-Antigen-Antikörper. Wegen der 4 Schichten zeit- und arbeitsaufwendig und störungsanfällig |

▫ **Abb. 6.6** Verschiedene ELISAs. *Anti-Antigen-Antikörper 1 und 2: monoklonale Antikörper gegen verschiedene Epitope des Antigens oder einer der beiden Anti-Antigen-Antikörper

vom Brot allein. Jedenfalls: Sind die Lysin- und Cysteinreste geschützt, kann das Peptid nur noch mit seiner N-terminalen Aminogruppe an z. B. mit Tresylgruppen beschichtete Mikroplatten binden.

Wenn Sie Glück haben, spielt der N-Terminus für die Antigenizität des Peptids keine Rolle. Dann sollte der Antikörper an derart mit dem Peptid beschichtete Platten binden – und zwar besser, als wenn das antigene Peptid nach Zufall gekoppelt worden wäre. Das sei auch der Fall, behaupten Gregorius und Theisen (2001). Dies besonders dann, wenn nach der Kopplung die Schutzgruppen entfernt würden. Bis zu zehnfach höhere Signale könne man erwarten im Vergleich zu Platten, die auf herkömmliche Weise mit Peptid beschichtet wurden.

Die Mühe mag lohnen, wenn Sie den Test öfter verwenden oder einen kommerziellen Test aufbauen.

Gutes Waschen der ELISA-Platten zwischen den Inkubationsschritten mit Antigen bzw. Antikörper gibt gute Signale. Die Waschvorschriften sind zahllos. P. Häring empfiehlt: Die Platten zwischen den Inkubationsschritten zweimal mit Leitungswasser, einmal mit PBS, 0,05 % Tween 20, wieder zweimal mit Leitungswasser und schließlich mit PBS waschen.

Für manche ELISAs müssen affinitätsgereinigte Antikörper aus Eigenproduktion mit einem Enzym (Peroxidase, alkalische Phosphatase) konjugiert werden. Dieses Problem können Sie mit Vernetzern lösen (Jeanson et al. 1988) oder, eleganter, über die Bildung von Aldehydgruppen in den Zuckerresten des Enzyms oder Antikörpers (Tijssen und Kurstak 1984) (◻ Abb. 6.1). Aldehydgruppen entstehen durch Oxidation mit Periodat (◻ Abb. 9.1). Eine brauchbare Übersicht über die Reaktionsbedingungen – Reaktionszeit, pH, Temperatur und Periodatkonzentration – geben Wolfe und Hage (1995). Durch die Wahl geeigneter Reaktionsbedingungen können Sie die Zahl der Aldehydgruppen pro Antikörper von 1 bis 8 variieren.

Bei Dot-Blots und ELISAs sitzen Sie, vor allem wenn Sie Serumverdünnungen als Anti-Antigen-Antikörperlösung verwenden, schnell Artefakten und falsch-positiven Signalen auf. Kontrollen:

- Proteinprobe ohne Antigen,
- Test ohne Anti-Antigen-Antikörper,
- Test mit Präimmunserum oder einem monoklonalen Antikörper, der das Antigen nicht erkennt,
- ein unerwartetes positives Signal einer unbekannten Probe überprüft der vorsichtige Experimentator mit SDS-Gelelektrophorese und anschließendem Blot.

ELISAs mit adsorbiertem Antigen haben Kemeny (1994), Kingan (1989) und Yoshioka et al. (1987) entwickelt. Mit adsorbiertem Antikörper arbeiteten Goers et al. (1987), Kemeny (1994), Kwan et al. (1987) und Zhiri et al. (1987). Vorschriften zur Konjugation von Antikörpern mit Markerenzymen finden Sie in Jeanson et al. (1988), Tijssen und Kurstak (1984) sowie Wolfe und Hage (1995). Einen Übersichtsartikel haben Gan und Patel (2013) geschrieben.

**Tipp** Arbeiten Sie mit ELISA-Platten ausschließlich in thermostatisierten Räumen. Sie sparen sich ‚Shifts‘ und andere unerklärbare Phänomene. Wir kennen einige, die die Phänomene erklären wollten. Sie haben's aufgegeben und arbeiten wieder im Klimaraum.

### ELISA für die Quantifizierung von unlöslichen Membran- und Gerüstproteinen

ELISAs erfassen nur lösliche Proteine. Viele integrale Membran- und Gerüstproteine gehen jedoch nicht in Lösung. Dies auch dann nicht, wenn Sie milde Seifen wie Triton X-100 oder Oktylglucosid zum Solubilisierungspuffer geben. SDS dagegen bringt die meisten integralen Membran- und Gerüstproteine in Lösung. Sie verlieren aber dabei sowohl ihre Funktion als auch ihre Antigenizität; das Gleiche gilt für die Antikörper, die die Membran- und Gerüstproteine erkennen sollen.

Der Gedanke liegt nahe, die Proteine mit SDS aufzulösen und das SDS hinterher mit Triton X-100 oder einer anderen milden Seife zu „neutralisieren". Mit Glück bleiben die Proteine in Lösung und wenigstens die eine oder andere antigene Domäne wird restauriert (◻ Abb. 6.7).

Constanze Geumann hat synaptische Proteine bei Raumtemperatur in 1,2 % SDS aufgelöst und die in SDS gelösten Proteine nach einer Viertelstunde mit dem fünffachen Volumen einer 1,2%igen Tri-

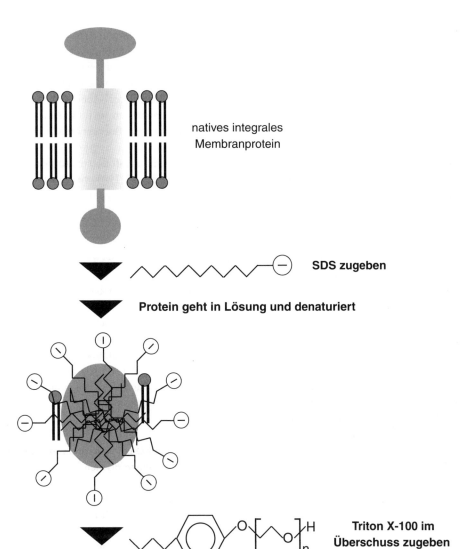

natives integrales
Membranprotein

SDS zugeben

Protein geht in Lösung und denaturiert

Triton X-100 im
Überschuss zugeben

Die Antigeniziztät des Proteins wird teilweise
wiederhergestellt

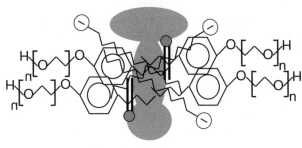

**Abb. 6.7** SDS-Solubilisierung und Triton-X-100-Rekonstitution von integralen Membran- und Gerüstproteinen

ton-X-100-Lösung verdünnt. Danach wurde hoch-tourig abzentrifugiert. Den Überstand setzte Frau Geumann in einem klassischen ELISA bzw. einer Immunpräzipitation mit Protein-G-Sepharose ein (Geumann et al. 2010).

Sie untersuchte acht Proteine, die in der Membran oder im Gerüst von Synapsen sitzen, darunter die Untereinheit 1 des an dem Zellgerüst kleben-den NMDA-Rezeptors (▶ Abschn. 3.2.1), und setzte dazu 37 monoklonale Antikörper gegen diese Proteine ein. Das Ergebnis: Alle Proteine blieben nach der Zugabe von Triton X-100 in Lösung. Des Weiteren waren 29 der Antikörper imstande, ihr Antigen aus der SDS-Triton-X-100-Brühe zu fischen, und sieben der acht Membran- bzw. Gerüstproteine banden an einen der Antikörper, konnten also mit Protein-G-Sepharose präzipitiert werden.

Offensichtlich restauriert die Zugabe eines Überschusses von Triton X-100 die Antigenizi-tät oder einen Teil der Antigenizität der meisten SDS-denaturierten Proteine. Dies gilt nach den Er-fahrungen des Autors Rehm aber nicht für deren Funktion! So brachte er Anfang der 1990er-Jahre ebenfalls den NMDA-Rezeptor mit SDS in Lösung und versuchte hinterher, das SDS mit Triton X-100 zu entschärfen. Gemessen wurde jedoch nicht die Bindung von Antikörpern, sondern von NMDA-Rezeptor-Liganden. Die Ligandenbindung ließ sich nicht wiederherstellen.

### 6.5.3    Signalverstärkung bei Immunoassays

Schauen Sie sich ◩ Abb. 6.6 an, und es wird Ihnen auffallen: Immunoassays ähneln dem Schmieren eines Marmeladenbrotes. Erst eine Schicht Brot, dann eine Schicht Butter, dann die Mangomarme-lade oder das Pflaumenmus oder Johannisbeergelee. Feinschmecker schließen mit einer Schicht Senf ab.

Ob Senf oder Marmelade: Die letzte Schicht ist ein markierter Antikörper. Er macht die Messgröße, z. B. den Antigengehalt einer Probe, sicht- bzw. messbar. Markiert wird mit $^{125}$Iod, einem Enzym oder mit Fluoreszenzfarbstoffen.

Die Auswahl an markierten Antikörpern und Methoden, Antikörper zu markieren, ist fast so groß wie die im Marmeladenregal von Edeka. Man-

che sind gut und teuer, manche billig und schlecht und manche teuer und schlecht. $^{125}$Iod ist radioak-tiv und nicht sehr empfindlich. Bei enzymmarkier-ten Antikörpern müssen Sie oft lange inkubieren, und Fluoreszenzfarbstoffe neigen zum Quenchen. Deswegen können Sie ihren Nachweis-Antikörper nicht endlos mit fluoreszierenden Farbstoffen deri-vatisieren, um die Empfindlichkeit hochzutreiben: Liegen die Farbstoffreste auf dem Antikörper zu nahe aneinander, kommt es zum Energietransfer und die Fluoreszenzemission nimmt ab. Dieser als FRET bekannte Prozess kann jedoch anderweitig nützlich eingesetzt werden, so in der Ligandenbin-dung (▶ Kap. 2).

Zudem senkt eine exzessive Derivatisierung des Antikörpers seine Affinität. Vier bis acht Moleküle pro Antikörper: Mehr geht selten. Als Ausweg hat man die Antikörper an mit Fluoreszenzfarbstoffen beladene Latexkügelchen oder Liposomen geklebt. Mit Fluoreszenzfarbstoffen beladene Liposomen sind jedoch umständlich herzustellen und instabil.

Vielversprechend scheinen zwei Methoden, die Dieter Trau und Reinhard Renneberg in Singapur bzw. Hongkong entwickelt haben (Trau et al. 2002; Chan et al. 2004). Zwei exotische Ecken, aber:

» Wo man's nicht denkt, da springt der Hase auf [sagte Sancho Pansa].

Die Idee, auf der die beiden Methoden gründen, stammt von Trau. Er mahlt Fluoresceindiacetat (FDA) in SDS zu Mikrokristallen mit einem Durch-messer von etwa 0,5 µm. Jeder Kristall enthält etwa $1,5 \times 10^{8}$ FDA-Moleküle. Das SDS lagert sich an das hydrophobe FDA an, und es bilden sich negativ ge-ladene Partikel. Auf diese wird, Schicht auf Schicht, erst ein positiv geladener Polyelektrolyt, dann ein negativ geladener aufgetragen (◩ Abb. 6.8) und das Ganze noch mal wiederholt. Es entstehen vier Polyelektrolytschichten von 6–8 nm Dicke. Als Po-lyelektrolyte dienen Poly(Allylaminhydrochlorid) bzw. Poly(Natrium-4-styrensulfonat). Die derart beschichteten FDA-Partikel sind – vom Styrensulfo-nat, der letzten Schicht – negativ geladen und bilden daher ein stabile Suspension, ein Kolloid. An diese Partikel werden Antikörper adsorbiert. Je nach Zahl der pro Partikel adsorbierten Antikörper liegt das molare Verhältnis zwischen FDA und adsorbierten

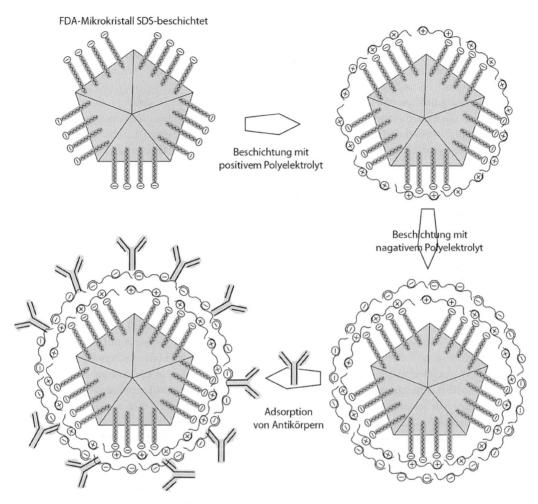

FDA-Mikrokristall SDS-beschichtet

Beschichtung mit
positivem Polyelektrolyt

Beschichtung mit
nagativem Polyelektrolyt

Adsorption
von Antikörpern

◘ **Abb. 6.8** Herstellung von beschichteten Mikrokristallen

Antikörpern zwischen 50.000 und 100.000, die maximale Zahl der pro Partikel adsorbierten Antikörper bei etwa 3000.

Die mit Antikörper beschichteten FDA-Partikel setzen Trau et al. (2002) im Immunoassay als letzte Schicht zum Nachweis des Antigens ein. Nach der Inkubation werden ungebundene Partikel weggewaschen, der gebundene FDA-Kristall mit DMSO/Natronlauge aufgelöst und gleichzeitig das wasserunlösliche FDA in lösliches Fluorescein umgewandelt. Jetzt kann die Fluoreszenz gemessen werden.

Wegen der Verdünnung des Fluoresceins in einem großen Volumen gibt es kein Quenchen. Der Hauptvorteil ist jedoch: Bindet ein Antikörper des Partikels an sein Antigen, so hängt am Antigen ein Klumpen von über 100 Millionen FDA-Molekülen. Diese verwandeln sich hinterher in ebenso viele Fluoresceinmoleküle. Bei herkömmlichen Fluoreszenz-Immunoassays, in denen der Fluoreszenzfarbstoff direkt und kovalent an den Antikörper gebunden wurde, hängen dagegen nur vier bis acht fluoreszierende Moleküle am Antikörper und damit am Antigen. Die Methode verstärkt das Signal theoretisch also über zehnmillionenfach. In der Tat soll der Mikrokristall-Nachweis 70- bis 2000-mal sensitiver sein als herkömmliche Fluoreszenz-Assays (Trau et al. 2002).

Genau genommen hängt das Messsignal vom molaren Verhältnis von FDA zu erkanntem Antigen ab. Bindet der beschichtete Mikrokristall nur über einen seiner adsorbierten Antikörper, hängt – wie oben gesagt – an einem Antigenmolekül ein millionenschwerer Klumpen FDA. Nun besitzt aber ein FDA-Partikel mehrere Antikörper, er kann also, abhängig von Antigen- und Antikörperdichte, über mehrere seiner Antiköper binden. Die Zahl der entstehenden Fluoresceinmoleküle pro erkanntem Antigen nimmt entsprechend ab.

Das molare Verhältnis zwischen FDA und Partikel-adsorbierten Antikörpern, bzw. die Dichte der adsorbierten Antikörper auf dem Partikel, beeinflusst die Bindungswahrscheinlichkeit und -affinität des Partikels. Je mehr Antikörper eines Partikels binden, desto höher ist die Affinität der Partikelbindung. Sie müssen also unterscheiden zwischen der Bindung des Antikörpers und der Bindung des Antikörper-beschichteten FDA-Partikels.

Trau und Renneberg haben die Wirksamkeit der Mikrokristall-Technik nur in einem Simpelsystem nachgewiesen. Sie beschichteten ihre Mikroplatte mit Ziegen-anti-Maus-IgG, gefolgt von Verdünnungen von Maus-IgG als Antigen und Ziegen-anti-Maus-IgG-beschichteten Mikrokristallen als Antigen-Nachweis. Überzeugender wäre ein Test aus dem wirklichen Leben gewesen, z. B. der Nachweis eines seltenen Proteins in einem Extrakt. Aber selbst im Simpelsystem scheinen die Mikrokristalle nicht restlos zufriedengestellt zu haben, denn zwei Jahre später erschien ein weiterer Artikel aus den Labors von Trau und Renneberg (Chan et al. 2004).

Die Mikrokristalle wurden zu Nanokristallen mit einem Durchmesser von 107 nm heruntergemahlen. Die enthalten zwar nur 2–3 Millionen FDA-Moleküle, aber das chinesische Sprichwort sagt ja:

兵不在多而在精。

Zudem wurde die Beschichtung vereinfacht. Statt den FDA-Kristall sukzessive mit SDS, positivem bzw. negativem Polyelektrolyt zu beschichten, wird der Kristall nur mit einem Phospholipid-PEG-Derivat beschichtet (◘ Abb. 6.9). Die hydrophoben Acylreste lagern sich an das FDA an, das hydrophile PEG richtet sich zum Medium aus. Statt also erst Butter, dann Marmelade und schließlich Senf schichtweise aufs Brot zu schmieren, rühren Renneberg und Trau Butter, Marmelade und Senf zusammen und tragen

von der appetitlichen Mischung nur eine Schicht auf. Das spart Arbeit. Zudem sei die Ladungsdichte niedriger als bei voriger Methode, was zu einer niedrigeren unspezifischen Bindung führe, so Trau und Renneberg.

An solch einen negativ geladenen FDA-Phospholipid-PEG-Partikel werden etwa 100 Antikörpermoleküle adsorbiert (molares Verhältnis von Antikörpern zu FDA etwa 28.000). Die Antikörper-beschichteten Partikel dienen wieder als letzte Schicht im Immunoassay. Auch bei Nanopartikeln kommt es oft zur Mehrfachbindung, d. h. der Antikörper-beschichtete Partikel bindet über zwei bis drei seiner Antikörper an entsprechend viele Antigenmoleküle.

Gemessen wird wie bei den Mikrokristallen.

Renneberg und Trau wollen mit den Nanopartikeln eine 400- bis 2700-fach höhere Sensitivität erreicht und zudem die Detektionsgrenze 5- bis 28-fach nach unten verschoben haben. Dies im Vergleich zu Immunoassays mit direkt an die Antikörper gebundenen fluoreszierenden Molekülen.

Sowohl bei den Mikro- wie bei den Nanopartikeln ist alles nur geklebt und nichts getackert. Der Polyelektrolyt ist an FDA adsorbiert, der Antikörper an den Polyelektrolyten; es gibt keine kovalenten Bindungen. Doch hat das Phospholipid-PEG-Derivat eine freie Aminogruppe (◘ Abb. 6.9) und es wäre möglich, die Antikörper kovalent an die beschichteten Nanopartikel zu binden. Könnte man dann stringenter waschen und die unspezifische Bindung vielleicht unterdrücken? Leider nicht. Nach Auskunft von Matthias Seydack von der Firma Biognostics bringt die kovalente Kopplung der Antikörper an die beschichteten Nanokristalle keine bessere Spezifität. Es bestünde aber die Gefahr, dass wegen der Kopplungschemie die Antikörper aggregieren.

Falls Sie sich wundern, wie sich die millionenfache Verstärkung mit der nur etwa tausendfach höheren Sensitivität verträgt: Die begrenzende Größe in einem Immunoassay dieser Art ist nicht die Verstärkung, sondern die Qualität der Antikörper. Mit mäßig spezifischen, niedrigaffinen Antikörpern geben auch die schönsten Kristalle nur mäßige Ergebnisse, denn die unspezifische Bindung wird ja mitverstärkt. In der Tat ist die Trau-Renneberg-Technik *in puncto* Sensitivität/Detektionslimit zwar besser als herkömmliche Fluoreszenz-Immunoassays, aber

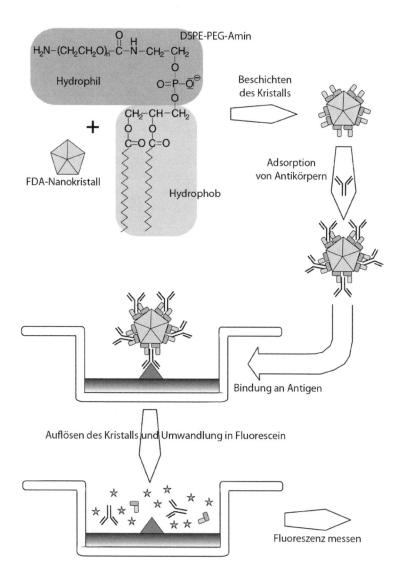

■ **Abb. 6.9** Signalverstärkung mit Nanokristallen

nicht besser als ein ELISA. Die Tatsache, dass die Nanopartikel oft mehrfach und daher fester binden als die entsprechenden Antikörper und somit stringenter gewaschen werden kann, ändert nichts. Gerade bei niedrigen Antigenkonzentrationen kommt es aus statistischen Gründen nicht mehr zur Mehrfachbindung. Der Einsatz von Nanopartikeln lohnt sich also höchstens bei extrem hochaffinen Antikörpern: *Trau, schau wem!*

Warum haben wir diese Technik so ausführlich dargestellt?

Weil sie uns gefällt. Sie zeigt Ansätze von Genialität. Sie ist aber auch ein Beispiel für verfehlte

Strategie: Eine gute Idee und Mühe verwendet auf das falsche System wie

» von Seiten des berühmten Ritters Don Quichotte von La Mancha, der die Krummen zerstört und denen zu essen gibt, die durstig sind, und denen zu trinken, die Hunger haben.

Dass das Detektionslimit eher an der Qualität der Antikörper hängt als am Verstärkungsfaktor, hätte schon eine einfache Überlegung ergeben. Dann hätte man die gute Idee nicht für einen Immunoassay optimiert, sondern für Systeme mit höherer

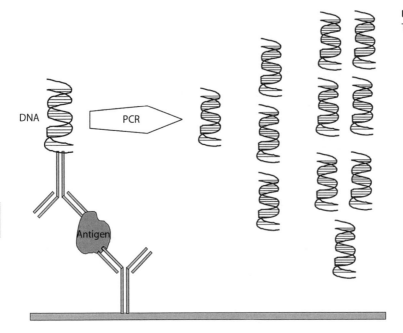

◘ **Abb. 6.10** Die Imperacer-Technik

Affinität und Spezifität. In der Tat wird die Technik inzwischen für den Nachweis der Hybridisierung von Nukleinsäuren eingesetzt.

Warum so viel Mühe für banale Immunoassays? Nun: Der Reiz der Immunoassays liegt im Finanziellen. Sie werden in klinischen Labors im Großmaßstab durchgeführt, und jedes Patent, das sich dort durchsetzt, kann Millionäre zeugen.

Das glaubte nicht nur die Firma Biognostics, das glaubt auch Chimera Biotec. Deren Methode nimmt für sich in Anspruch, die Nachweisgrenze herkömmlicher fluoreszenzbasierter ELISAs tausendfach zu verbessern. Noch 0,01 Attomol (etwa 6000 Moleküle) soll ihr **Imperacer-System** unter optimierten Bedingungen nachweisen können. In durchschnittlichen Assays sei eine Quantifizierung von 0,1 pg Protein mit einer Standardabweichung von weniger als 5 % möglich, schreibt Chimera auf ihrer Netzseite (▶ www.chimera-biotec.com). Auch sei der Assay linear über fünf Dekaden. Das Prinzip zeigt ◘ Abb. 6.10.

Kernstück ist eine Antikörper-DNA-Chimäre, d. h. ein 170–250 bp langes artifiziell hergestelltes DNA-Stück, das an den Nachweis-Antikörper gekoppelt wurde. Die Chemie der Kopplung sei geheim, der große Trick, meinte Michael Adler, Forschungsleiter von Chimera. Jedenfalls: Nach der Bindung der Antikörper-DNA-Chimäre und ausreichendem

Waschen wird die gebundene DNA per PCR vervielfältigt und dann gemessen, bei Real-Time-PCR über Fluoreszenz. Haben Sie keinen Real-Time-Cycler, dann schalten Sie einen Enzymtest nach.

Die Entwicklung eines Wells mit einem Standardkit kostet 8–10 Euro. Müssen Sie einen Antikörper von Chimera erst mit DNA koppeln lassen, läuft leicht ein fünfstelliger Betrag auf.

Das Geld wäre vielleicht gut angelegt, wenn der Test das hält, was die Firma verspricht. Doch müsste für Imperacer das Gleiche gelten wie für die FDA-Kristall-Technik: Ihr Potenzial kann sich nur bei exzellenten Antikörpern auswirken – und dürfte dann nicht viel besser sein als ein klassischer ELISA. Sie sind anderer Meinung? Zugegeben, wir haben nie mit Imperacer gearbeitet und lassen uns gern vom Gegenteil überzeugen: Schreiben Sie ihre Erfahrungen an hubert.rehm@gmx.de.

## 6.6    Antikörperersatz: Aptamere und andere Bindungsmoleküle

### 6.6.1    Aptamere

Die Suche nach Molekülen, mit denen sich Protein-Biochips herstellen lassen, hat unter anderem zu

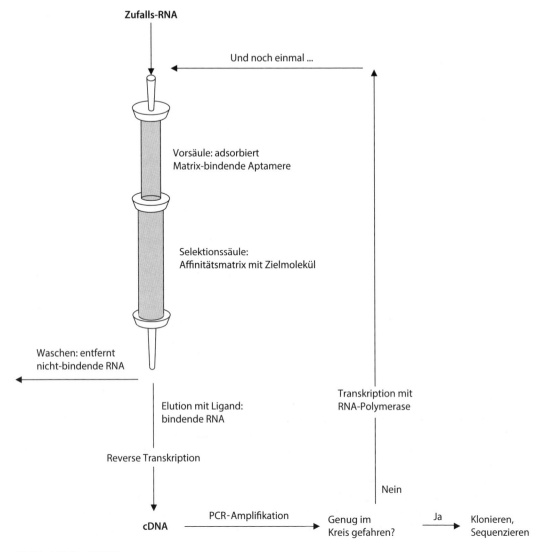

**Zufalls-RNA**

Und noch einmal …

Vorsäule: adsorbiert
Matrix-bindende Aptamere

Selektionssäule:
Affinitätsmatrix mit Zielmolekül

Waschen: entfernt
nicht-bindende RNA

Transkription mit
RNA-Polymerase

Elution mit Ligand:
bindende RNA

Reverse Transkription

Nein

**cDNA**    PCR-Amplifikation    Genug im    Ja    Klonieren,
Kreis gefahren?    Sequenzieren

◻ **Abb. 6.11** Der SELEX-Prozess

den Aptameren geführt. Aptamere sind DNA- oder RNA-Oligonukleotide mit einer Länge von 15–60 Nukleotiden, die spezifisch beispielsweise an Protein binden. Die Bindungsaffinitäten ($K_D$) liegen zwischen 1 pM und 1 μM. Aptamere werden als Antikörperersatz bei ELISAs und Western Blots verwendet.

Die Technologie zur Aptamer-Herstellung führt den schönen Namen SELEX (von *systematic evolution of ligands by exponential enrichment*) und ist in ◻ Abb. 6.11 dargestellt. Details finden Sie in Morris et al. (1998) und Mayer (2009).

Aptamere kommen auch natürlich vor. So bindet das regulatorische Element mancher mRNAs kleine Moleküle wie Metaboliten. Die Bindung ändert die Proteinproduktion der mRNA. Derartige ligandenbindende regulatorische RNA-Elemente heißen Riboswitche.

Die DNA-Analoga von RNA-Aptameren binden oft ebenfalls an den entsprechenden Liganden. Das ist deswegen interessant, weil DNA-Aptamere, es handelt sich um Einzelstrang-DNA (ssDNA), stabiler sind als RNA-Aptamere.

Aptamere haben Vorteile im Vergleich zu Antikörpern:

- Aptamere werden *in vitro* synthetisiert. Daher können Sie Aptamere gegen zelltoxische Substanzen herstellen. Zudem müssen Sie keine Versuchstiere quälen.
- Aptamere kann man intrazellulär exprimieren. Sie tragen dann den Namen **Intramere**. Damit lässt sich gelegentlich die Funktion des Zielmoleküls aufklären (z. B. Theis et al. 2004).
- Aptamere können auch gegen schwach immunogene Substanzen hergestellt werden, und Sie können Aptamere finden, die unter nicht-physiologischen Bedingungen an das Zielmolekül binden.
- Aptamere lassen sich anscheinend gegen alles herstellen, gegen Ionen wie $Zn^{2+}$ ebenso wie gegen Nukleotide (z. B. ATP), Peptide, Proteine (z. B. Thrombin) und Glykoproteine (z. B. CD4).
- Aptamere zeigen oft eine hohe Spezifität. Darin können sie monoklonale Antikörper übertreffen. So gibt es Aptamere, die besser und mit höherer Affinität zwischen Theophyllin und Koffein unterscheiden als die entsprechenden monoklonalen Antikörper.
- Aptamere, insbesondere DNA-Aptamere, sind stabiler als Antikörper gegen hohe Temperaturen, hohe oder niedrige Salzkonzentrationen und hohe oder niedrige pH-Werte.
- Ist die Sequenz eines Aptamers einmal ermittelt, ist es leicht und billig herzustellen. Im Gegensatz zu Antikörpern gibt es keine Batch-zu-Batch-Variationen.
- DNA-Aptamere lassen sich kovalent an Oberflächen, z. B. kolloidales Gold, koppeln. Das ermöglicht ELISA-ähnliche Tests, die bei Aptameren ELAA (*enzyme-linked aptamer assay*) heißen. Wegen der kovalenten Bindung der Aptamere und ihrer hohen Stabilität lassen sich die Platten stringenter waschen als bei ELISA, was zu einem besseren Signal führt oder wenigstens dazu führen sollte.
- Die *in vitro*-Selektion von Aptameren kann automatisiert werden. Die Dauer einer Selektion verkürzt sich dadurch von sechs Wochen auf drei Tage.
- Weil DNA bzw. RNA keine solch sensible Seele haben wie Proteine, ist es kein Problem, an beliebiger Stelle Reportermoleküle anzuhängen.

Ein Nachteil von Aptameren liegt in ihrem geringen MG und ihrer Anfälligkeit für Nukleasen. Beides führt zu einer kurzen Plasma-Halbwertszeit. Die durch das niedrige MG bedingte schnelle Ausscheidung durch die Nieren (in Minuten bis Stunden) kann durch PEGylierung des Aptamers verhindert werden: An das Aptamer wird ein Polyethylenglykol(PEG)-Schwanz gehängt. Die PEGylierung bringt jedoch eigene Probleme, so wird PEG in der Leber abgelagert. Gegen die RNasen hilft der Austausch des 2′-Hydroxyls der RNA gegen Fluor.

Auch lässt sich mit Oligonukleotiden bei Weitem nicht eine solch riesige Zahl von dreidimensionalen Strukturen produzieren wie mit Proteinen, und SELEX kann nicht zielgerichtet auf ein spezielles Aptamer fokussiert werden. Ihr SELEX-Ergebnis hängt im Wesentlichen von Ihren Bedingungen ab. Die richtigen zu finden, braucht Erfahrung und Fingerspitzengefühl. Aus diesem Grund empfehlen wir Ihnen, sich von Experten einlernen zu lassen und deren Tricks zu nutzen, anderenfalls könnten Ihre SELEX-Runden enden wie die meisten Runden im Poker: mit leeren Taschen.

Haben Sie ein Protein, das unter physiologischen Bedingungen positiv geladen ist, und benötigen hierfür einen Liganden, dann ran: Mit dieser Molekülgruppe gelangen die meisten Aptamer-Selektionen. Der Grund dürfte in den negativen Ladungen der Aptamer-Phosphatgruppen liegen. Mayer (2009) empfiehlt, in jeder SELEX-Runde neues Protein in frischer Affinitätsmatrix einzusetzen, um Konformationsänderungen der Proteine zu umgehen. Konformationsänderungen würden zu einem anderen Zielmolekül, d. h. zu einem anderen Aptamer, führen.

Aptamere werden in Diagnostik, Molekültransport, Identifizierung von Biomolekülen und Medikamentenentwicklung eingesetzt. Letztere profitiert davon, dass bei Aptameren keine Immunantwort zu erwarten ist, jedenfalls keine Antikörperantwort. Einige Aptamere sind auch schon in der klinischen und präklinischen Phase. Allerdings benötigen die meisten Aptamere im Körper einen Schutz durch PEG, sonst werden sie schnell durch die Niere ausgeschieden (siehe auch PASylierung in ▶ Abschn. 6.6.2).

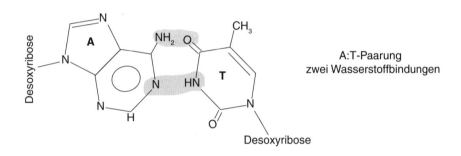

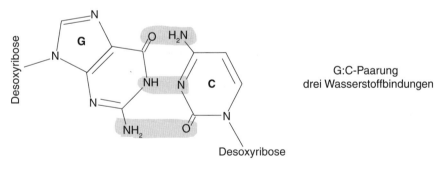

**Abb. 6.12** Natürliche und widernatürliche Paarung von DNA-Basen. (Nach Kimoto et al. 2013)

Beispiele der erwähnten Einsatzgebiete und Einsichten gibt der Übersichtsartikel von Mayer (2009).

## Bessere Aptamere mit hydrophoben DNA-Basen

Die vergleichsweise hydrophilen Nukleinsäuren können schlecht mit den hydrophoben Bereichen vieler Proteine wechselwirken. Daher bleibt die Af-finität der Aptamere in der Regel niedrig, auch wenn die Ausgangsbibliothek noch so groß ist. Um die Affinität der Aptamere zu erhöhen, erweiterten Kimoto et al. (2013) das genetische Alphabet (AGCT) um das Basenpaar Ds/Px. Bei Ds handelt es sich um das hydrophobe 7-(2-Thienyl)imidazol-[4,5-b]-pyridin, bei Px um 2-Nitro-4-propynylpyrrol (**Abb. 6.12**). Die bei SELEX ausgewählten Apta-

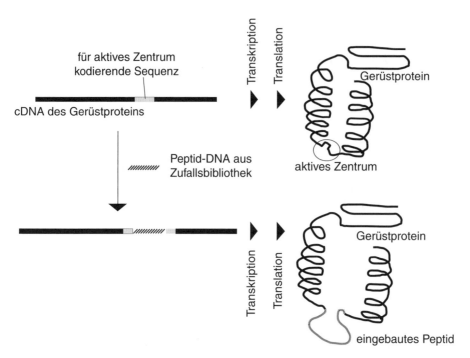

**Abb. 6.13** Peptid-Aptamere

mere erhalten dann, dank asymmetrischer PCR, Ds als fünfte Base. Das hydrophobe Ds soll an hydrophobe Taschen des Zielmoleküls binden. In der Tat erhielten Kimoto et al. (2013) Ds-haltige Einzelstrang-DNA-Aptamere gegen menschlichen *vascular endothelial growth factor* (VEGF), ein Protein mit 165 Aminosäureresten, und gegen Inferon-γ. Die Affinität dieser Aptamere war 100-fach höher als die konventioneller Aptamere. Wird das Ds in diesen Aptameren durch die Base A ersetzt, sackt die Affinität wieder um zwei Größenordnungen ab. Zudem dürften die Ds-haltigen DNA-Aptamere resistenter gegen DNasen sein.

Die Kimoto-Methode ist arbeitsaufwendiger als das herkömmliche Verfahren: Ein bis drei Ds-Basen werden chemisch an bestimmten Stellen der 43 Basen langen Zufallsoligonukleotide ihrer Ausgangsbibliothek eingeführt. Dazu wird die Zufallsbibliothek in mehrere Unterbibliotheken aufgeteilt. Jede Unterbibliothek besitzt eine bestimmte Ds-Struktur und ist durch einen Sequenz-Tag gekennzeichnet. Über den Tag lassen sich hinterher die Positionen der Ds-Basen bestimmen. Um die selektierten Oligonukleotide zu sequenzieren, müssen die Ds-Basen gegen natürliche Basen (meist A oder T) ausgetauscht wer-

den. Die Endprodukte, die hochaffinen Aptamere, werden chemisch synthetisiert. Ds-Aptamere schüttelt man also nicht aus dem Ärmel, da braucht es Schnaufen und Stirnwischen.

Weder Michiko Kimoto noch ihr Chef, Ichiro Hirao, lassen sich davon abschrecken. Hirao träumt sogar davon, Lebewesen mit sechs statt vier DNA-Basen zu erschaffen. Sechs DNA-Basen sollten neue Codons für neue Aminosäuren und damit neue Proteine mit ungeahnten Eigenschaften ermöglichen. Neue Welten tun sich auf! Godzilla muss kein Mythos bleiben, das Leben nicht vierbasig! Aber wie vertragen sich die sechsbasigen Aliens mit vierbasigen Lebewesen? Das wäre ein Stoff für die Verfasser von Zukunftsromanen!

## Peptid-Aptamere

Peptid-Aptamere bestehen aus einem Gerüstprotein, in das eine Peptidschleife von zehn bis 20 Aminosäuren eingebaut wurde (**Abb. 6.13**). Das Gerüstprotein stabilisiert die Konformation der eingesetzten Peptidschleife. Als Gerüstprotein dient oft Thioredoxin-1 von *E. coli*. Thioredoxin-1 besteht aus 108 Aminosäureresten und hat ein MG von etwa 12 kDa. Die Peptidschleife wird im aktiven Zentrum des Thioredoxins eingebaut, denn das aktive Zentrum ist nach außen gerichtet, und die eingebaute Peptidschleife wird so im rekombinanten Protein ebenfalls nach außen gestellt. So kann sie ihr Ziel- bzw. Bindungsprotein erkennen. Die enzymatische Aktivität des Thioredoxins geht beim Einbau der Peptidschleife natürlich verloren, und das ist gewollt: Das ideale Gerüstprotein sollte weder eine enzymatische noch eine eigene Bindungsaktivität besitzen, sondern sich ganz auf das eingebaute Peptid konzentrieren. Zusätzliche Bindungen des Gerüstproteins sorgen nur für Komplikationen. Generell wird die Einbaustelle des Peptids also so gewählt, dass der Einbau entsprechende Aktivitäten des Gerüstproteins unterdrückt (Li et al. 2011).

Peptid-Aptamere sind Proteine! Im Gegensatz zu RNA- und DNA-Aptameren sind meistens auch die Bindungspartner der Peptid-Aptamere Proteine, obwohl Peptid-Aptamere auch gegen andere Substanzen entwickelt werden können.

Hergestellt werden Peptid-Aptamere meist mit dem Hefe-Zwei-Hybrid-System. Daher sind sie schon von Haus aus intrazellulär aktiv (was beispielsweise bei Antikörpern nicht selbstverständlich ist). Peptid-Aptamere werden daher oft eingesetzt, um intrazellulär bestimmte Zielproteine zu blockieren. Das erlaubt (manchmal) Rückschlüsse auf die Funktion dieser Proteine im Zellstoffwechsel (Hoppe-Seyler et al. 2004).

Peptid-Aptamere haben Antikörpern einiges voraus:

- Im Gegensatz zu Antikörpern, denen sie im Prinzip ähneln, können Peptid-Aptamere leicht und massenhaft synthetisiert werden.
- Peptid-Aptamere besitzen oft eine höhere Spezifität als Antikörper. So können Peptid-Aptamere zwischen engen Verwandten einer Proteinfamilie unterscheiden. Sie können sogar Proteine mit einer einzigen Aminosäuremutation vom Wildtyp unterscheiden.
- Peptid-Aptamere können spezifisch an eine bestimmte Domäne eines Proteins binden und damit die Rolle dieser Domäne aufklären.
- Peptid-Aptamere sind etwa zehnmal kleiner als Antikörper und diffundieren dementsprechend schneller. Sie sind auch stabiler als Antikörper.

## 6.6.2 Ribosomen-Display

Um Bindungsproteine gegen ein bestimmtes Zielmolekül herzustellen, verwendet man inzwischen oft das Ribosomen-Display. Es ist dies eine wahrhaft revolutionäre, weil evolutionäre, Methode: Sie nutzt Mutation und Selektion. Die ersten Ideen zu dieser Methode tauchten Anfang der 1980er-Jahre auf, der entscheidende Schub kam Mitte der 1990er-Jahre. 1997 gaben J. Hanes und Andreas Plückthun der Sache einen Namen und den entscheidenden Impuls. Plückthun ist ein vielgepriesener Chemiker und hat die Firmen MorphoSys und Molecular Partners mitbegründet. Dennoch dauerte es noch ein Jahrzehnt, bis die Methode in Schwung kam. Es kann sich also lohnen, Jahrzehnte in die Entwicklung einer Methode zu stecken. Die Frage ist nur, wie Sie als Postdoc, mit Ihren ewig und schnell wechselnden Verträgen, es schaffen, jahrzehntelang am Ball zu bleiben. Eine weitere Frage wäre, ob sie am Schluss, wenn die Sache anfängt, interessant zu werden, nicht abserviert werden.

Dargestellt ist die Methode in ◘ Abb. 6.14.

Wie gehen Sie vor? Sie bauen die Mitglieder einer möglichst großen und vielfältigen cDNA-Bibliothek von Bindungsproteinen (z. B. leichte Ketten von Antikörpern, DARPins [*designed ankyrin repeat proteins*], Anticaline) ohne Stoppcodons in einen Ribosomen-Display-Vektor ein. Der Vektor hängt 5′ einen Promotor, eine Ribosomen-Bindungsstelle und einen His-Tag an. 3′ hängt er einen Spacer an. Die Addukte werden mittels PCR vervielfältigt und in mRNAs ohne Stoppcodon umgeschrieben. Zu den mRNAs geben Sie Ribosomen, tRNAs, Aminosäuren und ATP und translatieren *in vitro*. Die Translationszeit wird möglichst kurz gehalten, um das verderbliche Wirken der RNasen einzuschränken. Da das Stoppcodon fehlt, zerfallen die Ribosomen nach der Proteinsynthese nicht in ihre Untereinheiten, sondern kleben als mRNA-Protein-Ribosom-Komplex zusammen. Die neu synthetisierte Aminosäurekette kann sich korrekt falten, da der Spacer am C-terminalen Ende dafür sorgt, dass sie vollständig aus dem ribosomalen Tunnel ragt und nicht von ribosomalen Untereinheiten behindert wird.

Der Bildung eines mRNA-Protein-Ribosom-Komplexes wirkt eine bakterielle *transmessenger-*

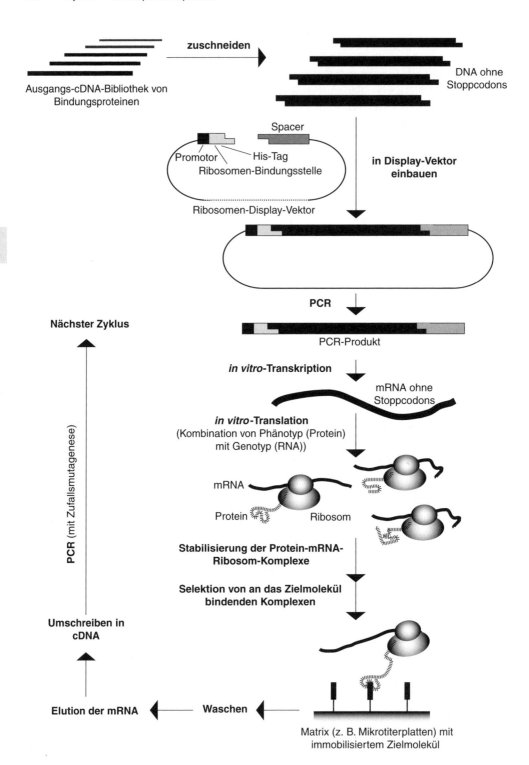

**Abb. 6.14** Ribosomen-Display. (Nach Plückthun 2012)

RNA (tmRNA) entgegen. Sie löst die mRNA ab, hängt an das neu synthetisierte Protein ein Degradationssignal an und bringt so die festgefahrene Translation wieder in Gang. Diese tmRNA müssen sie also vor der Translation durch Zugabe von *anti*-*sense*-Oligonukleotiden ausschalten.

Der Zusammenhalt der mRNA-Protein-Ribosom-Komplexe wird verstärkt, wenn Sie gleich nach der Translation die Temperatur herabsetzen und $Mg^{2+}$ zugeben. $Mg^{2+}$ soll die Bindung der Peptidyl-tRNA an die Ribosomen verstärken.

Nun inkubieren Sie die Komplexe mit einer Matrix, an die das Zielmolekül gebunden wurde. Komplexe, deren frisch synthetisierte Proteine an das Zielmolekül binden, können Sie – wie bei SE-LEX (► Abschn. 6.6.1) – über eine Affinitätsadsorption oder -chromatographie isolieren. Sie erhalten nicht nur die an das Zielmolekül bindenden Proteine, sondern auch die für die Bindungsproteine kodierende mRNA.

Bindungsprotein und RNA lassen sich mit hohem Salz oder hohen Konzentrationen von Zielmolekül ablösen. Besser ist es aber, EDTA zuzugeben: So zerfällt der mRNA-Protein-Ribosom-Komplex und die mRNA wird freigesetzt. Auf diese Weise erhalten Sie auch die mRNA von Proteinen, die sich nicht von der Matrix ablösen lassen, d. h. von sehr fest bindenden Proteinen.

Sie isolieren die mRNA, schreiben sie in cDNA um und vervielfältigen die cDNA mittels PCR. In diesem Schritt können und sollten Sie die isolierte cDNA einer Zufallsmutagenese unterwerfen. Das vergrößert die Chance, besonders gute Bindungsproteine zu finden. Dann wiederholen Sie den Selektionsvorgang. Das treiben Sie einige Male. Die stark bindenden Proteine werden schließlich in *E. coli* exprimiert (Plückthun 2012).

Mit der Mutation der cDNAs und der Selektion der mRNA-Protein-Ribosom-Komplexe an der Affinitätsmatrix haben Sie im Reagenzglas die Evolution nachgeahmt.

Theoretisch erhalten Sie zu jedem Zielmolekül ein Bindungsprotein und die zugehörige mRNA. Da alle Prozesse *in vitro* ablaufen, können auch toxische Bindungsproteine synthetisiert werden bzw. Bindungsproteine gegen toxische Moleküle.

Ein Problem der Methode sind die Nukleasen, insbesondere die RNasen. Mit gereinigten Präparationen scheint man diese Enzyme jedoch inzwischen in den Griff zu bekommen (Kanamori et al. 2014).

### *Designed ankyrin repeat bodies* (DARPins) und Anticaline

Ankyrine sind Proteine, die integrale Membranproteine am Cytoskelett verankern. Sie besitzen dementsprechend sowohl Bindungsstellen für Membranproteine als auch für Spektrin, einem Bestandteil des Cytoskeletts. Auf der N-terminalen, d. h. auf der mit dem Membranprotein wechselwirkenden Seite, enthält Ankyrin 24 sich wiederholende Motive (*ankyrin repeats*). Ein solches Ankyrin-*repeat*-Motiv ist 33 Aminosäuren lang und enthält eine β-Haarnadel und zwei α-Helices. Vier bis fünf Ankyrin-*repeat*-Motive kommen in Hunderten von eukaryotischen Proteinen vor.

Wie die Proteinketten von Antikörpern entstehen auch die diversen Ankyrin-Varianten durch Spleißen der mRNA einiger Ausgangsgene.

*Designed ankyrin repeat bodies* (DARPins) bestehen aus vier bis fünf Ankyrin-*repeat*-Motiven (Plückthun 2015). Ihr MG liegt daher zwischen 14 und 18 kDa und ist etwa zehnmal kleiner als das MG eines IgG. Das hat den Vorteil, dass sie schneller diffundieren als Antikörper, aber den Nachteil, dass die Niere die DARPins großteils in den Primärharn filtert. Die Ausschlussgrenze der Niere für Proteine liegt bei etwa 50 kDa, hängt aber auch von der Form des Proteins, seiner elektrischen Ladung und der Zahl der gebundenen Wassermoleküle ab. DARPins jedenfalls passieren den Ultrafilter der Nieren und kommen nie mehr zurück. Die Halbwertszeit von DARPins im Blut ist daher gering, und das schmälert ihre Eignung als Pharmaka.

Das Gleiche gilt für die Anticaline, vom Lipocalin abgeleitete Bindungsproteine mit einem MG von etwa 20 kDa. Anticaline binden bevorzugt an niedermolekulare Substanzen.

Die Plasma-Halbwertszeit von DARPins und Anticalinen erhöht sich um das zehn- bis 100-fache, wenn Sie ihnen einen Prolin-Alanin-Serin(PAS)-Polypeptid-Schwanz anhängen. Die Methode nennt sich PASylierung und wurde von Arne Skerra in München entwickelt (Schlapschy et al. 2013). Im Gegensatz zu PEG, kann ein PAS-Schwanz problemlos abgebaut werden. Die PASylierung setzt freilich die Diffusionsgeschwindigkeit der DARPins und Anticaline herab.

DARPins binden mit ähnlicher Affinität und Spezifität wie Antikörper, sind aber thermisch stabiler: Die meisten DARPins denaturieren erst oberhalb von 66 °C. Im Gegensatz zu einem vollständigen IgG besitzt ein DARPin zwar nur eine Bindungsstelle, doch können Sie zwei oder mehrere DARPins genetisch zu mehrfach bindenden Konstrukten fusionieren. Auch Anticaline sind hitzestabil, die meisten denaturieren erst oberhalb von 70 °C.

Es gibt inzwischen DARPin-DNA-Bibliotheken mit $10^{12}$ Varianten. Diese Varianten und auch die Anticaline lassen sich in hohen Konzentrationen in *E. coli* exprimieren. Das ist ein weiterer Vorteil gegenüber Antikörpern. Sowohl DARPins als auch die Anticaline (jedenfalls die allermeisten) sind ungiftig für den Menschen.

## Literatur

Becker C-M et al (1989) Sensitive immunoassay shows selective association of peripheral and integral membrane proteins of the inhibitory glycine receptor complex. J Neurochem 53:124–131

Berryman M, Bretscher A (2001) Immunoblot detection of antigens in immunoprecipitates. Biotechniques 4:744–746

Brymora A et al (2001) Enhanced protein recovery and reproducibility from pull-down assays and immunoprecipitations using spin columns. Anal Biochem 295:119–122

Bukovsky J, Kennet R (1987) Simple and rapid purification of monoclonal antibodies from cell culture supernatants and ascites fluids by hydroxyl apatite chromatography on analytical and preparative scales. Hybridoma 6:219–228

Chan C et al (2004) Nanocrystal biolabels with releasable fluorophores for immunoassays. Anal Chem 76:3638–3645

Chiles T et al (1987) Production of monoclonal antibodies to a low-abundance hepatic membrane protein using nitrocellulose immobilized protein as antigen. Anal Biochem 163:136–142

Diano M et al (1987) A method for the production of highly specific antibodies. Anal Biochem 166:224–229

Doolittle M et al (1991) A two-cycle immunoprecipitation procedure for reducing nonspecific protein contamination. Anal Biochem 195:364–368

Dunbar B, Schwoebel E (1990) Preparation of polyclonal antibodies. Methods Enzymol 182:663–670

Ey P et al (1978) Isolation of pure IgG1, IgG2a- and IgG2b-immunoglobulins from mouse serum using protein A-sepharose. Immunochemistry 15:429–436

Frutos M et al (1996) Analytical Immunology. Methods Enzymol 270:82–101

Gan S, Patel K (2013) Enzyme immunoassay and enzyme-linked immunosorbent assay. J Invest Dermatol 133:e12. doi:10.1038/jid.2013.287

Geumann C et al (2010) A sandwich enzyme-linked immunosorbent assay for the quantification of insoluble membrane and scaffold proteins. Anal Biochem 402:161–169

Goers J et al (1987) An enzyme-linked immunoassay for lipoprotein lipase. Anal Biochem 166:27–35

Grässel S et al (1989) Immunoprecipitation of labeled antigens with eupergit C1Z. Anal Biochem 180:72–78

Gregorius K, Theisen M (2001) In situ deprotection: a method for covalent immobilization of peptides with well-defined orientation for use in solid phase immunoassays such as enzyme-linked immunosorbent assay. Anal Biochem 299:84–91

Griffiths A et al (1993) Human anti-self antibodies with high specificity from phage display libraries. EMBO J 12:725–734

Haasemann M et al (1991) Anti-idiotypic-antibodies bearing the internal image of a bradykinin epitope. J Immunol 147:3882–3892

Hammers C, Stanley J (2014) Antibody phage display: technique and applications. J Invest Dermatol 134:e17

Hem A et al (1998) Saphenous vein puncture for blood sampling of the mouse, rat, hamster, gerbil, guinea pig, ferret and mink. Lab Anim 32:364–368

Hirokawa N (1978) Characterization of various nervous tissues of the chick embryos through responses to chronic application and immunocytochemistry of β-bungarotoxin. J Comp Neurol 180:449–466

Hoppe-Seyler F et al (2004) Peptide aptamers: specific inhibitors of protein function. Curr Mol Med 4:529–538

Jeanson A et al (1988) Preparation of reproducible alkaline phosphatase-antibody conjugates for enzyme immunoassay using a heterobifunctional linking agent. Anal Biochem 172:392–396

Kaboord B, Perr M (2008) Isolation of proteins and protein complexes by immunoprecipitation. Methods Mol Biol 424:349–364

Kanamori T et al (2014) PURE ribosome display and its application in antibody technology. Biochim Biophys Acta 1844:1925–1932

Kemeny D (1994) ELISA – Anwendung des Enzyme Linked Immunosorbent Assay im biologisch/medizinischen Labor. Gustav Fischer Verlag, Stuttgart

Kimoto M et al (2013) Generation of high affinity aptamers using an expanded genetic alphabet. Nat Biotechnol 31:453–457

Kingan T (1989) A competitive enzyme-linked immunosorbent assay: application in the assay of peptides, steroids, and cyclic nucleotides. Anal Biochem 183:283–289

Kleyman TR et al (1991) Characterization and cellular localization of the epithelial $Na^+$ channel. Studies using an anti-$Na^+$ channel antibody raised by an antiidiotypic route. J Biol Chem 266:3907–3915

Klundt E (2001) Tipps für Blutsauger. Laborjournal 11:61

Kussie P et al (1989) Production and characterization of monoclonal idiotypes and anti-idiotypes for small ligands. Methods Enzymol 178:49–63

Kwan S et al (1987) An enzyme immunoassay for the quantitation of dihydropteridin reductase. Anal Biochem 164:391–396

Ladjemi M (2012) Anti-idiotypic antibodies as cancer vaccines: achievements and future improvements. Front Oncol 2:158

Van Langone J, Vunakis H (1986) Immunochemical techniques. Part I: Hybridoma technology and monoclonal antibodies. Methods Enzymol 121:1–947

Li J et al (2011) Peptide aptamers with biological and therapeutic applications. Curr Med Chem 18:4215–4222

Lui M et al (1996) Methodical analysis of protein-nitrocellulose interactions to design a refined digestion protocol. Anal Biochem 241:156–166

Marks J et al (1992) Molecular evolution of proteins on filamentous phage. J Biol Chem 267:16007–16010

Mayer G (2009) The chemical biology of aptamers. Angew Chem Int Ed 48:2672–2689

Morris K et al (1998) High affinity ligands from in vitro selection: complex targets. Proc Natl Acad Sci USA 95:2902–2907

Moser A, Hage D (2010) Immunoaffinity chromatography: an introduction to applications and recent developments. Bioanalysis 2:769–790

Nissim A et al (1994) Antibody fragments from a single pot phage display library as immunochemical reagents. EMBO J 13:692–698

Parker C (1990) Immunoassays. Methods Enzymol 182:700–718

Parker J et al (1986) New hydrophilicity scale derived from HPLC peptide retention data: correlation of predicted surface residues with antigenicity and X-ray derived accessible sites. Biochemistry 25:5425–5432

Peltz G et al (1987) Monoclonal antibody immunoprecipitation of cell membrane glycoproteins. Anal Biochem 167:239–244

Platt E et al (1986) Highly sensitive immunoadsorption procedure for detection of low-abundance proteins. Anal Biochem 156:126–135

Plückthun A (2012) Ribosome display: a perspective. Methods Mol Biol 805:3–28

Plückthun A (2015) Designed ankyrin repeat proteins (DARPins): binding proteins for research, diagnostics and therapy. Annu Rev Pharmacol Toxicol 55:489–511

Posnett D et al (1988) A novel method for producing anti-peptide antibodies. J Biol Chem 263:1719–1725

Sakamoto J, Campbell K (1991) A monoclonal antibody to the β-subunit of the skeletal muscle dihydropyridine receptor immunoprecipitates the brain ω-conotoxin GVIA receptor. J Biol Chem 266:18914–18919

Schick M, Kennedy R (1989) Production and characterization of anti-idiotypic antibody reagents. Methods Enzymol 178:36–48

Schlapschy M et al (2013) PASylation: a biological alternative to PEGylation for extending the plasma half-life of pharmaceutically active proteins. Protein Eng Des Sel 26:489–501

Schneider C et al (1982) A one-step purification of membrane proteins using a high efficiency immunomatrix. J Biol Chem 257:10766–10769

Seguela P et al (1984) Antibodies against y-aminobutyric acid: specificity studies and immuno-cytochemical results. Proc Natl Acad Sci USA 81:3888–3892

Smith C et al (1989) Sodium dodecyl sulfate enhancement of quantitative immunoenzyme dot-blot assays on nitrocellulose. Anal Biochem 177:212–219

Theis M et al (2004) Discriminatory aptamer reveals serum response element transcription regulated by cytohesin-2. Proc Natl Acad Sci USA 101:11221–11226

Tijssen P, Kurstak E (1984) Highly efficient and simple methods for the preparation of peroxidase and active peroxidase-antibody conjugates for enzyme immunoassays. Anal Biochem 136:451–457

Trau D et al (2002) Nanoencapsulated microcrystalline particles for superamplified biochemical assays. Anal Chem 74:5480–5486

Varghese S, Christakos S (1987) A quantitative immunobinding assay for vitamin D dependent calcium binding protein (calbindin-D28K) using nitrocellulose filters. Anal Biochem 165:183–189

Wang J (1988) Antibodies for phosphotyrosine: analytical and preparative tool for tyrosyl-phosphorylated proteins. Anal Biochem 172:1–7

Wiedenmann B et al (1988) Fractionation of synaptophysin-containing vesicles from rat brain and cultured PC12 pheochromocytoma cells. FEBS Lett 240:71–77

Wolfe C, Hage D (1995) Studies on the rate and control of antibody oxidation by periodate. Anal Biochem 231:123–130

Yoshioka H et al (1987) An assay of collagenase activity using enzyme-linked immunosorbent assay for mammalian collagenase. Anal Biochem 166:172–177

Zhiri A et al (1987) A new enzyme immunoassay of microsomal rat liver epoxid hydrolase. Anal Biochem 163:298–302

# Proteomics

H. Rehm, T. Letzel, *Der Experimentator: Proteinbiochemie/Proteomics*,
DOI 10.1007/978-3-662-48851-5_7, © Springer-Verlag Berlin Heidelberg 2016

> » Als Sancho dies hörte, bat er ihn mit Tränen in den Augen, doch von dieser Unternehmung abzustehen, womit verglichen die mit den Windmühlen und die entsetzliche der Walkmühle und kurz, alle Taten, die er nur jemals im Laufe seines Lebens verrichtet habe, für Torten und Zuckerwerk zu rechnen wären.

## 7.1 Einführung

Das Wort ist Diener der Verhältnisse; es schafft keine. Das ist gut so. Dennoch gibt es Ausnahmen, und Ausnahmen tummeln sich in der Proteinforschung. Ihr hing von Ende der 1970er- bis Ende der 1990er-Jahre etwas Hinterwäldlerisches an. An Proteinen allein mit proteinchemischen Methoden zu forschen, das taten Verknöcherte, die den Absprung in die Moderne, die Molekularbiologie, nicht geschafft hatten. Solch einem konnte es geschehen, dass er sich an die Reinigung eines Rezeptors machte, nur um nach einem Jahr der Mühsal in *Nature* zu lesen, dass die cDNA expressionskloniert worden war. Dann gab er entweder auf oder reinigte weiter, und wenn die Reinigung glückte, konnte er im *Journal of Biological Chemistry* veröffentlichen, was für *PNAS* gedacht war. Der Ruhm blieb aus. Die Molekularbiologen hatten die Schau gestohlen. Und dies – wie sich der Proteinfreund zähneknirschend eingestehen musste – zu Recht. Mit der cDNA ließ sich mehr anfangen als mit dem gereinigten Protein: Man erhielt die vollständige Sequenz, man konnte die Sequenz beliebig verändern, das Protein in Grammmengen exprimieren, Antikörper gegen das ganze Protein oder Teile davon herstellen, die Funktion in Abhängigkeit von Mutationen untersuchen etc. pp.

Da konnte der Proteinfreund noch so abfällig schimpfen über „Kringelmaler" und „Mollis". Die Tatsachen sprachen zugunsten der Leute, die nur bis vier zählen können. Insgeheim bewunderte der Proteinfreund die biodynamischen Doktoranden und ihre unverständlichen Reden von *Eco*RI, Lambda-*rexA*-Genen und Shine-Dalgarno-Sequenzen. Molekularbiologisch erfahrene Postdocs gar erschienen ihm als höhere Wesen. Bestürzt aber starrte er auf die Flut molekularbiologischer Ergebnisse, die sowohl sein Arbeitsgebiet wie seine Aussichten hin-

wegzuschwemmen drohten. Immer mehr von seiner Fraktion wechselten mit fliegenden Fahnen ins gegnerische Lager.

Das Schlimmste war: Man konnte eigentlich nicht von einem gegnerischen Lager sprechen; für die Mollis waren die Proteinfreunde gar keine Gegner, es waren Relikte, die man leicht amüsiert verachtete.

Dieser beklagenswerte Zustand änderte sich mit einem Wort. Mit dem Wort „Proteom". 1994 schleuderte es Marc Wilkins in die Forschergemeinde. Und das Wort wurde Fleisch. Heute sind Proteom und *Proteomics* so hip, wie es die PCR Ende der 1980er einmal war. Im Gegensatz zu anderen Worten, die die Welt veränderten – z. B. Gleichheit oder soziale Gerechtigkeit – ist das Wort Proteom eindeutig definiert. Man versteht darunter die Gesamtheit der Proteine einer Zelle, eines Gewebes oder eines Organismus, nach Zahl und Konzentration, zu einem bestimmten Zeitpunkt und bestimmten Bedingungen.

Man sollte nun meinen, dass nach den 20 dürren Jahren kein Proteinfreund übrig geblieben sei. Indes, die menschliche Natur ist in ihrer Vielfalt so unergründlich wie die deutsche Wissenschaftsförderung (für eine Beschreibung dieser Wüstenlandschaft siehe Bär und Schreck 2003). Einige Proteinfreunde hatten ökologische Nischen gefunden. Dies meist als Wasserträger der Molekularbiologen, z. B. als Mikrosequenzierer. Als *Proteomics* in Mode kam, tauschten sie die Wassereimer gegen Fackeln aus und schreiten seitdem einher als Leuchten der Wissenschaft.

In Wirklichkeit hatte nicht das Wort die Verhältnisse geändert. Es war vielmehr so, dass der Strom der Wissenschaft schleichend eine andere Richtung eingeschlagen hatte. Dies war niemandem aufgefallen, bis das Wort Proteom schlagartig die neue Landschaft beleuchtete. Zwei Felsen hatten den Strom abgelenkt: die Einführung der Massenspektrometer und der immobilisierten pH-Gradienten in die isoelektrische Fokussierung (IEF).

Dank der MALDI- und ESI-Ionenquellen waren Massenspektrometer in der Lage, die Molekulargewichte von Peptiden und Proteinen schnell und mit hoher Genauigkeit zu bestimmen. Dies gab der Proteinforschung den erotischen Ruch von Hai Täk. Weniger spektakulär, aber von ähnlicher Reichweite waren die immobilisierten pH-Gradienten.

Endlich war dem Molekularbiologien mit dem Ende des Humangenomprojektes die Vision abhanden gekommen. Denn machen wir uns nichts vor: So interessant molekularbiologische Erkenntnisse manchmal sind, die Techniken, mit denen sie erarbeitet werden, haben etwas Mechanisches an sich, ein Air von Langeweile: schneiden, kleben, vervielfältigen, sequenzieren und vor allem: Kits kochen, Kits kochen … Wenn das Großziel fehlt und damit die Hoffnung auf großen Ruhm, was bleibt dann von der Molekularbiologie? Arbeitsintensive Projekte mit mäßigem Prestige, die jeder macht und jeder kann.

Ein neues Großziel wurde gebraucht.

Bald dampfte es aus den Plastiktassen von Kongressteilnehmern und schlich sich in die Einsamkeit professoraler Kabuffs. Es war ein Ziel, mit dem man schon in den 1970er-Jahren geliebäugelt hatte, das aber über der DNA/RNA-Euphorie in Vergessenheit geraten war: Man besann sich wieder darauf, dass es in der Biologie um das Verständnis der Lebensäußerungen von Zellen geht. Diese Lebensäußerungen gründen aber auf Proteinen; Nukleinsäuren liefern nur Baupläne. *Es gehört mehr zur Paella als das Rezept,* schrieben Anderson und Anderson (1998). Das neue Großziel bestand und besteht darin, das funktionelle Netzwerk der Zelle aufzuklären, das Zusammenspiel zwischen Proteinen, RNA und DNA. Wie hängen Konzentration und Modifikationen eines Proteins von anderen Proteinen ab? Wie wirkt sich die Konzentrationsänderung eines Proteins X auf die Konzentrationen der restlichen Proteine aus? Die Zelle als molekulare Maschine zu verstehen, sie darzustellen in einem Satz Gleichungen, das ist der neue heilige Gral. Da wird es viel Herzeloyde geben und manchen Parzival. Doch Wolfram von Eschenbach wird den Nobelpreis erhalten.

Die ursprüngliche Bedeutung von *Proteomics* hat sich entsprechend erweitert: Man hat es mit Recht als öde empfunden, nur die Zahl und Konzentration der Proteine einer Zelle unter bestimmten Bedingungen zu erfassen. Funktion und Beziehungen gehören dazu, und daher ist *„Proteomics"* durch neue Schlagwörter ersetzt worden. Zunächst schien der Begriff *„Metabolomics"* in logischer Konsequenz der Reihe *„Genomics"* und *„Proteomics"* das Rennen zu machen, er wurde aber schnell durch „Systembi-

ologie" abgelöst. Das klingt nicht nur gut, das wirkt in seiner Unbestimmtheit auch integrierend. Damit kann sich jeder identifizieren und durch schlichte Umetikettierung modernisieren.

Auch vom Finanziellen her gewann die Proteinforschung an Reiz. Es gibt wohl nichts, was den Zustand einer Zelle oder eines Organismus genauer und empfindlicher ausdrückt, als das quantitative Spektrum seiner Proteine. Eine Krankheit wird die Expression bestimmter Proteine unterdrücken, die Expression anderer erhöhen oder erst anwerfen. Das Proteinspektrum sollte sich also als Krankheits- oder Gesundheitsindikator eignen.

Wohlgemerkt: Das Spektrum oder Muster ist das Neue. Einzelne Proteine dienten früher schon als Indikatoren oder Biomarker. Doch die Suche nach einzelnen Biomarkern gab nur einzelne Erfolge, z. B. das vermeintliche *prostrate specific antigen* (PSA). Heute benutzt jeder Mediziner, der etwas auf sich hält, das Wort „Mustererkennung", wenn er von Neuentwicklungen in der Diagnostik spricht. Es ist aber schwer, eine zuverlässige Diagnose aus Proteinmustern zu treffen. Gewebe oder Blut ändern ihre Proteinzusammensetzung mit der Zeit, dem Geschlecht, dem Alter und den Gewohnheiten. Zudem steht der klinische Forscher oft vor dem Problem der Gewebeheterogenität.

Praktisch ist bei der Proteinmuster-Diagnostik denn auch noch nicht viel herausgekommen. Zwar verkündeten Petricoin et al. (2002), sie hätten in Serum, mit einem Mustererkennungsalgorithmus, ein Proteinmuster identifiziert, das Ovarialkarzinome im Frühstadium anzeige. Diese Arbeit ist jedoch angezweifelt worden. Sie wurde unseres Wissens auch nicht reproduziert, nicht einmal von den Erfindern selbst. Petricoin et al. müssen ihre Bestätigung durch eine unabhängige Studie abwarten (lesen Sie dazu ▶ Abschn. 7.5.8). So einfach die Methode in ◻ Abb. 7.1 auch scheint, es ist schwer, mit Proteinmustern krank von gesund zu unterscheiden. Schon die Probennahme ist eine Wissenschaft für sich (▶ Abschn. 7.2).

Immerhin können Sie mit Proteinspektren oder -mustern zumindest gelegentlich die Wirkung von Pharmaka verfolgen (◻ Abb. 7.1) und deren Nebenwirkungen abschätzen. Man kann für diesen Zweck auch das mRNA-Spektrum einsetzen. Die Mengen der verschiedenen mRNAs eines Zellextraktes zu

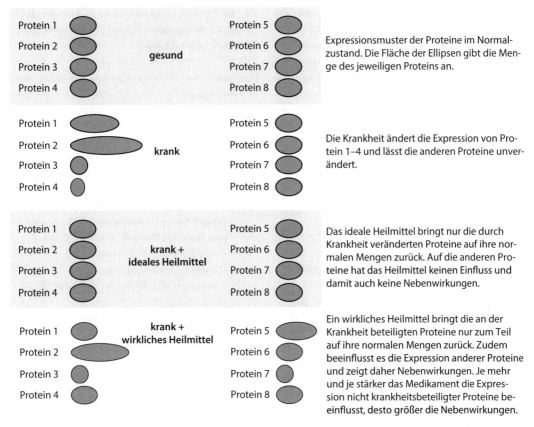

Expressionsmuster der Proteine im Normal-zustand. Die Fläche der Ellipsen gibt die Men-ge des jeweiligen Proteins an.

Die Krankheit ändert die Expression von Pro-tein 1–4 und lässt die anderen Proteine unver-ändert.

Das ideale Heilmittel bringt nur die durch Krankheit veränderten Proteine auf ihre nor-malen Mengen zurück. Auf die anderen Pro-teine hat das Heilmittel keinen Einfluss und damit auch keine Nebenwirkungen.

Ein wirkliches Heilmittel bringt die an der Krankheit beteiligten Proteine nur zum Teil auf ihre normalen Mengen zurück. Zudem beeinflusst es die Expression anderer Proteine und zeigt daher Nebenwirkungen. Je mehr und je stärker das Medikament die Expres-sion nicht krankheitsbeteiligter Proteine be-einflusst, desto größer die Nebenwirkungen.

◻ **Abb. 7.1** Der Wert quantitativer Proteinspektren für die Diagnose von Krankheiten und den Nachweis der Wirkung von Medikamenten

messen, ist ja kein Problem; dafür gibt es z. B. die Biochips von Affymetrix. Allein, das Proteinspek-trum ist oft besser geeignet, denn viele Vorgänge spielen sich nur unter Proteinen ab. Einem mRNA-Spektrum entgeht beispielsweise die Phosphory-lierung von Proteinen. Zudem kann man über die sich verändernden Proteinspektren leichter auf die Mechanismen schließen.

So verursacht z. B. die Gabe von Halothan, ei-nem Inhalationsnarkotikum, die Trifluoracetylie-rung bestimmter Leberproteine. Die acetylierten Proteine wiederum lösen bei manchen Personen eine Hyperimmunreaktion aus. Im Proteinspekt-rum tauchen nach Halothan-Gabe die acetylierten Proteine als neue Flecken auf. Im RNA-Spektrum dagegen fällt höchstens eine Änderung in der Häufigkeit verschiedener Antikörper-mRNAs auf. Doch Vorsicht! Die Menge einer mRNA korreliert schlecht mit der Menge an kodiertem Protein. Nach

Anderson und Anderson (1998) liegt der Korrelati-onskoeffizient zwischen einer mRNA und dem von ihr kodierten Protein im Durchschnitt bei 0,48, also in der Mitte zwischen perfekter Korrelation (1,0) und keiner Korrelation (0). Im Falle des Halothan weist das Proteinspektrum auf die direkte Ursache hin, das mRNA-Spektrum zeigt den Folgeeffekt. Beide Spektren zusammen liefern den ganzen Me-chanismus.

Ein anderes Beispiel: Das inzwischen an Neben-wirkungen gescheiterte Herzmittel Etomoxir hemmt irreversibel die Carnitin-Palmitoyltransferase I. Dieses Enzym besorgt den Transport von Palmi-toylsäureresten in die mitochondriale Matrix, wo die Fettsäurereste dann per β-Oxidation abgebaut werden. Bei gehemmter Transferase sammeln sich in der Leber Lipide an. Die Lipide wiederum regen die Produktion des Proteins ADRP an, denn ADRP kleidet die Lipidtropfen aus. Im Proteinspektrum lässt sich die Bildung von ADRP auf Etomoxir-Gabe zuverlässiger verfolgen als im mRNA-Spektrum.

Hat man einmal den Mechanismus eines Pharmakons gefunden, lassen sich Pharmaka, die über ähnliche Mechanismen wirken, identifizieren: Sie zeigen ähnliche Effekte auf das Proteinspektrum. Umgekehrt lässt sich von zwei Substanzen, die ähnliche Wirkungen auf das Proteinspektrum haben, schließen, dass sie über ähnliche Mechanismen wirken.

Keine Frage also: Proteinspektren sind interessant für Medizin und die Pharmaindustrie. Wie aber misst man sie? Die Messmethode sollte:
- möglichst alle Proteine erfassen,
- die Menge jedes Proteins messen,
- jedes erfasste Protein identifizieren,
- reproduzierbar sein, weil nur der Vergleich mindestens zweier Spektren, z. B. mit und ohne Medikament, eine Aussage macht. Die Methode muss am besten zwischen verschiedenen Laboratorien, wenigstens aber in den Händen des gleichen Experimentators reproduzierbar sein.

Diesen Forderungen auch nur annähernd gerecht zu werden, ist schwer, denn *Proteomics* ist mit prachtvollen Problemen behaftet:
- Die Konzentrationen von Proteinen in natürlichen Proben können sich über zehn Größenordnungen verteilen. So liegt in Serum Albumin in einer Konzentration von 30–40 g/l vor, Somatotropin dagegen in einer Konzentration von 0,3–5 µg/l. Der lineare Bereich der Färbemethoden jedoch deckt nur zwei, höchstens vier, Größenordnungen ab.
- Für Proteine gibt es, im Gegensatz zu DNA oder RNA, keine Amplifizierungsmöglichkeiten. Will man seltene Proteine erfassen, bleibt einem nichts, als kräftigst aufzuladen. Diese Strategie entspricht dem Frontalangriff beim Militär und führt dort wie hier nur selten zum Erfolg (Hart 1991).
- Kaum eine Methode erfasst alle Proteine gleichmäßig: sehr saure und sehr basische, sehr große und sehr kleine.
- Natürliche Proteasen bauen Proteine zu kleineren Proteinen ab und vergrößern Vielfalt und Verwirrung.

- Die Probennahme ist oft schwer zu reproduzieren (▶ Abschn. 7.2). Das gilt übrigens auch für mRNA-Spektren.

Methoden, die mit mehr oder weniger Erfolg diese Probleme angehen, sind die 2D-Elektrophorese (2DE; ▶ Abschn. 7.3.3 und Rabilloud 2002) mit anschließender MALDI-MS/MS (▶ Abschn. 7.5.2). Des Weiteren wurden entwickelt:
- LC-MS-Analysen nach einem tryptischen Verdau der jeweiligen Proteine (▶ Abschn. 7.4) und anschließender Datenbanksuche, d. h. mittels Peptidmassen-Fingerabdruck (▶ Abschn. 7.5.5) oder bei unbekannten Proteinen mittels *de novo*-Sequenzierung (▶ Abschn. 7.5.6),
- die *multidimensional protein identification technology*, abgekürzt „Mudpit" (▶ Abschn. 7.3.3),
- die Differenzial-2D-Fluoreszenz-Gelelektrophorese (DFG; ▶ Abschn. 7.3.3); sie erlaubt es, die Proteinmuster zweier Proben direkt in einem Gel zu vergleichen und so Gel/Gel-Varianzen zu eliminieren,
- die *isotope coded affinity tags*, abgekürzt „Icat" (▶ Abschn. 7.5.7) oder „Zellkulturmarkierung mit stabilen Isotopen von Aminosäuren", abgekürzt „Silac" (▶ Abschn. 7.5.7),
- das SELDI-Proteinchip-System (▶ Abschn. 7.5.8).

2DE, Massenspektrometrie, Proteinchips, Mudpit, Icat, DFG: alles gut und schön – viele Experimentatoren scheitern aber schon am ersten Schritt: an der banalen, unterschätzten Probennahme.

## 7.2    Probennahme

Der Reiz der Proteomforschung liegt im Vergleich von Proteomen: krank gegen gesund, medikamentenbehandelt gegen Kontrolle, Zellen mit Protein X gegen die gleichen Zellen ohne Protein X. Vergleiche aber führen leicht zum Obsthändlerdilemma: Wie vermeide ich es, Äpfel mit Birnen zu vergleichen?

Nehmen Sie an, Sie wollen die Wirkung eines Medikaments auf das Proteinspektrum der Leber messen. Bei Mäusen geht das einigermaßen problemlos: Sie nehmen genetisch einheitliche und gleichartig aufgezogene Tiere und spritzen den einen PBS und den anderen PBS plus Medikament. Dann entnehmen Sie jeweils ein großes Stück Gewebe aus der gleichen Lebergegend und lösen es z. B. in Probenpuffer auf (▶ Abschn. 7.3). Anschließend fahren Sie zwei 2D-Gele, eines von den Kontrollmäusen und eines von den medikamentenbehandelten, jeweils mit der gleichen Menge an Protein. Die Unterschiede in den 2D-Gelen sollten auf das Medikament zurückzuführen sein.

Aber wie stellt man solch einen Versuch beim Menschen an?

Menschen sind genetisch verschieden, das gilt selbst für eineiige Zwillinge (Bruder et al. 2008). Zudem essen sie unterschiedliche Sachen unterschiedlich oft, wohnen verschieden, arbeiten verschieden. Das alles wirkt auf ihre Leberproteome ein. Wie kann man da eine Leberprobe mit der anderen vergleichen?

Der Ausweg ist, jeden Patienten als seine eigene Kontrolle zu verwenden. Also: zuerst eine Punktion, dann das Medikament, dann die zweite Punktion. Das gibt zwei 2D-Gele, und deren Unterschied macht die Medikamentenwirkung aus. Dies immer vorausgesetzt, die Zeitpunkte der Punktionen und Medikamentgabe sind gut gewählt und der Patient fängt sich zwischen den Punktionen keine Grippe ein. Zudem darf die erste Punktion keine Nachwirkungen haben. Schließlich müssen beide Punktionen vergleichbares Gewebe liefern (◘ Abb. 7.2). Vielleicht sollte man sogar zuerst in einer Reihe von Punktionen die Konstanz des Proteoms bestimmen. Sie sehen: alles nicht so einfach.

Noch schwieriger wird es, wenn Sie Lebertumoren mit gesunden Leberzellen vergleichen wollen. Da können Sie keine Kontrolle punktieren, denn der Patient wird ja schon als Krebsfall eingeliefert. Vergleichen Sie aber das Proteom seines Leberpunktates mit einem Durchschnitt Gesunder, so müssen die Unterschiede keine tumorspezifischen Proteine darstellen, sondern können auf den erwähnten banalen Ursachen beruhen (z. B. genetische Polymorphismen, die Umstellung auf die Krankenhauskost etc.).

So sitzt er da, der klinische Forscher, und grübelt über seinen 2D-Gelen oder Proteinlisten aus dem Massenspektrometer: „Zwei Dutzend neuer

Flecken im Vergleich zum Gesunden. Wunderbar! Aber welche stammen vom Tumor?"

Viel hülfe es da, das Proteom des Tumors mit dem gesunder Zellen der gleichen Leber vergleichen zu können. Aber ach! Viele Tumoren bilden keine großen einheitlichen Zellhaufen, sondern infiltrieren gesundes Gewebe mit Zellhäufchen, oder die Tumorzellen streuen einzeln zwischen den Hepatocyten herum. Das Proteinspektrum, das Sie bei einer Punktion erhalten, hängt dann von der Position des Punktates ab (◘ Abb. 7.2): Mal erfasst man viele Krebszellen, mal wenig, mal sind viele Endothelzellen dabei, mal wenig, mal viele Sternzellen, mal wenige. Vermutlich hängen auch die Proteome der Hepatocyten selbst von Position und Alter ab. Dazu kommt, dass sich das Proteom eines Tumors mit der Zeit ändert. Tumoren bilden ja ständig neue Zelllinien mit neuen Proteomen.

Die Ergebnisse sind also schon im Ansatz nicht reproduzierbar – das Schreckgespenst jedes Experimentators. Der Mediziner kann den Patienten monatelang mit Punktionen quälen, das Ergebnis muss deswegen nicht klarer werden. Nicht nur die Patienten, auch die Mediziner können einem manchmal leidtun.

## 7.2.1 Mikrodissektion mit Lasererfassung

Einen Ausweg aus der Misere weist die Mikrodissektion mit Lasererfassung. Die Methode wurde Mitte der 1970er-Jahre entwickelt und hat sich inzwischen zur Standardmethode der Mikrodissektion gemausert. Seit Ende der 1990er-Jahre sind zwei Methoden auf dem Markt: die Mikrodissektion mit IR-Lasererfassung und die Mikrodissektion mit UV-Lasererfassung. Einen Vergleich der beiden Methoden bieten Vandewoestyne et al. (2013).

### Mikrodissektion mit IR-Lasererfassung

Bei dieser Mikrodissektion wird die Probe mit einem IR-Laser erfasst und an eine durchsichtige Folie verklebt (Banks et al. 1999). Die Technik wurde 1996 von Michael Emmert-Buck vom National Institute of Health (NIH) veröffentlicht.

Zufriedenstellend funktioniert die Mikrodissektion mit IR-Lasererfassung bisher nur für RNA/

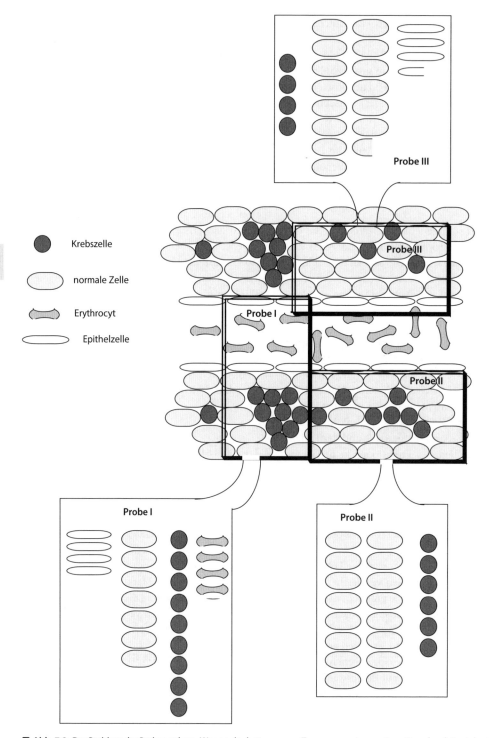

Krebszelle

normale Zelle

Erythrocyt

Epithelzelle

Probe III

Probe III

Probe I

Probe II

Probe I

Probe II

**◻ Abb. 7.2** Das Problem der Probennahme. Wegen der heterogenen Zusammensetzung eines Gewebes hängt das Protein-spektrum sowohl qualitativ wie quantitativ davon ab, wo und wie die Probe entnommen wird

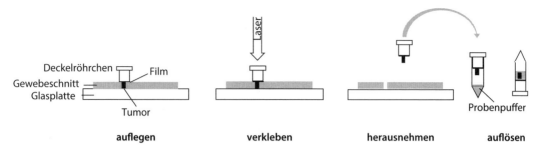

**Abb. 7.3** Mikrodissektion mit Laserklebetechnik

DNA-Extraktionen – was Sie nicht daran hindern sollte, Ihr Proteinproblem damit anzugehen. Gerade weil die Methode nicht einwandfrei funktioniert, sollten Sie sich aber nicht knechtisch an die Vorschriften halten. Variieren Sie, probieren Sie Neues. Für RNA/DNA-Extraktionen gibt es am NIH eine Netzseite mit Protokollen. Die passenden Geräte vertreibt Life Technologies (früher Arcturus).

**IR-Laserkleben läuft so ab** Die Gewebeprobe, z. B. das Punktat, wird mit dem Mikrotom in Scheiben geschnitten, die Schnitte auf Glasplättchen verbracht und fixiert. Für Proteinextraktionen fixieren Sie mit 70 % Ethanol für 30 s. Danach wird mit Hämatoxylin und Eosin gefärbt. Den gefärbten Schnitt schieben Sie unter ein Invertmikroskop. Nun identifizieren Sie den Tumor, oder was Sie sonst interessiert, und legen auf den interessanten Bereich ein Röhrchen. Das Röhrchen ist an seiner Unterseite mit einem UVA-Polymerfilm abgedichtet. Der Film liegt also auf dem Gewebe auf. Die interessanten Stellen des Gewebes verkleben Sie jetzt mit dem Film. Dies besorgt ein kurzer IR-Laserpuls, den Sie an die gewünschten Stellen lenken. Danach nehmen Sie das Röhrchen samt Film und verklebtem Gewebe ab. Der Rest des Schnittes bleibt auf dem Glasplättchen. Das Röhrchen setzen Sie als Deckel auf ein Eppendorfcup. Im Cup befindet sich Probenpuffer. Drehen Sie das Cup um, löst der Probenpuffer das Protein vom Film ab (◘ Abb. 7.3).

Nach Banks et al. (1999) beeinflussen weder Fixierung noch Färbung noch das Verkleben die Ausbeute, Antigenität und Sequenzierbarkeit der Proteine. Das wundert einen. Wir hätten erwartet, dass die Wasser-, 70 % Ethanol-, 100 % Ethanol-Spülungen der Färbeprozedur etliches Protein ab-

waschen. Und modifizieren die histologischen Farben die Proteine wirklich nicht?

Nun, Banks et al. (1999) sprachen vorsichtigerweise nur von *„preliminary findings"*, und in der Tat jüngere Arbeiten klingen weniger optimistisch. Lionel Mouledous et al. (2002) z. B. haben aus Kryostatenschnitten von Rattenhirn mit dem Skalpell manuell das Striatum präpariert. Zudem haben sie benachbarte Schnitte mit 70 % Ethanol fixiert, mit verschiedenen Farben angefärbt und das Striatum per Laserklebetechnik präpariert. Die Striata wurden der 2DE unterworfen. Das Ergebnis war ernüchternd. Handpräpariertes, unfixiertes, ungefärbtes Striatum ergab das gewohnte 2DE-Bild mit Hunderten von Flecken. Gefärbtes, mit der Laserklebetechnik präpariertes Striatum dagegen wies dicke Aggregate auf, und die Zahl der Flecken hatte sich auf ein paar Dutzend verringert. Das Problem sei nicht die Ethanolfixierung, sondern die Färbung, erkannte Mouledous. Es gebe kleine Unterschiede: Hämatoxylin/Eosin- sei nicht so schlimm wie Nissl-Färbung. Aber gut sahen die Gele in keinem Fall aus. Verringert man die Färbeintensität, werden die 2D-Gele besser, doch können Sie dann im Mikroskop kaum noch etwas erkennen.

Noch gründlicher wurde das Problem der Extraktion von Proteinen aus Gewebeschnitten im Labor von Emmert-Buck untersucht (Ahram et al. 2003). Die Ergebnisse:
- Formalinfixierung macht die Schnitte unbrauchbar für eine 2DE.
- Die Fixierung mit Ethanol und Einbettung in Paraffin verringert die Anzahl der Proteine im 2D-Gel um etwa ein Drittel und die Menge des extrahierten Proteins um ein Viertel (Ausbeute: 1–1,4 μg Protein/mm$^2$ von einem

5 µm dicken Schnitt). Zudem sehen die Gele verschmierter aus.

- Die Färbung ethanolfixierter und in Paraffin eingebetteter Schnitte mit Hämatoxylin und Eosin reduziert die Zahl der Flecken in 2DE-Gelen weiter und zwar beträchtlich. Zudem schmieren sie mehr.
- Färben Sie die ethanolfixierten Schnitte nur mit Hämatoxylin, erhalten Sie etwa die gleichen 2D-Gele wie mit ungefärbten Schnitten.

Zur Not könnten Sie also mit der Laserklebetechnik die Proteinzusammensetzung von Schnitten im 2D-Gel untersuchen, vorausgesetzt, die Schnitte wurden mit Ethanol fixiert und nur mit Hämatoxylin gefärbt. Für aussichtsreicher halten wir es, auf die 2DE zu verzichten und auf die mit der Laserklebetechnik präparierten und gefärbten Gewebestücke die Mudpit- oder Icat-Technik anzuwenden (▶ Abschn. 7.3.3 und 7.5.7). Vielleicht funktioniert das sogar mit formalinfixierten Schnitten. Bei Mudpit und Icat werden die Proteine nicht mit Probenpuffer extrahiert, sondern mit Proteasen verdaut und dann die Peptide extrahiert. Hier könnte ein ehrgeiziger Doktorand für seinen oder den Braten seines Professors ein paar Lorbeerblätter holen.

Die Laserklebetechnik hat noch ein zusätzliches, schlimmer, ein grundsätzliches Problem. Pro Schnitt (die Schnitte sind in der Regel 6 µm dick) erhält man winzige Mengen an Proteinprobe, d. h. man muss viele, viele Schnitte färben, untersuchen, verkleben und extrahieren. Rosamonde Banks benötigte 13 h (am Stück!), um genügend Protein für ein 2D-Gel zu präparieren. Diese Ausdauer dürften nicht viele Doktoranden oder TAs aufbringen. Gruppenleiter, die die Laserklebetechnik als Standardmethode benutzen wollen, werden einen beträchtlichen Teil ihrer Forschungsgelder für Stellenanzeigen im *Laborjournal* ausgeben müssen.

Daher sollten Sie einen anderen Weg einschlagen; lesen Sie weiter.

## Mikrodissektion mit UV-Lasererfassung

Besser geeignet für Proteinuntersuchungen – und überhaupt die bessere Methode – scheint Vandewoestyne et al. (2013) und auch uns die von Schütze und Lahr seit dem Jahr 1996 entwickelte Mikrodis-

sektion mit UV-Lasererfassung zu sein (Schütze und Lahr 1998). Das UV-Laser-System erlaubt eine schnellere und exaktere Probenerfassung, denn der UV-Laserstrahl ist mit 0,5 µm dünner als der IR-Laserstrahl (7,5 µm). Zudem werden die Proben bei der Mikrodissektion mit UV-Lasererfassung nicht mit einer Klebefolie abgezogen. Sie werden vielmehr mit einem Laserstrahl, also berührungsfrei, in den Deckel eines Eppendorfcups katapultiert. Das Kontaminationsrisiko ist damit denkbar gering. Auch das Trocknen der Proben entfällt. Es können im Gegenteil sogar lebende Zellen, ja ganze Organismen (z. B. Fadenwürmer) isoliert werden. Die Wellenlänge des UV-Lasers beträgt 355 nm, sollte also DNA, RNA und die meisten Proteine unverändert lassen: Das UV-Laser-System schont die Probe.

Das Problem der winzigen Probenmengen besteht auch bei der Mikrodissektion mit UV-Lasererfassung, ist aber eine Größenordnung kleiner. Bei der IR-Lasererfassung dürfen die Schnitte nicht dicker als 10 µm sein, bei der UV-Lasererfassung noch 200 µm. Da Zellareale mit einem Durchmesser von bis zu 1 mm ausgeschnitten werden können, würden so Gewebestücke von etwa 150 µg Nass- bzw. 30 µg Trockengewicht erfasst. Die Frage ist freilich, ob der UV-Laserstrahl kräftig genug ist, derartige Massen hoch ins Probengefäß zu schleudern. Mit einem Fadenwurm (*Caenorhabditis elegans*) ist das möglich, aber der wiegt nur 3–4 µg.

Wie bringt es ein Laserstrahl überhaupt zuwege, eine Masse von einem Objektträger in den Deckel eines Eppendorfcups zu schleudern? Durch Zauberei? Durch den Druck der Photonen wie im Raumschiff Enterprise? Oder ist ein indischer Guru endlich doch hinter das Geheimnis der Levitation gekommen?

Weder noch!

Bei der Mikrodissektion mit UV-Lasererfassung wird ein UV-Laserstrahl auf eine Fläche mit einem Durchmesser von unter 1 µm fokussiert und durch das Gewebe bewegt. Im Fokus des Strahls entsteht eine Energie- und Photonendichte, die alle chemischen Bindungen sprengt und Gas, ein Mikroplasma („Mikro", weil es so klein ist), entstehen lässt. Der Laser ist jedoch immer nur Bruchteile von Nanosekunden aktiv (Laserpulse), daher wird die Energie von dem sich ausdehnenden Gas abtransportiert. Es kommt nicht zu einer Wärmeübertragung in das

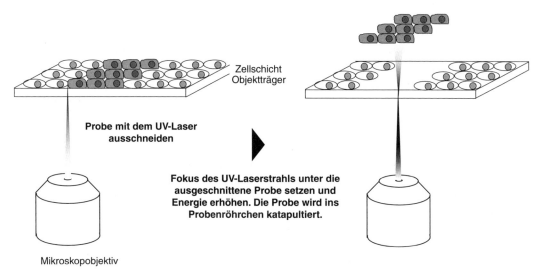

Zellschicht
Objektträger

**Probe mit dem UV-Laser
ausschneiden**

**Fokus des UV-Laserstrahls unter die
ausgeschnittene Probe setzen und
Energie erhöhen. Die Probe wird ins
Probenröhrchen katapultiert.**

Mikroskopobjektiv

⧠ **Abb. 7.4** Mikrodissektion mit UV-Laser

umgebende Gewebe; es handelt sich also um einen adiabatischen Prozess: Der Laser schneidet schonend durch das Gewebe (⧠ Abb. 7.4).

Legt der Experimentator den Fokus des Laserstrahls unter die Gewebeprobe, schleudert das sich ausdehnende Gas die Probe mit bis zu 25 m/s in die Höhe. Das nennt sich *laser pressure catapulting* (LPC). Der Effekt wurde 1996 von Karin Schütze und Georgia Lahr entdeckt.

Das Problem der schlechten Proteinausbeute nach einer Färbung der Gewebeschnitte kann natürlich auch die UV-Laser-Methode mit LPC nicht lösen. Vandewoestyne et al. (2013) färben daher ihre Proben nicht, sie fixieren sie nur.

Falls auch die Mikrodissektion mit UV-Laser versagt, löst Ihr Problem vielleicht die bildgebende Massenspektrometrie. Schlagen Sie ▶ Abschn. 7.5.9 nach.

## 7.3 2D-Gelelektrophorese und andere mehrdimensionale Trenntechniken

Die zweidimensionale Gelelektrophorese (2DE) trennt Proteine nach ihrem isoelektrischen Punkt und dem Molekulargewicht – eben nach zwei Dimensionen. Zuerst wird eine IEF gefahren und danach eine SDS-Gelelektrophorese. Die Grundlagen

der IEF-Technik beschreibt ▶ Abschn. 5.2.3 Andere mehrdimensionale Trenntechniken verbinden verschiedene Flüssigphasenchromatographien. Deren Grundlagen finden Sie in ▶ Abschn. 5.2 und 5.3.

## 7.3.1 Probenvorbereitung in der 2DE

Entscheidend für das Ergebnis einer 2D-Gelelektrophorese (2DE) sind Probe, Probenbehandlung und Probenauflösung (Shaw und Riederer 2003). Wie extrahiert man z. B. die Proteine eines Stückchens Leber? Direkt auflösen in Probenpuffer? Erst in flüssigem Stickstoff zermahlen und das Mehl mit Probenpuffer mischen? Erst lyophilisieren und dann in Probenpuffer auflösen? Die Geister streiten sich. Auch auf die nächste Frage gibt es keine klare Antwort.

Welches ist der beste **Probenpuffer**?

Da der erste Schritt der 2DE die IEF ist, müssen die Proteine ihre Eigenladung behalten. Sie dürfen also nicht mit SDS lösen. Trotzdem muss der Probenpuffer so viele Proteine wie möglich in Lösung bringen, ihre Aggregation verhindern und sie in die Untereinheiten aufspalten. Schließlich sollte der Probenpuffer die Proteasen inaktivieren.

Welcher Probenpuffer leistet das?

Keiner. Aber die Probenpuffer-Entwickler nähern sich diesem Ideal, wenn auch mit kleinen Schritten.

Fast alle Probenpuffer enthalten Harnstoff (3–8 M), eine Seife (NP-40, CHAPS etc.) und ein reduzierendes Agens (Mercaptoethanol, DTT). Beliebt ist der Probenpuffer der Expasy-Homepage (▶ www.expasy.ch/ch2d/protocols): 8 M Harnstoff, 4 % (w/v) CHAPS, 40 mM Tris, 65 mM DTT inklusive einer Spur Bromphenolblau. Gelegentlich werden auch Probenpuffer mit Thioharnstoff verwendet: 6 M Harnstoff, 2 M Thioharnstoff, 2 % (w/v) CHAPS, 1 % (w/v) DTT, 0,8 % Pharmalyte des entsprechenden pH-Bereichs.

Ein wichtiger Bestandteil des Probenpuffers ist die **Seife**, vor allem dann, wenn integrale Membranproteine solubilisiert werden sollen (◻ Tab. 3.1). CHAPS ist eine der beliebtesten Seifen, ohne aber eine ideale Lösung zu sein oder zu geben. In regelmäßigen Abständen erscheinen daher Veröffentlichungen mit angeblich besseren Detergenzien. Robert Henningsen (Henningsen et al. 2002) stieß auf eine Seife mit dem schönen Namen 4-Oktylbenzolamidosulfobetain (Obas), die von Thierry Rabilloud entwickelt worden war. Obas besitzt die gleiche hydrophile Gruppe wie die Sulfobetaine ASB-14 und ASB-16, wedelt aber im lipophilen Schwanz mit einem Benzolring. Henningsen verglich Obas mit vier anderen Sulfobetainseifen: CHAPS, SB 3-10, ASB-14 und ASB-16. Prüfsteine waren die Solubilisierung des menschlichen Histamin-H2-Rezeptors (sieben Transmembrandomänen) und eines Rattenionenkanals (zwei Transmembrandomänen) aus alkalibehandelten Zellmembranen. Das Ergebnis: Obas brachte die meisten Proteine in Lösung. Die Seife solubilisierte den Ionenkanal in größeren Mengen als die anderen Seifen, und zudem fokussierte der Kanal im IEF-Gel. Beim hydrophoberen H2-Rezeptor dagegen brachte Obas den Rezeptor zwar teilweise in Lösung, doch aggregierte und schmierte er im IEF-Gel. Leider scheint Obas auch keine generelle Überlegenheit über die anderen Seifen zu besitzen: In den Membranen gab es mindestens ein Protein, das mit CHAPS, nicht aber mit Obas in Lösung ging.

Ähnliche Ergebnisse hatten Stanley et al. (2003). Sie verglichen CHAPS mit ASB-14 und SB3-10 und kamen zu dem wenig tröstlichen Schluss, dass verschiedene Seifen verschiedene Proteine verschieden gut solubilisieren. SB3-10 extrahiere bevorzugt saure Proteine, während ASB-14 die neutralen/basischen bevorzuge. Es sei auch ein Unterschied, mit welcher Seife man extrahiere und mit welcher man fokussiere. Sie empfehlen mit ASB-14 zu extrahieren und dann in CHAPS zu fokussieren. Das gilt aber nur für Proteine aus dem menschlichen Myokard und vermutlich auch nur für die speziellen Bedingungen, unter denen Brian Stanley gearbeitet hat.

Der Schluss: Das Lösungsverhalten integraler Membranproteine ist so wenig vorhersagbar wie welche Seife Sie für ihr spezielles Problem benutzen sollten oder wie das Wetter zu Weihnachten wird. Sie müssen es probieren bzw. abwarten.

**Zum Harnstoff** Der bricht bekanntlich die Wasserstoffbindungen der Proteine und sollte sie denaturieren. Er tut dies nicht bei allen Proteinen: nicht bei nukleären Proteinen und nicht bei Tubulin, Fibronektin und integralen Membranproteinen. Hier soll der Zusatz von Thioharnstoff Wunder wirken. Üblich sind 2 M Thioharnstoff und 6 M Harnstoff.

Nun fragen Sie sich, warum nicht gleich Harnstoff durch Thioharnstoff ersetzen? Die Antwort: Thioharnstoff alleine geht schlecht in Lösung. Man braucht Harnstoff, um Thioharnstoff zu solubilisieren, der wiederum die Problemproteine solubilisiert.

Natürlich – Sie haben es geahnt – ist auch Thioharnstoff nicht das Gelbe vom Ei. Er bringt nicht wirklich alle Proteine in Lösung, bei pH-Werten zwischen 8,5 und 9 fängt er Iodacetamid ab, und er hindert das SDS daran, an Proteine zu binden. Letzteres spielt zwar für die IEF keine Rolle, wohl aber beim zweiten Schritt der 2DE, der SDS-Elektrophorese. Dafür müssen die Proteine im IEF-Gel zuerst mit SDS äquilibriert werden. Das geht nur, wenn zuvor der Thioharnstoff entfernt wird. Bleibt er, werden die Proteine schlecht mit SDS beladen. Sie ziehen dann im SDS-Gel einen Kometenschweif hinter sich her.

Was tun?

Sie können das IEF-Gel ausgiebig waschen. Doch während des Waschens diffundieren die Banden auseinander und die Auflösung leidet. Musante et al. (1998) empfehlen, die Thioharnstoffkonzentration auf 0,5 M zu verringern. Das gäbe immer noch eine wesentlich bessere Solubilisierung im Vergleich zu Harnstoff allein und verschlechtere die Auflösung nur minimal.

Uns scheint es besser, das IEF-Gel nach der Fokussierung erst kurz mit Wasser und dann ausgiebig mit 5 % TCA zu waschen. Wir stellen uns vor: Die Proteine fallen aus und diffundieren nicht mehr. Die Trichloressigsäure (TCA) können Sie mit Wasser wieder wegwaschen und dann das Gel mit SDS äquilibrieren. Probieren Sie es aus.

Bei integralen Membranproteinen dürfte auch Thioharnstoff nur in einzelnen Fällen helfen. So haben Klein et al. (2005) versucht, integrale Membranproteine von *Halobacterium salinarum* mit Harnstoff (7 M), Thioharnstoff (2 M) und einer Mischung von ASB-14 und Triton X-100 in Lösung zu bringen und in IEF-Streifen zu fokussieren. Das Ergebnis war: Die integralen Membranproteine präzipitierten während der IEF. Diese Präzipitation war irreversibel, d. h. die meisten Membranproteine konnten mit SDS nicht mehr aufgelöst und in die zweite Dimension übertragen werden. Die Membranproteine scheinen zu verfilzen. Krass war dieser Effekt bei basischen Membranproteinen. Klein et al. (2005) haben den Transfer mit verschiedenen Mitteln (höhere SDS-Konzentration, höhere Temperatur, Ultraschall, Fixierung mit Essigsäure etc.) zu erhöhen versucht. Soweit vergeblich.

Eine Methode für **Pflanzenmaterial** hat Annamraju Sarma entwickelt (Sarma et al. 2008). Die umständliche Methode umfasst drei Extraktionsschritte und eine Fällung. Sarmas Fleiß scheint belohnt worden zu sein, jedenfalls dann, wenn die Unterschiede in seiner Abb. 1A (2D-Gel mit herkömmlicher Probenaufbereitung) und C (2D-Gel nach neuer Aufbereitung) typisch sind: In seiner Abb. 1A zählt Sarma 1190 Punkte, in Abb. 1C 1400. Zudem sind die Punkte in Abb. 1C besser fokussiert und nicht so schmierig.

**Merke**: Gute 2D-Gelelektrophoresen sind ein Produkt guter Gele **und** guter Probenaufbereitung.

Sarma zermahlt zwei bis drei Wochen alte Sojabohnenblätter mit säurefreiem Sand in Tris-Puffer, der DTT und Protease-Inhibitoren enthält, in einem vorgekühlten Mörser. Nach einer Zentrifugation wird der Überstand mit Phenol extrahiert. Der Phenolextrakt wiederum wird mit Tris-Puffer gewaschen und dann mit Methanol/Ammoniumacetat bei −80 °C gefällt. Das Präzipitat wird abzentrifugiert, erst mit Methanol/Ammoniumacetat, dann mit Ethanol gewaschen und schließlich für die IEF

durch Vortexen und Ultrabeschallen in einer Harnstoff/Thioharnstofflösung aufgelöst. Am Ende steht eine Zentrifugation bei 100.000 g. Nach Sarma sind die entscheidenden Punkte:

- Zugabe von frischem DTT in allen Schritten,
- Aufschluss des Gewebes mit Sand,
- Extraktion mit Phenol, statt mit Trichloressigsäure/Aceton,
- Präzipitation des Phenolextrakts mit Methanol/Ammoniumacetat für 2–3 h bei −80 °C.

Leider zeigen Sarma et al. (2008) nicht anhand mehrerer unabhängig voneinander hergestellter Gele und Probenaufbereitungen, wie reproduzierbar diese Verbesserungen sind. Auch bleiben sie den Nachweis schuldig, dass auch bei anderen Geweben, z. B. Wurzel und Stamm, das Ergebnis herkömmlichen Methoden überlegen ist. Die Gutachter von *Analytical Biochemistry* hätten hier nachhaken müssen. Zudem dürfte Sarmas Prozedur einen Tag dauern, und der knirschende Sand im vorgekühlten Mörser wird empfindlichen Doktoranden, neben erfrorenen Fingern, womöglich auch Seelenschäden zufügen.

Was die Welt braucht, ist eine Probenaufbereitung, die in höchstens zwei Schritten und binnen einer halben Stunde die Maximalzahl gut solubilisierter Proteine liefert, und dies in einem Puffer, in dem sich diese auf das IEF-Gel aufladen lassen. Finden Sie diese Methode, und Sie werden Zitatekönig werden.

**Probenpufferprobleme** In der Literatur und im Labor lösen hohe Konzentrationen von Harnstoff die Angst vor **Carbamylierung** aus. Sie treibt den Forscher zu eiligstem Arbeiten und lässt ihn die Proben tief in den Eiskübel drücken. Carbamylierung geht so: Harnstoff steht im Gleichgewicht mit Ammoniumcyanat, und das reagiert mit den Aminogruppen von Lysinresten. Ist die Angst vor dieser Reaktion berechtigt? Herbert et al. (2003) bestreiten es. Die Angst vor Carbamylierung sei Hysterie. Man müsse die Proben schon in 8 M Harnstoff kochen, damit Carbamylierung auftrete; bei Raumtemperatur dauere es länger als zwei Tage. Im elektrischen Feld, also während der IEF, komme es sowieso zu keiner Carbamylierung, weil die entstehenden Cyanationen in der Anode verschwinden. Ein einleuchtendes Argument.

Ähnlich gering scheint die Gefahr der **Deamidierung** der Probenproteine zu sein. Darunter versteht man die Umwandlung von Asparagin- bzw. Glutaminresten in Aspartat- bzw. Glutamatreste. Nach Herbert et al. (2003) existiere Deamidierung nur in der Einbildung aufgeregter Forscher. Für eine Deamidierung müsse man die Proteine drei Wochen in Puffer pH 9,5 bei 55 °C inkubieren.

Ein echtes Problem werde dagegen übersehen: Die **β-Eliminierung** von SH-Gruppen in Cysteinresten. Bei alkalischem pH wird aus Cysteinresten $H_2S$ abgespalten und es entsteht ein Dehydroalaninrest. Damit einher geht ein MG-Verlust von 34 Da. Schlimmer: Die Doppelbindung des Dehydroalanins nimmt Wasser auf, und das wiederum führt zur Spaltung der Peptidbindung. Am Ende steht Peptidsalat. Die β-Eliminierung läuft nicht im Probenpuffer ab, sondern während der IEF, denn die Reaktion wird durch die elektrische Feldstärke getrieben. Sie verhindern sie, indem sie die SH-Gruppen der Proteine vor der IEF alkylieren, und zwar mit Acrylamid, statt dem üblichen Iodacetamid.

**Unser Tipp:** Halten Sie die Proben dennoch auf Eis – nicht wegen der Carbamylierung, sondern wegen der **Proteasen** – und geben Sie einen Protease-Hemmer-Cocktail dazu. Es ist zwar richtig, dass Harnstoff und DTT die Proteine denaturieren, aber nicht alle Proteine und vor allem nicht alle Proteasen. Denaturierte Proteine sind gute Substrate für Proteasen – deswegen denaturieren wir Fleisch durch Kochen und Braten. Falls Sie Ihre Probe beim Quellen des IEF-Streifens auftragen, was ja bei 20 °C einige Stunden dauern kann, können die Proteasen ihre zersetzende Tätigkeit in aller Ruhe ausüben und tun es auch (Finnie und Svensson 2002). Also: Protease-Hemmer-Cocktail in den Quellpuffer geben (▶ Abschn. 5.1).

**Und noch ein Tipp:** Manche Protease-Hemmer werden durch DTT oder Mercaptoethanol inaktiviert.

Da wir gerade bei Tipps sind: Salz verträgt sich nicht mit der IEF. Halten Sie die Salzkonzentration der Probe niedrig! Das geht nicht? Dann verdünnen Sie die Probe in einem großen Volumen Probenpuffer. Vermeiden Sie umständliche Manipulationen wie Dialysieren, Säulenläufe etc., sonst leidet ihre Proteinausbeute: Viel manipulieren heißt viel verlieren.

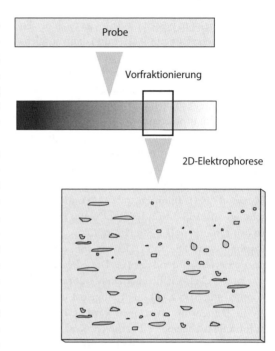

**□ Abb. 7.5** Vorfraktionieren

## 7.3.2   Vorfraktionieren für die 2DE

Durch Vorfraktionieren lässt sich ein grundsätzliches Problem der 2DE teilweise lösen: die riesigen Konzentrationsunterschiede zwischen den Proteinen der Probe. Vorfraktionieren ist nicht originell, aber wirksam.

Es gibt drei klassische Methoden: IEF in Sephadex, Vielkammer-IEF und die Dauerflusselektrophorese. Die isoelektrischen Fokussierungsmethoden fraktionieren die Proteine ihrer Probe in pH-Bereiche vor, z. B. pH 4–5, pH 5–6 usw. Von jedem pH-Bereich fahren Sie ein 2D-Gel mit der entsprechenden IEF (□ Abb. 7.5). Das ist wirksamer, als jeweils ein Aliquot der ganzen Probe auf 2D-Gelen mit Bereichen pH 4–5, pH 5–6 etc. zu trennen. Proteine, deren isoelektrischer Punkt außerhalb des pH-Bereichs des Gels liegt, wandern zu den Elektroden und fallen dort aus. Das gibt unschöne Ränder. Zudem werden bei der Präzipitation Proteine mitgerissen, die in den pH-Bereich, d. h. ins Gel, gehören. Am wichtigsten: Nach einer pH-Vorfraktionierung können Sie mehr Proteine des betreffenden pH-Bereichs auf das Gel laden. So werden Sie auf ein Gel,

pH 5–6, ausschließlich Proteine laden, deren isoelektrischer Punkt zwischen 5 und 6 liegt, und dies
bis zur maximalen Kapazität des Gels. Das erhöht
Ihre Chance, seltene Proteine zu erfassen.

Im Gebrauch sind auch Depletionsmethoden,
mit denen sich die Konzentration der häufigsten
Proteine in der Probe heruntersetzen lässt. Wenn
Sie z. B. Serum in der 2DE analysieren wollen, so
empfiehlt es sich, zuvor Albumin und Immunglobuline zu entfernen. Dazu eignen sich Kits mit in Eppendorfcups montierten Membranen. Die trennen
ruckzuck, ohne die Probe zu verdünnen, und Sie
sind die riesigen Albumin- bzw. Immunglobulin-
Kleckse los, die Ihnen das Gel zuschmieren. Zur
Albuminentfernung eignet sich auch das Blaugel
(▶ Abschn. 5.2.4).

Eine Methode mit Genialitätsanstrich ist die
Egalisierung (siehe diesen Abschnitt).

### IEF in Sephadex

Die Großmeisterin der IEF, Angelika Görg, empfiehlt, die Probe mit einer herkömmlichen IEF in
einer Flachbettkammer vorzufraktionieren (Görg
et al. 2002; ▶ Abschn. 5.2.3). Stabilisiert wird mit
Sephadex. Die 2DE läuft dann so ab: Äquilibrieren
von Sephadex in Fokussierungslösung mit Pharma-
lyten pH 3–10, Zugabe der Probe, mischen, Guss ins
Flachbett, fokussieren für 3 h. Damit das Sephadex
nicht austrocknet, wird es mit Silikonöl überschichtet. Nach der Fokussierung identifizieren Sie den gewünschten pH-Bereich mit einer Oberflächenelek-
trode. Falls Sie keine haben, kratzen Sie ein bisschen
Sephadex heraus, suspendieren es in 2 ml Wasser
und messen den pH mit einer normalen Mikroelek-
trode. Den gewünschten pH-Bereich nehmen Sie
mit dem Spatel heraus und tragen das Sephadex auf
vorhydrierte IPG-Streifen mit dem gleichen pH-Bereich auf. Weder das Sephadex noch die Pharmalyte
stören die folgende IEF. Die Einzelheiten finden Sie
unter ▶ http://proteomik.wzw.tum.de.

Auf der Netzseite findet sich auch eine Ärger-
Abschussliste zur 2DE, die kostenfrei unbequeme
Weisheiten anbietet wie: Lysepuffer immer frisch
ansetzen, harnstoffhaltige Puffer nicht über 37 °C
erhitzen (Carbamylierungs-Hysterie?) und das
DTT mit Iodacetamid wieder entfernen. Für sehr
hydrophobe Proteine oder Proteine mit vielen Disulfidbrücken wird empfohlen, statt DTT/Iodacet-

amid Tributylphosphin zu verwenden. Letzteres ist
eine unangenehme Verbindung: flüchtig, giftig und
leicht entflammbar.

Dem Autor Rehm missfällt die Vorfraktionierung mit Sephadex. Die Pharmalyte sind nicht an die
Matrix (Sephadex) fixiert, also kommt es zu Elek-
troendosmose, instabilem pH-Gradienten etc. Bei
längerer Fokussierungszeit wandern z. B. basische
Proteine in die Kathode. Es ist auch schwer, immer
die gleiche homogene Suspension von Sephadex herzustellen. Schon gar nicht, wenn Sie die Suspension
in einem Glaserlenmeyer ansetzen: Die Kügelchen
kleben hartnäckig an Glasoberflächen. Mit einem
50 ml-Falcon-Tube geht es besser, aber auch damit
dürfte die Reproduzierbarkeit der Gele zwischen
einzelnen Labors nicht die Beste sein. Fraktionieren Sie besser mit der *free-flow*-Elektrophorese vor
(siehe diesen Abschnitt) oder in der rotierenden
Vielkammer-IEF (siehe diesen Abschnitt).

### Vielkammer-IEF

Die Idee stammt von dem Italiener Pier Righetti
und erinnert an eine in Scheiben geschnittene Salami (Herbert und Righetti 2000). Die Scheiben
werden von isoelektrischen Membranen (Acrylamid mit Immobilinen aufgezogen auf Glasfaserfilter oder eine andere Membran) begrenzt, die einen
bestimmten pH, z. B. 3,0, 4,0, 5,0 usw. aufweisen
(◘ Abb. 7.6). Die Kammern zwischen den Membranen sind mit salzfreiem Medium gefüllt. Wegen
den Membranen bilden sich in den Kammern pH-
Gradienten aus (z. B. pH 3,0–4,05; pH 4,0–5,0 usw.).

Zur Trennung wird die Probe in eine der Kammern gegeben. Es wird ein elektrisches Feld angelegt, und die Proteine begeben sich auf Wander-
schaft. Damit ihnen dabei nicht zu heiß wird, wird
die Anlage in einem Kühlbad gedreht. Die Proteine
wandern so lange, bis sie in eine Kammer kommen,
deren pH-Gradient ihren isoelektrischen Punkt eingrenzt. Schwupp, sitzen sie in der Falle. Auf diese
Weise können Sie eine Proteinmischung in so viele
Fraktionen auftrennen wie das Gerät Kammern hat.

**Vorteil** Die isoelektrischen Punkte der Proteine jeder Fraktion liegen im vorbestimmten Bereich, und
die Proteinlösungen sind frei von Ampholyten.

Auf Righettis Idee baut eine Variation dieser
Methode auf, die IsoPrime-Anlage von GE Health-

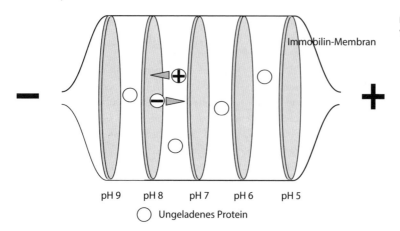

◘ **Abb. 7.6** Prinzip der Vielkammer-IEF

Immobilin-Membran

pH 9    pH 8    pH 7    pH 6    pH 5

◯ Ungeladenes Protein

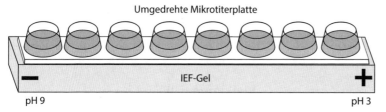

Umgedrehte Mikrotiterplatte

◘ **Abb. 7.7** *Off*-Gel-Elektrophorese

IEF-Gel

pH 9                                    pH 3

care (Daniels und Landers 1996). Ihre acht Kammern werden ebenfalls von auf Glasfasern aufgezogenen isoelektrischen Membranen begrenzt. Die Anlage wird aber nicht im Kühlbad gedreht, sondern der Inhalt jeder Kammer per Schlauchpumpe umgetrieben. Wahrscheinlich kühlt das besser. Die pH-Werte der Membranen können Sie frei wählen.

Billig ist der Spaß nicht: Die Anlage kostet knapp 23.000 Euro. Des Weiteren müssen die Membranen für jede Trennung neu polymerisiert werden. Besser wären standardisierte Membranen, die mehrere Trennungen mitmachen. Das würde dem System Reproduzierbarkeit geben. Aber so kann man wohl mehr Immobilinlösungen verkaufen.

Billiger und genial in ihrer Einfachheit scheint eine Methode zu sein, die sich **off-Gel-Elektrophorese** nennt. Das Prinzip findet sich in Ros et al. (2002), und für die Wirksamkeit geben wir keine Garantie ab. So soll's gehen: Man nimmt eine 96er-Mikrotiterplatte, pipettiert die Probe in eine Reihe von Wells ein, legt ein Gel mit immobilisierten Ampholinen auf, drückt es an und dreht es um (◘ Abb. 7.7). Das Gel dichtet die Wells mit den Probenaliquots ab, die Proteine können aber über das Gel von einem Well zum anderen wandern. Das

tun sie auch, wenn Sie an den Enden der Well-Reihe Spannung anlegen. Die Proteine wandern in das Well, dessen Gelstück ihren isoelektrischen Punkt eingrenzt. So können Sie ihre Probe schnell und billig in ebenso viele Fraktionen auftrennen wie es Wells gibt. Noch einmal: Jede Fraktion enthält die Proteine, deren isoelektrische Punkte in den pH-Bereich des Gels unter dem Well fallen.

Die Methode scheint ideal für kleine Volumina zu sein.

**Nachteile** Die Wells sind rund, und die Proteine kümmert das nicht, d. h. ein Teil der Proteine geht verloren, weil sie an Stellen im Gel wandern, die nicht unter der entsprechenden Well-Öffnung liegen. Zudem wird nur ein Teil der Proteinmoleküle aus dem Gel in die Well-Flüssigkeit wandern. Um den Anteil der Proteine, die im Gel bleiben, so klein wie möglich zu halten, sollte das Gel so dünn wie möglich sein.

### Dauerflusselektrophorese

Diese Methode ist ein alter Hut, aber auch alte Hüte schützen vor Regen, wenn sie gut behandelt wurden. Erfunden hat die Dauerflusselektrophorese (auch *free-flow*-Elektrophorese genannt) ein gewisser Kurt Hannig am Max-Planck-Institut für Biochemie vor etwa 40 Jahren.

Bei der Dauerflusselektrophorese läuft zwischen zwei Glasplatten ein breiter Strom von in Wasser gelösten Ampholyten und einigen Zusätzen. Links und rechts sitzen Elektroden und erzeugen quer zum Strom ein elektrisches Feld. Es bildet sich ein pH-Gradient. Treiben in dem Flüssigkeitsstrom Proteine mit, so wandern sie seitwärts zu ihren isoelektrischen Punkten. Am Ausfluss wird der Flüssigkeitsstrom fraktioniert (�‹ Abb. 7.8).

Das klingt so einfach wie das Prinzip des Wankelmotors, doch wie bei diesem steckte auch hier der Teufel im Detail. Bei der Dauerflusselektrophorese gab es Probleme mit der Diffusion der Elektrodenprodukte in die Trennkammer, der Präzipitation der Proteine, den Totvolumina bei den Sammelauslässen, dem Halbmondeffekt, dem Fremdwort elektrohydrodynamische Dispersion und mit der Hitzeableitung. Die isoelektrische Fokussierung in Dauerflusselektrophorese-Geräten hat sich deswegen nie richtig durchgesetzt – wie der Wankelmotor auch. Dank der unermüdlichen Tüftelei eines Gerhard Weber sind heute jedoch einige Probleme zumindest teilweise gelöst (Weber und Bocek 1996). So werden die Totvolumina bei den Sammelauslässen mit Gegenfluss unterdrückt, die elektrohydrodynamische Dispersion bleibt dem heutigen Experimentator ein Fremdwort (unter anderem dank wandfreier Injektion der Probe), und es ist gelungen, die Diffusion von Elektrodenprodukten in die Trennkammer zu unterbinden. Droht Präzipitation, so hilft es, die Probe nicht konzentriert durch den Probeneinlass, sondern verdünnt über den Laufmitteleinlass einzugeben (Hoffmann et al. 2001).

Die Auswirkungen einer Präzipitation sollten Sie nicht unterschätzen: Sie senkt nicht nur die Ausbeute ins Zwergenhafte, sie verringert auch die Auflösung. Das Präzipitat verzerrt den Flüssigkeitsstrom wie ein Unfall den Verkehr auf einer sechsspurigen Autobahn.

Idiotensicher ist die Methode auch heute nicht: Für jede neue Probe müssen Sie herumspielen mit Flussraten (zu langsam droht Präzipitation, zu schnell schlechte Fokussierung), Proteinkonzentration, Feldstärke und Zusätzen zum Laufmedium. Die Dauerflusselektrophorese ist etwas für geduldige Tüftler. Das ist nicht der einzige Nachteil. Ein Dauerflusselektrophorese-Gerät ist teuer. Zudem finden Sie ihre Probe nach dem Lauf in einer Lösung wieder, die nicht nur Ampholyte, sondern auch Hydroxypropylmethylcellulose (und evtl. Harnstoff) enthält. Diese Verbindungen begleiten nicht alles, was Sie hinterher mit der Probe anfangen, mit gutmütigem Kopfnicken.

Lassen Sie den Kopf nicht hängen! Es gibt keine Matrix, also kann sie auch keine Proteine adsorbieren, und Sie können mit hohen Ausbeuten rechnen (96–98 %!). Beim gleichen Experimentator und von Tag zu Tag ist der pH-Gradient eines Dauerfluss-Gerätes erstaunlich reproduzierbar. Die Abweichung liegt bei unter 0,05 pH-Einheiten. Des Weiteren handelt es sich um ein kontinuierliches Verfahren: Wenn Sie beliebig viel Zeit haben, können Sie beliebig viel Protein auftragen. Auch unter normalen Umständen verarbeitet das Gerät schnell ansehnliche Mengen an Protein. Sie können sogar Organellen und Erythrocyten trennen (Zischka et al. 2006). Membranproteine, die in nicht-ionischen Seifen löslich sind, dürften in der Dauerflusselektrophorese weniger Probleme ma-

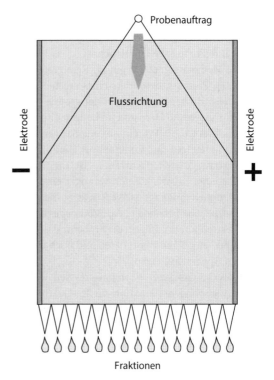

Probenauftrag

Flussrichtung

Elektrode  −  +  Elektrode

Fraktionen

◻ **Abb. 7.8** Prinzip der Dauerflusselektrophorese

chen als in der 2DE. Die Trennwirkung ist beachtlich; das handelsübliche Dauerflusselektrophorese-Gerät trennt Ihre Probe in 96 Fraktionen.

Die Methode eignet sich gut zur Reinigung eines einzelnen Proteins, besonders eines solchen, dessen isoelektrischer Punkt abseits der großen Herde weidet. Falls Sie auf Harnstoff im Laufmedium verzichten, können Sie Proteine in der nativen Konformation reinigen und hinterher per Bindungstest oder Enzymaktivität nachweisen. Ist Ihr Protein Substrat einer Kinase, können Sie sogar eine ingeniöse Doppelreinigung ins Werk setzen: die Probe mit Phosphatase behandeln, das Protein per Dauerflusselektrophorese reinigen, die Probenfraktion mit ATP und Kinase phosphorylieren und noch einmal auf den Apparat auftragen.

Falls Sie das ganze Proteom erfassen wollen, können Sie von jeder Fraktion ein 2D-Gel mit entsprechend engem pH-Gradienten fahren. 96 Fraktionen geben dann 96 2D-Gele. Ihre Doktoranden werden Sie kreuzigen! Uns scheint es besser, jede Fraktion mit Mudpit (▶ Abschn. 7.3.3) oder direkt im ESI- oder MALDI-MS (▶ Abschn. 7.5.2) zu analysieren. Dazu sollten Sie zuvor die Ampholyte und die Hydroxypropylmethylcellulose loswerden. Die Dauerflusselektrophorese kombiniert mit Mudpit oder MALDI-TOF ließe sich wohl vollständig automatisieren.

## Egalisierung

Es kommt selten vor, dass wissenschaftliche Artikel literarischen Witz zeigen. Eine Ausnahme ist der Übersichtsartikel von Pier Giorgio Righetti (Righetti et al. 2006). Ein Auszug:

> » No proteome can be considered ‚democratic‘, but rather ‚oligarchic‘, since a few proteins dominate the landscape and often obliterate the signal of the rare ones. This is the reason why most scientists lament that, in proteome analysis, the same set of abundant proteins is seen again and again. A host of pre-fractionation techniques have been described, but all of them, one way or another, are besieged by problems, in that they are based on a ‚depletion principle‘, i.e. getting rid of the unwanted species. Yet ‚democracy‘ calls not for killing the enemy, but for giving ‚equal rights‘ to all people.

Righetti spricht das schon erwähnte Spreiz- und Deckproblem an, die Tatsache, dass in den meisten Zellextrakten oder Körperflüssigkeiten (Serum, Urin, Hirnwasser) die Konzentrationen der Protein- oder Peptidkomponenten über zehn (!) Größenordnungen spreizen. So liegt die Konzentration von Albumin im Serum zwischen 36 und 50 g/l, die von ACTH und Calcitonin unter 100 ng/l, die von Interleukin-6 und Kathepsin unter 10 ng/l. Keine Färbemethode ist über solche Bereiche linear, und die Unmassen an Albumin oder Immunglobulinen decken in 2D-Gelen alles zu, was in der Nachbarschaft sitzt. Albumin macht auch im Massenspektrometer Ärger, da es die Signale anderer Proteine unterdrückt. Righetti geht dieses Problem an, indem er die Konzentrationen der Proteine egalisiert: Jenen in großen Konzentrationen wird fast alles genommen, jenen in kleinen Konzentrationen alles gelassen. Righetti schröpft also die Reichen, und am Ende sind alle arm: so wie in der DDR. Eine derart egalisierte Proteingesellschaft lässt sich leichter analysieren, was vorher unsichtbar war, bekommt plötzlich Gewicht, Farbe oder Fluoreszenz.

Righettis Methode gründet auf der Vorstellung, dass jedes Protein an etwas bindet: Für jedes Töpfchen gibt es einen Deckel. Man muss also nur für jedes Protein einen Liganden finden und alle Liganden an eine Säule koppeln. In der Säule sitzen dann für jedes Protein eine bestimmte Anzahl Liganden, für Albumin z. B. 100.000, für Ferritin unseretwegen auch 100.000. Gibt man Serum über die Säule, binden 100.000 Albuminmoleküle und 100.000 Ferritinmoleküle. Wäscht und eluiert man die Säule, finden sich im Eluat 100.000 Albuminmoleküle und 100.000 Ferritinmoleküle. Lag das Verhältnis der beiden Moleküle im Serum bei $10^4 : 1$, so liegt es im Eluat bei 1 : 1. Keines der Proteine ging verloren, aber ihre Konzentrationen wurden „egalisiert". Das Prinzip ist also die von hinten gelesene Parole der französischen Revolution: *fraternité, egalité, liberté*.

Wie aber findet man für alle der Zehntausende von Proteinen in biologischen Flüssigkeiten einen Liganden? Indem man gar nicht erst danach sucht. Stattdessen stellt man mit kombinatorischen Techniken alle möglichen Hexapeptide her und koppelt sie an eine Matrix: $20^6$ verschiedene Hexapeptide, also 64 Millionen. Die Hoffnung: Unter den Millionen möglicher Partner wird jede Proteinspezies einen Liebhaber finden. Die Hexapeptid-Matrix gießt man in eine Säule, und die Grundlage der obigen Technik ist gegeben.

Warum gerade Hexapeptide?

Egisto Boschetti und Pier Righetti (2008) haben systematisch Peptidlängen, angefangen und aufsteigend von den Aminosäuren, ausprobiert und kamen zu dem Schluss, dass Hexapeptide ausreichen, um fast alle Proteine eines Extraktes abzufangen. Auf die Synthese längerer Peptide wurde verzichtet, wohl aus der Überlegung heraus, dass längere Peptide zu stärkeren Bindungen und damit zu schlechterer Ausbeute führen würden. Heptamersäulen hält Righetti allerdings noch für sinnvoll. Die Methode wird von Bio-Rad unter dem Namen „ProteoMiner Protein Enrichment Kit" vertrieben. In Wirklichkeit handelt es sich natürlich um einen Verarmungs-Kit. Interessant, wie Propagandastrategen unterschiedlichster Systeme unter gleichem Druck zu ähnlichen Lösungen greifen. „Enrichment Kit" klingt wie „Paradies der Werktätigen".

Anscheinend besteht die Matrix aus porösen Poly(hydroxymethylacrylat)-Kügelchen mit einem Durchmesser von 70 µm, deren Hexapeptiddichte bei 40–60 µmol/ml feuchtem Kügelchenvolumen liegt. Die Bindung von Proteinen an das Matrixgerüst soll gegen null gehen. Eluiert wird z. B. mit 2 M Thioharnstoff, 7 M Harnstoff, 4 % CHAPS. Das Eluat, denaturierte Proteine, kann nach Reduktion direkt auf ein 2D-Gel aufgetragen oder mittels SELDI-gekoppeltem Massenspektrometer (▶ Abschn. 7.5.8) vermessen werden.

**Die Schwächen der Methode**

- Die Peptide auf der Matrix können von Peptidasen abgebaut werden.
- Es wird Proteine geben, die von den Hexapeptiden nicht gebunden werden; Righetti schätzt sie auf 3–7 % der Gesamtpopulation an Proteinen.
- Manche Proteine scheinen bevorzugt adsorbiert zu werden, so Apolipoprotein A1.
- Es könnte Proteine geben, die so fest an die Säule binden, dass sie selbst von 2 M Thioharnstoff, 7 M Harnstoff, 4 % CHAPS nicht abgelöst werden. Die gehen dann dem Proteom verloren. Für diesen Fall empfiehlt Righetti, die Säule mit 6 M Guanidin-HCl

pH 6 zu waschen. Das soll alle Bindungen aufbrechen und alle Proteine denaturieren. Allerdings müssen Sie vor einer Weiterverarbeitung der Proteine das Guanidin-HCl loswerden, denn es stört in so gut wie allen Techniken. Das ist lästig, denn bei der Dialyse oder Gelfiltration geht mit Sicherheit das eine oder andere Protein verloren. Zudem wird die Probe verdünnt. Nach Righetti et al. (2006) kleben übrigens selbst in Gegenwart von 6 M Guanidin-HCl pH 6 noch Proteine an der Säule, denn aus damit gewaschenen Säulen lässt sich mit heißem SDS immer noch etwas herunterholen.

**Was bringt die Hexapeptid-Egalisierung?**

Egalisierte Proben bringen mehr Signale im Massenspektrometer: bis zu 50 % mehr bei Plasmaproben, bis zu 400 % mehr bei Urinproben. In 2D-Gelen sehen Sie nach Hexapeptid-Egalisierung mehr Flecken: mit Serum und drei Elutionsschritten z. B. 800 Flecken verglichen zu 115 in Kontrollen.

Damit scheint die Methode den klassischen Vorfraktionierungsmethoden, wie präparative IEF in Sephadex, Vielkammer-IEF und Dauerflusselektrophorese, überlegen zu sein. Auch Depletionstechniken, d. h. Entfernen von Albumin mit Cibacron Blau und von Immunglobulinen mit Immunaffinitätssäulen, scheinen Righettis Peptidsäulen nicht das Wasser reichen zu können. Auf Cibacron Blau bzw. Immunaffinitätssäulen bleiben zudem auch andere Proteine kleben als nur die unerwünschten, und die fehlen dann im Proteom.

Schließlich lässt sich die Technik verwenden, um aus gereinigten Proteinproben die letzten Verunreinigungen herauszufiltern. In diesem Fall ist natürlich der Durchlauf der Säule interessant.

Wegen der leichten Verfügbarkeit von Urin glaubt Righetti, dass diese Körperflüssigkeit in Zukunft zum Nachweis von Biomarkern dienen wird. Die Egalisierungstechnik eigne sich hervorragend zur Untersuchung von Urinproben. Die Gleichmacherwirkung der Technik steht dem Biomarker-Finden zwar scheinbar entgegen, doch schiebt sie das Suchniveau nur herunter auf niedrige Konzentrationen, d. h. seltenere Proteine. Bei denen versagt die Gleichmacherei, weil sie ihre Bindungsstellen auf der Säule nicht mehr absättigen können. Auch Biomarker mit Nulleffekt, die also nur in Kontrolle oder Probe exprimiert werden, werden erfasst: Was nicht vorhanden ist, kann nicht zurückgehalten werden. In der Tat setzen Sihlbom et al. (2008) die Egalisierungsmethode bei der Suche nach Biomarkern ein. Bisher allerdings scheint man auch mit Hexapeptidsäulen erfolglos geblieben zu sein.

### 7.3.3    Die Technik der 2DE

#### Geschichte

Nach Probenvorbereitung und Vorfraktionieren kommt die eigentliche Prozedur, die zweidimensionale Trennung.

Wer hat sie erfunden?

Nach vorherrschender Meinung haben die 2DE, unabhängig voneinander, Patrick O'Farrel und Joachim Klose erfunden und im Jahr 1975 publiziert (Klose 1975). Es war anders, wie Joachim Klose im *Laborjournal* mitteilte. Die Idee, Proteine in zwei Dimensionen aufzutrennen, war schon in den 1950er-Jahren entstanden: als Kombination von Papier- und Stärkegelelektrophorese oder Agargel- und Immunelektrophorese oder SDS-Gelelektrophorese mit SDS-Gelelektrophorese (jeweils unterschiedliche pH-Bedingungen oder Gelkonzentrationen). Später wurde die IEF mit der SDS-Gelelektrophorese kombiniert. Zuerst von Kaltschmidt und Wittmann am Max-Planck-Institut für Genetik in Berlin und von Kenrick und Margolis. Beide Gruppen publizierten die Technik 1970 in *Analytical Biochemistry* (Kaltschmidt und Wittmann 1970). Angewandt wurde diese 2D-Methodenkombination jedoch nur auf die Reinigung einzelner Proteine oder Proteinkomplexe. Etwas später und angeregt von Kaltschmidt tauchte in den Köpfen von Klose und O'Farrel die Idee auf, die 2DE zur Darstellung aller Zellproteine zu verwenden. Klose trennte die Proteine der Maus auf, O'Farrel die von *E. coli* (O'Farrell 1975). Der Gedanke, dass es von Nutzen sein könne, das gesamte Zellproteom darzustellen und mit einem anderen zu vergleichen, war also neu, nicht die Technik. Dennoch wurden O'Farrel und Klose nicht als Initiatoren von *Proteomics* bekannt, sondern gelten als Erfinder der 2DE. Kaltschmidt und Wittmann dagegen sind für die Kaltschmidt-Wittmann-Ribosomen bekannt, denn mit ihrer 2DE analysierten sie Ribosomen. Der Ruhm geht manchmal krumme Wege.

Viel haben Klose und O'Farrel von ihrer Idee erst mal nicht gehabt. Die 2DE fristete im Schatten der Molekularbiologie lange Zeit ein Mauerblümchendasein. Zu Recht: Die 2DE lieferte zwar eindrucksvolle Bilder von *E. coli*-Lysaten, aber dabei blieb's auch. Das lag unter anderem daran, dass die 2DE schlecht reproduzierbar war. Dies nicht nur zwischen Labor und Labor, sondern auch in den Händen des gleichen Experimentators. Die Position eines Proteins im Gel schwankte wie ein Einjähriger, der gerade das Gehen lernt. Der Autor Rehm hat einmal mit einer Woche Abstand zwei 2D-Gele von der gleichen Probe gefahren (Zellextrakt von PC12-Zellen, bei −80 °C aufbewahrt). Beide Gele sahen eindrucksvoll aus: viele Pünktchen und Flecken, etliches Geschmier – aber eine Ähnlichkeit ließ sich erst nach längerem Betrachten erahnen. Rehm kam sich vor wie ein Kunstsachverständiger. Mit der 2DE alten Stils hat unseres Wissens niemand ein sensationelles Ergebnis erzielt. Sie versprach große Möglichkeiten, löste dieses Versprechen aber nicht ein.

Dies hat sich mit der Einführung der IEF mit immobilisierten pH-Gradienten gebessert (▶ Abschn. 5.2.3). Der im Gel fixierte pH-Gradient hob sowohl Reproduzierbarkeit wie auch Auflösung der 2DE um eine Größenordnung an (Corbett et al. 1994). Zudem ermöglichte es der fixierte Gradient, die IEF-Gele auf einer Plastikunterlage zu trocknen, zu lagern und bei Bedarf wieder aufzuquellen. Das erleichterte die Handhabung und den Handel ungemein und befreite den Experimentator von der dümmlichen, aber Aufmerksamkeit erfordernden Beschäftigung des Gradientengele-Gießens. IEF-Gele mit immobilisierten pH-Gradienten sind für die 2DE inzwischen Standard.

#### Die erste Stufe: IEF

Sie haben die Probe in Probenpuffer aufgelöst? Sie wollen sie fokussieren?

Dazu wählen Sie einen trockenen IEF-Streifen passenden pH-Bereichs. Die üblichen Streifen sind 18–24 cm lang und im Handel in breiten (3–10) und engen (z. B. 5,5–6,5) pH-Bereichen zu haben. In einer Quellkassette wird der Streifen über Nacht aufgequollen. Als Quelllösung empfiehlt die

Expasy-Homepage 25 ml 8 M Harnstoff, 2 % (w/v) CHAPS, 10 mM DTT und 2 % (v/v) Resolyte des entsprechenden pH-Bereiches nebst einer Spur Bromphenolblau (▶ Abschn. 5.2.3).

Den fertig gequollenen (rehydratisierten) Streifen übertragen Sie in die IEF-Kammer und beschichten sie mit Paraffinöl. So verdunstet während des Fokussierens kein Wasser. Falls Sie die Probe nicht schon haben mitquellen lassen, sie also nicht schon im Gel sitzt, pipettieren Sie sie in die Probenkammer am kathodischen oder anodischen Ende des Gels. Auf analytische Gele sollten Sie nicht mehr als 50 μg aufladen, auf präparative können Sie bis zu 15 mg schaufeln.

Der Ort des Auftrags, anodisch oder kathodisch, soll nicht gleichgültig sein: Manche Proben sollen besser fokussieren, wenn man sie in der Nähe der Anode, andere wenn man sie in der Nähe der Kathode aufträgt. Vermutlich hängt das mit Präzipitationseffekten zusammen, d. h. ein Teil der Proteine verträgt die extremen pH-Werte in der Nähe der Elektroden nicht. Dem Autor Rehm ist die Methode von Sanchez et al. (1997) am sympathischsten. Jean-Charles Sanchez trägt weder am anodischen noch am kathodischen Ende auf, sondern lässt den IEF-Streifen gleich in der Probenlösung aufquellen. Damit vermeidet er Präzipitationen und kommt mit kürzeren Fokussierungszeiten aus. Zudem braucht er keine speziellen Probenkammern zum Auftragen großer Proteinmengen: Eine Probe mit 50 μg wird genauso behandelt wie eine mit 15 mg. Leider müssen Sie bei dieser Methode wie ein Schießhund auf die Proteasen aufpassen (▶ Abschn. 7.3.1 und 5.1).

Fokussiert wird in handelsüblichen Apparaten (Pharmacia, Bio-Rad). Die Bedingungen sind so zahllos wie die Fokussierer. Generell geht man die Sache langsam an, erhöht z. B. die Spannung im Laufe von 3 h linear von 300 auf 3500 V, gefolgt von 3 h bei 3500 V und schließlich 5000 V über Nacht. Über Nacht ist immer gut: Es gibt einem das Gefühl, rund um die Uhr zu arbeiten, und somit ein gutes Gewissen und also besseren Schlaf. Sie können auch mit 150 V für die ersten 30 min fokussieren, dann mit 300 V für 1 h und schließlich 3500 V über Nacht. Zur Dauer der Fokussierung, ausgedrückt in Voltstunden, findet man in der Literatur alle Werte zwischen 40.000 und 400.000 Vh. 100.000 Vh reichen aus.

## Die zweite Stufe: SDS-Gelelektrophorese

Nach der IEF müssen die Proteine im IEF-Gel mit SDS gesättigt werden. Dazu inkubiert man den fokussierten Gelstreifen für 10–12 min in 50 mM Tris-Cl pH 6,8, 6 M Harnstoff, 30 % (v/v) Glycerin, 2 % (w/v) SDS und 2 % (w/v) DTT. Falls der Gelstreifen Thioharnstoff enthielt, lesen Sie zuerst ▶ Abschn. 7.3.1. Nach der SDS-Sättigung werden die freien SH-Gruppen blockiert. Das erreichen Sie durch Inkubieren mit 2,5 % (w/v) Iodacetamid in 50 mM Tris-Cl pH 6,8, 6 M Harnstoff, 30 % (v/v) Glycerin und 2 % (w/v) SDS für 5 min. Die Proteine sind nun bereit für die Trennung in der zweiten Dimension, dem SDS-Gel.

Der mit SDS äquilibrierte IEF-Gelstreifen wird auf ein SDS-Plattengel aufgelegt. Hier erhebt sich die Frage: Auf was für ein SDS-Gel? Ganz einfach. Sie wählen ein Gel, mit dem Sie die meisten Proteine erfassen oder eben die, die Sie interessieren. Beliebt sind 9–16 %ige Gradientengele (erfassen Proteine von 8–200 kDa) und 12 %ige Gele (erfassen Proteine von 14–150 kDa). Schauen Sie sich dazu ◻ Abb. 1.2 an.

Um der besseren Reproduzierbarkeit willen, sollten Sie das SDS-Gel nicht in Gegenwart von SDS polymerisieren. Die SDS-Mizellen nehmen Acrylamidmonomere auf, stören die homogene Polymerisation und sorgen für unpolymerisiertes Acrylamid im Gel. Unpolymerisiertes Acrylamid kann N-Termini blockieren oder Proteine vernetzen.

Wie das SDS hinterher ins Gel kommt?

Aus dem Lauf- und Probenpuffer! SDS läuft ja schneller als die SDS-Protein-Komplexe. Diese bewegen sich daher immer in einer SDS-haltigen Umgebung.

**Tipp** Auf der schon erwähnten Expasy-Homepage wird empfohlen, Piperazindiacrylyl anstatt Bisacrylamid als Quervernetzer zu benutzen. Piperazindiacrylyl-vernetzte Gele sollen die Proteine besser trennen und weniger N-Termini blockieren. Zudem sollen sich Piperazindiacrylyl-vernetzte Gele besser mit Silber anfärben lassen. Dem besseren Färben dient auch ein Zusatz von 5 mM Na-Thiosulfat in den Laufpuffer.

Auf ein Sammelgel verzichten viele Experimentatoren. Das IEF-Gel (in Tris-Cl pH 6,8) zusammen mit der als Befestigung verwendeten Agarose reiche als Sammelgel aus, meinen sie. Andere, z. B. Corbett et al. (1994), äquilibrieren die fertig fokussierten IEF-Streifen in ähnlichen Lösungen wie oben, aber mit 50 mM Tris-Cl pH 8,8 als Puffer. Danach legen sie den Streifen auf ein 4 cm langes Sammelgel in 125 mM Tris-Cl pH 6,8, 0,1 % (w/v) SDS auf.

Woran soll man sich halten?

Halten Sie sich an die Methode, die am wenigsten Arbeit macht – verzichten Sie also auf das (extra) Sammelgel. Corbett et al. (1994) dürften aus historischen Gründen sammelgelen: vom Vorgänger übernommen, nicht überdacht und daher immer wieder gemacht.

Zum SDS-Trenngel wurde schon in ▶ Abschn. 1.3.1 alles gesagt. Vielleicht mit einer Ausnahme, auf die uns Udo Roth aufmerksam gemacht hat: Beim Anodenpuffer können Sie das teure Glycin weglassen. Das hat keine Auswirkung auf die Trennschärfe des Gels.

## Probleme mit dem SDS-Gel

Jawohl, selbst diese eingefahrene Methode kann Probleme bereiten. Vor allem bei der Reproduzierbarkeit. So ist klar, wann für das SDS-Gel der Strom eingeschaltet werden muss – sobald das IEF-Gel aufliegt –, aber wann schaltet man ihn ab?

Wenn der Marker, das Bromphenolblau, kurz vor der Anode steht? Was heißt kurz? Oder ist es besser, wenn der Marker in der Anode verschwindet? Oder 10, 20, 30 min nachdem der Marker verschwunden ist?

Zudem: Nur selten gelingt ein absolut gleichmäßiger Lauf. Meist läuft die Markerbande etwas schief und verschwindet an der einen Ecke früher als an der anderen. Was soll dann als Laufzeit gelten?

Die Laufzeit ist wichtig, denn sie bestimmt die Position der Proteine im 2D-Gel, wenn auch nur in einer Richtung. Die SDS-Gelelektrophorese ist nun mal keine Gleichgewichtsmethode wie die IEF. Dort spielt bei immobilisierten Gradienten eine Stunde mehr oder weniger Fokussieren keine Rolle. Die Verwendung von $R_f$-Werten verbessert die Situation nicht wesentlich, vor allem bei Gradientengelen nicht: Forscher, die ihre 2D-Gele in der zweiten Dimension verschieden lange laufen lassen, werden Mühe haben, diese Gele zu vergleichen.

Sie sehen, selbst Trivialitäten, wie der Zeitpunkt des Stromabschaltens, wollen gut überlegt sein. Autor Rehm hat es für gewöhnlich so gehalten: Warten, bis das erste Bromphenolblau in den unteren Puffer schliert, zu Sankt Simplicius beten, dann abschalten.

## Probleme mit der IEF

Es wurde schon mehrfach angesprochen, und es sei noch mal wiederholt: Auch bessere Probenpuffer (mit Thioharnstoff, neuen Seifen etc.) und Tricks wie mit SDS vorlösen oder alkalische Puffer bewegen die meisten integralen Membranproteine nicht dazu, sich in IEF-Gelen anständig zu verhalten: Sie schmieren wie in der nativen Gelelektrophorese (▶ Abschn. 1.3.2). Nach Klein et al. (2005) präzipitieren die meisten integralen Membranproteine irreversibel im IEF-Gel. Anscheinend verfilzen sie im Gel auf eine Weise, der selbst SDS hilflos gegenübersteht.

Manche Experimentatoren helfen sich, indem sie die Probe in SDS auflösen. Weil aber SDS-Proteinkomplexe nicht fokussieren – sie besitzen keinen brauchbaren isoelektrischen Punkt – müssen Sie das SDS nach dem Auflösen mit NP-40 oder CHAPS wieder verdrängen (Garrels et al. 1979; Corbett et al. 1994). Viele Membranproteine aggregieren nach der NP-40/Harnstoff-Zugabe wieder und bleiben nur als SDS-Proteinkomplexe oder als Komplexe mit anderen geladenen Seifen in Lösung. Zudem bildet SDS Mischmizellen mit NP-40, die wegen ihrer negativen Ladung zum Pluspol des IEF-Gels wandern. Dadurch kommt es zu einer ungleichen Verteilung der Seifen im IEF-Gel. Vielleicht ist das der Grund für die schlechte Auflösung der IEF-Gele in Gegenwart von SDS/NP-40-Mischmizellen.

Dockham et al. (1986) schlugen vor, Membranproteine in einem alkalischen Puffer aufzulösen, der Lysin, Triton X-100 und Harnstoff enthält. Auch diese Methode hat sich nicht durchgesetzt. Vermutlich stört das Lysin die IEF und solubisiert auch nicht so gut, wie Dockham et al. sich das einbilden.

Bei der IEF haben kleine Temperaturänderungen große Wirkungen auf die Position mancher Proteine, vermutlich weil die Dissoziationskonstante einer ionisierbaren Gruppe des Proteins stark von der Temperatur abhängt. Das beeinträchtigt die Reproduzierbarkeit. Wer kann schon garantieren, dass, sagen wir, der Thermostat in Uppsala die Temperatur auf ein Zehntel Grad genauso einstellt wie

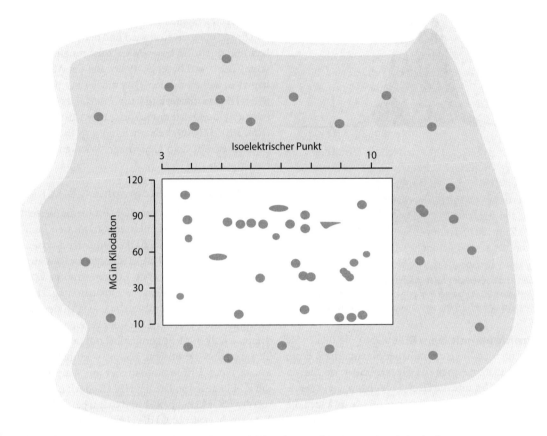

**Abb. 7.9** Drumherum verloren' Land. Auch die 2D-Gelelektrophorese gibt nur einen Ausschnitt des Proteoms

der Thermostat in Rom? Zumal bei verschiedenen Thermostatmodellen!

### Vor- und Nachteile der 2DE

Die **Vorteile** der 2DE sind schnell aufgezählt. Sie ist billig und braucht keine Großgeräte. Sie kann also auch in kleinen Labors eingerichtet werden. Des Weiteren erlaubt sie es, die Menge jedes Proteins abzuschätzen.

Die Liste der **Nachteile** ist länger. Zwar ist die Reproduzierbarkeit der 2D-Gele durch die fixierten pH-Gradienten verbessert worden, dennoch lässt sie und wird wohl immer zu wünschen übrig lassen: Die 2DE hat zu viele Schritte und daher zu viele Fehlerquellen. Fehler beim Abwiegen des Acrylamids, beim Polymerisieren, bei der Temperatureinstellung, bei der Laufzeit der SDS-Gelelektrophorese. Die 2DE ist zwar keine Kunst mehr, sondern ein Handwerk, aber sie zu automatisieren und

standardisieren, also zu industrialisieren, ist lange misslungen (Rabilloud 2002; Corbett et al. 1994). Probieren Sie es doch mal mit den neuen trennfertigen 2D-Gelen (z. B. von SERVA Electrophoresis), billig wird es nicht aber reproduzierbar.

Zudem erfasst die 2DE nur einen Teil der Proteine der Probe. Proteine mit extremen Eigenschaften – sehr große, sehr kleine, sehr saure, sehr basische, sehr hydrophobe – gehen verloren, so viele Membranproteine (**Abb. 7.9). Selbst bei kleinen Genomen (z. B. *E. coli*) erfasst die 2DE im besten Falle zwei Drittel aller exprimierten Proteine. Bei Säugerzellen liegt der Anteil weit niedriger.

Seltene Proteine eines Proteoms sieht man nicht. Zwar können Sie dick aufladen und empfindlich anfärben (z. B. mit SYPRO Orange), aber leider, leider werden Sie feststellen, dass Ihnen das wenig nützt. Ein Protein liegt nämlich in einem 2D-Gel nicht in einem scharf umrandeten Flecken, sondern zeigt

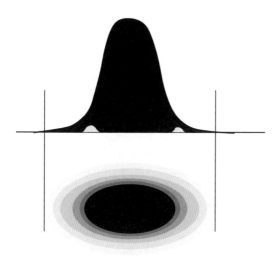

**Abb. 7.10** Deckproblem. In den Proteinflecken eines 2D-Gels ist das jeweilige Protein nach einer Gauss-Kurve verteilt. Die Gauss-Schwänze der Proteine hoher Konzentration verdecken daher die Flecken von Proteinen niedriger Konzentration

eine Gauss-Verteilung (■ Abb. 7.10). Je dicker Sie aufladen und je empfindlicher Sie anfärben, desto mehr Platz nehmen die Flecken ein – sie fließen auseinander, und die Flecken der häufigen Proteine überdecken mit ihren dicken Gauss-Schwänzen die Flecken der seltenen. Dazu kommt, dass der lineare Bereich einer Färbemethode sich höchstens über drei oder vier Größenordnungen streckt, meistens nur über zwei. Darüber ist alles tiefblau oder tieforange oder tiefschwarz – so schwarz wie die Aussichten, unter dem fetten Blob Ihr seltenes Protein zu finden.

Die Quantifizierung der Flecken auf einem 2D-Gel ist auch nicht einfach, vor allem dann nicht, wenn die Flecken verschiedener Gele miteinander verglichen werden sollen. Und Sie müssen vergleichen: Kontrolle mit Probe, gesund mit krank, transfiziert mit nicht transfiziert. Dieses Problem wurde in ▶ Abschn. 1.4.2 schon angesprochen. Hermann Wetzig gab in der Serie „Neulich an der Bench" in *Laborjournal* 7/8 (2009) einige Lösungen, und diese gelten auch für 2D-Gele.

Schlussendlich: Es dauert – vor allem die IEF. Von der Zubereitung der Probe bis zum fertigen 2D-Gel können Sie gut und gerne zwei Tage rechnen. Das zerrt an den Nerven.

Viel wäre gewonnen, könnte man die IEF-Gele direkt mit dem Massenspektrometer abfahren. In der Tat ist es möglich, das fokussierte IEF-Gel auf PVDF-Membranen zu blotten und den Blot schließlich mit einem IR-Laser-MS abzuscannen (▶ Abschn. 7.5.2 bzw. Loo et al. 1999). Bei der Methode hapert es jedoch mit der Quantifizierung der Proteine. Die Qantifizierung ist in *Proteomics* generell schwierig und wird ansatzweise in ▶ Abschn. 7.5.7 (Icat, Silac, iTRAQ) behandelt.

Schluss mit dem Gejammer: Wie kann man's besser machen?

## 2D-Flüssigchromatographie (2D-LC)

Die radikale Lösung der 2DE-Probleme besteht darin, das 2D-Gel wegzulassen. Stattdessen kombiniert man 2D-LC-Techniken mit der Massenspektrometrie. Bei 2D-LC-Techniken folgen zwei LCs aufeinander. Die erste LC kann frei gewählt werden, also z. B. IC, Chromatofokussierung, Hydroxylapatitchromatographie. Die zweite Dimension ist immer die RP-HPLC. Dies deswegen, weil viele Trenntechniken nicht kompatibel mit der ESI-MS-Technik sind (▶ Abschn. 7.5.2), so enthalten die Eluate einer Chromatofokussierung Ampholine, die IC-Eluate Salze. Die RP-HPLC jedoch ist direkt mit der ESI-MS koppelbar und trennt gut. So haben Xiaodan Su et al. (2009) die Hydroxylapatitchromatographie mit der RP-HPLC und Massenspektrometrie kombiniert und damit Histone angereichert und charakterisiert.

Der „Klassiker" unter den 2D-LC-Techniken ist die Kombination der IC mit der RP-HPLC. Die Trennung von Proteinen ist zwar möglich, doch meist werden tryptische Verdaue getrennt.

Hier hat sich **Mudpit** durchgesetzt. Mudpit steht für multidimensionale Protein-Identifikationstechnologie. Erfinder der Methodik und Namensgeber ist John Yates vom Scripps Research Institute. Mudpit heißt auf Deutsch Schlammloch. Die Bezeichnung illustriert den Zustand der meisten Gewebs- oder Zellextrakte und den etwas groben Humor vieler Amerikaner.

Mudpit verspricht, einen Großteil der Proteine einer Probe schnell und vollautomatisch zu identifizieren.

Wie funktioniert das?

Zuerst werden von der Probe Peptide hergestellt. Dabei wird je nach Proteinquelle unterschiedlich vorgegangen. In der Regel wird aber mit spezifischen Proteasen verdaut. Selbst aus Proteinen mit extremen Eigenschaften (bezüglich Hydrophobizität, Basizität oder Acidität) wird so das eine oder andere moderate Peptid entstehen. Von integralen Membranproteinen erhält man z. B. nicht-hydrophobe Peptide aus extrazellulären Bereichen.

Die rohe Peptidmischung gibt der Mudpitler in 5 % Acetonitril, 0,5 % Essigsäure auf eine HPLC-Kapillarsäule (innerer Durchmesser 100 μm). In der Säule befindet sich unten Umkehrphasenmaterial (C18) und darüber ein starker Kationenaustauscher (SCX) in 5 % Acetonitril, 0,5 % Essigsäure. Der Kationenaustauscher bindet die Peptide.

Danach wird die Doppelsäule zuerst mit einem Acetonitril-Gradienten (5–64 % in 0,02 % Heptafluorbuttersäure) eluiert. Das Eluat läuft direkt in das ESI-MS/MS und wird dort analysiert. Dann beginnen die Salzzyklen.

Im ersten Zyklus werden mit 25 mM Ammoniumacetat in 5 % Acetonitril, 0,02 % Heptafluorbuttersäure Peptide vom SCX eluiert. Die Peptide binden an die angeschlossene Umkehrphasensäule. Von dort werden sie mit einem anschließenden Acetonitril-Gradienten in das ESI-MS/MS eluiert. Danach wird die Säule wieder mit 5 % Acetonitril, 0,02 % Heptafluorbuttersäure äquilibriert und die nächste Salzstufe (50 mM Ammoniumacetat) angelegt. Wieder löst sich ein Teil der Peptide vom SCX und bindet an die Umkehrphasensäule. Die auf die Umkehrphase gewaschenen Peptide werden wiederum mit einem Acetonitril-Gradienten ins ESI-MS/MS eluiert usw. So geht man in 25 mM-Schritten hoch bis 250 mM Ammoniumacetat. Beendet wird das Experiment mit zwei Schlusszyklen, der letzte schließt einen Waschgang mit 500 mM Ammoniumacetat ein (◘ Abb. 7.11).

Ein Zyklus dauert 2 h, insgesamt sind es 15 Zyklen. Wegen der eleganten Idee, die Säulen übereinander zu setzen und das ESI-verträgliche Ammoniumacetat zu verwenden – sowohl $NH_3$ als auch HAc sind flüchtig –, läuft der Analyseprozess kontinuierlich und vollautomatisch ab. Die Maschine arbeitet 30 h und produziert 100.000 oder mehr Massenspektren. Mit ihrer Hilfe werden die Peptide und die zugehörigen Proteine in Datenbanken identifiziert.

Das Mudpit-Prinzip können Sie endlos variieren, z. B. in 20 mM-Schritten hochgehen, anderes Umkehrphasenmaterial, anderes Kationenaustauschermaterial, statt Acetonitril Methanol verwenden etc.

Der Witz aber ist immer: Sie kombinieren eine zweidimensionale Vorfraktionierung mit einer verblüffend simplen und wirksamen Lösungsmethode für Proteininformation: dem Verdau mit spezifischen Proteasen. Die zweidimensionale Vorfraktionierung trennt nach Ladung und nach Polarität/Hydrophobizität. Im ESI-MS kommt noch eine dritte Trenndimension dazu, das Molekulargewicht. Diese dreidimensionale Trennung der Peptide wird scheinbar auch mit der Komplexität von Zellproteomen fertig.

**Wichtig**: Mudpit untersucht nicht Proteine, sondern Peptide. Das hat mehrere Vorteile:
- Man kann auf die 2DE und ihre Nachteile verzichten.
- Peptide sind leichter handzuhaben als Proteine.
- Man erfasst auch integrale Membranproteine.

Letzteres braucht zusätzliche Tricks, denn es ist schwierig, Membranproteine in brauchbare Peptide zu spalten: Die meisten Proteasen schneiden nicht in Transmembrandomänen, sie schneiden nur in den Schlaufen, die aus den Membranen herausragen. Dabei müssen nicht unbedingt lösliche Peptide entstehen. Zudem bilden die Membranen Vesikel, die den Proteasen den Zugang ins Innere verwehren.

Sie können auch die Membranen nicht einfach in SDS auflösen, das SDS verdünnen und dann mit Trypsin verdauen: SDS macht bei ESI Probleme.

Dennoch ist es möglich, zuverlässig lösliche Peptide aus Membranproteinen herzustellen (◘ Abb. 7.12).

**Trick 1** Sie lösen die Membranproteine in 90%iger Ameisensäure auf und spalten die Proteine mit Bromcyan. Zur Erinnerung: Bromcyan spaltet Polypeptide auf der Carbonylseite von Methionin. Hinterher neutralisieren Sie mit Ammoniumbicarbonat, lyophilisieren und verdauen die Bromcyan-Peptide weiter mit einer spezifischen Protease (Lys-C oder Trypsin) (Washburn et al. 2001).

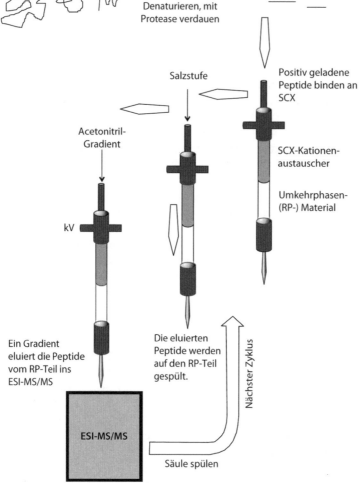

**Proteine**

Denaturieren, mit
Protease verdauen

**Peptide**

❑ **Abb. 7.11** Mudpit

Salzstufe

Positiv geladene
Peptide binden an
SCX

Acetonitril-
Gradient

SCX-Kationen-
austauscher

Umkehrphasen-
(RP-) Material

kV

Ein Gradient
eluiert die Peptide
vom RP-Teil ins
ESI-MS/MS

Die eluierten
Peptide werden
auf den RP-Teil
gespült.

Nächster Zyklus

ESI-MS/MS

Säule spülen

**Trick 2** Die Membranen bei pH 11 mit Proteinase K behandeln. Bei pH 11 bilden die Membranvesikel flächige Schuppen, die der Protease gut zugänglich sind. Proteinase K ist bei pH 11 noch aktiv (Wu et al. 2003).

**Trick 3** Die Membranen in heißem 60%igem Methanol auflösen und dann mit Trypsin verdauen (Goshe et al. 2003). Diese Methode ist jedoch für Mudpit noch nicht verwendet worden.

Washburn et al. (2001) gelang es, mit Mudpit im Hefe-Proteom in einem Tag 1484 Proteine zu identifizieren. Darunter waren 131 integrale Membranproteine mit mindestens drei Transmemb-

randomänen. Die Membranproteine wurden mit Trick 1 erschlossen. Mit 2DE/MALDI-TOF dagegen können nur einige Hundert Proteine identifiziert werden. Zudem scheint Mudpit die verschiedenen Proteinklassen gleichmäßiger zu erfassen als 2DE/MALDI-TOF. So macht Mudpit – dank Trick 1 – kaum einen Unterschied zwischen löslichen und Membranproteinen.

Das klingt gut.

Es klingt besser, als es ist. Zum einen muss das ESI-MS/MS einen 30-stündigen Dauerlauf aushalten, ohne dass die feine Nadel verstopft. Das kann die Nerven des geduldigsten Doktoranden verschleißen. Zum anderen gibt Mudpit nur eine Liste

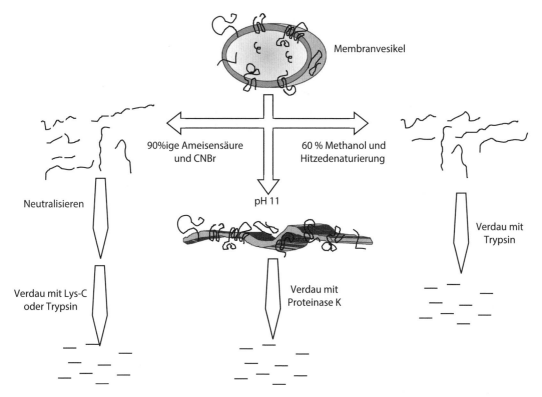

Membranvesikel

90%ige Ameisensäure und CNBr

60 % Methanol und Hitzedenaturierung

Neutralisieren

pH 11

Verdau mit Trypsin

Verdau mit Lys-C oder Trypsin

Verdau mit Proteinase K

**Abb. 7.12** Verdau von Membranproteinen

von Proteinen. Über deren Konzentration wissen Sie nichts. Bei der Identifizierung von Membranproteinen aber scheint mit Mudpit ein Durchbruch gelungen zu sein. Das ist etwas wert: Etwa ein Viertel der vom Humangenom kodierten Proteine sind Membranproteine.

### Differenzial-2D-Fluoreszenz-Gelelektrophorese (DFG)

Mit dieser Methode können Sie die Proteinmuster zweier Proben in **einem** Gel vergleichen und so Gel-Gel-Varianzen eliminieren (McNamara et al. 2010). Dazu markieren Sie die Proteine von Probe 1 vor der Elektrophorese mit einem fluoreszierenden Farbstoff (meistens Cy3) und die Proteine der Probe 2 mit einem zweiten fluoreszierenden Farbstoff (meistens Cy5). Als internen Standard markieren Sie zudem die Proteine einer 1 : 1-Mischung von 1 und 2 mit einem dritten fluoreszierenden Farbstoff (meistens Cy2). Die Farbmarker binden über ihre N-Hydroxysuccinimidgruppe an die primären Aminogruppen der Lysinreste. Es entstehen

stabile Säureamide. Unter den üblichen Bedingungen hängt nach der Reaktion an ca. 3 % der Proteine ein Farbmolekül, und durchschnittlich ist nur ein Lysinrest einer Peptidkette markiert. Das MG der derivatisierten Proteine ändert sich dadurch nur unwesentlich: Ein Cy-Molekül addiert ca. 500 Da zum MG des Proteins. Die positive Ladung der Cy-Moleküle ersetzt auch den Verlust der Ladung des Lysinrestes: Der isoelektrische Punkt der derivatisierten Proteine ändert sich also kaum.

Die drei Proben werden gemischt und auf einem 2D-Gel getrennt. Mit der Wellenlänge A leuchten danach in schönem Blau die Cy2-markierten Proteine auf, mit der Wellenlänge B in Grün die Cy3-markierten Proteine und mit der Wellenlänge C in Rot die Cy5-markierten Proteine. Wenn ein bestimmtes Protein in Probe 1 in anderer Konzentration auftritt als in Probe 2, wird dieser quantitative Unterschied der Expression im 2D-Gel messbar (**Abb. 7.13**).

Zum Messen brauchen Sie sich nicht auf Ihr Auge verlassen. Es gibt kommerzielle Bildgeräte,

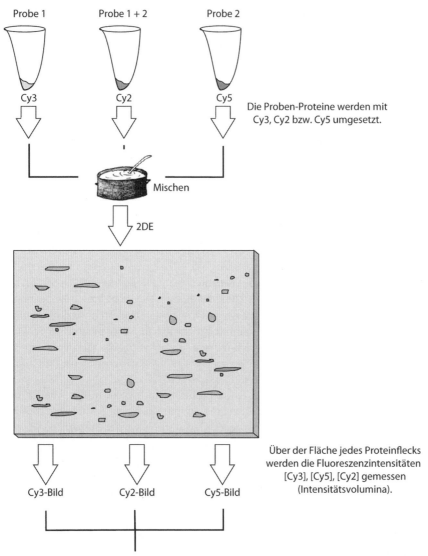

Probe 1          Probe 1 + 2          Probe 2

Cy3              Cy2              Cy5      Die Proben-Proteine werden mit
                                          Cy3, Cy2 bzw. Cy5 umgesetzt.

Mischen

2DE

Über der Fläche jedes Proteinflecks
werden die Fluoreszenzintensitäten
[Cy3], [Cy5], [Cy2] gemessen
(Intensitätsvolumina).

Cy3-Bild          Cy2-Bild          Cy5-Bild

Die Intensitätsvolumina sind proportional zur Proteinmenge des Flecks: [Cy3] ist proportional zur Menge des jeweiligen
Proteins aus Probe 1, [Cy5] proportional zur Menge aus Probe 2. Dies mit verschiedenen Proportionalitätskonstanten,
da es sich um verschiedene Fluoreszenzfarbstoffe handelt. Mithilfe von [Cy2] soll sich aus [Cy3] und [Cy5] das
Verhältnis der Proteinmengen aus Probe 1 und 2 bestimmen lassen.
Wie sich das genau rechnet konnte uns allerdings niemand sagen.

**◙ Abb. 7.13** Arbeitsablauf bei der DFG

die das 2D-Gel scannen, und Programme, die die Scans auswerten und Ihnen eine Liste jener Proteinflecken liefern, die in Grün und Rot verschiedene Intensitäten geben.

Mit der DFG wurden bearbeitet: die Unterschiede in der Proteinexpression des Meeresbakteriums *Pirellula,* aufgewachsen einmal mit Glucose und Ammonium und einmal in N-Acetylglucosamin, oder die Unterschiede in der Proteinexpression von *E. coli,* aufgewachsen mit und ohne Benzoesäure. Sie können die DFG für jedes Bakterium, für jede Zelllinie, für alle möglichen Bedingungen (Medienzusätze, Temperaturen, Drücke) treiben, und wenn das langweilig wird, dann vergleichen Sie

Krebsgewebe mit normalem oder Knock-out-Maus mit normaler Maus usw. Mit den Möglichkeiten der DFG reichen Sie bis zur Emeritierung.

**Vorteile** der DFG:

- Da Probe 1 und 2 auf demselben Gel getrennt werden, sind die Flecken direkt vergleichbar. Gel-zu-Gel-Varianzen, die auch bei 2D-Gelen mit immobilisierten pH-Gradienten noch Vorkommen, spielen keine Rolle. Mithilfe des dritten Farbstoffs lassen sich sogar Intergelvergleiche anstellen. Dazu werden auf einem 2D-Gel drei Proben getrennt. Die dritte Probe ist eine mit Cy2 (blau) gefärbte Kontrollprobe (interner Standard). Das zweite Gel enthält zwei andere Proben und ebenfalls den blauen internen Standard. An den Positionen und Intensitäten der Proteine des internen Standards können Sie die Proteinpositionen und Intensitäten der Proben ausrichten (Gade et al. 2003).
- Die Cy-Farben färben ähnlich empfindlich wie Silber, färben aber gleichmäßiger und dies über eine große Bandbreite. Die untere Grenze der Färbung liegt bei 0,25 ng Protein und sie ist einigermaßen linear bis 2,5 µg (vier Größenordnungen im Vergleich zu einer Größenordnung bei der Silberfärbung).
- Da durchschnittlich nur 3 % einer Proteinspezies durch Cy-Farben modifiziert wurden, blieb der große Rest unverändert. Damit steht deren Analyse im MS nichts entgegen.

Die **Nachteile** der DFG sind die der 2DE: umständlich, langwierig, nicht automatisierbar und wie die 2DE, so erfasst auch die DFG nur einen Teil des Proteoms. Originelle Anträge – Entschuldigung! – extreme Proteine erfasst sie nicht. Teuer ist die Angelegenheit auch: Eine komplette Ausrüstung mit Elektrophorese Geräten, Scanner, Programmen etc. kommt Sie leicht auf eine viertel Million Euro. Haben Sie die Ausrüstung, kosten Fahrt und Entwicklung eines Gels (drei Fluoreszenzfarben und Anfärbung für das MS) etwa 100 Euro.

## Andere 2DEs

**Hartinger-Gele** Hartinger et al. (1996) entwickelten eine 2DE für Membranproteine. In der ersten Dimension werden die Proteine in saurem Puffer in Gegenwart der kationischen Seife Benzyldimethyl-n-hexadecylammoniumchlorid aufgetrennt. Die zweite Dimension ist ein SDS-Gel.

Selbst Synaptophysin, ein kleines integrales Membranprotein synaptischer Vesikel, das Autor Rehm als unangenehmen Gelschmierer kennt, fokussiert anständig auf Hartinger-Gelen. Doch das Gelbe vom Ei ist auch diese Methode nicht: Beide Dimensionen trennen nach Molekulargewicht. Die Auflösung ist also dürftig, und sie erhalten keine Informationen über die isoelektrischen Punkte ihrer Proteine. Mit der Reproduzierbarkeit ist es auch nicht weit her, und die Handhabung ist an Umständlichkeit nicht zu überbieten. So schütten auch Hartinger et al. (1996) Harnstoff in den Probenpuffer und das Gel der ersten Dimension, und dieser Probenpuffer muss immer frisch hergestellt werden. Noch lästiger: Weil schon der zweifache Probenpuffer bei RT fest wird, müssen Sie ihn bei 60 °C aufbewahren. Die Probe darf in Probenpuffer weder gekocht noch eingefroren werden, sie muss unmittelbar nach dem Auflösen aufs Gel. Schließlich müssen Sie, bevor Sie das Gel der ersten Dimension auf das SDS-Gel auflegen, die kationische Seife auswaschen.

Bei all ihren Nachteilen, in der Analyse der Membranzusammensetzung definierter Vesikel könnten Hartinger-Gele nützlich sein.

**Native 2DE** Es liegt nahe, die 2DE nativ durchzuführen. Hierbei gibt es zwei Möglichkeiten: entweder eine vollständig native 2DE, d. h. die IEF ohne Harnstoff und Reduktionsmittel und die zweite Dimension ohne SDS, oder eine nativ/denaturierende 2DE, d. h. die IEF ohne Harnstoff und Reduktionsmittel, die zweite Dimension aber als ein SDS-Gel. Hier liegen Möglichkeiten. Unter nativen Bedingungen dissoziieren Proteinkomplexe nicht, die Flecken eines vollständig nativen 2D-Gels stellen also Proteinkomplexe dar. Stechen Sie einen Komplex aus und unterwerfen Sie ihn einer zweiten denaturierenden 2DE, werden seine Komponenten aufgetrennt. Mit löslichen Proteinen, z. B. mit Plasma, könnte das problemlos ablaufen – oder auch nicht.

Hochmolekulare Proteinkomplexe haben jedoch oft Schwierigkeiten, in die engen Maschen des Acrylamidgels zu diffundieren. Ryo Yokoyama et al. (2009) behaupten, dass hier der Ersatz des Acrylamids durch Agarose weiterhelfe.

Takashi Manabe kämpft seit den 1970er-Jahren mit nicht-denaturierenden 2D-Gelen (Manabe et al. 2003). Dies anscheinend alleine, was einiges über die Brauchbarkeit der Technik aussagt. Auch uns haben die Ergebnisse entmutigt. Es packt einen das kalte Grausen, wenn man das vollständig native 2D-Gel in Abb. 1A von Manabe et al. (2003) betrachtet: Fast alle Proteine schmieren in horizontaler Richtung, obwohl es sich nur um Plasmaproteine handelt. Anscheinend funktioniert die native IEF nicht. Manabes nativ/denaturierende Gele (Abb. 1B in Manabe et al. 2003) sehen nur wenig besser aus.

In der Tat hat die vollständig native 2DE eingebaute Probleme. Funktioniert die erste Dimension, die IEF, dann sitzen die Proteine an ihren isoelektrischen Punkten, haben also keine Nettoladung. Legen Sie das IEF-Gel ohne Vorbehandlung auf das native Trenngel und schalten den Strom ein, dann rührt sich nichts, die Proteine bleiben liegen. Manabe wäscht daher die Ampholine des IEF-Gels nach der Fokussierung mit Tris-Glycin-Puffer pH 8,3 aus. Er arbeitet also mit nicht-fixierten pH-Gradienten. Damit kann er aber weder eine gute Trennung noch eine gute Reproduzierbarkeit erwarten. Zudem ist Tris-Glycin-Puffer pH 8,3 alles andere als physiologisch. Manche Proteine denaturieren, und Proteine, die bei pH 8,3 positiv geladen sind, gehen dem 2D-Gel verloren. Sie wandern ja in die falsche Richtung. Schließlich gibt die Laufgeschwindigkeit der Proteinkomplexe im Trenngel nur ein scheinbares Molekulargewicht, da in nativen Gelen die Laufgeschwindigkeit der Proteine von ihrer Größe und ihrer Ladungsdichte abhängt.

Falls Sie sich auf die native 2DE einlassen, übernehmen Sie nicht Manabes Methode. Versuchen Sie stattdessen, die Auflösung und Reproduzierbarkeit der vollständig nativen 2DE zu verbessern.

Wie Sie das anfangen sollen?

Einige Vorschläge, für deren Wert wir keine Hand ins Feuer halten: Verwenden Sie in der ersten Dimension immobilisierte pH-Gradienten und suchen Sie nach Zusätzen, die die Fokussierung verbessern, ohne die Proteinkomplexe aufzuspalten. Solch ein Zusatz könnte Hydroxypropylmethylcellulose sein oder niedrige Harnstoff- oder Thioharnstoffkonzentrationen oder nicht-ionische Seifen. Um den Proteinkomplexen nach der IEF wieder eine Ladung zu verpassen, reicht es möglicherweise nicht, das IEF-Gel mit Puffer zu waschen. Vielleicht hilft es, dem Waschpuffer etwas Deoxycholat zuzusetzen; einige Proteine könnten die negativ geladene Seife binden.

Erkundigen Sie sich zuvor, was Manabe schon alles ausprobiert hat.

## 3D-Gele

2D-Gele kennt inzwischen jeder. Aber 3D-Gele? Jawohl, das gibt es. Bao-Shian Lee macht das so: Die erste Dimension ist, wie gehabt, die IEF. Als zweite Dimension dient ein 12%iges SDS-Gel in Mes-Puffer, und die dritte Dimension ist ein 7,5 %-SDS-Gelwürfel mit Tris-Glycin-Laufpuffer (Lee et al. 2003). Die Idee: Die zweite Dimension trennt Proteine mit niedrigem Molekulargewicht und die dritte Dimension die Proteine mit hohem Molekulargewicht. Technisch braucht man für 3D-Gele eine Wanne mit Platindrahtelektrode, einen oben und unten offenen Glaskasten und ein passendes Kupfernetz als obere Elektrode. Ein Netz deswegen, weil sich unter einer Platte Gasbläschen ansammeln würden. Haben Sie alles? Dann kann die Reise in die dritte Dimension losgehen. Zuerst wird wie üblich ein 2D-Gel hergestellt. Zudem wird in den Glaskasten ein Gelwürfel gegossen. Dann setzen Sie den Glaskasten in die Wanne, legen das 2D-Gel obenauf, das Kupfernetz darauf, dann oben und unten Laufpuffer zugeben, Strom anschließen, und nach 5 h ist das 3D-Gel fertig.

Kaum fertig, schon tauchen die ersten Probleme auf. Wie kann man den Gelwürfel anfärben? Das geht nicht, es sei denn, man hat ein Jahr Zeit, um zu warten, bis das Coomassie in den Würfel diffundiert ist – und dann heißt es einige Jahre waschen … Die Autoren färben daher ihre Proteine vor dem Lauf kovalent an. Das macht aber auch wieder eigene Probleme.

Und wie kann man die Wärme abführen, die während der Elektrophorese im Inneren des Würfels entsteht?

Kein Wunder sieht der Gelwürfel, zu urteilen nach dem Bild, das die Autoren lieferten, scheußlich aus. Des Weiteren schweigen sich die Autoren darüber aus, wie man solch einen Gelblock aufbewahrt. Trocknen lässt er sich wohl nicht – und falls doch, hat man wieder ein 2D-Gel. Wunder der Technik! Die Methode von Bao-Shian Lee nachzukochen, können wir also beim besten Willen nicht empfehlen. Der Aufwand ist entschieden größer als die zu erwartende Trennwirkung. Es ist besser, Sie beschränken sich auf 2D-Gele und nehmen für die zweite Dimension ein langes 10%iges Gel.

Das heißt aber noch nicht, dass 3D-Gele keine Zukunft haben. Diese steht und fällt mit der dritten Dimension. Die muss unabhängig von den beiden ersten sein und von ähnlicher Trennwirkung. Also nicht noch eine IEF, nicht noch eine SDS-Gelelektrophorese, sondern … Ja, was? Das ist die Frage, lieber Leser, mit deren Lösung Sie Ihren Professor berühmt machen können. Falls Letzteres Ihre Motivation nur unerheblich steigert, einen Vorteil des 3D-Gels sehen wir doch. Man hat hinterher nicht ein glibberiges unfassbares Blatt in der Hand, sondern einen soliden viereckigen Kuchen, der sich prächtig werfen lässt. 3D-Gele sorgen für Spaß im Labor.

Letzteres scheint sich Robert Ventzki am EMBL gesagt zu haben. Er hat etwa zur gleichen Zeit wie Lee eine 3D-Elektrophorese entwickelt, sich von den oben geschilderten Schwierigkeiten nicht abhalten lassen und weiter an seinem System gebastelt. Er habe das Problem der Wärmeabfuhr gelöst, berichtet Ventzki (Ventzki et al. 2007). Von einer dritten Dimension berichtet er nichts. Die 3D-Elektrophorese scheint ihm lediglich dazu zu dienen, 36 IEF-Streifen gleichzeitig einer SDS-Elektrophorese zu unterwerfen.

### Proteinextraktion aus 2DE und anderen Gelen

Nach der 2DE steckt Ihr Protein als Flecken im Gel. Es gibt zwei Möglichkeiten, das Protein zu extrahieren. Entweder Sie blotten es auf eine Membran oder Sie eluieren es in eine Flüssigkeit.

Bevor Sie jedoch mit dem Gel hantieren: Passen Sie auf, dass Sie es nicht mit anderen Proteinen verschmutzen. Die Welt, insbesondere ihr Kopf, ihre Haut, ihre Finger und alles, was Sie angefasst haben, ist voll von Keratinen. Also: Handschuhe tragen, Laborkittel anziehen, Haare zum Zopf binden. Dann erst kann's losgehen.

**Blotten** Sie können die Proteine ihres 2D-Gels auf PVDF-Membranen blotten. Mit dem IR-Laser eines MALDI-MS lassen sich die Proteine direkt auf dem Blot analysieren (▶ Abschn. 7.5.2). Oder Sie verdauen die geblotteten Proteine mit Proteasen und trennen die entstandenen Peptide in der HPLC. Die HPLC-Eluate können Sie in ein ESI-MS einspeisen (▶ Abschn. 7.5.2) oder nach Edman sequenzieren (▶ Abschn. 7.7.2).

Wollen Sie einen bestimmten Proteinflecken isolieren, schneiden Sie ihn aus dem Blot aus. Zuvor müssen Sie den Flecken erkennen. Färbeprotokolle für Blots finden Sie in ▶ Abschn. 1.6.1. Für manche Zwecke ist es sinnvoll, das Protein von der Blotmembran wieder abzulösen und in Lösung weiterzuverarbeiten. Techniken dazu finden Sie in ▶ Abschn. 1.6.6.

Auch IEF-Gele kann man blotten. Vor dem Blot eines IEF-Gels müssen Sie jedoch die Ampholine mit Perchlorsäure auswaschen (Hsieh et al. 1988) – was sich natürlich bei immobilisierten Ampholinen erübrigt. Beim Auswaschen geht Protein verloren, und durch den sauren pH werden empfindliche Bindungen (z. B. Asp-Pro) teilweise hydrolysiert.

Die Effizienz des Proteintransfers vom Gel auf den Blot sollte hoch sein, das Protein auf dem Blot leicht zu identifizieren und die Blotmembran stabil gegenüber den später verwendeten Reagenzien. So vertragen Nitrocellulose- und Nylonmembranen die Lösungsmittel der Edman-Chemie nicht: Dem Experimentator bleibt die Wahl zwischen beschichteten Glasfaser- und PVDF-Membranen. Glasfasermembranen werden entweder mit Polybren (Vandekerckhove et al. 1985) oder positiv geladenen Silanverbindungen beschichtet (Xu und Shively 1988). PVDF-Membranen können ohne Beschichtung eingesetzt werden (Matsudaira 1987), doch macht sie eine Polybrenbeschichtung den Glasfasermembranen überlegen (Xu und Shively 1988). Zudem können Sie das gesuchte Protein auf PVDF-Membranen mit Coomassie identifizieren, ohne dass dies die anschließende Mikrosequenzierung beeinflusst (Xu und Shively 1988). In der Regel werden daher PVDF-Membranen verwendet. Bei beiden Membranen geht ein gewisser Prozentsatz an Protein (10–30 %) während des Blottens verloren.

**Extraktion in eine Flüssigkeit** Blotten ist nicht immer das Mittel der Wahl. Oft wünscht man sich das Protein frei in einer Flüssigkeit schwimmend, statt auf einer Membran klebend, so für die meisten MS-Techniken. Zwar kann man Proteine von Blotmembranen wieder ablösen, doch ist es oft besser, sie gleich vom Gel in eine Flüssigkeit zu transferieren. Theoretisch können Sie das gewünschte Gelstück mit einer Pipettenspitze ausstechen oder einem Skalpell ausschneiden, dann in den gewünschten Puffer legen und warten, bis das Protein aus dem

Gelstückchen in den Puffer diffundiert ist. Doch ohne SDS braucht das Wochen, wenn sich das Protein überhaupt rührt. Es wurde ja durch die Färbeprozedur präzipitiert. Die Doktorarbeit sollte aber nicht länger als drei Jahre dauern.

Wie kann man dem Protein Beine machen?

- Prussak et al. (1989) eluieren Proteine durch passive Diffusion in Gegenwart von 0,01 % SDS. Es hilft, das Gelstückchen zuvor im Mikromörser zu zermahlen. Dies ist allerdings alles andere als spaßig. Die Äquilibierung von Proteinen und Peptiden zwischen Gel und Extraktionsflüssigkeit wird beschleunigt, wenn Sie das zermahlene Gel im Extraktionsgefäß ultrabeschallen (Mackun und Downard 2003). Dies nicht von innen mit dem Sonicator-Tip (Pfui!), sondern von außen, d. h. indem Sie das Gefäß mit Gelstück und Extraktionsflüssigkeit in ein Ultraschallbad stellen (5 × 15 min).
- Hunkapiller et al. (1983) färben das Gel schonend an (z. B. mit Natriumacetat), schneiden die Bande bzw. den Flecken aus und eluieren das Protein elektrisch in eine Dialysekammer. Die Methode ist zuverlässig, aber umständlich und gibt niedrige Ausbeuten.
- Falls Sie nur Peptide wollen, verdauen Sie die Proteine im Gel und eluieren dann die Peptide. Das geht schneller, weil Peptide kleiner sind als Proteine. Sollen die eluierten Peptide im MS analysiert werden? Dann sollten Sie die Proteine zum Verdau vorbereiten, indem Sie in Gegenwart von Guanidinhydrochlorid reduzieren. In hohen Konzentrationen bildet Guanidinhydrochlorid Komplexe mit SDS und verhindert daher, dass SDS-Moleküle an den Peptiden kleben. Das verbessere die MS-Spektren (Takakura et al. 2014).
- Kleiner Tipp: Verdauen Sie die aus dem Gel eluierten Peptide nochmals in der Flüssigkeit mit Trypsin nach, dann sind Sie sich auch sicher, dass alle möglichen Schnittstellen hydrolysiert sind (was im Gel oft direkt nicht gelingt) (▶ Abschn. 7.4.1).

Die Elektroelution mit kommerziellen Geräten nach Hunkapiller et al. (1983) dauert bis zu einem halben Tag. Zudem sind diese Geräte teuer. Mit Vasiliki Fadouloglou können Sie sich selbst einen Elektroeluter bauen (*Laborjournal* 5/2013, S. 49; Fadouloglou 2013). Alles, was Sie brauchen, ist ein Elektrophoresetank, eine Gießform für Flachbettgele, eine Dialysemembran, zwei Audiokassetten und Agarose. Die Vorrichtung treibt RNA innerhalb von 3 h aus den Polyacrylamidgelstücken heraus in ein Sammelreservoir. Längere Elutionszeiten sind kontraproduktiv, weil die Biomoleküle dann an der das Sammelreservoir begrenzenden Dialysemembran kleben. Die Ausbeute liegt bei 55–65 %. Sicher lässt sich dieses System auch auf in Polyacrylamidgel gefangene Proteine anwenden.

## 7.4 Proteine spalten

Für viele Techniken der ESI- und MALDI-Massenspektrometrie und auch für die inzwischen aus der Mode geratene Edman-Sequenzierung müssen Sie Ihre Proteine in Peptide zerlegen. Das kostet Selbstüberwindung, vor allem, wenn es sich um ein gereinigtes Protein handelt. Da haben Sie so aufgepasst mit den Proteasen, haben Inhibitoren zugesetzt, im Kühlraum gebibbert und sich nachts Augenringe angearbeitet, nur damit es schneller geht und die Proteasen keine Zeit für ihr Zerstörungswerk haben, und jetzt – freiwillig! – welche zugeben, das kostbare Produkt mutwillig zerstören? Aber da hilft alles nix:

> » Willst Du 'ne Sequenz erhalten,
> musst Du spalten, spalten, spalten.

Meistens spaltet man mit selektiven Proteasen (◻ Tab. 7.1). Dies ist aber nicht der einzige Weg, um zu analysierbaren Peptiden zu kommen. Sie können es auch mit Bromcyan oder verdünnten Säuren probieren: Diese Agenzien spalten ebenfalls nur an bestimmten Aminosäureresten.

Wie vorgehen?

Sie besorgen sich das gereinigte Protein. Entweder durch konventionelle Reinigung oder indem Sie es aus einem 2D-Gel ausstechen oder einem 1D-Gel ausschneiden und dann eluieren. Sie können das Protein auch aus einem Blot ausschneiden und dann verdauen. Es empfiehlt sich, Heterooligomere vor der Spaltung in die Untereinheiten aufzutrennen. Die gereinigte Untereinheit wird denaturiert und eventuelle Disulfidbrücken werden reduziert.

| Protease | Spaltstelle | pH-Optimum; Arbeitskonz. | Achtung! |
|---|---|---|---|
| Trypsin | Arg - X<br>Lys - X | 8–9; 1:20–1:100 | Arg-Pro- und Lys-Pro-Stellen sind resistent; Lys-Glu-, Lys-Asp-, Arg-Glu- und Arg-Asp-Stellen werden nur langsam gespalten; folgen zwei oder mehr basische Reste aufeinander "zerfasern" die Spaltstellen; höhere Aktivität in 10 % Acetonitril. |
| Lys-C | Lys - X | 8,5; 1:20–1:100 | Lys-Pro-Stellen sind resistent; höhere Aktivität in 10 % Acetonitril und 0,01 % SDS. |
| Arg-C | Arg - X<br>Lys-Lys - X | 7,5–8,5;<br>1:50–1:200 | Arg-Pro-Stellen sind resistent; spaltet in geringerem Maß auch Lys-X-Stellen; höhere Aktivität in 4 M Harnstoff und 5 % Acetonitril. |
| Glu-C | Glu - X<br>Asp - X | 4,0–7,8;<br>1:20–1:100 | Stabil in 0,01 % SDS; höhere Aktivität in 5 % Acetonitril. |
| Asp-N | X - Asp<br>X - Cys | 6,0–8,5 | Metalloprotease; geringfügige Spaltung von X-Glu-Stellen; höhere Aktivität in 5 % Acetonitril; arbeitet auch in 1 M Harnstoff. |

◘ **Tab. 7.1** Selektive Endoproteasen und ihre Mucken

Vor der Reoxidation der Cysteine schützt eine Carboxymethylierung mit Iodessigsäure (Lind und Eaker 1982). Diese Reaktion braucht Fingerspitzengefühl, da bei zu hoher Konzentration an Iodacetat oder dem falschen pH auch andere Aminosäuren wie Methionin, Lysin und Histidin reagieren. Brauchen Sie nur ein paar Teilsequenzen, können Sie auf die Carboxymethylierung verzichten.

### 7.4.1 Proteasenverdau

Von den drei selektiven Proteinspaltungsmethoden ist der Verdau mit Proteasen die gängigste. Es gibt mehrere Arten, ein Protein mit einer Protease zu analysierbaren Peptiden zu verdauen.

Zum einen inkubieren Sie das denaturierte Protein in Lösung mit möglichst geringen Mengen einer selektiven Protease. Dies so lange, bis das Protein vollständig in gegen die Protease resistente Peptide aufgespalten ist (Leube et al. 1987; Prussak et al.

1989). Die Peptide können Sie hinterher auf der HPLC auftrennen und z. B. im ESI-MS analysieren.

Sie müssen nicht vollständig verdauen, Sie können es auch bei größeren Spaltprodukten bewenden lassen (Cleveland et al. 1977). Diesen Teilverdau trennen Sie entweder mit der HPLC auf oder, wenn es sich um größere Bruchstücke handelt, mit der SDS-Gelelektrophorese. Im letzteren Fall verdauen Sie das Protein am besten gleich in der Tasche des SDS-Gels, elektrophoretisieren die Spaltprodukte und blotten sie auf eine geeignete Membran (Kennedy et al. 1988). Dieser unvollständige Proteaseverdau spart Zeit und verringert Verluste und macht andererseits die Proteinidentifizierung über die Datenbanksuche (z. B. Swiss-Prot) schwerer und ungenauer.

In der Regel liegt das Protein nicht in Lösung vor, sondern in den Maschen eines 1D- oder 2D-Gels. Wenn Sie keine Lust haben, die in ▶ Abschn. 7.3.3 beschriebenen Extraktionsmethoden anzuwenden, können Sie das Protein blotten und nach dem Blot vollständig verdauen. Sie identifizieren dazu ihr Protein auf dem (nicht geblockten!) Blot mittels Proteinfärbung, schneiden das Blotstück aus und geben eine selektive Protease dazu. Es entstehen Peptide, die auf der HPLC getrennt werden. Diese Peptide sequenzieren Sie im MS oder per Edman, wenn Sie etwas für Tradition übrig haben.

Die Sache hat einen Haken: Wenn Sie Proteine direkt auf PVDF- oder Nitrocellulosemembranen verdauen, bindet die ungeblockte Membran die Protease und inaktiviert sie. Zudem arbeiten Proteasen besser mit gelöstem Protein. Sie beseitigen das Problem, indem Sie das Protein vom Blotstück ablösen und die Adsorption von Protease und Peptiden verhindern (▶ Abschn. 1.6.6).

Wollen Sie das umständliche Blotten vermeiden? Dehydratisieren Sie die Gelstücke und rehydratisieren Sie sie anschließend in Gegenwart von z. B. Trypsin und Ammoniumbicarbonat-Puffer. Protease und Puffer werden in das Gel gesaugt und können dort das Protein in Peptide spalten. Diese werden mit 50 % Wasser/Acetonitril ausgewaschen. Das geht, weil die Peptide kleiner sind als das Protein, aber gut geht das Auswaschen trotzdem nicht. Sie müssen es mehrmals wiederholen, denn es bleibt immer ein Teil der Peptide im Gel stecken und das Protein wird auch nicht vollständig verdaut, d. h. zu den kleinstmöglichen Peptiden aufgespalten. Aus eigener Erfahrung empfehlen wir daher, aus Gelen eluierte Peptide in Lösung nachzuverdauen, da dies dort effizienter ist und bessere Ergebnisse in der anschließenden Datenbanksuche gibt.

Schließlich erhebt sich die Frage: Welche Protease soll ich nehmen? Im Zweifel Trypsin! Es ist am billigsten und am besten charakterisiert. Exzentriker greifen zu anderen selektiven Proteasen. ◘ Tabelle 7.1 gibt eine Auswahl.

**Trypsin** spaltet Proteine an der carboxyterminalen Seite von Lysin- und Argininresten; Arg-Pro- bzw. Lys-Pro-Stellen sind trypsinresistent. Auch greift Trypsin Peptidbindungen zwischen einer basischen (Lys, Arg) und einer sauren Aminosäure (Glu, Asp) nur langsam an. Das pH-Optimum von Trypsin liegt zwischen 8 und 9, und das optimale Verhältnis von Enzym zu Substrat (in Gewicht) bei 1 : 50 bis 1 : 100. $Ca^{2+}$-Ionen hemmen den Selbstverdau von Trypsin. Die Trypsinpräparation darf keine Chymotrypsinaktivität enthalten, muss also TPCK-behandelt und hochgereinigt sein. Spaltstellen nach Lysinresten

können durch Derivatisierung des Lysinrests (z. B. mit Citraconsäure) vor Trypsin geschützt werden. Umgekehrt führt eine Behandlung der Cysteingruppen mit Iodethyltrifluoracetamid neue Trypsinspaltstellen ein. Mehr dazu in ◘ Tab. 7.1.

Die **V8-Protease** von *Staphylococcus aureus* (MG 12 kDa) ist von pH 3,5 bis 9,5 aktiv und entwickelt ihre maximale Aktivität bei pH 4,0 und 7,8. Bei pH 4,0 präzipitiert die Protease teilweise. In Phosphatpuffer spaltet die V8-Protease Peptidbindungen auf der carboxyterminalen Seite von Asp- und Glu-Resten. In 50 mM Ammoniumbicarbonat-Puffer pH 7,8 oder Ammoniumacetat-Puffer pH 4,0 dagegen spaltet das Enzym nur nach Glu-Resten. Unterhalb von 40 °C zeigt die Protease keinen Selbstverdau. Ihre wässrigen Lösungen können ohne Aktivitätsverlust gefroren und getaut werden. Divalente Kationen oder EDTA haben keinen Einfluss auf die Enzymaktivität, auch arbeitet das Enzym noch in 0,5 % SDS. Diisopropylfluorphosphat hemmt die V8-Protease. Vercaigne-Marko et al. (2000) behaupten, dass sich der Verdau mit V8-Protease verbessern und vervollständigen lässt, wenn man das Substrat an eine negativ geladene hydrophobe Matrix bindet. Vielleicht funktioniert das auch mit anderen Proteasen: Probieren Sie es aus, wenn Sie gerade nichts Besseres vorhaben.

Die Endoproteasen **Lys-C**, **Glu-C** und **Arg-C** sind ebenfalls beliebt bei Proteinspaltern. Lys-C spaltet – *nomen est omen* – an der carboxyterminalen Seite von Lysinresten. Das Enzym ist hart im Nehmen und arbeitet noch in 5 M Harnstoff bzw. 0,1 % SDS. Glu-C spaltet je nach Puffer an der carboxyterminalen Seite von Glu- bzw. Glu- und Asp-Resten. Arg-C ist eine Cysteinprotease, die Peptidbindungen an der carboxyterminalen Seite von Argininresten hydrolysiert.

Die Proteasen **Papain** und **Chymotrypsin** werden selten verwendet. Die Serinprotease Chymotrypsin (MG 25 kDa) zeigt breitere Spezifität als Trypsin. Unter milden Bedingungen (kurze Inkubationszeit) spaltet Chymotrypsin bevorzugt Peptidbindungen nach den aromatischen Aminosäuren Phenylalanin, Tyrosin und Tryptophan. Mit der Zeit werden auch die Peptidbindungen auf der C-terminalen Seite von Leu, Met, Asp und Glu angegriffen.

Die Protease **Pepsin** kann zum unspezifischen Verdau eingesetzt werden. Sie ist bis pH 2 aktiv und bietet die Möglichkeit, im sauren Milieu Peptidleitern herzustellen. In Ausnahmefällen kann das von Vorteil sein.

**Warnung** Proteasen sind Proteine. Sie können sich also selbst verdauen und tun es auch oft. So tauchen in Massenspektren von Trypsin-verdauten Proteinen regelmäßig Trypsin-Peptide auf (◘ Tab. 7.6). Es lohnt sich also, die Molekulargewichte bzw. Sequenzen Ihrer Peptide aus Proteinverdaus auf ihre Herkunft zu überprüfen.

Sie sehen, selbst eine so einfache Sache wie einen Enzymverdau kann man beliebig kompliziert gestalten. Aber keine Panik: Normalerweise werfen Sie das Enzym zum Substrat, inkubieren über Nacht bei 37 °C, und am Morgen ist alles gegessen und sie können vorwärts schreiten auf dem Wege zum Ruhm.

### 7.4.2  Bromcyan- und Säurespaltung

Die Umsetzung eines Proteins mit Cyanogenbromid verwandelt die Methioninreste in Homoserinreste und spaltet die Aminosäurekette auf der C-terminalen Seite des Methioninrests (Morrison et al. 1990). Die Spaltung ist in der Regel zu 90–95 % vollständig, und die Reagenzien können, da flüchtig, leicht entfernt werden. Vorsicht: Cyanogenbromid ist ätzend, Kontakt vermeiden.

Verdünnte Salzsäure (0,03 N bei 105 °C) spaltet Proteine auf der C-terminalen Seite von Aspartatresten.

### 7.5  Massenspektrometrie von Proteinen und Peptiden

» Euer Gnaden, sagte Sancho, taugt besser zum Prediger als zum irrenden Ritter. Die irrenden Ritter, Sancho, verstehen alles und müssen alles verstehen, antwortete Don Quichote.

### 7.5.1  Einführung

Massenspektrometer (MS) zogen zusammen mit den Schlaghosen in den 1960er-Jahren in die Labors ein. Die Chemiker benutzten sie zur Massen-

bestimmung und Strukturaufklärung von flüchtigen Molekülen und Molekülbruchstücken.

Das funktionierte so: Die gasförmige Molekülmischung wurde im Gaschromatographen getrennt. Ein Gaschromatograph arbeitet ähnlich wie eine HPLC, nur dass die mobile Phase gasförmig ist und die stationäre Phase entweder ein Flüssigkeitsfilm (Verteilung) oder ein Feststoff (Adsorption). Jedes der so getrennten Moleküle wird mit Elektronen (70 eV) aus einem Heizdraht beschossen. Die Elektronen ionisieren die Probenmoleküle und brechen teilweise kovalente Bindungen auf. Die Massen der entstandenen Fragmentionen werden dann im MS bestimmt und daraus Schlüsse auf die Struktur des ursprünglichen Moleküls gezogen. Die MS trennt dabei die entstandenen Fragmentionen in magnetischen Feldern. Die Ablenkung eines Ions im magnetischen Feld hängt von seiner Masse im Verhältnis zur Ladung ab, bei bekannter Ladung misst das MS also das Molekulargewicht. Die Messung ist dabei so genau, dass z. B. positive Ionen der Zusammensetzung CO (MG 27,9949), $H_2CN$ (MG 28,0187), $C_2H_4$ (MG 28,0313), $N_2$ (MG 28,0061) unterschieden werden können.

Bei Peptiden, Proteinen und DNA versagt diese Technik: So große (und noch dazu geladene) Moleküle sind nicht flüchtig. Zudem würden sie unter dem hochenergetischen Elektronenbombardement in zahllose Einzelteile zerfallen. Anfang der 1980er-Jahre, die Schlaghosen waren inzwischen in die Altkleidersammlungen gewandert, fand man jedoch Tricks, mit denen es gelang, auch hochmolekulare Ionen ins Vakuum springen zu lassen.

Es schadet nichts, wenn Sie sich mit den physikalischen Grundlagen der MS vertraut machen. Es nützt aber auch nicht viel. Wichtiger als die Kenntnis von Feld- und Arbeitsgleichungen oder Stabilitätsdiagrammen ist die Kenntnis der Handynummer des Servicemanns von Agilent, Bruker, Sciex, Thermo oder Waters bzw. ein gutes Verhältnis zu dem Postdoc, der das MS bedient. MG ist MG, und wenn es stimmt, kann es Ihnen gleichgültig sein, mit welchen Tricks die Maschine es ermittelt hat. Man sollte nicht versuchen, auf allen Gebieten Meister zu sein: Wer alles können will, kann am Ende nichts.

Wie alle guten Dinge besteht ein MS aus drei Teilen: einer Ionenquelle, einem oder mehreren Analysatoren und dem Detektor.

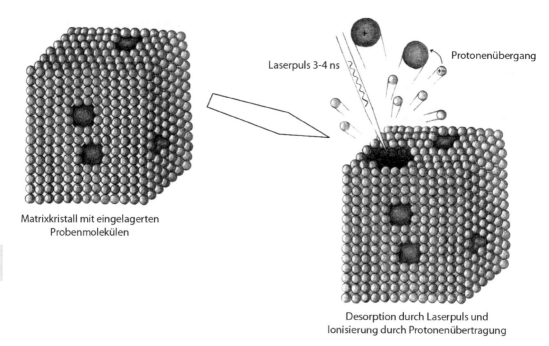

Laserpuls 3-4 ns

Protonenübergang

Matrixkristall mit eingelagerten
Probenmolekülen

Desorption durch Laserpuls und
Ionisierung durch Protonenübertragung

☐ **Abb. 7.14** *Matrix-assisted laser desorption/ionization* (MALDI)

An Ionenquellen und Analysatoren gibt es verschiedene Typen, die nach verschiedenen Prinzipien arbeiten. Auch kann man inzwischen jede Ionenquelle mit jedem Analysator koppeln: Nichts ist mehr unmöglich, abgesehen von der Bezahlung.

### 7.5.2 Ionenquellen und Probenvorbereitung

#### Matrix-assisted laser desorption/ionization

Die *matrix-assisted laser desorption/ionization* (MALDI) wurde in den 1980er-Jahren von Michael Karas und Franz Hillenkamp entwickelt und etwa zeitgleich in einer anderen Version von Koichi Tanaka. Die Version von Karas und Hillenkamp setzte sich durch. Dennoch erhielt 2002 Tanaka den Nobelpreis für die Entwicklung der Methode. Die Entscheidungen des Nobelkomittees sind manchmal unergründlich. Aber diese Sorgen sollten Sie vorläufig nicht plagen. Wichtiger ist die Frage: Was ist MALDI?

Bei MALDI werden die Proteine oder Peptide auf einem sogenannten Probenteller in Kristalle von UV-absorbierenden Molekülen eingebaut (Kokristallbildung) (☐ Abb. 7.14). Dabei übertragen die sauren UV-absorbierenden Moleküle Protonen auf die Proteine/Peptide und laden sie positiv auf. Die Proteine/Peptide erhalten so in der Regel eine oder zwei positive Ladungen.

Moleküle, die Kokristallbildung, Protonentransfer und UV-Absorption zeigen, nennt man Matrix (☐ Tab. 7.2).

Es folgt der eigentliche Ionisierungsprozess. Dazu schiebt man die protein- oder peptidgedopten Kristalle ins Hochvakuum des MS und bestrahlt sie mit einem UV-Laserpuls. Dieser setzt explosionsartig die UV-absorbierenden Matrixmoleküle und damit auch die eingebauten Proteinionen frei.

Die positiv geladenen Proteine gehen nackt, d. h. ohne Hydratwasser und Gegenionen wie $Cl^-$, in die Gasphase. Auch erscheinen im Gas meistens einzelne Polypeptidketten: Proteinkomplexe zerfallen in der sauren denaturierenden Matrixlösung in ihre Untereinheiten.

Spezielle Proteine machen spezielle Probleme. **Membranproteine** in die Kristalle einzulagern, ist schwierig. Wenn es doch gelingt, bleibt unklar, ob die Membranproteine dabei mit Lipiden und Seifen

◘ **Tab. 7.2** Eigenschaften von MALDI-Matrizen. Unter Matrix versteht man einen UV- oder IR-absorbierenden kristallisierbaren Stoff, der Biopolymere in seine Kristalle einbaut. Im Hochvakuum des MALDI-TOF-Massenspektrometers stoßen die Kristalle unter der Einwirkung eines Laserstrahls (UV oder IR) Matrixmoleküle und eingebaute Biopolymere aus. Proteine und Peptide werden dabei durch Protonentransfer positiv aufgeladen. Zur Herstellung der proteingedopten Kristalle nach Beavis und Chait (1996) wird Matrix in einem geeigneten Lösungsmittel bis zur Sättigung aufgelöst, dann mit Protein-/Peptidlösung gemischt und auf dem Probenträger des Massenspektrometers eingetrocknet. Als Lösungsmittel für die Matrix dienen Mischungen von Wasser mit organischen Lösungsmitteln wie Acetonitril, Methanol oder Propanol in dem in der Tabelle angegebenen Verhältnis (nach Beavis und Chait 1996)

| Matrix | Lösungsmittel für Matrix | Kristallbildung mit Einbau von | | Signalintensität und Durchschnitts-Ladungen pro Protein/Peptid | Bemerkungen |
|---|---|---|---|---|---|
| | | Peptiden | Proteinen | | |
| Gentisinsäure | Wasser 9:1 organische Lsgm. | klappt meistens | versagt gelegentlich | akzeptabel; + | Matrix produziert stabile Proteinionen; photochemische Adduktgipfel treten auf: MG(Protein) + 136 |
| Sinapinsäure | 2:1 | versagt gelegentlich | klappt meistens | akzeptabel; + | eignet sich für Proteinmischungen; bei kleinen Peptiden oft schwache Signale; photochemische Adduktgipfel treten auf: MG(Protein) + 206 |
| 3-Indolacrylsäure | 2:1 | klappt meistens | klappt meistens | gut; ++ | eignet sich für komplizierte Proteinmischungen; photochemische Adduktgipfel treten auf: MG(Protein) + 185 |
| α-Cyano-4-hydroxyzimtsäure | 2:1 | klappt meistens | klappt meistens | sehr gut; +++ | kaum photochemische Adduktgipfel; Adsorption von Cu an manche Peptide führt zu Peptid/Cu-Gipfeln; Matrix produziert mehrfach geladene labile Proteinionen |
| Bernsteinsäure | 40 mM Bernsteinsäure in Wasser | | | gut; ++ | Die Bestrahlung mit dem IR-Laser scheint Dimere und Trimere zu produzieren |

Matrizen für UV-Laser

Matrix für IR-Laser

assoziiert bleiben und ein Protein-Seifen-Komplex ins Gas springt (wenn überhaupt etwas springt). Das Membranprotein Bacteriorhodopsin, so scheint es, wurde erfolgreich mit MALDI analysiert. Auch bei Aquaporinen (sechs Transmembrandomänen) gelang die Analyse. Das gereinigte Aquaporin wurde in 80 % Ameisensäure gelöst, mit Matrixlösung gemischt und danach auf dem Probenteller getrocknet (Fotiadis et al. 2001). Falls es Ihnen nur auf einen Peptid-Fingerabdruck der Membranproteine ankommt (▶ Abschn. 7.5.5), empfehlen Noura Bensalem et al. (2007) einen proteolytischen Verdau der mit Seifen solubilisierten Membranproteine, eine anschließende Extraktion der Peptide mit Acetonitril und Polystyrenkügelchen und die Analyse der Peptide mit MALDI. Die Elektrospray-Ionisierung scheint jedoch für Membranproteine die bessere Methode zu sein (▶ Abschn. 7.5.2).

Bei **Glykoproteinen** lagern sich die Zuckermoleküle gelegentlich um oder werden in der sauren Matrix und unter dem UV-Photonenstrom abgespalten. Schließlich zerfällt unter dem Laser ein Teil der Matrixmoleküle, reagiert mit den Proteinen und vergrößert dadurch deren MG. Dies macht sich im Spektrum durch sogenannte Adduktsignale bemerkbar.

Wenn MALDI klappt, und es klappt meistens, liegt eine Gaswolke von positiv geladenen Proteinionen vor. Diese Ionen beschleunigt ein elektrisches Feld auf einen Schlitz zu – jedenfalls dann, wenn die MALDI-Quelle mit einem TOF-Analysator verbunden ist.

Das gleiche Feld beschleunigt alle Ionen. Jedes Ion (Masse $m = MG$) erhält also die gleiche Energie E, multipliziert mit seiner Ladung z, anders gesagt: $E = (m/z) \times v^2$. Die Geschwindigkeit v der Ionen ist daher proportional zu eins durch die Wurzel aus Masse/Ladung. Die erreichte Geschwindigkeit eines Ions hängt also ab von dem Quotienten Masse durch Ladung (m/z). Das heißt: Zwei Proteine mit gleicher Ladung, aber unterschiedlicher Masse beschleunigt das Feld auf unterschiedliche Geschwindigkeiten, das Protein mit kleinerer Masse erreicht die höhere Geschwindigkeit. Ein zweiwertig positiv geladenes Protein erreicht eine höhere Geschwindigkeit als das gleiche Protein mit nur einer Ladung.

**Beachten Sie**: Die Matrix kann ein Protein unterschiedlich mit Protonen beladen. Zwar fliegen die meisten Proteine als einwertig positive Ionen durch Vakuum $[M+H]^+$. Zweiwertig positiv und (in geringem Ausmaß) dreiwertig positiv geladene Proteinionen kommen aber ebenfalls vor. Größere Proteine geben also oft mehrere Signale.

Wie so oft, liegt auch bei MALDI der Teufel im Detail. Die Gaswolke, die der Laserstrahl erzeugt, hat eine räumliche Ausdehnung. Diese Ausdehnung nimmt mit der Zeit zu, denn die Ionisierung verleiht den Ionen auch eine gewisse Anfangsgeschwindigkeit, die von Ion zu Ion unterschiedlich ist. Auch Ionen mit gleichem m/z haben unterschiedliche Anfangsgeschwindigkeiten. Für die spätere Auflösung im Analysator ist es aber wichtig, dass die Ionen die Ionenquelle als flaches Paket verlassen. Dies erreicht man mit verzögerter Extraktion (*delayed extraction*) (◘ Abb. 7.15). Mit Extraktion ist die Desorption der Ionen aus der Ionenquelle gemeint, auf Deutsch: der Übergang der Ionen von der Ionenquelle in den Analysator.

**Infrarot-Matrizen** Es muss nicht unbedingt ein UV-Laser sein, der die Proteine in die Gasphase katapultiert. Auch Infrarot(IR)-Laser eignen sich für MALDI. IR-Laser übertragen größere Energiemengen als UV-Laser. Sie übertragen genügend Energie, um Proteine von PVDF-Membranen zu lösen. Daher können Sie mit IR-Lasern Proteine direkt vom Blot analysieren. UV-Laser dagegen entlocken PVDF-adsorbierten Proteinen kein Signal (Sutton et al. 1997). Zudem sind IR-Laser-Matrizen hydrophil und kommen ohne organische Lösungsmittel aus. Daher bleiben die Proteinflecken oder -banden auf der Blotmembran da, wo sie hingehören, und fließen nicht ineinander, wie Ihnen das mit den hydrophoben UV-Matrizen passieren kann. Die am häufigsten verwendete IR-Matrize ist Bernsteinsäure.

Beim IR-MALDI vom Blot stören Reste von Blotpuffer, den Puffer also gründlich abwaschen! Zudem muss die PVDF-Membran in der richtigen Orientierung auf dem MALDI-Probenträger liegen. Wegen der hohen Bindungskapazität der PVDF-Membranen binden Proteine nur an einer Oberfläche der PVDF-Membran, auf der Butterseite, da wo das Gel mit der Membran in Kontakt kam. Merke: Butterseite nach oben.

Die hohe Energieübertragung der IR-Laser hat nicht nur Vorteile. Empfindliche Proteine können fragmentieren, andere kovalent aggregieren (zu Dimeren und Trimeren). Beides führt zu Artefaktsignalen.

Zur Analyse der proteolytischen Verdaus von Proteinen bzw. der daraus entstandenen Peptide eignet sich das IR-MALDI schlecht. Wahrscheinlich bekommt der Matrix der Verdaupuffer nicht. Es wäre daher gut, im gleichen Gerät sowohl mit IR- als auch mit UV-Lasern messen zu können.

## Probenvorbereitung für MALDI

Vermeiden Sie alles, was Ihr Protein derivatisieren und sein MG ändern könnte, z. B. hohe Konzentrationen an Ameisensäure, Harnstoff, TFA und Verbindungen, die mit freien Aminogruppen reagieren. Auch werden viele Proteine bei Reinigung und Lagerung teilweise oxidiert und/oder deamidiert, was die Präparation heterogen macht und die Signale im Analysator verbreitert bzw. neue Signale auftauchen lässt. Die experimentelle Krux und entscheidend für die Qualität ihres Spektrums ist die Qualität der proteingedopten Kristalle. Nur Proteine, die in Matrixkristalle eingebaut sind, springen in die Gasphase. Nicht jede Matrix eignet sich für jedes Protein. Welche Matrix die besten Ergebnisse liefert, ist nicht voraussagbar: also ausprobieren! Geeignete Matrizes finden sie in ◘ Tab. 7.2.

Die Proteinkonzentration der kristallisierenden Lösung sollte zwischen 1–10 µM liegen. Für MALDI werden die Peptid-Proteinproben gewöhnlich in 0,1 % TFA/Acetonitril (60/40, v/v) gelöst. Geringe Konzentrationen von Salzen, Puffern oder Lipiden stören die Kristallbildung nicht. Größere Mengen nicht-flüchtiger Substanzen wie Glycerin, Polyethylenglykol, 2-Mercaptoethanol, DMSO dagegen behindern die Kristallisation. Tödlich wirken ioni-

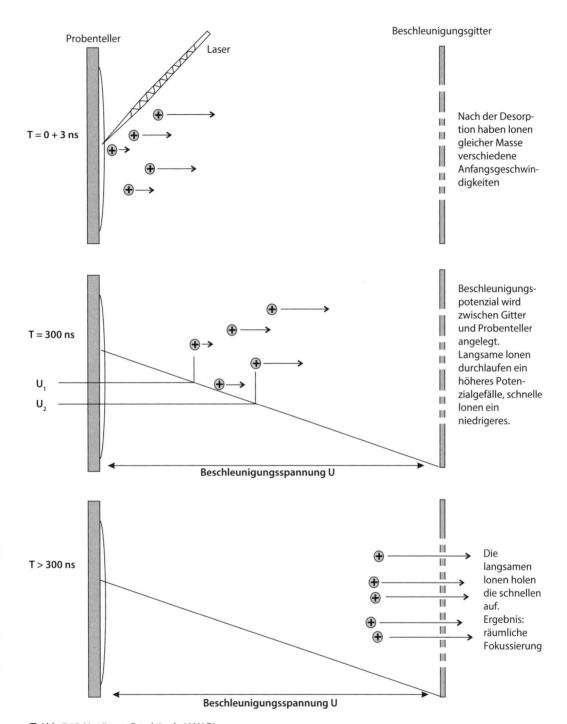

■ **Abb. 7.15** Verzögerte Extraktion bei MALDI

sche Seifen. In Gegenwart von SDS werden keine Proteine in die Kristalle eingebaut. SDS müssen Sie gründlich entfernen, z. B. durch Blotten des Proteins, Ionenpaar-Extraktion (Henderson et al. 1979) oder HPLC. Auch bei zwitterionischen Seifen ist Vorsicht geboten: Mit z. B. Zwittergent 3-16 bilden sich keine Kristalle. Azid stört die Ionenbildung beim Laserbeschuss und Lipid den Kristallaufbau. Schließlich muss der pH der Protein-/Matrixlösung kleiner 4 sein, denn oberhalb pH 4 liegt ein beachtlicher Teil der Matrixmoleküle in ionisierter Form vor. Ionisierte Matrixmoleküle kristallisieren nicht oder bilden Kristalle mit schlechten Eigenschaften, z. B. solche, die kein Protein einbauen.

Wie stellt man gute Kristalle her?

Bartlet-Jones et al. (1994) trocknen die Protein-/Peptidlösung auf den MALDI-Probenträger auf, pipettieren dann ein Tröpfchen Matrixlösung dazu und trocknen wieder ein.

Beavis und Chait (1996) werben für die Getrocknete-Tropfen-Methode: Protein-/Peptidlösung mit gesättigter wässrig/organischer Matrixlösung mischen. Die Protein-/Peptidkonzentration der Mischung sollte zwischen 1 und 10 μM liegen. Ein Tröpfchen davon auf den Probenträger bringen und bei Raumtemperatur an der Luft trocknen lassen. Wichtig: Die Matrixlösung immer frisch ansetzen. Das Protein/Peptid muss vollständig gelöst sein, und weder Protein/Peptid noch Matrix dürfen beim Mischen präzipitieren; die Matrix fällt gelegentlich aus, wenn die Protein-/Peptidlösung keine organischen Lösungsmittel enthält.

Protein/Matrix-Tröpfchen nicht erhitzen. Das ändert Kristallbildung wie Protein-/Peptideinbau, und zwar meistens nach dem Murphy-Prinzip.

Proteinkonzentrationen höher als 10 μM sind sinnlos. Sie verschlechtern eher das Signal.

Das optimale Mischungsverhältnis zwischen Probe und Matrixlösung liegt irgendwo zwischen 1:1 und 1:10. Weitere Tipps finden Sie in Beavis und Chait (1996).

Nach Vorm et al. (1994) und Vorm und Mann (1994) soll schnelles Trocknen kleinere und gleichmäßiger verteilte proteingedopte Kristalle geben. Daher trocknen sie das Protein/Matrix-Tröpfchen im Vakuum ein. Hewlett-Packard bot ein Gerät an, mit dem Sie die Kristallbildung im Vakuum optisch verfolgen konnten. Hewlett-Packards Analysesparte

wurde jedoch an Agilent ausgelagert, ob das auch mit diesem Gerät geschah, ist den Autoren nicht bekannt.

Falls die Protein-/Peptidlösung hohe Konzentrationen an nicht-flüchtigen Substanzen enthielt, empfiehlt es sich, die Kristalle kurz (10 s) in kaltem Wasser zu waschen. Die nicht-flüchtigen Substanzen reichern sich nämlich an der Kristalloberfläche an und werden durch das Waschen teilweise entfernt. Das verbessert das Signal (Beavis und Chait 1996). Vorsicht: Die Kristalle lösen sich leicht vom Probenträger ab. Gegenmaßnahme: Wasser schnell absaugen oder abschütteln.

Die Probenvorbereitung mag sich kompliziert lesen, doch im praktischen Leben erweist sich die Kristallisiererei als erstaunlich einfach. Bei guter Anleitung und durchschnittlicher Intelligenz erlernt man diese Kunst in zwei Wochen.

Zwei Grundmethoden haben sich in den letzten Jahren durchgesetzt. Deren Details schwanken von Labor zu Labor, so wie es Männlein und Weiblein gibt, davon aber jeweils viele Varietäten. Diese Grundmethoden sind die Getrocknete-Tropfen-Methode und die Schnellverdampfungsmethode. Wir wollen Ihnen aber nicht verschweigen, dass France Landry behauptet, sie hätte die Vorteile der beiden Methoden vereinigt und die jeweiligen Nachteile beseitigt (also gewissermaßen einen Hermaphroditen gezeugt). Vielleicht stimmt es ja, zumindest liest sich das Paper gut (Landry et al. 2000). ◘ Tabelle 7.3 stammt aus Landry et al. (2000) und stellt die drei Methoden einander gegenüber.

Oft sitzt die Probe in Gelen, und man findet es mühsam, sie herauszuholen. Einmal macht es Arbeit, und dann kann so viel geschehen: Kontamination, Proteasenverdau, Adsorption. Insbesondere die Kontaminationsgefahr mit Keratinen hängt über Ihren Versuchen wie ihre Locken über die Mikroplatte. Für die Elektrospray-Ionisierung führt kein Weg an der Extraktion aus dem Gel vorbei, das werden Sie spätestens dann einsehen, wenn Sie ▶ Abschn. 7.5.2 gelesen haben. Aber MALDI, das müsste sich doch direkt aus dem Gel machen lassen?

In der Tat: Es lässt sich machen. Loo et al. (1999) desorbieren Proteine direkt vom IEF-Gel. Zuerst waschen Loo et al. das Gel für 10 min in 1:1 Acetonitril, 0,2 % TFA, um den Harnstoff und die Seifen

◨ **Tab. 7.3** Sie haben die Wahl! Dreimal Probenvorbereiten für MALDI

| „Getrocknete Tropfen" | „Schnelle Verdampfung" | „Gelöste Nitrocellulose" |
|---|---|---|
| 40 mg/ml α-Cyano-4-hydroxyzimtsäure(αC) in 50 % Acetonitril, 0,1 % TFA auflösen | 40 mg/ml α-Cyano-4-hydroxyzimtsäure (αC) | 40 mg/ml α-Cyano-4-hydroxyzimtsäure (αC) |
| Innere Kalibrierstandards zugeben (0,25–0,5 mM) | 20 mg/ml Nitrocellulose in Aceton auflösen | 20 mg/ml Nitrocellulose in Aceton auflösen |
| Die Matrix (αC-Lösung) mit der Peptidprobe mischen (Verhältnis optimieren zwischen 1 : 1 und 1 : 10) | αC-Lösung, Nitrocelluloselösung und 2-Propanol im Verhältnis 2 : 1 : 1 mischen | αC-Lösung, Nitrocelluloselösung und 2-Propanol im Verhältnis 2 : 1 : 1 mischen |
| 1 µl der Mischung auf den MALDI-Probenträger pipettieren | Innere Kalibrierstandards zugeben (0,25–0,5 mM) | Innere Kalibrierstandards zugeben (0,25–0,5 mM) |
| Trocknen lassen | 0,5 µl der Mischung auf den MALDI-Probenträger pipettieren | 2 µl der Mischung zu 2 µl Peptid-probe geben |
| Spektren fahren | Trocknen lassen | 1 µl der Mischung auf den MALDI-Probenträger pipettieren |
| | 0,5 µl 5 % Ameisensäure auf den MALDI-Probenträger pipettieren | Trocknen lassen |
| | 0,5 µl Peptidprobe in 5 % Ameisen-säure auf den MALDI-Probenträger pipettieren | MALDI-Probenträger nacheinander mit 5 % Ameisensäure und MilliQ-Wasser waschen |
| | Trocknen lassen | Trocknen lassen |
| | MALDI-Probenträger nacheinander mit 5 % Ameisensäure und MilliQ-Wasser waschen | Spektren fahren |
| | Trocknen lassen | |
| | Spektren fahren | |

zu entfernen. Danach lassen sie das gewaschene Gel für 5–10 min in Matrix quellen (gesättigte Sinapinsäure in 1 : 1 Acetonitril, 0,2 % TFA) und bei RT trocknen. Das trockene Gel wird auf den Probenträger des MALDI gelegt und mit dem UV-Laser abgefahren.

Loo nennt das „virtuelle" 2D-Gel-Analyse. Welch treffendes Wort! Wahrlich, es finden sich Literaten unter den Proteinbiochemikern. Die erste Dimension ist wie herkömmlich die IEF, die zweite die Massenbestimmung im TOF-Analysator. Das MS ersetzt also die SDS-Gelelektrophorese. Das hat seine Vorteile: Ein TOF-Analysator misst genauer als ein SDS-Gel (bei Loo et al. (1999) um zwei Größenordnungen). Es hat aber auch Nachteile: Zum einen hält man hinterher nur einen Computeraus-

druck in der Hand, zum anderen sind die Signale schwer quantifizierbar. Zu den virtuellen Flecken kann die virtuelle 2DE nur virtuelle Proteinmengen angeben. In einem richtigen Gel können Sie dagegen die Menge der Proteine leicht messen, z. B. mit Fluoreszenzfarbstoffen.

Zum Schluss noch einmal eine Warnung vor Keratinen: Es gibt mehrere – und es gibt sie in Mengen auf der Haut, den Haaren, in Schuppen. Das Massenspektrum eines Proteinverdaus ist kompliziert genug, Sie müssen seine Interpretation nicht noch durch Keratinpeptide erschweren. Arbeiten sie immer mit Handschuhen, und wenn Sie schon keine Kappe tragen wollen, dann beugen Sie sich wenigstens nicht über ihre Proben. Die Molekulargewichte der wichtigsten tryptischen Keratinpeptide zeigt

| ◘ **Tab. 7.4** MG tryptischer Keratinpeptide (in Dalton). (Nach Schrattenholz 2001) | | | |
|---|---|---|---|
| **Cytokeratin** | **Cytokeratin 2** | **Cytokeratin 9** | **Cytokeratin 10** |
| 1382,68 | 1036,52 | 896,41 | 1164,58 |
| 1475,74 | 1192,61 | 1059,56 | 1233,67 |
| 1715,84 | 1319,58 | 1065,49 | 1356,71 |
| 1992,97 | 1837,91 | 1306,67 | 1364,63 |
| 2382,94 | 2509,12 | 2704,15 | 1380,64 |
| 3312,31 | 2830,19 | | 1433,76 |
| | | | 2024,94 |
| | | | 2366,26 |

◘ Tab. 7.4 Allein diese vier Keratine ergeben schon 26 Signale, und es gibt Dutzende von Keratinen.

## Elektrospray-Ionisierung

Die zweite Möglichkeit, Proteinionen in die Gasphase zu bringen, ist die Elektrospray-Ionisierung (ESI). 2002 erhielt John Fenn einen Nobelpreis für die Entwicklung der Methode. Das ESI-Prinzip stellt ◘ Abb. 7.16 dar. Man baut die Proteine/Peptide nicht in eine verdampfbare Matrix ein, sondern versprüht eine Protein-/Peptidlösung aus einer Kapillare in feinste Tröpfchen. Dabei liegt eine hohe Potenzialdifferenz zwischen Kapillare und Gegenelektrode vor (2–6 kV).

Im Detail funktioniert das so (◘ Abb. 7.16): Die Lösung tritt aus der Kapillare (Durchmesser z.B. 100 μm) aus. Wegen der Potenzialdifferenz zwischen Kapillare und Gegenelektrode wandern je nach Polarität negative oder positive Ionen an die Oberfläche und die Flüssigkeit wird zum Gegenpol gezogen. Gegen diesen Zug wirkt die Oberflächenspannung der Flüssigkeit. Diese hängt von der Zusammensetzung der Lösung ab, so vom Gehalt an $H_2O$, wobei schon geringe Mengen organischer Lösungsmittel die Oberflächenspannung erniedrigen. Es bildet sich ein sogenannter Taylor-Kegel. Aus dem Kegel lösen sich geladene Tröpfchen ab, die durch Verdunstung immer kleiner werden. Die Verdunstung wird unterstützt durch den $N_2$-Strom um die Kapillare. Die Ladung der Tröpfchen kommt durch die Ionen zustande, die sich darin aufhalten. Werden die Tröpfchen kleiner, werden diese Ionen zusammengedrängt. Ist endlich die elektrostati-

sche Abstoßung der Ionen im Tröpfchen größer als dessen Oberflächenspannung (Raleigh-Grenze), kommt es zur Coulomb-Explosion. Das Tröpfchen explodiert in kleinste Tröpfchen mit oft nur einem Ion. In der geheizten Transferkapillare (◘ Abb. 7.17) und durch den geheizten $N_2$-Gegenstrom wird der Rest der Lösungsmittelmoleküle entfernt. Es bleibt ein Ionengas.

So einleuchtend das klingt, es ist nur eine Theorie. Nach einer anderen Theorie treten große Moleküle vor der Coulomb-Explosion von der Oberfläche der Tröpfchen in die Gasphase über. Für beide Theorien gibt es experimentelle Belege.

ESI gilt als die schonendste Ionisierungsmethode. In der Tat treten bei ESI kaum Fragmentionen auf.

Schwache Säuren helfen bei der Erzeugung von positiv geladenen Molekülen, und organische Lösungsmittel dienen als Sprühhelfer. Dennoch haben Sie große Freiheit in der Wahl des Lösungsmittels. Sowohl polare ($H_2O$, Dimethylformamid) als auch schwach polare Lösungsmittel (Dichlormethan, Diethylether) werden eingesetzt; auch Mischungen eignen sich (z.B. Methanol/$H_2O$- oder Acetonitril/$H_2O$-Gemische). Eine typische Trägerlösung für die Produktion von positiven Ionen (der Normalfall bei der Untersuchung von Proteinen und Peptiden) ist Acetonitril/Wasser 50:50 mit 0,1 % Essigsäure. Statt Acetonitril wird oft Methanol verwendet, was bei den Preisen von Acetonitril eine sinnvolle Alternative darstellt. Die Signalintensität hängt bei ESI nicht von der Menge an Peptid ab, sondern von dessen Konzentration. Der Grund: Der begrenzende

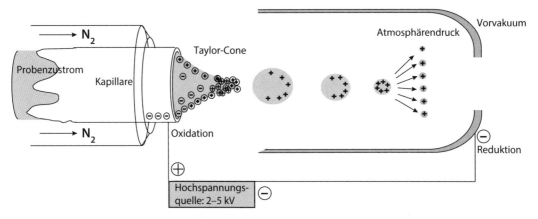

**◘ Abb. 7.16** Ionenerzeugung in der Elektrospray-Quelle (ESI). Das zwischen Probenkapillare und der Gegenelektrode angelegte elektrische Feld zerstäubt die aus der Probenkapillare austretende Lösung. Die Tröpfchen verlieren durch Verdampfen Lösungsmittel und werden kleiner. Gleichzeitig nimmt die Ladungsdichte zu. Wegen der elektrostatischen Abstoßung zerplatzen die Tröpfchen schließlich (Coulomb-Explosionen). Es entstehen dehydratisierte, mehrfach geladene Protein-/Peptidionen

Schritt bei der Ionenbildung ist nicht die Zufuhr an Peptid, sondern die Oxidation an der Kapillaroberfläche (◘ Abb. 7.16). Man versucht daher, die Peptid-/Proteinlösungen vor dem Einschuss möglichst hoch zu konzentrieren. Die Konzentrationen der Proteine/Peptide sollten zwischen $10^{-4}$ und $10^{-6}$ mol/l liegen (Cech und Enke 2001).

Bei ESI bilden sich häufig mehrfach geladene Ionen. Peptidionen z. B. tragen oft zwei positive Ladungen; Nomenklatur: $[M + 2H]^{2+}$. Bestehen die Peptidionen aus mehr als 15 Aminosäuren oder besitzen sie mehrere basische Reste (Lys-, Arg-, His-Reste), so können sie auch drei und mehr Ladungen tragen.

Um Peptide oder Proteine massenspektrometrisch empfindlich detektieren zu können, müssen die verwendeten Salze und Zusatzstoffe kompatibel sein mit dem ESI-MS. Biologische Proben enthalten jedoch häufig nicht-flüchtige Puffer und Salze wie HEPES, Tris, Phosphat sowie Zusatzstoffe wie Glycerin oder Seifen, die Proteine stabilisieren und ihre unspezifische Bindung unterdrücken sollen. Diese Additive verunreinigen den MS-Eingang. Als Folge kommt immer weniger Protein in das MS. Des Weiteren stören sie die Töpfchentrocknung im Spray und unterdrücken Signale durch Komplexbildung und Entladung. Salze, nicht-flüchtige Additive und Seifen stören also bei ESI und müssen zuvor entfernt werden. Troxler et al. (1999)

verwenden dazu kleine Umkehrphasensäulen (C8, Elution mit TFA, Acetonitril). Aber Achtung: Die TFA-Konzentration sollten Sie niedrig halten, denn die negativ geladene TFA bildet mit den positiv geladenen Proteinen und Peptiden neutrale Komplexe (Garcia et al. 2002). Diese neutralen TFA-Protein-Komplexe erfasst das MS naturgemäß nicht, d. h. das entsprechende Signal wird unterdrückt.

Falls Sie auf einen Puffer nicht verzichten können, nehmen Sie einen flüchtigen, z. B. Ammoniumacetat oder -formiat. Auch das Salz Ammoniumbicarbonat können Sie zusetzen.

Die ESI wird oft einer HPLC nachgeschaltet, denn Sie können HPLC-Eluate direkt in das ESI einspeisen (▶ Abschn. 7.3.3). Das ist der Hauptvorteil von ESI.

Auch mit **Membranproteinen** scheint ESI umgehen zu können. Das behaupten jedenfalls Le Coutre et al. (2000). Im Anschluss an eine HPLC wollen sie bakterielle Membranproteine mit MG bis zu 61 kDa analysiert haben, darunter zwei Transporter, einen Ionenkanal und ein Porinprotein. Joe Carroll et al. (2007) dagegen trennten mitochondriale Membranproteine durch Säulenchromatographie in organischen Lösungsmitteln auf, zerlegten die durch ESI erzeugten Proteinionen mittels kollisionsinduzierter Dissoziation und analysierten die entstandenen Fragmentionen mit Tandem-MS.

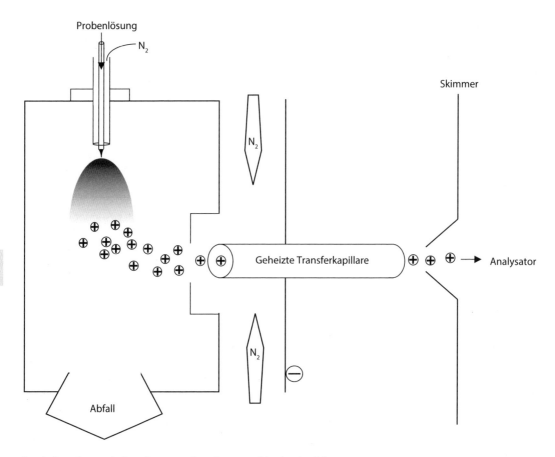

Durch die orthogonale Anordnung von Spraykonus und Analysatoreinlass landen ungeladene und daher nicht analysierbare Moleküle im Abfall.

◘ **Abb. 7.17** Aufbau einer orthogonalen ESI-Quelle

**Nachteile** ESI gilt als weniger sensitiv als das MALDI. Die Sensitivität hängt jedoch nicht nur von der Ionisierungsmethode, sondern auch vom Protein, der Trägerlösung (bei ESI), der Matrix und der Kristallisierungsmethode (bei MALDI) und gelegentlich – so scheint es – vom Wetter ab. In der Regel reichen bei ESI 10–100 pmol Protein/Peptid für eine Messung aus.

Eine ESI-Quelle verbraucht im Betrieb riesige Mengen an $N_2$-Gas: 200–500 l/h. Das Gas muss sauber sein, mindestens 99,5 % $N_2$, bei oxidationsempfindlichen Stoffen sogar 99,9 % $N_2$. Mit Gasflaschen kommen Sie hier nicht weit, Sie brauchen einen $N_2$-Generator. Da dieser mit Druckluft gespeist wird, muss er sich mit Ihrem Druckluftsystem vertragen.

Bedenken Sie das, bevor Sie sich ein ESI-MS anschaffen.

Häufig ist der ESI-Aufsatz ein Sensibelchen. Es kommt zu Instabilitäten durch kleine Partikel, hohem Hintergrund, und manche Signale werden unterdrückt. Signalunterdrückungen sind in der Regel erklärbar und wenn nicht, dann liegt es meist am Unwissen des Experimentators. Es geht also bei ESI immer mit rechten Dingen zu – was man nicht von allen Einrichtungen der deutschen Universität behaupten kann.

**Nano-ESI** Das ist der vorläufig letzte Schrei auf dem ESI-Markt. Die Technik benutzt das gleiche Prinzip wie oben, doch werden metall(gold)-

bedampfte Glaskapillaren mit einer Öffnung von nur 1–2 µm verwendet. Daher kann die Flussrate heruntergesetzt werden; sie liegt bei 50–100 nl/min. Des Weiteren wird mit niederen Spannungen (600–1600 V) zwischen Kapillare und Gegenelektrode gearbeitet. Die Primärtröpfchen sind damit auch viel kleiner als die bei der normalen (Mikro-) ESI.

Die Nano-ESI hat mehrere Vorteile: Wegen der niedrigeren Flussrate wird weniger Probenvolumen gebraucht, die Probe kann also höher konzentriert werden. Dennoch wird weniger Probenmaterial verbraucht. Bei der Mikro-ESI verbrauchen Sie 10–100 pmol, bei der Nano-ESI kommen Sie schon mit einigen 100 fmol aus. Des Weiteren braucht die Nano-ESI keinen $N_2$-Gasstrom entlang der Kapillare.

Diesen Vorteilen steht gegenüber, dass man als Anfänger für gewöhnlich erst einige Dutzend Spitzen in den Sand setzt, bevor sich ein Spray bildet. Die Kapillarspitze muss nämlich durch Abbrechen geöffnet werden, und dies erfordert Erfahrung. Tipp: Ein Fingernagelknipser erhöht den Öffnungserfolg.

Des Weiteren verstopft die Nanokapillare öfter als die Mikrokapillare. Die Vorbehandlung der Probe ist also wichtig. Man benutzt dazu Kapillarsäulen. Es gab sogar spezielle Nanoeluter, von denen die Herstellerfirma Wunderdinge versprach. Ob diese Wunder geschehen sind, wissen wir nicht, aber die Eluter sind wohl verschwunden. Eine goldbedampfte Nano-ESI-Kapillare kostet ein paar Euro und kann im Zehnerpack mit unterschiedlichen Spitzendurchmessern von 1–10 µm bestellt werden. Bei entsprechender Ausstattung (Puller und Sputter) können Sie die Kapillaren auch nach Bedarf herstellen.

Haben Sie jedoch viel Geld und viele Proben, empfiehlt sich ein Roboter. Der pipettiert Ihnen die Proben, füllt damit eine Kapillare und vernebelt automatisch in Nanoliter-Flussraten in das MS. Die Firma, die diesen MS-Roboter anbietet, heißt Advion BioSciences. Er verschiebt den Engpass zur Datenauswertung, d. h. der Doktorand verbringt noch mehr Zeit am Computer. Übrigens: Gegen Hämorrhoiden hilft der Verzehr von Weizenkleie und Wiener-Walzer-Tanzen.

**Proteinkomplexe** Das Trennen, Verdauen und Identifizieren zahlloser Proteinflecken zahlloser Gele, Proteinproben und Säulenfraktionen scheint für absehbare Zeit das Los der Proteomiker zu sein. Das kann öde werden. Gut, dass die ESI-MS eine weitere Spielmöglichkeit bieten. Die Versprühung ist ja, wie auch die MALDI, eine milde Ionisierungsmethode. Wem es gelänge, bei physiologischem pH zu ionisieren, der könnte intakte Proteinkomplexe untersuchen. Zumindest für die $Ca^{2+}$-Komplexe von Proteinen scheint das möglich zu sein. Troxler et al. (1999) verwenden dazu statt der üblichen sauren Lösung (pH 3,0) den flüchtigen Puffer Ammoniumacetat pH 7,0 (mit oder ohne 100 µM $Ca^{2+}$). Unter diesen Bedingungen können Sie mit dem ESI-MS die $Ca^{2+}$-Komplexe von nativem α-Parvalbumin und rekombinanten α-Parvalbuminen unterscheiden. Doch der Erfolg scheint Glückssache zu sein: Mit manchen Proteinen geht es, mit anderen nicht. Mit Calmodulin beispielsweise, ebenfalls ein $Ca^{2+}$-bindendes Protein, arbeitet die Methode weit schlechter (H. Troxler, persönliche Mitteilung). α-Parvalbumin lässt sich vermutlich nur deswegen als Ion vergasen, weil α-Parvalbumin stark sauer ist und Troxler et al. (1999) riesige Mengen (800 pmol) einsetzten. Es sei ein heikles Gebiet, auf dem es viele Religionen gäbe, meinte Herr Troxler und empfahl den Übersichtsartikel von Joseph Loo (1997). Dieser sei die Bibel der ESI-Komplex-Gläubigen. Autor Letzel empfiehlt den Gläubigen auch die Artikel von Loo (2000) und Daniel et al. (2002).

Bei der Untersuchung von Proteinkomplexen ist generell Vorsicht geboten: Was im Gas gilt, kann in Lösung ganz anders sein. Zudem ist 10 mM Ammoniumacetat pH 7,0 nicht gerade der physiologischste aller Puffer; einer ganzen Reihe von Proteinen geht es herzlich schlecht unter diesen Bedingungen. Aber das ist halt der Fluch des Forscherlebens: Nie ist man sicher, auch mit allen Kontrollen nicht. Immer muss man mit zusätzlichen Methoden bestätigen, Einwände zu widerlegen suchen, Referees überzeugen – ach, nicht von ungefähr, wünsch' ich, dass ich Theologe wär.

## Probenvorbereitung für ESI

Für gewöhnlich werden die Proben für die ESI auf kleinen Umkehrphasensäulen (z. B. Poros R2) konzentriert. Die Säulenmatrix wird in eine Glaskapillare gegeben. Danach wird die Probe aufgeladen, gewaschen und mit einer Stufe eluiert. Dem Säulenfluss hilft man mit einer Zentrifuge nach. Wässrige Peptidlösungen können so schnell von 20 µl auf 1 µl eingeengt und entsalzt werden (Schrattenholz 2001).

Gobom et al. (1999) machen das noch eleganter: Sie führen die Chromatographie in einer Pipettenspitze durch. Geloader-Spitzen von Eppendorf (Durchmesser 0,3 mm) werden mit Umkehrphasenmaterial gefüllt, die Peptidmischung oder was sonst anfällt aufgeladen, gewaschen und dann mit 50–100 nl Elutionslösung eluiert. Mit entsprechenden Zip-Tips erzielen Sie ebenfalls gute Ergebnisse.

**Zip-Tips** sind Pipettenspitzen, die an ihrem spitzen Ende 0,5 µl einer C18- oder C4-Umkehrphasen-HPLC-Matrix enthalten. Der Durchmesser der Silikapartikel liegt meist bei 15 µm und ihre Porengröße bei 200 Å. Für Peptide und Proteine mittleren Molekulargewichts eignen sich C18-Zip-Tips, für Proteine mittleren Molekulargewichts und für große Proteine nimmt man C4-Zip-Tips. Vor der Adsorption wird die Zip-Tip-Matrix mit Wasser oder mit Wasser/0,5 % Ameisensäure oder mit Wasser/0,1 % TFA gewaschen. Dann ziehen Sie die Peptide oder Proteine in wässriger Lösung auf und lassen sie adsorbieren. Chaotrope Agenzien wie Guanidiniumchlorid verbessern die Adsorption von Proteinen, höhere Konzentrationen von Detergenzien hemmen sie. SDS sollte auf unter 0,1 %, Triton X-100 auf unter 1 % verdünnt werden. Ein C18-Zip-Tip kann bis zu 5 µg Peptid binden (*User Guide for reversed-phase Zip Tip Pipette Tips*, Millipore, 2001).

Nach dem Waschen des Zip-Tips mit Wasser/0,5 % Ameisensäure (für die Anwendung im Elektrospray-MS) oder Wasser/0,1 % TFA (für MALDI-TOF) werden die Peptide und Proteine eluiert. Als Elutionsmittel dient Wasser/Acetonitril oder Methanol (1:1), 0,5 % Ameisensäure für die Anwendung im Elektrospray-MS oder Wasser/Acetonitril oder Methanol (1:1), 0,1 % TFA für die Anwendung im MALDI-TOF.

**Beachten Sie**: Langsam pipettieren! Keine Luftblasen aufziehen! Gelbett nicht trocken laufen lassen!

Extrakte aus Gelstücken haben meist ein Volumen von 50–100 µl wässrigem flüchtigem Puffer oder Acetonitril/$H_2O$. Das dampfen Sie mit der SpeedVac zur Trockene ein. Den Rückstand lösen

Sie in 1 µl 80%iger wässriger Ameisensäure auf. Dazu geben Sie 10 µl Wasser oder Pufferlösung. Diese Lösung können Sie wie oben auf einer RP-Säule weiter konzentrieren.

Wir wissen nicht, auf welche Gedanken Sie kommen, aber: Verwenden Sie zum Eindampfen von Peptidlösungen keinesfalls Glasgefäße. Auf Glasoberflächen kleben Peptide nach dem Eindampfen zur Trockene wie mit Sekundenkleber angeleimt. Gleichzeitig lösen sich $Na^+$-Ionen aus dem Glas und bilden vermehrt $Na^+$-Addukte mit Ihren Peptiden. Das führt zu anderen Ionenmassen in der MS. Letzteres sollte mit einer modernen Analysesoftware zwar keine Probleme mehr bereiten, aber man soll das Schicksal nicht herausfordern.

Verwenden Sie auch nie billiges Plastik, sonst sehen Sie im MS nur noch einen Wald von Weichmachersignalen, in dem Sie sich verirren wie Hänsel und Gretel, ohne je ein Knusperhäuschen zu finden.

Gelegentlich, so bei hydrophoben Peptiden, Alkaloiden oder Lipiden, liegt die Probe in **organischen Lösungsmitteln** wie DMSO vor.

Wie engt man organische Lösungsmittel auf Nanolitervolumina ein?

Wie aliquotiert man Mikroliter- und Nanolitermengen organischer Lösungsmittel?

Um diese keineswegs trivialen Fragen hat sich etliche Jahre, wenn nicht Jahrzehnte, Wolfgang Dünges aus Mainz gekümmert. Er ist zu folgenden Erkenntnissen gekommen:

Gehen Sie in Zehner- bis Zwanzigerschritten vor. Konzentrieren Sie also z. B. 1 ml auf 50 µl, die 50 µl auf 5 µl und die 5 µl auf 500 nl. Das Konzentrat wird jeweils in ein kleineres Gefäß transferiert. Als geeignetste Technik des Konzentrierens empfiehlt Dünges das Einengen unter partiellem Rückfluss. Dazu wird das Lösungsmittel in einem Spitzkölbchen in ein Wasserbad gestellt (◘ Abb. 7.18). Das Bad hat eine 2–4 °C höhere Temperatur als der Kochpunkt (Kp) ihres Lösungsmittels. Das Lösungsmittel dampft nun im Kölbchen ab. An einer bestimmten Stelle im Hals des Kölbchens kondensiert das Lösungsmittel jedoch wieder und bildet einen Kondensationsring. Über die Eintauchtiefe des Kölbchens können Sie die Position des Kondensationsrings regulieren. Zum Konzentrieren muss der Ring direkt unterhalb der Öffnung des Kölbchenhalses sitzen. Wichtig: Der Temperaturgradient

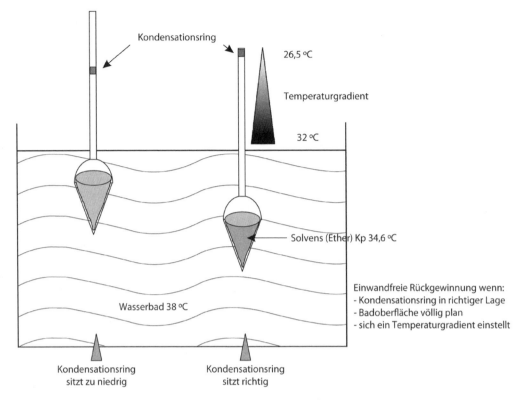

**Kondensationsring**

26,5 °C

**Temperaturgradient**

32 °C

Solvens (Ether) Kp 34,6 °C

Einwandfreie Rückgewinnung wenn:
- Kondensationsring in richtiger Lage
- Badoberfläche völlig plan
- sich ein Temperaturgradient einstellt

Wasserbad 38 °C

Kondensationsring
sitzt zu niedrig

Kondensationsring
sitzt richtig

**◘ Abb. 7.18** Einengen von organischen Lösungsmitteln unter partiellem Rückfluss

zwischen Wasseroberfläche und Kölbchenöffnung muss konstant sein. Das ist er nur, wenn die Wasseroberfläche glatt ist. Das wiederum erreichen Sie mit einer speziellen Strömungsführung, die Wirbel vermeidet. Zudem muss es ein Glaswasserbad sein, denn Sie müssen die Verdampfung beobachten. Sie sitzen also vor dem Kölbchen, beobachten den korrekten Sitz des Kondensationsrings im Kölbchenhals und warten bis die Flüssigkeit im Kölbchenboden gerade scheinbar verschwunden ist. Dann stecken Sie das Spitzkölbchen in Eis. Die an den Glasrändern sitzenden Flüssigkeitsreste sammeln sich nun in der Spitze; sie ergeben etwa ein Zehntel des Ausgangsvolumens. Diese Restflüssigkeit transferieren Sie in ein kleineres Kölbchen, tauchen es wieder ins Wasserbad, stellen den Kondensationsring ein, und der Prozess beginnt von Neuem.

Elegant ist das nicht, aber es funktioniert. Der Molekularbiologe ist ja verwöhnt, was Bequemlichkeit und Schnelligkeit seiner Techniken angeht, unter anderem weil sich die Firmen geradezu über-

schlagen, ihm die Versuche mit Kits und Kinkerlitzchen zu erleichtern. Die Chemikertechnik des Herrn Dünges dagegen lehrt Sie Geduld, Demut und Bescheidenheit – Eigenschaften, die Sie für Ihre spätere Karriere dringend brauchen werden.

Ein Trost: Das Einengen unter partiellem Rückfluss soll verlustlos ablaufen; Verluste (und Kontaminationsgefahr) treten aber beim Transferieren ins nächstkleinere Kölbchen auf.

Haben Sie ihre Probe auf 1 µl oder 500 nl organisches Lösungsmittel eingeengt, werden Sie feststellen, dass der Umgang mit diesen Nanolitermengen nicht trivial ist. Es ereignen sich Zeichen und Wunder:

- Wenn Sie die Spitze einer Hamilton-Spritze in Ihre Probe tauchen, nimmt das Volumen der Flüssigkeit ab: Die Nadel wirkt als Heizelement und dampft die Probe ein.
- Es gelingt nicht, mit einer Hamilton-Spritze reproduzierbar Submikrolitermengen zu entnehmen. Die organische Flüssigkeit zerspringt Ihnen in der Pipette in Tröpfchen.

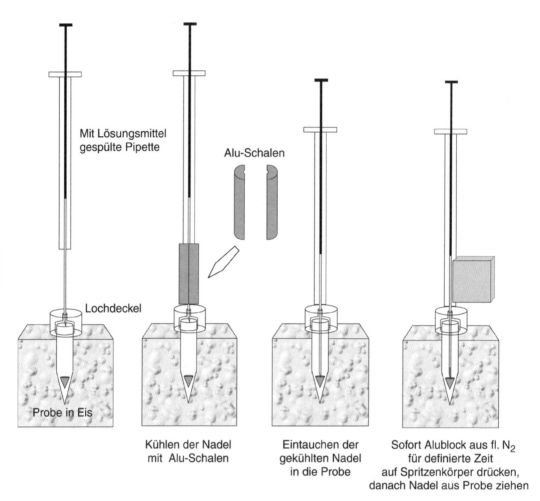

Mit Lösungsmittel
gespülte Pipette

Alu-Schalen

Lochdeckel

Probe in Eis

| Kühlen der Nadel mit Alu-Schalen | Eintauchen der gekühlten Nadel in die Probe | Sofort Alublock aus fl. $N_2$ für definierte Zeit auf Spritzenkörper drücken, danach Nadel aus Probe ziehen |

**◘ Abb. 7.19** Entnahme von Nanolitermengen organischer Flüssigkeiten

Um dies zu unterbinden, müssen Sie Folgendes tun: die Spritze mehrfach bis zur Hälfte mit dem organischen Lösungsmittel füllen und wieder vollständig entfernen. Dadurch wird das Spritzenvolumen mit Lösungsmitteldampf gesättigt und die Innenwände mit einer Lösungsmittelschicht imprägniert.

Zum Pipettieren wird die Probe in Eis gestellt. Das verlangsamt die die Verdunstung.

Um nun z. B. aus 1 μl ein Aliquot von 25 nl zu entnehmen, ziehen Sie den Spritzenstempel halb hoch. Dann kühlen Sie die Nadel mit zwei speziell dafür hergestellten Aluschalen ab, die in flüssigem Stickstoff abgekühlt worden waren. Jetzt tauchen Sie die Nadel in die Probenlösung. Dann pressen Sie sofort einen mit flüssigem Stickstoff gekühlten

Alublock auf den Spritzenkörper (◘ Abb. 7.19). Der Lösungsmitteldampf im Spritzenkörper kondensiert, in der Spritze entsteht Unterdruck, der aus der Probe ein bestimmtes Volumen abzieht (Kältesog). Nach genau einer Sekunde ziehen Sie die Nadel aus der Probe. In der Nadel befinden sich jetzt 25 nl. Hätten Sie zwei Sekunden angepresst, wären es 50 nl gewesen: Das Volumen der durch den Kältesog aufgezogenen Probe korreliert mit der Eintauchzeit. Die 25 nl in der Spritzennadel können Sie in den Spritzenkörper hochziehen.

Auch diese Technik klingt kompliziert. Sie ist es auch. Wolfgang Dünges hat uns jedoch versichert, dass sie mit einiger Übung wenigstens zuverlässig sei.

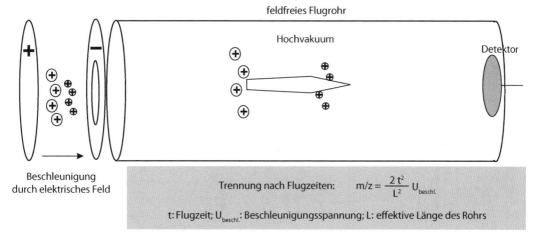

feldfreies Flugrohr

Hochvakuum

Detektor

Beschleunigung
durch elektrisches Feld

Trennung nach Flugzeiten:   $m/z = \dfrac{2\,t^2}{L^2}\,U_{beschl.}$

t: Flugzeit; $U_{beschl.}$: Beschleunigungsspannung; L: effektive Länge des Rohrs

◻ **Abb. 7.20** Aufbau eines einfachen TOF-Flugrohrs

### 7.5.3   Analysatoren und Detektoren

Nach der Vergasung werden die Ionen in den Analysator eingespeist und dort nach m/z voneinander getrennt. Es gibt verschiedene Typen von Analysatoren, die nach verschiedenen physikalischen Prinzipien arbeiten. Je nach verwendetem Analysator werden die Ionen zuvor noch fokussiert, parallelisiert oder beschleunigt.

#### Flugzeitanalysatoren

Hier werden die Ionen aus der Ionenquelle vor Eintritt in den Analysator von einem elektrischen Feld beschleunigt (Chernushevich et al. 2001). Das gleiche Feld wirkt auf alle Ionen und überträgt damit auf jedes Ion die gleiche Energie pro Ladung. Das Feld bringt die Ionen daher in einer bestimmten Zeit auf eine bestimmte Geschwindigkeit, die abhängt von ihrer Masse und Ladung bzw. ihrem Masse/Ladungsverhältnis (m/z) (▶ Abschn. 7.5.2). Mit dieser Geschwindigkeit, plus ihrer Anfangsgeschwindigkeit, fliegen die Ionen durch einen Schlitz in ein feldfreies Vakuum-Flugrohr, den Flugzeitanalysator oder TOF (von: *time of flight*). Weil das Rohr feldfrei ist, werden die Ionen nicht mehr beschleunigt (oder abgebremst), sondern fliegen mit der erreichten Geschwindigkeit dahin. Alle Ionen fliegen die gleiche Strecke, nämlich die Länge des Flugrohrs. Danach treffen sie auf den Detektor. Ionen mit unterschiedlicher Geschwindigkeit erreichen den Detektor zu

unterschiedlichen Zeiten. Diese Flugzeiten werden gemessen (◻ Abb. 7.20).

Klingt das in Ihren Ohren kompliziert? Wir müssen Ihnen gestehen, dass die Verhältnisse noch um einiges verwickelter sind. So treten, wie schon erwähnt, die Ionen nach ESI oder einem Laserpuls bei MALDI nicht in Linie an. ESI-Quellen, die inzwischen auch mit TOFs gekoppelt werden, liefern kontinuierlich Ionen; bei MALDI werden die Ionen zwar stoßweise erzeugt, sie verteilen sich aber als Wolke: Ionen mit gleichem m/z erhalten beim Laserbeschuss verschiedene kinetische Anfangsenergien (sowohl in Größe wie auch Richtung). Je dicker die entstehende Wolke, desto breiter die Ionenpakete im TOF bzw. die Signale am Detektor und desto schlechter die Trennung. Diesem beklagenswerten Effekt hilft die *delayed extraction* ab, die den Raum der Ionenwolke vor dem Eintritt in den Analysator einengt (▶ Abschn. 7.5.2).

Manche TOFs besitzen einen Reflektor, der die Ionen umlenkt. Damit wird die Fluglänge verdoppelt und damit die Auflösung verbessert (◻ Abb. 7.21). Zudem werden die Ionen mit gleichem m/z, aber unterschiedlichen kinetischen Energien am Reflektor fokussiert. Der Grund: Die schnellen Ionen dringen tiefer in den Reflektor ein, brauchen also länger, um wieder an seine Oberfläche zu kommen, gewinnen also an Flugzeit; bei den langsamen ist es umgekehrt. Das Ergebnis ist eine Fokussierung.

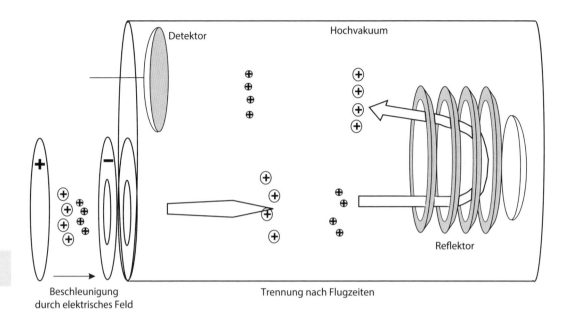

**Abb. 7.21** Aufbau eines TOF-Flugrohrs mit Reflektor

Die Auflösung eines TOFs hängt zudem von der Stabilität der Stromquellen, der mechanischen Präzision des Gerätes und einem halben Dutzend anderer Faktoren ab. Kommerzielle TOFs haben eine Fluglänge von 1000–2000 mm, die Flugzeiten liegen zwischen 5 und 100 µs, die Weite der einzelnen Signale bei einigen Nanosekunden.

Die Massenkalibrierung eines TOF ist nicht einfach. Bei MALDI-Ionenquellen muss eine Kalibrierungskurve mit mehreren Punkten und internen Standards erstellt werden. Als interne Standards benutzt man oft die Peptide, die beim Selbstverdau von Trypsin entstehen.

Einmal eingestellt, zeigt das Gerät oft einen Drift. Das liegt gewöhnlich an einer Temperaturinstabilität. So ist die Länge des Flugrohrs eine Funktion der Temperatur (Wärmeausdehnung), und die Länge der Flugröhre geht bei der Bestimmung von m/z in Quadrat ein (**Abb. 7.20**). Auch die Spannung der Stromversorgung hängt von der Temperatur ab. Die wiederum geht direkt in die Bestimmung von m/z ein. Wenn Sie Glück haben, heben sich beide Effekte auf. Aber wann hat man schon Glück? Besser ist es, Sie verwenden ein wärmeisoliertes Flugrohr (z. B. von Agilent) oder/und arbeiten in einem klimatisierten Raum.

Dafür hat ein TOF-Analysator einige Vorteile. Genau eingestellt und kalibriert, bestimmt ein brauchbares TOF die Masse eines Proteins mit einer Genauigkeit von 0,1 Promille, teure Geräte sogar mit 0,001 Promille. Er misst in einem praktisch unbegrenzten m/z-Bereich: bei der Kopplung mit einer MALDI-Quelle bis m/z 100.000 und darüber, wenn's sein muss. Am besten arbeiten die Geräte mit Proteinen bis 30–40 kDa, aber auch bei größeren Proteinen wie Immunglobulinen liefern sie brauchbare Daten. Der Rekord liegt bei knapp 1000 kDa (Rostom und Robinson 1999). Natürlich können Sie auch Proteingemische mit dem TOF analysieren.

Über die Höhe der Signale im TOF-Spektrum kann man, im Prinzip und mit geeigneten internen Standards, die Proteinkonzentration messen (Nelson et al. 1994). Dies wäre eine Mengenkalibrierung (Höhe des Signals) im Gegensatz zur obigen Massenkalibrierung (Position des Signals). Auch die Mengenkalibrierung ist eine schwierige Kunst.

TOF-Analysatoren werden meistens mit MALDI-Ionenquellen verwendet. Der Grund: Bei MALDI entstehen die Ionen stoßweise, und der TOF analysiert ebenfalls stoßweise, d. h. eine Ionenwolke nach der anderen. Will man eine kontinuier-

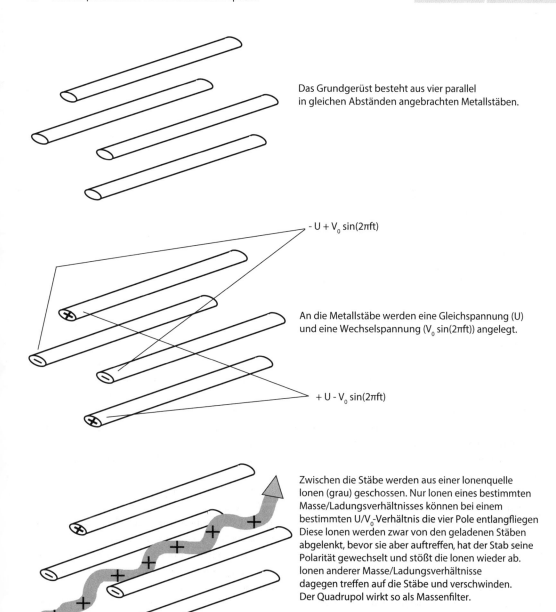

Das Grundgerüst besteht aus vier parallel in gleichen Abständen angebrachten Metallstäben.

$- U + V_0 \sin(2\pi ft)$

An die Metallstäbe werden eine Gleichspannung (U) und eine Wechselspannung ($V_0 \sin(2\pi ft)$) angelegt.

$+ U - V_0 \sin(2\pi ft)$

Zwischen die Stäbe werden aus einer Ionenquelle Ionen (grau) geschossen. Nur Ionen eines bestimmten Masse/Ladungsverhältnisses können bei einem bestimmten $U/V_0$-Verhältnis die vier Pole entlangfliegen Diese Ionen werden zwar von den geladenen Stäben abgelenkt, bevor sie aber auftreffen, hat der Stab seine Polarität gewechselt und stößt die Ionen wieder ab. Ionen anderer Masse/Ladungsverhältnisse dagegen treffen auf die Stäbe und verschwinden. Der Quadrupol wirkt so als Massenfilter.

◻ **Abb. 7.22** Quadrupol-Analysator

liche Ionenquelle (z. B. ESI) an einen TOF koppeln, müssen die Ionen für einige Mikrosekunden gespeichert werden. Die Ionenwolke wird dann durch einen Spannungspuls in den Analysator gejagt. Eine ESI-Ionenquelle passt daher theoretisch besser zum Quadrupol-Analysator, der eine kontinuierliche Io-

nenversorgung braucht (▶ Abschn. 7.5.3). Praktisch funktionieren die ESI-TOFs aber hervorragend.

## Quadrupol-Analysator

Das Prinzip eines Quadrupol-Analysators zeigt ◻ Abb. 7.22. Das Gerät besteht aus vier Metallstä-

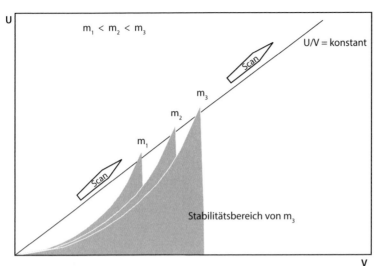

**◘ Abb. 7.23** Zur Quadrupol-Theorie

ben, die parallel und in gleichem Abstand voneinander liegen. An die diagonalen Partner wird je eine Wechsel- (V) und eine Gleichspannung (U) angelegt. Der Analysator hat also vier Pole, daher der Name Quadrupol (Chernushevich et al. 2001).

Zu jedem Ion (MG: m; Ladung: z) existiert ein Verhältnis von Gleich- und Wechselspannung (U/V), das dem Ion die Passage durch den Quadrupol erlaubt. Dies geschieht nicht in gerader Linie, sondern mit begrenzter Amplitude in x- und y-Richtung schwingend bzw. – die Physiker mögen den Ausdruck verzeihen – auf einer helikalen Bahn, die die Elektroden nicht berührt. Ionen mit geringerem m/z nehmen während der Passage Energie auf und werden schließlich aus dem Feld geworfen oder treffen auf die Stäbe und werden entladen. Bei Ionen mit größerem m/z sorgt hauptsächlich die Gleichspannung für eine instabile Flugbahn.

Zur Bestimmung eines Massenspektrums schießen Sie, bei einem bestimmten U/V-Verhältnis, Ionen in den Quadrupol. Das U/V-Verhältnis bestimmt den Filterdurchlass bzw. das Auflösungsvermögen. Es bleibt während der Bestimmung des Massenspektrums (Scans) konstant. Was Sie ändern, ist die Höhe von V (und damit von U, denn das Verhältnis muss ja gleich bleiben). Zu jedem V gibt es m/z-Werte, die in den Stabilitätsbereich fallen. Ionen mit diesem m/z-Wert lässt der Filter passieren (◘ Abb. 7.23).

Der Stabilitätsbereich in ◘ Abb. 7.23 wird mit Mathieu-Diffenzialgleichungen errechnet. Falls Sie den Ehrgeiz haben, dies nachzuvollziehen, laden Sie sich das Skript von Klaus Blaum herunter: Klaus Blaum, Universität Mainz, Wintersemester 2004/05, Vorlesung: Spektroskopie in Ionenfallen – Grundlagen und moderne Experimente mit gekühlten und gespeicherten Ionen (▶ http://www.quantum.physik. uni-mainz.de/lectures__2004__ws0405_ionenfallen__ index.html.de; Stand: Juni 2015). Aber Vorsicht: Das Skript ist für Physiker gedacht.

Die Gleichungen stammen von Emile Mathieu (1835–1890), einem Mathematiker aus Metz, der mit Sicherheit nie einen Quadrupol gesehen hatte und bis zu seiner Auferstehung keinen mehr sehen wird. Er hatte es nicht leicht: Trotz einer glänzenden Promotion, die er mit 24 Jahren ablegte und die die Grundlage für seinen späteren Ruhm bildete, wollten die Universitäten von dem schüchternen Emile nichts wissen. Er musste sich zehn Jahre lang als Privatlehrer für Mathematik durchschlagen. Auch danach bekam er nur Stellen an Provinzuniversitäten. Sie lernen daraus: Leute, die sich mit den Fakultäten nicht vertragen, können dennoch berühmt werden – wenn sie tot sind.

Quadrupole haben einen wesentlich kleineren Messbereich als TOF-Analysatoren. Die meisten Quadrupole messen nur bis Massen/Ladungsverhältnissen von 3000 oder 5000. Wollen Sie also Proteine messen, müssen Sie diese stark aufladen. Ein einfach geladenes Protein mit MG 100.000 hat ein m/z von 100.000, das zweifach geladene ein m/z von 50.000, das zehnfach geladene von 10.000. Deswegen koppelt man Quadrupol-Analysatoren in der Regel an ESI-Ionenquellen. Ein weiterer Nachteil des Quadrupols: Mit der Spreizung des Massenbereichs nimmt die Empfindlichkeit ab. Mit einem TOF dagegen können Sie riesige m/z-Bereiche ohne Verlust an Empfindlichkeit scannen.

Dafür ist die Massenkalibrierung eines Quadrupols auf lange Zeit stabil: Einmal kalibriert, hält es für Monate. Auch eignet sich der Quadrupol gut für die Analyse kontinuierlicher Ionenströme, wie sie ein ESI erzeugt.

Ein weiterer Vorteil von Quadrupolen liegt in der Möglichkeit ihrer Hintereinanderschaltung, z. B. im Tripel-Quadrupol (▶ Abschn. 7.5.7). Sie können aber auch zwei Quadrupole mit einem TOF kombinieren (Chernushevich et al. 2001).

## Ionenfalle

Die Ionenfalle wurde 1953 von Wolfgang Paul erfunden und wird auch *ion trap* (IT), *ion trap detector* (ITD) oder Paulfalle genannt. 1989 erhielt Paul dafür den Nobelpreis. Kommerzielle Geräte gibt es seit 1983. Ausgereizt ist die Technik dennoch nicht, ständig wird weiterentwickelt und verbessert.

Wie ihr Name schon andeutet: Die Ionenfalle speichert Ionen; die gespeicherten Ionen können analysiert werden.

Aufgebaut ist eine Ionenfalle aus einer Ringelektrode, der zwei Endkappenelektroden anliegen (❏ Abb. 7.24). Zudem enthält sie Helium als Kühl- und Stoßgas ($10^{-3}$–$10^{-4}$ bar).

Wird an der Ringelektrode eine Radiofrequenzhochspannung (etwa 1 MHz) angelegt, entsteht in der Ionenfalle ein dreidimensionales Feld. Leitet man nun durch die Öffnung in der Endkappenelektrode Ionen in das Feld ein, werden sie von den Helium-Atomen etwas abgebremst (gekühlt). Zudem zwingt das Feld die Ionen auf Kreisbahnen. Diese Kreisbahnen kann man mit Mathieu-Differenzialgleichungen berechnen, aber wir tun Ihnen – und uns – den Gefallen und verzichten darauf. Die Ionen kreisen also, und das können sie tun bis ihnen schlecht wird. Das aber ist nicht der Sinn der Ionenfalle, sie soll vielmehr die m/z-Werte der kreisenden Ionen bestimmen. Daher kommt der zweite

Trick: Die Ionen werden selektiv nach ihrem m/z-Wert aus der Ionenfalle entlassen. Dazu fährt man die Amplitude der Wechselspannung an der Ringelektrode kontinuierlich hoch. Bei einer bestimmten Amplitude wird die Flugbahn von Ionen mit einem bestimmten m/z-Wert instabil. Sie fliegen durch das Loch in der Endkappenelektrode davon und weiter zum Detektor oder in einen anderen Analysator. Bei niedrigen Amplituden fliegen die Ionen mit niedrigen m/z-Werten aus der Falle, bei hohen Amplituden die mit hohen m/z-Werten. Auf diese Weise erhalten Sie ein m/z-Spektrum der in der Ionenfalle gespeicherten Ionen. Auf Neudeutsch heißt das: *mass-selective instability scan*.

Es gibt noch einen dritten Trick: Legen Sie an die Endkappenelektroden ein weiteres Hochfrequenzfeld an mit einer Amplitude von einigen Hundert Millivolt, können Sie die Ionen kinetisch anregen, d. h. sie sausen schneller auf ihren Kreisbahnen herum. Zudem gibt es ein Loch im Stabilitätsdiagramm. Durch dieses Loch (und das Loch in der Endkappenelektrode) können die Ionen nach ihren m/z-Werten aus der Ionenfalle fliegen. Praktisch sieht das so aus: Sie fahren wieder die Radiofrequenzamplitude hoch, und wieder fliegen die Ionen – in der Reihenfolge ihrer m/z-Werte – durch das Loch in der Endkappe davon. Dies aber schon bei niedrigeren Amplituden. Das nennt sich *resonant ejection*.

Die meisten kommerziellen Geräte kombinieren *mass-selective instability scan* und *resonant ejection*. Leuten, die sich in das Thema reinknien wollen, empfehlen wir die Dissertation von Frank Runge von der Technischen Universität Darmstadt aus dem Jahr 2003. Die Dissertation steht im Netz.

## Detektoren

Beim Detektor handelt es sich immer um einen Photomultiplier. Quadrupole besitzen noch klassische Photomultiplier, TOF-Geräte dagegen eine sogenannte *Multichannel Plate* oder *Microchannel Plate* (MCP). MCPs bestehen aus Reihen von Glaskapillaren, die innen mit elektronenabgebendem Material beschichtet sind. Der Durchmesser der Kapillaren liegt bei 25 µm. Trifft ein Ion in das Innere einer Kapillare, löst dies eine Kaskade von Elektronen aus, die gemessen werden kann (❏ Abb. 7.25). Die Reaktionszeit dieser Geräte liegt unter 1 ns.

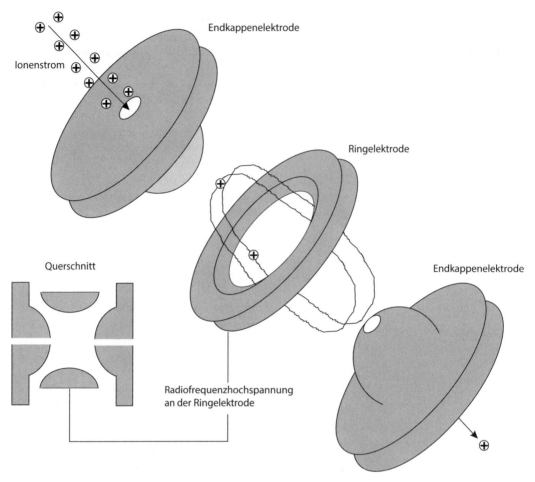

**☐ Abb. 7.24** Aufbau einer Ionenfalle

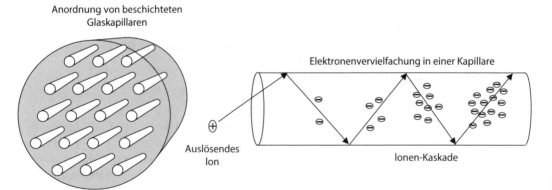

**☐ Abb. 7.25** Vielkanalplatte (MCP) zum Ionennachweis

◙ **Tab. 7.5** MG der Aminosäuren-NH-CHR-CO-Kerne sowie der kompletten Aminosäuren

| Aminosäure | | | Mittleres MG | Monoisotopisches MG (Kern) | Monoisotopisches MG (AS) |
|---|---|---|---|---|---|
| Alanin | Ala | A | 71,0788 | 71,03711 | 89,04761 |
| Arginin | Arg | R | 156,1876 | 156,10111 | 174,11161 |
| Asparagin | Asn | N | 114,1039 | 114,04293 | 132,05343 |
| Asparaginsäure | Asp | D | 115,0886 | 115,02694 | 133,03744 |
| Cystein | Cys | C | 103,1448 | 103,00919 | 121,01969 |
| Glutamin | Gln | Q | 128,1308 | 128,05858 | 146,06908 |
| Glutaminsäure | Glu | E | 129,1155 | 129,04259 | 147,05309 |
| Glycin | Gly | G | 57,0520 | 57,02146 | 75,03196 |
| Histidin | His | H | 137,1412 | 137,05891 | 155,06941 |
| Isoleucin | Ile | I | 113,1595 | 113,08406 | 131,09456 |
| Leucin | Leu | L | 113,1595 | 113,08406 | 131,09456 |
| Lysin | Lys | K | 128,1742 | 128,09496 | 146,10546 |
| Methionin | Met | M | 131,1986 | 131,04049 | 149,05099 |
| Phenylalanin | Phe | F | 147,1766 | 147,06841 | 165,07891 |
| Prolin | Pro | P | 97,1167 | 97,05276 | 115,06326 |
| Serin | Ser | S | 87,0782 | 87,03203 | 105,04253 |
| Threonin | Thr | T | 101,1051 | 101,04768 | 119,05818 |
| Tryptophan | Trp | W | 186,2133 | 186,07931 | 204,08981 |
| Tyrosin | Tyr | Y | 163,1760 | 163,06333 | 181,07383 |
| Valin | Val | V | 99,1326 | 99,06841 | 117,07891 |
| Wasser | $H_2O$ | | 18,0152 | 18,0105 | 18,0105 |

### 7.5.4    MS-Parameter und Spektreninterpretation

Um aus dem MS Ergebnisse herauszuholen oder sie zu interpretieren, müssen Sie nicht alle technischen Details beherrschen. Der Postdoc, der für das Gerät verantwortlich ist, wird Sie sowieso nicht an den Knöpfen drehen lassen. Manches haben wir nur erwähnt, damit Sie etwas haben, womit Sie im Kaffeestübchen Eindruck schinden können; es soll sich ja lohnen, dieses Buch gekauft zu haben.

Was Sie jedoch wirklich brauchen, sind Begriffe wie Auflösungsvermögen, Genauigkeit, Massenkalibration, monoisotopische Masse etc. Zudem sollten Sie in der Lage sein, einfache MS-Spektren auszuwerten und daraus das MG von Proteinen zu bestimmen oder die Sequenz kleiner Peptide.

Führen Sie sich deshalb den folgenden Abschnitt gründlich zu Gemüte.

### Berechnung des MG und Isotopenverteilung

Um aus MS-Spektren das MG von Peptiden (bzw. Proteinen) zu berechnen, bedarf es keines ausladenden Intellekts, sondern einiger MG-Informationen, eines Taschenrechners und, im Falle von größeren Proteinen, größerer Geduld oder einer Berechnungssoftware. Die MG-Informationen finden Sie z. B. in ◙ Tab. 7.5. Sie listet die –NH–CHR–CO-Kerne der 20 natürlich vorkommenden Aminosäu-

| Element | Mittlere Masse | Stabile Isotope | Isotopen- Masse |
|---|---|---|---|
| H | 1,008 | $^1H$ | 1,0078 |
|   |       | $^2H$ (D) | 2,0141 |
| C | 12,011 | $^{12}C$ | 12,0000 |
|   |        | $^{13}C$ | 13,0034 |
| N | 14,007 | $^{14}N$ | 14,0031 |
|   |        | $^{15}N$ | 15,0002 |
| O | 15,999 | $^{16}O$ | 15,9949 |
|   |        | $^{17}O$ | 16,9991 |
|   |        | $^{18}O$ | 17,9992 |

Schon für's Abitur - lang, lang ist's her - haben Sie gelernt, dass ein Element in Isotopen auftreten kann. Falls Sie es nicht mehr genau wissen: Isotope haben die gleiche Zahl an Protonen, aber verschieden viele Neutronen. Isotope unterscheiden sich daher nicht in ihrer Chemie, aber in der Masse. So beträgt der Massenunterschied zwischen $^{12}C$ und $^{13}C$ 1,0034. Es gibt stabile und instabile (radioaktive) Isotope. In der Tabelle sind die stabilen Isotope der wichtigsten Elemente aufgeführt.

◘ **Abb. 7.26** Isotope, Massen und MG

Ein Molekül, das mehrere Atome eines Elementes besitzt, kann aus verschiedenen Isotopen bestehen. So können chemisch gleiche Moleküle, die mehrere C-Atome enthalten, aus $^{12}C$ und $^{13}C$ Atomen bestehen. Jedes einzelne dieser Moleküle hat ein bestimmtes MG. Berücksichtigt man die Häufigkeit der Isotope, lässt sich ein mittleres MG berechnen, das natürlich nur für eine große Anzahl der Moleküle Sinn macht.

**Monoisotopisches MG:** Das Molekül besteht ausschließlich aus den häufigsten Isotopen, z. B. $^1H$,$^{12}C$,$^{14}N$, $^{16}O$.

**Mittleres MG:** Zur Berechnung des MG werden die mittleren Atommassen (Masse unter Berücksichtigung der Häufigkeit der Isotope) benutzt.
Das mittlere MG ist in der Regel größer als das monoisotopische MG.

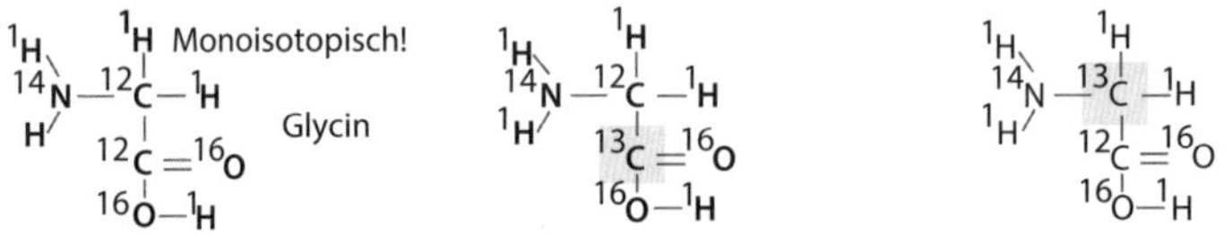

MG = 2 x 12,0 + 5 x 1,0078
+ 2 x 15,9949 + 1 x 14,0031
= 75,0319

Ein $^{12}C$ wurde durch $^{13}C$ ersetzt, MG = 76,0353

Ein $^{12}C$ wurde durch $^{13}C$ ersetzt, MG = 76,0353

ren auf, zusammen mit deren monoisotopischem MG und mittlerem MG. Keine Panik: Was das ist, wird gleich erklärt.

Die MGs der –NH–CHR–CO-Kerne errechnen sich aus dem MG der jeweiligen Aminosäure minus dem MG von Wasser. Warum listen wir neben den MGs der Aminosäuren auch die MGs von –NH–CHR–CO-Kernen auf? Weil ein (ungeladenes) Protein aus der Summe von –NH–CHR–CO-Kernen plus einem $H_2O$ besteht. Denn bei der Bildung einer Peptidbindung wird Wasser frei. Den in ein Peptid eingebauten Aminosäuren (von den beiden endständigen abgesehen) fehlt C-terminal jeweils eine Hydroxylgruppe und N-terminal jeweils ein Wasserstoff, also insgesamt das MG von $H_2O$, sie sind somit die –NH–CHR–CO-Kerne.

Wenn Sie das MG eines Peptids (bzw. Proteins) bekannter Primärstruktur berechnen wollen, summieren Sie also die MG der –NH–CHR–CO-Kerne. Abschließend addieren Sie einmal 18 Da: für das –OH der C-terminalen Carboxylgruppe und –H für die N-terminale Aminogruppe. Für das Pentapeptid LESER erhalten Sie so ein mittleres

MG von $113,1595 + 129,1155 + 87,0782 + 129,1155 + 156,1876 + 18,0152 = 632,6715$.

Bevor man mit etwas rechnet, sollte man wissen, was es bedeutet. Was ist also die Definition von monoisotopischem und mittlerem (bzw. gemischtisotopischem) MG?

Das **monoisotopische MG** einer Verbindung berechnet man aus den Massen des jeweils häufigsten Isotops eines Elements (◘ Abb. 7.26). Die Aminosäure Glycin z. B. hat das monoisotopische MG 75,03196 (◘ Abb. 7.26; hier ist das N-terminale H und das C-terminale OH enthalten!). Da viele Elemente stabile Isotope bilden, Kohlenstoff z. B. die stabilen Isotope $^{12}C$ und $^{13}C$, bestehen auch die Verbindungen dieser Elemente aus Isotopen. So gibt es nicht nur monoisotopische Kohlenstoff-Verbindungen (nur $^{12}C$), sondern auch Verbindungen, die ein oder zwei oder noch mehr $^{13}C$-Atome besitzen. Die Häufigkeit dieser Verbindungen hängt von der Häufigkeit von $^{13}C$ und der Anzahl der C-Atome in der Verbindung ab. Die Häufigkeit der monoisotopischen Verbindung nimmt mit der Zahl der C-Atome ab: Bei einem C-Atom beträgt

**Abb. 7.27** Isotopenhäufigkeit

| Element | Stabile Isotope | Häufigkeit |
|---------|-----------------|------------|
| H | $^1$H | 99,99 % |
|   | $^2$H (D) | 0,01 % |
| C | $^{12}$C | 98,89 % |
|   | $^{13}$C | 1,11 % |
| N | $^{14}$N | 99,63 % |
|   | $^{15}$N | 0,37 % |
| O | $^{16}$O | 99,76 % |
|   | $^{17}$O | 0,04 % |
|   | $^{18}$O | 0,20 % |

**Wie berechnet man die Häufigkeit einer bestimmten Isotopenverbindung?**
Sie hängt von der natürlichen Häufigkeit des Isotops und der Anzahl des Elementes in der Verbindung ab. Schauen Sie sich die $^{12}$C/$^{13}$C-Isotope von Glycin an. Glycin hat zwei C-Atome, daher gibt es vier Glycin-Isotope. Das erste ist monoisotopisch, die beiden mittleren haben das gleiche MG.

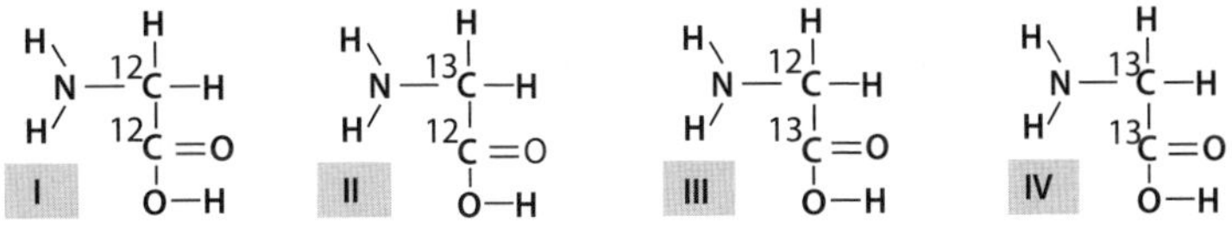

I    MG = 75,0319

II   MG = 76,0353

III  MG = 76,0353

IV   MG = 77,0387

Die Wahrscheinlichkeit, dass ein C-Atom ein $^{13}$C-Isotop ist, ist $p = 0,0111$.
Die Wahrscheinlichkeit für Glycin I ist $W_I = (1-p) \times (1-p)$.
für Glycin II ist $W_{II} = p \times (1-p)$
für Glycin III ist $W_{III} = (1-p) \times p$
für Glycin IV ist $W_{IV} = p \times p$
Die Wahrscheinlichkeit $W_1$, dass Glycin (oder eine andere 2C-Verbindung) genau ein $^{13}$C enthält, ist: $W_1 = W_{II} + W_{III} = 2p \times (1-p) = 00219$. Das heißt: 2,19 % der Glycin-Moleküle enthalten genau ein $^{13}$C.
Die Wahrscheinlichkeit $W_2$, dass Glycin (oder eine andere 2C-Verbindung) mindestens ein $^{13}$C enthält, ist: $W_2 = W_{II} + W_{III} + W_{IV} = 2p \times (1-p) + p^2 = 0,0220$.
Die Wahrscheinlichkeit C-monoisotopischen Glycins ist $W_I = (1-p)^2 = 0,9779$
$W_1 + W_2 = 0,9779 + 0,0220 = 1,0$.

Falls Ihnen langweilig ist, können Sie diese Rechnerei weiter treiben. So haben wir ausgerechnet, wie hoch die Wahrscheinlichkeit $W_{2n}$ ist, dass in einer Verbindung mit n C-Atomen genau zwei $^{13}$C sitzen.

$$W_{2n} = \binom{n}{2} \times p^2 \times (1-p)^{n-2} = \binom{n}{2} \times 0,0111^2 \times 0,9889^{n-2} = \frac{n!}{2 \times (n-2)!} \times 1,232 \times 10^{-4} \times 0,9889^{n-2}$$

Übrigens: Das wirkliche Leben ist noch komplizierter!

sie 98,89 %, bei zwei C-Atomen 97,8 %, bei 100 C-Atomen 32,75 %. Die Häufigkeit stabiler Isotope zeigt **Abb. 7.27**. Aus der Anzahl der C-Atome in Ihrer Verbindung lassen sich die zu erwartenden Prozentsätze an ein, zwei, drei etc. $^{13}$C-Verbindungen berechnen. Berücksichtigen Sie in Ihren Berechnungen die Häufigkeit der jeweiligen Isotope, so erhalten Sie das **mittlere MG**.

Ob Sie das monoisotopische oder das mittlere MG eines Peptids berechnen sollten, hängt von den in Ihren Experimenten genutzten Massenspektrometern ab.

Überprüfen Sie diese Berechnungen nun experimentell mit dem MS, so ist – wie eingangs erwähnt – darauf zu achten, was Ihr MS alles kann. Ist Ihr MS imstande, Isotope zu trennen (mit hoher mas-

senspektrometrischer Auflösung; ▶ Abschn. 7.5.3 und 7.5.4), müssten die relativen Signalhöhen mit den Prozentsätzen übereinstimmen. Zuerst kommt das Signal der monoisotopischen $^{12}$C-Verbindung, dann in Abständen von $1,0034/z$ die Signale der ein, zwei, drei etc. $^{13}$C-Verbindungen. Bei Massenspektrometern mit niedriger Auflösung (▶ Abschn. 7.5.3 und 7.5.4) bzw. bei sehr hohen z-Werten verschwimmen diese Signale zu einem einzigen (**Abb. 7.28**). Das Signal gibt dann das ungefähre **mittlere MG** an.

Je nachdem, ob Sie hochauflösende oder niedrigauflösende MS benutzen, erhalten Sie also verschiedene MGs (▶ Abschn. 7.5.3 und 7.5.4): mit hochauflösenden die monoisotopischen, mit niedrigauflösenden die mittleren MGs. Ob hochauflö-

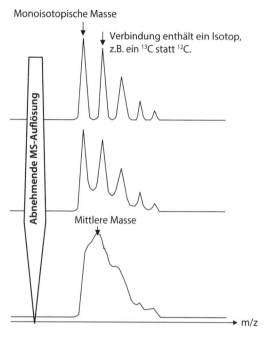

Monoisotopische Masse

Verbindung enthält ein Isotop, z.B. ein $^{13}C$ statt $^{12}C$.

Abnehmende MS-Auflösung

Mittlere Masse

m/z

**Abb. 7.28** Auflösung eines Massenspektrometers

**Tab. 7.6** Tryptische Trypsin-Peptide zur internen Kalibrierung

| Aminosäuren | MG | Sequenz |
|---|---|---|
| 3–6 (4) | 514,32 | IQVR |
| 57–64 (8) | 841,50 | VATVSLPR |
| 47–56 (10) | 1044,56 | LSSPATLNSR |
| 65–82 (18) | 1767,79 | SCAAAGTECLISGWGNTK |
| 7–26 (20) | 2210,10 | LGEHNIDVLEGNEQFI-NAAK |
| 27–46 (20) | 2282,17 | IITHPNFNGNTLDN-DIMLIK |
| 27–56 (30) | 3308,72 | IITHPNFNGNTLDNDIM-LIKLSSPATLNSR |

send oder niedrigauflösend, für akkurates Messen müssen Sie das Gerät kalibrieren.

## Massenspektrometrische Genauigkeit (bzw. Massenkalibration)

Unter einer Kalibration versteht man normalerweise die Zuordnung der Intensität eines spektroskopischen oder spektrometrischen Messsignals eines Analyten zu einer bekannten Menge Analyt. Der analytisch unbedarfte Proteinbiochemiker redet hier gerne von „Eichkurve erstellen", und im Prinzip handelt es sich auch darum. Der Begriff „eichen" ist jedoch bei Analytikern unbeliebt („Sind wir das Eichamt?"), und wenn Sie sich als Fachmann darstellen wollen, sollten Sie darauf verzichten und „kalibrieren" sagen.

In der Massenspektrometrie kommt zu dieser „Mengenkalibration" noch eine weitere Kalibration: die Massenkalibration.

Ihr MS trennt die untersuchten Substanzen nach m/z. Dieser Parameter ist jedoch keine Größe, die sich automatisch aus der Trennung in der Gasphase ergibt. Beim TOF könnte man sie zwar, wie in **Abb. 7.20** angegeben, aus Flugzeit, Rohrlänge und Beschleunigungsspannung errechnen, aber das

ist graue Theorie und das Ergebnis wäre aus vielerlei Gründen zu ungenau. Besser und zuverlässiger ist es, den Analysator zu kalibrieren.

Wie kalibriert man?

Man vermisst Substanzen von bekanntem m/z und teilt dem MS mit, welche Signalposition (die Betonung liegt auf Position) im Spektrum welchem m/z-Wert entspricht. Bei diesen Substanzen handelt es sich um „Massenkalibrationsstandards". Sie müssen zu Ionisierungsmethode und kalibrierendem m/z-Bereich passen.

In der Elektrospray-Ionisierung benutzt man häufig Cs-Salze wie CsI (bis m/z 3000), Cs-Tridecafluorheptanoat (bis m/z 10.000), Proteine wie Lysozym (m/z 1000–2100) und Myoglobin (m/z 500–2500) oder andere Substanzen wie Ultramark 1621 (Perfluoralkylphosphazine, bis m/z 6000) und Wasser-Cluster (bis m/z 4000).

Bei MALDI wird häufig ein Gemisch von Proteinen verwendet, wie Gramicidin, Insulin, Cytochrom $c$, Lysozym, Myoglobin und BSA.

Da MALDI-Ionenquellen meistens mit TOF-MS gekoppelt sind, sollten die Kalibrationsproteine einen großen MG-Bereich abdecken. Ein TOF misst ja über mehrere MG-Größenordnungen, und nur wenn die Kalibrierungsproteine einen ähnlichen Bereich abdecken, ist eine akkurate Detektion über den gesamten Messbereich gewährleistet. Auf jeden Fall sollten die Kalibrierungssubstanzen den für Sie interessanten und massenspektrometrisch möglichen MG-Bereich abdecken.

**Abb. 7.29** Auflösung von Massenspektrometern

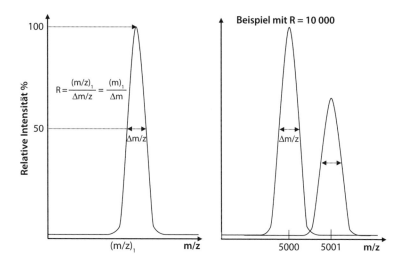

TOF-Analysatoren werden bevorzugt intern kalibriert, d. h. die Kalibrierungssubstanzen werden der Probe entweder beigemischt oder mit dieser parallel vernebelt und vermessen. Dies ist notwendig, da die meisten TOFs über die Zeit Massenverschiebungen aufweisen. So kann beispielsweise eine Temperaturerhöhung in Ihrem Experimentierraum das metallene Flugrohr ausdehnen. Die Flugstrecke wird länger, die Moleküle fliegen länger, der Detektor teilt den ankommenden Molekülen eine größere m/z zu, und es gibt somit falsche Ergebnisse. Um diese Verfälschungen zu verhindern oder auszugleichen, wird der interne Standard permanent (oder in schneller Frequenz) massenspektrometrisch vermessen und das Signal im Spektrum mit der bekannten Masse des internen Standards korrigiert, d. h. bei einer potenziellen Verschiebung des m/z des internen Standards verschiebt sich entsprechend die m/z des Analyten. Mit interner Kalibrierung erhält man heutzutage Genauigkeiten bis unter 1 ppm. Sie fragen sich, was heißt nun wieder ppm? Es heißt *parts per million* und wird überwiegend in der Umweltanalytik benutzt (z. B. 50 ppm Ozon). In unserem Fall bezieht sich das ppm jedoch auf die entsprechende Stelle hinter dem Komma: Bei einem m/z von 100 ist 0,0001 Da Abweichung 1 ppm.

In tryptischen Verdaus von Proteinen entstehen automatisch Kalibrierungssubstanzen: die Peptide aus dem Selbstverdau von Trypsin (**Tab. 7.6**). Beim Vermessen solcher Proben können Sie also auf extra zugeführte Kalibrierungssubstanzen verzichten.

Quadrupol-Analysatoren sind heutzutage meistens bis zu m/z 3000 kalibrierbar und anschließend oft über mehrere Monate hinweg massenstabil. Da einmal gemacht lange stabil bedeutet, werden diese Kalibrationen in der Regel extern durchgeführt, d. h. ohne Probe kalibriert. Mit externer Kalibrierung erreichen Sie bei diesen Geräten Genauigkeiten bis mindestens 50 ppm.

### Massenspektrometrische Auflösung

Das **Auflösungsvermögen R** eines MS berechnet sich aus dem Quotient von Masse m und Signalbreite $\Delta m$ bei halbmaximaler Höhe (**Abb. 7.29**). Es handelt sich um eine dimensionslose Zahl. Verwechseln Sie die massenspektrometrische Auflösung nicht mit der Auflösung von chromatographischen Signalen (in denen man die $\Delta m$ zwischen zwei Signalen ermittelt).

Die in diesem Buch behandelten MS-Techniken zeigen folgende Auflösung:

Neuere TOF-Analysatoren mit Reflektor haben mindestens eine Auflösung von 10.000–20.000 und sind demzufolge hochauflösend. Als Beispiel: Bei dem Signal m/z = 5000 und einer Auflösung von 10.000 trennt das Gerät dieses Signal basisliniengetrennt von einem Signal bei m/z = 5000,5. Dies ergibt sich aus der umgestellten Gleichung aus **Abb. 7.29** (links): $\Delta m = (m)_1 / R$; d. h. $\Delta m = 5000/10.000 = 0,5$.

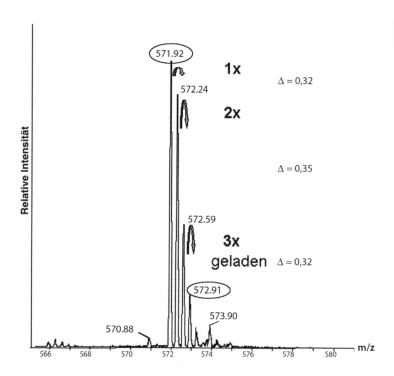

Quadrupol- und Ionenfallen-Analysatoren erreichen Auflösungen von bis zu 200 und sind demzufolge niedrigauflösend.

Somit entspräche das oberste Signal in ◻ Abb. 7.28 einem TOF-Spektrum und das unterste einem Quadrupol/Ionenfallen-Spektrum.

Diese Auflösungswerte ändern sich mit der technischen Entwicklung; mit jeder neuen Gerätegeneration werden sie besser, so gibt es derzeit auch schon Geräte mit einer Auflösung von 100.000. Und es ist kein Ende in Sicht.

## MG-Bestimmung aus MS-Spektren

Mit MALDI erhält man überwiegend die m/z von einfach geladenen Molekülen $[M+H]^+$. Das z in m/z ist also 1. Das vereinfacht die MG-Bestimmung:

**MG des Analyten entspricht der ermittelten Signalmasse geteilt durch 1 minus 1**

(Letzteres wegen des MG des Ladungsprotons H, das nicht zur Molekularmasse des Proteins gehört.)

Bei ESI treten bekanntlich mehrfach geladene Ionen auf (z > 1). Peptide z. B. sind meistens doppelt geladen, manche aber auch drei- oder vierfach. Die Auswertung von ESI-Spektren ist dennoch nicht viel schwieriger als die von MALDI-Spektren. Je nach dem Typ des Spektrums können Sie eine von drei Möglichkeiten anwenden:

**1. Abzählreim:**

Sie erinnern sich an die Isotope aus ▶ Abschn. 7.5.4?

Kurze Wiederholung: Das massenspektrometrische Signal eines Moleküls, das mehrere C-Atome enthält, besteht aus einer Ansammlung von Isotopensignalen (◻ Abb. 7.30). Denn ein C-Atom ist mit einer Wahrscheinlichkeit von etwa 1 % nicht $^{12}$C, sondern $^{13}$C, und $^{13}$C ist um 1,0034 Da schwerer als $^{12}$C. Eine Verbindung, die ein $^{13}$C besitzt, wird also von der gleichen Verbindung, die nur aus $^{12}$C besteht, im hochauflösenden MS getrennt. Verbindungen mit mehreren C-Atomen besitzen Isotope mit einem $^{13}$C, zwei $^{13}$C, drei $^{13}$C usw. (wobei diese an verschiedenen Orten sitzen können, was aber das MG nicht beeinflusst). Die Häufigkeit der Isotope einer Verbindung und damit deren Signalhöhe hängen ab von der Gesamtzahl der C-Atome (◻ Abb. 7.27) der Verbindung. Die Unterschiede im MG aber betragen immer 1,0034. Sie folgen im Massenspektrum kurz hintereinander wie die Sprossen einer Leiter. Sie bilden eine Isotopenleiter. Das gilt

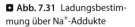

**Abb. 7.31** Ladungsbestimmung über Na$^+$-Addukte

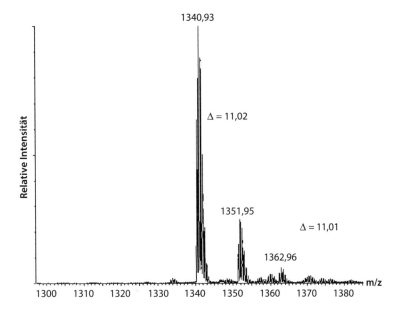

auch für Peptide; denn auch ein Peptid enthält mehrere C-Atome und besteht aus einer Mischung von $^{12}$C- und $^{13}$C-Isotopen. Die Ladung der Peptidisotope ist gleich.

Nehmen Sie das hochaufgelöste Spektrum eines Moleküls (**Abb. 7.30**), so ist das ganz linke Signal das monoisotopische Signal. Das zweite Signal von links ist das Isotop mit einem $^{13}$C usw. Die Differenzen zwischen den Signalen sind etwa gleich und betragen im Mittel 0,33. Da Sie m/z detektieren, gilt:

$\Delta$m/z = 0,33; $\Delta$m ist 1,0034 und daher z = $\Delta$m/0,33 = 1,0034/0,33 = 3,04.

Das MS hat also recht genau die Ladung z = 3 bestimmt.

Das MG erhalten Sie, indem Sie die monoisotopische Masse mit z multiplizieren und vom Ergebnis die Masse der Protonen (z × 1,0078 Da) abziehen (Auflösung am Ende von ▶ Abschn. 7.5.6).

Noch einfacher ist: Sie nehmen sich das monoisotopische Signal und zählen die Isotope ab, die Sie überschreiten müssen, um auf ein Isotop mit m/z + 1 zu gelangen (**Abb. 7.30**; hier von 571,92 bis 572,91). Damit haben Sie schon mal die Ladung. Nun nehmen Sie die monoisotopische Masse des Signals, multiplizieren dies mit der Zahl des Abzählvorgangs und ziehen die Masse der Protonen ab (da diese ja immer noch nicht zur Molekularmasse des Moleküls zählen). Das Ergebnis ist das MG.

Ein MS ist auch nur ein Mensch: Bei hohen Ladungszahlen erreicht selbst die Genauigkeit hochauflösender Geräte ihre Grenzen. Die m/z-Differenzen werden ja umso kleiner, je höher die Ladung z des Moleküls ist. Da die Fehler bei der Bestimmung der Subtrahenten voll auf die Differenz $\Delta$m/z durchschlagen, wird diese zu ungenau bzw. die Signale lassen sich nicht mehr zweifelsfrei abzählen.

**2. Über Na$^+$- oder K$^+$-Addukte:**

Vielleicht steht Ihnen zur MG-Bestimmung aber auch kein hochauflösendes MS zur Verfügung? Oder das Molekül trägt zu viele Ladungen, sodass das Isotopenmuster nicht mehr erkennbar ist? Oder ist das Spektrum wie in **Abb. 7.31** zu wenig fokussiert? Verzweifeln Sie nicht, es gibt einen Ausweg: Die MG-Bestimmung über die Na$^+$-Addukte.

Na$^+$-Addukte finden Sie dann häufig vor, wenn Sie die Substanzen in Glasbehältern gelöst, gelagert oder pipettiert haben und anschließend mittels ESI versprühen. Denn Glas enthält je nach Sorte zwischen 1 und 17 % Na$_2$O. Für die MG-Bestimmung ist die Adduktbildung erfreulich, in anderen Fällen jedoch ärgerlich, da sich Na$^+$-Addukte im MS anders verhalten als rein protonierte Ionen. Jedes Ding hat eben mindestens zwei Seiten.

Ein naheliegender Tipp: Wenn Sie Na$^+$-Addukte unterbinden wollen, sollten Sie den Kontakt der Probe mit Glas vermeiden.

Bei der Bildung von $Na^+$-Addukten wird ein Proton $H^+$ (1 Da) durch $Na^+$ (23 Da) ersetzt, d. h. $[M+nH]^{n+}$ geht über in $[M+(n-1)H+Na]^{n+}$

Bei einfacher Ladung entsteht aus $[M+H]^+$ das $[M+Na]^+$:
Die Differenz der m/z von $[M+Na]^+$ und $[M+H]^+$ ist **22**

Bei doppelter Ladung entsteht aus $[M+2H]^{2+}$ das $[M+H+Na]^{2+}$:
die Differenz der m/z von $[M+H+Na]^{2+}$ und $[M+2H]^{2+}$ ist **11**

Bei dreifacher Ladung entsteht aus $[M+3H]^{3+}$ das $[M+2H+Na]^{3+}$:
die Differenz der m/z von $[M+2H+Na]^{3+}$ und $[M+3H]^{3+}$ ist **7,3**

Und so weiter...

Für $K^+$-Addukte gilt das Gleiche in Grün:

Ein Proton (1 Da) wird ersetzt durch ein $K^+$ (39 Da)

Bei einfacher Ladung entsteht aus $[M+H]^+$ das $[M+K]^+$:
die Differenz der m/z von $[M+K]^+$ und $[M+H]^+$ ist **38**

Und so weiter mit **19, 12,7 ...**

**◘ Abb. 7.32** Berechnung der Ladung von Na+- bzw. $K^+$-Addukten

Der Verzicht auf Glas hat seine Tücken, denn in irgendeinem Material müssen Sie ihre Proben ja einschließen. Benutzen Sie Plastik, stellen Sie häufig fest, dass Sie den Teufel mit dem Belzebub ausgetrieben haben, denn minderwertige Spitzen oder Behälter enthalten so große Mengen Weichmacher, dass Sie im MS nur noch Phtalat-Signale detektieren. Achten Sie deshalb darauf, die teuren, weichmacherfreien Spitzen und Gefäße zu nutzen. Die große Empfindlichkeit der MS ist halt nicht immer ein Segen.

Zurück zu $Na^+$-Addukten; mit Molekülen, die $Na^+$-Addukte bilden, erhalten Sie Spektren wie in ◘ Abb. 7.31 gezeigt.

Wie kommt man hier zum MG?

Zuerst nehmen Sie sich die m/z des vollprotonierten Molekülions (meistens ganz links). Danach suchen Sie das nächste rechtsseitig benachbarte Signal eines $Na^+$-Addukts. Aus den beiden m/z bilden Sie die Differenz A (in ◘ Abb. 7.31 ist $\Delta = 11$). Der Differenz ordnen Sie mithilfe von ◘ Abb. 7.32 die Ladung z zu (hier $z = 2$).

Zur Sicherheit suchen Sie das nächstgrößere m/z ($2\,Na^+$) und bilden die Differenz (mit dem $1\,Na^+$). Bestätigt sich die Differenz, können Sie sicher sein, die richtige Ladung bestimmt zu haben. Mit der Ladungszahl können Sie nach Schema F (beschrieben weiter oben) m ($= MG$) berechnen: Sie multiplizieren die monoisotopische Masse des Signals mit der Zahl der Ladungen und ziehen die Masse der Protonen ($z \times 1{,}0078$) ab. Die Auflösung finden Sie am Ende von ▶ Abschn. 7.5.6.

Im selteneren Fall der Bildung von $K^+$-Addukten verfahren Sie analog.

**3. Durch Berechnung:**

Können Sie beide eben beschriebenen Methoden nicht nutzen, so liegt Ihnen wahrscheinlich ein Spektrum wie in ◘ Abb. 7.33 vor. Es handelt sich um ein Spektrum mit Signalen eines Moleküls in unterschiedlichen Ladungszuständen $[M+H]^+$, $[M+2H]^{2+}$, $[M+3H]^{3+}$ etc. Hochgeladene Proteine geben oft Dutzende solcher Signale.

Für die Berechnung von Ladung und MG müssen Sie zuerst zwei benachbarte Signale der gleichen Substanz ermitteln. Bei dem Spektrum **eines** Proteins wie in ◘ Abb. 7.33 ist das kein Problem, bei Proteinmischungen jedoch kann das schwierig werden. Da müssen Sie eben eine Weile suchen und rätseln – aber das soll ja den Reiz des Forscherlebens ausmachen. Legen Sie auf diese Reize keinen Wert, bleibt noch der Griff zu einer geeigneten Software. Wie auch immer: Haben Sie zwei benachbarte Signale, nehmen Sie deren m/z-Werte und berechnen daraus die Ladungszustände bzw. das MG des Proteins, wie in ◘ Abb. 7.34 beschrieben.

In dem Beispiel in ◘ Abb. 7.34 handelt es sich um Lysozym. Übrigens: Sie müssen nicht die Signale bei 1789,1525 und 2044,5853 nehmen. Das Signalpaar 1590,4810 und 1789,1525 sollte das gleiche Ergebnis geben. Und das tut es auch: Sie kommen auf ein MG von 14306,073. „Unglaublich genau!", staunt der Laie und dem Fachmann schwillt die Brust.

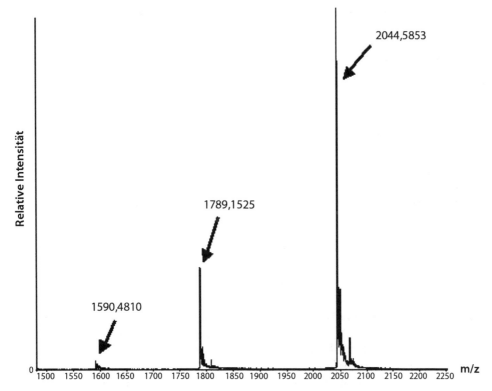

◘ **Abb. 7.33** Ein-Molekül-MS-Spektrum

Die Rechnung in ◘ Abb. 7.34 ist auf alle Moleküle mit mehreren Ladungszuständen anwendbar.

Haben Sie Spaß an der Sache gefunden? Dann wollen wir Ihnen den verdoppeln: Berechnen Sie das MG des Moleküls, das im MS-Spektrum die benachbarten m/z-Signale 670,97 und 894,29 zeigt.

Erhalten Sie das gleiche MG wie bei der Substanz aus ◘ Abb. 7.34? Wenn ja, haben Sie richtig gerechnet. Das richtige MG finden Sie wieder am Ende des ▶ Abschn. 7.5.6.

### 7.5.5 Peptidmassen-Fingerabdruck

Unbekannte Proteine können Sie durch Massen-Fingerabdrücke charakterisieren. Dazu verdauen Sie das Protein mit spezifischen Proteasen und bestimmen das MG der entstandenen Peptide. Sie erhalten einen Satz von Peptid-MGs. Den vergleichen Sie mit den entsprechenden Daten einer Datenbank. So erlaubte die Datensammlung im SERC

Daresbury Labor den Vergleich mit Fragmenten von über 50.000 Proteinen (Pappin 1997). Andere gängige und regelmäßig aktualisierte Datenbanken für Peptidmassen-Fingerabdrücke sind Swiss-Prot/TrEMBL und MSDB (EBI) zu finden unter ▶ www.expasy.org. Sie enthalten mittlerweile wesentlich mehr Proteine. Auf diese Weise können Sie schnell und zuverlässig Proteinflecken in 2D-Gelen identifizieren. Tryptische und andere Verdaus können in einem Rutsch ausgemessen werden. Schon die MGs von drei Peptiden charakterisieren das Protein fast so eindeutig wie die Aminosäuresequenz.

Unproblematisch ist die Methode nicht. So ist Trypsin keine perfekte Protease (▶ Abschn. 7.4.1). Das Enzym kann unvollständig oder an der falschen Stelle schneiden. Es gibt Verunreinigungen, z. B. durch Selbstverdau, und nicht jedes tryptische Peptid taucht im Spektrum auf (Ionenunterdrückung). Schließlich werden posttranslationale Modifikationen wie Glykosylierungen (▶ Kap. 9) und Phosphorylierungen häufig nicht erfasst oder vernachlässigt.

Nehmen Sie zwei benachbarte, vom gleichen Molekül stammende m/z-Signale: z. B. 1789,1525 und 2044,5853 aus Abb. 7.33

◧ **Abb. 7.34** Berechnung des MG

**Es gilt:** 1789,1525 = (m + zH) / z und 2044,5853 = [m + (z – 1)H] / (z – 1). m ist das MG des signalerzeugenden Moleküls und H das MG eines Protons (1,0078).

**Begründung:** Das Signal bei m/z 2044,5853 stammt vom gleichen Protein wie das Signal bei m/z 1789,1525. Also ist m bei beiden Signalen gleich. Um auf ein höheres m/z zu kommen (2044,5853 > 1789,1525) muss bei Position 2044,5853 die Zahl der Ladungen z kleiner sein als bei Position 1789,1525. Weil die Signale benachbart sind, ist diese Differenz 1.

**Berechnung**
Aus der 1. Gleichung folgt: z = m / (1789,1525 – H) = m / 1788,1447
Aus der 2. Gleichung folgt: z = m / (2044,5853 – H) + 1 = 1 + m / 2043,5775
Gleichsetzen gibt: m / 1788,1447 = 1 + m / 2043,5775

nach m auflösen gibt:
$$m = \frac{2043,5775}{(2043,5775 / 1788,1447) - 1} = 14305,968$$

m in erste Gleichung eingesetzt gibt: z = 14305,968 / 1788,1447 = 8

## 7.5.6    Peptidsequenzierung mit MS

### Strukturanalyse mit Tandem-MS

An ESI- oder MALDI-Quellen gekoppelte einfache Analysatoren geben Ihnen den m/z-Wert und damit, bei bekannter Ladung, das MG. Mehr nicht, es sei denn, Sie stellen vor dem MS-Lauf auf irgendeine Weise Peptidleitern her (▶ Abschn. 7.5.6). Mit der Tandem-Massenspektrometrie dagegen erhalten sie auch Strukturinformationen, z. B. die Sequenz eines Peptids.

Man unterscheidet die zeitabhängige und die raumabhängige Tandem-MS. Bei der zeitabhängigen Tandem-MS wird die Strukturanalyse mit ionenspeichernden Analysatoren, also mit Ionenfallen (MS$^n$), durchgeführt. Die raumabhängige Tandem-MS dagegen nützt in Reihe angeordnete Analysatoren (MS/MS). Sie können drei Analysatoren koppeln. Der erste Analysator – meistens ein Quadrupol – isoliert das gewählte Ion. Danach wird das Ion in einer Stoßkammer – in der Regel ebenfalls ein Quadrupol – fragmentiert. Der letzte Analysator trennt die Fragmente nach m/z und ist meistens ein Quadrupol oder ein TOF (◧ Abb. 7.35).

Man nennt diese dann Tripel-Quadrupol-MS QqQ und das Doppel-Quadrupol mit TOF-Analysator QqTOF. Andere Analysatorkombinationen sind ein TOF, gefolgt von Quadrupol, gefolgt von TOF-Analysator (TOFqTOF) oder Kombinationen

wie QqlT und andere. Die Frage stellt sich: Wer nutzt all diese Massenspektrometer sinnvoll? Werden all diese Kombinationen benötigt?

Der Markt wird's regeln.

Zurück zu den meistgenutzten Strukturanalyse-MS-Typen.

**Strukturanalyse mit zeitabhängiger Tandem-MS**  Für gewöhnlich wird in die Ionenfalle ein Gemisch von Peptidionen eingespeist. Wollen Sie ein bestimmtes Peptidion fragmentieren, müssen Sie zuerst dafür sorgen, dass in der Ionenfalle nur noch dieses Ion kreist. Dazu legen Sie an die Endkappenelektroden eine Breitbandfrequenz an, die alle Ionen mit Ausnahme des gewünschten aus der Ionenfalle entfernt. Dann stellen Sie die Resonanzfrequenz auf den m/z-Wert dieses Ions ein und regen es damit kinetisch an (*resonance excitation*). Es saust jetzt schneller auf seiner Kreisbahn herum und kollidiert öfter und heftiger mit den Helium-Atomen in der Kammer. Dabei kommt es zur *collision induced dissociation* (CID). Das Molekülion zerfällt in Fragmente. Diese und die restlichen Molekülionen werden nun in der Reihenfolge ihrer m/z-Werte aus der Ionenfalle entlassen. Den Rest besorgt der Detektor.

Mit Ionenfallen können Sie auch mehrstufige MS/MS-Experimente durchführen: Sie isolieren ein Fragment in der Ionenfalle und fragmentieren dieses dann noch mal usw. Als Nachteil müssen Sie

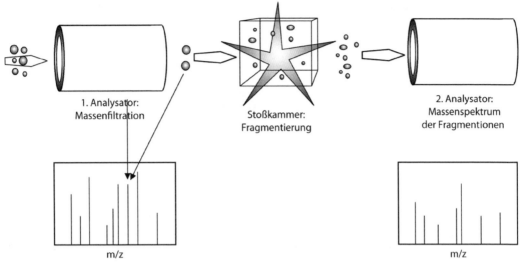

● **Abb. 7.35** MS/MS

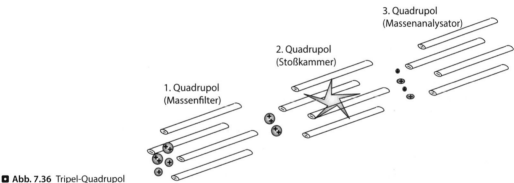

● **Abb. 7.36** Tripel-Quadrupol

die abnehmende Signalhöhe der Fragmente in Kauf nehmen (jeweils ungefähr ein Faktor 10).

**Strukturanalyse mit raumabhängiger Tandem-MS** Hier wird mit dem ersten Quadrupol das Molekülion herausgefiltert. Der mittlere Quadrupol dient als Stoßkammer, in der das Molekülion durch Kollision mit Helium- oder Argon-Atomen in Fragmentionen zerfällt. Das Spektrum der Fragmente wird schließlich im dritten Quadrupol analysiert (● Abb. 7.36).

## *De novo*-Sequenzierung mit Tandem-MS

Die Edman-Sequenzierung ist seit Jahren aus der Mode – was sich allerdings wieder zu ändern scheint. Auch die Leitersequenzierung (▶ Abschn. 7.5.6) ist nicht mehr *en vogue*. Darin üben sich Labors, die nur gelegentlich sequenzieren und sich kein Tandem-MS leisten können oder wollen.

Die Methode der Wahl ist zurzeit die Sequenzierung mit dem Tandem-MS (z. B. einem ESI-QqTOF). Beim Sequenzieren mit dem Tandem-MS geht man so vor (dieser Abschnitt macht kräftig Gebrauch von dem exzellenten Review Manns; Steen und Mann 2004): Das Protein wird mit einer Protease verdaut, meist mit Trypsin. Gelegentlich werden auch andere Proteasen verwendet (▶ Abschn. 7.4).

Tryptische Peptide haben die richtige Länge für das ESI-MS und zudem ein Arginin oder Lysin, also basische Aminosäuren, am C-terminalen Ende. Der Trypsinverdau ergibt – wen wundert's? – eine Mischung von tryptischen Peptiden. Diese

Bei einer Kollision kann die Hauptkette eines Peptids an drei Stellen brechen (Scheren). In der Regel bricht sie am schwächsten Punkt, der Peptidbindung (Säureamidbindung, mittlere Schere). Aus dem Peptid entstehen dann zwei Bruchstücke:
- das N-terminale Bruchstück: $b_m$-Bruchstück,
- das C-terminale Bruchstück: $y_{n-m}$-Bruchstück.
n ist die Zahl der Aminosäurereste des Peptids.

wird auf einer HPLC aufgetrennt und das Eluat in das ESI-MS eingespeist. Unkomplizierte Verdaus, z. B. von kurzen Proteinen, können Sie auch direkt in das MS geben. Sie erhalten ein Massenspektrum der Peptide, den sogenannten Peptidmassen-Fingerabdruck (*peptide mass fingerprint*, ▶ Abschn. 7.5.5).

Anhand des Massenspektrums wählen Sie nun ein Peptid zur Fragmentierung aus; Sie können die Wahl aber auch der MS-Software überlassen.

Das ausgewählte Peptidion, das Molekül- oder Mutterion, zerschlagen Sie in der Kollisionskammer des MS in Bruchstücke (Fragment- oder Tochterionen). Meistens brechen die Peptide an ihren schwachen Stellen, also an einer der Säureamidbindungen. Dort setzt ja auch die enzymatische Hydrolyse an. Es entsteht ein N-terminales und ein C-terminales Bruchstück.

Es können auch zu der Säureamidbindung benachbarte Bindungen der Hauptkette brechen. Für die Bruchstücke wurde eine Nomenklatur eingeführt (◻ Abb. 7.37).

Schließlich können Peptide nicht nur in ihrem Grundgerüst brechen, auch die Seitenketten können abgerissen oder gespalten werden.

Nun sind die Peptide, die in die Kollisionszelle geschossen werden, geladen: entweder einfach $[M+H]^+$, doppelt $[M+2H]^{2+}$ oder mehrfach.

Wie verteilen sich die Ladungen auf die Bruchstücke?

Wie sehen die Bruchstücke aus?

Proteasen spalten Säureamidbindungen unter Wasseraufnahme. In der Kollisionszelle wird die Säureamidbindung nicht unter Wasseraufnahme gespalten, denn in der Kollisionszelle gibt es kein Wasser. Bei einfach geladenen Peptidionen entstehen daher überwiegend entweder b-Ionen oder y''-Ionen. Letztere entstehen nach dem in ◻ Abb. 7.38 dargestellten Mechanismus. y''-Ionen entstehen durch die Anlagerung des Protons an den Stickstoff der zu „spaltenden" Peptidbindung und der Umlagerung eines Wasserstoffs des Stickstoffs der nächsten Peptidbindung an diesen Stickstoff. Die Peptidbindung geht auf und bildet einen neutralen Dreiring (wohl nur im MS stabil). Das y-Ion trägt nun zwei Wasserstoffe und wird deshalb als y''-Ion bezeichnet. Dies ist für die gesamte Molekularmasse des Peptids zu berücksichtigen (siehe hierfür auch die Rechnung der komplementären Ionen zur Gesamtmasse ($[M+H]^+ + 1$) in ◻ Abb. 7.38). Das „+1" in der Rechnung ist dem überschüssig gezählten Wasserstoff aus y''-Ion geschuldet, da dieses im komplementären b-Ion ja auch noch vorhanden ist.

Wenn b-Ionen entstehen, lief der Mechanismus in ◻ Abb. 7.39 ab.

Beachten Sie: Im Spektrum erscheinen nur die Ionen, die neutralen Bruchstücke erreichen den Detektor nicht und werden daher nicht erfasst.

Die doppelt geladenen tryptischen Peptidionen aus einer ESI-Quelle zerfallen häufig in einfach geladene b- und/oder y''-Ionen (◻ Abb. 7.40).

In QqQ- oder QqTOF-Analysatoren überwiegen y-Ionen; in Ionenfallen kann man b- und y''-Ionen beobachten (Steen und Mann 2004).

Ein bestimmtes Peptidion kann – wenn auch mit unterschiedlicher Wahrscheinlichkeit – an einer beliebigen Peptidbindung zerfallen. Also können aus dem in die Kollisionskammer eingeschossenen Pep-

**◘ Abb. 7.38** y″-Ion aus einfach geladenem Peptid

Neutrales b$_2$-Fragment

y$_3$″-Fragmention

tidionenspezies alle möglichen y″-Fragmentionen entstehen: Aus einem Peptid mit 15 Aminosäuren (P$_{15}$) also y″$_{14}$, y″$_{13}$, y″$_{12}$ usw. Kurz gesagt: Es entsteht eine Leiter von y″-Ionen (◘ Abb. 7.41). Die Massen dieser Fragmente werden im dritten Analysator bestimmt. Die Differenzen MG(y″$_{14}$) – MG(y″$_{13}$), MG (y″$_{13}$) – MG(y″$_{12}$) usw. ergeben die Molekulargewichte der –NH–CHR–CO-Kerne der Aminosäuren (MG Aminosäure – MG H$_2$O) an den Positionen 14, 13 usw. und damit die Sequenz (◘ Abb. 7.42). Damit Sie nicht ewig suchen müssen, haben wir Ihnen die Molekulargewichte der –NH–CHR–CO-Kerne in ◘ Tab. 7.5 aufgelistet (▶ Abschn. 7.5.4).

Doch so einfach, wie oben beschrieben, geht es im wirklichen Leben selten zu.

- Oft ist die Leiter nicht vollständig, d. h. bestimmte Signale bzw. Fragmentionen fehlen. Es finden sich beispielsweise y″$_2$, y″$_3$, y″$_4$, y″$_6$, y″$_7$ etc., aber y″$_5$ fehlt.
- Oft treten im Zerfallsspektrum andere Signale auf als die der erwarteten Fragmentpeptide. So können die Fragmentionen NH oder H$_2$O verlieren (−17 Da bzw. −18 Da) und geben dann entsprechende Satellitensignale. Das gilt besonders für Peptide, die viele Ser-, Thr-, Glu-,

sonders für Peptide, die viele Ser-, Thr-, Glu-, Gln-, Asp- oder Asn-Reste enthalten. Auch der C-Terminus (Carboxylgruppe) spaltet oft Wasser ab.
- Peptidbindungen N-terminal zu Prolinresten und C-terminal zu Aspartatresten sind besonders labil. Die entsprechenden Zerfallsionen treten also besonders häufig auf. Umgekehrt sind Peptidbindungen C-terminal zu Prolinresten und N-terminal zu Aspartatresten besonders stabil.
- Modifizierte Aminosäurereste (phosphoryliertes Serin, oxidiertes Methionin, glykosyliertes Serin) neigen dazu, ihre Modifikationen abzuspalten. Ersteres verliert dann Phosphorsäure (98 Da), oxidiertes Methionin verliert CH$_3$SOH (64 Da). Es entstehen Satellitensignale.
- Viele Zerfallspeptide haben eine niedrigere Ladung als das Molekülion, aus dem sie entstanden sind. So entstehen aus doppelt geladenen tryptischen Peptiden einfach geladene Fragmentionen. Es können aber durchaus auch Fragmentionen auftreten, die die Ladung des Molekülions beibehalten haben.
- Denken Sie daran: Sie bestimmen m/z und nicht m. Das Signal eines Fragmentions kann

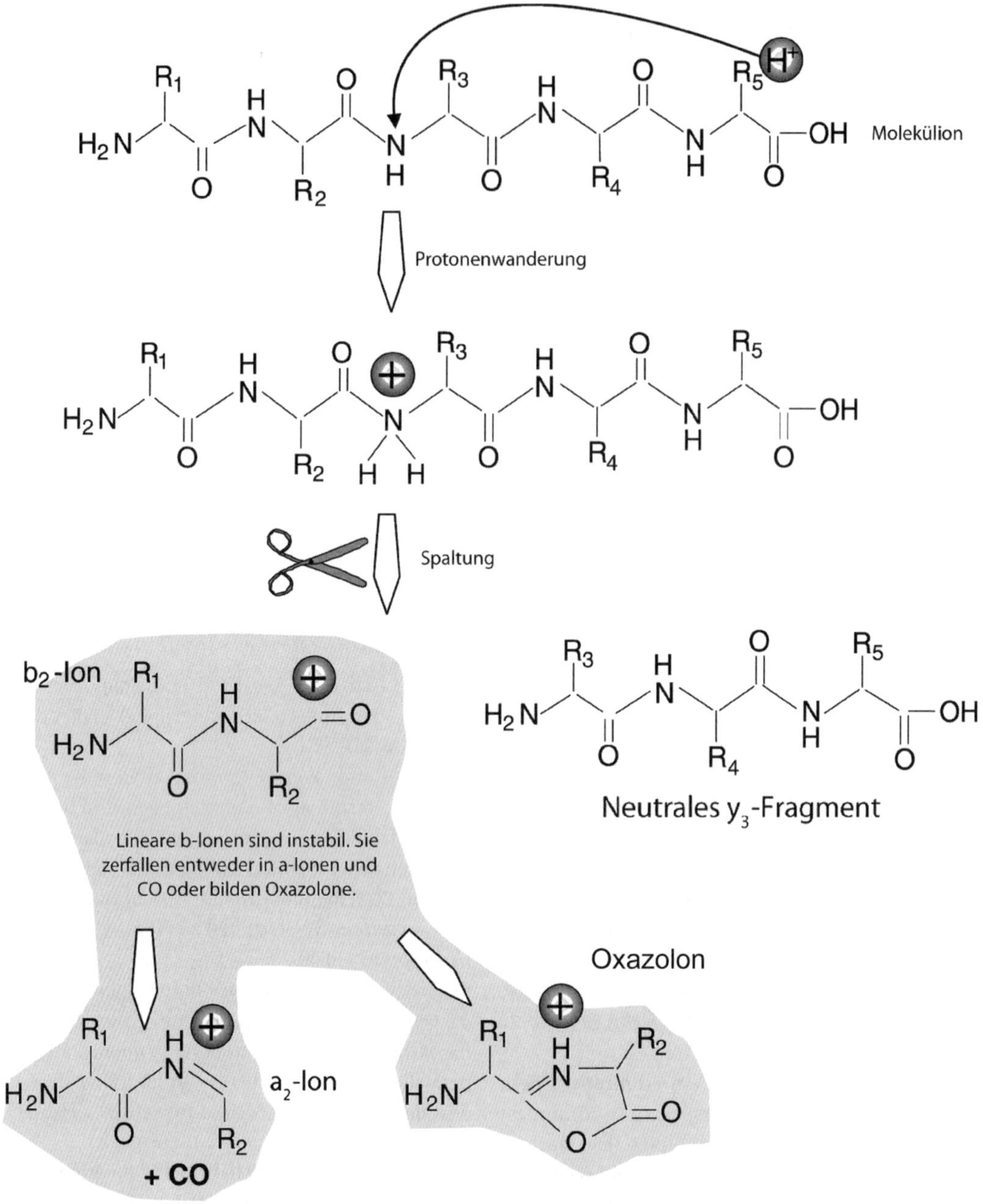

○ **Abb. 7.39** Bildung von b-Ionen aus einfach geladenem Peptid

durchaus rechts, d. h. im größeren m/z-Bereich von seinem Molekülion liegen (z. B. ○ Abb. 7.42).

— Abgesehen von acetylierten N-Termini treten im Zerfallsmassenspektrum keine $b_1$-Ionen auf, und die Signale von $y_2''$-Ionen sind in der Regel kaum zu entdecken; $y_1''$-Ionen machen dagegen keine Probleme.

— Leucin- und Isoleucinreste besitzen die gleiche Masse. Auch ist die Masse eines Glycinrestes (57 Da) genau die Hälfte der Masse eines Asparaginrestes (114 Da).

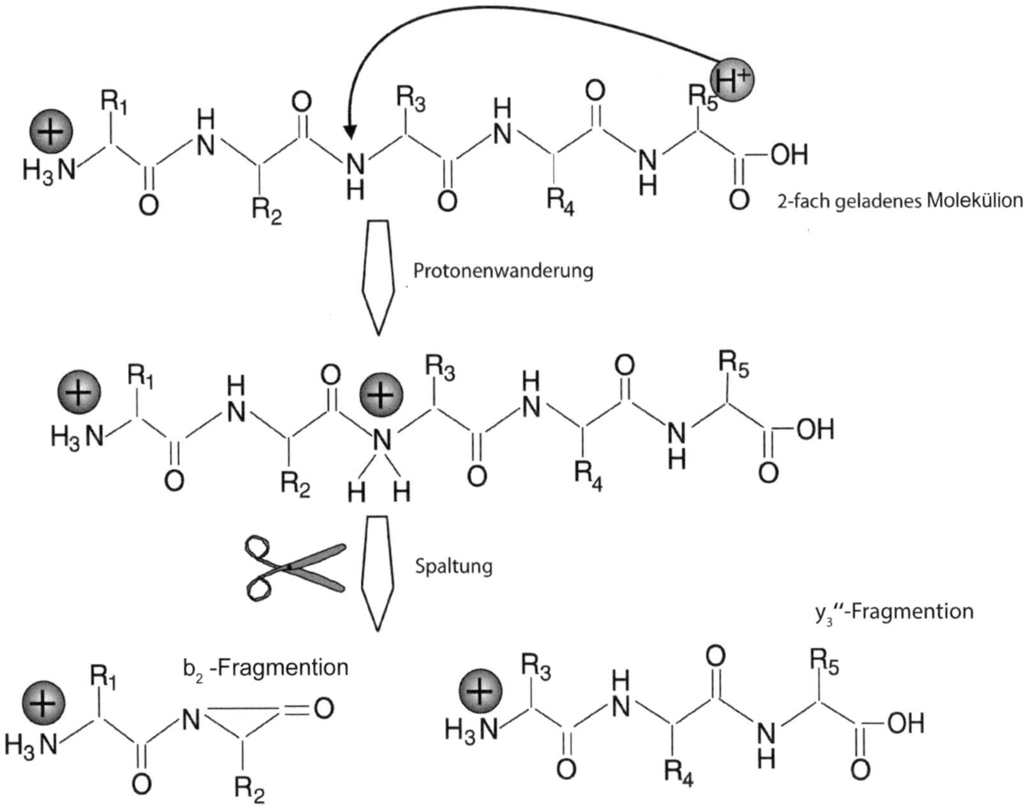

**Abb. 7.40** Fragmentierung eines doppelt geladenen Peptids

Aus den jeweiligen Aminosäuren (eingebaut in den Peptiden) entstehen unter Austritt des protonierten Kerns (▣ Tab. 7.5) und Verlust von CO oft die entsprechenden Immoniumionen ($H_2N=CHR^+$). Die entstehenden Ionen und deren Intensitäten finden Sie in ▣ Tab. 7.7

Trotz dieser Probleme kann ein erfahrener Spektrenleser aus einem Zerfallsspektrum zumindest einen Teil der Peptidsequenz ablesen. Der nächste ▶ Abschn. 7.5.6 gibt eine Anleitung, wie Sie sich im Strichwald eines MS-Spektrums zurechtfinden. Sie werden feststellen: Spektren auslegen ist eine Mischung von Kreuzworträtsel lösen und Pilze suchen. Erfahrung schärft den Blick.

Seit Mitte der 1990er-Jahre helfen Datenbanken bei der Sequenzbestimmung. Dazu gibt es Programme wie PeptideSearch, Sequest, Mascot und ProteinProspector. Für PeptideSearch brauchen Sie drei Informationen: die Masse des Mutterpeptids,

eine eindeutige Peptidleiter (und damit Sequenz) aus dem Zerfallsspektrum und die Masse der niedrigsten Sprosse dieser Leiter. Mit diesen drei Informationen sucht das Programm für Sie die Datenbank durch, und wenn Sie Glück haben, findet es das zugehörige Protein oder Peptid. Natürlich setzt das voraus, dass das Genom des Organismus, mit dem sie arbeiten, sequenziert ist. Oder zumindest, dass das Genom einem schon sequenzierten ähnelt.

## Manuelle Spektreninterpretation zur Strukturbestimmung von Peptiden

Der experimentelle Ansatz ist folgender: Eine wässrige Lösung (z. B. der tryptische Verdau eines Proteins) wird im normalen MS-Modus vermessen und die darin enthaltenen Peptidmassen sowie deren Ladungszustand bestimmt. Wenn Sie schon eine Vermutung zur Struktur eines ihrer Peptide haben, dann können Sie ja vorsichtshalber schon einmal das korrekte MG berechnen (eine Anleitung hierzu

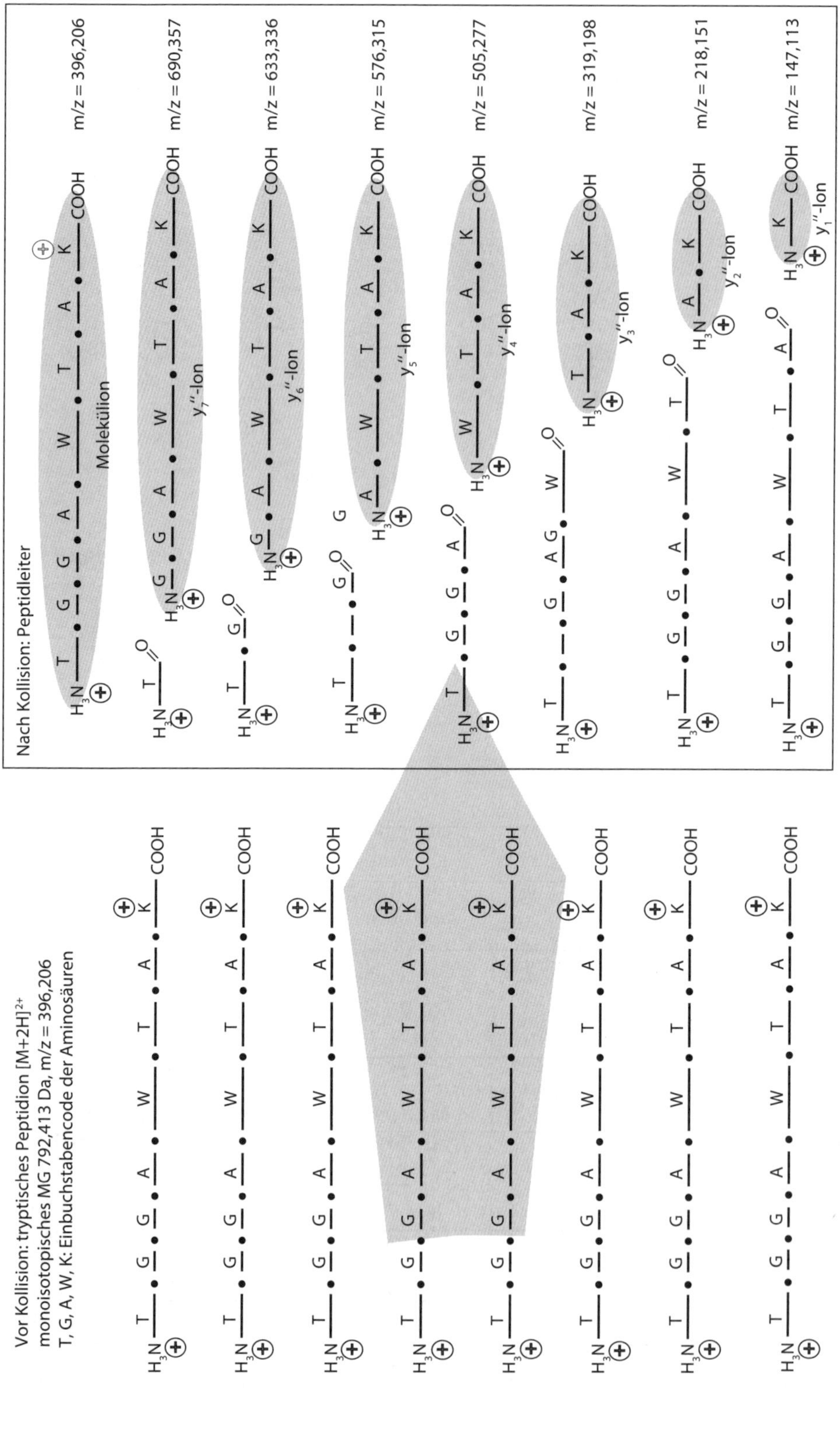

**7**

Vor Kollision: tryptisches Peptidion [M+2H]²⁺
monoisotopisches MG 792,413 Da, m/z = 396,206
T, G, A, W, K: Einbuchstabencode der Aminosäuren

Nach Kollision: Peptidleiter

m/z = 396,206

m/z = 690,357

m/z = 633,336

m/z = 576,315

m/z = 505,277

m/z = 319,198

m/z = 218,151

m/z = 147,113

Molekülion

$y''_7$-Ion

$y''_6$-Ion

$y''_5$-Ion

$y''_4$-Ion

$y''_3$-Ion

$y''_2$-Ion

$y''_1$-Ion

☐ **Abb. 7.41** Peptidleiter nach Kollision (idealisiert)

## MG-Differenzen

Die N-terminale Aminosäure ergibt sich aus der MG-Differenz zwischen ungeladenem Mutterpeptid und dem um eine Aminosäure kleineren Peptid.

Das MG des ungeladenen Mutterpeptids folgt aus dem m/z des doppelt geladenen Molekülions (= doppelt geladenes Mutterpeptid). (MG + 2H) / 2 = 396,206. MG ist 790,396 Da.

Das um eine Aminosäure kleinere Peptid ist das einfach geladene y$_7''$-Ion (größtes m/z-Signal bei 690,357). Das MG des ungeladenen Peptids ist 690,357 Da − 1,0078 Da = 689,349 Da. 790,396 Da − 689,349 Da gibt 101,047 Da. Das entspricht dem monoisotopischen MG des - NH-CHR-CO-Bruchstücks von Threonin (Threonin - (H$_2$O); Tab. 7.5).

Den Rest der Sequenz gibt die Leiter der y-Ionen:

$\Delta$ :57,021 (= MG Glycin)

$\Delta$ :57,021 (= MG Glycin)

$\Delta$ :71,038 (= MG Alanin)

$\Delta$ :186,079 (= MG Tryptophan)

$\Delta$ :101,047 (= MG Threonin)

$\Delta$ :71,038 (= MG Alanin)

$\Delta$ :147,113 (= MG Lysin (+ OH + H + H))

**Abgelesene Sequenz**

T    N-Terminus

G

G

A

W

T

A

K    C-Terminus

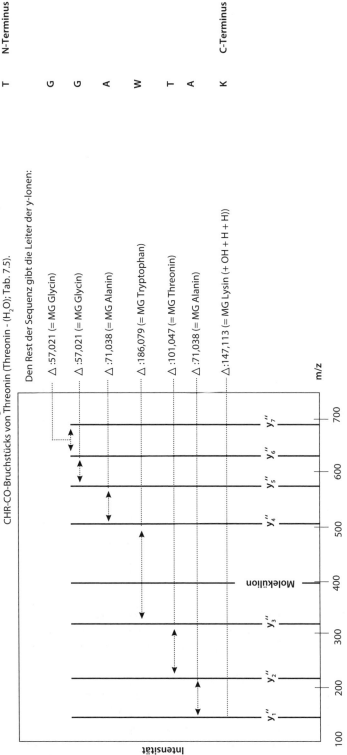

**Abb. 7.42** Massenspektrum der y-Ionen von ▯ Abb. 7.41 (Der Einfachheit halber wurden die Signale der b-Ionen weggelassen)

Addieren Sie die monoisotopischen MGs der -NH-CHR-CO-Kerne (Tab. 7.5)

Addieren Sie das monoisotopische MG von $H_2O$ (18,0156)

Addieren Sie bei einfach geladenen Peptiden das MG von $H^+$ (1,00785)

Addieren Sie für jedes oxidierte Methionin das MG von 15,99491

Addieren Sie für jedes Cystein mit Acrylamid-Adduct das MG von 71,0371

Addieren Sie für jedes iodacetylierte Cystein das MG von 58,0071

Noch mehr Modifikationen?
Gehen Sie zu: http://prowl.rockefeller.edu/aainfo/deltamassv2.html

**Abb. 7.43** Berechnung des monoisotopischen MG eines Peptids

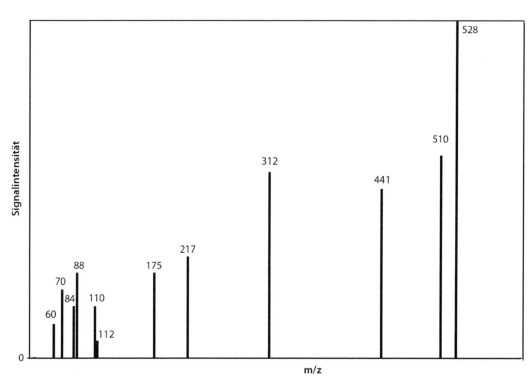

**Abb. 7.44** Fragmentspektrum eines Peptids

finden Sie in **Abb. 7.43**) Danach wird die Sequenz eines dieser Peptide ermittelt. Dazu fragmentieren Sie in einem zweiten MS-Lauf das Peptid in der Kollisionskammer des Tandem-MS (MS/MS-Modus, ► Abschn. 7.5.6). Sie erhalten ein Spektrum seiner Fragmente.

**Abbildung 7.44** zeigt das Fragmentierungsspektrum (MS/MS-Spektrum) eines protonierten Peptids mit m/z 528 (d. h. hier $[M+H]^+ = 528$ Da). Sie sehen ein Wäldchen von Strichen. Jeweils dar-

über ist das MG angegeben. In diesem Wäldchen können Sie die Perlenkette der Sequenz suchen. Das tun Sie am besten Schritt für Schritt. **Abbildung 7.45** zeigt Ihnen wie.

Also Stift zur Hand und los geht's mit dem Spektrum in **Abb. 7.44**:

**Schritt 1:** Sie sehen ein Signal bei m/z 528 $[M+H]^+$, dabei handelt es sich um das zuvor bestimmte Molekülion, d. h. das einfach geladene Mutterpeptid. Dieses Molekülion haben Sie im MS/MS-Modus

**☐ Abb. 7.45** Spektreninterpretation Schritt für Schritt

Nehmen Sie das MS/MS-Spektrum des Peptids zur Hand und lehnen Sie sich zurück:

**1.** Liegt das protonierte Molekülion $[M+H]^+$ mit freier C-terminaler Säuregruppe vor?
Signal bei $[M+H]^+ - 18$ spricht für freie $-COOH$-Gruppe
Signal bei $[M+H]^+ - 17$ ist nicht $NH_3$ vom N-Terminus, sondern spricht für $-CONH_2-$Gruppe am C-Terminus. Kommt bei tryptischen Verdaus nie vor.
Das MG von $[M+H]^+$ kennen Sie aus dem ersten MS-Lauf.

**2.** Schätzen Sie die Zahl der Aminosäuren des Peptids ab. Teilen Sie dazu das MG des Peptids durch das durchschnittliche Aminosäuren-MG (etwa 120 Da).

**3.** Es ist hilfreich, zu wissen, aus welchen Aminosäuren sich das Peptid zusammensetzt.
a) Untersuchen Sie also das Spektrum auf Ionen, die Informationen über Aminosäuren liefern. Achten Sie besonders auf Immoniumionen (Tab. 7.7). Identifizieren Sie so viele Aminosäuren wie möglich.
b) Suchen Sie nach einem Signal für die einzelnen Aminosäuren aus 3a ,die jeweils dem $y_1''$ bzw. dem $b_1$ Ion entsprechen würden. Es gilt:
MG von $[-NH-CHR-CO-Kern + 19]$, wenn C-terminal COOH oder
MG von $[-NH-CHR-CO-Kern + 1]$, wenn N-terminal $NH_2$

**4.** Suchen Sie nach Signalpaaren, deren Differenz 28 (MG von CO) beträgt. Bei solchen Pärchen handelt es sich häufig um $a_m$ und $b_m$ Ionen.

**5.** Suchen Sie nach komplementären Ionen wie $y''$- und $b$-Ionen.
Für ein Pentapeptid wären beispielsweise die Pärchen $b_2/y_3''$, $b_3/y_2''$ und $b_4/y_1''$ möglich. Für die MG der Pärchen gilt:
$b_2 + y_3'' = [M+H]^+ + 1$
$b_3 + y_2'' = [M+H]^+ + 1$
$b_4 + y_1'' = [M+H]^+ + 1$

**6.** Versuchen Sie, beginnend mit $a_m$, $b_m$ oder $y_m''$ Ionen, benachbarte $a_{m+1}$, $b_{m+1}$ oder $y_{m+1}''$ Ionen sowie $a_{m-1}$, $b_{m-1}$ oder $y_{m-1}''$ Ionen zu identifizieren, z.B. durch Addition oder Subtraktion anderer Signale im Spektrum. Dies ermöglicht es, die Position einzelner Aminosäurereste zu bestimmen (▶ Abb. 7.42).

**7.** Achten Sie auf untypische Signale, die Modifizierungen anzeigen wie Schutzgruppen, Phosphorylierungen, Glykosilierungen oder S-S-Brücken von Cysteinen.

fragmentiert. Gleich daneben liegt ein Signal bei m/z 510 ($[M+H]^+ - 18$). Daraus folgt: Das Peptid enthält C-terminal eine Carboxylgruppe. Das ist zu erwarten bei Peptiden aus enzymatischer Hydrolyse.

**Schritt 2:** m/z 528 entspricht voraussichtlich vier bis fünf Aminosäuren.

**Schritt 3:** Um welche Aminosäuren handelt es sich?
a. Der Vergleich von m/z-Signalen des Spektrums (bis m/z 160) mit m/z-Signalen aus ☐ Tab. 7.7 ermöglicht die Identifizierung von Aminosäuren über deren Immoniumionen. Das Signal bei m/z 60 deutet auf Ser; das Signal bei m/z 84 auf Lys, Gln, Glu; das Signal bei m/z 88 auf Asp; das Signal bei m/z 110 auf His und die Signale bei m/z 70 und 112 deuten auf Arg. Behalten Sie diese Aminosäuren im Auge.
b. $175 = 156 + 19$. Das Signal bei m/z 175 könnte daher von einem C-terminalen Arg stammen, also dem $y_1''$.
Weil $88 = 87 + 1$ ist (87 ist das MG des $-NH-CHR-CO-$Kerns von Serin), könnte das Signal bei m/z 88 auch dem $b_1$ von Serin entsprechen

(☐ Abb. 7.45, 3b). Das Signal bei m/z 88 ist also nicht zwingend das Immoniumion von Asp.

**Schritt 4:** Die Signale bei m/z 88 und 60 zeigen die Differenz 28. Deshalb könnte ersteres Ion das $b_1$-Ion aus Serin und letzteres das durch CO-Abspaltung (CO = MG 28) daraus hervorgegangene $a_1$-Ion sein. Dies spricht ebenfalls dagegen, dass das Signal bei m/z 88 das Immoniumion von Asp anzeigt (siehe Schritt 3a).

**Schritt 5:** $88 + 441 = 529$. Das Signal bei m/z 88 ($b_1$?) und das Signal bei 441 ergeben also das MG von $[M+H]^+ + 1$. Bei m/z 441 könnte es sich daher um ein komplementäres y-Ion handeln. Sie hätten dann zum $b_1$ das zugehörige y-Ion identifiziert.

**Schritt 6:**

1. Möglichkeit:
m/z 528 ist das MG von $[M+H]^+$. Wäre m/z 441 das nächstkleinere y-Ion, dann entspräche die Differenz zwischen beiden Signalen dem $-NH-CHR-CO$-Kern einer Aminosäure (☐ Tab. 7.5), d. h. 528 und 441 wären zwei Sprossen einer y-Ion-Leiter. $528 - 441 = 87$. $\Delta 87$ entspricht dem $-NH-CHR-$

**◘ Tab. 7.7** Immoniumionen (H2N$^+$ = CHR)

| m/z Immoniumion | Aminosäure | m/z weitere Ionen |
|---|---|---|
| 30 | Gly(i) | – |
| **44** | Ala (i) | – |
| 55 | Val (i-NH$_3$) | 72 |
| 56 | Lys (i-NH$_3$–C$_2$H$_4$) | 84 |
| 60 | Ser (i) | – |
| 61 | Met | 104 |
| 69 | Leu (i-NH$_3$) | 86 |
|  | Ile (i-NH$_3$) | 86 |
| **70** | Pro (i) | – |
|  | Asn (i-NH$_3$) | 87 |
|  | Arg | 112,87 |
| **72** | Val (i) | 55 |
| **74** | Thr (i) | – |
| *76* | Cys(i) | 90 |
| **84** | Lys (i-NH$_3$) | 56 |
|  | Gin (i-NH$_3$) | 101 |
|  | Glu (i-H$_2$O) | 102 |
| **86** | Leu (i) | 69 |
|  | Ile (i) | 69 |
| 87 | Asn (i) | 70 |
|  | Arg (C$_3$H$_9$N$_3$) | 112, **70** |
| 88 | Asp | – |
| 91 | Phe (C$_7$H$_7$) | **120**, 103 |
| **101** | Gin (i) | 84 |
| *101* | Lys (i) | 84 |
| 102 | Glu (i) | 84 |
| 103 | Phe (i-NH$_3$) | **120**, 91 |
| **104** | Met (i) | 61 |
| **107** | Tyr (S) | **136** |

Nach dem Kurs-Skript *Biomolecular Mass Spectrometry* der Universität Utrecht (2001); *i* = Immoniumion; *S* = Seitenkette; *Schrift fett* = hohe Intensität; *normal* = moderate Intensität; *kursiv* = schwache Intensität oder nicht vorhanden

**◘ Tab. 7.7** (*Fortsetzung*)

| m/z Immoniumion | Aminosäure | m/z weitere Ionen |
|---|---|---|
| **110** | His (i) | – |
| 112 | Arg (i-NH$_3$) | 87, **70** |
| 117 | Trp | **159**, 144,**130** |
| **120** | Phe (i) | 91, 103 |
| *129* | Arg (i) | 112, 87, **70** |
| **130** | Trp (S) | **159**, 117 |
| **136** | Tyr (i) | **107** |
| **159** | Trp (i) | **130**, 117 |

Nach dem Kurs-Skript *Biomolecular Mass Spectrometry* der Universität Utrecht (2001); *i* = Immoniumion; *S* = Seitenkette; *Schrift fett* = hohe Intensität; *normal* = moderate Intensität; *kursiv* = schwache Intensität oder nicht vorhanden

CO-Kern von Ser. **Ser** wäre also die n-terminale Aminosäure.

Die nächste Sprosse der Leiter könnte das Signal bei m/z = 312 sein, denn mit dem Signal haben wir bisher nichts anfangen können, und es ist das nächstkleinere. 441 – 312 = 129. Δ129 entspricht dem –NH–CHR–CO-Kern von Glu (siehe auch Schritt 3a). Wir hätten die Sequenz **Ser-Glu**.

Ist die nächste Sprosse der Leiter das Signal bei m/z = 217? Nein! Denn 312 – 217 = 95 und 95 entspricht keinem –NH–CHR–CO-Kern (◘ Tab. 7.5). Bleibt das Signal bei m/z 175. 312 – 175 = 137. Δ137 ist das MG des –NH–CHR–CO-Kerns von His (siehe auch Schritt 3a). Wir hätten die Sequenz **Ser-Glu-His**.

m/z 175 entspricht wie in Schritt 3b beschrieben $y''_1$, der C-terminalen Aminosäure und damit Arg. Sie haben damit die Leiter $y''_1 = 175$, $y''_2 = 312$, $y''_3 = 441$ identifiziert, und die Primärsequenz lautet: **Ser-Glu-His-Arg**. 2. Möglichkeit:

Nehmen Sie an, m/z 175 wäre $y''_1$ (siehe Schritt 3b). Bilden Sie die Differenzen mit den nächsthöheren m/z. Dann finden Sie die y-Reihe von unten und zwar mit folgender Argumentation:

217 – 175 = 42. Diese Differenz entspricht keinem –NH–CHR–CO-Kern einer Aminosäure (◘ Tab. 7.5). Das Signal bei 217 ist also nicht das gesuchte $y''_2$-Ion.

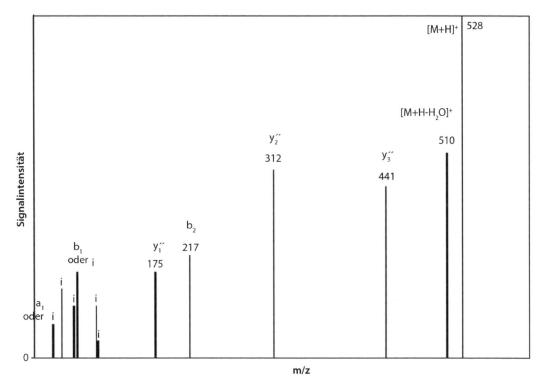

◘ **Abb. 7.46** Spektrenauswertung

312 − 175 = 137. Diese Differenz entspricht dem −NH−CHR−CO-Kern von His (siehe auch Schritt 3a). Das Signal bei 312 ist also $y_2''$.

441 − 312 = 129. Diese Differenz entspricht dem −NH−CHR−CO-Kern von Glu (siehe auch Schritt 3a). Das Signal bei 441 ist also $y_3''$.

528 − 441 = 87. Diese Differenz entspricht dem −NH−CHR−CO-Kern von Ser.

Die Primärsequenz wäre ebenfalls: **Ser-Glu-His-Arg**.

Sie können die Sequenz noch anders ableiten, z. B. über die b-Ionen. Meist führt jedoch nur eine Kombination aller Möglichkeiten zum richtigen Ergebnis. Vorsicht, wenn maskierte Endgruppen vorliegen: Dann entstehen Fragmente anderer Masse. Alle final zugeordneten Massen können Sie aus ◘ Abb. 7.46 ersehen.

Jetzt lecken Sie sich sicher die Finger nach einem zweiten proteomischen Kreuzworträtsel. Sollen Sie haben! Nehmen Sie sich das Spektrum aus ◘ Abb. 7.47 vor.

Haben Sie ein Ergebnis erhalten? Dann freuen Sie sich, denn im wirklichen Leben treten solch schöne Spektren nur selten auf. Nichtsdestotrotz können Sie jetzt kontrollieren, ob Ihnen der MS-Postdoc oder dessen Auswertesoftware annähernd die richtige Struktur mitgeteilt hat. Das ist mehr als viele Ihrer Kollegen können, oder?

Eine Bitte hätten wir noch: Tragen Sie die Einbuchstabencodes der beiden Peptide aus ◘ Abb. 7.46 und 7.47 in die leeren Kästchen ein. Was ergibt Ihr Lösungsspruch? An dem Richtigen dürfen Sie sich am Ende von ▶ Abschn. 7.5.6 erfreuen.

## Sequenzieren mit Exopeptidasen

Es gibt Proteasen, die ihr Substrat wie eine Salami verzehren, d. h. sie spalten von einem Ende des Peptids her sukzessive eine Aminosäure nach der anderen ab. So arbeiten sich Carboxypeptidasen vom C-Terminus in Richtung N-Terminus vor, und Aminopeptidasen tun das Gleiche in umgekehrter Richtung.

Inkubiert man ein gereinigtes Peptid (n Aminosäurereste) mit einer Carboxypeptidase, so ist anfangs nur Peptid vorhanden und am Ende der Reaktion, nach einigen Tagen, nur die Aminosäuren.

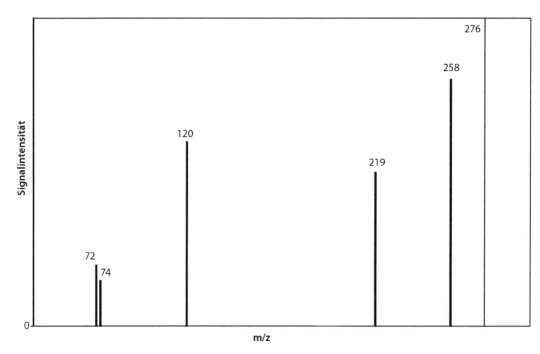

**◘ Abb. 7.47** Übungsspektrum

In den Zeiten dazwischen finden sich (im Prinzip) in der Reaktionslösung das Ausgangspeptid und die Abbaupeptide (mit n – 1, n – 2, n – 3 etc. Aminosäureresten). Die Konzentrationen von Ausgangs- und Abbaupeptiden hängen von der Zeit ab. Die Konzentration des Ausgangspeptids nimmt ab, die der Abbaupeptide klettert jeweils auf ein Maximum, um dann ebenfalls abzunehmen. Im Verdau entstehen also Peptidleitern, die sich mit der Zeit zu kleineren Peptiden hin verschieben, um sich schließlich in Aminosäuren aufzulösen (◘ Abb. 7.48).

Eine elegante Art dieser Sequenzierung ist, auf dem MALDI-Probenträger – die ja inzwischen mehrere Proben aufnehmen können – den Verdau mehrfach anzusetzen und zu verschiedenen Zeiten zu stoppen (Patterson et al. 1995). Sie können dann zeitlich verfolgen, wie die Exopeptidase arbeitet, und erhalten zu jedem Zeitpunkt eine Peptidleiter. So erhalten Sie die maximale Information. Alternativ können Sie die Verdaus auch mit verschiedenen Konzentrationen von Exopeptidase ansetzen und alle zur gleichen Zeit stoppen (Cool und Hardiman 2004).

Wie Sie die Zeitpunkte setzen, hängt natürlich von ihrem Peptid ab, aber auf die neuen MALDI-Probenträger lassen sich ja bis zu 96 und mehr Spots

auftragen. Gestoppt werden die Verdaus entweder mit 0,2 % TFA oder, noch einfacher, durch Zugabe der Matrixlösung.

Die Methode hat Vorteile. Es ist eine milde Art, Peptidleitern zu erstellen, und daher bleiben empfindliche Proteinmodifikationen erhalten. Auch braucht man nur geringe Peptidmengen (2–5 pmol). Es geht rapidi, kapidi: 20 Reste in 30 min. Endlich genügt zur Analyse ein einfaches MALDI-TOF-MS.

Genauso einfach, aber mit mehr Detailinformation über die Hydrolysereaktion, ist eine von Autor Letzel benutzte Methode. Er füllt die Lösung mit dem zu verdauenden Protein und Trypsin in eine Spritze, bringt sie kontinuierlich in ein ESI-MS ein und beobachtet so die Hydrolyse. Im Gegensatz zur MALDI-Methode kann hier ohne Aliquotierung gemessen und etwa jede Sekunde ein Spektrum aufgenommen werden. Weiterführende Beispiele in Letzel (2008).

Sie sind begeistert? Leider müssen wir dämpfen: Exopeptidasen spalten die Aminosäuren nicht gleichmäßig ab. Bei manchen Aminosäuren geht es langsam, bei anderen schnell. So spalten Carboxypeptidasen die Bindung zwischen Glu und Leu so schnell, dass im Verdau kein Zwischenpeptid

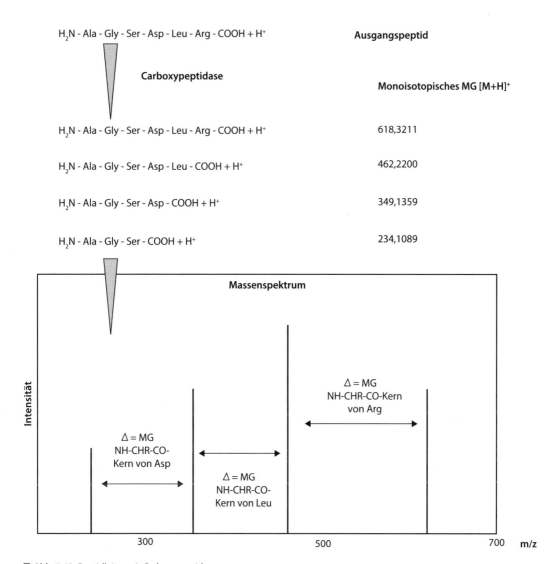

| | Ausgangspeptid |
|---|---|
| $H_2N$ - Ala - Gly - Ser - Asp - Leu - Arg - COOH + $H^+$ | |

Carboxypeptidase

Monoisotopisches MG [M+H]$^+$

| | |
|---|---|
| $H_2N$ - Ala - Gly - Ser - Asp - Leu - Arg - COOH + $H^+$ | 618,3211 |
| $H_2N$ - Ala - Gly - Ser - Asp - Leu - COOH + $H^+$ | 462,2200 |
| $H_2N$ - Ala - Gly - Ser - Asp - COOH + $H^+$ | 349,1359 |
| $H_2N$ - Ala - Gly - Ser - COOH + $H^+$ | 234,1089 |

Massenspektrum

$\Delta$ = MG
NH-CHR-CO-Kern
von Arg

$\Delta$ = MG
NH-CHR-CO-
Kern von Asp

$\Delta$ = MG
NH-CHR-CO-
Kern von Leu

Intensität

300    500    700    m/z

□ **Abb. 7.48** Peptidleiter mit Carboxypeptidasen

auftaucht. Sie sehen dann im Spektrum die MG-Differenz Glu-Leu und kommen erst mal ins Rätseln. Bindungen wiederum, die langsam gespalten werden, z. B. die zwischen X-Pro, führen dazu, dass die entsprechenden Peptide in Verdau und Massenspektrum überproportional vertreten sind oder dass die Leiter gar abbricht. Es kommt sowieso selten vor, dass eine Leiter komplett ist. Bei N-terminaler Sequenzierung dürfen Sie sich „von" schreiben, wenn Sie vier Aminosäurereste identifizieren (Doucette und Li 2001). Bei C-terminaler Sequenzierung hilft es, am C-Terminus eine Schutzgruppe einzuführen (Hamberger et al. 2006).

Dem Problem der Sequenzierung phosphorylierter Peptide haben sich Mano et al. (2003) gewidmet.

Die Qualität der Sequenzierung mit Exoproteasen hängt wesentlich von den Eigenschaften der Protease ab: Sie sollte alle Aminosäuren etwa mit der gleichen Geschwindigkeit ablösen. Bisher wurde solch eine Protease nicht gefunden (□ Tab. 7.8). So bereitet die Ablösung von Prolin allen (uns) bekannten Exoproteasen Schwierigkeiten. Das heißt nicht, dass eine „gleichmäßige" Protease nicht existiert oder nicht herzustellen wäre. Suchen Sie eine! Es gibt Hunderttausende von Proteasen, nur ein geringer Prozentsatz ist bekannt.

**▣ Tab. 7.8** Sequenzieren mit Exoproteasen

| C-terminal | |
|---|---|
| Carboxy-peptidase Y | Setzt nicht frei: Pro und C-terminale Nachbarn von Pro<br>Setzt langsam frei: Phe<br>Setzt schnell frei: Gly, Leu |
| Carboxy-peptidase A | Setzt nicht frei: Arg, Pro und C-terminale Nachbarn von Pro<br>Setzt langsam frei: Asp, Cys, Glu, Gly, Lys |
| Carboxy-peptidase B | Setzt nicht frei: Pro und C-terminale Nachbarn von Pro<br>Setzt schnell frei: Arg, Lys |
| **N-terminal** | |
| Amino-peptidase N | Setzt langsam frei: Pro<br>Setzt schnell frei: Ala<br>Besonderheit: Folgt auf eine N-terminale hydrophobe Aminosäure ein Pro, werden beide Aminosäuren als Dipeptid freigesetzt |

Die Screening-Aufgabe: Sie nehmen ein Peptid mit Prolin am Anfang oder am Ende und messen die Freisetzung von Prolin. Die Exoproteasen, die Prolin freisetzen, prüfen Sie auf ihre Eignung zum Sequenzieren. Eine solche Exoprotease würde Ihnen den Dank des Vaterlands und vielleicht einen Anschlussvertrag einbringen.

## Sequenzieren mit chemisch hergestellten Peptidleitern

Jawohl, Peptidleitern können Sie auch auf chemischen Weg herstellen. Ihr Vorteil liegt, wie bei den Peptidleitern mit Exoproteasen, darin, dass Sie die Produkte schon mit einfachen MS analysieren können. Eine MALDI-Quelle mit einem einfachen TOF-Analysator genügt. Der TOF-Analysator misst genau genug, um über die Massendifferenz zwischen einem Peptid und dem gleichen Peptid minus einer Aminosäure die fehlende Aminosäure zu identifizieren. Selbst Asp-Reste (monoisotopisches MG 115,0270) und Asn-Reste (monoisotopisches MG 114,0429) werden unterschieden. Schwieriger wird es bei Lys- und Gln-Resten (monoisotopisches MG 128,0950 bzw. 128,0586), und unmöglich wird es bei den beiden Isomeren Leucin und Isoleucin. Des Weiteren dürfen die Peptide insgesamt nicht zu groß sein (max. 30 Aminosäurereste).

Da es früher zwischen MALDI-Jüngern und ESI-Aposteln Rivalitäten gab, fühlen wir uns verpflichtet, anzumerken, dass Sie eine Peptidleiter selbstverständlich auch mit einem ESI-TOF analysieren können.

Für die Peptidleiter brauchen Sie das reine Peptid. In diesem schlichten Satz kann zugegebenermaßen viel Arbeit stecken. Die addiert sich dann zu dem auch nicht geringen Aufwand für die Herstellung der Leiter.

### Peptidleitern basteln mit dem Chemiebaukasten

Chait et al. (1993) bauen eine Peptidleiter mit einer modifizierten Edman-Reaktion (▣ Abb. 7.49): Das Peptid wird mit Phenyliso**thio**cyanat (PICT) umgesetzt, das 5 % Phenylisocyanat (PIC) enthält. PICT bildet mit der N-terminalen Aminosäure ein Phenyl**thio**carbamylpeptid, PIC das entsprechende Phenylcarbamylpeptid. Nach dieser Kopplungsreaktion extrahiert man überschüssiges Reagenz. Die verbleibenden (derivatisierten) Peptide werden mehrmals gewaschen und schließlich in der Vakuumzentrifuge getrocknet. Dann gibt man TFA zu. Unter dem Einfluss von TFA zyklisiert das PICT-Peptid, und die N-terminale Aminosäure spaltet sich ab (Edman-Reaktion). Dem PIC-Peptid tut TFA nichts. In der Lösung schwimmen also das PIC-Peptid und das um eine Aminosäure verkürzte Peptid. Letzteres trägt eine freie N-terminale Aminogruppe. Die Produkte trocknet man in der Vakuumzentrifuge. Alle Reaktionen, Wasch- und Trockenvorgänge werden in **einem** Vial durchgeführt.

Der Zyklus kann wiederholt werden. Das Ergebnis ist eine Leiter von PIC-Peptiden mit n, n − 1, n − 2, n − 3 … Aminosäuren und ein Restpeptid mit freiem N-Terminus. Dieses wird nach dem letzten Zyklus ebenfalls mit PIC blockiert. Von der Peptidleiter wird nun ein Massenspektrum gefahren. Mittels der MG-Differenzen können Sie die abgespaltenen Aminosäuren identifizieren (▣ Abb. 7.49C).

Mühselig an der Methode nach Chait et al. (1993) sind die Extraktions-, Trocken- und Waschvorgänge. Zudem verliert man dabei Peptid. Bartlet-Jones et al. (1994) arbeiten eleganter. Sie stellen die Peptidleiter ebenfalls durch sukzessives Abspalten der N-terminalen Aminosäuren her, doch ver-

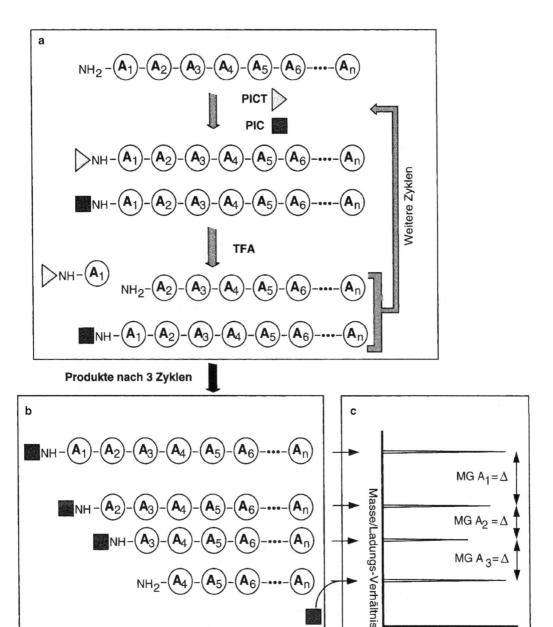

**a**

**b**

**c**

Produkte nach 3 Zyklen

❑ **Abb. 7.49a–c** Leitersequenzierung von Peptiden (nach Chait et al. 1993). **a** Peptid wird mit PICT und PIC gekoppelt. TFA spaltet die PICT-gekoppelte Aminosäure ab. Das PIC-derivatisierte Peptid bleibt unverändert. **b** Mehrere Zyklen (hier drei) von PICT/PIC-Kopplung und anschließender Säureabspaltung erzeugen eine Peptidleiter mit PIC-N-Termini, ein Restpeptid mit freiem N-Terminus und die PICT-derivatisierten Aminosäuren. Zur Analyse der Peptidleiter blockiert man das Restpeptid ebenfalls mit PIC. **c** Die Peptidleiter wird mittels MALDI-TOF analysiert. Die vier PIC-Peptide im Beispiel ergeben vier Gipfel bzw. vier Peptid-MGs. Aus den MG-Differenzen lassen sich die Aminosäuren $A_1$, $A_2$ und $A_3$ bestimmen. Ihre Abfolge entspricht der Sequenz

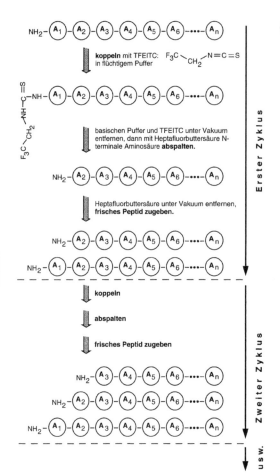

**Erster Zyklus**

koppeln mit TFEITC: $F_3C\diagdown_{CH_2}\diagup N=C=S$
in flüchtigem Puffer

basischen Puffer und TFEITC unter Vakuum entfernen, dann mit Heptafluorbuttersäure N-terminale Aminosäure **abspalten.**

Heptafluorbuttersäure unter Vakuum entfernen, **frisches Peptid zugeben.**

**Zweiter Zyklus**

koppeln

abspalten

frisches Peptid zugeben

usw.

◻ **Abb. 7.50** Peptidleiter nach Bartlet-Jones et al. (1994)

◆ **Wichtig**

▬ Nach jedem Kopplungsschritt muss der basische Puffer vollständig entfernt werden. Über die Zyklen reichern sich sonst die Salze der Heptafluorbuttersäure an. Ihre Pufferwirkung hemmt die Abspaltung der Aminosäuren und sie unterdrücken das Signal bei MALDI. Bartlet-Jones empfiehlt zwei unabhängige Vakuumsysteme mit Säure- bzw. Basenfalle zum Trocknen (◻ Abb. 7.51).

▬ Falls Sie eine MALDI-Quelle benutzen, führen Sie die Reaktionen am besten in Glasminivials durch. Bei MALDI haben Sie kein Problem mit Na$^+$-Addukten. In Polystyrol- oder Polypropylenröhrchen verlieren Sie Peptid.

▬ So erhöhen Sie die Sensitivität: Die Peptide der Leiter (die ja freie Aminotermini besitzen) vor der Analyse im Massenspektrometer mit quartären N-Alkylverbindungen umsetzen. Damit verpassen Sie allen Peptiden eine positive Ladung, was das Signal verbessert. Denn die Protonenübertragung bei MALDI durch schwache Säuren ist nicht quantitativ. Die Synthese einer zweckmäßigen N-Alkylverbindung beschreiben Bartlet-Jones et al. (1994).

wenden sie dabei flüchtige Reagenzien (das flüchtige Kopplungsreagenz Trifluorethylisothiocyanat [TFEITC] und flüchtige Puffer; ◻ Abb. 7.50). Die Extraktionsschritte entfallen, Puffer und überschüssiges Reagens verflüchtigen sich via Vakuumpumpen (◻ Abb. 7.51). Ein weiterer Vorteil: Sie pipettieren immer nur in das Reaktionsgefäß hinein. Bis auf den Schluss entnehmen Sie nichts. Das mindert Verunreinigungen und Verluste. Blocker des N-Terminus wie PIC haben Bartlet-Jones et al. (1994) nicht nötig. Die endständigen derivatisierten Aminosäuren spalten sie – aus pipettiertechnischen Gründen – mit Heptafluorbuttersäure ab, statt mit TFA. Es entsteht eine Peptidleiter mit freien N-Termini und nicht wie bei Chait et al. eine Leiter PIC-blockierter Peptide.

Haben Sie erst die Peptidleiter, gibt ihnen der Massenspektrometer innerhalb von Minuten die Sequenz des Peptids. Da Sie von verschiedenen Peptiden (in verschiedenen Röhrchen) gleichzeitig Leitern herstellen können, sequenzieren Sie mit Peptidleitern und MS schneller als mit der klassischen Edman-Methode. Dies mit weniger Peptid. Es muss halt nur klappen. Denn wie jede Methode, so hat auch die Leitersequenzierung ihre Probleme:

▬ Sie müssen das Peptid zuvor reinigen. Infrage kommen die HPLC oder ein Ionenaustauscher.

▬ Bei Peptiden mit über 30 Aminosäuren werden die gemessenen MG-Differenzen häufig ungenau (es handelt sich ja um kleine Differenzen zwischen großen MGs): Die abgespaltenen Aminosäuren lassen sich nicht mehr zweifelsfrei bestimmen. Glücklicherweise entstehen

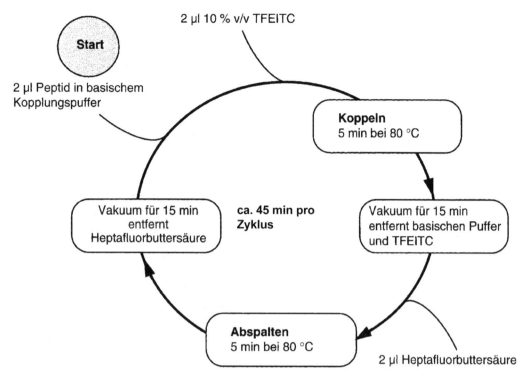

● **Abb. 7.51** Wir basteln eine Peptidleiter! Sie benötigen ein 100-pl-Glasröhrchen, einen Heizblock, zwei Vakuumpumpen und zwei Lösungsmittelfallen: eine für Trimethylamin/Trifluorethanol (Kopplungspuffer) und TFEITC und eine für Heptafluorbuttersäure (Abspaltreagenz). Luftsauerstoff stört nicht, Stickstoffbegasung ist unnötig

bei den meisten Proteinspaltungen Peptide mit 20 bis 30 Aminosäuren.

– Leu und Ile besitzen das gleiche MG, das Massenspektrometer kann also nicht zwischen Leu und Ile unterscheiden. Auch die MG-Differenz zwischen Lys und Gln ist bei älteren Massenspektrometern problematisch.

– Sowohl Chait als auch Bartlet-Jones stellen ihre Peptidleitern mittels Edman-Chemie her. Sie setzen also einen freien N-Terminus voraus. Eine N-terminale Blockade können Sie mit vom C-terminalen Ende her angreifenden Exoproteasen umgehen, denn dadurch entsteht ebenfalls eine Peptidleiter (▶ Abschn. 7.5.6). Bei freiem N-Terminus könnten Sie das Peptid von beiden Seiten ansequenzieren (Thiede et al. 1995). Einige Pikomol Peptid genügen für die Sequenz. Zudem entstehen Peptidleitern auch durch Säurespaltung.

**Protokoll für die Sequenzierung nach Bartlet-Jones**

(von J. Zimmermann, University College London)

1. Peptid in Kopplungspuffer (2,2,2-Trifluorethanol:Wasser:12,5 % Trimethylammoniumcarbonat pH 8,5 (5:4:1), v/v) lösen, und zwar in 2 μl pro Zyklus +4 μl (bei fünf Zyklen also 14 μl).
2. 2 μl Peptid in ein 100 μl-HP-Glasminivial pipettieren und sofort 2 μl 10 % (v/v) TFEITC zugeben.
3. Vial verschließen.
4. Für 5 min auf 80 °C erhitzen (Heizblock).
5. Mit 5 μl Wasser verdünnen.
6. Erstes Vakuumsystem anlegen: 15 min bei $4 \times 10^{-2}$ mbar mit Toluolsulfonsäure in der Falle und $P_4O_{10}$ als Trockenmittel.
7. 2 μl Heptafluorbuttersäure zugeben.
8. Vial verschließen.
9. Für 5 min auf 80 °C erhitzen (Heizblock).
10. Zweites Vakuumsystem anlegen: 15 min bei $4 \times 10^{-2}$ mbar mit NaOH-Pillen als Säurefalle.

**◻ Tab. 7.9** Vergleich der Sequenziermethoden

|  | Herkömmlicher Edman-Abbau | Peptidleitersequenzierung nach Bartlet-Jones et al. (1994) |
|---|---|---|
| **Ausgangsmaterial** | Peptide und Proteine beliebiger Größe mit freiem N-Terminus | Peptide mit 20–30 Aminosäuren und freiem N-Terminus |
| **Menge an Peptid** | 1–10 pmol | 0,5–1 pmol |
| **Zahl sequenzierter Aminosäuren** | 20–30 | 5–10 |
| **Mehrere Proben gleichzeitig sequenzierbar?** | Nein | Ja |
| **Zeit** | 1 Tag | 1 Tag für 10 Zyklen. Der MALDI-TOF-Lauf dauert nur Minuten. Wenn Sie von mehreren Proben gleichzeitig Leitern herstellen, können Sie mehrere Proben am Tag sequenzieren |
| **Phosphorylierte Aminosäuren erkennbar?** | Nicht direkt | Ja |

Die Schritte 1 bis 10 für n Zyklen (n − 1)-mal wiederholen. Nach dem letzten Zyklus 2 μl Peptid und 5 μl Wasser zugeben. Danach mindestens 1 h über NaOH-Pillen trocknen.

Die Peptidleiter in 3–5 ml 50 % aq. Acetonitril/0,1 % v/v TFA auflösen und 5 min ultrabeschallen. Mehrere Aliquots (0,3–0,5 μl) nacheinander auf den Träger aufpipetieren und jeweils für 5 min lufttrocknen. Schließlich 0,3 μl Matrixlösung (1 % w/v α-Cyano-4-hydroxyzimtsäure in 50 % aq. Acetonitril/0,1 % v/v TFA) auf die trockene Probe pipettieren und wieder lufttrocknen. Diese Präparation in das MALDI-Massenspektrometer einfahren und analysieren.

Einen Vergleich der Sequenziermethoden finden Sie in ◻ Tab. 7.9.

**Was nehmen: Chemie, Protease oder Tandem-MS?**

Wenn Sie uns fragen, welche Methode vorzuziehen ist, Chemie, Exopeptidase oder MS/MS, so sagen wir, dass Sie mit ersterer mehr Aminosäuren bestimmen können, es aber mit den letzten beiden bedeutend schneller geht. Wir empfehlen die dritte Methode: die *de novo*-Sequenzierung mit dem Tandem-MS (▶ Abschn. 7.5.6). Falls Sie keinen Zugriff auf ein Tandem-MS haben, probieren Sie es mit einer Exopeptidase (◻ Tab. 7.8). Wenn die Sequenz stimmt, wird sie später kein Mensch danach fragen,

wie sie dazu gekommen sind. Das ist ähnlich wie beim Professorwerden. Da fragt sie hinterher auch keiner mehr, wie zum Teufel sie das geschafft haben. Sie sind's und damit gut (Bär 2003).

**Auflösung der Rätsel in ▶ Abschn. 7.5.4 und 7.5.8**

Das MG aus ◻ Abb. 7.30 ist 1712,74 Da.
Das MG aus ◻ Abb. 7.31 und ▶ Abschn. 7.5.4 (3.) ist 2679,84 Da.
Der Lösungsspruch lautet: SEHR GVT.

### 7.5.7 Möglichkeiten der MS mit ESI-Quellen

**Hochdurchsatzscreening auf biologisch aktive Proteine/Peptide**

Sie haben ein Enzym oder einen Rezeptor und einen Zellextrakt. Sie wollen wissen, ob sich im Extrakt Moleküle befinden, die Ihr Enzym beeinflussen oder an den Rezeptor binden.

Das Problem können Sie auf herkömmliche Weise lösen. Sie prüfen in einem Enzymtest, ob der Extrakt ihr Enzym hemmt. Falls ja, basteln Sie mit dem Enzym eine Affinitätssäule, fischen die Hemmer aus dem Extrakt heraus und eluieren sie wieder von der Säule. Das Säuleneluat können Sie massenspektrometrisch untersuchen und den oder die Hemmer

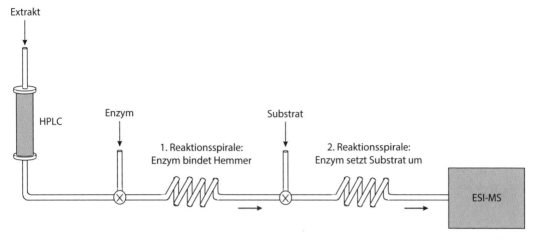

**Abb. 7.52** Hochdurchsatzscreening mit dem ESI-MS

identifizieren. Bis aber die Affinitätschromatographie funktioniert, können Wochen bis Monate vergehen. Zudem müssen Sie Fraktionen testen, konzentrieren, riesige Mengen verarbeiten etc., kurzum, diese Technik ist langwierig und aufwendig.

Autor Letzel hat in seiner Postdoc-Zeit zusammen mit Kollegen eine Methode publiziert, die das Gleiche in ein paar Stunden leistet (De Boer et al. 2004). Sie brauchen dazu eine HPLC, zwei Reaktionsspiralen und eine ESI-Quelle mit Analysator (■ Abb. 7.52).

Alle Geräte sind in Reihe geschaltet. Gibt man in das System nur Enzym und Substrat und fährt kontinuierlich ein Massenspektrum, so sieht man das Substratsignal, das Produktsignal und – je nachdem, welchen m/z-Bereich der Analysator abdeckt – auch das Enzym. Es ändert sich nichts, weder in den Positionen der Signale noch in ihrer Intensität. Die Intensität des Produktsignals gegen die Zeit gibt eine horizontale Linie. Das Gleiche gilt für die Intensität des Substratsignals.

Interessanter wird die Sache, wenn die HPLC zugeschaltet wird. Auf ihr wird ein Extrakt aufgegeben und mit einem Gradienten eluiert. Nehmen Sie an, der Extrakt enthält einen Hemmer des Enzyms. Solange der Hemmer noch auf der HPLC-Säule klebt, ändert sich mit den (anderen) eluierten Substanzen zwar das absolute Massenspektrum, die Intensitäts/Zeit-Kurve des Produkts aber bleibt gleich. Das Enzym setzt ja ungestört und kontinuierlich die gleiche Menge an Produkt frei. Erscheint jedoch im Eluat der

Hemmergipfel, nimmt die Aktivität des Enzyms ab und damit auch Produktkonzentration und Intensität des Produktgipfels im Massenspektrum. Die Intensitäts/Zeit-Kurve des Produkts zeigt eine Delle nach unten: Der Gipfel des Hemmers bildet sich spiegelbildlich in der Intensitäts/Zeit-Kurve des Produkts wider (■ Abb. 7.53). Durch diesen Effekt lässt sich gleichzeitig der Hemmer identifizieren. Das geht so:

Sie schauen sich das Massenspektrum beim Tiefpunkt der Delle an. Von jedem Signal des Massenspektrums erstellen sie eine Intensitäts/Zeit-Kurve. Die Intensitäts/Zeit-Kurve, die von Form und Zeitpunkt genau zur Intensitäts/Zeit-Kurve des Produkts passt, ist die Ihres Hemmers. In einem folgenden MS/MS-Lauf können Sie ihn charakterisieren.

Den Vergleich von Intensitäts/Zeit-Kurven können Sie von einem PC-Programm durchführen lassen. Ein solches Programm wurde kürzlich von der Bioinformatik an der FH Weihenstephan (oh, *sorry*, das heißt mittlerweile University for Applied Sciences Weihenstephan) erstellt. Falls Sie die Software benötigen, hilft Ihnen Autor Letzel (oder Krappmann et al. 2014) gerne weiter.

Auf diese Weise suchen Sie, ruckzuck, einen Extrakt nach dem anderen durch. Das Ergebnis ist eine Liste von Hemmern. Falls es Ihnen gelingt, Ligand-Bindungsprotein-Komplexe im ESI zu vernebeln, können Sie mit dem ESI auch die Bindungspartner von Proteinen in Zellextrakten suchen. Das wird jedoch nur in Ausnahmefällen gelingen.

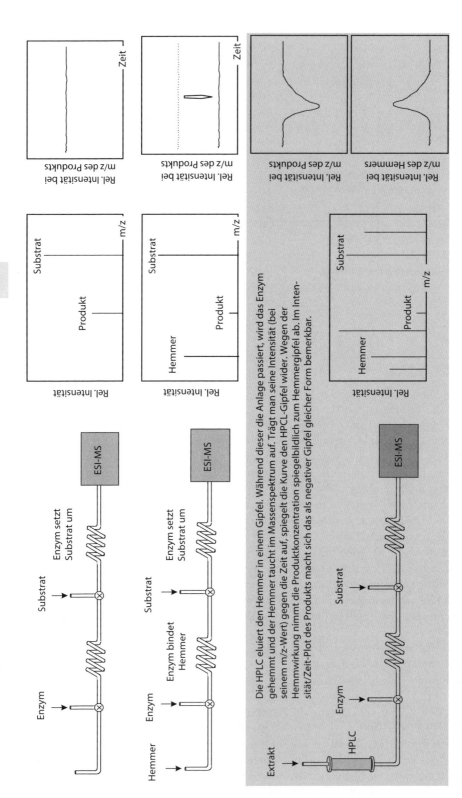

Die HPLC eluiert den Hemmer in einem Gipfel. Während dieser die Anlage passiert, wird das Enzym gehemmt und der Hemmer taucht im Massenspektrum auf. Trägt man seine Intensität (bei seinem m/z-Wert) gegen die Zeit auf, spiegelt die Kurve den HPCL-Gipfel wider. Wegen der Hemmwirkung nimmt die Produktkonzentration spiegelbildlich zum Hemmergipfel ab. Im Intensität/Zeit-Plot des Produkts macht sich das als negativer Gipfel gleicher Form bemerkbar.

**Abb. 7.53**  Hochdurchsatzscreening mit dem ESI-MS II

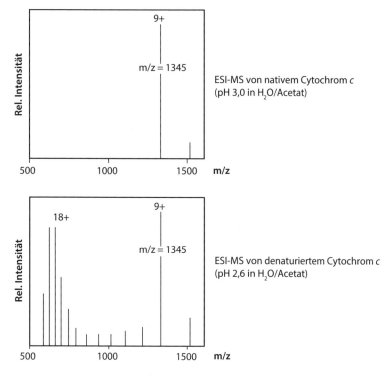

**Abb. 7.54** Denaturierung von Cytochrom *c*

ESI-MS von nativem Cytochrom *c*
(pH 3,0 in H$_2$O/Acetat)

ESI-MS von denaturiertem Cytochrom *c*
(pH 2,6 in H$_2$O/Acetat)

Zudem muss der Hemmer oder Ligand die HPLC überstehen, was kleine Moleküle jedoch häufig tun. Auch darf das HPLC-Eluens (Methanol, Acetonitril etc.) die Enzymaktivität nicht beeinflussen. Des Weiteren muss das Enzym in ESI-Puffer wirksam sein bzw. müssen Ligand und Bindungsprotein in ESI-Puffer binden. Wahrscheinlich gibt es noch weitere Probleme. Wir behaupten also nicht, diese Technik sei der Weisheit letzter Schluss oder werde klassische Methoden ersetzen. Sie ist jedoch ein Beispiel dafür, was man mit einem ESI-MS alles anfangen kann, und soll Sie zu ähnlichen Ideen anregen. Nicht zuletzt ist die Technik noch immer im Labor Letzel im Einsatz.

» … wenigstens soll man auf ihn den bekannten Ausspruch anwenden können, dass wenn er große Taten nicht vollendete, er im Versuche starb.

## Konformation von Proteinen

Mit der ESI-MS lässt sich die Konformation von Proteinen untersuchen. Das wundert den Laien. „Die Konformation hat doch keinen Einfluss auf das MG?", fragt er sich verwundert. Hat sie auch nicht.

Aber von der Konformation hängt die Protonierung des Proteins ab und damit m/z. An ein denaturiertes Protein binden in der Regel mehr Protonen als an das native Protein. Denn die kompakte Faltung nativer Proteine verwehrt Protonen den Zugang zu den inneren Lys-, Arg- oder His-Resten. Die basischen Aminosäurereste denaturierter und entfalteter Proteine sind dagegen zugänglich. Die ESI-MS erfasst also eine mit der Konformation zusammenhängende Größe, die man Kompaktheit nennen könnte. Diese reagiert selbst auf kleine Änderungen in der Tertiärstruktur, Änderungen in der Sekundärstruktur (α-Helix, β-Faltblatt) dagegen wirken sich kaum aus.

**Ein Beispiel** Cytochrom *c* vom Pferd ist ein basisches Protein mit dem MG 12.100 und besitzt 21 Lys- oder Arg-Reste und drei His-Reste. Bei pH 3,0 in H$_2$O/Acetat trägt natives Cytochrom *c* neun positive Ladungen; bringt man den pH auf 2,6, entfaltet sich (denaturiert) das Protein. Im ESI-MS wandert das Cytochrom-*c*-Signal zu einem um die Hälfte kleineren m/z-Wert: Die Ladung hat sich verdoppelt, Cytochrom *c* trägt jetzt 18 positive Ladungen (□ Abb. 7.54). Rita Grandori meint, dass

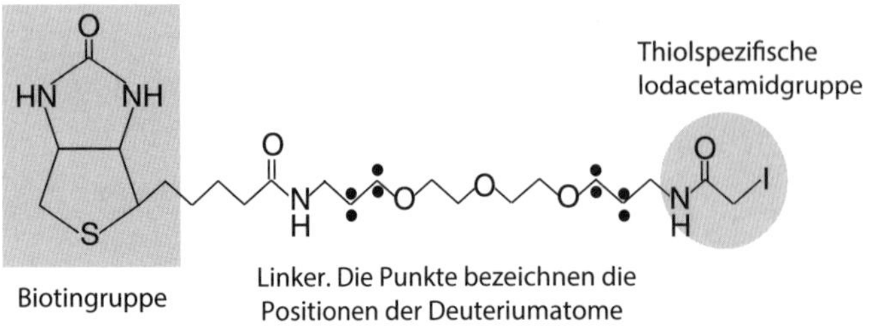

**Abb. 7.55** Isotopen-kodiertes Affinitatstäg

Thiolspezifische Iodacetamidgruppe

Biotingruppe

Linker. Die Punkte bezeichnen die Positionen der Deuteriumatome

Die SH-Gruppe des Cysteinrestes subtituiert das Iod der Iodacetamidgruppe. Es entsteht Iodwasserstoffsäure. Der Schwefel des Cysteinrestes wird alkyliert.

diese Umwandlung über zwei Zwischenstufen von elf bzw. 14 positiven Ladungen verläuft (Grandori 2002).

## Isotopen-kodierte Affinitätstags (Icat)

Eine Schwäche von Mudpit (▶ Abschn. 7.3.3) ist die (noch?) fehlende Quantifizierbarkeit. Hier haben z. B. Icat und Silac Abhilfe geschaffen.

Mit der **Icat**-Technik, der wir einen Schatten von Genialität zugestehen, können Proteine nicht nur identifiziert, es können auch die Mengen der Proteine zweier Proben verglichen werden.

Die Idee von Icat liegt im Biotin-Tag (◘ Abb. 7.55). Dieser besteht aus Biotin, einer Iodacetamidgruppe und einem Linker dazwischen. Die Iodacetamidgruppe reagiert mit den Cysteinresten der Proteine und markiert sie über den Linker mit Biotin. Die Reaktion läuft auch unter denaturierenden Bedingungen ab, so in Gegenwart von Harnstoff, SDS und Salzen. Sie müssen nur darauf achten, dass der Puffer keine Verbindungen mit reaktiven Thiolgruppen enthält.

Den Linker gibt es in leichter und schwerer Form. Bei Letzterer wurden acht H-Atome gegen Deuterium-Atome ausgetauscht – daher *isotope coded affinity tags*, abgekürzt Icat.

Sie wollen nun zwei Proteinproben vergleichen, Probe 1 und 2. Dazu reduzieren Sie zuerst die Disulfidbindungen mit Tributylphosphin. Danach markieren Sie Probe 1 mit dem schweren, Probe 2 mit dem leichten Tag (◘ Abb. 7.56). Überschüssiges Icat-Reagenz trennen Gygi et al. (1999) mit einer Gelfiltration ab. Das scheint eine umständliche Methode zu sein. Vielleicht inaktivieren Sie das Reagenz einfach durch Zugabe einer Thiolverbindung (z. B. DTT). Wie auch immer: Danach werden die Proben gemischt und mit Trypsin verdaut. Die entstehenden cysteinhaltigen Peptide tragen den Biotin-Tag. Wichtig: Aus cysteinhaltigen Proteinen, die in beiden Proben vorkamen, entstehen cysteinhaltige Peptidpärchen, die sich im Linker unterscheiden. Kam das Protein aus Probe 2, trägt der Linker H-Atome, kam es aus Probe 1, trägt er Deuterium-Atome. Die cysteinhaltigen Peptidpärchen unterscheiden sich um die Masse 8 Da.

Den Trypsinverdau geben Sie über eine Avidinsäule. Diese bindet die biotinmarkierten cysteinhaltigen Peptide (etwa 10 % der Peptide). Die störenden Verbindungen wie SDS etc. werden ausgewaschen. Die cysteinhaltigen Peptide eluieren Sie mit Ameisensäure. Danach bringen Sie die Peptide auf eine RP-HPLC auf, eluieren mit einem Acetonitril-Gradienten und analysieren das Eluat mit einem ESI-MS/MS.

Schweres und leichtes Peptid eines Peptidpaares verhalten sich in der RP-HPLC identisch (oder sollten es), bilden also einen Gipfel. Anders in der Massenspektrometrie: Die erste MS-Analyse trennt leichtes vom schweren Peptid eines Paares und gibt ihr m/z an. Da tryptische Peptide meistens zwei Ladungen tragen, unterscheiden sich die Pärchen um 4 m/z.

Weil beide Proben vereint und von dort an gleich behandelt wurden, zeigt das Verhältnis der Signalintensitäten von leichtem und schwerem Peptid die relative Häufigkeit der zugehörigen Proteine in der Probe.

Enthält ein Protein mehrere Cysteine, so erhalten Sie von dem Protein in der Regel auch mehrere Peptide bzw. Peptidpärchen. Das Verhältnis der Signalintensitäten jedes Peptidpärchens sollte gleich sein – und ist es auch mit einer Abweichung von

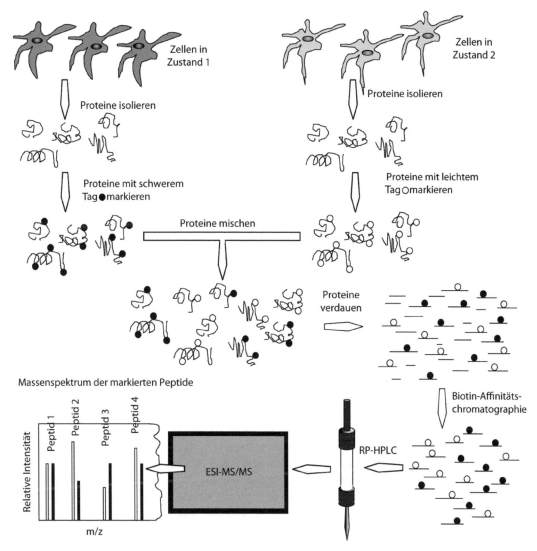

● **Abb. 7.56** Proteomanalyse mit Isotopen-kodierten Affinitätstags

10 %. Sie können dann für die relative Häufigkeit des zugehörigen Proteins einen Mittelwert und eine Standardabweichung angeben.

In der zweiten MS-Analyse werden die Peptide fragmentiert. Mit den sich daraus ergebenden Sequenzen identifizieren Sie Teile des zugehörigen Proteins.

Icat gibt somit Auskunft über Zahl, Natur und Mengenverhältnis der Proteine zweier Proben. Ähnlich wie bei der DFG (► Abschn. 7.3.3) können Sie mittels Icat Zellkulturen mit und ohne Hormon, Toxin, Ligand etc. vergleichen. Oder: Wie wirkt sich

das Verschwinden eines Proteins auf die anderen aus? Worin unterscheidet sich normales von Krebsgewebe? Und das womöglich noch zeitlich aufgelöst. Das Beste: Weil sich diese Projekte ähneln wie ein Ei dem anderen, können Sie immer den gleichen Antrag verwenden und müssen nur die Namen austauschen.

Gygi et al. (1999) haben die Methode mit Hefe, die einmal in Ethanol, einmal mit Galactose aufwuchs, überprüft.

**Doch Sie ahnen es schon** Icat hat Schwächen. Die Methode erfasst nur Proteine mit Cysteinresten.

Isotopenmarker

Photospaltung

Glasperle

$O_2N$

$O—CH_3$

Cysteinspezifische
reaktive Gruppe

Ein Siebtel aller Proteine ist aber cysteinfrei. Zudem sitzen die Cysteinreste mancher Proteine an Stellen, die sie nach dem Verdau in z. B. extrem hydrophoben Peptiden auftauchen lassen. Diese Peptide können bei den nachfolgenden Schritten verschwinden. Des Weiteren gehen durch die umständliche Probenaufarbeitung (eine chemische Reaktion, ein Verdau, drei Säulenläufe) Peptide verloren. Die Ausbeute an cysteinhaltigen Peptiden einer Standardproteinmischung liegt nach der Avidinsäule bei 70 % (Gygi et al. 1999). Und es gehen nicht nur Peptide verloren, es tauchen auch welche auf, die man nicht will: Nicht-markierte Peptide können unspezifisch an die Avidinsäule binden und eluieren dann mit der Ameisensäure. Des Weiteren wird der große Biotin-Marker in der Stoßkammer des MS oft fragmentiert. Das erschwert die Interpretation der Spektren. Damit nicht genug: Leichter und schwerer Teil eines Peptidpaares verhalten sich in der HPLC nicht immer identisch. Der Isotopeneffekt der acht Deuterium-Atome führt zu einer teilweisen Trennung der Signale. Das verschlechtert die Quantifizierung. Schließlich wird ein großes Protein in der Icat-Analyse gelegentlich nur durch ein einziges cysteinhaltiges Peptid vertreten. Das ist nicht beruhigend, da vermutet der vorsichtige Experimentator ein Artefakt. Manchmal – wenn auch selten – kommt es vor, dass ein Peptid zwei Cysteine enthält. Was dann? Es gibt zwei Möglichkeiten: Entweder bindet dieses Peptid so fest an die Avidinsäule, dass Sie es nicht mehr ablösen können, oder es löst sich ab und sorgt dann für Verwirrung bei der Interpretation der MS-Spektren. Die Massendifferenz des

entsprechenden Peptidpärchens ist ja nicht 8 Da, sondern 16 Da.

Es wundert einen also nicht, dass nach dem 1999er-Paper von Steven Gygi in kurzer Zeit ein halbes Dutzend Icat-Verbesserungspaper erschienen. So wurde die Isotopenmarkierung verändert. Zhou et al. 2002 setzen nicht die Proteine, sondern die tryptischen Peptide mit dem Marker um. Der Marker (ein leichter, ein schwerer, MG-Unterschied: 7 Da) ist nicht in Lösung, sondern an Glasperlen gebunden, und die cysteinhaltigen Peptide sind es nach der Reaktion auch (☐ Abb. 7.57).

Das Reagenz enthält kein Biotin, und die Affinitätschromatographie an der Avidinsäule fällt aus. Wozu auch eine Affinitätschromatographie? Die Spezifität für Cysteinreste lag ja in der Umsetzung mit dem Iodacetamidrest.

Nach der Reaktion sind also die Peptide über Linker an die Glasperlen gebunden, wobei der Linker entweder von der schweren oder der leichten Sorte ist (sieben D- bzw. sieben H-Atome). Die Glasperlen werden gemischt und gewaschen. Ungebundene Peptide, SDS und unerwünschte Salze verschwinden so im Abguss. Bestrahlung mit UV-Licht löst dann die markierten cysteinhaltigen Peptide ab. Diese werden in die HPLC geschickt und das HPLC-Eluat wie gehabt mittels ESI-MS/MS analysiert (☐ Abb. 7.58).

Huinin Zhou et al. (2002) behaupten, dass diese Methode schneller, einfacher, sensitiver und leichter zu automatisieren sei als die originale Icat-Methode. In der Tat ist die Probenbehandlung einfacher: Die Avidinsäule fällt weg. Des Weiteren sind die Peptide

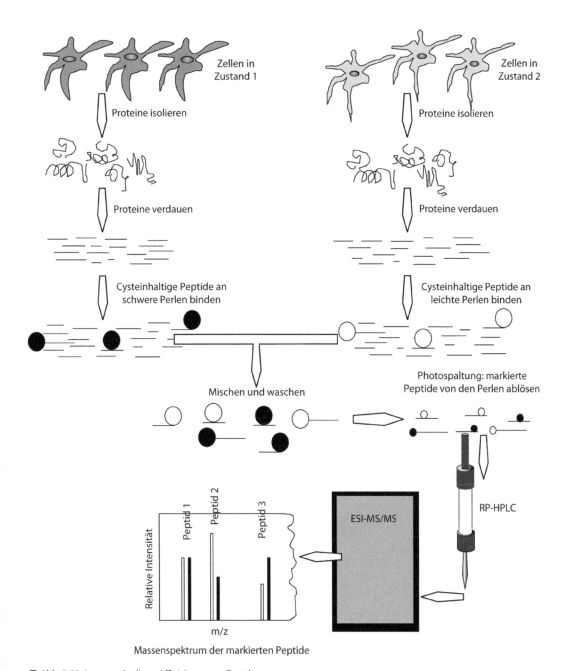

**Abb. 7.58** Isotopen-kodierte Affinitätstags an Festphase

kovalent an die Glasperlen gebunden. Diese können Sie also mit brutalen Mitteln waschen, was die Kontamination mit nicht-cysteinhaltigen Peptiden verringert. Ferner ist die Masse des Markers und damit die Fragmentierungsgefahr kleiner.

Andererseits erfasst auch diese Methode nur die cysteinhaltigen Proteine. Auch ist die quantitative Vergleichbarkeit weniger gut als bei der löslichen Icat-Version: Die Proben werden ja erst in einer späteren Stufe identisch behandelt. Schließlich ist ein Isotopeneffekt in der HPLC auch bei dem neuen Marker nicht auszuschließen.

Das Problem der Unsichtbarkeit cysteinfreier Proteine können Sie umgehen, indem Sie andere Aminosäurereste mit Isotopen markieren, z. B. saure oder basische Aminosäurereste. Peters et al. (2001) setzten die C-terminalen Lysinreste von tryptischen Peptiden mit 2-Methoxy-4,5-dihydro-1H-imidazol um. Es entstehen die 4,5-Dihydro-1H-imidazol-2-yl-Derivate. Die entsprechenden Massenspektren sollen einfach zu interpretieren sein. 2-Methoxy-4,5-dihydro-1H-imidazol kann mit Deuterium markiert werden.

Das Thema ließe sich endlos weiterspinnen, denn das Gebiet ist in vollem Fluss. Im Monatsrhythmus erscheinen neue Icat-Marker, -Techniken und -Modifikationen. Eine passable Übersicht finden Sie in Tao und Aebersold (2003). Welche Technik die beste ist, muss sich herausstellen und hängt auch von der Problemstellung ab. Mangels prophetischer Gaben wagen wir keine Voraussage außer der einen: Auf Icat dürfte noch mancher Doktorand verbraten werden.

In den letzten Jahren wurden weitere MS-Quantifizierungsmethoden entwickelt. Suchen Sie nach Begriffen wie *isobaric tags for relative and absolute quantification* (iTRAQ; ▶ Abschn. 7.5.7), *label free quantification, elementor metal-coded (affinity) tags* (ECAT oder MeCATs), metabolisches Labelling wie dem N-terminalen Labelling oder dem *stable isotope labelling with amino acids in cell culture* (Silac; ▶ Abschn. 7.5.7). Für eine Einschätzung der Nutzungsmöglichkeiten und Anwendungsbeispiele empfehlen wir Ihnen die Übersichtsartikel von Bantscheff et al. (2007, 2012).

Ein grundsätzlicher Nachteil haftet an all diesen Methoden: Sie vergleichen nur. Eine absolute Quantifizierung ist nicht möglich.

## Zellkulturmarkierung mit stabilen Isotopen von Aminosäuren (Silac)

Silac (*stable isotope labelling with amino acids in cell culture*) steht für eine Methode, die einige der Nachteile von Icat vermeidet und dafür andere hat (Ong et al. 2002; Ong und Mann 2007). Das Prinzip ist: Sie kultivieren ihre Zellen in einem Medium, in dem eine essenzielle Aminosäure gegen die entsprechende isotopenmarkierte Aminosäure ausge-

tauscht wurde, also z. B. Leucin gegen Leucin mit drei Deuterium-Atomen. Da die Zellen nicht zwischen normalem Leucin und isotopenmarkiertem Leucin unterscheiden, wird das isotopenmarkierte Leucin in die Proteine eingebaut. Nach einiger Zeit enthalten ihre Proteine nur noch isotopenmarkiertes Leucin.

Die Kulturen mit isotopenmarkiertem Leucin können Sie mit normalen Kulturen vergleichen. Sie nehmen von jeder Kultur gleich viel Protein und mischen es. Die Proteinmischung reinigen Sie vor, entfernen z. B. BSA oder Immunglobuline, oder Sie lassen das bleiben: Der nächste Schritt ist jedenfalls ein Verdau mit Trypsin. Wie bei Icat erhalten Sie tryptische Peptidpärchen, wobei der Massenunterschied zwischen den Gliedern eines Paares von der Zahl der Leucine im Peptid abhängt. Die tryptischen Peptide werden auf der HPLC getrennt und die Eluate im ESI-MS/MS analysiert (◻ Abb. 7.59).

Die Vorteile dieser Strategie gegenüber Icat liegen auf der Hand: Leucin kommt fünfmal häufiger vor als Cystein, es entstehen also mehr markierte Peptide. Etwa die Hälfte der tryptischen Peptide enthält Leucin, nur etwa 10 % enthalten Cystein. Auch gibt es kaum leucinfreie Proteine. Des Weiteren wird kein Fremdkörper in die Peptide eingeführt, und es fällt weder eine Affinitätschromatographie noch eine chemische Reaktion an. Bei der Fragmentierung gibt es keine Probleme mit derivatisierten Aminosäuren, denn es gibt keine derivatisierten Aminosäuren. Silac ist also einfacher handzuhaben als Icat.

Sie sind bei dieser Methode auch keineswegs auf den Einbau von deuteriertem Leucin angewiesen. Sie können z. B. auch $^{13}$C-Arginin als Marker verwenden (Ong et al. 2003).

Andererseits funktioniert Silac nur mit lebenden Zellen in Kultur. Bei den Kulturbedingungen müssen Sie auf einiges achten, so dürfen Sie nur dialysiertes Medium verwenden. Undialysierte Medien enthalten Leucin, und das würde Ihnen Ihre Isotopenmarkierung verdünnen. Dennoch erhalten Sie auch mit Dialyse – und wenn Sie die Zellen noch so lange in deuteriertem Leucin kultivieren – immer auch Proteine ohne deuteriertes Leucin: die adsorbierten Serumproteine. Sie können die Zellen vor der Proteinextraktion zwar waschen, einmal, zweimal, dreimal – aber glauben

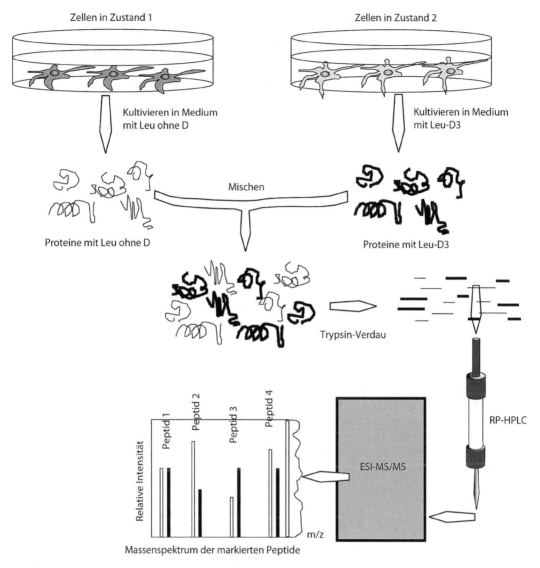

**Abb. 7.59** Silac

Sie uns: Es bleiben immer Serumproteine an der Zellmembran kleben oder sie wurden gar von den Zellen aufgenommen. Die Peptide dieser Proteine tauchen in Ihrem Massenspektrum auf und geben Anlass zum Rätseln.

Geduld müssen Sie auch aufbringen: Bis zur vollständigen Markierung aller Proteine mit isotopenmarkiertem Leucin dauert es mindestens fünf Tage, und bei Primärkulturen bzw. Zellen, die sich nicht teilen (z. B. Neurone), kann es sogar länger dauern. Zudem hat die Zunahme der Zahl der Pep-

tide nicht nur Vorteile: Sie macht Ihre Mischung komplexer und damit schwieriger zu analysieren. Schwierigkeiten beim Analysieren macht auch die Tatsache, dass Sie mit Peptiden rechnen müssen, die zwei oder mehr Leucine enthalten. Der Massenunterschied der Peptidpärchen ist also nicht konstant, sondern ein Vielfaches von 3/z. Dieses Problem können Sie umgehen, indem sie $^{13}$C-Arginin als Marker benutzen. Das kommt in tryptischen Peptiden meistens nur einmal vor, und zwar am C-terminalen Ende.

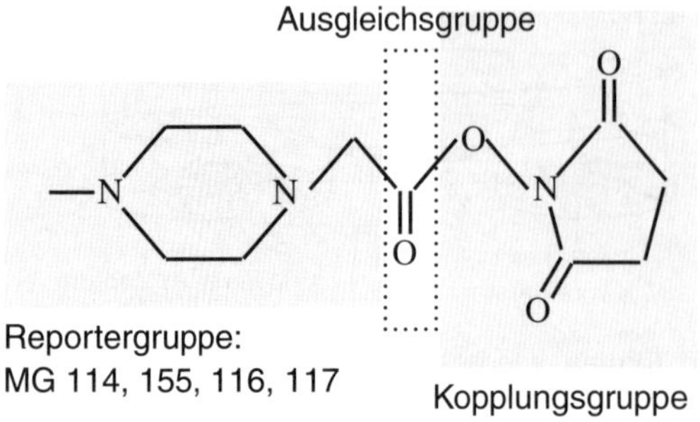

Ausgleichsgruppe

Reportergruppe:
MG 114, 155, 116, 117

Kopplungsgruppe

◘ **Abb. 7.60**  iTRAQ-Tag (4-plex)

## iTRAQ

Um Peptide für die Massenspektrometrie zu markieren und quantitativ zu erfassen, setzt man sie mit iTRAQ-Tags um (Phanstiel et al. 2009). Der Name steht für *isobaric tags for relative and absolute quantification*. Isobare Tags sind also Hilfsmittel für die Massenspektrometrie.

Wie sind isobare Tags aufgebaut, und wie setzt man sie ein?

Jeder iTRAQ-Tag besteht aus drei Teilen: die Reportergruppe, die Gewichtsausgleichsgruppe und die Bindungsgruppe. Reporter- und Gewichtsausgleichsgruppe bilden den isobaren Tag, d. h. die Summe ihrer MGs ist immer die gleiche, d. h. isobar, obwohl sich die MGs von Reporter- und Gewichtsausgleichsgruppen verschiedener Tags unterscheiden. Die Bindungsgruppe dient dazu, den Tag an die freien Aminogruppen von Peptiden oder Proteinen zu binden. Als Bindungsgruppe dient N-Hydroxysuccinimidester (◘ Abb. 7.60).

Noch einmal: Die verschiedenen isobaren Tags, also die Kombinationen von Reporter- und Gewichtsausgleichsgruppe, haben alle das gleiche MG. Ihre Reportergruppen und deswegen auch ihre Gewichtsausgleichsgruppen unterscheiden sich jedoch in ihrer Masse. Das wird erreicht, indem man verschiedene C- und O-Isotope in Reporter- und Gewichtsausgleichsgruppen einbaut. So hat Kohlenstoff zwei stabile Isotope ($^{12}C$ und $^{13}C$), Stickstoff ebenfalls ($^{14}N$ und $^{15}N$), und Sauerstoff hat drei stabile Isotope ($^{16}O$, $^{17}O$ und $^{18}O$).

Demgemäß gibt es Reportergruppen mit den MGs 114, 115, 116 und 117 (◘ Abb. 7.60). Die zugehörigen Gewichtsausgleichsgruppen besitzen die MGs 31, 30, 29 und 28. Das Gesamtgewicht der Tags ist immer 145. Der Tag mit der MG-114-Reportergruppe beispielsweise besitzt ein $^{13}C$ in den sechs C-Atomen der Reportergruppe, die fünf anderen sind $^{12}C$. Die Ausgleichsgruppe besteht aus einem $^{13}C$ und einem $^{18}O$.

Einen Satz von vier isobaren Tags bezeichnet man als 4-plex, einen Satz von acht isobaren Tags (Reportergruppen mit den MGs 113, 114, 115, 116, 117, 118, 119, 121) als 8-plex.

Das Protokoll eines iTRAQ-Experimentes sieht folgendermaßen aus (◘ Abb. 7.61):
1. Sie haben gleiche Mengen von Zellen oder Zelllysaten verschieden behandelt. Beispielsweise haben Sie Zellkulturen mit vier unterschiedlichen Mengen eines Pharmakons behandelt. Jetzt wollen Sie wissen, welche Proteine dadurch über- oder unterexprimiert wurden.
2. Extrahieren Sie die Proteine aus den Zellen. Sie erhalten vier Zelllysate.
3. Verdauen Sie die vier Zelllysate mit einer Protease, z. B. Trypsin.
4. Markieren Sie die entstandenen Peptide mit iTRAQ (4-plex), und zwar je ein Lysat mit einer bestimmten Reportergruppe.
5. Vereinigen Sie die iTRAQ-markierten Peptide.
6. Analysieren Sie die markierte Peptidmischung mit LC-MS/MS.

Bei der Analyse mit LC-MS/MS wird zuerst mittels LC-MS ein einzelnes iTRAQ-markiertes Peptid isoliert und dieses Peptid in einem weiteren MS-Schritt identifiziert. Zudem werden die Reportergruppen als einfach geladene Reporterionen abgespalten. Das Peptid enthält ja – wenn es in allen vier Zellkulturen vorkommt – vier verschiedene Reportergruppen. Die Reporterionen werden bei der Analyse getrennt; ihre relative Intensität gibt die relativen Mengen der Peptide in den vier Proben an.

Der Nachteil von iTRAQ ist der hohe Preis der Reagenzien. Zudem müssen Sie Zugang zu einem guten MS haben, denn die Reportergruppen bzw. -ionen unterscheiden sich ja nur geringfügig in der Masse. Doch dafür müssen Sie nicht mit Radioaktivität herumschmieren, und wenn es klappt, erhalten Sie klare Daten von vier (4-plex) bis zu acht Proben (8-plex).

Sie geben zu Zellkulturen verschiedene Konzentrationen an Kopfaktivator. Sie fragen sich: Ändert sich dadurch das Expressionsmuster der Zellproteine?

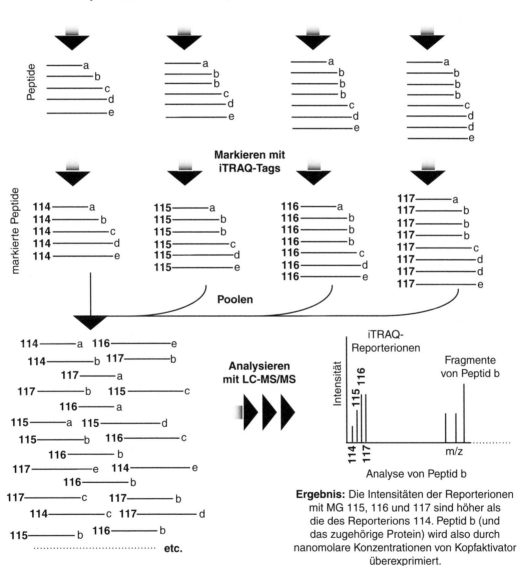

Probe 1:
kein Kopfaktivator

Probe 2:
1 nM Kopfaktivator

Probe 3:
10 nM Kopfaktivator

Probe 4:
1 µM Kopfaktivator

**Zellen lysieren, Proteine ausfällen, waschen, föhnen, wiederauflösen, verdauen**

**Markieren mit iTRAQ-Tags**

**Poolen**

**Analysieren mit LC-MS/MS**

iTRAQ-Reporterionen

Fragmente von Peptid b

Analyse von Peptid b

**Ergebnis:** Die Intensitäten der Reporterionen mit MG 115, 116 und 117 sind höher als die des Reporterions 114. Peptid b (und das zugehörige Protein) wird also durch nanomolare Konzentrationen von Kopfaktivator überexprimiert.

☐ **Abb. 7.61** iTRAQ-Experiment (4-plex)

## 7.5.8    Möglichkeiten der MS mit MALDI-Quellen

MALDI-Quellen unterscheiden sich von ESI-Quellen in Folgendem:

- MALDI-Quellen haben eine schnelle gepulste Ionisierung.
- Sie erzeugen meistens einfach positive Ionen, MALDI-Spektren sind daher einfacher zu interpretieren als ESI-Spektren.
- MALDI-Quellen sind meistens mit einem TOF-Analysator kombiniert.
- MALDI-Quellen zeigen in Kombination mit einem TOF hohe Sensitivität (im attomolaren Bereich).
- Sie sind tolerant gegen Puffer, Salze und andere Verunreinigungen.
- Sie sind schnell: Für die Messung eines Peptid-Fingerabdrucks benötigt ein Gerät mit MALDI-Quelle eine halbe Minute, ein Gerät mit ESI-Quelle etwa 100-mal länger.

Mit MALDI-Ionenquellen können Sie daher die Reinheit von Proteinen und Peptiden überzeugend nachweisen: besser als mit der SDS-Gelelektrophorese. Das Spektrum eines reinen Proteins zeigt nur Signale bei dessen m/z-Werten (Beavis und Chait 1996; Chait und Kent 1992).

Wenn Sie die Aminosäuresequenz des gereinigten Proteins kennen (z. B. von der cDNA), bestimmen Sie mit dem MALDI-TOF das MG des Proteins und vergleichen es mit dem aus der cDNA-Sequenz errechneten. Sind die MGs identisch, stimmt die Primärstruktur Ihres Proteins. Abweichungen weisen auf Modifikationen hin, z. B. Phosphorylierungen, Glykosylierungen, Punktmutationen. Bei kleineren Proteinen macht sich selbst die Acetylierung der N-terminalen Aminosäure bemerkbar. Die Position der Modifikation bestimmen Sie, indem Sie das Protein in Peptide zerschneiden, das MG der einzelnen Peptide messen und mit dem aus der Sequenz vorausgesagten MG vergleichen.

Der Übersichtsartikel von Stults (1995) enthält eine Reihe von Referenzen, die spezielle Themen ansprechen, z. B. Unterscheidung von Sulfat- und Phosphatgruppen, MALDI mit Infrarotlasern und Bernsteinsäurematrix, subfemtomolare Nachweisgrenzen mit einer Dünnschichtmatrix, hochempfindlicher Proteinnachweis im Attomol-Bereich, höchstauflösende Massenspektrometrie.

Weitere Möglichkeiten eines MALDI-TOF:

- Sie können die Schnittstellen von Proteasen über die MGs der Spaltprodukte bestimmen.
- Sie können das MG und die Glykosylierungsstellen von integralen Membranproteinen bestimmen (Chen et al. 2013).
- Sie können die Wirkung von Glykosidasen über die MG-Abnahme des glykosylierten Proteinsubstrats verfolgen. Gleichzeitig messen Sie die Zahl der abgespaltenen Zuckergruppen. Wegen der Heterogenität der Glykoproteine sind Ihre Signale in der Regel breit (analog zur SDS-Gelelektrophorese). Ein gutes Gerät (TOF-Analysator mit Reflektor) kann die Signale auflösen und erzeugt dann ein geheimnisvolles Gipfelgebirge.
- Kinasen vergrößern das MG ihres Substratproteins um 80 Da oder ein Vielfaches davon. Phosphatasen verringern das MG phosphorylierter Proteine um den entsprechenden Betrag. Über diese MG-Abnahme können Sie feststellen, ob Ihr Protein phosphoryliert ist.
  - Lässt sich wegen der Größe des Proteins oder der Qualität Ihres MS eine Addition oder Subtraktion von 80 Da nicht zweifelsfrei nachweisen, verdauen Sie Aliquots vor und nach der Enzymbehandlung mit Trypsin und messen die MGs der Peptide. Noch wertvoller könnte Ihr MALDI-MS für die schnelle Aufklärung des Phosphorylierungsstatus (Verhältnis der Isoformen mit keiner, einer, zwei etc. Phosphatgruppen) eines Proteins im Zellstoffwechsel werden. Bisher wurden die Zellen zuvor in Kultur mit $^{32}$P markiert und die Zellextrakte einer 2DE oder einer Immunaffinitätschromatographie mit anschließender isoelektrischer Fokussierung unterworfen. Zum Markieren der Phosphoproteine musste man riesige Mengen an $^{32}$P in die Zellkulturen kippen.
- Sie können das Epitop eines Antikörpers eingrenzen. Dazu verdauen Sie das Epitop-tragende Protein – z. B. mit Trypsin – und fischen anschließend mit ihrem Antikörper in der entstandenen Peptidsuppe. Das MG des immunpräzipitierten Peptids bestimmen Sie mit dem

ESI- oder MALDI-MS. Sie müssen dazu nicht einmal über das gereinigte Epitop-tragende Protein verfügen, im Prinzip muss das auch mit nicht zu komplizierten Proteinmischungen funktionieren. Kennen Sie die Sequenz des Epitop-tragenden Proteins, errechnen Sie die MGs aller möglichen tryptischen Spaltprodukte und können dann das immunpräzipitierte Peptid identifizieren. Durch Verdau mit Proteasen anderer Spezifität lässt sich das Epitop weiter eingrenzen. Eine Hilfe sind auch die Datenbanken auf ▶ www.expasy.org. Umgekehrt können Sie über die Sequenz der Peptide das Epitoptragende Protein identifizieren.

— Sie können mit dem MALDI-MS sogar Bakterien bestimmen. Dazu schmieren Sie intakte Bakterien einer Primärkultur auf die Probenplatte, lassen die Bakterien mit Matrix ko-kristallisieren und bestrahlen mit UV-Laser. Die desorbierenden Bakterienmoleküle ergeben ein Massenspektrum, das den Bakterienstamm eindeutig definiert. Das Spektrum wird wahrscheinlich von den Mucopeptiden, Glykoproteinen und Lipoproteinen der bakteriellen Zellwand und Stützschicht gebildet – eben jenen Molekülen, auf die auch herkömmliche Bestimmungsmethoden bauen. Das Massenspektrum geben Sie in eine Datenbank ein, ein Algorithmus sucht dort nach vergleichbaren Spektren, und schon ist der Bakterienstamm identifiziert. Die Firma Bruker, die ein MALDI-Biotyper-System vertreibt, hat mittlerweile eine riesige Datenbank erstellt, mit der Sie klinisch relevante Mikroorganismen nachhaltig unterscheiden können. Ein Test brauche nur eine kleine Kolonie. Sicher ist: Es geht schnell; von der Probenvorbereitung bis zum fertigen Ergebnis dauert es nur Minuten.

— Die MALDI-Technik ist nicht auf Proteine/Peptide beschränkt. Mit einer geeigneten Matrix können Sie auch DNA und RNA in die Gasphase bringen. Wozu? Zum Beispiel, um mit Oligonukleotidleitern Oligos zu sequenzieren (Limbach et al. 1995). Die kleinste MG-Differenz zwischen DNA-Basen – die zwischen Adenin und Thymin – beträgt immerhin 9 Da. Bei RNA-Basen liegt die kleinste Differenz – die zwischen Cytosin und Uracil – bei 1 Da. Auch Oligosaccharide lassen sich in Matrixkristalle einbauen und vergasen. Mit dem MALDI-MS müssten sich die Oligosaccharide sogar sequenzieren lassen (Leiterseequenzierung siehe ▶ Abschn. 7.5.6 und Stahl et al. 1994). Prinzipiell bringt MALDI jedes Polymer in die Gasphase, selbst Polyethylenglykol. Solch neutralen Polymeren muss man allerdings eine positive Ladung aufdrücken, sonst kann sie das elektrische Feld nicht in den TOF beschleunigen. Man komplexiert neutrale Polymere deshalb mit Metallionen (deren MG natürlich berücksichtigt werden muss).

Wie Sie sehen, kann eine MALDI-Quelle, kombiniert mit einem Flugzeit-Analysator, Ihre experimentelle Reichweite vergrößern. Sicher, so ein Gerät ist nicht billig, aber es ist ja schließlich nicht Ihr Geld, das dafür ausgegeben werden muss.

## SELDI

Eine weitere Anwendung des MALDI-Prinzips nennt sich SELDI (*surface enhanced laser desorption ionization*). SELDI kombiniert Probenträger in Chipform, die eine besondere Oberfläche aufweisen, mit einem UV-MALDI-TOF-MS. Die Chips sind solide Aluminiumriegel, die mit kationischen oder anionischen Ionenaustauschern, mit hydrophilen oder hydrophoben Molekülen oder mit Metallionenchelatoren beschichtet wurden (◘ Abb. 7.62).

Auch Chips mit aktivierten Oberflächen sind erhältlich. Diese Oberflächen binden Proteine kovalent über deren Aminogruppen und ermöglichen es, Chips nach Wunsch mit Antikörpern oder Rezeptoren zu beschichten.

Jeder Chip besitzt acht beschichtete Löcher mit einem Durchmesser von 1 mm. In die Löcher bringt man die Probe auf. Ein Teil der Proteine/Peptide wird adsorbiert, der Rest weggewaschen. Die adsorbierten Proteine/Peptide werden mit Matrix versetzt und können dann im MS analysiert werden (◘ Abb. 7.63)

Was kann SELDI?

— Komplexe Proteinmischungen werden vorfraktioniert. Je nach Chip bleiben saure oder basische oder hydrophobe Proteine kleben. Mit Metallionenchelatoren beschichtete und

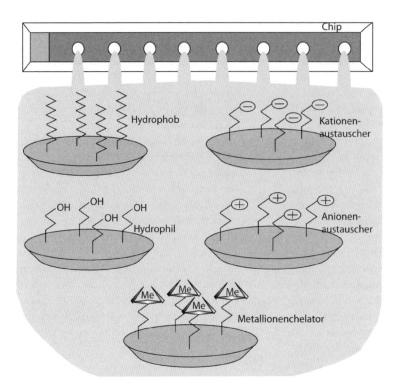

◻ **Abb. 7.62** SELDI-Oberflächen

mit Eisen- oder Galliumionen beladene Chips binden bevorzugt phosphorylierte Peptide.
- Störende Ionen oder Seifen werden weggewaschen.
- Die Proteine sind auf der Oberfläche linear und einschichtig adsorbiert. Daher erhalten Sie mit SELDI einheitlich verteilte und einheitlich ausgerichtete Kristalle und keinen wirren Kristallsalat wie bei den üblichen MALDI-Techniken. Die einheitliche Kristallbeschichtung gibt ein exzellentes und einigermaßen reproduzierbares Signal: Die Signalhöhen variieren bei aufeinanderfolgenden Läufen der gleichen Probe nur zwischen 10 und 30 %. Das behauptet jedenfalls die Herstellerfirma. Zudem müssen Sie den Laser nicht mehr ausrichten, d. h. nach besonders proteinreichen Kristallhäufchen suchen. Die Proteine sind ja gleichmäßig über die Lochoberfläche verteilt. Es ist sogar möglich, mithilfe einer Verdünnungsreihe das Protein quantitativ zu messen.
- Sie können biologische Proben wie Serum oder Urin direkt auf den Chip laden.

- Das TOF-Spektrum unterscheidet sich von dem eines 2D-Gels: zum einen in der Schnelligkeit, mit der es erstellt werden kann, zum andern im MG-Bereich. 2D-Gele lösen unterhalb 6 kDa nicht oder schlecht auf. Die SELDI-MS dagegen trennt Peptide/Proteine zwischen 1 und 25 kDa besonders gut. Oberhalb 40 kDa trennt wiederum häufig das 2D-Gel besser.
- Das Messen geht ruckzuck: Je 1 pl Probe auf die Chiplöcher träufeln (per Hand), waschen, Matrix aufbringen, trocknen, messen. Keine lange Fokussierung, kein Hantieren mit brüchigen Gelen. In 10 min ist die Sache erledigt. Bis zu 100 Proben könne man pro Tag analysieren, verspricht die Herstellerfirma.
- Der Umgang mit dem Gerät ist leicht zu erlernen: In einer Woche können Sie es problemlos bedienen.

Bei Chips, die nicht kovalent mit Proteinen beschichtet wurden, können Sie Matrix und Probenreste nach dem Messen abwaschen und den Chip wiederverwenden. Für wichtige/saubere Experimente sollten Sie allerdings neue Chips benützen.

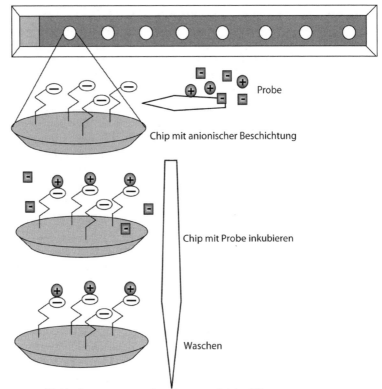

**Abb. 7.63** SELDI-Prozessierung

Probe

Chip mit anionischer Beschichtung

Chip mit Probe inkubieren

Waschen

Mit Matrix versetzen, trocknen lassen und ab ins MS

Welche Möglichkeiten eröffnet SELDI?

Sie können damit Protein-Protein-Wechselwirkungen untersuchen (siehe auch ▶ Abschn. 2.5 und besonders ▶ Abschn. 2.2.5).

Beispiel: Sie haben ein Protein X gereinigt oder exprimiert und wüssten gerne dessen Funktion. Weder Sequenz noch Reinigung geben Anhaltspunkte. Da wäre es gut zu wissen, welche Proteine an Protein X binden. Vielleicht kennt man ja deren Funktion und das gäbe einen Hinweis. Sie koppeln also ihr Protein X an einen SELDI-Chip; dies möglichst unter verschiedenen Bedingungen (also in verschiedene Löcher). Danach waschen Sie ungebundenes Protein X ab und blockieren ungenutzte Gruppen. Jetzt inkubieren Sie die Chiplöcher mit Zellextrakt oder worin Sie sonst Bindungspartner vermuten. Abwaschen. Mit Matrix ko-kristallisieren. Ab mit dem Chip ins MS. Nach einigen Sekunden wissen Sie, ob ein Protein an Protein X bindet, und Sie kennen sogar dessen MG.

Nun erhebt sich die Frage: Ist dieses Protein der physiologische Bindungspartner oder eine Zufalls-liebschaft, die nur unter diesen speziellen Bedingungen zustande kam?

Um dies zu entscheiden, brauchen Sie Kontrollen. Sie koppeln an ein Kontroll-Chiploch ein zu Protein X in isoelektrischem Punkt und MG ähnliches Protein. Dieses Loch sollte keine oder jedenfalls andere Proteine binden. Umgekehrt sollten Zellextrakte oder Seren, von denen Sie wissen, dass sie keinen Bindungspartner für Protein X besitzen, keine Spur im Massenspektrum hinterlassen. Ferner sollte das Protein stöchiometrisch an Protein X binden. Stimmt alles? Dann identifizieren Sie den Bindungspartner in Datenbanken und bestellen sich eine Flasche Champagner. Bei Misserfolg allerdings ist guter Rat teuer – im Wortsinn. Misserfolg heißt nämlich nicht, dass kein Partner existiert: In der Zelle gibt es zu fast jedem Töpfchen ein Deckelchen. Es ist wahrscheinlicher, dass Ihre Bedingungen nicht stimmen, entweder bei der Kopplung von Protein X an den Chip oder bei der Inkubation des beschichteten Chips mit dem Zellextrakt. Sie müssen also eine Bedingung nach der anderen ausprobieren und einen Chip nach dem anderen kaufen. Jeder Chip kostet etwa 80 Euro.

Eine andere Anwendung von SELDI liegt in dem mitgelieferten Abziehprogramm. Damit können Sie die quantitativen Unterschiede zweier Spektren (z. B. krank/gesund oder mit/ohne Medikament) ermitteln. Dies macht Sinn, wenn die Spektren einigermaßen reproduzierbar sind.

**Beispiel** Sie suchen im Blut nach einem frühen Tumormarker. Frühe Tumormarker treten im Blut in der Regel in sehr niedrigen Konzentrationen auf. Dies weil es (frühe Marker!) noch wenig Krebszellen gibt, weil diese nur einen Teil des Markers ins Blut abgeben (wenn überhaupt!) und weil der Marker von Proteasen abgebaut wird. Damit haben Sie ihr erstes Problem: Die riesigen Mengen von Albumin und Immunglobulinen im Serum schmieren ihnen die seltenen Proteine zu. Der Ausweg: Sie nehmen einen Chip mit z. B. kationischer Oberfläche, adsorbieren ihre Serumverdünnung und waschen dann Albumin und Immunglobuline ab. Dazu füllen Sie ein Loch ihres Chips mit Puffer, die restlichen sieben mit Serumverdünnung und prüfen dann sechs verschiedene Waschprotokolle, z. B. verschiedene Salzkonzentrationen. Mit der niedrigsten Salzkonzentration, die noch Albumin und Immunglobuline entfernt, fahren Sie nun ihren Versuch, d. h. Sie vergleichen etliche gesunde mit etlichen Tumorseren. Natürlich können Sie auch bei dieser Salzkonzentration adsorbieren, so vielleicht ihren Marker anreichern, und dann vergleichen. Sehen Sie Unterschiede zwischen den Spektren, gilt es die dafür verantwortlichen Proteine zu identifizieren und sicherzustellen, dass es auch wirklich Tumormarker sind und die Differenzen nicht z. B. Diätunterschiede widerspiegeln (▶ Abschn. 7.2).

Natürlich kann und wird es Ihnen geschehen, dass Sie keine Unterschiede sehen: weil der Tumor keine Marker ins Blut abgibt, weil Sie mit dem Albumin auch den Marker abwaschen, weil die Markerkonzentration zu niedrig ist. Allein, viel Zeit haben Sie ja nicht investiert. Probieren Sie eben die nächste Chipsorte. Falls ein Marker existiert, wird sich schon eine Bedingung finden, die den Marker kleben lässt.

„Falls ein Marker überhaupt existiert" – das ist die Krux bei dieser Art von Versuchen. Manchmal existieren welche: PSA z. B. soll Prostatakarzinome markieren. Die Regel ist das nicht: Einzelne Marker für bestimmte Tumoren gibt es selten – was einen nach der gängigen Tumortheorie auch nicht wundert. Danach sind Tumorentstehung und -entwicklung Zufallsprozesse, die bei jedem Patienten anders verlaufen. Es gibt nicht **den** Lungentumor, er bleibt im Laufe der Krankheit auch nicht konstant, sondern bildet immer neue/andere Proteine. Warum also sollte es einen Marker für Lungentumoren geben? Man sucht inzwischen denn auch nicht mehr einzelne Marker, sondern Proteinmuster, die Krebs und möglichst dessen Frühstadium anzeigen sollen. Nicht das Auftauchen eines einzelnen Proteins zeige Krebs an, sondern die Konzentrationsab- und -zunahmen einer ganzen Reihe von Proteinen. Diese Muster soll ein Mustererkennungsalgorithmus aus den Massenspektren herausfiltern.

Petricoin et al. verkündeten 2002, auf diese Weise Proteinmuster identifiziert zu haben, die Ovarialkarzinome im Frühstadium anzeigen. In einem Blindversuch untersuchten sie 50 Seren von Krebspatientinnen und 66 Kontrollseren. Angeblich identifizierte das Programm aus den Spektren richtig alle 50 Krebsseren, obwohl 18 dieser Seren von Patientinnen im Frühstadium stammten. Von den 66 Kontrollseren seien 63 als nicht von Krebspatientinnen stammend erkannt worden.

Die Auflösung des SELDI-TOF war nach Petricoin et al. (2002) gering ($m/\Delta m < 400$), und die Autoren beschränkten ihre Untersuchung auf $m/z < 20.000$ Da. Die $m/z$ der fünf Moleküle, deren Signalhöhen das ent- und unterscheidende Muster bilden, lagen zwischen 534 und 2465. Da ein hydrophober C16-Chip benutzt wurde, handelte es sich wohl um hydrophobe Peptide.

Auch Wilson et al. (2004) wollen ein Muster von drei Proteinen gefunden haben, mit dem sie glauben, das Rückfallrisiko von operierten Melanoma-Patienten vorhersagen zu können.

Ob das stimmt?

Es würde bedeuten, dass es Proteinmuster für Krebs gibt, die über die Entwicklung des Krebses konstant bleiben. Das zu glauben, fällt uns schwer und anderen anscheinend auch. So haben Baggerly et al. (2004), Statistiker des Anderson Cancer Centers, die Daten von Petricoin et al. (2002) untersucht und darin *„various inconsistencies"* gefunden.

Sie kamen zu dem Schluss: *„Taken together, these and other concerns suggest that much of the structure uncovered in these experiments could be due to artifacts of sample processing, not to the underlying biology of cancer."* Anscheinend konnten Petricoin et al. (2002) ihre Lancet-Daten auch nicht reproduzieren, angeblich weil der SELDI-TOF nicht reproduzierbar arbeitete. Er soll mit den gleichen Proben verschiedene Muster an verschiedenen Tagen gegeben haben. Der Hersteller von SELDI, Ciphergen, bestritt das und hat kein Vertrauen in das Mustererkennungsprogramm von Petricoin et al. (2002). Dennoch führte die Petricoin-Affäre dazu, dass die Instrumentensparte von Ciphergen, d. h. die SELDI-Technik, im Jahr 2006 an Bio-Rad verkauft wurde. Ciphergen benannte sich in Vermillion um.

Das Biomarker Pattern™ von Ciphergen/Vermillion ist eine Weiterentwicklung des Mustererkennungsprogramms. Seit 2004 vertreibt die Firma, bzw. Bio-Rad, zudem ein SELDI-TOF namens PCS 4000, das unter anderem eine höhere Auflösung aufweise ($m/\Delta m < 1000$), einen größeren MG-Bereich (bis 200.000 Da) abgreife und einen weiteren Konzentrationsbereich abdecke als das Vorläufermodell. Zudem seien die Ergebnisse eines PCS 4000 auf einem anderen PCS 4000 gut reproduzierbar.

Wir möchten nicht verhehlen, dass es Publikationen gibt, die behaupten, mit anderen Vortrennungsmethoden zu besseren Ergebnissen zu kommen. So haben Neuhoff et al. (2003) den Urin von Patienten mit membranärer Glomuleronephritis mit dem von Gesunden verglichen. Dies einmal mit SELDI (Kationenaustauscher-Chip und PBSII-SELDI-Massenspektrometer) und einmal mit einer Kombination von Kapillarelektrophorese und ESI-TOF. Nach Neuhoff et al. erzeugt die letztere Methode mehr Information als SELDI: 200 Nephritis-Biomarker mit der Kapillarelektrophorese gegenüber drei mit SELDI. Zudem hing das SELDI-Spektrum – auch qualitativ – stark von der Verdünnung der Probe bzw. der Proteinkonzentration ab. Die Auflösung sei auch schlechter gewesen. Allerdings reichten für eine SELDI-Analyse schon 50 nl Urin aus, für die Kapillarelektrophorese benötige man etwas mehr Probe.

Was also ist ein SELDI wert? Wir können das nicht beurteilen, denn wir haben nie mit SELDI gearbeitet. Unsere Kenntnisse beruhen auf der Literatur und mehreren Unterhaltungen mit Leuten von Ciphergen. Firmenleute sind immer Feuer und Flamme für ihr Produkt. Wir gleichen also Leuten, die viel über das Schuhmachen gelesen haben und einem Schuster einmal über die Leisten schauten. Solche Leute halten das Schuhemachen gewöhnlich für die einfachste Sache der Welt, eine Haltung, die sich schnell verflüchtigt, wenn sie selbst Hand anlegen müssen. Immerhin glauben wir, dass SELDI für bestimmte Probleme nützlich sein kann – und kostspielig: 150.000 US-Dollar müssen Sie anlegen.

Soll man's tun? Kluge Leute kaufen ihre Hemden entweder bei Tchibo für 15 Euro (meistens) oder beim Herrenausstatter für 150 Euro (selten), also entweder ganz billig oder ganz teuer, alles dazwischen halten sie für hinausgeworfenes Geld: In Gefahr und großer Not ist der Mittelweg der Tod. Und wann wäre ein Forscher nicht in großer Not? Vielleicht kaufen Sie gleich einen hochauflösenden MS und dazu eine SELDI-Schnittstelle. Derartige Schnittstellen gibt es z. B. für QqTOF-Instrumente.

Einen bleibenden Vorteil hat SELDI: die hübschen Alu-Chips. Die können Sie durchbohren und an einem Silberkettchen der Freundin zum Geburtstag schenken. Es gibt die Chips auch vergoldet.

### 7.5.9 Bildgebende Massenspektrometrie

Wenn Sie wissen wollen, welches Massenspektrum bestimmte Gewebe zeigen, können Sie per Laserkleben (▶ Abschn. 7.2.1) Gewebeschnitten einzelne Proben entnehmen und diese Vermessen. Das ist ein mühseliges Unterfangen. Eleganter ist die bildgebende Massenspektrometrie (B-MS oder auch I-MS von *imaging mass spectrometry*). Sie wirft möglicherweise auch mehr Information ab. Die B-MS wurde unter anderem von Markus Stoeckli und Richard Caprioli entwickelt, und ihr Gedanke ist: Man bettet einen ganzen Gewebeschnitt in Matrix ein, legt den Schnitt in das MS und fährt ihn mit dem Laserstrahl Punkt für Punkt ab. Jeder Punkt gibt ein Massenspektrum mit Hunderten, vielleicht Tausenden von Proteinen und Peptiden. Für jedes Protein/Peptid ließe sich so eine Intensitätskarte über den Gewebeschnitt erstellen. Zudem erfasse sie auch Metaboliten und kleine Moleküle wie Glucose, Acetylcholin, Glutamat etc.

In der Tat: Das geht!

Gehirn z. B. wird im Kryostaten geschnitten und der Schnitt auf eine goldbeschichtete Stahlplatte aufgebracht. Bei 4 °C inkubieren Sie den Schnitt mit Matrixlösung und trocknen hinterher. Ein Laserstrahl mit einem Durchmesser von 25 µm (durchschnittliche Zellen haben einen Durchmesser von 30–50 µm) tastet den Schnitt punktweise ab, d. h. er schleudert in Abständen von 100 µm Proteine und Peptide aus der Matrix. Diese werden im TOF-MS analysiert. Jeder Punkt liefert einige Hundert Signale (Stoeckli et al. 2001).

Bei Stoeckli et al. (2001) waren viele Proteine gleichmäßig über den ganzen Schnitt verteilt, einige dagegen tauchten nur in einzelnen Hirnregionen auf. Mit ergänzenden Methoden (Extraktion einzelner Regionen, Trypsinverdau, HPLC, Analyse im ESI-MS oder MALDI-MS) lassen sich diese Proteine identifizieren.

**Die Schwächen der B-MS:** Zum einen ist die Menge an analysierten Proteinen pro Punkt (einige Hundert) klein im Vergleich zu der Menge an Proteinen im Zellproteom (einige Zehntausend). Zum anderen sind der B-MS nur lösliche Proteine des Zytosols zugänglich, also eine Auswahl. Mehr Proteine zugänglich zu machen, in dem man à la Mudpit und Icat die Schnitte mit Trypsin vorverdaut, ist keine gute Idee: Proteasen brauchen Wärme für ihre Aktivität, und in der Wärme diffundieren die entstehenden Peptide über den Schnitt. Die Auflösung geht verloren. Zudem enthalten die Spektren ein riesiges Trypsin-Signal.

Vielleicht ist die Methode nicht ausgereift. So könnte man den Schnitt auf eine geeignete Membran abbilden und die adsorbierten Proteine mit einer Protease behandeln. Die Proteine und ihre Spaltprodukte sitzen fest auf der Membran und können nicht diffundieren. Die Protease wird wieder abgewaschen, die Membran in Matrix eingebettet und analysiert. Klingt einfach, hat aber Tücken: Wie verhindern Sie z. B. die Adsorption der Protease an die Membran? Im Labor Stöckli scheint man dieses Problem gelöst zu haben: Man blottet die Proteine des Schnittes durch eine Membran, auf der Trypsin immobilisiert wurde, auf eine andere Membran, die die entstandenen Peptide abfängt (Rohner et al. 2004). Den besten Übersichtsartikel zu B-MS, in dem auch diese Technik erwähnt wird, haben McDonnell und Heeren (2007) geschrieben. Eine neuere Übersicht mit Betonung der medizinischen Aspekte geben Aichler und Walch (2015).

## 7.5.10 MS-Strategie

Es wäre am besten, wenn die Universität ein MS kaufen, einen Experten dazu einstellen und als zentrale Einrichtung allen Gruppen zur Verfügung stellen würde. So wie oft in der Chemie, wo Syntheseprodukte an einer zentralen Stelle mit NMR, MS etc. charakterisiert werden. Für das Ego des Lehrstuhlinhabers ist es allerdings besser, wenn seine Gruppe ein eigenes MS besitzt – auch dann, wenn es nicht professionell bedient wird.

Daher: Falls Sie nicht schon ein MS haben, werden Sie, verehrter Herr Professor, mit dem Gedanken spielen, sich eines anzuschaffen. Das können wir verstehen! Ein solches Gerät, insbesondere ein MS/MS, bringt Prestige, liefert endlos Daten und erlöst Sie von dem Zwang, ständig neue Ideen haben zu müssen. Projekte der Art wie in ▶ Abschn. 7.5.7 beschrieben sind unausschöpfbar.

Sie sollten allerdings wissen, worauf Sie sich mit einem MS einlassen.

Zuerst drängt sich die Frage auf: einfaches MS oder Tandem-MS?

Ein einfaches MS, z. B. eine ESI-Quelle kombiniert mit einem Quadrupol, braucht wenig Platz und ist in der Bedienung nicht anfälliger und aufwendiger als eine HPLC. Es ist auch vergleichsweise billig, robust und Sie können viel damit anfangen, wenn Sie nicht gerade nach unbekannten Substanzen suchen. So können Sie mit dem MS bekannte Substanzen in Syntheseprodukten, Zellextrakten und anderen Quellen prüfen und unterschiedlichste Moleküle in verschiedenen Matrizes quantifizieren. Wenn Sie denken, das kann mein UV-Detektor doch auch, dann haben Sie noch keine wirklich komplexen Mischungen vermessen. Ein MS findet viel mehr unterschiedliche Molekularmassen als ein UV-Detektor spezifische Absorptionswellenlängen. Zudem hört sich MS einfach besser an als das antiquierte „UV-Detektor".

Die Einstellung von TOF-Analysatoren dagegen ist schwierig. Neuere TOFs sind jedoch bedienungsfreundlich und robust geworden.

Bei der Charakterisierung von Zellproteomen oder auch nur von Organellproteomen sind Sie mit einem einfachen MS aufgeschmissen. Techniken wie Mudpit, Icat oder Silac benötigen ein Tandem-MS. Mit einem einfachen MS gelten Sie daher als Proteomiker zweiter Klasse.

Falls Ihnen das gleichgültig ist: in Ordnung. Antragstechnisch bzw. gelderbettelmäßig macht es sich aber besser in der 1. Klasse mitzuspielen oder wenigstens so zu tun als ob. Zugegeben, ein Tandem-MS ist eine teure Sache. Das Gerät alleine kostet eine halbe Million Euro, die Software einige weitere 10.000 Euro. Bei ESI-Quellen kommt der N-Generator dazu, der zwischen 5000 und 20.000 Euro kostet. Aber macht es nicht die gleiche Mühe, einen Antrag über 500.000 Euro zu schreiben wie einen über 100.000 Euro?

Im Gegensatz zur Anschaffung ist der Betrieb des MS/MS billig. Eine ESI-Quelle z. B. verbraucht zwar riesige Mengen an gereinigtem $N_2$, aber das kommt aus der Luft. Haben Sie mal den $N_2$-Generator bezahlt, fallen außer der Stromrechnung keine Kosten mehr an – bis auf Wartung und Reparaturen.

Denn störanfällig sind die Geräte: einmal den falschen Hebel umgelegt, und schon muss der Fachmann kommen. Das dauert in der Regel ein paar Tage, und wenn er Ersatzteile braucht – die muss er meistens im Ausland anfordern –, liegt das Gerät leicht ein paar Wochen still. Es liefert dann nur noch Prestige und keine Daten. Merke: Je komplizierter eine Uhr, desto öfter steht sie nur. Es wäre deswegen gut, mit der Lieferfirma einen Wartungsvertrag abzuschließen. Der kostet jedoch 20.000 Euro pro Jahr. Die meisten Universitäten lehnen das ab, weil sie kein Geld haben. Bei Reparaturen muss dann doch der Mann von der Firma kommen, und es kann noch teurer werden als mit Wartungsvertrag. Wer kein Geld hat, zahlt am meisten.

Aber was soll's? Damit ärgert sich Ihr Postdoc herum und nicht Sie. Ihnen kommt das eher zugute, können Sie doch auf Kongressen den anderen erstklassigen Proteomikern vorjammern, dass dies und jenes nicht funktioniert und damit Mitleid und Sympathie einheimsen.

Damit wären wir beim entscheidenden Punkt: Mit dem Gerät alleine ist es nicht getan. Sie müssen jemanden ab- oder einstellen, der sich hauptberuflich um das Gerät kümmert, sich mit der Software auskennt, das Handbuch (100–200 Seiten) gelesen hat und der allein das Gerät bedienen darf. Beachten Sie: Um selbstständig messen zu können, braucht man unter Anleitung eines Experten nicht lange. Um selbstständig Methoden zu etablieren, braucht es für QTOFs jedoch die Erfahrung von bis zu zwölf Monaten, für normale MS von ein bis zwei Monaten.

Wen dafür abstellen?

Ein TA sei mit einem Tandem-MS überfordert, heißt es in Proteomiker-Kreisen, wobei die Meinung aber nicht einheitlich ist: Ein guter TA sei sehr wohl imstande, ein MS/MS professionell zu bedienen. Dies entspricht zumindest der Erfahrung von Autor Letzel. Einen Doktoranden können Sie aus moralischen Gründen nicht als MS/MS-Betreuer einstellen. Moral ist Ihnen gleichgültig? Gut. Aber bedenken Sie, dass sich ein promovierender MS/MS-Betreuer schlecht auf einem Antrag macht. Zudem fehlt Doktoranden häufig die nötige Abgeklärtheit und Geduld – und sie sind kurzlebige Erscheinungen. Nehmen Sie also einen Postdoc. Der ist mit seinen Zwei-bis-drei-Jahresverträgen zwar auch eine kurzlebige Erscheinung, aber bei ihm brauchen Sie kein schlechtes Gewissen zu haben, wenn der Mann keine Paper hat und trotzdem fliegt. Der ist alt genug, um zu wissen wie der Hase läuft.

Falls Sie kein Professor sind, sondern Postdoc, und Ihnen ein MS/MS-Job angetragen wird, achten Sie darauf, nicht Dienstmann für andere zu werden, und falls doch, dann nur nach schriftlicher Zusicherung einer festen Stelle. Die gibt es zwar theoretisch nicht mehr, aber praktisch ist an der deutschen Universität alles möglich.

## 7.6 Proteinchips

### 7.6.1 Antikörperchips

Chips sind eine Molli-Erfindung. Oligonukleotide werden auf Glasplättchen gedruckt, für jedes Oligo ein oder zwei Spots und die Spots in Reihen angeordnet. Es gibt DNA-Chips mit 100.000 und mehr

Spots. Die Chips zeigen Ihnen Vorhandensein und relative Menge (fast) jeder RNA im Zellextrakt an.

Auch der Proteinbiochemiker hätte gerne ein solches Spielzeug, im Idealfall einen Chip, über den er bloß Zellextrakt geben muss und der ihm eine halbe Stunde später Zahl, Art, Modifikation und Konzentration jedes Proteins in der Soße sagt. Ganz Verwegene fordern sogar Chips, die zusätzlich die Konzentration der Metaboliten wie Glucose, Lactat etc. und die der Oligo- und Polysaccharide bestimmen.

Nun hat es der Proteinbiochemiker für gewöhnlich schwerer als der Molli, so auch hier: Es gibt in einer Zelle ungleich mehr Proteinspezies als RNA-Spezies, ein Proteinchip müsste also ungleich mehr Spots aufweisen als ein DNA-Chip. Zudem sind Proteine ungleich empfindlicher als DNA. Sie denaturieren irreversibel, wenn pH, Feuchtigkeit oder Ionenkonzentration nicht stimmen. Sie können sie auch nicht einfach wie Oligonukleotide auf eine Glasplatte kleben und trocknen lassen. Proteine müssen Sie in Glycerin auftragen oder auf spezielle Oberflächen, sogenannte Hydrogele. Letztere sind Acrylamidpolymere oder glykosylierte Aminosäuren (Kiyonaka et al. 2004).

Kann man Hunderttausende von Proteinspots auftragen? Theoretisch schon. Man müsste eine entsprechende Anzahl von monoklonalen Antikörpern kovalent auf den Chip aufziehen: Die Kleinigkeit von ein paar Hunderttausend hochspezifischen, hochaffinen monoklonalen Antikörperspezies …

Das wirkliche Leben macht zusätzliche Schwierigkeiten. Die Bindung der zahllosen Antigene an die zahllosen Antikörper des Chips mag noch anstandslos vor sich gehen, allein wie die Bindung nachweisen?

Eine Möglichkeit wäre, für jedes Antigen zwei Antikörper herzustellen, einen, der an den Chip gebunden wird, und einen fluoreszenzmarkierten Nachweis-Antikörper, der an ein anderes Epitop des Antigens bindet. Wenn Sie schon einige Hunderttausend monoklonale Antikörper hergestellt haben, kommt es auf ein paar Hunderttausend mehr auch nicht an – Sie haben ja Übung.

Sie können auch den Proteinchip als Sensorchip konstruieren und die Bindung der Antigene mit Plasmon-Resonanz (▶ Abschn. 2.2.5) nachweisen. Lässt sich diese Methode derart miniaturisieren, dass sie die Massenzunahme winzigster Spots misst? Kann sie Hunderttausende von Spots schnell genug erfassen? Wir wissen es nicht.

Eine praktikable Methode ist es, die Probe zu markieren. BD Biosciences hat derartige monoklonale Antikörper-Mikroarrays entwickelt. Ein Array enthält 378 Doppelpunkte von monoklonalen Antiköpern, jeder Doppelpunkt gegen ein anderes Epitop. Ein neuerer Array weist sogar über 500 Doppelpunkte auf. Für jeden ist was dabei: für Apoptoseforscher, Vesikelfreaks, Membranheinis, Transkriptionsfaktorenliebhaber, Rezeptorensammler. Für Details studieren Sie die Liste auf der Netzseite ▶ www.bdeurope.com.

**Das Prinzip des Arrays:** Die zu untersuchende Proteinprobe wird mit einem Fluoreszenzfarbstoff markiert. Danach wird sie auf den Chip aufgetragen. Nun binden die Antikörper, soweit sie etwas zum binden finden. Der Chip wird gewaschen und danach im Scanner gelesen. Sie erhalten ein Muster von mehr oder weniger leuchtenden Spots, das ihnen sagt, ob von dem einen Protein mehr da ist als von dem anderen oder auch nur, ob das eine Protein besser an seinen Antikörper bindet als das andere. Die Antikörper binden ja mit verschiedener Affinität! Eine quantitative Aussage ist nicht möglich. Sie können auch zwei Proben nicht dadurch vergleichen, dass Sie einen Chip mit Probe 1 und einen zweiten Chip mit Probe 2 umsetzen. Die Daten zweier Chips sind schlecht vergleichbar.

Um zwei verschiedene Proben dennoch miteinander vergleichen zu können, wendet man einen Trick an: Die zwei Proben werden mit unterschiedlichen Fluoreszenzfarbstoffen, Cy3 bzw. Cy5, umgesetzt und auf den gleichen Chip aufgetragen (■ Abb. 7.64).

Ein bestimmtes Protein ist in der einen Probe mit Cy3 markiert und in der anderen mit Cy5. Gibt es auf dem Array einen das Protein bindenden Antikörper, dann konkurrieren die markierten Proteine um diesen Antikörper. Unabhängig von dessen $K_D$ gilt: Das Cy3- bzw. Cy5-Protein bindet proportional zu seiner Konzentration. Ist mehr Cy3-Protein vorhanden als Cy5-Protein, dann bindet mehr Cy3-Protein an den betreffenden Spot als Cy5-Protein. Sie bzw. der Scanner sehen das an der Farbe des Spots. Sie können dann sagen: Probe 1 enthält mehr von diesem Protein als Probe 2.

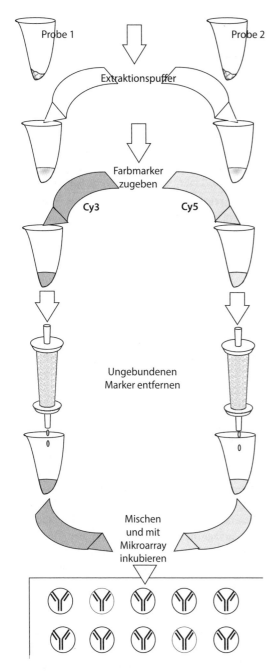

**■ Abb. 7.64** Mikroarray entwickeln

Probe 1

Probe 2

Extraktionspuffer

Farbmarker zugeben

Cy3        Cy5

Ungebundenen Marker entfernen

0        0

Mischen und mit Mikroarray inkubieren

vor als Cy5-Proteine – bzw. es sieht so aus – und Sie würden fälschlich schließen, dass Probe 1 mehr von diesem Protein enthält als Probe 2. Diese Fehlerquelle schließt ein Doppelexperiment aus. Man setzt einmal Probe 1 mit Cy3 und Probe 2 mit Cy5 um, mischt und entwickelt damit einen Array. Gleichzeitig setzt man zudem Probe 1 mit Cy5 und Probe 2 mit Cy3 um, mischt und entwickelt damit einen zweiten Chip. Die Verhältnisse der Fluoreszenzintensitäten erlauben es Ihnen, eventuelle Unterschiede in der Markierungseffizienz von Cy3 und Cy5 (die vorkommen) herauszurechnen. Das ist einfache Mathematik, die Ihnen Herr Quackenbush erklärt (Quackenbush 2002). Bei großen Unterschieden in der Markierungseffizienz oder in den Fluoreszenzintensitäten hilft Ihnen die Rechnung allerdings auch nicht weiter, dann wird die Sache zu ungenau.

Die Brauchbarkeit des Arrays hängt unter anderem von der Wirksamkeit des Extraktionspuffers ab, denn Proteine, die nicht extrahiert werden, kann der Array auch nicht erkennen. Der zum Array mitgelieferte Extraktionspuffer soll Proteine im nativen Zustand in Lösung bringen und zudem zu 95 % so wirksam sein wie Kochen mit SDS. Woraus dieser Wunderpuffer besteht, wollte BD Biosciences uns nicht verraten. Die Arrays werden nass in einem Lagerpuffer geliefert, vermutlich weil beim Trocknen die gespotteten Antikörper leiden würden.

Für einen Test mit zwei Arrays brauchen Sie etwa 1 mg Protein, einen Tag Zeit und um die Tausend Euro. Falls es Ärger gibt, hilft ■ Tab. 7.10. Es empfiehlt sich, die Ergebnisse mit einem Western Blot nachzuprüfen.

Arrays mit 224 Antikörpern gibt es von Sigma-Aldrich, sie nennen sich Panorama$^{TM}$ Ab Microarray. Hier wurden die Antikörper auf mit Nitrocellulose beschichtete Glasplatten gespottet. Auch hier wird mit Cy3/Cy5 entwickelt. Die Handlungsvorschriften und vermutlich auch die Pufferzusammensetzungen sind jedoch leicht verschieden von denen von BD Biosciences.

**Was bringt's?** Die Arrays sind gut, schön und ausgetüftelt, die Frage ist jedoch: Wie kann man mit solchen Arrays ein Paper machen?

Sie können Vergleiche anstellen – z. B. krank/gesund – und prüfen, welche Proteine zu- und welche abnehmen. Anderson et al. (2003) wollen auf

Nun könnte es sein, dass von dem Protein in beiden Proben gleich viel vorhanden ist, es aber mit Cy3 besser reagiert oder mit Cy3 eine höhere Fluoreszenzintensität gibt als mit Cy5. Dann liegen nach der Markierung mehr Cy3-Proteinmoleküle

○ **Tab. 7.10** Mikroarray-Ärger und dessen Beseitung

| Problem | Ursache | Beseitigung |
|---|---|---|
| Schwaches Signal | Schlechte Markierung | Wiederholen Sie die Markierung. Dafür muss von der Probe noch etwas übrig sein: Vorsichtige Forscher inkubieren nur Aliquots mit dem Array. Beim Wiederholen: Erhöhen Sie das Verhältnis Marker/Protein, Erhöhen Sie die Proteinkonzentration der Probe (mit SpeedVac oder Zentrifugation), Inkubieren Sie Probe und Array länger. |
| | Zu niedrige Protein-konzentration | |
| Hoher Hintergrund | Zu viel freier Fluoreszenzfarbstoff | Da hilft nur: Probe nochmal über die Säule geben. |
| | Unspezifische Bindung | Arrays öfter waschen oder den Waschpuffer mit BSA oder Salz (NaCl 0,3 M) versetzen. Dazu ▶ Abschn. 6.5 |
| | Zu viel markiertes Protein | Proteinkonzentration herabsetzen |
| Protein gibt kein Signal | Proteinkonzentration zu niedrig | Proteinkonzentration erhöhen oder Protein mit höheren Konzentrationen an Cy3/Cy5 nochmal markieren. Schlägt das fehl, hat die Markierung womöglich das Epitop des Antikörpers geändert. |

**Fassen Sie den Array nie mit den Fingern an!**

diese Weise Hinweise auf den Mechanismus einer Muskelatrophie erhalten haben. Viele derartige Paper haben wir bisher nicht gefunden.

Das Problem bei einem Antikörper-Array ist, dass Sie nur Veränderungen in den Proteinen sehen, die einen Bindungspartner auf dem Array haben. Für andere Proteine sind Sie blind: Die beiden Chips wirken wie ebenso viele Scheuklappen. Des Weiteren sehen Sie nur Proteine, die sich mit Cy3/Cy5 derivatisieren lassen.

## 7.7   Aussterbende Dinosaurier?

» Denn zu denken, dass ich einen uralten Brauch der irrenden Ritterschaft verrenken und aus seinen Angeln heben werde, heißt etwas Unsinniges zu denken.

Hier geht es um die Mikrosequenzierung von Peptiden mit chemischen Methoden. Diese Techniken mögen vielen antiquiert vorkommen, doch ist dieser Hochmut unangebracht. Es wird auch heute noch bzw. wieder chemisch mikrosequenziert, es scheint überhaupt, dass eine Methode, einmal etabliert, schwerer auszurotten ist als Brennesseln auf einer Müllkippe. Daher haben wir, trotz seiner abnehmenden Bedeutung, den Edman-Abbau auch in die 7. Auflage dieses Buches übernommen. Nicht aus Pietät, sondern aus Vorsicht. In den letzten zehn Jahren sind viele einst verachtete Methoden wieder zu Ehren gekommen, denken Sie nur an den guten alten Trypsinverdau. Wir halten es für möglich, dass auch die Edman-Chemie wieder reüssiert. In der Tat teilte eine kommerzielle Edman-Sequenziererin dem Autor Rehm mit, sie hätten – nach einer Durststrecke – inzwischen wieder mehr Aufträge. Im Übrigen müssen Sie den ▶ Abschn. 7.7.2 ja nicht unbedingt lesen.

Was kann die Mikrosequenzierung?

— Bei kleineren Proteinen kann man die Gesamtsequenz aus den Sequenzen proteolytischer Bruchstücke zusammensetzen. Das macht heute keiner mehr? Irrtum. Wenn sich das Protein nicht klonieren lässt oder wenn man es nicht klonieren darf, wie bestimmte Toxine, greift man auch heute noch auf diese Methode zurück – Doktoranden gibt's ja genug.

— Die Mikrosequenzierung liefert die Information zur Synthese von Oligonukleotiden.

— Die Mikrosequenzierung gibt Hinweise auf posttranslationale Veränderungen des Proteins wie Phosphorylierung, Sulfatierung, Glykosylierung und die Lage der Disulfidbrücken.

— Teilsequenzen können manchmal die Verwandtschaftsbeziehungen zu anderen Proteinen klären.

Sicher, all diese Informationen erhalten Sie auch mit einem MS bzw. Tandem-MS. Aber solch ein Gerät müssen Sie erst einmal haben und zu bedienen verstehen. Auch ist es nicht einfach, die Spektren auszuwerten. Zudem ist es beruhigend, seine Daten durch gute alte Methoden bestätigt zu finden.

Für die Mikrosequenzierung eines Proteins müssen Sie jedoch einige Vorarbeit leisten: Das Protein muss gereinigt und in Lösung gebracht werden (▶ Abschn. 7.3.3), für die wichtigsten Methoden muss das Protein einen freien N-Terminus besitzen oder sie müssen das Protein in Peptide spalten (▶ Abschn. 7.4).

## 7.7.1 Blockierte N-Termini

Bei etwa 50 % aller Proteine ist der N-Terminus durch N-Acetylaminosäuren, glykosylierte Aminosäuren, Pyrrolidongruppen oder anderes blockiert. Diese Blockade hindert den Edman-Abbau, der wie erwähnt heute noch die Grundlage einiger Sequenzierungstechniken ist.

Eine N-terminale Blockade kann *in vivo* oder erst bei der Reinigung entstehen. Der vorsichtige Proteinreiniger verwendet daher nur p. a.-Lösungsmittel, die keine Aldehyde enthalten (z. B. p. a.-Ethanol, -Essigsäure). Auch setzt er sein Protein nur kurze Zeit oxidativen Bedingungen aus (also nie lange mit Essigsäure in offenen Schalen fixieren). In ▶ Abschn. 7.3 wurde schon geraten, Piperazindiacrylyl anstatt Bisacrylamid als Quervernetzer zu benutzen, falls mit dem Protein ein SDS-Gel gefahren werden muss. Auch sollten Sie das Gel nicht in Gegenwart von SDS polymerisieren, denn SDS

bildet Mizellen, die Acrylamidmonomere enthalten. Unpolymerisiertes Acrylamid kann N-Termini blockieren oder Proteine vernetzen. Schließlich unterdrückt 0,002 % Thioglykolsäure im oberen Puffer Oxidationen bei der SDS-Gelelektrophorese.

Selbstverständlich braucht der N-Terminus nicht auf die SDS-Elektrophorese zu warten, er kann sich schon auf einer Reinigungssäule zusetzen. Hier scheint der Puffer eine Rolle zu spielen. Beispielsweise hat Autor Rehm zur Isolierung des spannungsabhängigen $K^+$-Kanalproteins glycerinhaltige Puffer benutzt. Der Kanal ließ sich problemlos ansequenzieren, gleich der erste Versuch klappte. Rehms Konkurrent hatte kein Glycerin in den Puffern, und ein Jahr später beschwerte er sich bei ihm, er hätte das Protein jetzt auch isoliert, aber bei ihm sei immer der N-Terminus blockiert. Wie das denn sein könne? Und er guckte, als sei Rehm ein Zauberer oder Schlimmeres. Rehm zuckte mit der Schulter und nuschelte: *„I don't know. In my hands it works."*

Autor Rehm kannte den Grund wirklich nicht. Er hatte Glycerin nicht zugesetzt, damit es den N-Terminus vor Oxidation oder Acetylierung schütze, sondern weil glycerinhaltige Puffer beim Gießen so honigglatt dahinströmen, was seinem Sinn für Ästhetik schmeichelte. Zudem bildete er sich ein, Glycerin würde die Proteinstruktur stabilisieren.

Um ehrlich zu sein: Selbst wenn Rehm damals um die Schutzwirkung des Glycerins gewusst hätte, er hätte die gleiche Antwort gegeben. Nur kein übertriebenes Mitleid mit Kollegen: Sie sind nicht verpflichtet, deren Karriere zu fördern.

Sie müssen aber nicht unbedingt schweigen wie ein Grab: Wenn die Publikation schon erschienen ist und Sie annehmen können, dass der Kollege Sie zitiert und ihr Loblied singt, können Sie Ihre Tricks erzählen. Hier ist Menschenkenntnis gefragt.

Was Sie auf jeden Fall tun sollten, ist: Schon beim Reinigen die N-terminalen Enden schützen.

Was aber tun, wenn das Kind in den Brunnen gefallen und der N-Terminus blockiert ist? Sie können versuchen, das Protein C-terminal (▶ Abschn. 7.7.3) zu sequenzieren. Wenn Sie das nicht können oder nicht wollen, müssen Sie die Hände über dem Kopf zusammenschlagen und das Protein in Peptide spalten, diese trennen und sequenzieren. Peptide spalten braucht keinen großen apparativen Aufwand – eine HPLC steht ja inzwischen in jedem Labor – und klappt fast immer. Für die Spalterei und Trennerei sollten Anfänger jedoch drei Monate einplanen.

Die Peptide sequenzieren Sie per Edman-Abbau (▶ Abschn. 7.7.2), mit chemischen Peptidleitern, *de novo* oder mit Exopeptidasen (▶ Abschn. 7.5.6).

Selten gelingt es, N-Termini zu deblockieren. Wellner et al. (1990) befreien N-Termini, die durch N-Acetylserin oder N-Acetylthreonin blockiert sind, mit wasserfreier Trifluoressigsäure. Die Ausbeute schwankt zwischen 3 und 40 %, dürfte aber eher beim unteren Wert liegen. Eine verwandte Methode ist die alkoholytische Deacetylierung (Georghe et al. 1997). Hier wird das Protein für zwei Tage mit Trifluoressigsäure/Methanol (1:1) bei 47 °C behandelt. Bis zu 50 % der Proteine sollen dabei deacetyliert werden bei geringer Spaltung von Peptidbindungen (< 10 % bei Peptiden und < 30 % bei Proteinen). Die Autoren belegen das mit Beispielen, und ihre Daten sehen vertrauenerweckend aus. Allein, die Erfahrung zeigt, dass die Wirksamkeit solcher Methoden von Protein zu Protein schwankt, und fast immer ist das Protein, mit dem man gerade arbeitet, gerade nicht so gut geeignet, mit anderen Worten: Die Deacetylierung ist wesentlicher niedriger als erwartet und die Proteinspaltung wesentlich höher. Probieren Sie es aus, und machen Sie uns nicht für die Folgen verantwortlich. Bei mit einer Pyrrolidoncarboxylatgruppe blockierten Proteinen hilft vielleicht eine Behandlung mit Pyrrolidoncarboxylatpeptidase nach Doolittle und Armentrout (1968). Eine Übersicht geben Fowler et al. (2001).

## 7.7.2    Edman-Abbau

Die Wirksamkeit verschiedener Sequenziertechniken vergleicht Baumann (1990).

Beim Edman-Abbau baut eine Sequenziermaschine die Aminosäurekette vom N-Terminus her ab und identifiziert die Aminosäurederivate auf einer angeschlossenen HPLC. Voraussetzung ist ein freier N-Terminus. Die Chemie des Edman-Abbaus von Peptiden mit Phenylisothiocyanat zeigt ◘ Abb. 7.65.

Diese klassische Mikrosequenzierung wurde in den Jahren 1946/47 von dem Postdoktoranden Pehr Edman (1916–1977) ersonnen und bis 1950 im Detail ausgearbeitet (Fischer 1992). Die Methode ist

somit über ein halbes Jahrhundert alt. Sie hat sich in dieser Zeit prächtig gehalten, in den 1980er-Jahren, als die Mollis Proteinsequenzen brauchten wie eine Kamelherde das Wasser, feierte Edman sogar fröhliche Urstända. Mit 0,1–10 μg reinem Protein lieferten die Edman-Maschinen Sequenzen von 20–30 Aminosäuren Länge, und wenn der Sequenzierer einen guten Tag hatte, präsentierte er 40 Aminosäuren von 50 ng Protein.

Die wichtigste Aufgabe des Edman-Abbaus war es, Sequenzinformationen zu liefern für die Synthese von Oligonukleotiden. Diese Zuarbeit zum Klonieren eines Proteins lief folgendermaßen ab: Der Proteinreiniger bereitete ein sauberes Produkt und gab die Präparation an eine auf Edman-Abbau spezialisierte Gruppe weiter. Dort las ein Edman auf seiner Maschine die Sequenz, gab diese an den Klonierer weiter, worauf der Klonierer die Oligonukleotide bestellte und damit seine Banken screente. Kam es zu einem Paper – damals konnte man noch mit einer Klonierung berühmt werden –, stand der Klonierer an erster Stelle der Autorenliste des Papers und sein Professor an der letzten, denn die Klonierung lieferte das Hauptergebnis und machte die meiste Arbeit. Proteinreiniger und Professor erschienen zusammen mit Edman und seinem Professor in der Mitte. Die Dienstleistung der letzten beiden – mehr war es nicht: Von Forschen konnte keine Rede sein, geforscht wurde höchstens was an der Maschine wieder kaputt war – wurde also mit Koautorschaften bezahlt.

Das war schön für den Edman und noch schöner für seinen Professor, denn der Aufwand war klein: War das N-terminale Ende des Proteins frei, lag die Sequenz in ein paar Stunden vor. Ein Paper in ein paar Stunden! Nicht mal schreiben musste er es, das erledigten Klonierer und Proteinreiniger. Zwar nimmt der publizistische Gewinn aus einem Paper exponentiell mit der Entfernung von den Extrempositionen (erste und letzte Stelle) ab, doch konnte der Edman auf diese Weise ellenlange Publikationslisten anlegen und schon als Postdoc einen professoralen Veröffentlichungsstil pflegen.

Ja, so waren sie, die alten Zeiten – und man sollte meinen, dass Edman dieselben inzwischen gesegnet hätte. Hat er aber nicht. Doch ist es um Edman ruhiger geworden. Das MS gräbt ihm das Wasser ab: Wozu Edman einen Tag brauchte, das er-

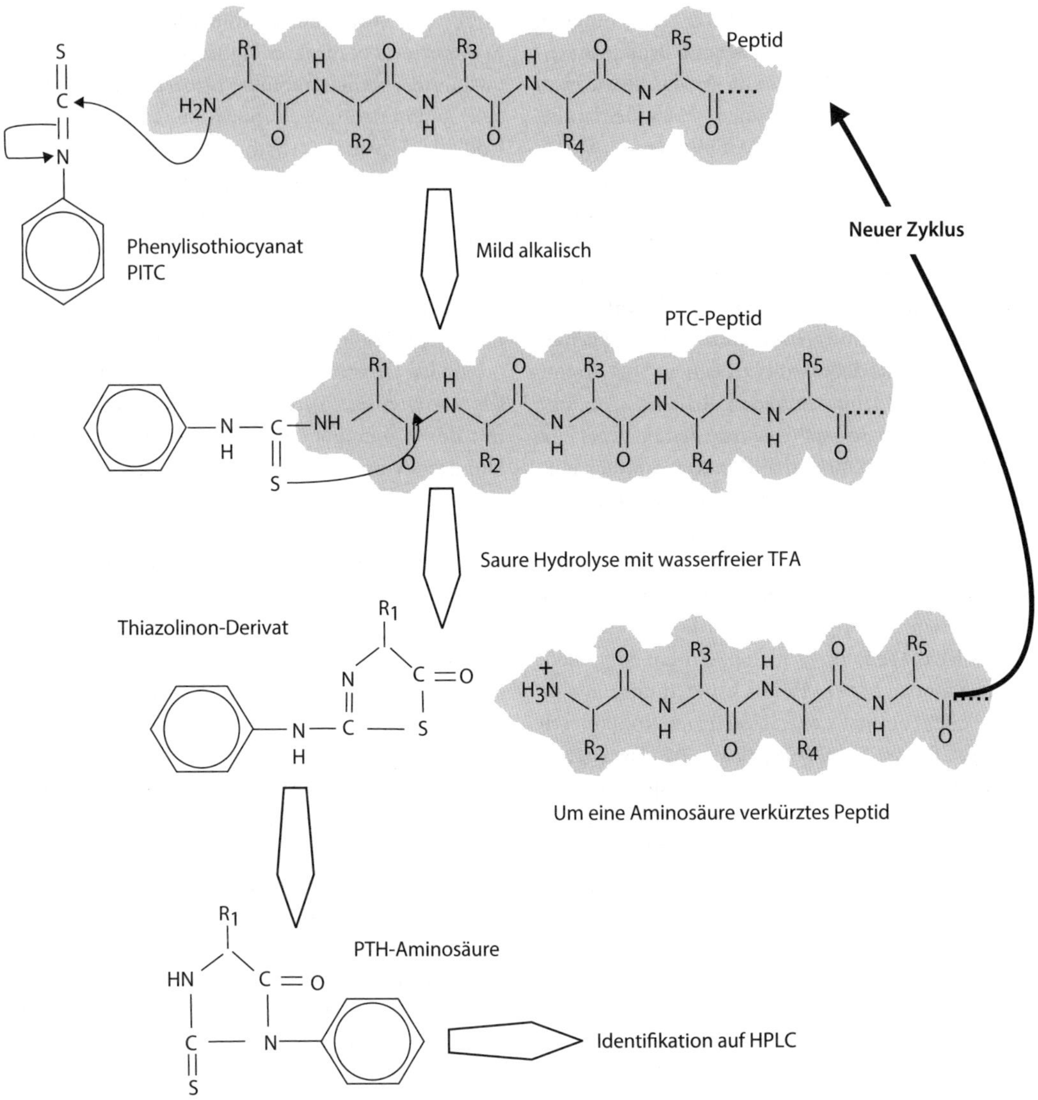

**Abb. 7.65** N-terminale Sequenzierung nach Edman

ledigen Tandem-MS in einer halben Stunde. Allerdings sequenziert das MS Peptide. Edman dagegen kann, freier N-Terminus vorausgesetzt, vom ganzen Protein ausgehen.

### 7.7.3 Carboxyterminale Sequenzierung

Ein Protein hat zwei Enden, und statt vom N-Terminus kann es auch vom C-Terminus aus sequenziert werden. Dies umso leichter, als C-Termini in der Regel nicht blockiert sind. Dennoch ist es erstaunlich, dass die C-terminale Sequenzierung schon in der Weimarer Republik entwickelt wurde (Schlack und Kumpf 1926).

Nebenbei: Der Erfinder der C-terminalen Sequenzierung, der Schwabe Paul Schlack (1897–1987), hat 1938 auch die Perlonfaser erfunden. Dies als Angestellter der IG-Farben und in Feierabendforschung. Die C-terminale Sequenzierung war das Ergebnis seiner Privatassistentenzeit (1922–1924) bei William Küster an der TH Stuttgart. Zu einer Zeit also, als nicht einmal klar war, ob Proteine überhaupt eine definierte Sequenz besitzen. Jedoch war Schlack seiner Zeit zu weit voraus. Von beiden Erfindungen hat er nichts gehabt: Die C-terminale Sequenzierung geriet vorübergehend in Vergessenheit, und das millionenträchtige Perlon-Patent wurde 1945 von den Amerikanern kassiert. Schlack wurde nach dem Krieg Abteilungsdirektor der Höchst AG und 1961 Honorarprofessor an der TH Stuttgart. Er vereint 270 Erfindungen und 750 Patente auf seinen Namen. Dennoch lebte er bis zu seinem Tod in einer Doppelhaushälfte in Leinfelden-Echterdingen, und im heimatlichen Schwaben wurde nicht einmal eine Straße nach ihm benannt; die einzige Paul-Schlack-Straße Deutschlands liegt in dem Flecken Premnitz in den Havelauen.

**Merke** Genie reicht nicht im Leben, man muss auch Glück haben.

Schlacks Mitautor W. Kumpf scheint noch mehr Pech gehabt zu haben: Er hat keine Spuren hinterlassen, nicht einmal seinen Vornamen konnten wir eruieren. Kumpf ist nicht Schlacks Professor gewesen: Das war, siehe oben, William Küster. Jetzt fragen Sie sich sicher, warum Küster sich nicht auf das Paper setzte? Die Antwort: Geistiger Diebstahl war damals noch nicht üblich, auch Doktoranden publizierten alleine (Bär 2003) – wobei Schlack nicht einmal Doktorand war. Er promovierte erst 1945 im Alter von 48 Jahren.

Vom Sozialen zur Technik: Nach Schlack wird die C-terminale Aminosäure mit Thiocyanat zum Thiohydantoin umgesetzt, dieses abgespalten und identifiziert (◘ Abb. 7.66). Die Methode hat Tücken. Sie bestimmt nur wenige Aminosäuren und scheitert an Asp- und Pro-Resten (Inglis 1991). Die Anfangsausbeute liegt bei 10–15 % (Edman: 20–80 %), und auch die Ausbeuten pro Schritt sind niedriger als beim Edman-Abbau. Sie liegen in der Regel unter 70 % (Edman: 80–96 %). Mit 1 nmol Peptid können Sie oft nur drei Reste identifizieren. Der Erfolg der C-terminalen Sequenzierung hängt allerdings weniger von der Menge an eingesetztem Protein als von dessen Primärstruktur ab.

Dem traurigen Zustand der C-terminalen Sequenzierung wollen drei Schweden vom Karolinska-Institut in Stockholm abgeholfen haben. Bergman et al. (2001) behaupten, mit ihrem C-terminalen Sequenzierer routinemäßig fünf Reste bestimmen zu können, manchmal sogar bis zu elf Reste. Zudem seien sie in der Lage, Prolinreste zu überspringen, und die Sensitivität hätten sie auf das 10 pmol-Niveau hinabgetrieben. Das Schönste sei, dass die Methode ohne Aufwand mit der N-terminalen Sequenzierung verbunden werden könne: Zuerst sequenziere man N-terminal, dann gebe man die gewaschene Probe auf den C-terminalen Sequenzierer und knabbere das andere Ende an.

In der Tradition ihres Landsmanns Pehr Edman, beschäftigen sich Bergman et al. schon seit Jahren mit der C-terminalen Sequenzierung und haben Hunderte von Proteinen und Peptiden C-terminal sequenziert. Diese Begeisterung sollten Sie nutzen. Wenn Sie mit ihrer Probe sowieso nichts mehr anfangen können, warum rufen Sie dann nicht in Stockholm an und bitten um einen Lauf im optimierten C-terminalen Sequenzierer? Verlieren können Sie nichts. Hinterlassen Sie Herrn Bergman Ihre Telefonnummer, und wenn das Schicksal es fügt, erhalten Sie außer der Sequenz noch Gelegenheit zu einem Scherz. Stellen Sie sich vor, es ist gerade Oktober, die Nobelpreise stehen an, und Sie marschieren freudestrahlend zu ihrem Professor ins Büro und verkünden in das erbleichende Gesicht hinein: „Stell dir vor, ich habe gerade einen Anruf aus Stockholm erhalten …"

Spaß beiseite. Es scheint sich etwas zu tun mit der C-terminalen Sequenzierung. Li und Liang (2002) veröffentlichten ein Paper, in dem sie Peptide mit Triphenylgermanylisothiocyanat C-terminal sequenzieren. Mit wenigen Nanomol Peptid wollen sie die Abfolge von acht Aminosäuren identifiziert haben. Andere empfehlen Tribenzylsilylisothiocyanat und wieder andere Diphenylphosphorylisothiocyanat. Das optimale C-terminale Reagenz scheint noch nicht gefunden worden zu sein. Wieder eine Gelegenheit, sich hervorzutun.

## 7.8 Rehms *Proteomics*-Philosophie

Es ist schön, dass *Proteomics* so beliebt geworden ist, doch soll man sich als hoffnungsvoller Doktorand darauf stürzen? Ich meine, nein. Jedenfalls nicht lange. Den hippen Proteomikern wird das gleiche

**◻ Abb. 7.66** C-terminale Sequenzierung nach Schlack-Kumpf

Schicksal blühen wie den ehemals hippen Mollis: Sie werden absinken zu Sklaven einer Datenfabrik, in der sie bestenfalls zu Sklavenaufsehern aufsteigen können. Am Fließband werden die 2D-Gele produziert werden, ein Verdau den nächsten jagen und die Massenspektren werden aus den Druckern flattern wie die Motten aus ungelüfteten Kleiderschränken. Die Zukunft von *Proteomics* riecht nach einer Unmenge von Zahlen, nach repetitiver Arbeit, nach Standardisierung – nach Langeweile.

Tatsächlich bieten Waters, Bio-Rad und Tecan schon Proteom-Roboter an, die vollautomatisch 2D-Gele aufarbeiten: Proteinflecken ausstanzen, entfärben, dehydrieren, verdauen, extrahieren, Mas-

senspektren fahren. Das 2D-Gele-Fahren und -Färben ist das einzige, was der Forscher noch selbst machen muss. Ansonsten sitzt er vor dem Bildschirm und wählt Flecken aus. Ich kann das beim besten Willen nicht originell finden.

Durch Originalität bestechen Proteom-Ansätze generell nur selten: Meist ist es immer das Gleiche. Gele vergleichen, Bedingungen vergleichen, Flecken suchen, Spektren auswerten. Wird das auf die Dauer Prestige abwerfen?

Vom Prestige aber lebt der Forscher.

Lassen Sie die dröge Arbeit, das Datenschaufeln, andere tun. Wechseln Sie aus der Stellung des Datenproduzenten in die des Datenverarbeiters. Werfen Sie sich auf die Biomathematik. Entwickeln Sie kybernetische Zellmodelle. Verlassen Sie sich nicht allein auf die Bioinformatik, da lernen Sie nur eine Schublade kennen. Studieren Sie auch die richtige Mathematik: Spieltheorie, Wahrscheinlichkeitstheorie und was es da so alles an Kleinodien gibt.

Was höre ich da? Mathematik sei noch langweiliger als Spektren lesen?

Falsch! Mathematik ist spannend, absorbierend und vor allen Dingen: Man macht sich dabei die Hände nicht schmutzig. Ich weiß das. Ich habe Mathematik studiert.

Natürlich darf man nicht zu schwarzsehen. Die neue Entwicklung bringt auch Gutes – vor allem im Menschlichen. So werden sich Proteomiker und Mollis bald die Hände reichen: als Wasserträger der Biomathematiker. Wenn man mit ESI, MALDI, SELDI, Silac keinen Hund mehr hinter'm Ofen vorzulocken vermag, dann wird Demut in die Herzen ziehen, und Molli wie Proteomiker werden ehrfürchtig dem Kauderwelsch der Biomathematiker lauschen, wie sie da prahlen mit Gruppentheorie, Strings, Markov'schen Ketten. Der Molli wird sich dem Biomathematiker gegenüber so doof vorkommen wie früher der Proteinbiochemiker gegenüber dem Molli. Langfristig geht es eben doch gerecht zu in dieser Welt.

ren Sie Ihre Vorgesetzten mit Ihren Ideen. Sie lernen für's Leben und Ihren späteren Job in der Industrie. Dies bedarf aber einer gewissen Hartnäckigkeit und vor allem aber der detaillierten Kenntnis Ihres Forschungsgebietes. Denn je unglaublicher Ihre Idee klingt, umso länger wird die Diskussion sein. Wollen Sie nämlich Neues durchsetzen, so sollten Sie das Klassische können, denn man wird es Ihnen um die Ohren hauen. Sind Sie eher der konfrontationsscheue Typ, so nehmen Sie ein klassisches Thema an, bearbeiten es während Ihrer Dienstzeit an der Forschungsstätte und erforschen Ihr alternatives Projekt in Ihrer Freizeit. Allerdings benötigt dies viel Zeit und gleichzeitig darf es kein Geld kosten.

Sollten Sie mit Ihren Ideen scheitern, dann können Sie wenigstens sagen, Sie hätten versucht, neue Wege zu gehen. Und ist das Umfeld noch so hämisch, für Ihr Ego ist der Weg trotzdem hilfreich. Ist Ihr Ansatz allerdings umsetzbar und erfolgreich, so können Sie sich sicher sein, dass es für Sie sowohl wissenschaftlich als auch sozialpädagogisch lehrreich sein wird. Die wissenschaftliche Community wird Sie kennen (wenn Sie Ihre Ideen auch selbst präsentieren und nicht Ihr Prof), und Ihr nahes Umfeld wird es Ihnen neiden.

Letztlich zählt halt doch nur eins: der Spaß. Danken wird es einem eh keiner!

## 7.9   Letzels *Proteomics*-Philosophie

Es ist schön, dass *Proteomics* so beliebt geworden ist, doch soll man sich als hoffnungsvoller Doktorand darauf stürzen? Ich meine, ja. Allerdings nicht mit klassischen *Proteomics*-Themen. Dort werden die 2D-Gele häufig am Fließband produziert, ein Verdau jagt den nächsten und die Massenspektren flattern aus den Druckern wie die Motten aus ungelüfteten Kleiderschränken. Die Aussichten von *Proteomics* in dieser Richtung sind Unmengen von Zahlen, repetitive Arbeit, Standardisierung – Langeweile eben.

Ein Ausweg ist, sich weiterhin Finger schmutzig zu machen, aber mit unkonventionellen biologischen, chemischen oder analytischen Ansätzen. Mit unkonventionellen Sichtweisen können Sie nie früh genug anfangen, am besten noch während der Diplom- (Master-) oder Doktorarbeit. Konfrontie-

### Literatur

Ahram M et al (2003) Evaluation of ethanol-fixed, paraffin-embedded tissues for proteomic applications. Proteomics 3:413–421

Aichler M, Walch A (2015) MALDI imaging mass spectrometry: current frontiers and perspectives in pathology research and practice. Lab Invest 95:422–431

Anderson L, Anderson N (1998) Proteome and proteomics: new technologies, new concepts, and new words. Electrophoresis 19:1853–1861

Anderson K et al (2003) Protein expression changes in spinal muscular atrophy revealed with a novel antibody array technology. Brain 126:2052–2064

Baggerly K et al (2004) Reproducibility of SELDI-TOF protein patterns in serum: comparing datasets from different experiments. Bioinformatics 20:777–785

Banks R et al (1999) The potential use of laser capture microdissection to selectively obtain distinct populations of cells for proteomic analysis – preliminary findings. Electrophoresis 20:689–700

Bantscheff M et al (2007) Quantitative mass spectrometry in proteomics: a critical review. Anal Bioanal Chem 389:1017–1031

Bantscheff M et al (2012) Quantitative mass spectrometry in proteomics: critical review update from 2007 to the present. Anal Bioanal Chem 404:939–965

Bär S (2003) Die Zunft. Lj-Verlag, Freiburg

Bär S, Schreck R (2003) Geld zum Forschen. Lj-Verlag, Freiburg

Bartlet-Jones M et al (1994) Peptide ladder sequencing by mass spectrometry using a novel, volatile degradation reagent. Rapid Comm Mass Spectrom 8:737–742

Baumann M (1990) Comparative gas phase and pulsed liquid phase sequencing on a modified applied biosystems 477 A sequencer. Anal Biochem 190:198–208

Beavis R, Chait B (1996) Matrix-assisted laser-desorption ionization mass spectrometry of proteins. Methods Enzymol 270:519–551

Bensalem N et al (2007) High sensitivity identification of membrane proteins by MALDI TOF mass spectrometry using polystyrene beads. J Proteome Res 6:1595–1602

Bergman T et al (2001) Chemical C-terminal protein sequence analysis: improved sensitivity, length of degradation, proline passage, and combination with edman degradation. Anal Biochem 290:74–82

Boschetti E, Righetti P (2008) The ProteoMiner in the proteomic arena: a non-depleting tool for discovering low-abundance species. J Proteomics 71:255–264

Bruder C et al (2008) Phenotypically concordant and discordant monozygotic twins display different DNA copy-number-variation profiles. Am J Hum Genet 82:763–771

Carroll J et al (2007) Identification of membrane proteins by tandem mass spectrometry of protein ions. Proc Natl Acad Sci USA 104:14330–14335

Cech N, Enke C (2001) Practical implications of some recent studies in electrospray ionization fundamentals. Mass Spectrom Rev 20:362–387

Chait B, Kent S (1992) Weighing naked proteins: practical, high-accuracy mass measurement of peptides and proteins. Science 257:1885–1894

Chait B et al (1993) Protein ladder sequencing. Science 262:89–92

Chen F et al (2013) High-mass matrix-assisted laser desorption ionization-mass spectrometry of integral membrane proteins and their complexes. Anal Chem 85:3483–3488

Chernushevich I et al (2001) An introduction to quadrupole-time-of-flight mass spectrometry. J Mass Spectrom 36:849–865

Cleveland D et al (1977) Peptide mapping by limited proteolysis in sodium dodecyl sulfate and analysis by gel electrophoresis. J Biol Chem 252:1102–1106

Cool D, Hardiman A (2004) C-terminal sequencing of peptide hormones using carboxypeptidase Y and SELDI-TOF mass spectrometry. Biotechniques 36:32–34

Corbett J et al (1994) Positional reproducibility of protein spots in two-dimensional polyacrylamide gel electrophoresis using immobilized pH gradient isoelectric focusing in the first dimension: an interlaboratory comparison. Electrophoresis 15:1205–1211

Daniel JM et al (2002) Quantitative determination of noncovalent binding interactions using soft ionization mass spectrometry. Int J Mass Spectrom 216:1–27

Daniels M, Landers T (1996) Preparative-scale isoelectric purification of proteins without carrier ampholytes. Science Tools from Pharmacia Biotech 1:23–25

De Boer A et al (2004) On-line coupling of high-performance liquid chromatography to a continuous-flow enzyme assay based on electrospray ionization mass spectrometry. Anal Chem 76:3155–3161

Dockham P et al (1986) An isoelectric focusing procedure for erythrocyte membrane proteins and its use for two-dimensional electrophoresis. Anal Biochem 153:102–115

Doolittle R, Armentrout R (1968) Pyrrolidonyl peptidase. An enzyme for selective removal of pyrrolidonecarboxylic acid residues from polypeptides. Biochemistry 7:516–521

Doucette A, Li L (2001) Investigation of the applicability of a sequential digestion protocol using trypsin and leucine aminopeptidase M for protein identification by matrix-assisted laser desorption/ionization mass spectrometry. Eur J Mass Spectrom 7:157–170

Fadouloglou V (2013) Electroelution of nucleic acids from polyacrylamide gels: a custom-made, agarose-based electroeluter. Anal Biochem 437:49–51

Finnie C, Svensson B (2002) Proteolysis during the isoelectric focusing step of two-dimensional gel electrophoresis may be a common problem. Anal Biochem 311:182–186

Fischer P (1992) 25 Jahre automatisierte Proteinsequenzierung. Nachr Chem Techn Lab 40:963–971

Fotiadis D et al (2001) Structural characterization of two aquaporins isolated from native spinach leaf plasma membranes. J Biol Chem 276:1707–1714

Fowler E et al (2001) Removal of N-terminal blocking groups from proteins. Curr Protoc Protein Sci Chapter 11:Unit 11.7

Gade D et al (2003) Evaluation of two dimensional difference gel electrophoresis for protein profiling. J Mol Microbiol Biotechnol 5:240–251

Garcia M et al (2002) Effect of the mobile phase composition on the separation and detection of intact proteins by reversed-phase liquid chromatography-electrospray mass spectrometry. J Chromat A 957:187–199

Garrels J et al (1979) Two-dimensional gel electrophoresis and computer analysis of proteins synthesized by clonal cell lines. J Biol Chem 254:7961–7977

Georghe M et al (1997) Optimized alcoholic deacetylation of N-acetyl-blocked polypeptides for subsequent Edman degradation. Anal Biochem 254:119–125

Gobom J et al (1999) Sample purification and preparation technique based on nano-scale reversed-phase columns for the sensitive analysis of complex peptide mixtures by matrix-assisted laser desorption/ionization mass spectrometry. J Mass Spectrom 34:105–116

Görg A et al (2002) Sample prefractionation with sephadex isoelectric focusing prior to narrow pH range two-dimensional gels. Proteomics 2:1652–1657

Goshe M et al (2003) Affinity labeling of highly hydrophobic integral membrane proteins for proteome wide analysis. J Proteome Res 2:153–161

Grandori R (2002) Detecting equilibrium cytochrome c folding intermediates by electrospray ionization mass spectrometry: two partially folded forms populate the molten-globule state. Protein Sci 11:453–458

Gygi S et al (1999) Quantitative analysis of complex protein mixtrues using isotope-coded affinity tags. Nat Biotechnol 17:994–999

Hamberger A et al (2006) C-terminal ladder sequencing of peptides using an alternative nucleophile in carboxypeptidase Y digests. Anal Biochem 357:167–172

Hart L (1991) Strategy. Meridian. Penguin Books, New York

Hartinger J et al (1996) 16-BAC/SDS-PAGE: a two-dimensional gel electrophoresis system suitable for the separation of integral membrane proteins. Anal Biochem 240:126–133

Henderson L et al (1979) A micromethod for complete removal of dodecyl sulfate from proteins by ion-pair extraction. Anal Biochem 93:153–157

Henningsen R et al (2002) Application of zwitterionic detergents to the solubilization of integral membrane proteins for two-dimensional gel electrophoresis and mass spectrometry. Proteomics 2:1479–1488

Herbert B, Righetti P (2000) A turning point in proteome analysis: sample prefractionation via multicompartment electrolyzers with isoeletric membranes. Electrophoresis 21:3639–3648

Herbert B et al (2003) β-elimination: an unexpected artefact in proteome analysis. Proteomics 3:826–831

Hoffmann P et al (2001) Continous free-flow electrophoresis separation of cytosolic proteins from the human colon carcinoma cell line LIM 1215: a non two-dimensional gel electrophoresis-based proteome analysis strategy. Proteomics 1:807–818

Hsieh K et al (1988) Electroblotting onto glass-fiber filter from an analytical isoelectrofocusing gel: a preparative method for isolating proteins for N-terminal sequencing. Anal Biochem 170:1–8

Hunkapiller M et al (1983) Isolation of microgramm quantities of proteins from polyacrylamide gels for amino acid sequence analysis. Methods Enzymol 91:227–236

Inglis A (1991) Chemical procedures for C-terminal sequencing of peptides and proteins. Anal Biochem 195:183–196

Kaltschmidt E, Wittmann H (1970) Ribosomal proteins VII: two dimensional polyacrylamide gel elctrophoresis for fingerprinting ribosomal proteins. Anal Biochem 36:401–412

Kennedy T et al (1988) Sequencing of proteins from two-dimensional gels by using in situ digestion and transfer of peptides to polyvinylidene difluoride membranes: application to proteins associated with sensitization in Aplysia. Proc Natl Acad Sci USA 85:7008–7012

Kiyonaka S et al (2004) Semi-wet peptide/protein array using supramolecular hydrogel. Nat Materials 3:58–64

Klein C et al (2005) The membrane proteome of *Halobacterium salinarum*. Proteomics 5:180–197

Klose J (1975) Protein mapping by combined isoelectric focusing and electrophoresis in mouse tissues. A novel approach to testing for induced point mutations in mammals. Humangenetik 26:231–243

Krappmann M et al (2014) Achroma-software: high-quality policy in (a-)typical mass spectrometric data handling and applied functional proteomics. J Proteom Bioinform 7:264–271

Landry F et al (2000) A method for application of samples to matrix-assisted laser desorption ionization time-of-flight targets that enhances peptide detection. Anal Biochem 279:1–8

Le Coutre J et al (2000) Proteomics on full-length membrane proteins using mass spectrometry. Biochemistry 39:4237–4242

Lee B et al (2003) High-resolution separation of proteins by a three-dimensional sodium dodecyl sulfate polyacrylamide cube gel electrophoresis. Anal Biochem 317:271–275

Letzel T (2008) Real-time mass spectrometry in enzymology. Anal Bioanal Chem 390:257–261

Leube RE et al (1987) Synaptophysin: molecular organization and mRNA expression as determined from cloned cDNA. EMBO J 6:3261–3268

Li J, Liang S (2002) C-terminal sequence analysis of peptides using triphenylgermanyl isothiocyanate. Anal Biochem 302:108–113

Limbach PA et al (1995) Characterization of oligonucleotides and nucleic acids by mass spectrometry. Curr Opin Biotechnol 6:96–102

Lind P, Eaker D (1982) Amino-acid sequences of the α-subunit of taipoxin, an extremely potent presynaptic neurotoxin from the Australian snake taipan. Eur J Biochem 124:441–447

Loo JA (1997) Studying non-covalent protein complexes by ESI. Mass Spectrom Rev 16:1–23

Loo JA (2000) Electrospray ionization mass spectrometry: a technology for studying noncovalent macromolecular complexes. Int J Mass Spectrom 200:175–186

Loo J et al (1999) High sensitivity mass spectrometric methods for obtaining intact molecular weights from gel-separated proteins. Electrophoresis 20:743–748

Mackun K, Downard K (2003) Strategy for identifying protein-protein interactions of gel-separated proteins and complexes by mass spectrometry. Anal Biochem 318:60–70

Manabe T et al (2003) Detection of protein-protein interactions and a group of immunoglobulin G-associated minor proteins in human plasma by nondenaturing and denaturing two-dimensional gel electrophoresis. Proteomics 3:832–846

Mano N et al (2003) Exopeptidase degradation for the analysis of phosphorylation site in a mono-phosphorylated peptide with matrix-assisted laser desorption/ionization mass spectrometry. Anal Sci 19:1469–1472

Matsudaira P (1987) Sequence from picomole quantities of proteins electroblotted onto polyvinylidene difluoride membranes. J Biol Chem 262:10035–10038

McDonnell L, Heeren R (2007) Imaging mass spectrometry. Mass Spectrom Rev 26:606–643

McNamara L et al (2010) Fluorescence two-dimensional difference gel electrophoresis for biomaterial applications. J R Soc Interface 7(Suppl 1):107–118

Morrison J et al (1990) Studies on the formation, separation and characterization of cyanogen bromide fragments of human A1 apolipoprotein. Anal Biochem 186:154–152

Mouledous L et al (2002) Lack of compatibility of histological staining methods with proteomic analysis of laser capture microdissected brain samples. J Biomol Tech 13:258–264

Musante L et al (1998) Resolution of fibronectin and other uncharacterized proteins by two-dimensional polyacrylamide electrophoresis with thiourea. J Chromatogr B 705:351–356

Nelson RW et al (1994) Quantitative determination of proteins by matrix-assisted laser-desorption ionization time-of-flight mass spectrometry. Anal Chem 66:1408–1415

Neuhoff N et al (2003) Mass spectrometry for the detection of differentially expressed proteins: a comparison of surface-enhanced-laser desorption/ionization and capillary electrophoresis/mass spectrometry. Rapid Comm Mass Spectrom 18:149–156

O'Farrell P (1975) High resolution two-dimensional electrophoresis of proteins. J Biol Chem 250:4007–4021

Ong S et al (2002) Stable isotope labeling by amino acids in cell culture, SILAC, as a simple and accurate approach to expression proteomics. Mol Cell Proteomics 1:376–386

Ong S et al (2003) Properties of $^{13}$C-substituted arginine in stable isotope labeling by amino acids in cell culture (SILAC). J Proteome Res 2:173–181

Ong S, Mann M (2007) A practical recipe for stable isotope labeling by amino acids in cell culture (SILAC). Nat Protoc 1:2650–2660

Pappin D (1997) Peptide mass fingerprinting using MALDI-TOF mass spectrometry. Methods Mol Biol 64:165–173

Patterson D et al (1995) C-terminal ladder sequencing via matrix-assisted laser desorption mass spectrometry coupled with carboxypeptidase Y time-dependent and concentration-dependent digestions. Anal Chem 67:3971–3978

Peters E et al (2001) A novel multifunctional labeling reagent for enhanced protein characterization with mass spectrometry. Rapid Comm Mass Spectrom 15:2387–2392

Petricoin E et al (2002) Use of proteomic patterns in serum to identify ovarian cancer. Lancet 359:572–577

Phanstiel D et al (2009) Peptide quantification using 8-plex isobaric tags and electron transfer dissociation mass spectrometry. Anal Chem 81:1693–1698

Prussak C et al (1989) Peptide production from proteins separated by sodium dodecyl sulfate polyacrylamide gel electrophoresis. Anal Biochem 178:233–238

Quackenbush J (2002) Microarray data normalization and transformation. Nat Genet 32(Suppl):496–501

Rabilloud T (2002) Two-dimensional gel electrophoresis in proteomics: old, old fashioned, but it still climbs up the mountains. Proteomics 2:3–10

Righetti P et al (2006) Protein Equalizer Technology: the quest for a democratic proteome. Proteomics 6:3980–3992

Rohner T et al (2004) MALDI mass spectrometric imaging biological tissue sections. Mech Ageing Dev 126:177–185

Ros A et al (2002) Protein purification by Off-Gel electrophoresis. Proteomics 2:151–156

Rostom A, Robinson C (1999) Detection of the intact GroEL chaperonin assembly by mass spectrometry. J Am Chem Soc 121:4718–4719

Sanchez J et al (1997) Improved and simplified in-gel sample application using reswelling of dry immobilized pH gradients. Electrophoresis 18:324–327

Sarma A et al (2008) Plant protein isolation and stabilization for enhanced resolution of two-dimensional polyacrylamide gel electrophoresis. Anal Biochem 379:192–195

Schlack P, Kumpf W (1926) Über eine neue Methode zur Ermittelung der Konstitution von Peptiden. Hoppe-Seyler's Z Physiol Chem 154:125–170

Schrattenholz A (2001) Methoden der Proteomforschung. Spektrum Akademischer Verlag, Heidelberg

Schütze K, Lahr G (1998) Identification of expressed genes by laser-mediated manipulation of single cells. Nat Biotechnol 16:737–742

Shaw M, Riederer B (2003) Sample preparation for two-dimensional gel electrophoresis. Proteomics 3:1408–1417

Sihlbom C et al (2008) Evaluation of the combination of bead technology with SELDI-TOF-MS and 2-D DIGE for detection of plasma proteins. J Proteome Res 7:4191–4198

Stahl B et al (1994) The oligosaccharides of the Fe(III)-Zn(III) purple acid phosphatase of the red kidney bean. Eur J Biochem 220:321–330

Stanley B et al (2003) Optimizing protein solubility for two dimensional gel electrophoresis analysis of human myocardium. Proteomics 3:815–820

Steen H, Mann M (2004) The ABC's (and XYZ's) of peptide sequencing. Nat Rev Mol Cell Biol 5:699–711

Stoeckli M et al (2001) Imaging mass spectrometry: a new technology for the analysis of protein expression in mammalian tissues. Nat Med 7:493–496

Stults J (1995) Matrix-assisted laser-desorption ionization mass spectrometry (MALDI-MS). Curr Opin Struct Biol 5:691–698

Su X et al (2009) Enrichment and characterisation of histones by 2D-hydroxyapatite/reversed-phase liquid chromatography mass spectrometry. Anal Biochem 388:47–55

Sutton C et al (1997) The analysis of myocardial proteins by infrared and ultraviolet laser-desorption mass spectrometry. Electrophoresis 18:424–431

Takakura D et al (2014) An improved in-gel digestion method for efficient identification of protein and glycosylation analysis of glycoproteins using guanidine hydrochloride. Proteomics 14:196–201

Tao A, Aebersold R (2003) Advances in quantitative proteomics via stable isotope tagging and mass spectrometry. Curr Opin Biotechnol 14:110–118

Thiede B et al (1995) MALDI-MS for C-terminal sequence determination of peptides and proteins degraded by carboxypeptidase Y and P. FEBS Lett 357:65–69

Troxler H et al (1999) Electrospray ionization mass spectrometry: analysis of the $Ca^{2+}$-binding of human recombinant α-parvalbumin and nine mutant proteins. Anal Biochem 268:64–71

Vandekerckhove J et al (1985) Protein-blotting on Polybrene-coated glass fiber sheets. A basis for acid hydrolysis and gas-phase sequencing of picomole quantities of protein previously separated on sodium dodecyl sulfate/polyacrylamide gel. Eur J Biochem 152:9–19

Vandewoestyne M et al (2013) Laser capture microdissection: should an ultraviolet or infrared laser be used? Anal Biochem 439:88–98

Ventzki R et al (2007) Comparative 2-DE protein analysis in a 3-D geometry gel. Biotechniques 42:271–279

Vercaigne-Marko D et al (2000) Improvement of *Staphylococcus aureus* V8 protease hydrolysis of bovine haemoglobin by its adsorption on to a solid phase in the presence of SDS: peptide mapping and obtention of two haemopoietic peptides. Biotechnol Appl Biochem 31:127–134

Vorm O et al (1994) Improved resolution and very high sensitivity in MALDI TOF of matrix surfaces made by fast evaporation. Anal Chem 66:3281–3287

Vorm O, Mann M (1994) Improved mass accuracy in matrix-assisted laser desorption/ionization time-of-flight mass spectrometry of peptides. J Am Soc Mass Spectrom 5:955–958

Washburn M et al (2001) Large-scale analysis of the yeast proteome by multidimensional protein identification technology. Nat Biotechnol 19:242–247

Weber G, Bocek P (1996) Optimized continuous flow electrophoresis. Electrophoresis 17:1906–1910

Wellner D et al (1990) Sequencing of peptides and proteins with blocked N-terminal amino acids: N-acetylserine or N-acetylthreonine. Proc Natl Acad Sci USA 87:1947–1949

Wilson L et al (2004) Detection of differentially expressed proteins in early-stage melanoma patients using SELDI-TOF mass spectrometry. Ann NY Acad Sci 1022:317–322

Wu C et al (2003) A method for the comprehensive proteomic analysis of membrane proteins. Nat Biotechnol 21:532–538

Xu Q, Shively J (1988) Microsequence analysis of peptides and proteins; improved electroblotting of proteins onto membranes and derivatized glass-fiber sheets. Anal Biochem 170:19–30

Yokoyama R et al (2009) Isoelectric focusing of high-molecular-weight protein complex under native conditions using agarose gel. Anal Biochem 387:60–63

Zhou H et al (2002) Quantitative proteome analysis by solid phase isotope tagging and mass spectrometry. Nat Biotechnol 20:512–515

Zischka H et al (2006) Differential analysis of *Saccharomyces cerevisiae* mitochondria by free flow electrophoresis. Mol Cell Proteomics 5:2185–2200

# Untereinheiten

H. Rehm, T. Letzel, *Der Experimentator: Proteinbiochemie/Proteomics*,
DOI 10.1007/978-3-662-48851-5_8, © Springer-Verlag Berlin Heidelberg 2016

Viele Proteine bestehen aus Untereinheiten: aus Polypeptiden, die durch Disulfidbrücken oder nichtkovalent zu einer definierten Struktur zusammengehalten werden. Bei Homooligomeren sind die Untereinheiten identisch, bei Heterooligomeren verschieden. Homooligomer sind z. B. die Enzyme Katalase und Aldolase (beide vier Untereinheiten), heterooligomer sind Neurotransmitter-Rezeptoren wie der Acetylcholin-Rezeptor (fünf Untereinheiten $a_2\beta\gamma\delta$) oder spannungsabhängige $K^+$-Kanäle (acht Untereinheiten).

Bei homooligomeren Proteinen gilt es, die Zahl der Untereinheiten pro Oligomer zu bestimmen (die Merigkeit). Bei heterooligomeren Proteinen ist zudem die Zahl jeder der verschiedenen Untereinheiten im Oligomer (die Stöchiometrieindizes) gefragt. Dies erfordert Spürsinn, Urteilsvermögen und experimentelle Geschicklichkeit. Die Untereinheitenzusammensetzung wichtiger oligomerer Proteine ist daher schon eine Publikation in *Nature, Science, EMBO Journal* oder im *Proc. Natl. Acad. Sci. USA* wert.

» Mit diesen Gedanken beschäftigt, ging Sancho so zufrieden einher, dass er den Verdruss vergaß, zu Fuß reisen zu müssen.

## 8.1    Stöchiometrie und Merigkeit

### 8.1.1    Über die Schwierigkeiten bei Stöchiometriebestimmungen

Es geht nicht an, zur Bestimmung der Merigkeit z. B. eines Homooligomers das MG des Oligomers zu ermitteln und durch das MG der Untereinheit zu teilen. Die Ungenauigkeit der meisten MG-Bestimmungen ist derart, dass es z. B. bei einem Resultat für das Oligomer von 200 kDa und für das Monomer von 50 kDa nicht möglich ist, zwischen einem Trimer, Tetramer oder Pentamer zu unterscheiden: Hydrodynamische Messungen des MG des Oligomers sind bestenfalls auf 10 % genau; bei Membranproteinen ist der Unsicherheitsfaktor wegen der zusätzlich gebundenen Phopholipid- und Seifenmoleküle noch größer und liegt bei 20–40 % (▶ Abschn. 3.2.2).

Ariel Lustig behauptet allerdings in *Laborjournal* 1–2/2008, dass sich das MG von Membranproteinen in der analytischen Ultrazentrifuge mit ausreichender Genauigkeit bestimmen lässt. Gebe Gott, dass er recht habe. Lustig hat dazu einige Paper veröffentlicht und das Programm SEGAL geschrieben (Lustig et al. 2000; Machaidze und Lustig 2006).

Das mit der SDS-Gelelektrophorese ermittelte MG der Untereinheiten weicht vom wirklichen leicht um 10–40 % ab, denn Glykosylierung, ungewöhnliche Aminosäurezusammensetzung, Phosphorylierung, Sulfatierung etc. lassen Proteine atypisch laufen. Nach kovalenter Vernetzung aller Untereinheiten liefert die SDS-Gelelektrophorese auch eine Schätzung des MG des Oligomers. Diese Schätzung ist noch unsicherer als diejenige für die einzelnen Untereinheiten, denn die zusätzlichen Vernetzermoleküle erhöhen das MG, und Vernetzung der Polypeptidketten verändert manchmal *per se* deren Laufgeschwindigkeit in SDS-Gelen und damit das scheinbare MG. Zudem liefern selbst hohe Konzentrationen an Vernetzer oft nur geringe Mengen des vernetzten Oligomers. Stattdessen entsteht reichlich undefinierbares hochmolekulares Material, das den gefärbten SDS-Gelen das Aussehen moderner Kunstwerke gibt und ihre Interpretation ähnlich schwer macht. So muss die Bande mit dem höchsten MG keineswegs das vollständig vernetzte Oligomer sein, denn es könnten noch höhermolekulare Banden existieren, deren Proteinmengen aber unterhalb der Empfindlichkeitsgrenze der Färbung liegen. Schließlich kann es sich bei einer hochmolekularen Bande auch um ein Artefakt aus intermolekularen Vernetzungen handeln.

Eine genaue Bestimmung der MGs der Untereinheiten ist mittels ESI-MS und MALDI-MS möglich (▶ Abschn. 7.5). Doch solange das MG des Oligomers nicht ähnlich exakt bestimmt werden kann, bleiben Stöchiometrie und Merigkeit (S & M) unsicher und sollten mit anderen Methoden bestätigt werden.

**Drei klassische Strategien dienen zur Aufklärung der Untereinheitenzusammensetzung eines Oligomers** Röntgenstrukturanalyse, Hybridisierung und Vernetzung. Aminosäureanalysen und untereinheitenspezifische Antikörper geben ebenfalls Hinweise auf S & M.

Vielleicht sollten Sie aber zuerst einmal nachschauen, ob die Struktur Ihres Proteins nicht schon

$$f\alpha_i a_{n-i} = \binom{n}{i} \cdot f\alpha^i \cdot fa^{n-i}$$

**Abb. 8.1** Der relative molare Anteil $\alpha_i a_{n-i}$ von Oligomerspezies $\alpha_i a_{n-i}$ bei relativen Anteilen fα und fa der Untereinheiten α und a

$$1 = \sum_{i=0}^{i=n} f\alpha_i a_{n-i} = \sum_{i=0}^{i=n} \binom{n}{i} \cdot f\alpha^i \cdot fa^{n-i}$$

◻ **Abb. 8.2** Summe der relativen molaren Anteile $\alpha_i a_{n-i}$ der Oligomerspezies $\alpha_i a_{n-i}$

bekannt ist. Unter ▶ http://www.expasy.org/ oder unter ▶ http://www.ebi.ac.uk finden Sie Datenbanken mit ausführlichen Proteinlisten und deren wahrscheinlichen quarternären Strukturen.

## 8.1.2  S & M mit Röntgenstrukturanalyse

Die genaueste Methode, S & M eines Proteins zu bestimmen, ist die Röntgenstrukturanalyse. Voraussetzung für diese Technik sind gute Kristalle des Proteins. Deren Herstellung ist schon bei löslichen Proteinen schwer, bei seltenen Membranproteinen grenzt sie an die Quadratur des Kreises. Die Röntgenstrukturanalyse ist zudem die Domäne weniger Spezialisten und erfordert eingehende physikalische Kenntnisse, über die wir nicht verfügen.

## 8.1.3  S & M mit Hybridisierungsexperimenten

Bei Homooligomeren liegt der Stöchiometrieaufklärung durch Hybridisierung folgende Überlegung zugrunde. Für ein Homooligomer mit n Untereinheiten α sei es möglich, Untereinheiten a herzustellen, die α ähneln und mit α genauso gut das Oligomer bilden. Die Untereinheit a unterscheidet sich aber in einer Eigenschaft (z. B. Ladung, Enzymaktivität, Ligandenbindung) von α. Da also a mit α nach den Gesetzen der Kombinatorik zum Oligomer hybridisiert, bildet eine Mischung von α und a die Oligomere $\alpha_i a_{n-i}$, wobei i von 0 bis n läuft. Es entstehen n + 1 Oligomerspezies, z. B. für ein Tetramer die fünf Spezies $\alpha_4$, $\alpha_3 a$, $\alpha_2 a_2$, $\alpha a_3$, $a_4$, für ein Dimer die drei Spezies αα, αa, aa, wobei n − 1 oligomere Hybride aus α und a sind. Aus der Zahl der bei der Hybridisierung entstehenden Oligomere folgt die Merigkeit. Derartige Experimente beschreiben Cooper et al. (1991) und Penhoet et al. (1967).

Der quantitative Anteil der Oligomerspezies $\alpha_i a_{n-i}$ in der Oligomermischung ergibt sich ebenfalls aus kombinatorischen Überlegungen. Es seien fα und fa die relativen molaren Anteile von α bzw. a (fα + fa = 1). Dann errechnet sich der relative molare Anteil $f\alpha_i a_{n-i}$ der Oligomerspezies $\alpha_i a_{n-i}$ in der Oligomermischung nach der Formel in ◻ Abb. 8.1. Die Summe der relativen molaren Anteile $f\alpha_i a_{n-i}$ über alle Oligomerspezies $\alpha_i a_{n-i}$ ist gleich 1 (Formel in ◻ Abb. 8.2).

Angenommen, die Oligomere $\alpha_n$, $a_n$ und ihre Hybride besitzen eine Aktivität A (Enzymaktivität, Translokatoraktivität), die von einem Hemmer I gehemmt wird, der nur an die Untereinheit a bindet. Dann ist in Gegenwart sättigender Konzentrationen von I die Aktivität der Oligomere $\alpha_i a_{n-i}$ (i = 0 bis n − 1) gleich 0. In diesem Fall liefert nach der Formel in ◻ Abb. 8.3 die Steigung der Geraden lnA gegen ln(fα) die Merigkeit des Oligomers (MacKinnon 1991).

Ähnliche Überlegungen gelten, wenn der Hemmer I nur $a_n$ hemmt (Formel in ◻ Abb. 8.4).

Diese Kombinatorik kann auch auf Heterooligomere angewandt werden und liefert ähnliche Gleichungen.

In den 1960er-Jahren waren Hybridisierungsexperimente bei Enzymen Mode. Man stellte a entweder aus α her, oder man isolierte ein Isoenzym, dessen Monomere a sich in der Ladung von α unterschieden und trotzdem mit α zum Oligomer hybridisierten. Zum Hybridisieren wurden die Oligomere $\alpha_n$ und $a_n$ in einem bestimmten Verhältnis gemischt, in die Untereinheiten aufgespalten und anschließend wieder zu Oligomeren assoziiert. Mit nativer Gelelektrophorese oder IC bestimmte der Experimentator die Zahl der Hybride und damit die Merigkeit.

SDS, alkalischer oder saurer pH, Succinylierung (Behandlung mit Bernsteinsäureanhydrid), hohe oder niedrige Ionenstärke, 6 M Harnstoff, 4–5 M Guanidiniumhydrochlorid und manchmal

A sei ein funktioneller Parameter der Oligomere, z. B. eine Enzymaktivität

Der Hemmer I binde selektiv an die Untereinheit a, dann gilt

in Abwesenheit des Hemmers:

$$A = \sum_{i=0}^{i=n} k_i \cdot \binom{n}{i} \cdot f\alpha^i \cdot fa^{n-i}$$

**◻ Abb. 8.3** Abhängigkeit der Aktivität einer Oligomermischung $a_i a_{n-i}$ von dem relativen Anteil an Untereinheit α (fα) in Gegenwart eines Hemmers, der an die Untereinheit a bindet

in Anwesenheit einer sättigenden Konzentration von Hemmer:  $= k_n \cdot f\alpha^n$

woraus folgt:   $\ln A = \ln(k_n) + n \cdot \ln f\alpha$

$$A^+ = \sum_{i=1}^{i=n} k_i \cdot \binom{n}{i} \cdot f\alpha^i \cdot fa^{n-i}$$   und   $$A^- = \sum_{i=0}^{i=n} k_i \cdot \binom{n}{i} \cdot f\alpha^i \cdot fa^{n-i}$$

daraus folgt

$$A - A^+ = k_0^- \cdot fa^n$$   und   $$\ln(A - A^+) = \ln(k_0^-) + n \cdot \ln fa$$

**◻ Abb. 8.4** Abhängigkeit der Aktivität einer Oligomermischung $a_i a_{n-i}$ von dem relativen Anteil an Untereinheit a (fa) bei Verfügbarkeit eines Hemmers I, der selektiv $a_n$ hemmt. $A^+$ und $A^-$ sind die Aktivitäten der hybridisierten Oligomermischung in Gegenwart bzw. Abwesenheit einer sättigenden Konzentration von Hemmer

auch Liganden spalten Oligomere in ihre Untereinheiten. Die Wirkung von SDS, pH-Extremen und Succinylierung beruht zumindest teilweise auf der gleichsinnigen Erhöhung der Nettoladung der Untereinheiten. Die elektrostatische Abstoßung lässt die Oligomere zerfallen.

In Hybridisierungsexperimenten werden die Oligomere reversibel gespalten. Reversible Spaltung gelingt oft mit pH-Änderungen, Ionenstärkeextremen, Harnstoff oder Liganden.

Die klassische Hybridisierungstechnik versagt bei Familien von Heterooligomeren, deren Seltenheit und *in vivo*-Vielfalt es unmöglich macht, ein definiertes Oligomer zu isolieren. Schlechte Karten hat der Experimentator auch, wenn sich das Oligomer nicht reversibel in die Untereinheiten aufspalten lässt. So zerfallen viele oligomere Membranproteine nur unter denaturierenden Bedingungen, z. B. mit SDS, irreversibel in ihre Untereinheiten.

Molekularbiologische Techniken bieten einen eleganten Ausweg. Gibt es eine cDNA für α und a, lässt man eine lebende Zelle, z. B. *Xenopus-Oocy*ten,

die Hybridisierung besorgen. cRNAs von jeder Untereinheit werden in die Zelle eingespritzt. Die Zelle synthetisiert daraufhin die α- und a-Untereinheiten und kombiniert sie zu den Oligomerspezies. Werden α-cRNA und a-cRNA mit der gleichen Effizienz translatiert, dann kontrollieren die Anteile von α-cRNA und a-cRNA die Anteile fα und fa von α und a.

### 8.1.4   S & M mit Vernetzungsexperimenten

Vernetzer und den Umgang mit ihnen beschreibt ▶ Abschn. 2.4. Die ◻ Abb. 8.5 und 8.6 zeigen, wie einfach die Bestimmung der Untereinheitenzusammensetzung eines Oligomers mit Vernetzern theoretisch ist. Benötigt wird ein Nachweistest für das Oligomer, das gereinigte Oligomer und spezifische Antikörper gegen die Untereinheiten.

Zuerst schätzt der Experimentator das MG des Oligomers (hydrodynamische Messungen, Strahlungsinaktivierung) und das MG der Unter-

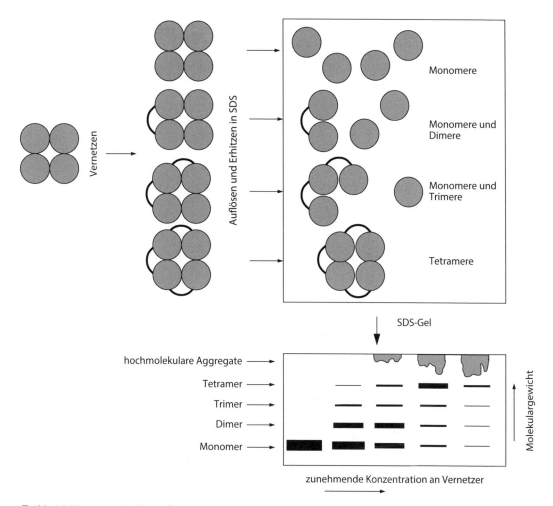

**Abb. 8.5** Vernetzen eines Homooligomers

einheiten (SDS-Gelelektrophorese des gereinigten Oligomers). Danach behandelt er das Oligomer mit Vernetzern (z. B. aus der Bismidatreihe) zunehmender Konzentration und Kettenlänge. Dabei entstehen aus dem Oligomer kovalent verknüpfte Zwischenstufen (kovalent verknüpfte Dimere, kovalent verknüpfte Trimere etc.). Die Zwischenstufen lassen sich auf einem SDS-Gel auftrennen und auf Blots mit Antikörpern gegen die jeweiligen Untereinheiten anfärben. Aus der Zahl der verschiedenen Untereinheiten und dem Muster der Banden auf den SDS-Gelen bzw. Blots lässt sich die Merigkeit des Oligomers bestimmen. Mit Glück kann der Experimentator sogar auf die Stöchiometrieindizes der Untereinheiten schließen (**Abb. 8.6**).

Statt Vernetzer zuzugeben, können Sie auch versuchen, die Polypeptide durch Sulfhydryloxidation über Disulfidbrücken zu verknüpfen (Kobashi 1968). Die Position der Disulfidbrücken können Sie inzwischen mit der Massenspektrometrie bestimmen (genaue Untersuchungsbedingungen bei Zhang und Kaltashov 2006).

Das wichtigste Arbeitsmittel bei der Vernetzung von Oligomeren ist die SDS-Gelelektrophorese. Da sich die Produkte einer Vernetzung über einen weiten MG-Bereich verteilen, lohnt der Aufwand für Gradientengele (z. B. 5–12 %). Der Zusatz von 6 M Harnstoff zum Lämmli-Probenpuffer oder der Ersatz des Mercaptoethanols durch DTT verbessern den Lauf der Probe bei der Elektrophorese.

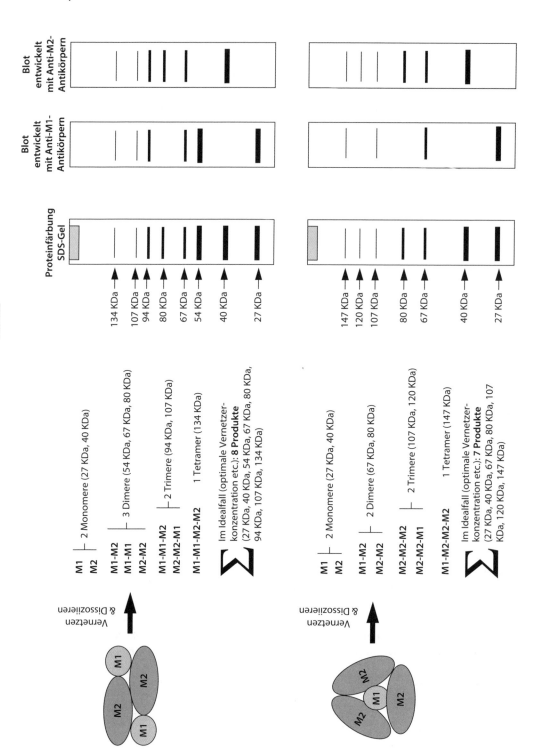

◘ **Abb. 8.6** Vernetzen von Heterooligomeren. Hier: Heterotetramere mit Untereinheit M1 (MG = 27 kDa) und Untereinheit M2 (MG = 40 kDa)

Photoaktivierbare Vernetzer, Photoblitz und Arbeiten in verdünnten Lösungen reduzieren die intramolekulare Vernetzung auf ein Minimum.

## Vernetzung von Homooligomeren

Trotz der theoretischen Einfachheit ist die Bestimmung der Merigkeit selbst beim Homooligomer ein artefaktanfälliges Verwirrspiel:

- Hohe Konzentrationen an Vernetzer oder Protein führen zu intermolekularer Vernetzung, oder das Oligomer aggregiert in Lösung teilweise zu hochmolekularen Komplexen. Beides täuscht eine zu hohe Merigkeit vor.
- Die Vernetzung, oder auch schon die Reinigung, denaturiert oder verändert das Oligomer.
- Das Oligomer ist kein Homooligomer, sondern ein Heterooligomer, dessen verschiedene Untereinheiten auf SDS-Gelen ein ähnliches MG zeigen.
- Die Vernetzung der Monomere des Oligomers verläuft mit zunehmender Konzentration an Vernetzer nicht kontinuierlich, sondern schlagartig. Die Zwischenstufen Dimer, Trimer etc. treten dann nicht auf. Auf dem SDS-Gel erscheinen nur die Monomere und/oder hochmolekulare Addukte.

Ein Beispiel dafür, wie schwierig die Bestimmung der Merigkeit eines Homooligomers sein kann, liefert die Serie folgender Papers (in chronologischer Reihenfolge):

1. Rehm H et al. (1986) Molecular characterization of synaptophysin, a major calcium binding protein of the synaptic vesicle membrane. EMBO J 5:535–541,
2. Thomas L et al. (1988) Identification of synaptophysin as a hexameric channel protein of the synaptic vesicle membrane. Science 242:1050–1053,
3. Johnston P, Südhof T (1990) The multisubunit structure of synaptophysin; relationship between disulfide bonding and homo-oligomerization. J Biol Chem 265:8869–8873,
4. Arthur C, Stowell M (2007) Structure of synaptophysin: a hexameric MARVEL domain channel protein. Structure 15:707–714.

**Es geht um Folgendes** Eine der traumatischen Erfahrungen des Postdocs Hubert Rehm war der Versuch, die Struktur des synaptischen Vesikelproteins Synaptophysin zu ermitteln. Rehms Freund Bertram hatte das Protein zufällig bei der Produktion von monoklonalen Antikörpern entdeckt und festgestellt, dass Synaptophysin massenhaft in Neuronen und neuroendokrinen Zellen vorkam. Weil Bertram als Mediziner Klinikdienst schieben musste, konnte er die Entdeckung nicht ausschlachten. Rehm sprang ein.

Synaptophysin zeigte in der SDS-Gelelektrophorese ein Molekulargewicht von 38 kDa. Es war glykosyliert und ein integrales Membranprotein, denn es konnte nur mit Detergenzien in Lösung gebracht werden: 0,1 % Triton X-100 reichten aus.

Vor der Funktion jedoch standen Bertram und Hubert wie ein Gespann Ochsen vorm neuen Scheunentor. Diese Position nimmt die Wissenschaft heute noch ein, während Bertram und Hubert inzwischen auf anderen Wiesen grasen.

Wenn man ein Tor nicht öffnen kann, empfiehlt es sich, dessen Aufbau zu studieren. Bei Synaptophysin hieß das: Bestimme die Struktur! Damit glaubte Hubert sich auszukennen, das hatte er schon in der Doktorarbeit getan, das sollte ein schnelles Paper abwerfen. Damals hing er noch dem fatalen Irrglauben an, es käme für den Aufstieg in der Wissenschaft auf Ergebnisse an.

**Die erste Frage war** Aus welchen Untereinheiten besteht natives Synaptophysin? Die Reinigung von in Seifen gelöstem Synaptophysin mit Ionenaustauscher- oder Immunaffinitätssäulen ergab nur das 38-kDa-Protein. Also war Synaptophysin in Lösung mit keinem anderen Protein assoziiert, höchstens mit sich selbst (Homooligomer). Das führte zur Frage der Merigkeit: Wie viele 38-kDa-Untereinheiten enthielt der native Synaptophysinkomplex?

Die Zahl der Untereinheiten eines Proteins lässt sich mit Röntgenstrukturanalyse oder Quervernetzung oder MG-Bestimmung ermitteln (▶ Abschn. 8.1.1) Die Röntgenstrukturanalyse fiel aus, denn einen Synaptophysin-Kristall besaßen Hubert und Bertram nicht, und sie wussten auch nicht, wie ein solcher herzustellen wäre. Blieben Quervernetzung und MG-Bestimmung. Letztere schien das Einfachste, denn teilt man das MG des Komplexes (x kDa) durch das des Monomers (38 kDa), so erhält man die Zahl der Monomere. Da Hubert Mathematik studiert hatte, konnte das nicht schiefgehen!

Zur MG-Bestimmung des Komplexes, unterwarf Hubert das solubilisierte Protein einer Gelfiltration. Diese ergab den Stokes-Radius des Komplexes. Darauf folgten Sucrosedichtezentrifugationen in $H_2O$ und $D_2O$. Aus deren Ergebnissen und dem Stokes-Radius errechnet sich das MG des Synaptophysinkomplexes zu 119 kDa (► Abschn. 3.2.2). Leider war die Rechnung zwar mathematisch exakt, physikalisch aber zweifelhaft: So muss das partielle spezifische Volumen des Proteinanteils des Komplexes angenommen werden. Zudem war nicht klar, ob der Zuckeranteil des Synaptophysins beim Molekulargewicht des Monomers mitzurechnen ist oder nicht. Im ersten Fall hätte man mit 38 kDa rechnen müssen, im zweiten mit 34 kDa. Im ersten Fall hätte man ein Trimer angenommen, im zweiten eher ein Tetramer. Zudem musste die Synaptophysinstruktur in Lösung keineswegs die Verhältnisse in der Membran wiedergeben. Vielleicht lag Synaptophysin in der Membran als Oktamer vor und zerfiel in wässriger Lösung in zwei Teile? Oder umgekehrt: Es lag in der Membran als Dimer vor, das in Lösung – Gott weiß warum – zum Tetramer assoziierte. Dies war Hubert und Bertram schmerzlich bewusst, und daher versuchten sie die Ergebnisse über Quervernetzen mit Glutaraldehyd, Dimethylsuberimidat (► Abschn. 2.4.1) bzw. $Cu^{2+}$-*o*-Phenanthrolin abzusichern. Letzteres vernetzt SH-Gruppen. Mit membrangebundenem Synaptophysin erhielt Hubert mit allen Vernetzern ein Produkt vom MG 76 kDa, vermutlich das Dimer. Gelöstes Synaptophysin jedoch verhielt sich anders: Schon beim Stehenlassen bei 4 °C bildeten sich außer dem Dimer noch Tri- und Tetramere. Die Zugabe von $Cu^{2+}$-*o*-Phenanthrolin ergab das gleiche Ergebnis. Anscheinend bildeten sich zwischen den Homomeren Disulfidbrücken aus. In der Tat ergab die spätere Sequenzierung des Synaptophysins vier Cysteinreste, die in jedem der zwei intravesikulären Loops des Proteins eine Disulfidbrücke bilden.

War Synaptophysin also ein Tetramer?

Vielleicht. Auf dem Blot war zwar oberhalb des Tetramers keine Bande mehr zu sehen, aber das konnte daran liegen, dass diese Bande in dem Schmier, der sich vom Auftrag herunterzog, unter-

gegangen war. Vielleicht wurde sie auch wegen des hohen MG schlecht vom 8%igen Gel auf den Blot übertragen oder war unlöslich und fiel aus … Und warum sah man beim Vernetzen von Vesikeln, also membranständigem Synaptophysin, nur Dimere? Bertram und Hubert waren mit ihrer Weisheit, ihren Methoden und ihren Nerven am Ende. Die Struktur des Synaptophysins schien ein ebenso zäher Brocken zu sein wie seine Funktion. Sie nannten es nur noch Syph.

Bertram und Hubert legten sich 1986 – oh, jugendlicher Leichtsinn! – auf ein Tetramer fest (Rehm et al. 1986). Schon 1988 erschien ein Paper (auf dem Rehm zwar Koautor ist, zu dem er aber nichts Wesentliches beigetragen und gar nichts geschrieben hatte), das eine hexamere Struktur in die Welt trompetete (Thomas et al. 1988). 1990 kam Patricia Johnston zu dem Schluss, dass Syph wohl doch eher ein Tetramer sei (Johnston und Südhof 1990). Danach schwieg der Blätterwald. Erst 2007 legte Christopher Arthur, Colorado, nach: Mittels Elektronenmikroskopie habe er ein Hexamer gefunden (Arthur und Stowell 2007).

So fest wie die Felsen des Grand Canyon scheint Arthurs Befund aber nicht zu stehen. Obwohl Arthur in Triton gelöstes Syph untersuchte, ignoriert er die Disulfidproblematik: Johnstons und Südhofs Arbeit scheint er nicht zu kennen, zumindest zitiert er sie nicht. Auch ist Arthur anscheinend unbekannt, dass man mit einer Gelfiltration Stokes-Radien bestimmt und keine MGs. Nichts gegen Arthur – er muss ein netter Kerl sein, denn er hat Rehm zitiert – doch das letzte Wort zur Syphstruktur ist noch nicht gesprochen.

Johnston und Südhof (1990) glauben, dass die Ursache der Probleme die instabilen Disulfidbindungen seien: Die Struktur würde sich zweifelsfrei nur unter Bedingungen bestimmen lassen, unter denen die Disulfidbindungen auch in Lösung stabil blieben. Um diese Bedingungen zu finden, bräuchte es eine Methode, die die Anzahl der freien SH-Gruppen und Disulfidbindungen in membrangebundenem und gelöstem Syph angibt.

Eine solche Methode erschien online am 8. Januar 2007 als Nummer 15 unter den „heißesten" Artikeln von *Analytical Biochemistry*. Die Autoren, Hansen et al., erwähnen das Reagenz 5,5′-Dithiobis-(2-nitrobenzoesäure), DTNB, das schon 1959 von George Ellman eingeführt wurde. Das farblose DTNB reagiert mit Thiolat-Anionen in einer Thiol-Disulfid-Austauschreaktion, wobei eine Disulfidbindung entsteht und die gelbe 2-Nitro-5-thiobenzoesäure (NTB) freigesetzt wird. Über die NTB-Bildung lässt sich somit die Menge der SH-Gruppen bestimmen. Die Reaktion läuft nur bei alkalischem pH ab, sie benötigt hohe Konzentrationen an gereinigtem Protein, DTNB ist instabil und die protonierte Form von NTB farblos. Diese Nachteile, so Hansen et al. (2007), könnten mit dem Thiolreagenz 4,4′-Dithiodipyridin (4-DPS) und Natriumborhydrid vermieden werden. 4-DPS reagiert ähnlich wie DTNB, jedoch auch im sauren Milieu und ist kleiner und hydrophober. Es soll daher im hydrophoben Inneren der Proteine zuverlässiger reagieren. Als Nachweisreagenz entsteht das 4-Thiopyridon (Absorption bei 324 nm). Da 4-Thiopyridon säurestabil ist, kann es auf der HPLC nachgewiesen werden. Zudem ist sein Extinktionskoeffizient 50 % höher als der von NTB.

Die Nachweisgrenze des 4-DPS-Tests liegt im Pikomolaren.

Mit beiden Tests lassen sich sowohl die freien SH-Gruppen als auch die **Gesamtzahl der Cysteinreste** eines Proteins bestimmen. Für Letzteres müssen die Disulfidbindungen vollständig reduziert werden. Danach muss das reduzierende Agens aus der Reaktionsmischung verschwinden, dann erst kann das Nachweisreagenz, also z. B. 4-DPS, zugegeben werden. Wer Reduzierungsreagenzien wie Dithiothreitol (DTT) oder Mercaptoethanol verwendet, muss also hinterher einen wirksamen Reinigungsschritt anschließen: TCA-Fällung mit mehrfachem Waschen reicht nicht aus, Gelfiltration ist umständlich und führt zu Proteinverlusten, und dies gilt auch für andere Säulen. Hansen et al. (2007) reduzieren daher mit Natriumborhydrid: Das zersetzt sich vollständig im sauren Milieu, kann also durch Ansäuern entfernt werden.

Hansen et al. (2007) haben ihre Methode an Lysozym, BSA, RNase A und Carboxypeptidase Y erprobt. Die Proteine wurden mit 6 M Harnstoff denaturiert und mit Natriumborhydrid reduziert (30 min, 50 °C). Danach wurde HCl zugegeben und die Thiolgruppen wurden mit 4-DPS bestimmt. Für Carboxypeptidase Y, die eine freie Thiolgruppe und fünf Disulfidgruppen enthält, erhielten die Dänen

einen Wert von 11,4 Thiolgruppen. Auch bei den anderen Proteinen entsprachen die Messwerte den tatsächlichen Gegebenheiten.

Wenn sich Rehm nicht geschworen hätte, nie mehr eine Pipette in die Hand zu nehmen, würde er das Problem der Merigkeit von Syph (und das anderer Vesikelproteine) mit Hansens Methode noch einmal angehen. Denn die Syphstruktur ist so unklar geblieben wie seine Funktion (Rolle bei der Vesikelbildung? Kationenkanal?). Syph-Knock-out-Mäuse verhalten sich scheinbar normal.

» Ich sage das nur, weil wir uns alle kennen, und dass ich mich auf kein falsches Spiel einlasse, in Ansehung der Verzauberung meines Herrn, so weiß Gott die Wahrheit, und dabei wollen wir es bewenden lassen, denn es stinkt noch mehr, wenn wir's umrühren.

**Sie wollen dennoch Homooligomere vernetzen?**
Dann lesen Sie die Paper Darawshe et al. (1987) und Waheed et al. (1990) und machen Sie Kontrollen. Kontrollen schützen vor dem Reinfall.

- Prüfung der Zusammensetzung der vernetzten Banden im SDS-Gel durch Experimente mit spaltbarem Vernetzer (z. B. SASD in ◘ Abb. 2.35): Die Bande aus dem Gel ausschneiden, die Vernetzung z. B. mit DTT spalten und die Spaltprodukte in einer zweiten SDS-Gelelektrophorese und einem Blot untersuchen.
- Test auf intermolekulare Vernetzung durch Verdünnungsversuche; die quantitativen Verhältnisse der vernetzten Produkte dürfen sich bei gleichbleibender Vernetzerkonzentration und abnehmender Konzentration an Oligomer nicht ändern; insbesondere dürfen mit abnehmender Konzentration an Oligomer keine Banden verschwinden.
- Verschiedene Vernetzer sollten qualitativ gleiche Ergebnisse liefern.
- Die MGs des Oligomers aus Vernetzungsstudien und aus hydrodynamischen Messungen sollten näherungsweise übereinstimmen.
- Bei der Reinigung des Oligomers treten oft Artefakte auf. Daher sollte zusätzlich unter möglichst nativen Umständen vernetzt werden: bei Membranproteinen an Membranvesikeln oder

an der lebenden Zelle, bei löslichen Proteinen im rohen Zellextrakt. Die Ergebnisse dürfen denen mit dem gereinigten Oligomer nicht widersprechen.

> „Vorbedacht ist besser als nachgeklagt," sagte Don Quichotte zu dem vom grünen Mantel, „ich werde dadurch nicht verlieren, wenn ich mich vorsehe; denn ich weiß es aus Erfahrung, dass ich sichtbare und unsichtbare Feinde habe, von denen ich nicht weiß, wann, noch wo, noch zu welcher Zeit, noch in welcher Gestalt sie mich angreifen werden".

## Struktur von Homooligomeren

Hat der Experimentator die Merigkeit eines Homo-oligomers bestimmt, ist dessen Struktur noch keineswegs definiert, denn schon beim Tetramer kann man die Untereinheiten auf verschiedene Weise zusammensetzen. Der Aufbau eines Homooligomers muss zwei Kriterien genügen (Klotz et al. 1970):

- Die Untereinheiten müssen gleichwertige Positionen einnehmen. So sind lineare Anordnungen, außer für Dimere, nicht möglich, da die Position der Untereinheiten der Enden verschieden ist von der Position der Untereinheiten im Inneren der Kette.
- Die Anordnung muss einen geschlossenen Aufbau haben, d. h. es dürfen keine freien Untereinheitenbindungsstellen vorliegen. Andernfalls ist das Oligomer instabil und bildet große Addukte.

**Theoretisch gibt es drei Klassen von Strukturen** zyklische, dihedrale und kubische. Die kubische Struktur ist erst ab 24 Untereinheiten möglich. Eine dihedrale Struktur zeigen nur Oligomere mit einer geraden Zahl von Untereinheiten. Oligomere mit einer ungeraden Anzahl von Untereinheiten sind also zyklisch aufgebaut.

Es sei n die Anzahl der Untereinheiten. Dann gibt es für $n = 2$ und $n = 3$ nur eine Anordnung, für $n = 4$ zwei (zyklisch und tetrahedral), für $n = 5$ eine (zyklisch), und für $n = 6$ sind drei Anordnungen möglich (eine zyklische, zwei dihedrale) (◻ Abb. 8.7).

Aussagen über die Struktur des Homooligomers erhält man aus der quantitativen Analyse der Vernetzungsdaten. Das Homooligomer wird mit verschiedenen Konzentrationen an Vernetzer inkubiert, die Reaktionen nach einer gewissen Zeit gestoppt und die Ansätze auf einem SDS-Gel aufgetrennt. Im Gel erscheinen die Monomere, vernetzten Dimere etc. Der relative Anteil an Monomer und vernetzten Oligomeren wird für jede Vernetzerkonzentration bestimmt (z. B. durch Scannen des Gels). Aus den Anteilen berechnet man die Verknüpfungswahrscheinlichkeiten zwischen den einzelnen Untereinheiten und daraus die Struktur (Darawshe und Daniel 1991).

Bei dem Experiment kommt es auf die Zahl der Banden und ihre Intensität an. Im SDS-Gel ist bei Homooligomeren die Färbeintensität verschiedener Banden vergleichbar und gibt den Zustand im Ansatz wieder. Für den Blot gilt das nicht: Hochmolekulare Vernetzungsprodukte blotten schlechter als niedermolekulare und sind daher auf dem Blot quantitativ unterrepräsentiert. Längere Blot-Zeiten gleichen das aus, bergen aber die Gefahr, dass die kleinen Proteine durch die Blotmembran durchschlagen und dadurch teilweise verloren gehen. Die Proteinfärbung des geblotteten Gels zeigt, ob Proteine im Gel zurückgeblieben sind. Eine zweite Blotmembran, die der ersten unterliegt, zeigt, ob kleine Proteine die erste Membran durchdrungen haben.

Die Datenauswertung solcher Vernetzungsexperimente ist schwer. Ein Blick in den Anhang von Hucho et al. (1975) zeigt, wie kompliziert schon die mathematische Behandlung des Tetramers wird.

## Vernetzung von Heterooligomeren

Zuerst ist abzuklären, aus welchen Untereinheiten das Heterooligomer besteht. Sie reinigen dazu das Heterooligomer auf. Nun ist kein Protein hundertprozentig sauber darstellbar. Manche der Banden, die das gereinigte Heterooligomer im SDS-Gel zeigen, können Verunreinigungen sein. Andererseits gehen Polypeptide, die zum Oligomer gehören, während der Reinigungsprozedur verloren, z. B. durch Proteaseeinwirkung oder wegen fehlender Liganden oder eines falschen Puffers. Reinheitstests beschreibt ▶ Abschn. 5.4. Eine zusätzliche Kontrolle der Zusammensetzung des Oligomers ermöglichen spezifische Antikörper gegen die Untereinheiten.

| Zahl der Untereinheiten | | Symmetrie | Zahl der Bindungen | Art der Bindungen |
|---|---|---|---|---|
| 2 | 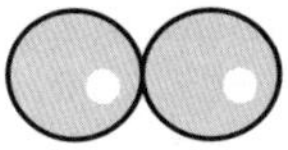 | C2 (linear) | 1 | gleich |
| 3 | 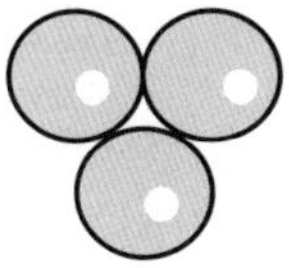 | C3 (Dreieck) | 3 | gleich |
| 4 | 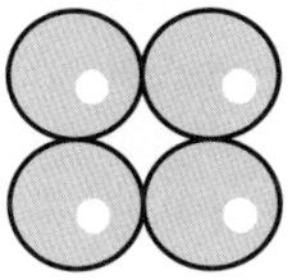 | C4 (Viereck) | 4 | gleich |
| 4 |  | D2 (Tetrahedron) | 6 | 3 verschiedene |
| 5 | 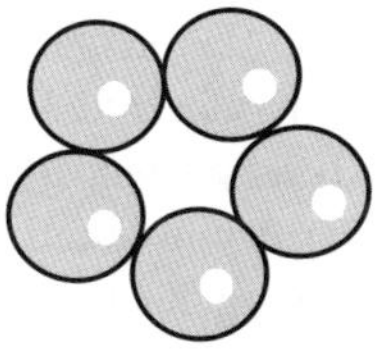 | C5 (Pentagon) | 5 | gleich |
| 6 | 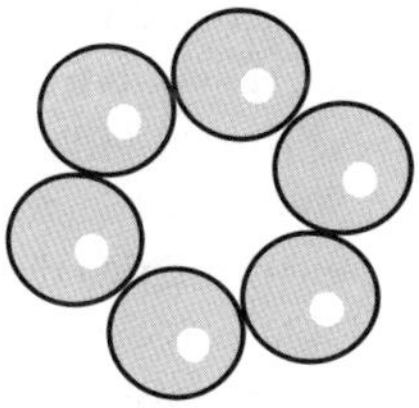 | C6 (Hexagon) | 6 | gleich |
| 6 |  | D3 (Prisma) | 9 | 2 verschiedene |
| 6 | 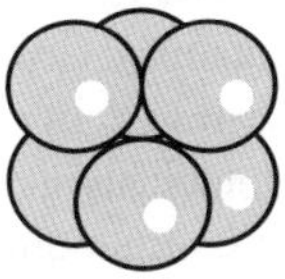 | D3 (Octahedron) | 12 | 3 verschiedene |

◘ Abb. 8.7 Die Struktur von Homooligomeren

Die Antikörper präzipitieren das Oligomer aus radioaktiv markiertem Rohextrakt (IP, ▶ Abschn. 6.2), und Sie können die Präzipitate verschiedener Antikörper (gegen verschiedene Untereinheiten) im Autoradiogramm eines SDS-Gels vergleichen.

◘ Abbildung 8.6 zeigt, dass Vernetzungsstudien auch die Stöchiometrie von Heterooligomeren bestimmen. Doch ist die Sachlage komplizierter als bei Homooligomeren. Es treten mehr Banden auf, und zu ihrer Identifizierung sind untereinheitenspezifische Antikörper notwendig. Auch ist die Färbeintensität der Banden im Gel nicht vergleichbar, denn bei der Vernetzung von Heterooligomeren bestehen verschiedene Banden aus verschiedenen Proteinen. Die Färbeintensität von Coomassie bzw. Silber schwankt aber zwischen gleichen Mengen verschiedener Proteine um einen Faktor 2 bzw. 5.

Die gewonnenen Daten sichern Sie durch Kontrollen (siehe Vernetzung von Homooligomeren, dieser Abschnitt). Trotzdem werden Sie bei Vernetzungsversuchen mit Heterooligomeren häufig die wünschenswerte Klarheit vermissen. Nur Glückspilze, Zweckoptimisten oder Leute, die schon wissen, was rauskommen soll, leiten die Stöchiometrie oder Merigkeit eines Heterooligomers allein aus Vernetzungsversuchen her. Wer sicher gehen will, beruhigt sein Gewissen mit zusätzlichen Daten, die er unabhängig von der Vernetzung ermittelte. Richtig gemacht haben es Hucho et al. (1978) und Langosch et al. (1988).

## 8.1.5 S & M mit Aminosäureanalysen oder Antikörpern

Das stöchiometrische Verhältnis zweier Untereinheiten eines Proteinkomplexes aus der Messung ihrer Farbintensität im SDS-Gel bestimmen zu wollen, hieße Äpfel mit Birnen vergleichen. Doch das Verhältnis der Molaritäten der endständigen Aminosäuren der Untereinheiten kann beim Edman-Abbau über Kalibrationsgeraden genau bestimmt werden (▶ Abschn. 7.7.2). Dieses Verhältnis ist gleich dem stöchiometrischen Verhältnis der Untereinheiten (◘ Tab. 8.1). Sind jedoch, was häufig vorkommt, die endständigen Aminosäuren ganz oder teilweise blockiert, versagt die Methode (▶ Abschn. 7.7.1).

◘ **Tab. 8.1** Die Untereinheitenzusammensetzung eines Heterooligomers bestimmt das Verhältnis der Molaritäten der endständigen Aminosäuren seiner Untereinheiten

| Untereinheiten-zusammen-setzung | Molares Verhältnis der endständigen Aminosäure ($\alpha$-Untereinheit) zur endständigen Aminosäure ($\beta$-Untereinheit) |
|---|---|
| $\alpha\beta$; $\alpha_2\beta_2$; $\alpha_3\beta_3$ | 1,0 |
| $\alpha_2\beta_3$ | 1,5 |
| $\alpha\beta_2$; $\alpha_2\beta_4$; | 2,0 |
| $\alpha\beta_3$ | 3,0 |
| $\alpha\beta_4$ | 4,0 |

Kapp et al. (1990) bestimmen die Untereinheitenzusammensetzung heterooligomerer Proteine mit Aminosäureanalysen. Die Idee ist, dass die Aminosäurezusammensetzung des Oligomers (bekannt) abhängt von den Aminosäurezusammensetzungen der Untereinheiten (bekannt) und von deren Stöchiometrie (unbekannt). Der Experimentator benötigt das MG des Oligomers, Zahl und MG der Untereinheiten und Aminosäureanalysen von Oligomer und Untereinheiten. Die Aminosäurezusammensetzung der Untereinheiten ergibt sich auch aus ihrer Sequenz (falls vorhanden). Die Mole der Aminosäure $A_i$ pro Mol Heterooligomer sind die Summe (über alle Untereinheiten) der Mole $A_i$ pro Mol Untereinheit multipliziert mit der Anzahl der jeweiligen Untereinheit im Oligomer (Stöchiometrieindizes). Nur die letzten Größen, die Stöchiometrieindizes, sind unbekannt. Für jede Aminosäure lässt sich eine solche Gleichung aufstellen, theoretisch also ca. 20 Gleichungen. Die Zahl der Untereinheiten-Typen und damit ihrer Stöchiometrieindizes (der Unbekannten) dagegen ist meistens kleiner 20. Die Stöchiometrieindizes lassen sich also berechnen. Die Methode scheint experimentell einfach zu sein. Auch ist sie unempfindlich gegenüber geringen Unsicherheiten in der MG-Bestimmung von Heterooligomer und Untereinheiten. Für den Umgang mit 20 Gleichungen braucht es aber einen ausgefuchsten Rechner.

Ebenfalls unabhängig von Vernetzungsdaten kommt eine immunologische Methode zu Aussagen über die Stöchiometrie der Untereinheiten eines Oligomers (◘ Abb. 8.8) (Pestka et al. 1983;

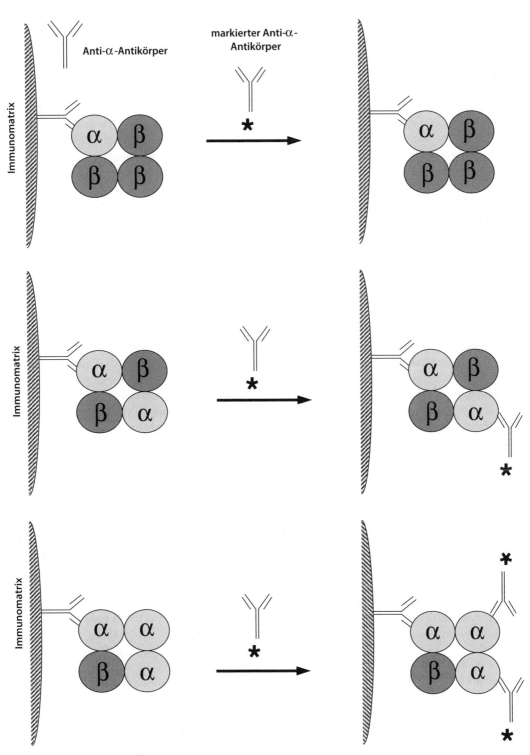

◻ **Abb. 8.8** Untersuchung der Stöchiometrie von Heterooligomeren mit untereinheitenspezifischen Antikörpern

Whiting et al. 1987). Ein Oligomer besitze eine unbekannte Anzahl an α-Untereinheiten. Ein Anti-α-Antikörper, der an ein eng begrenztes Epitop der Untereinheit α bindet (monoklonaler Antikörper oder polyklonale Antikörper gegen eine kurze Aminosäuresequenz), wird kovalent an eine Matrix gekoppelt. Die Überlegung ist, dass das Oligomer nur mit einer α-Untereinheit an die Immunmatrix bindet. Existiert mehr als eine α-Untereinheit pro Oligomer, bleiben auf dem Oligomer Epitope frei. Diese Epitope binden freien Anti-α-Antikörper. Der Experimentator belädt also die Immunmatrix mit dem Oligomer und wäscht ungebundenes Oligomer weg. Danach untersucht er, wie viel freien Anti-α-Antikörper die mit dem Oligomer beladene Matrix bindet. Es empfiehlt sich, den freien Anti-α-Antikörper mit $^{125}$Iod zu markieren. Zur Kontrolle dient eine Immunmatrix ohne Oligomer oder – besser – eine Immunmatrix, die in Anwesenheit eines Bindungshemmers mit Oligomer beladen wurde. Ein geeigneter Bindungshemmer wäre z. B. das Peptid, gegen das der Antikörper gemacht wurde. Kann die Menge des Oligomers auf der Matrix nicht genau bestimmt werden, ist nur eine qualitative Aussage möglich. Zudem ist die Methode störanfällig: Niemand garantiert, dass das Oligomer nur über einen Antikörper an die Immunmatrix bindet. Ist die Dichte an Antikörper auf der Matrix hoch, bindet ein Oligomer, das mehr als eine α-Untereinheit besitzt, eventuell über mehrere α-Untereinheiten und mehrere Antikörper an die Matrix. Die Bindung von freiem Antikörper wird verhindert und der Stöchiometrieindex der Untereinheit α unterschätzt. Schließlich könnte bei mehr als zwei Untereinheiten pro Oligomer und geeigneten sterischen Verhältnissen ein Antikörper zwei freie α-Epitope absättigen. Wieder ergäbe sich ein zu niedriger Stöchiometrieindex.

der Untereinheiten sind für die Oligomerbildung verantwortlich? Wie sind diese Kontaktstellen geometrisch angeordnet? Nicht nur die Röntgenstrukturanalyse gibt Antwort:

- Bestehen die Kontaktstellen aus Teilsequenzen und sind sie nicht punktuell über weite Bereiche verstreut, dann kann der Experimentator Peptide synthetisieren, die einer Hälfte der Kontaktstelle (d. h. einer Bindungsstelle) entsprechen (Li et al. 1992; Maniolos 1990; Pakula und Simon 1992; Sumikawa 1992). Die Peptide sollten an die Kontaktstelle binden und die Bildung von Oligomeren hemmen. Das Gleiche gilt für Antikörper gegen die Sequenz der Kontaktstelle. Wie findet man das richtige Peptid aus den Hunderten möglichen? Entweder raten oder teilen: das Protein halbieren (bzw. zwei Hälften exprimieren), schauen welche Hälfte bindet oder ein Oligomer bildet, diese Hälfte wieder halbieren etc.

- Die Kontaktstellen sind die Berührungspunkte der Untereinheiten des Oligomers, liegen also nahe beieinander. Benachbarte Teilsequenzen lassen sich über Vernetzungsstudien mit künstlich eingeführten Cysteinresten identifizieren. Voraussetzung ist, dass die Cysteinreste die Funktion und Konformation des Proteins nicht ändern (◘ Abb. 8.9).

- Man ersetzt Teile der Untereinheit durch entsprechende Teile eines verwandten Moleküls, das mit den restlichen Untereinheiten kein Oligomer bildet. Danach untersucht man, z. B. mit Ko-Immunpräzipitation, welche Chimären Oligomer bilden und welche nicht.

## 8.2 Was unsre Welt im Innersten zusammenhält

Ist die Zusammensetzung eines Oligomers aufgeklärt, bleibt die Frage, warum das Oligomer gerade die und keine andere Zusammensetzung hat. Wie kommt diese Spezifität zustande? Welche Bereiche

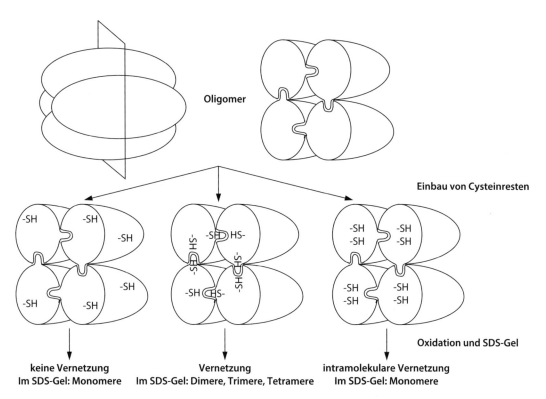

Oligomer

Einbau von Cysteinresten

Oxidation und SDS-Gel

keine Vernetzung
Im SDS-Gel: Monomere

Vernetzung
Im SDS-Gel: Dimere, Trimere, Tetramere

intramolekulare Vernetzung
Im SDS-Gel: Monomere

◘ **Abb. 8.9** Bestimmung von Kontaktstellen. In die Polypeptidketten der Monomere werden Cysteinreste eingeführt. Im zugehörigen Oligomer werden die Cysteinreste oxidiert. Sitzen die Cysteinreste der Monomere in der Nähe der Kontaktstellen zwischen den Monomeren, vernetzt die Oxidation das Oligomer kovalent (Disulfidbrücken). Im SDS-Gel (nicht-reduzierende Bedingungen) tauchen dann Dimere, Trimere etc. auf

## Literatur

Arthur C, Stowell M (2007) Structure of synaptophysin: a hexameric MARVEL domain channel protein. Structure 15:707–714

Cooper E et al (1991) Pentameric structure and subunit stoichiometry of a neuronal nicotinic acetylcholine receptor. Nature 350:235–238

Darawshe S, Daniel E (1991) Molecular symmetry and arrangement of subunits in extracellular hemoglobin from the nematode *Ascaris suum*. Eur J Biochem 201:169–173

Darawshe S et al (1987) Quaternary structure of erythrocruorin from the nematode *Ascaris suum*. Biochem J 242:689–694

Hansen R et al (2007) Quantification of protein thiols and dithiols in the picomolar range using sodium borohydride and 4,4'-dithio-dipyridine. Anal Biochem 363:77–82

Hucho F et al (1975) Investigation of the symmetry of oligomeric enzymes with bifunctional reagents. Eur J Biochem 59:79–87

Hucho F et al (1978) The acetylcholine receptor as part of a protein complex in receptor-enriched membrane fragments from *Torpedo californica* electric tissue. Eur J Biochem 83:335–340

Johnston P, Südhof T (1990) The multisubunit structure of synaptophysin; relationship between disulfide bonding and homo-oligomerization. J Biol Chem 265:8869–8873

Kapp O et al (1990) Calculation of subunit stoichiometry of large multisubunit proteins from amino acid compositions. Anal Biochem 184:74–82

Klotz I et al (1970) Quaternary structure of proteins. Annu Rev Biochem 39:25–62

Kobashi K (1968) Catalytic oxidation of sulfhydryl groups by o-phenanthroline copper complex. Biochim Biophys Acta 158:239–245

Langosch D et al (1988) Conserved quaternary structure of ligand-gated ion channels: the postsynaptic glycine receptor is a pentamer. Proc Natl Acad Sci USA 85:7394–7398

Li M et al (1992) Specification of subunit assembly by the hydrophilic amino-terminal domain of the shaker potassium channel. Science 257:1225–1230

Lustig A et al (2000) Molecular weight determination of membrane proteins by sedimentation equilibrium at the sucrose or nycodenz-adjusted density of the hydrated detergent micelle. Biochim Biophys Acta 1464:199–206

Machaidze G, Lustig A (2006) SEGAL, a semi-automatic program for fitting sedimentation equilibrium patterns from analytical ultracentrifugation. J Biol Phys Chem 6:91–102

MacKinnon R (1991) Determination of the subunit stoichiometry of a voltage-activated $K^+$ channel. Nature 350:232–235

Maniolos M (1990) Transmembrane helical interactions and the assembly of the T cell receptor complex. Science 249:274–277

Pakula A, Simon M (1992) Determination of transmembrane protein structure by disulfide cross-linking: the *E. coli* Tar receptor. Proc Natl Acad Sci USA 89:4144–4148

Penhoet E et al (1967) The subunit structure of mammalian fructose diphosphate aldolase. Biochemistry 6:2940–2949

Pestka S et al (1983) Specific immunoassay for protein dimers, trimers and higher oligomers. Anal Biochem 132:328–333

Rehm H et al (1986) Molecular characterization of synaptophysin, a major calcium binding protein of the synaptic vesicle membrane. EMBO J 5:535–541

Sumikawa K (1992) Sequences on the N-terminus of ACh receptor subunits regulate their assembly. Mol Brain Res 13:349–353

Thomas L et al (1988) Identification of synaptophysin as a hexameric channel protein of the synaptic vesicle membrane. Science 242:1050–1053

Waheed A et al (1990) Quaternary structure of the Mr 46 000 mannose 6-phosphate specific receptor: effect of ligand, pH, and receptor concentration on the equilibrium between dimeric and tetrameric receptor. Biochemistry 29:2449–2455

Whiting P et al (1987) Neuronal nicotinic acetylcholine receptor β-subunit is coded for by the cDNA clone a4. FEBS Lett 219:459–463

Zhang M, Kaltashov IA (2006) Mapping of protein disulfide bonds using negative ion fragmentation with a broadband precursor selection. Anal Chem 78:4820–4829

# Glykoproteine

H. Rehm, T. Letzel, *Der Experimentator: Proteinbiochemie/Proteomics*,
DOI 10.1007/978-3-662-48851-5_9, © Springer-Verlag Berlin Heidelberg 2016

» „Da dieses dein Entschluss ist", versetzte Don
Quichotte, „so wollen wir die Gespenster lassen
und uns aufmachen, größere und wichtigere
Abenteuer zu suchen, denn diese Gegend hat
die Physiognomie, dass es hier nicht an vielen
und sehr wundervollen fehlen kann."

## 9.1    Wie, wo und wozu werden Proteine glykosyliert?

Nach der Synthese eines Proteins am endoplasmatischen Retikulum bleibt die Zelle nicht mü-
ßig, sondern bastelt weiter an ihrem Produkt. Sie
schneidet die Polypeptidketten zurecht, phosphoryliert oder sulfatiert manches Serin, Threonin oder
Tyrosin und versieht bestimmte Proteine mit Oligosaccharidketten. Letzteres heißt **Glykosylierung.**
Glykosyliert sind viele der extrazellulären Proteine
in Serum, Harn, Speichel, Lymphe, Cerebrospinal-
flüssigkeit, aber auch integrale Membranproteine
(auf der extrazellulären Seite) und Proteine, die
auf der extrazellulären Seite der Membran sitzen.
Länge, Ladung und Sequenz der Zuckerkette sind
für ein bestimmtes Protein keine Konstanten, sondern hängen, wie die menschliche Oberbekleidung,
von Spezies, Gewebe, Alter und dem Zustand des
Organismus (z. B. Krankheit, Schwangerschaft etc.)
ab. Ein glykosyliertes Protein besteht in der Regel
aus einer Reihe von Glykoformen, d. h. Proteinen
mit gleicher Polypeptidsequenz, aber verschiedenen
Zuckerresten.

Die Zucker N-glykosylierter Proteine (z. B. Synaptophysin, Ovalbumin, Transferrin) hängen am
Asparagin eines Asn-X-Thr/Ser-Sequenzmotivs.
Nicht jedes Glykosylierungsmotiv wird jedoch
glykosyliert. Die Zucker O-glykosylierter Proteine
(z. B. menschliches IgA, Plasminogen, Fetuin) sind
über Serine oder Threonine an die Polypeptidkette
geknüpft. Der Glykosyltransfer auf Serin oder Threonin benötigt kein Sequenzmotiv. Ein bestimmtes
Glykoprotein kann N- und O-glykosyliert sein (z. B.
Fetuin, menschliches IgA$_1$ und IgD).

Welche Rolle spielt die Proteinglykosylierung
im Zellstoffwechsel?

Die Entdeckung von Glykosylierungshemmern
und die Verfügbarkeit selektiver, hochgereinigter

Glykosidasen ermöglichten es, diese Frage zu beantworten:

- Glykosylierung schützt Proteine vor proteolytischem Verdau.
- Die Glykosylierung mancher Rezeptoren (z. B.
Insulin-Rezeptor) ändert deren Affinität zu
den Liganden, und umgekehrt beeinflusst
die Glykosylierung mancher Liganden (z. B.
Thyrotropin, *human chorionic gonadotropin*)
deren Affinität zum Rezeptor. Auch hängt die
Aktivität bestimmter Hormone und Enzyme
(z. B. *extrinsic tissue plasminogen activator*) von
ihrer Glykosylierung ab.
- Die Glykosylierung eines Proteins dient als
Signal für den intrazellulären Transport: Gly-
kosylierte Proteine werden ins extrazelluläre
Medium bzw. an die Zellmembran transpor-
tiert.
- Die Wechselwirkung der Zuckerketten von
Membranproteinen und extrazellulärem
Matrixmaterial mit Lektinen regulieren Wan-
derung und Verteilung bestimmter Zellen im
Organismus (z. B. Lymphocyten).

Die Forschungsmöglichkeiten auf dem Gebiet der
Glykoproteine bestehen also nicht nur darin, die
Sequenz und Zusammensetzung der Zuckerketten
eines Proteins aufzuklären. Diese mühselige Angelegenheit überlässt der ehrgeizige Doktorand besser
anderen, zumal dann, wenn die Arbeit voraussehbar
in einer reinen Beschreibung endet und keine funktionellen Schlüsse zulässt. Eine mögliche Goldgrube
dagegen ist die Untersuchung der Beteiligung der
Zuckerketten von Zellmembranproteinen an der
Steuerung der Zellwanderungen, der Ausbildung
von Zell-Zell-Kontakten und damit der Entwicklung des Organismus.

Zwei gute Übersichtsartikel zu dem Thema sind
Kobata (1992) und Varki et al. (2008).

## 9.2    Nachweis von Glykoproteinen in Gelen

Glykoproteine in SDS-Gelen färbt der traditions-
bewusste Biochemiker mit PAS. Dazu setzt er das
Gel mit den **P**eriodat-oxidierten Glykoproteinen

nacheinander mit **A**rsenit und **S**chiffreagenz um (Fairbanks et al. 1971). Eine Modifikation der PAS-Färbung beschreibt Gerard (1990). Die PAS-Färbung benötigt 3 μg Protein pro Bande und lässt sich durch drei Worte charakterisieren: umständlich und unempfindlich.

Etwas empfindlicher ist die Thymol-Schwefelsäure-Färbung (Gerard 1990). Auch diese Färbung dauert etwa einen Tag und benötigt mindestens 1–2 μg Glykoprotein. Zudem ist die Färbung bei RT nur für ein paar Stunden stabil; bei −20 °C hält sie sich ein paar Tage.

## 9.3 Nachweis von Glykoproteinen auf Blots

### 9.3.1 Nicht-selektive Glykoproteinfärbung

Empfindliche Glykoproteinfärbungen oxidieren die vicinalen Hydroxylgruppen der Oligosaccharide und setzen die entstandenen Aldehydgruppen mit Hydraziden um (◘ Abb. 9.1). Oxidationsmittel ist meistens Periodat. Die Reaktionen können vor der Elektrophorese oder erst auf dem Blot durchgeführt werden. Für die Periodat-Oxidation von Glykoproteinen auf dem Blot blotten Sie besser auf PVDF-Membranen, denn oxidierte Nitrocellulose gibt eine Hintergrundfärbung.

Heimgartner et al. (1989) oxidieren geblottete Glykoproteine mit Periodat und setzen die entstandenen Aldehydgruppen mit Polyhydraziden und danach mit Periodat-oxidierter Peroxidase um. Die Methode erfasst Submikrogramm-Mengen von Glykoproteinen. Das verwendete Polyhydrazid ist nicht im Handel erhältlich und die Färbung nicht proportional zum Zuckergehalt der Proteine. Zudem hängt die Färbung vom Aufbau der Zuckerkette ab.

O'Shanessy et al. (1987) setzen Periodat-oxidierte Glykoproteine mit Biotin-Aminocaproyl-Hydrazid um. Die biotinylierten Glykoproteine werden einer SDS-Gelelektrophorese unterworfen, auf Nitrocellulose geblottet und mit Peroxidase-Streptavidin nachgewiesen. Die Reagenzien sind im Handel erhältlich, die Nachweisgrenze liegt bei 1 ng

Glykoprotein pro Bande. Die Proportionalität der Färbung zum Zuckergehalt des Glykoproteins oder ihre Unabhängigkeit vom Aufbau der Zuckerkette wurde nicht gezeigt.

Analog zur O'Shanessy-Methode verläuft der Nachweis von Glykoproteinen mit Digoxigenin-3-O-succinyl-ε-amidocapronsäure-Hydrazid (Roche Diagnostics). Die Glykoproteine werden zuerst mit Periodat oxidiert und dann mit dem Hydrazid umgesetzt. Nach SDS-Gelelektrophorese und Blot weist man sie mit an alkalische Phosphatase gekoppelten Anti-Digoxigenin-Antikörpern nach.

### 9.3.2 Selektive (Lektin-)Färbung

Mit markierten Lektinen lassen sich auf Blots weniger als 10 ng Glykoprotein pro Bande nachweisen. Da bestimmte Lektine nur an bestimmte Zucker binden, gibt eine Reihe verschiedener Lektine mit einem bestimmten Glykoprotein ein charakteristisches Bindungsmuster. So weist die Bindung von RCA auf endständiges Gal, die von SBA auf endständiges GalNAc und die Bindung von Con A auf N-glykosylierte Proteine hin (Spezifität und Herkunft der Lektine siehe ◘ Tab. 9.1). O-glykosylierte Proteine binden selektiv an Jacalin (Hortin und Timpe 1990) und nach Entfernung endständiger Sialinsäuren durch Neuraminidaseverdau an PNA (Kijimoto et al. 1985). Besitzt das Glykoprotein mehrere Zuckerketten, lässt das Lektin-Bindungsmuster keinen Schluss auf den Aufbau einzelner Oligosaccharide zu.

Zur Charakterisierung von Glykoproteinen mit Lektinen wird die Probe auf einem SDS-Gel mit ca. 10 cm breiter Tasche gefahren und geblottet. Der Blot (auf PVDF-Membran) wird auf Protein gefärbt und die ca. 10 cm lange Proteinbande quer in ca. 20 schmale Streifen geschnitten. Nach dem Blocken (z. B. mit 2 % Polyvinylpyrrolidon-360 in 50 mM Tris-Cl pH 7,5 und 0,5 M NaCl) werden je zwei Streifen mit einem markierten Lektin (◘ Tab. 9.1) mit bzw. ohne hemmenden Zucker inkubiert und danach entwickelt (Ogawa et al. 1986).

Lektin-Blots werden mit Substanzen geblockt, die frei von lektinbindenden Glykoproteinen

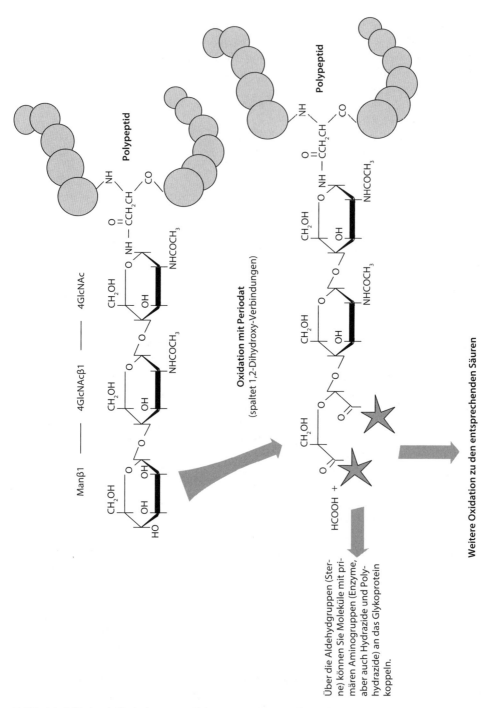

**◻ Abb. 9.1** Oxidation der Zuckerketten von Glykoproteinen. Die vicinalen Hydroxylgruppen der Zuckerreste werden mit Periodat zu Aldehydgruppen oxidiert. Hydroxylgruppen in *cis*-Konfiguration und die azyklischen Diolgruppen in Sialinsäuren oxidieren besonders leicht

**◻ Tab. 9.1** Markierte Lektine

| Peroxidase (P)[a], Biotin (B)[b] oder FITC (F) | Marker | Lektin | Spezifität | Kofaktoren | Spezifische Aktivität |
|---|---|---|---|---|---|
| | $^3H$ | WGA (Triticum vulgaris) | (D-GlcNAc)$_n$ | | 100 µCi/mg |
| | | Con A (Canavalia ensiformis) | α-D-Man, α-D-Glc | $Ca^{2+}$, $Mn^{2+}$ | 30–90 Ci/mmol |
| | $^{125}I$ | Con A (Canavalia ensiformis) | α-D-Man, α-D-Glc | $Ca^{2+}$, $Mn^{2+}$ | 30.000–40.000 µCi/mg |
| | $^{14}C$ | Con A (Canavalia ensiformis) | α-D-Man, α-D-Glc | $Ca^{2+}$, $Mn^{2+}$ | 5–50 µCi/mg |
| | | LCA (Lens culinaris) | Endständige α-D-Man, α-D-Glc | | 5–50 µCi/mg |
| B | | AAA (Aleuria aurantia) | α-(1,6)-Fuc | | 3–5 Mol Biotin/ Mol Lektin |
| B, F | | APA (A brus precatorius) | D-Gal | | 3 Mol Biotin/ Mol Lektin |
| B, F | | BPA (Bauhinia purpurea) | β-D-Gal-(1,3)-D-GalNAc | | 4 Mol Biotin/ Mol Lektin |
| B, F, P | | BS-I (Bandeiraea simplicifolia) | α-D-Gal, α-D-GalNAc | $Ca^{2+}$, $Mg^{2+}$, $Mn^{2+}$ | 5 Mol Biotin/ Mol Lektin |
| B, F | | CAA (Caragana arborescens) | D-GalNAc | | 6 Mol Biotin/ Mol Lektin |
| B, F, P | | Con A (Canavalia ensiformis) | α-D-Man, α-D-Glc | $Ca^{2+}$, $Mn^{2+}$ | 4–8 Mol Biotin/ Mol Lektin |
| B, F, P | | DBA (Dolichos biflorus) | α-D-GalNAc | | 4–8 Mol Biotin/ Mol Lektin |
| B | | DSA (Datura stramonium) | β-(1,4)-verknüpfte Oligomere von GlcNAc | | 2–4 Mol Biotin/ Mol Lektin |
| B, F, P | | ECA (Erythrina cristagalli) | β-D-Gal-(1,4)-D-GlcNAc | | 2 Mol Biotin/ Mol Lektin |
| B, F | | ECorA (Erythrina corallodendron) | β-D-Gal-(1,4)-D-GlcNAc | | 5 Mol Biotin/ Mol Lektin |
| B | | GNA (Galanthus nivalis) | Endständige Man | | 0,5–3 Mol Biotin/Mol Lektin |
| B, F, P | | HAA (Helix aspersa) | Endständige α-D-GalNAc | | 2 Mol Biotin/ Mol Lektin |

[a] Die spezifische Aktivität, gemessen in Purpurogallin-Einheiten/mg Protein, schwankt bei den mit Peroxidase markierten Lektinen zwischen 10 und 60.
[b] Wird mit Avidin und biotinylierter Peroxidase nachgewiesen.
[c] Wird mit Anti-Digoxigenin-Antikörpern gekoppelt an Fluorescein, Peroxidase oder alkalische Phosphatase nachgewiesen.
Dig: Digoxigenin, FITC: Fluorescein-Isothiocyanat

◘ **Tab. 9.1** *(Fortsetzung)*

| Peroxidase (P)[a], Biotin (B)[b] oder FITC (F) | Marker | Lektin | Spezifität | Kofaktoren | Spezifische Aktivität |
|---|---|---|---|---|---|
| | B, F, P | HPA *(Helix pomatia)* | Endständige α-D-GalNAc | | 2–4 Mol Biotin/ Mol Lektin |
| | F, B | LCA *(Lens culinaris)* | Endständige α-D-Man, α-D-Glc | | 2–3 Mol Biotin/ Mol Lektin |
| | B | MAA *(Maackia amurensis)* | α-(2,3)-verknüpfte Sialinsäuren | | 3–5 Mol Biotin/ Mol Lektin |
| **Digoxigenin[c]** | F, B | MPA *(Madura pomifera)* | Endständige α-D-Gal, α-D-GalNAc | | 2 Mol Biotin/ Mol Lektin |
| | F, B | PHA-L *(Phaseolus vulgaris)* | | | 6–12 Mol Biotin/Mol Lektin |
| | B, F, P | PNA *(Arachis hypogaea)* | β-D-Gal-(1,3)-D-GalNAc | | 3 Mol Biotin/ Mol Lektin |
| | B | RCA 120 *(Ricinus communis)* | Endständige β-D-Gal | | 2–4 Mol Biotin/ Mol Lektin |
| | B, F, P | SBA *(Glycine max)* | D-GalNAc | | 3 Mol Biotin/ Mol Lektin |
| | B | SNA *(Sambucus nigra)* | β-D-Gal-(1,4)-D-Glc, endständige Gal-α-(2,6)-NeuAc, GalNAc-α-(2,6)-NeuAc | | 6–10 Mol Biotin/Mol Lektin |
| | B, F, P | UEA I *(Ulex europaeus)* | α-L-Fuc | | 8 Mol Biotin/ Mol Lektin |
| | B, F, P | WGA *(Triticum vulgaris)* | (D-GlcNAc)$_n$ | | 2–4 Mol Biotin/ Mol Lektin |
| | | AAA *(Aleuria aurantia)* | α-(1,6)-Fuc | | 1–3 Mol Dig/ Mol Lektin |
| | | Con A *(Canavalia ensiformis)* | α-D-Man, α-D-Glc | $Ca^{2+}$, $Mn^{2+}$ | 1–3 Mol Dig/ Mol Lektin |
| | | DSA *(Datura stramonium)* | (D-GlcNAc)$_2$ | | 1–3 Mol Dig/ Mol Lektin |
| | | GNA *(Galanthus nivalis)* | Endständige Man | | 1–3 Mol Dig/ Mol Lektin |
| | | MAA *(Maackia amurensis)* | α-(2,3)-verknüpfte Sialinsäuren | | 1–2 Mol Dig/ Mol Lektin |

[a] Die spezifische Aktivität, gemessen in Purpurogallin-Einheiten/mg Protein, schwankt bei den mit Peroxidase markierten Lektinen zwischen 10 und 60.
[b] Wird mit Avidin und biotinylierter Peroxidase nachgewiesen.
[c] Wird mit Anti-Digoxigenin-Antikörpern gekoppelt an Fluorescein, Peroxidase oder alkalische Phosphatase nachgewiesen.
Dig: Digoxigenin, FITC: Fluorescein-Isothiocyanat

**◘ Tab. 9.1** *(Fortsetzung)*

| Peroxidase (P)[a], Biotin (B)[b] oder FITC (F) | Marker | Lektin | Spezifität | Kofaktoren | Spezifische Aktivität |
|---|---|---|---|---|---|
| | | PNA *(Arachis hypogaea)* | β-D-Gal-(1,3)-D-GalNAc | | 1–6 Mol Dig/ Mol Lektin |
| | | RCA 120 *(Ricinus communis)* | Endständige β-D-Gal | | 1–3 Mol Dig/ Mol Lektin |
| | | SNA *(Sambucus nigra)* | β-D-Gal-(1,4)-D-Glc, endständige Gal-α-(2,6)-NeuAc, GalNAc-α-(2,6)-NeuAc | | 1–3 Mol Dig/ Mol Lektin |
| | | WGA *(Triticum vulgaris)* | (D-GlcNAc)$_n$ | | 1–3 Mol Dig/ Mol Lektin |

[a] Die spezifische Aktivität, gemessen in Purpurogallin-Einheiten/mg Protein, schwankt bei den mit Peroxidase markierten Lektinen zwischen 10 und 60.

[b] Wird mit Avidin und biotinylierter Peroxidase nachgewiesen.

[c] Wird mit Anti-Digoxigenin-Antikörpern gekoppelt an Fluorescein, Peroxidase oder alkalische Phosphatase nachgewiesen.

Dig: Digoxigenin, FITC: Fluorescein-Isothiocyanat

sind (Tween, Polyvinylpyrrolidon-360, gereinigtes BSA, Periodat-oxidiertes BSA, Hämoglobin). Milchpulver und die billigeren BSA-Präparate enthalten Glykoproteine. Ein Kontrollstreifen des Blots sollte mit Lektin und konkurrierendem Zucker inkubiert werden und keine Färbung zeigen. Vergessen Sie nicht: Viele Lektine binden nur in Gegenwart von Kofaktoren (z. B. Ca$^{2+}$, Mg$^{2+}$ oder Mn$^{2+}$).

Wer die Blots mit peroxidasemarkierten Lektinen färbt, sollte wissen, dass das Peroxidase-Substrat Diaminobenzidin krebserregend sein soll und Con A Peroxidasen bindet. Eine kovalente Markierung von Con A ist also unnötig.

Rohringer und Holden (1985) konjugieren Lektine mit Biotin und weisen ihre Bindung an den Blot dann mit Avidin-Peroxidase nach. Eventuelle endogene Peroxidasen schalten die Autoren durch Autoklavieren aus.

Schließlich wird derjenige wenig Freude haben, der Lektine, die an Cellulose binden, mit Nitrocellulose-Blots umsetzt (Ausweichmöglichkeit: PVDF-Membranen). ◘ Tabelle 9.1 zeigt eine Auswahl kommerziell erhältlicher markierter Lektine.

## 9.4 Anreicherung von Glykopeptiden für die LC/MS

Verachten Sie alte Methoden nicht; behalten Sie sie im Hinterkopf. Auf neue Felder angewendet, können sie neue Früchte treiben. Das gilt selbst für eine Methusalem-Methode wie die Acetonfällung (▶ Abschn. 1.5.2). Das Folgende verdanken wir einem Hinweis von Andre Marschall.

Mit Glykoproteinen ist es schwer, umzugehen, weil sie so vielfältig sind. Eine bestimmte Proteinkette kann glykosyliert sein oder nicht, und falls sie glykosyliert ist, kann die Zuckerkette verschieden lang, verzweigt oder nicht verzweigt, geladen oder nicht geladen sein. Ein bestimmtes Polypeptid kann in Dutzenden verschiedener Glykoformen erscheinen. Zerlegt man die Glykoformen in Peptide, erscheint im LC/MS dementsprechend ein Wald von Gipfeln.

„Wie gehe ich mit dieser Vielfalt um?", fragt sich da der Sozialpädagoge.

Für die Untersuchung im LC/MS würde es helfen, wenn man allein die Glykopeptide vorliegen hätte. Dazu zerlegt Daisuke Takakura das Glykopro-

tein mit Trypsin in Peptide und trennt die glykosylierten von den nicht-glykosylierten Peptiden mit
einer Acetonfällung (Takakura et al. 2014). Er hält
das für wirksamer als eine Lektin-Affinitätschromatographie. Ein Lektin binde immer nur einen Teil
der Glykopeptide, und zudem sei das Eluat mit unspezifisch bindenden Peptiden und von der Säule
leckendem Lektin verunreinigt.

Eine Acetonfällung dagegen basiere auf der
unterschiedlichen Löslichkeit von glykosylierten
und nicht-glykosylierten Peptiden in Aceton. Mit
wenigen Ausnahmen, z. B. O-glykosylierte hydrophobe Peptide, würden alle Glykopeptide zu
80–90 % mit Aceton ausfallen. Umgekehrt blieben
alle nicht-glykosylierten Peptide im Überstand mit
der Ausnahme von extrem hydrophilen nicht-glykosylierten Peptiden. O-glykosylierte Peptide fallen
deswegen aus dem Rahmen, weil ihre Zuckerketten
für gewöhnlich kleiner sind als diejenigen N-glykosylierter Peptide.

Die Acetonfällung der Peptide nach Takakura
umfasst folgende Schritte:
- Denaturierung und Reduktion der Proteine
  mit 7 M Guanidinhydrochlorid und DTT bei
  65 °C,
- Alkylierung der Cysteinreste mit Iodacetamid,
- Verdau der Proteine mit Trypsin,
- Fällung hydrophiler Peptide durch Zugabe
  eines fünffachen Volumens von Aceton und
  Inkubation bei −25 °C,
- Abzentrifugieren des Präzipitats und Trennung
  von Überstand und Pellet,
- Lösen der Glykopeptide (des Pellets) in 0,1 %
  Ameisensäure für die Analyse in LC/MS.

Takakura hat seine Methode mit α1-sauren Glykoproteinen aus menschlichem Serum, menschlichem Choriongonadotropin, Etanercept (ein zy-
tokinbindendes Glykoprotein) und menschlichen
Serumproteinen erprobt. Bei Letzteren konnte er
in den Acetonpräzipitaten 159 Glykoformen von
63 tryptischen Glykopeptiden identifizieren. Mit
ungetrennten Verdaus erhielt er 72 Glykoformen
von 35 Glykopeptiden.

Ein Nachteil ist, dass die Acetonfällung drei
Tage in Anspruch nimmt.

## 9.5 Deglykosylierung

Man deglykosyliert Proteine zur Bestimmung des
MG der Polypeptidkette oder der Aktivität des
deglykosylierten Proteins. Oft hemmen Zuckerketten auch den Proteaseverdau eines Proteins zu
definierten Peptiden für die Sequenzanalyse. Zu deglykosylierten Proteinen führen vier Wege: Glyko-
sylierungshemmer, Endoglykosidasen, die Chemie
und – wie kann es anders sein – die Massenspektrometrie. Die Methoden in ▶ Abschn. 9.5 legen Wert
auf das intakte Protein, die Integrität der abgelösten
Zuckerketten wird vernachlässigt; intakte Zuckerketten erhalten Sie mit den in ▶ Abschn. 9.6.2 beschriebenen Techniken.

### 9.5.1 Glykosylierungshemmer

Die Zugabe eines Glykosylierungshemmers zu Zellkulturen stoppt die Glykosylierung der Proteine
an bestimmten Punkten der Glykosylierungskette
(Powell 2001; Schwarz und Datema 1984). Das Ergebnis sind Proteine mit kürzeren oder fehlenden
Zuckerketten. ◘ Tabelle 9.2 zählt die wichtigsten
N-Glykosylierungshemmer auf.

Tunicamycin und Amphomycin verhindern
die N-Glykosylierung durch Hemmung des Doli-
cholstoffwechsels (◘ Abb. 9.2). Unreine Tunicamy-
cinpräparationen hemmen auch geringfügig die
Proteinsynthese. Swainsonin, Castanospermin etc.
verhindern das Zurechtschneiden (Trimming) der
N-glykosidisch gebundenen Zucker und ändern
dadurch das Glykosylierungsmuster (◘ Abb. 9.2).

Ein spezifischer Inhibitor der O-Glykosylierung
ist nach Olivier Nosjean die Verbindung Benzyl-
N-acetyl-α-D-galactosamid. Es handelt sich um
einen kompetitiven Hemmer der N-Acetyl-α-D-
galactosaminyl-Transferase. Das Enzym katalysiert
den ersten Schritt in der Biosynthese der meisten O-
glykosidisch gebundenen Zuckerketten (Glykane).
Patsos et al. (2005) haben, ausgehend von Benzyl-
O-N-acetyl-D-galactosamin, eine Bibliothek von
Hemmern der O-Glykosylierung entwickelt.

So schön es ist, mit Glykosylierungshemmern
zu arbeiten, zuerst müssen Sie eine Zelllinie finden, die das gesuchte Protein exprimiert (George

| Name | Quelle | Mechanismus | Wirksame Konzentration | Besondere Eigenschaften |
|------|--------|-------------|------------------------|-------------------------|
| Tunicamycin | *Streptomyces lysosuperificus* | Hemmt die GlcNAc-1-P-Transferase | 0,2–1 µg/ml | Löslich in DMSO und Dimethylformamid, unlöslich in wässrigen Lösungen mit pH < 6; existiert in mehreren isomeren Formen; giftig |
| Amphomycin | *Streptomyces canus* | Bildet mit Dolicholphosphat Komplexe und hemmt dadurch dessen Glykosylierung | 25–100 µg/ml | Wirkung abhängig von $Ca^{2+}$ im Medium |
| Swainsonin | *Swainsona canescens, Astragalus* | Hemmt die α-Mannosidase II | 0,2–1 µg/ml | Löst sich in Wasser und Chloroform |
| Castanospermin | *Castanospermum australe* | Hemmt die Glucosidase I | 10–50 µg/ml | |
| Nojirimycin | *Streptomyces* | Hemmt die Glucosidase I | | |
| 1-Deoxynojirimycin | *Bacillus* | Hemmt die Glucosidase I und in hohen Dosen auch Glucosidase II | 150–800 µg/ml | |
| Bromconduritol | Synthetisch | Hemmt die Glucosidase II | 500–1000 µg/ml | Zersetzt sich in Wasser ($T_{1/2}$ = 15 min) |
| Deoxymannojirimycin | Synthetisch | Hemmt die Mannosidase II | 10–50 µg/ml | |

**◘ Tab. 9.2** Hemmer der N-Glykosylierung

et al. 1986; Rehm et al. 1986). Das aber ist schwer, jedenfalls für seltene Proteine oder Proteine, die hochdifferenzierte Zellen charakterisieren, wie die Funktionsproteine von Nervenzellen. Auch ist das Sammeln und Screenen von Zelllinien unserer Erfahrung nach mit vielen Telefonanrufen, politischen Bedenklichkeiten und mühseligen Zugfahrten verbunden.

## 9.5.2 Endoglykosidasen

Endoglykosidasen sind die Restriktionsenzyme des Zuckerforschers (◘ Tab. 9.3), denn sie spalten Oligosaccharide nur an bestimmten Stellen (◘ Abb. 9.3). Die Endoglykosidasen F und H spalten die endständige Chitobiose-Einheit in bestimmten N-glykosidisch gebundenen Zuckerketten, es verbleibt also noch ein Monosaccharidrest am Protein.

PNGasen dagegen spalten zwischen dem Asn des Proteins und dem endständigen GlcNAc der Zuckerkette (◘ Abb. 9.3). Sie verwandeln dabei Asn in Asp und ändern so die Ladung und das Verhalten des Proteins (Kim und Leahy 2013).

Um schneiden zu können, braucht eine Endoglykosidase ihre Schnittstelle, doch wird die Enzymaktivität zusätzlich bestimmt durch Konformation und Größe des Polypeptids und Zahl, Anordnung und Art der restlichen Zucker des Oligosaccharids. Eine Tabelle verschiedener Zuckerketten und ihrer Empfindlichkeit gegenüber den wichtigsten Endoglykosidasen zeigen Maley et al. (1989). Die meisten Endoglykosidasen spalten nur N-glykosidisch gebundenen Zucker (◘ Tab. 9.3). Im Handel erhältlich sind unter anderem die Enzyme Neuraminidase, PNGase F und Endo D, F, H. Isolierungs- und Nachweismethoden für Endo F und PNGase F beschreiben Alexander und Elder (1989).

9

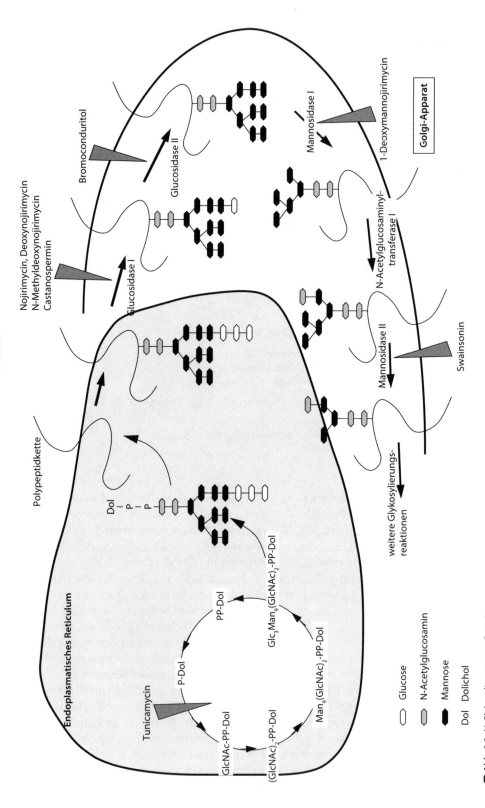

**Abb. 9.2** N-Glykosylierung von Proteinen

**▢ Tab. 9.3** Endoglykosidasen

| Name | Quelle | MG (kDa) | pH-Optimum | Spezifität | Besondere Eigenschaften |
|------|--------|----------|------------|------------|-------------------------|
| Endo-N-acetyl-β-glucosaminidase H (Endo H) | *Streptomyces plicatus* | 29 | 5–6 | Spaltet die β-(1,4)-Bindung zwischen den ersten zwei GlcNAc von N-glykosidisch gebundenen Zuckerketten; das Oligosaccharid bleibt intakt mit einem einzigen GlcNAc am reduzierenden Ende, das andere GlcNAc bleibt am Protein | Protease-resistent; 0,5 M NaSCN erhöht die Aktivität des Enzyms |
| Endo-N-acetyl-β-glucosaminidase F (Endo F) | *Flavobacterium meningosepticum* | 32 | 4–6 | Ähnlich wie Endo H | |
| Endo-N-acetyl-β-glucosaminidase D (Endo D) | *Diplococcus pneumoniae* | 280 | 6,5 | Spaltet wie Endo H, doch nur an Man5GlcNAc2Asn- und Man3GlcNAcAsn-Resten | |
| Peptid-N-(N-acetyl-β-glucosaminyl)-asparaginamidase (PNGase F) EC 3.5.1.52 | *Flavobacterium meningosepticum* | 35,5 | 8,6 | Spaltet die N-glykosidische Bindung zwischen Zuckerkette und dem Asparagin des Polypeptids zu $NH_3$, Polypeptid und vollständigem Oligosaccharid (2 GlcNAc am reduzierenden Ende) | Stabil in 2,5 M Harnstoff; Citrat hemmt; manche Präparate enthalten geringe Mengen einer Metalloprotease; auch kloniert erhältlich |
| Peptid-N-(N-acetyl-β-glucosaminyl)-asparaginamidase (PNGase A) | Mandeln | 67–80 | 4–6 | Wie PNGase F, doch mit geringerer spezifischer Aktivität | Stabil in Triton X-100, EDTA, 0,75 M NaSCN; entfernt auch die GlcNAc-Reste nach Endo-H-Behandlung |
| Endo-α-N-acetyl-galactosamidase D | *Diplococcus pneumoniae* | 160 | 7,6 | Entfernt das unsubstituierte Disaccharid Gal-β-(1,3)-GalNAc von O-glykosylierten Proteinen | |
| Endo-N-acetyl-neuraminidase | *Bacteriophage K1F mit E. coli* | 328 | 7,4 | Entfernt Sialinsäureketten mit mindestens 5 Gliedern | |

Enzyme, die O-glykosidisch gebundene Zucker abspalten, sind selten, aber es gibt sie (in der Biologie gilt: „Es gibt nichts, was es nicht gibt"). Die Firma Prozyme bietet z. B. eine rekombinante O-Glykanase von *Streptococcus pneumoniae* an. Das Enzym spaltet das O-glykosidisch gebundene Disaccharid Gal-β-(1,3)-GalNAc der Gal-β-(1,3)-GalNAc-α-(1)- Ser/Thr-Gruppe von Proteinen ab. Substitution des Disaccharidkerns mit Sialinsäuren, Fucose, N-Acetylglucosamin- oder N-Acetylgalactosaminresten verhindert die Abspaltung. Es empfiehlt sich also, das Protein vor der O-Glykanase-Behandlung mit Neuraminidase zu verdauen. Eine Garantie, dass die O-Glykanase alle ihre O-glykosidisch gebundenen

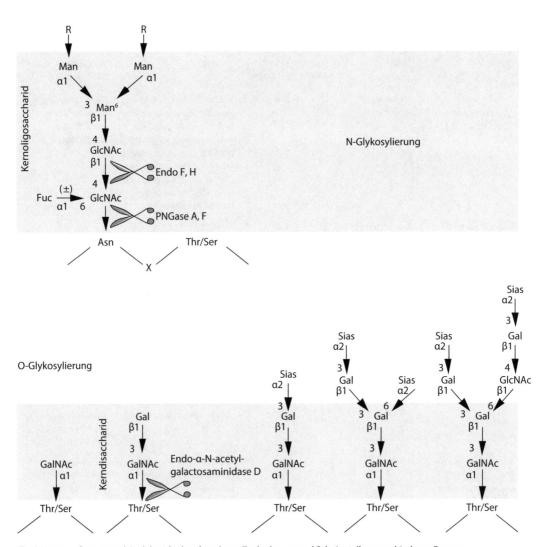

**Abb. 9.3** Aufbau N- und O-glykosidisch gebundener Zuckerketten und Schnittstellen verschiedener Enzyme

Zuckerreste abspaltet, haben Sie nicht, auch nicht nach Neuraminidase-Vorbehandlung. Die Firma empfiehlt eine Verdauzeit von 3 h bei 37 °C, in der Literatur sind Inkubationszeiten bis zu 72 h üblich. Noch ein Tipp: Das Enzym wird durch EDTA, $Mn^{2+}$ und $Zn^{2+}$ gehemmt.

Besitzt ein Glykoprotein mehrere Zuckerketten, so entstehen beim unvollständigen Verdau mit einer Endoglykosidase verschiedene Glykoformen mit kleinerem MG. Die Glykoformen bilden im SDS-Gel eine Leiter. Nun lösen die üblichen Endoglykosidasen die Zuckerketten an oder kurz vor dem Verknüpfungspunkt mit dem Protein ab (**Abb. 9.3)**

und lassen die Ketten ansonsten intakt. Wenn Sie daher – aus anderen Experimenten – wissen, dass die abgespaltenen Zuckerketten gleich groß sind, können Sie aus der Zahl der Banden im SDS-Gel auf die Zahl der (Endoglykosidase-sensitiven) Zuckerketten des Glykoproteins schließen. Erscheinen z. B. beim Verdau eines Glykoproteins nur drei Banden im Gel, dann hat das Protein zwei Zuckerketten mit gleichem MG, bei vier Banden drei, allgemein: Bei n Banden im Gel besitzt das Protein n – 1 Zuckerketten. Sind dagegen die Zuckerketten verschieden groß, wird es kompliziert: Zwei Ketten liefern vier Banden, drei Ketten sechs oder acht Banden etc.

Obwohl Endoglykosidasen auch native Glykoproteine deglykosylieren, arbeiten die Enzyme am besten mit denaturierten und reduzierten Glykoproteinen: Die Probe wird in 0,1 % SDS in Gegenwart von 1 % Mercaptoethanol erhitzt und das SDS vor der Enzymzugabe mit 1 % Triton X-100 oder NP-40 entschärft. Dieses Verfahren inaktiviert auch eventuelle Proteasen. Zeigt die Endoglykosidase keine Wirkung, so hilft oft eine Vorbehandlung mit Neuraminidase, die endständige Sialinsäurereste entfernt, oder eine andere Endoglykosidase (Wirkungsmuster von Endoglykosidasen in Maley et al. 1989). Auch mehr Enzym für längere Zeit (12–36 h) bei höherer Temperatur (37 °C) führt oft zum Erfolg. Hier heißt es mal ausnahmsweise: Viel hilft viel.

Wird die Deglykosylierung des Proteins über die Abnahme seines MG in SDS-Gelen überprüft, dürfen weder die verwendeten Glykosidasen noch die Glykoproteinpräparation Proteasen enthalten. Eine empfehlenswerte, aber nicht ausreichende Kontrolle der Glykosidasepräparation auf Proteasenverunreinigung ist das Inkubieren der Glykosidase bei 37 °C mit einem Protease-empfindlichen nicht-glykosylierten Protein (z. B. gereinigtes BSA). Der Ansatz wird anschließend im SDS-Gel auf Proteolyseprodukte analysiert. Die Kontrolle der Glykoproteinpräparation auf Proteasen besteht im stundenlangen Inkubieren unter Deglykosylierungsbedingungen, aber ohne Enzym. Das Bandenmuster der Präparation im SDS-Gel muss gleich bleiben. Effiziente Protease-Inhibitoren sind PMSF und 0,1 mM EDTA (◙ Tab. 5.1).

Für 100 Euro bieten Ihnen Endo et al. (2006) (*nomen est omen*) eine 270 Seiten starke Übersicht über Endoglykosidasen.

### 9.5.3 Chemische Deglykosylierung

Diese Art der Deglykosylierung hat mit der Massenspektrometrie wieder Auftrieb erlangt (Hanisch 2011; Bellwied et al. 2013). Es gibt fünf Methoden und keine der fünf ist ideal. Sie sind nie sicher, dass Sie alle Oligosaccharide losgeworden sind, und Sie sind nie sicher, ob nicht vielleicht doch das Peptid gespalten wurde.

Die **Behandlung von Glykoproteinen mit Trifluormethansulfonsäure** spaltet sowohl N-glykosidisch als auch O-glykosidisch gebundene Zuckerketten ab, wobei O-glykosidische Bindungen etwas widerstandsfähiger sind (Edge et al. 1981). Das Kern-GalNac (◙ Abb. 9.3) bleibt allerdings am Serin bzw. Threonin kleben. Die Methode benötigt große Mengen (> 100 μg) an Protein, ist umständlich, denaturiert das Protein und zerstört das Oligosaccharid. Das Ausmaß der Deglykosylierung liegt bei 90 %. Jedoch: Wenn sie die Behandlung bei höheren Temperaturen (25 °C) durchführen, müssen Sie mit der Spaltung von Peptidbindungen rechnen, und Membranproteine gehen auch bei niedrigen Temperaturen oft verloren. Letzteres kann extreme Ausmaße annehmen: Bei Autor Rehms Versuchen mit dem synaptischen Vesikelprotein Synaptophysin blieb nach Trifluormethansulfonsäure-Behandlung von 100 μg Protein nicht einmal ein Restchen für eine Silberfärbung übrig – das Protein muss quantitativ aggregiert haben (Rehm et al. 1986).

Die früher beliebte **Deglykosylierung mit Fluorwasserstoffsäure** erfordert im Vergleich zur Trifluormethansulfonsäure längere Reaktionszeiten, gibt geringere Ausbeuten, und für die Handhabung der extrem aggressiven Fluorwasserstoffsäure ist spezielle Ausrüstung nötig (Mort und Lamport 1977).

Gerken et al. (1992) preisen eine **Kombination von Oxidation und β-Elimination** an, die O-glykosidisch gebundene Zucker schonend und vollständig (also inklusive der an die Aminosäuren gebundenen GalNac) entfernen soll. Die β-Elimination läuft bei pH 10,5 ab, dies ist ein niedriger Wert verglichen mit anderen β-Eliminierungsmethoden, die pH 12–13 verwenden. Bei pH 10,5 sollen zwischen 90 und 95 % der Zuckerketten abgehen, bei pH 8,4 immerhin noch 60 %. Leider haben Gerken et al. (1992) die Methode nur für eine bestimmte Sorte von Glykoproteinen (Mucine aus Speichel und Atemwegen) geprüft, von denen ihnen anscheinend Grammmengen zur Verfügung standen und die eine einfache Zuckerstruktur aufweisen. Ob die Methode auch bei Ihrem Protein, lieber Experimentator, so wunderbar funktioniert, dafür legen wir unsere Hände nicht ins Feuer. Selbst Gerken et al. (1992) warnen, dass Zuckerketten nicht abgehen, bei denen das an der Aminosäure hängende GalNac am C3 substituiert ist. Dies Problem könne aber durch abwechselnde Behandlung mit Trifluormethansulfonsäure und ihrer Methode beseitigt werden. Ob das Protein auch dieser Meinung ist? Oder werden die wechselnden Säure- und Alkalibäder es nicht veranlassen, seinen Geist aufzugeben? Umständlich ist die Methode auch: Zuerst wird das Glykoprotein mit Periodat oxidiert, dann das Periodat zerstört, dann mit NaOH β-eliminiert. Dauer des Ganzen: ca. zwei Tage.

Die vierte Methode stammt von Rademaker et al. (1998). Diese Leute entfernen O-glykosidisch gebundene Zuckerketten per **β-Elimination mit Ammoniumhydroxid**. Das klingt kompliziert, ist aber simpel: Sie inkubieren das Protein oder Glykopeptid in 25 % Ammoniumhydroxid bei 45 °C für 18 h. Das Protein bleibt intakt bis auf die Tatsache, dass die Zuckerkette durch $NH_3$ ersetzt wird.

Die Rademaker'sche Methode ist durch Hanisch et al. (2001) verfeinert worden. Franz-Georg Hanisch **β-eliminiert mit Ethylamin oder Methylamin** (siehe auch Hanisch 2011; Bellwied et al. 2013). Das hat den Vorteil, dass die zuckerkettentragenden Threonine und Serine mit den Alkylaminen markiert werden, denn für das abgehende Oligosaccharid wird ein Alkylamin eingebaut. Die alkylaminylierte Aminosäure unterscheidet sich im MG stark von der Ausgangsaminosäure (Serin bzw. Threonin), und so kann man im Massenspektrometer den Ort der Glykosylierung des Proteins bestimmen. Eine Inkubation des Glykoproteins mit 40 % Methylamin bei 50 °C für 6 h spaltet O-glykosidisch gebundene Zuckerketten vollständig ab, eine Inkubation mit 70 % Ethylamin bei 50 °C für 18 h spaltet etwa 70 % der Zuckerketten ab. In beiden Fällen soll der Abbau der Peptidkette „schwach bis moderat" bzw. „schwach" sein – was immer das heißt. Das alkylaminylierte Protein kann mit Proteasen wie Trypsin und Clostripain verdaut werden.

**Sie dürfen also unter fünf Methoden wählen** Trifluormethansulfonsäure, Fluorwasserstoffsäure, Oxidation und zwei β-Eliminationsmethoden (Übersicht: ◻ Tab. 9.4). Von anderen Methoden raten wir ab. Hydrazinolyse (▶ Abschn. 9.6.2) löst zwar die Zucker von Glykoproteinen ab, spaltet aber auch Peptidbindungen. Gleiches gilt für die Behandlung mit NaOH/Borhydrid (Rehm et al. 1986). Auch Douglass et al. (2001) warnen vor den Schäden, die chemische Deglykosylierungen in Polypeptidketten anrichten können.

**Wie vorgehen?** Das kommt darauf an, was Sie herausbekommen wollen. Wollen Sie den Ort der Glykosylierung bestimmen, raten wir zu Hanisch et al. (2001) bzw. Hanisch (2011). Kommt es ihnen nur darauf an, das MG der Polypeptidkette zu bestimmen, tut es auch Rademaker et al. (1998). Allerdings würden wir uns nicht auf deren Bedingungen verlassen, sondern z. B. mehrere Ansätze bei verschiedenen Temperaturen fahren. Letzteres können Sie sich schenken, wenn es ihnen nur auf eine Teilsequenz ankommt, wenn Sie also die Zucker nur deswegen entfernen, damit das Protein für z. B. Trypsin angreifbar wird.

### 9.5.4 Massenspektrometrische Deglykosylierung

Aufgrund der komplexen Zusammenhänge in der Fragmentierung von Zuckerketten im Massenspektrometer beschränken wir uns auf den Verweis einiger Bücher, die dieses Thema ausführlich behandeln: *Principles and practice of biological mass spectrometry* von Dass (2001) und *Liquid chromatography – mass spectrometry: an introduction* von Ardrey (2003).

### 9.6 Zuckerketten

### 9.6.1 Monosaccharidzusammensetzung

Die Analyse der Monosaccharidzusammensetzung der Zucker entspricht der Aminosäureanalyse bei Polypeptiden. N-glykosidisch gebundene Zucker der Säuger können GlcNAc, Man, Glc, NeuNAc, Gal und Fuc enthalten, O-glykosidisch gebundene GalNAc, Gal, NeuNAc, NeuNgly (Elwood et al. 1988).

Säure hydrolysiert Oligosaccharide zu Monosacchariden. So setzt 2,5 M Trifluoressigsäure bei 100 °C für 6 h neutrale Zucker und Hexosamine frei. Für Sialinsäuren reicht eine Behandlung mit 50 mM Schwefelsäure bei 80 °C. Die entstandenen Monosaccharide werden durch HPLC bestimmt und quantifiziert (Ogawa et al. 1990). Auch Harazono et al. (2011) setzen neutrale und Amino-

**◘ Tab. 9.4** Chemische Deglykosylierung

| Methode | Entfernt | Vorteile | Nachteile |
|---|---|---|---|
| Trifluormethansulfon-säure | N-glykosidische und O-glykosidische Zuckerketten | Entfernt bis zu 90 % der Zuckerketten | Umständlich; bei Temperaturen über 25 °C werden Peptidbindungen gespalten; Membranproteine aggregieren |
| Fluorwasserstoffsäure | N-glykosidische und O-glykosidische Zuckerketten | – | Ungesund; geringe Ausbeuten; lange Reaktionszeiten |
| Oxidation plus β-Elimination | O-glykosidische Zuckerketten | Schonend, zumindest manchmal fast vollständige Abspaltung | Langwierig und umständlich; am GalNAc substituierte Zuckerketten sind resistent |
| β-Elimination nach Rademaker | O-glykosidische Zuckerketten | Schonend und fast vollständig | Es können Peptidbindungen gespalten werden; dauert 18 h |
| β-Elimination nach Hanisch | O-glykosidische Zuckerketten | Fast vollständig; die Anknüpfpunkte der Zucker werden markiert | Es können Peptidbindungen gespalten werden; dauert 18 h |

zucker mit 4–7 N Trifluoressigsäure frei, N-acetylieren die Monosaccharide und trennen sie auf der HPLC auf. Die Sialinsäuren setzen sie durch Säurehydrolyse oder durch Sialidaseverdau frei. Hier hat sich methodisch in den letzten Jahren also nicht viel getan.

Es ist jedoch aus der Mode gekommen, geladene Zucker wie Sialinsäuren oder die Boratkomplexe ungeladener Zucker durch Chromatographie an Ionenaustauschersäulen aufzutrennen.

### 9.6.2 Aufbau und Sequenz

N-glykosidisch gebundene Zucker unterscheiden sich im Verzweigungsgrad (unverzweigt, zweistrahlig, dreistrahlig, vierstrahlig usw.) und in der Monosaccharidzusammensetzung. Bei komplexen Zuckern sind die drei Man im Kernoligosaccharid mit GlcNAc-Gruppen substituiert, und manchmal hängt eine Fuc an dem Asp benachbarten GlcNAc (◘ Abb. 9.3). Mannose-Zucker enthalten sechs oder mehr Man und hybride Zucker vier oder fünf Man, die teilweise mit GlcNAc substituiert sind. Ähnlich kompliziert sind die Verhältnisse bei O-glykosidisch gebundenen Zuckern (◘ Abb. 9.3).

Wer sich für die Sequenz und den Aufbau der Zuckerketten von Glykoproteinen interessiert, stößt auf zwei Probleme:

- Ein bestimmtes Glykoprotein enthält in der Regel mehrere verschiedene Zuckerketten.
- Interessante Glykoproteine und damit auch die daran geknüpften Oligosaccharide kommen nur in geringen Mengen vor.

» Und so ziehen wir bei Nacht und bei Tage zu Fuße und zu Pferde, auf unsern eignen Füßen durch die Länder. Wir sehen nicht bloß gemalte Feinde, sondern die wahrhaft wirklichen und bekämpfen sie auf alle Weise und bei jeglicher Gelegenheit.

### Ablösung intakter Oligosaccharide von Glykoproteinen

Für eine Strukturbestimmung muss ein Oligosaccharid in reiner Form vorliegen. Um aber die Oligosaccharidkette eines Glykoproteins reinigen zu können, müssen Sie das Oligosaccharid zuerst vom Polypeptid ablösen und zwar so, dass die Oligosaccharidkette intakt bleibt. Die Methode der Wahl ist ein **Endoglykosidaseverdau** (z. B. mit PNGase F), zumal beim Endoglykosidaseverdau auch die Polypeptidkette erhalten bleibt (▶ Abschn. 9.5.2).

Falls die Oligosaccharidkette O-glykosidisch gebunden ist, können Sie ihr Glück mit **O-Glykanase** versuchen bzw. mit Neuraminidase und O-Glykanase. Manche Firmen (z. B. Prozyme) bieten auch Enzymmischungen an, die sowohl N- wie auch O-glykosidische Zucker entfernen. Verlassen können Sie sich darauf nicht, vor allen Dingen nicht darauf, dass alle Ketten und dass diese vollständig entfernt werden. Auch dauern die Verdaus bis zu 72 h, und in dieser Zeit kann allerhand geschehen, unter anderem der Abbau oder eine Veränderung der Oligosaccharidketten durch enzymatische Verunreinigungen in Ihrer Probe.

Eine ausgiebige **Proteolyse** des Proteinanteils (z. B. mit Pronase, einer Mischung aus Endo- und Exoproteasen) setzt die Zuckerketten ebenfalls frei. Die Ketten tragen jedoch am reduzierenden Ende noch Asn oder kurze Peptide. Da zudem die Verdauung mit Proteasen gerade bei Glykoproteinen immer unvollständig ist, eignet sich diese Methode schlecht für die Reinigung von Oligosacchariden (für Optimisten: Finne und Krusins 1982).

**Chemische Methoden** haben den Vorteil, dass sie in ihrer Wirkung nicht so stark von der Konformation des Glykoproteins und dem Aufbau der Zuckerketten abhängen wie Enzyme. Trotz der eifrigen Verkaufsstrategen der Biotechfirmen gibt es daher nach wie vor Liebhaber der Chemie. Diese lösen die Oligosaccharidketten gerne durch Hydrazinolyse ab. Diese Methode ist alt (Takasaki et al. 1982), konnte aber früher nur auf N-glykosidisch gebundene Zucker angewendet werden. Zudem verloren manche GlcNAc ihre N-Acetylgruppen, und in geringerem Ausmaß fanden auch andere unerwünschte Reaktionen statt. Patel et al. (1993) haben die Hydrazinolyse derart verfeinert, dass sie gegen die enzymatischen Methoden bestehen kann. Nach ihrer Methode können sowohl N- als auch O-glykosidisch gebundene Zuckerketten abgelöst werden. Es ist sogar möglich, (relativ) selektiv O-glykosidisch gebundene Ketten abzulösen. Patel et al. (1993) dialysieren das Glykoprotein gegen 0,1 % Trifluoressigsäure, gefriertrocknen es und inkubieren dann in wasserfreiem Hydrazin bei 60 °C für 5 h (für O-glykosidisch gebundene Zucker) bzw. bei 95 °C für 4 h (für N- und O-glykosidisch gebundene Zucker). Danach wird auf Raumtemperatur abgekühlt und das Hydrazin evaporiert. Die Proteinreste entfernen Patel et al. über eine Papierchromatographie, aber Sie können auch eine HPLC nehmen. Die Oligosaccharide bleiben weitgehend intakt, Vorsicht sei nur bei bestimmten N- und O-substituierten Sialinsäureresten angebracht.

Nakakita et al. (2007) verwenden Hydrazin-Monohydrat statt dem toxischen und explosiven wasserfreien Hydrazin für die Ablösung von N-glykosidisch gebundenen Zuckern. Ein weiterer Vorteil sei, dass man damit große Mengen an Glykoproteinen umsetzen könne und nicht auf Volumina < 1 ml beschränkt sei.

Die Behandlung von Glykoproteinen mit 50 mM NaOH, 1 M NaBH$_4$ setzt die O-glykosidisch gebundenen Oligosaccharide frei. Diese bleiben dabei, bis auf die endständige Zuckereinheit, intakt. Letztere wird zum entsprechenden Alkohol reduziert (Muir und Lee 1969; Rehm et al. 1986).

## Nachweis von Oligosacchariden

Kleine Mengen von Glykoproteinen setzen noch kleinere Mengen von Oligosacchariden frei und sorgen damit für ein großes Messproblem. Konventionelle Nachweisverfahren für Zucker sind unempfindlich (◻ Tab. 9.5). So benötigen die Nachweismethoden mit Schwefelsäure und Phenol, Anthron oder Orcinol große Mengen an Zucker (0,1–1 μmol) und sind nur in einem engen Bereich proportional zur Zuckermenge. Etwas empfindlicher (1–100 nmol) soll der chemische Nachweis neutraler Zucker mit Resorcinol nach Monsigny et al. (1988) sein. Lektin-Blots eignen sich nicht zum Oligosaccharidnachweis, da Oligosaccharide nicht auf Blotmembranen haften.

Es gibt noch physikalische Methoden; da wären z. B. Refraktionsindex und UV-Absorption. Beide sind zwar einigermaßen sensitiv, noch 1 nmol kann nachgewiesen werden, aber völlig unspezifisch. Die Methode der Wahl, besonders für alkalische Ionenaustauscher-Säulenläufe, ist die gepulste Amperometrie (PAD). Diese Methode misst Anwesenheit und Menge von Hydroxylgruppen, und weil Zucker viele Hydroxylgruppen besitzen, zeigt die PAD neben einer hohen Empfindlichkeit (10 pmol) auch eine gewisse Spezifität.

**◘ Tab. 9.5** Nachweismethoden für Zucker

| Methode | Empfindlichkeit | Spezifität | Nachteile |
| --- | --- | --- | --- |
| Refraktionsindex | Bis etwa 1 nmol | Keine | Umständlich |
| UV-Absorption | Bis etwa 0,1 µmol | Keine | – |
| Gepulste Amperometrie | Bis etwa 10 pmol | Erfasst Hydroxylgruppen | Stark alkalische Bedingungen; muss für jeden Zucker extra kalibriert werden |
| Farbreaktion mit Phenol, Anthron oder Orcinol | 0,1–1 µmol | Nicht sehr hoch | Nur in einem engen Bereich proportional zur Zuckermenge |
| Farbreaktion mit Resorcinol | 1–100 nmol | Nicht sehr hoch | – |

**Grundlage der PAD** Hydroxylgruppen dissoziieren bei hohem pH zu einem geringen Teil zu Hydroxyanionen und Protonen; legt man ein Potenzial an, liefern diese Ionen einen messbaren Strom. Der Strom ist proportional zur Konzentration der Hydroxylgruppen bzw. der Zucker. Dies allerdings nur für kurze Zeit, denn die Zucker werden an der Anode oxidiert und die Oxidationsprodukte verunreinigen die Elektrodenoberfläche. Die traditionelle Amperometrie, bei der ein konstantes Potenzial angelegt und der dazugehörige Strom gemessen wird, versagt deswegen bei Zuckern (und auch bei Polyalkoholen). Bei der PAD dagegen werden über Gold- oder Platinelektroden mehrere Potenziale angelegt. Innerhalb einer Sekunde lösen sich ein Äquilibrierungspotenzial, ein Messpotenzial, ein Reinigungspotenzial und ein Regenerierungspotenzial ab, und dann beginnt der Zyklus wieder von vorne. Beim Reinigungspotenzial wird die Elektrode von den Oxidationsprodukten gereinigt, beim Regenerationspotenzial wird das entstandene Metalloxid wieder zum Metall reduziert. Dadurch bleibt die Elektrode blank, wie der Laie sagen würde.

Die PAD ist von mäßiger Spezifität für Zucker, weil Hydroxylgruppen auch in anderen Molekülen auftauchen, z. B. in manchen Aminosäuren, Puffern etc. Nachteilig ist zudem, dass die Signalhöhe (PAD-Signal/Mol Probe) stark von der Art des Zuckers abhängt. Sie müssen also das Gerät für jeden Zucker extra kalibrieren. Schließlich lösen die stark alkalischen Bedingungen in manchen Zuckern Epimerisierungs- und „Schäl"-Reaktionen aus.

Wegen der Unzulänglichkeit der Nachweismethoden für Oligosaccharide ist es immer noch üblich, die Oligosaccharide zu markieren und dann den Marker zu messen. Hiervon handelt der folgende Abschnitt.

## Markierung von Oligosacchariden

Markieren löst Ihr Nachweisproblem, es macht Oligosaccharide bequem messbar. Die Möglichkeiten, Oligosaccharide zu markieren, sind bunt (im wahrsten Sinne des Wortes) und vielfältig (◘ Tab. 9.6).

Zuverlässig, empfindlich und ungesund ist die Tritiierung von Oligosacchariden mit Natriumborhydrid ($NaB(^3H)_4$). $NaB(^3H)_4$ reduziert die endständige Zuckereinheit zum Alkohol und führt damit $^3H$ ein (Mellis und Bänziger 1983a). Bei der Tritiierung O-glykosidischer Zucker muss das $NaB(^3H)$ schon bei der Abspaltung der Zucker vom Polypeptid anwesend sein (Mellis und Bänziger 1983b). Die Markierung benötigt mehrere Tage, einen Säulenlauf, eine Papierchromatographie und für Oligosaccharide aus 1–5 µg Glykoprotein bis zu 20 mCi an $NaB(^3H)_4$.

Frei von Radioaktivität und sehr empfindlich ist eine Methode, die das reduzierende Ende der Oligosaccharide mit 2-Aminopyridin zu fluoreszierenden Pyridylaminooligosacchariden umsetzt (Tomiya et al. 1987; Hase et al. 1978). Der Nachweis fluoreszierender Verbindungen benötigt apparative Ausrüstung, die nicht in jedem Labor vorhanden ist. Zudem gehen bei dieser Markierung die Sialinsäuren verloren. Schließlich muss, um die Reaktion quantitativ zu machen, das 2-Aminopyridin in gro-

◻ **Tab. 9.6** Markierung von Oligosacchariden

| Methode | Empfindlichkeit | Spezifität | Nachteile |
|---|---|---|---|
| Reduktion mit $NaB(^3H)_4$ | Im nmol-Bereich | Markiert Aldehyde | Ungesund; verschlingt Zeit, umständlich |
| 2-Aminopyridin | Im pmol-Bereich | Markiert Aldehyde | Sialinsäuren gehen verloren; Reaktion nicht quantitativ |
| UV-Chromophore | Niedrig | Markiert Aldehyde | |
| Reduktive Aminierung nach Towbin et al. (1988) | Im nmol-Bereich | Markiert Aldehyde | Reaktion nicht quantitativ; einige Oligosaccharide überstehen die Prozedur nicht |

ßem Überschuss zugegeben und hinterher auf einer Säule wieder entfernt werden.

An Beliebtheit gewonnen hat auch die Markierung von Oligosacchariden mit dem Fluorophor 2-Aminobenzamid (Kotani und Takasaki 1998). Damit soll eine Detektion von Oligosacchariden bis hinab zum Femtomol-Niveau möglich sein. Watanabe et al. (2000) meinen allerdings, bei der Markierung gingen Sialinsäuren verloren, und präsentieren eine optimierte Methode, bei der die Sialinsäuren erhalten bleiben.

Eine Übersicht über die Fluoreszenzmarker von Oligosacchariden geben Pabst et al. (2009).

Zur Markierung größerer Mengen reduzierender Oligosaccharide (aus mehr als 20 µg Glykoprotein) eignen sich auch UV-Chromophore (Kakehi et al. 1991). Die milden Reaktionsbedingungen spalten die Sialinsäuren der Oligosaccharide nicht ab, und der Überschuss an UV-Chromophor wird nach der Reaktion durch einfache Extraktion entfernt. Der UV-Chromophor ist nicht käuflich, und seine Herstellung dauert ein paar Tage (Kakehi et al. 1991).

Towbin et al. (1988) setzen das reduzierende Ende von Oligosacchariden mit dem Chromophor 4'-N,N-dimethylamino-4-aminoazobenzol um. Der Chromophor ist farbig (je nach pH dunkelgrün bis gelb-orange) und macht den Zucker hydrophober, was bei HPLC-Trennungen an Umkehrphasensäulen von Vorteil sein mag. Doch ist die Reaktion nur für größere Mengen Zucker beschrieben und nicht für von Glykoproteinen abgelöste Oligosaccharide optimiert.

Oft lässt man Zellen, die das Protein herstellen, in einem Medium wachsen, das radioaktive Monosaccharidsubstrate enthält (z. B. $^3H$-Man, $^3H$-Gal, $^3H$-Fuc oder $^3H$-GlcN). Das gewünschte $^3H$-markierte Glykoprotein wird aus dem Zelllysat, z. B. durch Immunpräzipitation, isoliert. Abgesehen davon, dass diese Methode beachtliche Mengen an Radioaktivität benötigt (10 µCi–1 mCi/ml Kulturmedium), unterscheidet sich die Glykosylierung eines Proteins in einer Zelllinie stark von der Glykosylierung *in situ* und hängt vermutlich auch von den Kulturbedingungen ab. Zudem existiert nicht für jedes Protein eine Zelllinie, die es exprimiert. Bei der Datenauswertung gilt es zu berücksichtigen, dass manche Zucker (z. B. $^3H$-Man) nach der Aufnahme in die Zelle teilweise in andere tritiierte Monosaccharide umgewandelt werden.

## Trennung von Oligosacchariden

Sie haben die Oligosaccharide intakt vom Glykoprotein abgelöst und wollen das Gemisch in einzelne Spezies auftrennen.

Oligosaccharidmischungen werden entweder über HPLC-Normalphasensäulen (Mellis und Baenziger 1981), HPLC-Umkehrphasensäulen (Tomiya et al. 1987), HPLC-Ionenaustauschersäulen (Wang et al. 1990; Townsend et al. 1989) oder durch Chromatographie an verschiedenen Lektinsäulen aufgetrennt (Cummings und Kornfeld 1982; Gesundheit et al. 1987). Für die Trennung nach Größe benutzt man die Gelfiltration an BioGel P4. Papier- und Dünnschichtchromatographie eignen sich nur für Oligosaccharide mit weniger als sechs Zuckereinheiten.

**Zur HPLC** Die Normalphasen-HPLC an aminoderivatisiertem Silikagel empfehlen Mellis und Baenziger (1981) für neutrale Oligosaccharide.

Tomiya et al. (1988) behaupten, mit einer zweidimensionalen Trenntechnik (zwei verschiedene

HPLC-Säulen) die meisten Oligosaccharide voneinander trennen zu können. Durch Vergleich mit Markeroligosacchariden bestimmen die Autoren gleichzeitig die Struktur der Oligosaccharide. Allerdings: Wegen der Vielfalt der Oligosaccharide liegt die Zahl der benötigten Marker zwischen 20 und 120 (Tomiya et al. 1987, 1988), und die meisten Marker sind nicht im Handel erhältlich. Die Herstellung von 50 Markern dürfte einen fleißigen Doktoranden ein halbes Jahr kosten. Die Methode wird also nur derjenige etablieren, der sich sicher ist, sie auch während der ganzen Doktorarbeit anwenden zu können. Weil wir gerade bei Markern sind: Damit Sie die Zucker im Säuleneluat nachweisen können, empfiehlt es sich, sie vorher zu markieren (▶ Abschn. 9.6.2).

Auf die Markierung verzichten können Sie, wenn Sie ihre Zucker über die alkalische Anionenaustausch-HPLC mit angeschlossener PAD trennen (Townsend et al. 1989). Vielleicht erfreut sich diese Methode deswegen so großer Beliebtheit. Sie trennt allerdings auch gut; insbesondere bei negativ geladenen Oligosacchariden (mit Sialinsäuren, Phosphat- und Sulfatresten) werden Sie an der alkalischen Anionenaustausch-HPLC ihre Freude haben. Aber Achtung: Der hohe pH kann unschöne Nebeneffekte zeitigen (▶ Abschn. 9.6.2).

Falls Sie sich für eine Normalphasen-HPLC entscheiden und ihre Oligosaccharide mit 2-Aminobenzamid markieren, können Sie die Glykanstruktur anhand Ihres Elutionsprofils möglicherweise über die GlycoBase-Datenbank ermitteln (Campbell et al. 2008).

Auf die Markierung verzichten können Sie ebenfalls, wenn Sie die hydrophile Interaktionschromatographie (HILIC) in Kopplung mit der Massenspektrometrie nutzen (Wuhrer et al. 2009). Die HILIC-Phase trennt die Zucker durch ionische Wechselwirkungen wie auch durch Wasserstoffbrückenbindungen. HILIC ist direkt kompatibel mit der ESI-MS, so nutzt man bei HILIC wie in der RP-HPLC die Lösungsmittel Wasser, und Acetonitril. Wollen Sie sich daran versuchen, so lesen Sie ▶ Abschn. 5.2.3 Hier finden Sie die passende Methode für Ihre Bedürfnisse. Seien Sie sicher, die Auswertung der Spektren wird enorme Zeit verschlingen. Trotzdem: gutes Gelingen.

**Zu Lektinsäulen** Auch die Trennung von Oligosaccharidmischungen mit Lektinsäulen gibt wegen der Spezifität der Lektine Hinweise auf die Oligosaccharidstruktur. Jede Oligosaccharidmischung benötigt zur Isolierung ihrer Bestandteile eine andere Kombination von Lektinen. Als erster Schritt hat sich eine Con-A-Sepharose-Säule bewährt, die zuerst mit 10 mM α-Methylglucosid und danach mit 100–500 mM α-Methylmannosid eluiert wird. Die ungebundenen Oligosaccharide (Durchlauf) sind drei- und vierstrahlige komplexe Zucker, während das α-Methylglucosid-Eluat zweistrahlige komplexe Zucker und das α-Methylmannosid-Eluat Mannose-Zucker und hybride Zucker enthalten. Jede der drei Fraktionen wird anschließend an WGA-Sepharose, E-PHA- und L-PHA-Agarose, PNA-Sepharose oder LCA-Sepharose zu homogenen Zuckern aufgetrennt (Gesundheit et al. 1987; Cowan et al. 1982; Cummings und Kornfeld 1982).

**Zu BioGel P4** Die Gelfiltration an dieser Matrix liefert – für eine Gelfiltration – erstaunlich gute Resultate, besonders mit neutralen Oligosacchariden (Kobata et al. 1987). Isomere unterscheidet die Methode nicht, und um sie mit bestmöglichem Ergebnis durchzuführen, braucht es Zeit. Man nimmt BioGel P4, für kürzere Oligosaccharide auch P2, weil BioGel aus Polyacrylamid besteht und nicht aus Zuckern wie z. B. die Agarose- oder Sepharosegele. Mit BioGel kann es also nicht zu einer Kontamination Ihrer Probe mit Zuckern kommen. BioGel P4 trennt im Größenbereich 800–4000 Da. Eluiert wird die Säule mit Wasser, manchmal auch mit Wasser plus 0,02 % Natriumazid.

Bekanntlich hängt die Trennwirkung einer Gelfiltrationssäule von ihrer Länge ab (▶ Abschn. 5.2.2). Die typischen Maße einer BioGel-P4-Säule zur Oligosaccharidtrennung liegen nach einer nicht repräsentativen Umschau in der Literatur zwischen 50 und 140 cm Länge bei 1 cm Durchmesser. Als Flussraten werden 3–4 ml pro Stunde empfohlen. Ein Säulenlauf dauert also zwischen 20 und 36 h.

Sie können den Lauf beschleunigen, indem sie die Säule bei höheren Temperaturen, z. B. 55 °C, fahren. Auch die Auflösung soll dann besser werden. Hohe Lauftemperaturen erreichen Sie mit einem Heizmantel. Nun sind Säulen mit Heizmantel Mangelware im Labor, schon normale Säulen muss man suchen. Auch fordert die Heizung eine komplizierte und überschwemmungsträchtige Konstruktion, eine zusätzliche Pumpe, einen Thermostaten und – nicht vergessen – vorgewärmten Elutionspuffer. Zudem sollten die Schläuche thermoisoliert sein, sonst ist der Elutionspuffer wieder auf RT, wenn er die Säule erreicht hat. Vielleicht ist es besser, Säule und Elutionspuffer in einem Wärmeinkubator aufzubauen (Pumpe und Fraktionssammler bleiben draußen). Dann dürfen Sie normale Schläuche und eine normale Säule verwenden, und es gibt an der Säule keine Temperaturdifferenzen, die zu Konvektionsströmen führen.

Falls Sie die Oligosaccharide nicht nur trennen, sondern auch ihre Größe bestimmen wollen, müssen Sie einen inneren Standard mitlaufen lassen. Dazu benutzt man seit Anbeginn der Zeit eine passende Serie von Glucose-Oligosacchariden. Achtung: Ein innerer Standard verunreinigt die Probe.

## Sequenzierung von Oligosacchariden

Die von der HPLC oder den Lektinsäulen gewonnene Strukturinformation kann und sollte durch unabhängige Methoden bestätigt werden. Dazu zählen NMR, Massenspektrometrie und die Sequenzierung der gereinigten Oligosaccharidkette mit Exoglykosidasen.

Exoglykosidasen entfernen Monosaccharide vom nicht-reduzierenden Ende einer Zuckerkette. Es gibt Exoglykosidasen mit enger Spezifität und welche mit breiter Spezifität, doch in der Regel spalten die Enzyme nur α- oder nur β-Bindungen. Die Aktivität der Exoglykosidasen wird auch vom Oligosaccharidrest beeinflusst.

Zur Sequenzbestimmung eignen sich die Exoglykosidasen Neuraminidase (entfernt Sialinsäuren), β-Galactosidase (entfernt endständige β-(1,4)-gebundene Gal), β-N-Acetylhexosaminidase (entfernt endständige β-(1,4)-gebundene GlcNAc) und α-L-Fucosidase (entfernt α-(1,6)-gebundene Fuc) (Mellis und Bänziger 1983a; Tomiya et al. 1987). Bevor Sie eine Exoglykosidase zur Sequenzbestimmung einsetzen, müssen Sie die Eigenschaften des Enzyms genau kennen.

**Die Sequenzierung läuft nach folgendem Muster ab** Das gereinigte und am reduzierenden Ende markierte Oligosaccharid wird mit einer Exoglykosidase verdaut. Der Experimentator trennt den Oligosaccharidrest ab und bestimmt, ob und wie viele Monosaccharide abgespalten wurden (meistens mit einer Gelfiltration). Zum Oligosaccharidrest gibt er eine neue Exoglykosidase usw. Die Frage ist natürlich, welche Exoglykosidase jeweils zugeben? Da der Experimentator das nicht weiß, macht der Zwang, eine Exoglykosidase nach der anderen auszuprobieren, die Methode zum arbeitsaufwendigen Ratespiel. Nützlich sind daher Anhaltspunkte über die Struktur des Oligosaccharids, z. B. von Lektinsäulen.

Einen genialen Ausweg aus dem obigen Ratedilemma bietet die Sequenzierungsmethode von Edge et al. (1992a) (◩ Abb. 9.4). Die Methode besteht darin, Aliquots des am reduzierenden Ende markierten Oligosaccharids mit verschiedenen Batterien von Exoglykosidasen zu verdauen. Die verdauten Oligosaccharide werden gepoolt und chromatographisch aufgetrennt, z. B. über eine Gelfiltration an BioGel P4. Das Elutionsprofil wird schließlich mit den theoretisch möglichen Elutionsprofilen verglichen und daraus die Sequenz des Oligosaccharids bestimmt (Edge et al. 1992a, 1992b). Die Methode hat sich als *reagent array analysis method* (RAAM) etabliert, und brauchbare Exoglykosidasen-Batterien sind im Handel erhältlich. Die Größe der Abbauprodukte bestimmt man inzwischen mit dem MALDI-TOF, was im Vergleich zu BioGel P4 genauer ist, und zudem kann auf die Markierung am reduzierenden Ende verzichtet werden. Eine Übersicht geben Kannicht und Flechner (2002).

Zuckerforschung schmeckt oft bitter. Doch Zuckersequenzuntersuchungen sind ein risikoloses Geduldsspiel. Die Sequenz ist da, brauchbare Techniken auch. Alles, was es braucht, ist Fleiß.

» „Ich sage aber gleichfalls", antwortete der andere, „dass viel herrliche Talente in der Welt verlorengehen, und dass sie bei denen übel angewandt sind, die sie nicht zu benutzen verstehen." „Unsere Gaben", antwortete der Herr des Esels, „können uns doch bei keiner anderen Gelegenheit, als bei der gegenwärtigen, Dienste leisten und gebe Gott nur, dass sie uns hierbei etwas helfen."

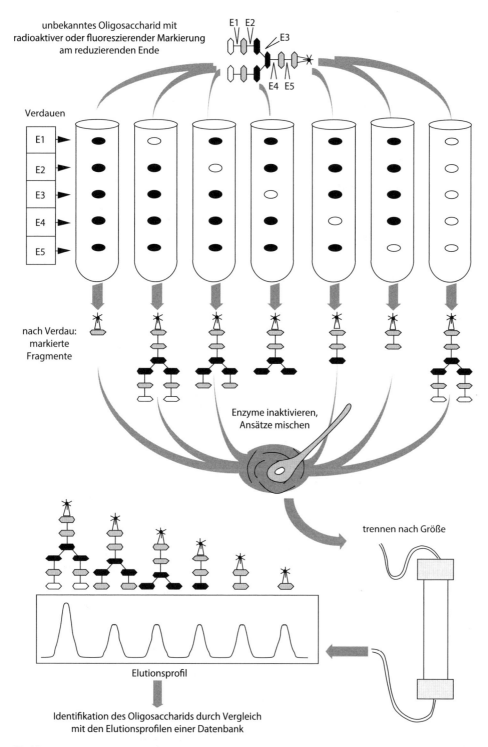

unbekanntes Oligosaccharid mit radioaktiver oder fluoreszierender Markierung am reduzierenden Ende

E1 E2

E3

E4 E5

Verdauen

E1

E2

E3

E4

E5

nach Verdau: markierte Fragmente

Enzyme inaktivieren, Ansätze mischen

trennen nach Größe

Elutionsprofil

Identifikation des Oligosaccharids durch Vergleich mit den Elutionsprofilen einer Datenbank

◘ **Abb. 9.4** Sequenzierung eines Oligosaccharids. E1–E5: verschiedene Exoglykosidasen (beachte: E2 arbeitet erst, nachdem E1 sein Monosaccharid abgespalten hat usw.)

## Literatur

Alexander S, Elder J (1989) Endoglycosidases from *Flavobacterium meningosepticum*application to biological problems. Methods Enzymol 179:505–518

Ardrey R (2003) Liquid chromatography – mass spectrometry: an introduction. John Wiley & Sons, Chichester

Bellwied P et al (2013) Chemical in-gel deglycosylation of O-glycoproteins improves their staining and mass spectrometric identification. Electrophoresis 34:2387–2393

Campbell M et al (2008) GlycoBase and autoGU: tools for HPLC-based glycan analysis. Bioinformatics 24:1214–1216

Cowan E et al (1982) Analysis of murine I a antigen glycosilation by lectin affinity chromatography. J Biol Chem 257:11241–11248

Cummings R, Kornfeld S (1982) Fractionation of asparagin-linked oligosaccharides by serial lectin-agarose affinity chromatography. J Biol Chem 257:11235–11240

Dass C (2001) Principles and practice of biological mass spectrometry. John Wiley & Sons, New York

Douglass J et al (2001) Chemical deglycosylation can induce methylation, succinimide formation, and isomerization. J Protein Chem 20:571–576

Edge AS et al (1981) Deglycosilation of glycoproteins by trifluoromethanesulfonic acid. Anal Biochem 118:131–137

Edge C et al (1992a) Fast sequencing of oligosaccharides: the reagent-array analysis method. Proc Natl Acad Sci USA 89:6338–6342

Edge C et al (1992b) Fast sequencing of oligosaccharides using arrays of enzymes. Nature 358:693–694

Elwood P et al (1988) Determination of the carbohydrate composition of mammalian glycoproteins by capillary gas chromatography/mass spectrometry. Anal Biochem 175:202–221

Endo M et al (2006) Endoglycosidases: Biochemistry, Biotechnology, Application. Springer, Heidelberg

Fairbanks G et al (1971) Electrophoretic analysis of major polypeptides of the human erythrocyte membrane. Biochemistry 10:2606–2617

Finne J, Krusins T (1982) Preparation and fractionation of glycopeptides. Methods Enzymol 83:269–277

George S et al (1986) N-glycosilation in expression and function of beta-adrenergic receptors. J Biol Chem 261:16559–16564

Gerard C (1990) Purification of glycoproteins. Methods Enzymol 182:529–539

Gerken TA et al (1992) A novel approach for chemically deglycosilating o-linked proteins. The deglycosilation of submaxillary and respiratory mucins. Biochemistry 31:639–648

Gesundheit N et al (1987) Effect of thyrotropin-releasing hormone on the carbohydrate structure of secreted mouse thyrotropin. J Biol Chem 262:5197–5203

Hanisch F (2011) Chemical de-O-glycosylation of glycoproteins for application in LC-based proteomics. Methods Mol Biol 753:323–333

Hanisch F et al (2001) Glycoprotein identification and localization of O-glycosilation sites by mass spectrometric analysis of deglycosilated/alkylaminylated peptide fragments. Anal Biochem 290:47–59

Harazono A et al (2011) A comparative study of monosaccharide composition analysis as a carbohydrate test for biopharmaceuticals. Biologicals 39:171–180

Hase S et al (1978) Structure analysis of oligosaccharides by tagging of the reducing end sugars with a fluorescent compound. Biochem Biophys Res Commun 85:257–263

Heimgartner U et al (1989) Polyacrylic polyhydrazides as reagents for detection of glycoproteins. Anal Biochem 181:182–189

Hortin G, Timpe B (1990) Lectin affinity chromatography of proteins bearing o-linked oligossaccharides: application of jacalin-agarose. Anal Biochem 188:271–277

Kakehi K et al (1991) Precolumn labeling of reducing carbohydrates with 1-(p-Methoxy)phenyl-3-methyl-5-pyrazolone: analysis of neutral and sialic acid-containing oligosaccharides found in glycoproteins. Anal Biochem 199:256–268

Kannicht C, Flechner A (2002) Enzymatic sequence analysis of N-glycans. Methods Mol Biol 194:63–72

Kijimoto S et al (1985) Analysis of N-linked oligosaccharide chains of glycoproteins on nitrocellulose sheets using lectin-peroxidase reagents. Anal Biochem 147:222–229

Kim MS, Leahy D (2013) Enzymatic deglycosylation of glycoproteins. Methods Enzymol 533:259–263

Kobata A (1992) Structures and functions of the sugar chains of glycoproteins. Eur J Biochem 209:483–501

Kobata A et al (1987) BioGel P-4 column chromatography of oligosaccharides: effective size of oligosaccharides expressed in glucose units. Methods Enzymol 138:84–94

Kotani N, Takasaki S (1998) Analysis of 2-aminobenzamide-labeled oligosaccharides by high-pH anion-exchange chromatography with fluorometric detection. Anal Biochem 264:66–73

Maley F et al (1989) Characterization of glycoproteins and their associated oligosaccharides through the use of endoglycosidases. Anal Biochem 180:195–204

Mellis S, Baenziger J (1981) Separation of neutral oligosaccharides by high performance liquid chromatography. Anal Biochem 114:276–280

Mellis S, Bänziger J (1983a) Structures of oligosaccharides present at the three asparagin-linked glycosilation sites of human IgD. J Biol Chem 258:11546–11556

Mellis S, Bänziger J (1983b) Structures of the O-glycosidically linked oligosaccharides of human IgD. J Biol Chem 258:11557–11563

Monsigny M et al (1988) Colorimetric determination of neutral sugars by a resorcinol sulfuric acid micromethod. Anal Biochem 175:525–530

Mort AJ, Lamport DT (1977) Anhydrous hydrogen fluoride deglycosilates glycoproteins. Anal Biochem 82:289–309

Muir L, Lee Y (1969) Structures of the D-galactose oligosaccharides from earthworm cuticle collagen. J Biol Chem 244:2343–2349

Nakakita S et al (2007) A practical approach to N-glycan production by hydrazinolysis using hydrazine monohydrate. Biochem Biophys Res Commun 362:639–645

Ogawa H et al (1986) Characterization of the carbohydrate moiety of *Clerodendron trichotomum*lectins. Eur J Biochem 161:779–785

Ogawa H et al (1990) Direct carbohydrate analysis of glycoproteins electroblotted onto polyvinylidene difluoride membrane from sodium dodecyl sulfate polyacrylamide gel. Anal Biochem 190:165–169

O'Shanessy D et al (1987) Quantitation of glycoproteins on electroblots using the biotin-streptavidin complex. Anal Biochem 163:204–209

Pabst M et al (2009) Comparison of fluorescent labels for oligosaccharides and introduction of a new postlabeling purification method. Anal Biochem 384:263–273

Patel T et al (1993) Use of hydrazine to release in intact and unreduced form both N- and O-linked oligosaccharides from glycoproteins. Biochemistry 32:679–693

Patsos G et al (2005) Action of a library of O-glycosylation inhibitors on the growth of human colorectal cancer cells in culture. Biochem Soc Trans 33:721–723

Powell L (2001) Inhibition of N-linked glycosylation. Curr Protoc Immunol Chapter 8:Unit 8.14

Rademaker GJ et al (1998) Mass spectrometric determination of the sites of O-glycan attachment with low picomolar sensitivity. Anal Biochem 257:149–160

Rehm H et al (1986) Molecular characterization of synaptophysin, a major calcium binding protein of the synaptic vesicle membrane. EMBO J 5:535–541

Rohringer R, Holden D (1985) Protein blotting: detection of proteins with colloidal gold, and of glycoproteins and lectins with biotin-conjugated and enzyme probes. Anal Biochem 144:118–127

Schwarz R, Datema R (1984) Inhibitors of trimming: new tools in glycoprotein research. TIBS 9:32–34

Takakura D et al (2014) Selective glycopeptide profiling by acetone enrichment and LC/MS. J Proteomics 101:17–30

Takasaki S et al (1982) Hydrazinolysis of asparagine-linked sugar chains to produce free oligosaccharides. Methods Enzymol 83:263–268

Tomiya N et al (1987) Structural analysis of N-linked oligosaccharides by a combination of glycopeptidase, exoglycosidase and high-performance liquid chromatography. Anal Biochem 163:489–499

Tomiya N et al (1988) Analysis of N-linked oligosaccharides using a two-dimensional mapping technique. Anal Biochem 171:73–90

Towbin H et al (1988) Chromogenic labeling of milk oligosaccharides: purification by affinity chromatography and structure determination. Anal Biochem 173:1–9

Townsend R et al (1989) Separation of oligosaccharides using high performance anion exchange chromatography with pulsed amperometric detection. Methods Enzymol 179:65–76

Varki A et al (2008) Essentials of glycobiology, 2. Aufl. Cold Spring Harbor Laboratory Press, Cold Spring Harbor

Wang W et al (1990) High performance liquid chromatography of sialic acid-containing oligosaccharides and acidic monosaccharides. Anal Biochem 190:182–187

Watanabe T et al (2000) Labeling conditions using a aminobenzamide reagent for quantitative analysis of sialo-oligosaccharides. Biol Pharm Bull 23:269–273

Wuhrer M et al (2009) Structural glycomics using hydrophilic interaction chromatography (HILIC) with mass spectrometry. Mass Spectrom Rev 28:192–206

# Der Schatz im Silbersee

H. Rehm, T. Letzel, *Der Experimentator: Proteinbiochemie/Proteomics*,
DOI 10.1007/978-3-662-48851-5_10, © Springer-Verlag Berlin Heidelberg 2016

» Ich also, da mein Schicksal es wollte, einer aus
der Zahl der irrenden Ritterschaft zu sein, darf
es nicht unterlassen, alles anzugreifen, was
mir unter die Gerichtsbarkeit meines Amtes zu
gehören scheint.

## 10.1   Vom Paper

Was nützt die schönste Entdeckung, wenn keiner
davon weiß? Noch wichtiger als Entdecken ist es
also, die Entdeckung bekannt zu machen. In der
Wissenschaft ist es so eingerichtet, dass mit der
Entdeckung auch der Entdecker, auf jeden Fall aber
dessen Professor, bekannt wird. Hier setzt die Motivation ein. Eine Entdeckung macht man amtlich,
indem man ein Paper darüber schreibt.

Das Paper ist das Produkt wissenschaftlicher
Arbeit, und die Papers eines Forschers begründen
das Ansehen, das er unter den Kollegen genießt.
Ein Doktorand muss also danach trachten, während seiner Doktorandenzeit Papers zu schreiben.
Ist das nicht möglich, sollte er wenigstens als Koautor auf den Papers anderer erscheinen. Es sei aber
vermerkt, dass Zahl und Qualität der Papers nicht
unbedingt mit den sozialen Aufstiegschancen kor-
relieren. Zumindest wurde das bisher nicht wissenschaftlich nachgewiesen. Die politischen und sozialen Begleitumstände des Paperschreibens beschreibt
Bär (1992).

Nicht immer also findet solide Arbeit ihren
Lohn. Dies auch deswegen, weil dem Wissenschaftler und – wichtiger – dem Referee nur Neues pu-
blikationswürdig erscheint. Wer meint, schlechte
Erfahrungen mit schon Publiziertem weitergeben
zu müssen, sollte sein Herz mit Ausdauer wapp-
nen oder sich Alternativen suchen, z. B. einen Blog
eröffnen. So hatten Autor Rehm und seine Doktorandin Effi ihre in ▶ Abschn. 3.2.1 wiedergegebenen
Erfahrungen mit der „Solubilisierung" des NMDA-
Rezeptors in einem Manuskript niedergelegt, das
Rehm an über ein halbes Dutzend Journale schickte
– unter anderem auch an jene, die die „Solubilisierung" des NMDA-Rezeptors publiziert hatten. Alle
Journale lehnten die Arbeit ab.

Das Ansehen eines Forschers ergibt sich nicht
nur aus der Zahl der Papers, die er pro Jahr publiziert, sondern auch aus deren **Prestige**. Prestige ist

eine weiche Größe, so unfassbar und nahrhaft wie
Grießbrei. Das Prestige eines Papers hängt ab vom
Neuigkeitswert des Ergebnisses, ob viele Labors auf
dem Gebiet arbeiten, ob die Ergebnisse kommerziell
verwertbar sind oder ob sie zur Aufklärung einer
Krankheit beitragen. Von nicht zu unterschätzen-
dem Einfluss ist auch, was früher Windmachen genannt wurde und heute Marketing heißt. Zum Ausdruck kommt das Prestige in der Zeitschrift, die das
Paper veröffentlicht. Ein *Nature-* oder *Cell-*Artikel
wiegt schwerer als ein Dutzend Veröffentlichungen
in drittrangigen Journalen. Das Ansehen der Journale geht in etwa parallel zu ihrem *impact factor*,
einer Größe, deren Definition und Zahlenwerte der
*Science Citation Index* angibt.

## 10.2   Vom Schreiben eines Papers

Der Inhalt eines Papers muss thematisch und von
seinem Prestige her zum Journal passen. Fleißiges
Paperlesen schärft den Blick für diese Zusammenhänge.

Die meisten Journale verlangen folgendes
Schema (Bär 1992): Titel, Autorenliste, Zusammenfassung (Abstract), Einführung, Methoden,
Ergebnisse, Diskussion, Ausblick und Referenzen.
Die Zusammenfassung oder das Abstract enthält,
in ein paar Sätzen knapp formuliert, die wichtigsten Ergebnisse der Arbeit. Die Einführung gibt
– unter kräftiger Betonung des eigenen Anteils –
einen Überblick über das Forschungsgebiet und
dessen Entwicklung. Im Ergebnisteil werden die
Resultate der Arbeit ohne Wertung mithilfe von
Tabellen, Figuren und Fotos dokumentiert und
dargestellt. Als Faustregel empfehlen wir, höchstens sieben Bilder einzufügen. Die Diskussion fasst
die eigenen Ergebnisse noch einmal zusammen
und erklärt und vergleicht sie mit den Ergebnissen anderer Wissenschaftler. Schließlich bieten der
Diskussionsabschnitt und der Ausblick die Möglichkeit, neue Hypothesen aufzustellen, alte zu
stürzen oder Gegnern auf vornehm akademische
Art eins auszuwischen. Die eigene Beweisführung
wird durch den Verweis auf Papers anderer Wissenschaftler unterstützt.

Die formalen Einzelheiten wie die Schreibweise
der Zitate etc. sind von Journal zu Journal verschie-

den und in den *instructions for authors* niedergelegt, die in der Regel am Anfang oder Ende jedes Heftes stehen oder auf der entsprechenden Journal-Homepage. Oft umfassen die Instruktionen nur ein bis drei Seiten, manche Zeitschriften aber, wie das *Journal of Biological Chemistry*, nehmen es genau, und das Studium ihrer Vorschriften kann etliche Stunden in Anspruch nehmen.

Anfänger, also Diplomanden oder Doktoranden, schreiben ihre Papers meistens zusammen mit einem älteren Postdoc oder dem Professor; d. h. der Doktorand schreibt eine Rohfassung, die der Erfahrenere verbessert. In manchen Labors schreibt der Professor das Paper allein, und der Doktorand dient nur als Informationsquelle. Sie sollten jedoch darauf dringen, wenigstens die wesentlichen Teile des Papers (Methoden und Ergebnisse) selber zu schreiben. Beim ersten Paper ist das mühselig. Aber je früher Sie mit dem Schreiben anfangen, desto eher können Sie es. Schreiben Sie nicht, gelten Sie schnell als ein intellektuelles Leichtgewicht und tumber Messknecht.

Wie fängt man an? Zuerst überlegen Sie sich, welche neuen Ergebnisse vorliegen. Was wollen Sie der Welt mitteilen, das sie noch nicht weiß? Zur Erinnerung: Positiv muss es sein. Darauf konzentrieren Sie sich. Versuchen Sie ohne Schnörkel und Verzierungen auszukommen, Versuchen Sie knapp zu schreiben: „Eleganz ist, wenn man nichts mehr weglassen kann!" (Coco Chanel).

Als Vorbild dienen Papers über ein ähnliches Thema von amerikanischen oder englischen Forschungsgruppen (natürlich aus dem Journal, bei dem das Manuskript eingereicht werden soll). Daraus entnehmen Sie die Einteilung des Stoffes, den Aufbau der Kapitel, welche Kontrollen verlangt werden etc. Die Papers liefern auch die Standardformulierungen und den Jargon, der zurzeit in Mode ist. Wir machen zuerst die Abbildungen und Tabellen. Diese fassen die Ergebnisse in kürzester Form zusammen und benötigen keine Formulierkünste. Am Gerüst der Abbildungen und Tabellen hängen wir den Text auf.

Ein Paper ist kein Übersichtsartikel. Die Einleitung muss also nicht seitenlang sein und sämtliche Referenzen seit Kriegsende auflisten. Das Gleiche gilt für die Diskussion. Die Ergebnisse zählen, nicht deren Interpretation.

Die Referenzen listen die Papers auf, deren Ergebnisse man in der eigenen Arbeit benutzte, oder Papers, die Behauptungen in der Einleitung und Diskussion belegen. Zitieren Sie auch die Konkurrenz. Erstens, weil die dann einen vielleicht auch zitieren, und zweitens, weil sich das so gehört. Forscher werden gern zitiert, und viele betrachten es als einen Affront, wenn ihre Arbeit ignoriert wird. Die Sachlage verschärfte sich noch mit der Einführung des sogenannten Hirsch-Faktors, der nur die Anzahl an Publikationen eines Autors aufnimmt, dessen Arbeiten entsprechend oft von fremden Forschern erwähnt wurden (z. B. Hirsch-Faktor 6 entspricht sechs Veröffentlichungen, die mindestens von sechs Autoren zitiert wurden). Die Professoren widmen daher den Referenzen große Sorgfalt. Durch „richtiges" Zitieren versuchen sie eventuelle Gutachter gnädig zu stimmen, ihre Freunde bei guter Laune zu halten etc. pp.

**Noch einmal** Dichten Sie keine Literatur! Wenn der Professor diesen Ehrgeiz hat, ist das seine Sache. Sie sollten ein einfaches und klares Schriftstück abliefern: kurze Sätze, höchstens zwei Aussagen pro Satz, keine geschwollenen, keine unnötigen Wörter (Gregory 1992). Ihr Paper lesen, wenn überhaupt, nur die Referees der Journale und Leute, die am gleichen oder einem ähnlichen Thema arbeiten. Die haben Ahnung von der Sache. Denen imponieren keine Wortblasen.

Wenn Sie meinen, dass Ihr Manuskript perfekt, also nicht nur in lesbarem Zustand, sondern druckreif ist – lassen Sie es ein paar Tage liegen. Dann lesen Sie es noch einmal durch. Erst nach ein paar Tagen Liegenlassen fallen einem die zahllosen umständlichen Formulierungen und unnötigen Phrasen, die Unrichtigkeiten und Zweideutigkeiten auf. Verbessern Sie das Manuskript und lassen Sie es dann wieder ein paar Tage liegen. Frühestens nach dem zweiten Verbessern ist das Manuskript reif für das Auge des Meisters.

**Tipp** Schreiben Sie bewusst wissenschaftliche Papers, denn die Übung benötigen Sie für Ihre Diplomarbeit oder Doktorarbeit.

Es gibt Lehrbücher zum Paperschreiben. So von Mike Ashby, Cambridge. Ashbys Buch *How to Write a Paper* (6. Auflage, 2005) ist im Netz frei zugänglich (www-mech.eng.cam.ac.uk/mmd/ashby-paper-V6.pdf). Ashby ist jedoch Ingenieur. Ein frei zugängliches Werk, das anscheinend von Biologen geschrieben wurde, ist *How to Write a Paper in Scientific Journal Style and Format* (2004). Sie finden es unter ▶ http://abacus.bates.edu/~ganderso/biology/resources/writing/HTWtoc.html.

**Übrigens**: Für Papers gibt es, trotz der Mühe, die sie machen, kein Honorar. Im Gegenteil, bei manchen Journalen muss der Autor noch Seitengebühren oder farbige Bilder bezahlen.

Es kann vorkommen, dass Sie Ihre Ergebnisse oder Hypothesen auf Deutsch einem Publikum vorstellen wollen oder sollen. Da mauern Sie mit edlerem Gestein und nach strengeren Regeln als mit den abgelutschten, konturlosen Wörtern der Allerweltssprache Englisch, und Sie werden die Erfahrung machen: „Deutsche Sprach, schwere Sprach". Hier hilft Demut: Schreiben Sie so einfach wie möglich, stellen Sie Klarheit und Wahrheit vor Schönheit, vermeiden Sie Adjektive, vermeiden Sie Wichtigtuerwörter. Schreiben Sie nie oder höchstens in Anführungszeichen: innovativ, Bereich, Kompetenz, Exzellenz, renommiert. Streichen Sie: sehr, wichtig, viel, groß, kurz, klein, schön. Lesen Sie vorher Walter Krämer (1994) oder die *Stilfibel* von Ludwig Reiners (1963).

## 10.3    Wie bringe ich andere dazu, mein Paper zu zitieren?

Es reicht nicht, ein Paper zu schreiben und es zu veröffentlichen. Es muss auch noch zitiert werden. Zitate messen Ihre Wertschätzung durch die Kollegen. Richtigerweise schätzen Sie sich und Ihre Arbeit selbst hoch ein und zitieren sich selbst. Das Dumme ist, dass die Zahl der Selbstzitate durch die Zahl Ihrer Paper begrenzt wird, denn Sie können sich ja nur in eigenen Papers selbst zitieren. Besser ist es also, Sie bringen andere dazu, Sie zu zitieren. Aber wie?

1. Schreiben Sie ein Paper, das man zitieren kann.
2. Zitieren Sie andere. Das erhöht die Wahrscheinlichkeit (leider nur diese), dass andere Sie ebenfalls zitieren. (Rehm bedankt sich bei Michel Lazdunski für diesen Spezialfall des „Wie Du mir, so ich Dir".)
3. Seien Sie nett zu Leuten, die Sie zitieren könnten, also zu Leuten aus Ihrem Fachgebiet. Ein ausgegebenes Bier kann Ihnen mehrere Zitate einbringen.
4. Vermeiden Sie auf Kongressen unbedachte Bemerkungen, auch solche, die scherzhaft gemeint sind. Was im Deutschen ein Witz ist, kann im Englischen in den Ohren eines *native speakers* wie eine Frechheit klingen. Der Mann zitiert Sie dann nur noch, wenn es sich nicht vermeiden lässt.

Dem Postdoc Rehm freilich ist es einmal gelungen, aus einem Fettnäpfchen ein Zitat zu ziehen. Ein von Rehm unbedacht dahingesagtes Wort hatte ein Ire falsch aufgefasst; er sagte zwar nichts, verzog aber das Gesicht, als hätte er Rattenködel statt *kidney beans* gelöffelt. Ein Jahr später hielt Rehm auf einem Symposium in Schottland einen Vortrag. Dabei bemerkte er, dass das Neurotoxin β-Bungarotoxin $Ca^{2+}$ zum Binden brauche. Bei der Diskussion erhob sich der Ire. In seinem Labor binde das Toxin auch in Gegenwart von EDTA, sagte er, und er sagte es mit der Überzeugungskraft eines Sektenpredigers und der Selbstsicherheit eines verbeamteten Professors. Zudem konnte man seinem lauten, vorwurfsgeschwängerten Ton entnehmen, dass Rehm unsauber gearbeitet habe, ja überhaupt ein Experimentator von zweifelhaften Qualitäten sei (im Gegensatz zu ihm, dem Iren). Rehm war derart verblüfft – die $Ca^{2+}$-Abhängigkeit der Bindung von β-Bungarotoxin hatte er schon x-mal überprüft und immer wieder bestätigt gefunden –, dass er auf die Vorwürfe nichts zu erwidern wusste und mit ratlosen Augen aus einem roten Kopf schaute.

Was hätte er auch sagen sollen?

Aussage stand gegen Aussage, und dem Postdoc Rehm war ein zweifelnder Wesenszug zu Eigen, der ihn denken ließ: „Vielleicht hab' ich doch was falsch gemacht?". Dieser Zug schützt beim Experimentieren vor Fehlern, erwies sich hier aber als fatal.

Die Zuhörer begannen zu tuscheln. Ein Mitleidiger versuchte, den Iren zu besänftigen, aber der Symposiumsleiter, ein Freund des Iren, winkte ab, und der Ire bewarf Rehms Ehre für eine ganze Weile mit $Ca^{2+}$-Ionen und toxischen Bemerkungen.

Rehm fühlte sich blamiert. Mit zusammenge-
bissenen Zähnen reiste er zurück nach Heidelberg. Dort ließ er seine Experimente von
dem Doktoranden Schmidt wiederholen ("Mir
glaubt ja niemand!"). Schmidts Ergebnis: Ja,
$\beta$-Bungarotoxin braucht $Ca^{2+}$ zum Binden, in
Gegenwart von EDTA bindet es nicht; der Ire
hatte sich geirrt oder gelogen.

Rehm veröffentlichte ein Paper dazu (Schmidt
et al. 1988). Der Ire widersprach nicht, er ent-
schuldigte sich auch nicht. Er bestätigte Rehm,
indem er quasi stillschweigend Schmidt et al.
(1988) zitierte.

Obwohl also für Rehm aus der Affäre ein Zitat
und ein Paper heraussprang, raten wir davon ab,
Iren oder andere *native speaker* mit zweifelhaften Bemerkungen in Rage zu bringen. Freilich:
Man weiß nicht immer, was man sagt.

5. Schreiben Sie Übersichtsartikel. Da haben Sie
nicht nur reichlich Gelegenheit, sich selbst, sondern auch andere zu zitieren (siehe Tipp 2).

6. Lassen Sie bei Gesprächen einfließen, dass Sie
von Journalen oder Stiftungen Manuskripte
zum Begutachten zugeschickt bekommen oder
dass Ihnen Ihr Professor Manuskripte, die er
erhalten hat, zum Begutachten gibt. Das wird
in dem Kollegen den Wunsch auslösen, sich mit
Ihnen gut zu stellen. Schließlich könnte auch
sein Manuskript unter Ihre Feder kommen.
Wie kann er sich mit Ihnen gut stellen?
Indem er Sie zitiert!

## Literatur

Bär S (1992) Forschen auf Deutsch. Verlag H. Deutsch, Frankfurt

Gregory M (1992) The infectiousness of pompous prose. Nature
360:11–12

Krämer W (1994) Wie schreibe ich eine Seminar-, Examens- und
Diplomarbeit? G. Fischer, Stuttgart

Reiners L (1963) Stilfibel. Der sichere Weg zum guten Deutsch.
Dtv, München

Schmidt R et al (1988) Inhibition of beta-bungarotoxin binding
to brain membranes by mast cell degranulating peptide,
toxin I, and ethylene glycol bis (beta-aminoethyl ether)-
N,N,N',N'-tetraacetic acid. Biochemistry 27:963–967

# Durch die Wüste

H. Rehm, T. Letzel, *Der Experimentator: Proteinbiochemie/Proteomics,*
DOI 10.1007/978-3-662-48851-5_11, © Springer-Verlag Berlin Heidelberg 2016

» Kurz, er verstrickte sich in sein Lesen, dass er die Nächte damit zubrachte, weiter und weiter, und die Tage, sich tiefer und tiefer hineinzulesen, und so kam es vom wenigen Schlafen und vielen Lesen, dass sein Gehirn ausgetrocknet wurde, wodurch er den Verstand verlor.

Es kann vorkommen, dass Sie Literatur brauchen, die nicht in diesem Buch vermerkt ist. Vielleicht wollen Sie wissen, was alles schon über ein bestimmtes Protein, einen Vorgang oder eine Technik bekannt ist, ob dieses oder jenes Protein schon mit der oder jener Methode untersucht wurde etc. Dazu gibt es MEDline und Ähnliches; Sie geben dem PC Stichwörter ein, und der sucht die passenden Abstracts heraus. Verfügen Sie über Zugangsberechtigungen, können Sie sich die Artikel ausdrucken lassen. Bei manchen Zeitschriften ist der Zugang frei.

Literatursuche per PC ist gut und praktisch – für Sie und noch mehr für die Verlage. Diese erhalten die Artikel umsonst, begutachtet wird ehrenamtlich, aber die Zugangsgebühren kassiert der Verlag. Erscheint die Zeitschrift nur im Netz, fallen nicht einmal Druckkosten an. Erkenntnis am Rande: Falls es mit der Forschungskarriere nicht klappt, könnte man eine wissenschaftliche Netzzeitschrift gründen: Das macht wichtig, reich und keine Arbeit.

Aus dieser Neigung zum elektronischen Artikel folgt, dass heute kaum jemand zum Literaturlesen in die Bibliothek wandert. Die Lesesäle veröden, und die Zahl der ausliegenden Journale fällt und fällt. Das ist schade, denn es gibt Lesemethoden, die sich am besten in einer gut bestückten Bibliothek durchführen lassen. Eine davon ist die **Schneeballmethode** (Krämer 1994).

**Beispiel** Sie suchen Literatur über die Eigenschaften des Enzyms $Ca^{2+}$-ATPase. Zuerst überlegen Sie, welche Journale biochemische oder pharmakologische Arbeiten über $Ca^{2+}$-ATPasen veröffentlichen. Das *Journal of Biological Chemistry, European Journal of Biochemistry* und *Annual Review of Biochemistry* fallen Ihnen ein. Sie machen sich einen Tee und setzen sich damit in die Bibliothek. Dort blättern Sie die Inhaltsverzeichnisse der letzten Ausgabe vom *Journal of Biological Chemistry* durch. Ein geübter Paperleser, und das sind Sie ja inzwischen, braucht ca. fünf Minuten, um die Artikelüberschriften einer

Ausgabe zu lesen. Nach spätestens zehn Ausgaben stoßen Sie auf einen Artikel, der eine Eigenschaft der $Ca^{2+}$-ATPase beschreibt, und dies, wie meistens im *Journal of Biological Chemistry*, ausführlich und gründlich. Dieses Paper ist Ihr Schneeball. Es wird vermutlich nicht die gesuchte Information enthalten. Doch seine Referenzliste listet andere Artikel über $Ca^{2+}$-ATPasen auf, und der Text gibt Hinweise auf die thematische Richtung dieser Papers. Schon kennen Sie mehrere Papers über das Thema, und darin wird wiederum auf andere Papers verwiesen. Der Schneeball wird zur Lawine, in der oft die gesuchte Information steckt.

Das ist nicht der einzige Gewinn. Gelegentlich stoßen Sie auf Interessanteres als die Information, die Sie suchten. Auch inspiriert das planlose Blättern in den Arbeiten anderer zu guten Ideen. In einer knappen Stunde gewinnen Sie zudem einen Überblick darüber, was das *Journal of Biological Chemistry* in den letzten Monaten veröffentlichte. Sie wissen, was gerade in Mode ist, und bekommen ein Gefühl dafür, was man in diesem Journal veröffentlichen könnte.

Richtig, die Schneeballmethode können Sie auch am PC anwenden. Das hat sogar Vorteile: Sie müssen Ihren Hintern nicht aus dem Labor bewegen, und der PC sagt nichts zu Ihrem Becher Tee, während es geschehen kann, dass sich die Bibliothekarin darüber erregt. Dafür ist aber das Blättern in Journalen angenehmer und schneller als das Klicken an der Flimmerkiste. Es ist auch besser für die Augen. Und gerade weil die Bibliothek heutzutage ein menschenleerer Ort ist, kann man sich dort ungeniert am Kopf kratzen oder die Nase reiben, also Tätigkeiten ausüben, die die Denkfähigkeit fördern.

Die Nachteile der Schneeballmethode? Ihnen kann eine Information entgehen, weil das Journal in der Bibliothek fehlt (was immer häufiger vorkommt) oder die Zugangsberechtigung fehlt oder Sie das Journal nicht mögen. Manchmal bringen die Autoren ihren Artikel auch in einem Journal unter, wo er nicht hingehört. Des Weiteren ist die Methode für Anfänger, die mit der Thematik der Journale nicht vertraut sind, zeitaufwendig. Schließlich gerät man hin und wieder in ein Zitierkartell. Das ist ein Ring von Forschern, die sich ausschließlich gegenseitig zitieren. Die Arbeiten anderer werden ignoriert, und Sie finden sie daher mit der Schneeballmethode nicht. In den Naturwissenschaften jedoch sind Zitierkartelle selten, das scheint eine Spezialität der Sozial- und Politikwissenschaften zu sein.

Wer sich einen Überblick verschaffen will bzw. sich in ein Thema einarbeiten muss, sucht sich einen Übersichtsartikel (Review). Gute Übersichtsartikel finden Sie in *Science, Nature, European Journal of Biochemistry, Scientific American, Biochemistry, Analytical and Bioanalytical Chemistry, Analytical Reviews und Mass Spectrometric Reviews*. Bei Zeitschriften ist der Suchaufwand jedoch hoch. Schneller geht es mit Reviewbüchern wie dem *Annual Review of Biochemistry, Annual Review of Physiology* etc. Diese Reihen decken praktisch jedes Thema ab. Leider ist der Review oft alt, und die in ihm zitierten Papers sind noch älter.

Übersichtsartikel besitzen einen zusätzlichen Nachteil, der unlösbar mit ihrer Existenz verbunden ist. Das Schreiben eines Übersichtsartikels ist arbeitsaufwendig; wenn der Artikel etwas taugen soll, sitzt der Schreiber monatelang daran. Die Verlage zahlen aber auch für Übersichtsartikel kein oder ein lächerliches Honorar. Warum also nimmt ein Professor den Aufwand des Übersichtsartikelschreibens auf sich? Teilweise wegen der Langeweile, die sich bei jeder vorwiegend bürokratischen Tätigkeit entwickelt. Der treibende Grund ist aber folgender: Der Schreiber von Übersichtsartikeln schreibt die Geschichte seines Arbeitsgebietes. In der Regel schreibt er sie so, dass endlich der Anteil des Mannes, der die Impulse gab und den er für den führenden Kopf hält, gebührend gewürdigt wird. Dieser Mann ist in der Regel er selbst. Schließlich bietet Reviewschreiben die Gelegenheit, Freunde und einflussreiche Förderer herauszustreichen (▶ Abschn. 10.3). Letzteres hat schon mancher Karriere einen Kick nach oben gegeben.

Durch einen Review sehen Sie also das Fachgebiet aus einem bestimmten Winkel und mit einer speziellen Beleuchtung. Geht es Ihnen um eine umfassende Sachinformation, empfiehlt es sich, mehrere Übersichtsartikel verschiedener Autoren zu lesen.

Gelegentlich wird Ihnen vom Professor angetragen, an einem Review mitzuschreiben. Seine Motive sind: Arbeit sparen und den Mitarbeiter motivieren. Tun Sie's. Tun Sie's vor allem dann, wenn Sie gerade sowieso die Literatur studieren. Ihr Lohn ist eine sichere Publikation, Sie lernen schreiben und werden bekannt, denn Reviews werden oft zitiert. Wenn Sie nur ein Kapitel schreiben müssen, hält sich der Arbeitsaufwand in Grenzen. Das mit der Bekanntheit hat allerdings einen Haken: Die Zahl der Mitautoren. Sie sollte sich auf einen, den Professor, beschränken. Bei Reviews steht dieser meistens an erster Stelle (zu Recht, wenn er das meiste schrieb) und Sie an zweiter. Zitiert wird dann mit Professor und Leser (2015). Schon bei drei Autoren heißt es nur Professor et al. (2015), und der Werbeeffekt ist futsch.

## Literatur

Bär S (2002) Forschen auf Deutsch, 4. Aufl. H. Deutsch, Frankfurt
Krämer W (1994) Wie schreibe ich eine Seminar-, Examens- und Diplomarbeit? G. Fischer, Stuttgart

# Serviceteil

H. Rehm, T. Letzel, *Der Experimentator: Proteinbiochemie/Proteomics,*
DOI 10.1007/978-3-662-48851-5, © Springer-Verlag Berlin Heidelberg 2016

# Das Letzte

Der *Experimentator* ist gedacht für Studenten höherer Semester, Diplomanden und Doktoranden. Nun zieht sich uns das Herz im Hemd zusammen, wenn wir sehen, mit welcher Naivität sich diese ihren Diplom- bzw. Doktorvater suchen. Da entscheiden romantische Vorstellungen („Ich will über Krebs arbeiten, weil meine Lieblingstante daran gestorben ist") oder Zufall („Da hing doch neulich ein Anschlag im Institut für molekulare Exzellenz") oder Modisches, mit dem man glaubt, im Freundeskreis Eindruck zu schinden oder die Welt verbessern zu können (Umweltschutz, HIV, Malaria, Proteomics etc.), oder die Beredsamkeit und das sympathische Lächeln des Doktorvaters. Viele sagen sich auch: „Jetzt mach' ich erst mal 'ne Doktorarbeit. Wo is mir wurscht. Ist eh alles Glückssache."

Es stimmt, als frisch gebackener Diplombiologe/-biochemiker/-chemiker oder Master ähnlicher Richtungen hat man zu wenig Erfahrung und Literaturkenntnis, um den wissenschaftlichen Stellenwert einer angebotenen Arbeit zu beurteilen. Auch ist der Verlauf gerade interessanter Projekte unvorhersagbar.

Nach was soll man sich also richten?

Das kommt darauf an, was Sie wollen!

Möchten Sie in die akademische Forschung einsteigen? Suchen Sie sich ein Labor mit einem berühmten Professor (Nobel- oder wenigstens Leibniz-Preisträger), der unter 50 ist, dessen Forschung gut läuft und dessen Mitarbeiterstab noch klein ist. In einem kleinen Labor gehen Sie nicht so schnell unter und bleiben im Blickfeld und Gedächtnis Ihres Doktorvaters. Ein gut laufendes Labor hat wahrscheinlich eine interessante Doktorarbeit mit vernünftigem Risiko zu vergeben. Ein Labor läuft gut, wenn es, bei mittlerer Größe, in den letzten zwei Jahren mehrere Papers in *Cell*, *Nature* oder *Proceedings of the National Academy of Sciences of the USA* veröffentlichte. Suchen Sie mit Geduld und MEDline, es handelt sich schließlich um mindestens drei (!) Jahre Ihrer besten Zeit.

Brauchen Sie den Titel für eine Industriekarriere? Dann wählen Sie einen Doktorvater, der eine schnelle Promotion garantiert. Thema und Qualität sind zweitrangig.

Falls Sie die Industrie nicht reizt, ein aussichtsreiches akademisches Labor nicht in Aussicht ist und Sie sich überhaupt etwas Besseres vorstellen können, als zwölf Jahre lang von Stelle zu Stelle zu hopsen, um schließlich doch beim Arbeitsamt vorzusprechen, falls Sie auch nicht ganz sicher sind, ob Sie wirklich am laufenden Band nobelpreisfähige Ideen haben, dann empfehlen wir Ihnen, sich um einen der zahlreichen Druckposten bei Verbänden und Stiftungen zu bewerben. Sie dürfen sich dann Pressesprecher, Sachbearbeiter, Koordinator oder gar Vorstandsvorsitzender nennen, werden bezahlt wie im öffentlichen Dienst, sind nach einiger Zeit *de facto* unkündbar, und es wird wenig echte Arbeit von Ihnen verlangt. Damit zusammenhängend: Es gibt kaum Wettbewerbsdruck. Auf biologische Experimente müssen Sie dennoch nicht verzichten. Sie haben vielmehr jetzt endlich die Zeit, das Geld und die Sicherheit, um an der Evolution des Menschen zu arbeiten. Mit anderen Worten: Sie können Kinder in die Welt setzen. Das sind bleibende biologische Ergebnisse, die wachsen, gedeihen und lachen.

» Aber jetzt sehe ich, dass das wahr ist, was man wohl zu sagen pflegt, dass das Glücksrad schneller läuft als ein Mühlenrad, und dass das, was gestern oben in den Lüften war, heut unten auf der Erde ist.

Und das ist auch gut so.

# Sachverzeichnis

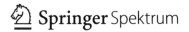

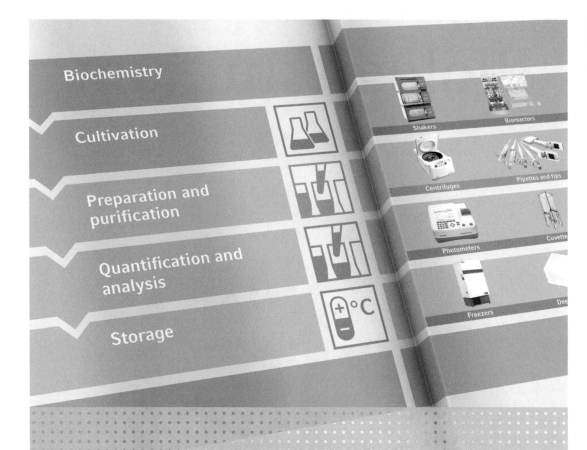

# Being in Process

**Eppendorf—Flexible Lösungen für die Laborroutine**

Die klassische Proteinbiochemie beschäftigt sich mit dem grundlegenden Verständnis von biologischen Prozessen auf Ebene der Proteine. Eppendorf widmet sich den grundlegenden Arbeitsabläufen im Labor. Unsere Qualitätsprodukte unterstützen Ihre tägliche Laborarbeit und helfen, generelle Abläufe zu vereinfachen.

> Einfachere Verarbeitung von Proben mit dem Eppendorf Tubes® 5.0 mL
> Eppendorf LoBind® Tubes und Plates garantieren maximale Probenrückgewinnung für bessere Versuchsergebnisse
> Bioreaktoren und Fermenter von 60 mL–2.400 L Arbeitsvolumen

www.eppendorf.com/biochemistry

Printing: Ten Brink, Meppel, The Netherlands
Binding: Ten Brink, Meppel, The Netherlands